技能应用速成系列

Moldflow 2021 模流分析从入门到精通

（升级版）

陈如香　戴坤添　刘能锋　编著

電子工業出版社
Publishing House of Electronics Industry
北京•BEIJING

内 容 简 介

本书以 Moldflow 2021 版软件为平台，详细介绍 Moldflow 塑料模具流动分析的流程、方法和技巧，全书以案例为主线，既包括软件应用与操作的方法和技巧，又融入了塑料模具设计和塑料加工工艺的基础知识和要点，读者通过对本书的学习，能够轻松领悟模流分析的理念、方法和技巧。全书共 23 章，详细讲解模流分析基础知识、Moldflow 2021 软件界面、菜单操作等分析技术基础，以及模型导入、网格划分、网格诊断及修复、建模工具、浇注系统、冷却系统和加热系统的创建、分析类型和材料选择等内容。本书还结合实际应用方案，详细介绍了填充分析、流动分析、冷却分析、翘曲分析、收缩分析、流道平衡分析、纤维填充取向分析、应力分析、气体辅助成型分析、双色注射成型分析、嵌件注射成型分析、显示器面板工艺参数优化等。另外，本书提供网络服务，配套资源包含每个案例的操作视频和源文件。

本书适合从事模具设计、模具开发、产品设计与成型的技术人员学习，也可作为高校材料成型及控制工程、模具设计等专业的教材和教学参考书。

图书在版编目（CIP）数据

Moldflow 2021 模流分析从入门到精通：升级版 / 陈如香，戴坤添，刘能锋编著. —北京：电子工业出版社，2022.3

（技能应用速成系列）

ISBN 978-7-121-43021-3

I. ①M… II. ①陈… ②戴… ③刘… III. ①注塑－塑料模具－计算机辅助设计－应用软件 IV.①TQ320.66-39

中国版本图书馆 CIP 数据核字（2022）第 032538 号

责任编辑：许存权　　　特约编辑：田学清
印　　刷：北京虎彩文化传播有限公司
装　　订：北京虎彩文化传播有限公司
出版发行：电子工业出版社
　　　　　北京市海淀区万寿路 173 信箱　　　邮编：100036
开　　本：787×1092　1/16　印张：28.75　字数：736 千字
版　　次：2022 年 3 月第 1 版
印　　次：2025 年 1 月第 7 次印刷
定　　价：89.00 元

凡所购买电子工业出版社图书有缺损问题，请向购买书店调换。若书店售缺，请与本社发行部联系，联系及邮购电话：（010）88254888，88258888。

质量投诉请发邮件至 zlts@phei.com.cn，盗版侵权举报请发邮件至 dbqq@phei.com.cn。

本书咨询联系方式：（010）88254484，xucq@phei.com.cn。

前 言

模具行业是一个高新技术且重视实战经验的行业，特别是随着近代工业的飞速发展，塑料制品的用途日益广泛，注塑模具工艺快速发展，依靠人工经验来设计模具的方法已经不能满足发展需求，企业越来越多地利用注塑模流分析技术来辅助塑料模具的设计。

利用注塑模流分析技术，能预先分析模具设计的合理性，减少试模次数，加快产品研发速度，提高企业效率。因此，本书将基于 Moldflow 的注塑模流分析技术介绍给读者，帮助读者在实际学习和科研工作中提高效率。

全书以实例的方式详细介绍了 Moldflow 塑料模具流动分析的流程、方法和技巧，基础知识包括模型导入、网格划分、网格诊断及修复、建模工具、浇注系统、冷却系统和加热系统的创建、分析类型和材料选择等内容。

1．本书特点

循序渐进、通俗易懂。本书完全按照初学者的学习规律和习惯，由浅入深、由易到难安排每个章节的内容，可以让初学者在实战中掌握 Moldflow 的基础知识及其在模具设计分析中的应用。

案例丰富、技术全面。本书每一章都是 Moldflow 的一个专题，每一个案例都包含多个知识点。读者按照本书进行学习，并举一反三，可以达到从入门到精通的目的。

视频教学、轻松易懂。本书配备了高清语音教学视频，作者精心讲解，并进行了相关点拨，方便读者领悟并掌握每个案例的操作难点，提高学习效率。

版本最新、质量保证。本书在上一版的基础上，为适应新版软件的要求进行了版本升级，在结构上进行了局部调整，对原书中存在的错误进行了改正，对模型和程序重新进行了仿真计算校核，提升了图书质量。

2．本书内容

本书以初中级读者为对象，结合作者多年的 Moldflow 使用经验与实际工程应用，将 Moldflow 软件的使用方法与技巧详细地介绍给读者。本书在讲解过程中步骤详尽、内容新颖，讲解过程辅以相应的图片，使读者在阅读时一目了然，从而快速掌握所讲内容。

本书基于 Moldflow 2021 中文版软件讲解 Moldflow 的基础知识和应用，分为基础知识和高级应用两部分。

第一部分：基础知识，重点介绍模具流动分析的前处理方法。

第 1 章　模流分析基础知识　　第 2 章　软件介绍
第 3 章　模型导入　　第 4 章　网格划分
第 5 章　网格诊断及修复　　第 6 章　建模工具
第 7 章　浇注系统　　第 8 章　冷却系统和加热系统

第 9 章　分析类型及材料选择

第二部分：高级应用，详细介绍各个分析类型，在对案例分析结果进行解读的同时，提出合理的优化方法。

第 10 章　浇口位置分析
第 11 章　成型窗口分析
第 12 章　填充分析
第 13 章　流动分析
第 14 章　冷却分析
第 15 章　翘曲分析
第 16 章　收缩分析
第 17 章　流道平衡分析
第 18 章　纤维填充取向分析
第 19 章　应力分析
第 20 章　气体辅助成型分析
第 21 章　双色注射成型分析
第 22 章　嵌件注射成型分析
第 23 章　显示器面板工艺参数优化

3. 读者对象

本书可作为模具设计、模具开发、产品设计和成型技术人员学习 AMI 进行塑料模具流动分析的书籍，也可作为高校材料成型和控制工程、模具设计等专业的教材或教学参考书。本书主要适合以下人员学习。

★ 相关从业人员
★ 初学 Moldflow 模流分析的技术人员
★ 大中专院校的在校生
★ 相关培训机构的教师和学员
★ 参加工作实习的“菜鸟”
★ Moldflow 模流分析爱好者

4. 本书作者

本书主要由陈如香、戴坤添、刘能锋编著，参与写作的还有青岛凯斯文化传媒有限公司的人员。虽然作者在编写过程中力求叙述准确、完善，但由于水平有限，书中难免存在欠妥之处，还请读者和各位同行批评指正，在此表示诚挚的谢意。

5. 技术服务

为了做好服务，作者在“算法仿真在线”公众号中为读者提供了 CAD、CAE、CAM 的技术资料分享服务，有需要的读者可关注“算法仿真在线”公众号。同时，该公众号还提供技术答疑服务，解答读者在学习过程中遇到的疑难问题。读者也可以直接发邮件到作者邮箱 comshu@126.com，作者收到邮件后会尽快回复。

资源下载：本书配套资源均存储在百度云盘中，请根据以下地址进行下载。
链接：https://pan.baidu.com/s/1awquuoF47uhehzuM0efFmw
提取码：5mms

编著者

目 录

第一部分 基础知识

第1章 模流分析基础知识 ……1

1.1 有限元分析简介 ……2
1.2 注射成型基础知识 ……3
1.3 塑件缺陷产生的原因及对策 ……14
1.4 本章小结 ……25

第2章 软件介绍 ……26

2.1 概述 ……27
2.2 Moldflow 软件的操作界面 ……31
2.3 Moldflow 软件的菜单/选项卡 ……33
2.4 Moldflow 软件的一般分析流程 ……50
2.5 本章小结 ……51

第3章 模型导入 ……52

3.1 模型准备 ……53
3.2 导入操作 ……54
3.3 本章小结 ……55

第4章 网格划分 ……56

4.1 网格的类型 ……57
4.2 网格的建立 ……58
4.3 网格的统计 ……59
4.4 网格划分实例 ……62
4.5 本章小结 ……64

第5章 网格诊断及修复 ……65

5.1 网格缺陷诊断 ……66
5.2 网格缺陷修复工具 ……73
5.3 网格诊断与修复实例 ……89
5.4 本章小结 ……94

第6章 建模工具 ……95

6.1 工具面板 ……96
6.2 节点的创建 ……96
6.3 线的创建 ……100
6.4 区域的创建 ……105
6.5 镶件的创建 ……108
6.6 局部坐标系的创建 ……110
6.7 移动与复制 ……112
6.8 其他建模工具的应用 ……115
6.9 本章小结 ……118

第7章 浇注系统 ……119

7.1 浇注系统介绍 ……120
7.2 自动创建流道系统 ……127
7.3 浇口的创建 ……129
7.4 创建普通浇注系统 ……139
7.5 热流道浇注系统的创建 ……146
7.6 本章小结 ……149

第 8 章　冷却系统和加热系统 ·········150
8.1　冷却系统介绍 ·················151
8.2　冷却系统的创建 ···············158
8.3　喷流式冷却系统的创建 ······165
8.4　挡板式冷却系统的创建 ······170
8.5　加热系统的创建 ···············174
8.6　本章小结 ·························178
第 9 章　分析类型及材料选择 ·········179
9.1　选择分析类型 ··················180
9.2　选择材料 ·························181
9.3　本章小结 ·························193

第二部分　高 级 应 用

第 10 章　浇口位置分析 ···············194
10.1　浇口位置介绍 ················195
10.2　浇口位置分析工艺参数设置 ··········197
10.3　浇口位置应用实例 ···········199
10.4　本章小结 ·······················205
第 11 章　成型窗口分析 ···············206
11.1　成型概述 ·······················207
11.2　成型窗口分析工艺条件设置 ··········207
11.3　成型窗口分析实例 ···········209
11.4　本章小结 ·······················214
第 12 章　填充分析 ·····················215
12.1　填充分析简介 ················216
12.2　填充分析工艺条件设置 ·····217
12.3　注射工艺条件高级设置 ·····220
12.4　填充分析结果 ················225
12.5　填充分析应用实例 ···········229
12.6　本章小结 ·······················239
第 13 章　流动分析 ·····················240
13.1　流动分析简介 ················241
13.2　流动分析工艺参数设置 ·····243
13.3　流动分析结果 ················245
13.4　流动分析应用实例 ···········246
13.5　本章小结 ·······················256
第 14 章　冷却分析 ·····················257
14.1　冷却分析简介 ················258
14.2　冷却分析工艺条件设置 ····258
14.3　冷却分析结果 ················260
14.4　冷却分析应用实例 ··········261
14.5　本章小结 ·······················277
第 15 章　翘曲分析 ·····················278
15.1　翘曲分析简介 ················279
15.2　翘曲分析工艺条件设置 ····284
15.3　翘曲分析结果 ················286
15.4　翘曲分析应用实例 ··········286
15.5　本章小结 ·······················299
第 16 章　收缩分析 ·····················300
16.1　收缩分析简介 ················301
16.2　收缩分析材料的选择 ·······304
16.3　收缩分析工艺条件设置 ····308
16.4　收缩分析应用实例 ··········308
16.5　本章小结 ·······················323
第 17 章　流道平衡分析 ···············324
17.1　流道平衡分析简介 ··········325
17.2　流道平衡分析约束条件设置 ··········327
17.3　流道平衡分析应用实例 ····330

17.4 本章小结……………………350

第 18 章 纤维填充取向分析…………351

18.1 纤维填充取向分析简介……352
18.2 纤维填充取向分析结果……353
18.3 纤维填充取向分析应用实例……………………354
18.4 本章小结……………………361

第 19 章 应力分析……………………362

19.1 应力分析介绍………………363
19.2 应力分析结果………………364
19.3 应力分析应用实例…………364
19.4 本章小结……………………372

第 20 章 气体辅助成型分析…………373

20.1 气体辅助成型分析简介……374
20.2 气体辅助成型分析结果……377
20.3 气体辅助成型分析应用实例……………………378
20.4 带溢料井的气体辅助成型分析……………………387
20.5 本章小结……………………394

第 21 章 双色注射成型分析…………395

21.1 双色注射成型分析简介 ……396
21.2 双色注射成型分析应用实例……………………397
21.3 本章小结 …………………407

第 22 章 嵌件注射成型分析…………408

22.1 嵌件注射成型分析简介 ……409
22.2 嵌件注射成型分析应用实例……………………409
22.3 本章小结 …………………416

第 23 章 显示器面板工艺参数优化……………………417

23.1 显示器面板实例介绍 ………418
23.2 初始流动分析 ………………418
23.3 优化后的流动分析 …………432
23.4 初始冷却+流动+翘曲分析……………………434
23.5 冷却+流动+翘曲分析优化方案……………………447
23.6 本章小结 …………………452

第一部分　基础知识

第1章

模流分析基础知识

本章主要讲解模流分析所需的基础知识，包括 Autodesk Moldflow Insight（AMI）的基本思想——有限元法、注射成型基础知识、注射成型过程和注射成型工艺条件对塑料制品（以下简称塑件）质量的影响，以及塑件缺陷产生的原因和对策等，为学好 Moldflow 奠定基础。

学习目标

（1）了解模流分析相关术语

（2）了解注射成型对塑件质量的影响

（3）了解塑件缺陷产生的原因及对策

1.1 有限元分析简介

图 1-1　有限元网格模型

AMI 采用的基本思想是工程领域中最为常见的有限元法。有限元网格模型如图 1-1 所示。有限元法的灵活性很大，对边界形状的描述具有良好的适应性，可以模拟复杂的边界问题，因而被分析人员青睐。

有限元法的应用从最初的离散弹性系统发展到连续介质力学领域，目前广泛应用于工程结构强度、热传导、电磁场、流体力学等领域。经过多年的发展，现在的有限元法几乎可以用来求解所有的连续介质和场问题，包括静力问题、与时间有关的变化问题及振动问题。

1.1.1 有限元法的基本思想

1．数理方程的求解方法

数理方程的求解过程如图 1-2 所示。

2．有限元法的基本思想

将一个连续的求解域（连续体）离散化即分割成彼此用节点（离散点）互相联系的有限个单元，如图 1-3 所示。在单元体内假设近似解的模式，用有限个节点上的未知参数表征单元的特性，然后用适当的方法，将各个单元的关系式组合成包含这些未知参数的代数方程，得出各节点的未知参数，再利用插值函数求出近似解。

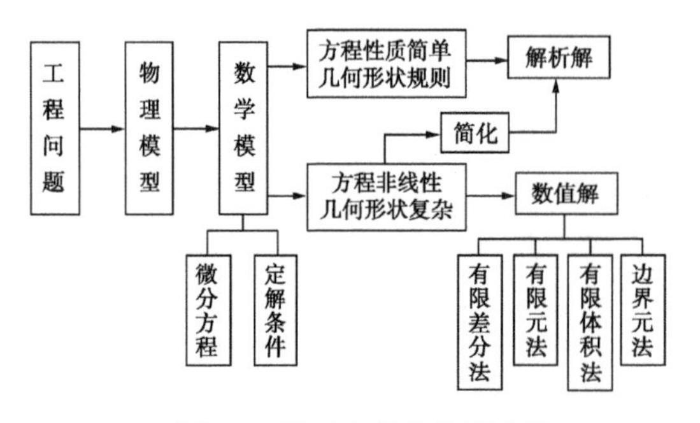

图 1-2　数理方程的求解过程

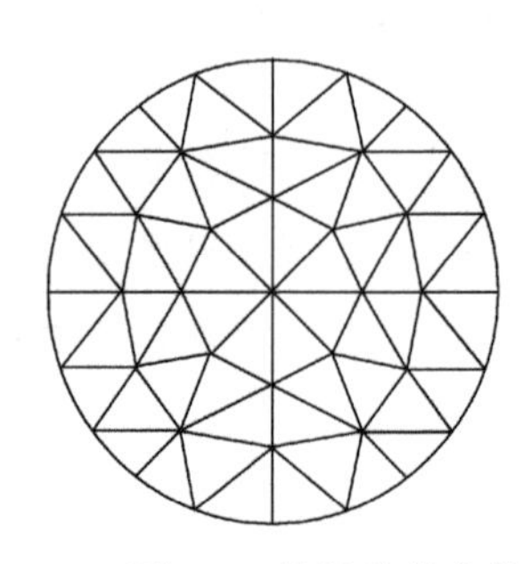

图 1-3　连续体的离散化

有限元法是一种用有限的单元离散连续体进行求解的数值计算的近似方法。由于单元可以分割成各种形状和尺寸的连续体，所以它能很好地适应复杂的几何形状、材料特性和边界条件。

由于已有成熟大型软件系统的支持，有限元法已经成为一种非常受欢迎的、应用极广的数值计算方法。

（1）特点：基于变分原理，建立基本方程和定解条件的积分提法，建立泛函的变分。

（2）求解步骤：将求解域划分单元，在单元内假设近似分布函数，通过单元分析进而建立整个区域场量的方程。

（3）应用：几乎所有领域。

（4）优点：几何形状复杂时，通过合适的网格数可得到较高的计算精度。

3. 有限元法的基本求解步骤

（1）将连续体离散成有限个单元的组合体。

（2）利用单元节点的场量作为基本未知量，选择一组插值函数，确定单元内相应的场量分布。

（3）建立单元内节点的基本未知量与载荷间的平衡方程。

（4）将单元内节点基本未知量的平衡方程集成，得出以节点为基本未知量的平衡方程组。

（5）求解代数方程组，得出各节点的基本未知量。

在弹性力学问题中，通常采用单元节点位移作为基本未知量，求出节点位移后，再计算单元的应力应变，这种方法称为位移型有限元法。若以节点力为未知参数，先求出节点处的节点力，后求位移与应力的方法，称为力型有限元法。

1.1.2 有限元法的特点

1. 原理清楚，概念明确

有限元法的原理清楚、概念明确，用户可以在不同的水平上建立起对该方法的理解，并且根据个人的实际情况（包括不同学科、不同的理论基础等）来安排学习的计划和进度，既可以通过直观的物理意义来学习和使用，也可以从严格的力学概念和数学概念方面进行推导。

2. 应用范围广泛，适应性强

有限元法可以用来求解工程中许多复杂的问题，特别是采用其他数值计算方法（有限差分法）求解困难的问题，如复杂结构形状问题、复杂边界条件问题、非均质和非线性材料问题、动力学问题、黏弹性流体流动问题等。目前，有限元法在理论和应用上仍在不断发展，今后将更加完善，应用也会更加广泛。

3. 有利于计算机应用

有限元法采用矩阵形式表达，便于编制计算机程序，充分利用高性能计算机的计算优势。由于有限元法计算过程的规范化，目前在国内外有许多通用程序可以直接使用，非常方便。AMI 正是成熟的注射成型的有限元工程分析软件。

1.2 注射成型基础知识

注射成型又称注射模或注射，是塑件加工中重要的成型方法之一，其技术已发展得

相当成熟，并且应用非常普遍。注射产品已占塑件总量的30%以上，在国民经济的许多领域有着广泛的应用。

1.2.1 塑件的工艺性

塑件的设计不仅要满足使用要求，而且要符合塑料的成型工艺特点，同时要尽量使模具结构简单化。在进行塑件结构工艺性设计时，必须在保证塑件的使用性能、物理性能与力学性能、电气性能、耐化学腐蚀性能和耐热性能的前提下，尽量选用价廉且成型性能好的塑料。此外，还应该力求塑件结构简单、壁厚均匀，而且成型方便。在设计塑件时应同时考虑模具总体结构的合理性，使模具型腔易于制造，模具的抽芯和推出机构简单。塑件形状应有利于模具的分型、排气、补缩和冷却。

总之，塑件设计的主要内容包括塑件的选材、尺寸和精度、表面粗糙度、塑件形状、壁厚、脱模斜度、圆角、加强筋、支撑面、孔、螺纹、齿轮、嵌件、飞边、文字与符号及塑件表面彩饰等。

1. 塑件的选材

塑件的选材主要注意以下几方面。

（1）塑料的力学性能，如强度、刚性、韧性、弹性、弯曲性能、抗冲击性能，以及对应力的敏感性。

（2）塑料的物理性能，如对使用环境温度变化的适应性、光学特性、绝热或电气绝缘的程度、精加工和外观的完美程度等。

（3）塑料的化学性能，如对接触物（水、溶剂、油、药品）的耐蚀性、卫生程度，以及使用上的安全性等。

（4）必要的精度，如收缩率的大小及各向收缩率的差异。

（5）成型工艺性，如塑料的流动性、结晶性、热敏性等。

常用塑料的性能与用途如表1-1所示。

表1-1 常用塑料的性能与用途

塑料品种	结构特点	使用温度	化学稳定性	性能特点	成型特点	主要用途
聚乙烯	线型结构结晶型	小于80℃	较好，不耐强氧化剂，耐水性好	质软，力学性能较差，表面硬度低	成型性能好，黏度与剪切速率关系较大，成型前可不预热	薄膜、管、绳、容器、电器绝缘零件、日用品等
聚氯乙烯	线型结构无定型	−15～55℃	不耐强酸和碱类溶液，能溶于甲苯、松节油、脂肪醇、环己酮溶剂	性能取决于配方，较广泛	成型性能较差，加工温度范围窄，热成型前有道捏合工序	应用广泛，如薄膜、管、板、容器、电缆、人造革、鞋类、日用品等
聚丙烯	线型结构结晶型	10～120℃	较好	耐寒性差，光氧作用下易降解老化，力学性能比聚乙烯好	成型时收缩率大，成型性能较好，易产生变形等缺陷	板、片、透明薄膜、绳、绝缘零件、汽车零件、阀门配件、日用品等

续表

塑料品种	结构特点	使用温度	化学稳定性	性能特点	成型特点	主要用途
聚苯乙烯	线型结构非结晶型	-30～80℃	较好，对氧化剂、苯、四氯化碳、酮、酯类等抵抗力较差	透明性好，电性能好，抗拉、抗弯强度高，但耐磨性差，质脆，抗冲击强度差	成型性能很好，成型前可不干燥，但注射时应防止淌料，塑件易产生内应力，易开裂	装饰塑件、仪表壳、灯罩、绝缘零件、容器、泡沫塑料、日用品等
聚酰胺（尼龙）	线型结构结晶型	小于100℃（尼龙6）	较好，不耐强酸和氧化剂，能溶于甲酚、苯酚、浓硫酸等	抗拉强度、硬度、耐磨性、自润滑性突出，吸水性强	熔点高，熔融温度范围较窄，成型前原料要干燥。熔体黏度低，要防止流涎和溢料，塑件易产生变形等缺陷	耐磨零件及传动件，如齿轮、凸轮、滑轮等；电气零件中的骨架外壳、阀类零件、单丝、薄膜、日用品等
ABS	线型结构非结晶型	小于70℃	较好	机械强度较好，有一定的耐磨性，但耐热性较差，吸水性较强	成型性能很好，成型前原料要干燥	应用广泛，如电器外壳、汽车仪表盘、日用品等
聚甲基丙烯酸甲酯（有机玻璃）	线型结构非结晶型	小于80℃	较好，但不耐无机酸，会溶于有机溶剂	是透光率最高的塑料，质轻坚韧，电气绝缘性能较好，表面硬度不高，质脆易开裂	成型前原料要干燥，注射成型时速度不能太快	透明塑件，如窗玻璃、光学镜片、灯罩等
聚甲醛	线型结构结晶型	小于100℃	较好，不耐强酸	综合力学性能突出，比强度、比刚度接近金属	成型收缩率大，流动性好。熔融凝固速度快，注射时速度要快，注射压力不宜过大。热稳定性较差	可代替钢、铜、铝、铸铁等制造多种结构零件及电子产品中的许多结构零件
聚碳酸酯	线型结构非结晶型	小于130℃，耐寒性好，脆化温度为-100℃	有一定的化学稳定性，不耐碱、酮、酯等	透光率较高，介电性能好，吸水性弱，力学性能很好，抗冲击、抗蠕变性能突出，但耐磨性较差	熔融温度高，熔体黏度大，成型前原料需干燥，黏度对温度敏感，塑件要进行后处理	在机械上用作齿轮、凸轮、蜗轮、滑轮等，电动机电子产品零件，光学零件等

2．塑件的尺寸和精度

1）塑件的尺寸

塑件的总体尺寸受到塑料流动性的限制。在一定的设备和工艺条件下，流动性好的塑料可以成型出较大尺寸的塑件；反之，成型出的塑件尺寸就较小。此外，塑件外形尺寸还受到成型设备的限制，如注射成型的塑件尺寸要受到注塑机的注射量、锁模力和模板尺寸的限制；压缩及压注成型的塑件尺寸要受到压力机吨位及工作台面尺寸的限制。通常，只要能满足塑件的使用要求，可以将塑件设计得紧凑一些、尺寸小一些，以节约能源和模具制造成本。

2）塑件的精度

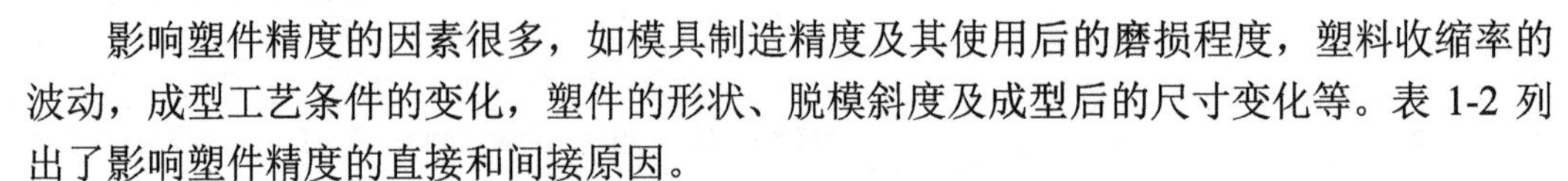

影响塑件精度的因素很多，如模具制造精度及其使用后的磨损程度，塑料收缩率的波动，成型工艺条件的变化，塑件的形状、脱模斜度及成型后的尺寸变化等。表 1-2 列出了影响塑件精度的直接和间接原因。

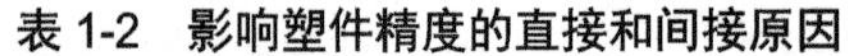

表 1-2　影响塑件精度的直接和间接原因

原 因 分 类	产生误差的原因
与模具直接有关	（1）模具的形式或基本结构 （2）模具的加工制造误差 （3）模具的磨损、变形、热膨胀
与塑料有关	（1）不同种类塑料收缩率的变化 （2）不同批次塑料的成型收缩率、流动性、结晶化程度的差别 （3）再生塑料的混合、着色剂等附加物的影响 （4）塑料中的水分及挥发和分解气体的影响
与成型工艺有关	（1）由于成型条件的变化造成成型收缩率的变化 （2）成型操作变化的影响 （3）脱模顶出时的塑料变形、弹性恢复
与成型后时效有关	（1）周围温度、湿度不同造成的尺寸变化 （2）塑料的塑性变形及因为外力作用产生的蠕变、弹性恢复 （3）残余应力、残余变形引起的变化

一般在生产过程中，为了降低模具的加工难度和模具的生产成本，应在满足塑料使用要求的前提下尽可能地把塑件尺寸精度设计得低一些。

3. 塑件的表面质量

塑件的表面质量包括表面粗糙度和外观质量等。塑件表面粗糙度的高低主要与模具型腔内各成型表面的粗糙度有关。一般模具表面粗糙度要比塑件的要求低 1～2 级。

一般来说，原材料的质量、成型工艺（各种参数的设定、控制等人为因素）和模具的表面粗糙度等都会影响塑件的表面粗糙度，尤其以型腔壁上的表面粗糙度影响最大。因此，模具的型腔壁表面粗糙度实际上成了塑件表面粗糙度的决定性因素。另外，对于透明塑件，特别是光学元件，要求凹模与型芯两者有相同的表面粗糙度。

表 1-3 列出了模具表面粗糙度对注射件表面粗糙度的影响情况。

表 1-3　模具表面粗糙度对注射件表面粗糙度的影响情况

注射模工作表面			塑件表面粗糙度 *Ra*/μm				
加工方法	纹路方向	表面粗糙度 *Ra*/mm	苯乙烯聚合物	丁二烯聚合物	低密度聚乙烯	高密度聚乙烯	聚丙烯
精磨	顺纹路	0.12	0.024	0.13	0.18	0.25	0.20
	垂直纹路	0.21	0.05	0.17	0.22	0.26	0.26
抛光	顺纹路	0.18	0.02	0.29	0.28	0.20	0.26
	垂直纹路	0.46	0.26	0.36	0.34	0.26	0.55

续表

注射模工作表面			塑件表面粗糙度 *Ra*/μm				
加工方法	纹路方向	表面粗糙度 *Ra*/mm	苯乙烯聚合物	丁二烯聚合物	低密度聚乙烯	高密度聚乙烯	聚丙烯
铣	顺纹路	*Rz*3.4	1.2	1.6	0.4	0.72	1.9
	垂直纹路	*Rz*4.6	3.7	1.9	4.1	3.0	3.5
刨	顺纹路	*Rz*4.2	1.5	0.85	1.1	1.6	1.35
	垂直纹路	*Rz*8.0	*Rz*6.2	*Rz*7.2	*Rz*5.0	*Rz*7.4	*Rz*7.4

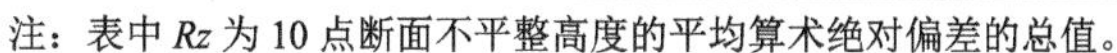
注：表中 *Rz* 为 10 点断面不平整高度的平均算术绝对偏差的总值。

塑料的外观质量是指塑件成型后的表观缺陷状态，如常见的缺料、溢料、飞边、气孔、熔接痕、斑纹、银纹、凹陷、翘曲与收缩、尺寸不稳定等。这些缺陷主要是由塑料成型时原材料的选择、塑料成型工艺条件、模具总体结构设计等多种因素造成的，具体原因将在本章 1.3 节中进行详细介绍。

1.2.2　注射成型过程对塑件质量的影响

注射成型过程包括成型前的准备、注射过程和塑件的后处理三个主要的阶段，各个阶段又可细分为多个小的阶段。注射成型工艺过程如图 1-4 所示。

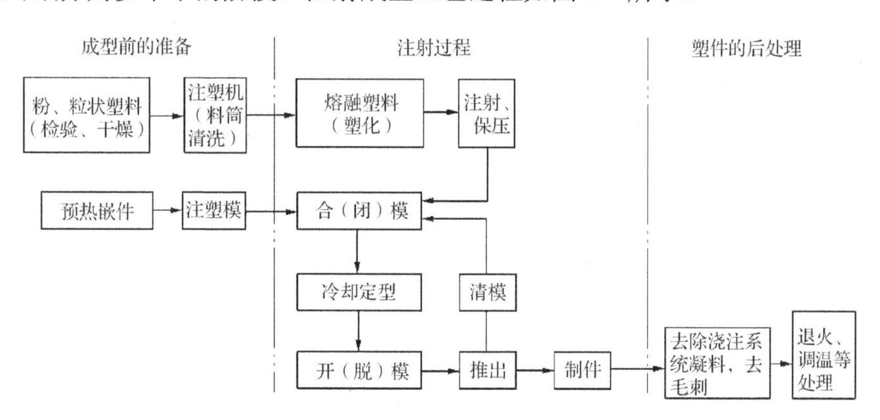

图 1-4　注射成型工艺过程

1．成型前的准备

为了使注射成型顺利进行，保证塑件质量，一般在注射之前要进行原料预处理、清洗料筒、预热嵌件和选择脱模剂等准备工作。

（1）原料的预处理包括原料的检验、着色和预热干燥等过程。

（2）料筒的清洗。生产中如需要改变塑料品种、更换物料、调换颜色，或发现成型过程中出现了热分解或降解反应，均应对注塑机的料筒进行清洗。通常，柱塞式料筒存料量大，必须将料筒拆卸清洗。对于螺杆式料筒，可采用对空注射法清洗。

最近研制成功了一种料筒清洗剂，它是一种粒状、无色、高分子、热弹性材料，100℃时具有橡胶特性，但不熔融或黏结。将它通过料筒，可以像软塞一样把料筒内的残料带出。这种清洗剂主要适用于成型温度为 180～280℃的各种热塑性塑料及中小型注塑机。

（3）嵌件的预热。当嵌件为金属时，由于金属与塑料的膨胀与收缩率相差较大，所以要对嵌件进行预热，以避免嵌件周围塑料层强度下降而出现裂纹缺陷，但小嵌件易在模内被塑料熔体加热，可不预热。预热的温度以不损坏金属嵌件表面镀（锌或铬）层作为判断标准，一般为 110～130℃。对无表面镀层的铝合金或铜嵌件，其预热温度可达 150℃。

（4）脱模剂的选用。为了便于脱模，生产中常使用脱模剂。常用的脱模剂有三种：硬脂酸锌、液态石蜡和硅油。硬脂酸锌除尼龙塑料外，其余塑料均可使用；液态石蜡作为尼龙类塑料脱模剂效果较好；硅油的使用效果好，但价格贵，而且使用时要与甲苯等有机溶剂配成混合溶液，涂抹型腔后待有机溶剂挥发后才能显示出硅油的润滑效果。

近年来，生产中流行的雾化脱模剂实际上就是硅油脱模剂。其主要成分是聚二甲基硅氧烷（硅油），加适量助剂，再充入雾化剂（氟利昂或丙烷等）。此外，脱模剂还可直接混合在粒料中使用，如在料中混入 0.01%～0.05%白油（液态石蜡），脱模效果很好。

2. 注射过程

完整的注射过程包括加料、塑化、注射、保压、冷却和脱模等步骤。螺杆式注塑机在各个阶段的成型工艺顺序如图 1-5 所示。

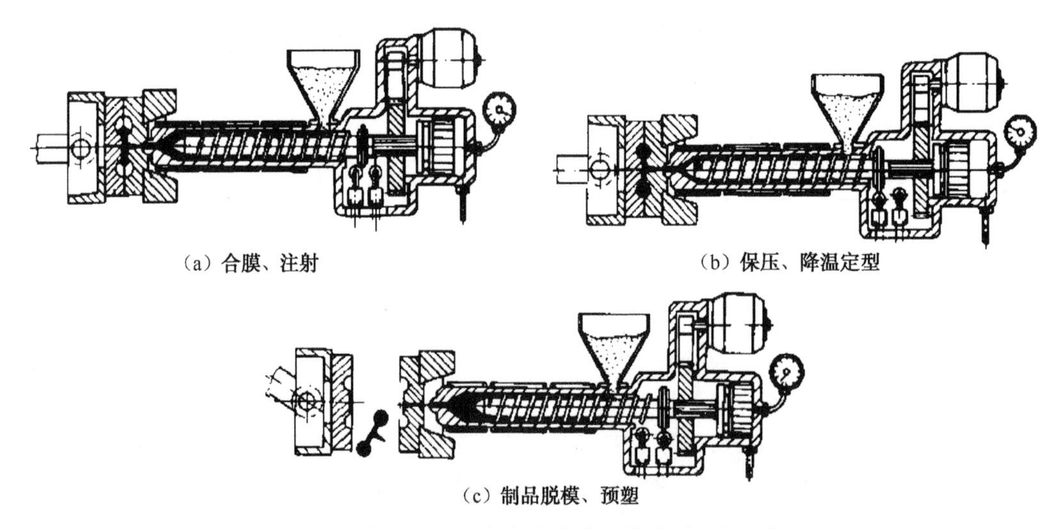

（a）合膜、注射　（b）保压、降温定型

（c）制品脱模、预塑

图 1-5　螺杆式注塑机在各个阶段的成型工艺顺序

注射成型中的塑化、注射、保压、冷却和脱模等工艺过程的原理如下。

1）塑化、计量阶段

（1）塑化。

塑化即塑料熔融，是指塑料在料筒中经加热达到黏流状态并具有良好可塑性的全过程。塑化之后熔体内的组分、密度、黏度和温度分布都较均匀，才能保证塑料熔体在注射充型阶段具有良好的流动性。

（2）计量。

计量是指能够保证注塑机通过柱塞或螺杆，将塑化好的熔体定温、定压、定量地输出（注射）料筒所进行的准备动作，这些动作均需注塑机控制柱塞或螺杆在塑化过程中

完成。计量动作的准确性不仅与注塑机控制系统的精度有关，还直接受料筒（塑化室）和螺杆的几何要素及其加工质量的影响。显然，计量精度越高，获得高精度塑件的可能性越大，因此在注射成型过程中应十分重视计量的作用。

（3）塑化效果和塑化能力。

塑化效果是指物料转变成熔体之后的均化程度。塑化能力是指注塑机在单位时间内能够塑化的物料质量或体积。塑化效果的好坏及塑化能力的大小均与物料受热方式和注塑机结构有关。对于柱塞式注塑机，物料在料筒内只能接受柱塞的推挤力，几乎不受剪切作用，塑化所用的热量主要从外部装有加热装置的高温料筒上获取。

对于螺杆式注塑机，螺杆在料筒内的旋转会对物料起到强烈的搅拌和剪切作用，导致物料之间剧烈摩擦，从而产生很大的热量，故物料塑化时的热量可同时来源于高温料筒和自身产生的摩擦热，也可以只凭摩擦热单独供给。通常，前面一种情况称为普通螺杆塑化，后面一种情况称为动力熔融。

显然，在动力熔融条件下，强烈的搅拌与剪切作用不仅有利于熔体中各组分混合均化，还避免了波动的料筒温度对熔体温度的影响，更有利于熔体的黏度均化和温度分布均化，得到良好的塑化效果。

与此相反，柱塞式注塑机塑化物料时，既不能产生搅拌和剪切的混合作用，又受料筒温度波动的影响，故熔体的组分、黏度和温度分布的均化程度都比较低。因此，其塑化效果既不如动力熔融，也不如介于中间状态的部分依靠料筒热量的普通螺杆塑化。

2）注射充型阶段

柱塞或螺杆从料筒内的计量位置开始，通过注射油缸和活塞施加高压，将塑化好的塑料熔体经过料筒前端的喷嘴和模具中的浇注系统快速进入封闭型腔的过程称为注射充型。注射充型又可细分为流动充型、保压补缩和倒流三个阶段。在注射过程中压力随时间呈非线性变化。

图 1-6 所示为在一个注射成型周期内用压力传感器测得的压力随时间变化的曲线图。曲线 1 是料筒计量室中注射压力随时间变化的曲线。曲线 2 是喷嘴末端的压力曲线。曲线 3 是型腔始端（浇口处）的压力曲线。曲线 4 是型腔末端的压力曲线。

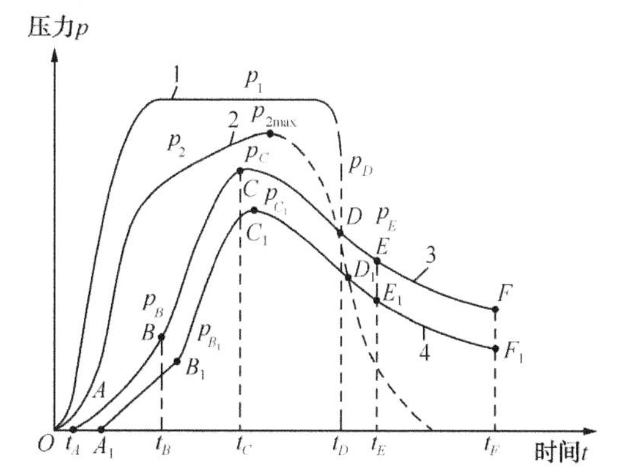

图 1-6　在一个注射成型周期内用压力传感器测得的压力随时间变化的曲线图

（1）流动充型阶段。

AB 时间段是塑料熔体在注射压力作用下从料筒计量室流入型腔始端的时间。在 *AB* 时间段，熔体充满型腔。此时注射压力 p_1 迅速达到最大值（见曲线 1），喷嘴压力也达到一定的动态压力 p_2（见曲线 2）。

充模时间（t_B-t_A）是注射成型过程中最重要的参数，因为熔体在型腔内流动时的剪切速率和造成聚合物分子取向的程度都取决于这一时间。

型腔始端压力与末端压力之差（p_B-p_{B_1}）取决于熔体型腔内的流动阻力。型腔充满后，型腔压力迅速增加并达到最大值。图 1-6 中型腔始端的最大压力为 p_C（见曲线 3），末端的最大压力为 p_{C_1}（见曲线 4）。

喷嘴压力迅速增加并接近注射压力 p_1（见曲线 2）。*BC* 时间段是熔体的压实阶段。在压实阶段约占塑件质量 15%的熔体被压到型腔内。此时，熔体进入型腔的速度已经很慢了。

（2）保压补缩阶段。

CD 时间段是保压补缩阶段。在这一阶段中熔体仍处于螺杆所提供的注射压力之下，熔体会继续流入型腔内以弥补熔体因冷却收缩而产生的空隙。此时熔体的流动速度更慢，螺杆只有微小的补缩位移。在保压阶段熔体随着模具的冷却，密度增大而逐渐成型。

（3）倒流阶段。

保压结束后，螺杆回程（下一周期的预塑开始），喷嘴压力迅速下降至零（见曲线 2）。塑料熔体在此时仍具有一定的流动性。在型腔压力的作用下，熔体可能从型腔向浇注系统倒流，导致型腔压力从 p_D 降为 p_E。

在 t_E 时刻熔体在浇口处凝固，倒流过程封断。浇口尺寸越小，封断越快。p_E 称为封断压力。p_E 和此时相对应的熔体温度对塑件的性能有很大影响。

1—熔体；2—模具型腔

图 1-7　一个注射周期中塑料熔体和模具温度随时间变化的曲线

3）冷却定型阶段

EF 时间段为冷却定型阶段，在模具冷却系统的作用下塑件逐渐冷却到具有一定的刚度和强度时脱模。脱模时塑件内的残余压力为零。若残余压力过大，会出现塑件开裂、损伤和卡模等情况。图 1-7 所示为一个注射周期中塑料熔体和模具温度随时间变化的曲线。

由图 1-7 可知，随着型腔压力的迅速增大，熔体温度上升至某一最高值，然后随着保压阶段的开始，熔体温度下降。当熔体注入型腔时，型腔的表面温度升高，然后在冷却系统的作用下温度逐渐降低。因此，型腔的表面温度在两个极限值之间变化，最低极限值出现在塑件脱模时，最高极限值出现在熔体充满时。熔体与模具之间的温差对塑件所需的冷却时间和塑件表面质量有很大的影响，因此模具冷却系统的设计十分重要。

一般来说，脱模温度不宜太高，否则，塑件脱模后不仅会产生较大的收缩，还容易在脱模后发生热变形。当然，受模具温度限制，脱模温度也不能太低。因此，合适的脱模温度应在塑料的热变形温度和模具温度之间。

正常脱模时，型腔压力和外界压力的差值不要太大，否则容易使塑件脱模后在内部产生较大的残余应力，导致塑件在以后的使用过程中发生形状、尺寸变化或产生其他缺陷。一般来说，保压时间较长，型腔压力下降慢，开启模具时可能产生爆鸣现象，塑件脱模时容易被刮伤或破裂；反之，未进行保压或保压时间较短，型腔压力下降快，倒流严重，型腔压力甚至可能下降到低于外界压力的水平，塑件将会因此产生凹陷或真空泡。鉴于以上情况，生产中应尽量调整好保压时间，使塑件脱模时的残余应力接近或等于零，以保证塑件具有良好的质量。

塑件在成型过程中，塑化不均匀或塑料在型腔中的结晶、定向及冷却不均匀会造成塑件各部分收缩不一致，或因其他原因使塑件内部不可避免地存在一些内应力而导致在使用过程中变形或开裂。因此，应该设法消除内应力。消除内应力的方法有退火处理和调湿处理。

1.2.3 注射成型工艺条件对塑件质量的影响

在注射成型过程中，工艺条件的选择和控制是保证成型顺利进行和塑件质量的关键因素之一。主要的工艺条件是影响塑化流动和冷却的温度、压力和相应的各个作用时间。

1. 温度

在注射成型中需要控制的温度有料筒温度、喷嘴温度和模具温度。前两种温度影响塑料的塑化流动；后一种温度主要影响充型和冷却。

1）料筒温度

为了保证塑料熔体的正常流动而又不使塑料发生变质分解，料筒最合适的温度范围应高于 T_f（T_m），但必须低于塑料的分解温度 T_d，即 T_f（T_m）～T_d。对于 T_f（T_m）～T_d 狭窄的塑料（如硬质聚氯乙烯），料筒温度应控制得稍低些，即比 T_f（T_m）稍高一点；而对于 T_f（T_m）～T_d 较宽的塑料（如聚乙烯、聚丙烯、聚苯乙烯），料筒温度可控制得高一些，即比 T_f（T_m）高得多。

此外，料筒温度的选择还与诸多因素有关。平均分子质量偏高、分子质量分布较窄的塑料、用玻璃纤维增强的塑料或采用柱塞式注射的塑料以及塑件壁厚较小时，都应选择较高的料筒温度，反之亦然。

料筒的温度分布一般遵循前高后低的原则，即从料斗一侧（后端）起至喷嘴（前端）止，是逐步升高的。但当塑料含水量较高时也可提高后端温度。由于螺杆式注塑机中的塑料受到螺杆剪切摩擦生热而有利于塑化，故可使料筒前端温度稍低于中段温度，以防塑料发生过热分解。塑料的加工温度主要由注塑机料筒的温度决定。而料温又对成型条件及塑件的物理性能有较大的影响，如图1-8所示。

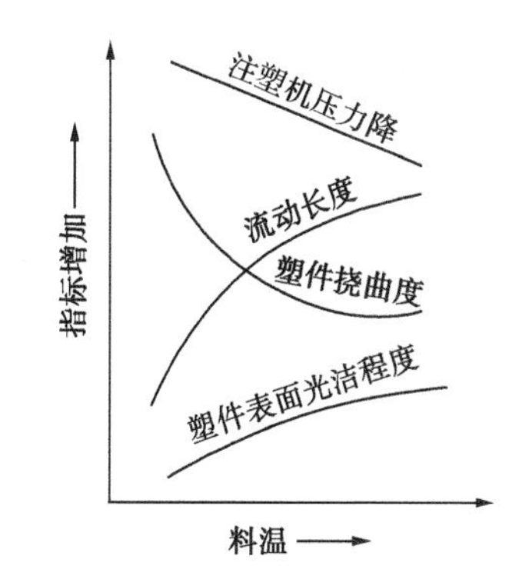

图1-8 料温对塑件和成型的影响

2）喷嘴温度

为防止熔体在喷嘴处产生“流涎”现象，通常将喷嘴温度控制在略低于料筒的最高温度，即大致与料筒中段温度相同。

一般来说，在生产上鉴别料筒与喷嘴温度是否合理，常以低压、低速对空注射，当喷出的料刚劲有力、不带泡、不卷曲、光亮且连续时即视为合适。

3）模具温度

模具温度对塑料熔体的流动性、塑件的内在性能和外观质量影响很大。模具必须保

持一定温度，这主要由通入定温的冷却介质来控制，也有靠熔体入模后的自然升温和自然散热达到热平衡而保持一定模温的。通常根据不同塑料成型时所需要的模具温度，确定是否设置冷却或加热系统。

对于结晶型塑料，模具温度直接影响塑件的结晶度和结晶构型，可以采用较高的模具温度。因为当模温较高时，冷却速率小，结晶速率大。此外，模具温度高时也有利于分子的松弛过程，分子定向效应小。结晶速度与温度的关系如图 1-9 所示。对于结晶型塑料，其模具温度可控制在玻璃化温度与最大结晶速度的相应温度之间。

对于非结晶型塑料，当熔融黏度较低或中等时（如聚苯乙烯、乙酸纤维素等），模具温度常偏低；而对于熔融黏度偏高的非结晶型塑料（如聚碳酸酯、聚苯醚、聚砜等），则必须采用较高的模温。当所需模温大于 80℃时，应设置加热装置。

模具温度对塑料某些成型性能的影响如图 1-10 所示。

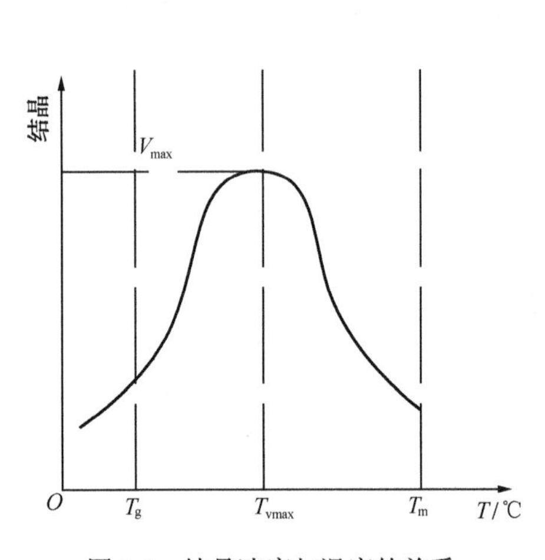

图 1-9　结晶速度与温度的关系

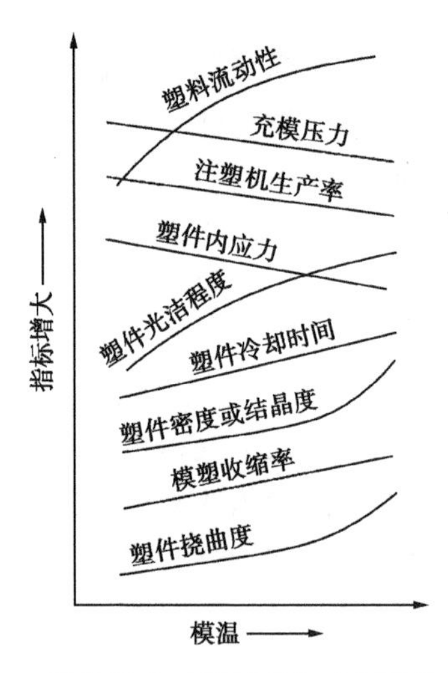

图 1-10　模具温度对塑料某些成型性能的影响

2. 压力

注射成型过程需要控制的压力有塑化压力、注塑压力、保压压力和型腔压力四种，它们直接影响塑料的塑化和塑件质量。

1）塑化压力

塑化压力又称背压，是指螺杆式注射成型时，螺杆头部熔体在螺杆转动后退时所受到的阻力。由于它所代表的是塑料塑化过程中所承受的压力，因此称为塑化压力。它的大小是靠调节排油阀改变排油速度来控制的。背压不能太小，否则螺杆后退速度加快，从料斗进入料筒的塑料密度小、空气量大而降低塑化效果；背压也不宜太大，否则螺杆后退时阻力增大，受螺杆推动的塑料热效应增高，不但会恶化塑化效果，而且会延长预塑化时间，容易使喷嘴处产生流涎现象。所以，通常在保证塑件质量的前提下，背压一般不大于 2MPa。

2）注塑压力

注塑压力是指柱塞或螺杆顶部对塑料熔体所施加的压力。其作用是克服熔体流动充型过程中的流动阻力；使熔体具有一定的充型速率；对熔体进行压实。注塑压力的大小

取决于注塑机的类型、塑料的品种、模具结构、模具温度、塑件的壁厚及流程的大小等，尤其是浇注系统的结构和尺寸。为了保证塑件的质量，对注塑速率有一定要求，而注塑速率与注塑压力有直接关系。

在同样条件下，注塑压力大时，注塑速率高；反之，注塑压力小时注塑速率低。对于熔体黏度高的塑料，其注塑压力应比黏度低的塑料大；对于壁薄、面积大、形状复杂及成型时熔体流程长的塑件，注塑压力也应该大；对于面积小、结构简单、浇口尺寸较大的塑件，注塑压力可以较小；对于柱塞式注塑机，因料筒内压力损失较大，故注塑压力应比螺杆式注塑机的大；对于料筒温度高、模具温度高的，注塑压力也可以较小。

总之，注塑压力的大小取决于塑料品种、注塑机类型、模具的浇注系统状况、模具温度、塑件复杂程度和壁厚及流程的长短等诸多因素，很难具体确定，一般要经试模后才能确定。注塑压力对塑料成型性能的影响如图 1-11 所示。其常用的注塑压力为 70～150MPa。

3）保压压力

型腔充满后，注塑压力的作用在于对模内熔体的压实，此时的注塑压力又称保压压力。在生产中，保压压力等于或小于注射时所用的注塑压力。如果注射时和保压时的压力相等，则往往可以使塑件的收缩率减小，并且尺寸稳定性及力学性能较好。其缺点是会造成脱模时的残余压力过大，使塑件脱模困难。因此，保压压力应适当。

4）型腔压力

型腔压力是注塑压力在经过注塑机喷嘴、模具流道、浇口等的压力损失后，作用在型腔单位面积上的压力。一般型腔压力是注塑压力的 30%～65%，为 20～40MPa。

3. 注塑速度

注塑速度主要影响熔体在型腔内的流动行为。通常随着注塑速度的增大，熔体流速增加，剪切作用加强，熔体黏度降低，熔体温度因剪切发热而升高，所以有利于充型。塑件各部分塑料熔体的熔接处的熔接强度也得以增加。但是，注塑速度增大可能使熔体从层流状态变为湍流状态，严重时会引起熔体在模内喷射而造成模内空气无法排出。这部分空气在高压下被压缩而迅速升温，会引起塑件局部烧焦或分解。

在实际生产中，注塑速度通常是通过实验来确定的。一般先以低压慢速注射，然后根据塑件的成型情况去调整注塑速度。注塑速度对塑料成型性能的影响如图 1-12 所示。

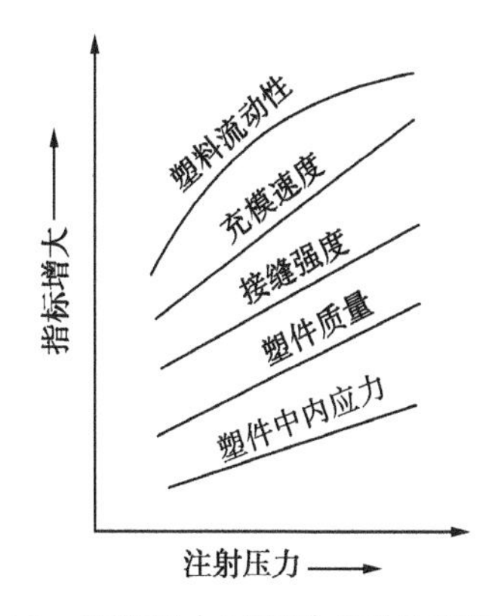

图 1-11　注塑压力对塑料成型性能的影响

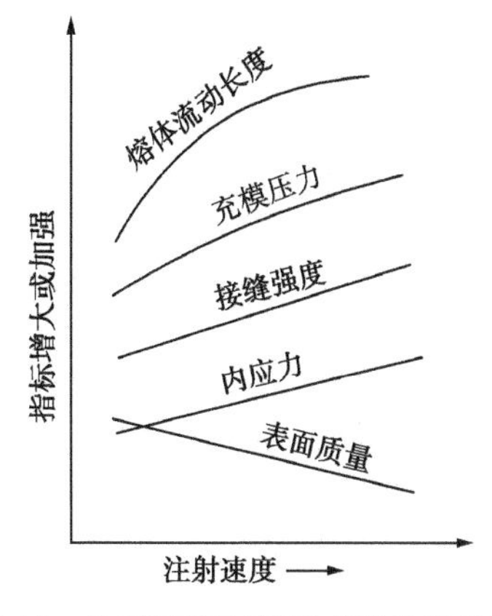

图 1-12　注塑速度对塑料成型性能的影响

Note

4．成型周期

完成一次注射成型过程所需的时间称为成型（或生产）周期。它是决定注射成型生产率及塑件质量的一项重要因素。它包括以下几个部分：

- 成型周期
  - 注塑时间
    - 充型时间（柱塞或螺杆前进的时间）
    - 保压时间（柱塞或螺杆停留在前进位置的时间）
  - 闭模冷却时间（柱塞后退或螺杆转动后退的时间均包括在这段时间内）
  - 其他时间（指开模、脱模涂拭脱模剂、安放嵌件和闭模等时间）

（保压时间与闭模冷却时间合称为：总冷却时间）

注射成型周期时序图如图 1-13 所示，它反映了各时间段内模具各部分的状态与动作过程。

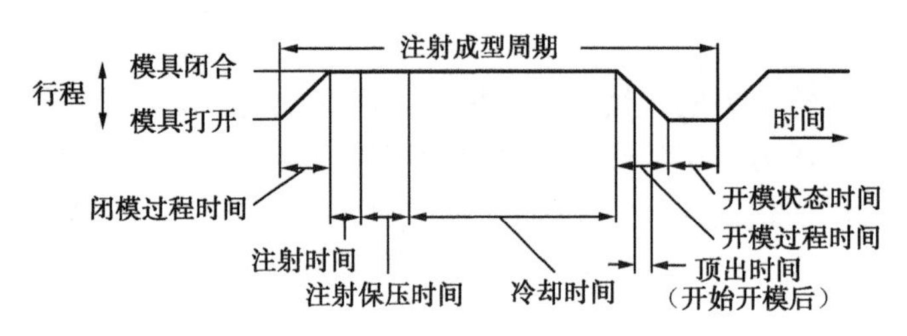

图 1-13　注射成型周期时序图

成型周期直接影响生产效率和设备利用率，应在保证产品质量的前提下，尽量缩短成型、冷却过程。从图 1-13 中可以看出，在整个成型周期中，注射时间和冷却时间是基本组成部分，注射时间和冷却时间的多少对塑件的质量有决定性影响。注射时间中的充型时间不长，一般不超过 10s；保压时间较长，一般为 20～120s（特厚塑件可达 5～10min），通常以塑料塑件收缩率最小值为保压时间的最佳值。

冷却时间主要决定于塑料塑件的壁厚、模具温度、塑料的热性能和结晶性能。冷却时间的长短应以保证塑件脱模时不引起变形为原则，一般为 30～120s。此外，在成型过程中应尽可能缩短开模、脱模等的时间，以提高生产率。

1.3　塑件缺陷产生的原因及对策

在塑件成型加工过程中，由于塑料原料品种繁多，模具型腔结构复杂，成型设备的控制运行状态各异，加上成型工艺的差异等，在塑件上会产生各种各样的成型缺陷。

1.3.1　欠注

1．表现

型腔未完全充满，主要发生在远离浇口或薄截面的地方，如图 1-14 所示。

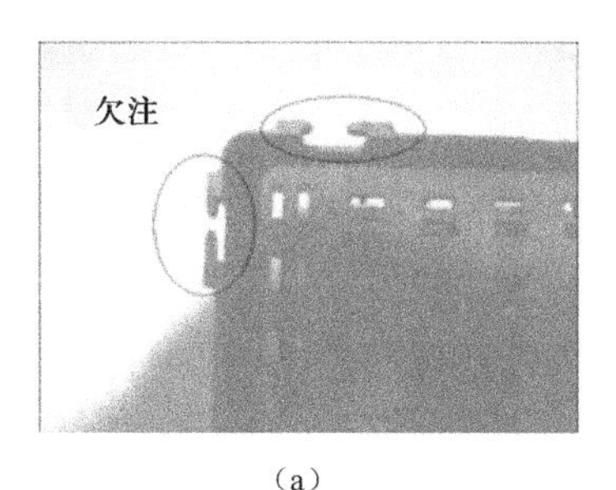

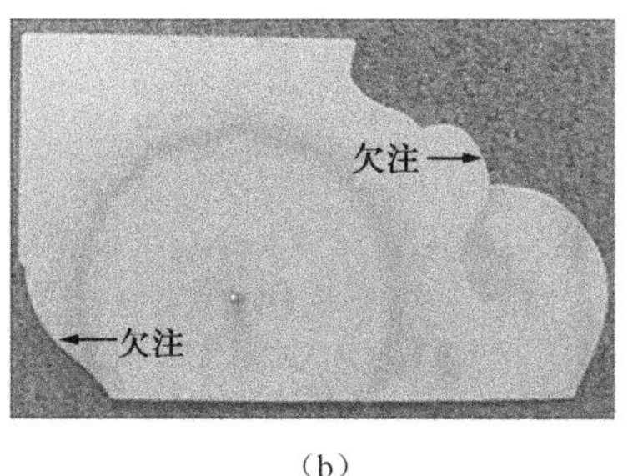

（a）　　（b）

图 1-14　欠注

2. 物理原因

熔料的注射压力太小和注射速度太低，熔料在射向流道最末端的过程中逐渐冷却。通常在低熔料温度和模温的条件下注射高黏性材料时会碰到这种情况。它也会发生在需要高压注射，但保压压力设置小、不成比例的时候。

实际上，当需要较大的注射压力时，保压压力也应按比例增大：正常时，保压压力应为注射压力的 50%左右，但如果采用较大的注射压力，保压压力应为注射压力的 70%～80%。

如在浇口附近发现注射不满，可以解释为流体前锋在这些点被阻挡，较厚的地方先被充满。因此，在型腔几乎被充满之后，在薄壁处的熔料已经凝结并且在流体中心部位有少量的流动会导致注射不足。

3. 加工原因

与加工参数有关的原因与改良措施如表 1-4 所示。

表 1-4　与加工参数有关的原因与改良措施

原　　因	改 良 措 施
注射压力太小	增大注射压力
注射速度太低	增加注射速度
保压压力太小	增大保压压力
保压切换太早	延迟从注射到保压的切换
熔料温度太低	增加料筒温度，增大螺杆背压
模温太低	增加模温
保压时间太短	延长保压时间

4. 设计原因

与设计有关的原因与改良措施如表 1-5 所示。

表 1-5　与设计有关的原因与改良措施

原　　因	改 良 措 施
流道/料头的横截面太小	增加流道/料头的横截面
模具排气不足	提高模具排气性
喷嘴孔太小	增加喷嘴孔径
薄壁处的厚度不够	增加截面厚度

1.3.2 飞边

1. 表现

在凹处周围，沿分型线的地方或模具密封面出现薄薄的飞边，如图 1-15 所示。

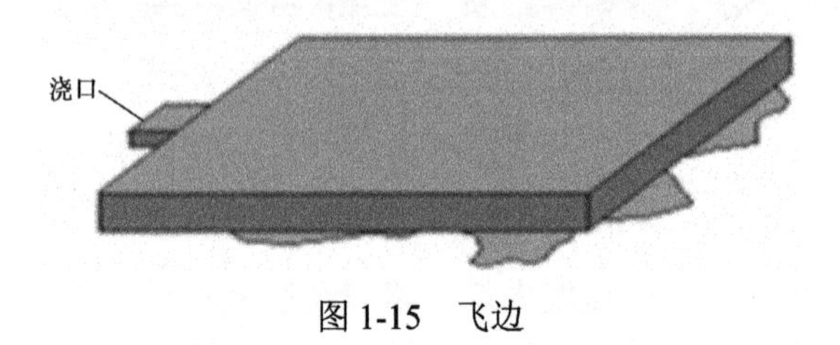

图 1-15 飞边

2. 物理原因

在多数情况下，飞边的产生是因为在注射和保压过程中，机器的合模力不够，无法沿分型线将模具锁紧并密封。

如果型腔内有的地方压力很大，此处模具变形就有可能造成溢模。在高的成型温度和注射速度条件下，熔料在流道末端仍能充分流动，如果模具没有锁紧就会产生飞边。

如果只在模具上某一点发现飞边，就说明模具本身有缺陷，此处模具未完全封住。局部产生飞边是由于模具有缺陷，而扩展到整个周围则是因为合模力不够。

为避免飞边，在增加合模力时应该慎重，因为合模力过量易损坏模具。建议正确的做法是应仔细确认飞边产生的真正原因。

特别是在使用多型腔模具之前，准备一些模具的分析资料，这样可以给所有的问题提供正确答案。

3. 加工原因

与加工参数有关的原因与改良措施如表 1-6 所示。

表 1-6 与加工参数有关的原因与改良措施

原 因	改 良 措 施
锁模力不够	增加锁模力
注射速度太快	减小注射速度，用多级注射：快—慢
保压切换晚	早一点保压切换
熔料温度太高	降低料筒温度
模壁温度太高	降低模壁温度
保压压力太大	减小保压压力

4. 设计原因

与设计有关的原因与改良措施如表 1-7 所示。

表 1-7　与设计有关的原因与改良措施

原　因	改良措施
模具强度不够	增加模具强度
模具在分型线或凸边处密封不足	重新设计模具

1.3.3　缩痕

1. 表现

塑件表面材料堆积区域有缩痕，如图 1-16 所示。缩痕主要发生在塑件壁厚最大的地方或者壁厚改变的地方。

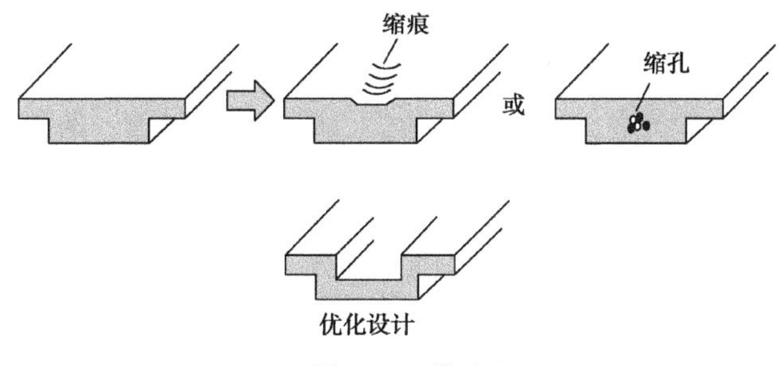

图 1-16　缩痕

2. 物理原因

当塑件冷却时，收缩（体积减小，收缩）发生，此时外层紧靠模壁的地方先冻结，在塑件中心形成内应力。如果应力太大，就会导致外层的塑料发生塑性变形，换句话说，外层会向里陷下去。如果在收缩发生和外壁变形还未稳定（因为还没有冷却）时，保压没有补充熔料到模件内，在模壁和已凝结的塑件外层之间就会形成沉降。

这些沉降通常看作收缩。如果塑件有厚截面，在脱模后也有可能产生这样的收缩。这是因为内部仍有热量，它会穿过外层并对外层产生加热作用。塑件内产生的拉伸应力会使热的外层向里沉降，在此过程中形成收缩。

3. 加工原因

与加工参数有关的原因与改良措施如表 1-8 所示。

表 1-8　与加工参数有关的原因与改良措施

原　因	改良措施
保压压力太小	增大保压压力
保压时间过短	延长保压时间
模壁温度太高	降低模壁温度
熔料温度太高	降低熔料温度，降低料筒温度

4. 设计原因

与设计有关的原因与改良措施如表 1-9 所示。

表 1-9　与设计有关的原因与改良措施

原　因	改 良 措 施
料头横截面太小	增加料头横截面
料头太长	缩短料头
喷嘴孔太小	增大喷嘴孔径
料头开在薄壁处	将料头定位在厚壁处
材料堆积过量	避免材料堆积
壁/筋的截面不合理	提供较合理的壁/筋的截面比率

1.3.4　熔接痕

1. 表现

在充模方式里，熔接痕是指各流体前端相遇时的一条线。熔接痕形成示意图如图 1-17 所示。特别是模具有高抛光表面的地方，塑件上的熔接痕很像一条刮痕或一道槽，这在颜色深或透明的塑件上更明显。熔接痕的位置总是在料流方向上。

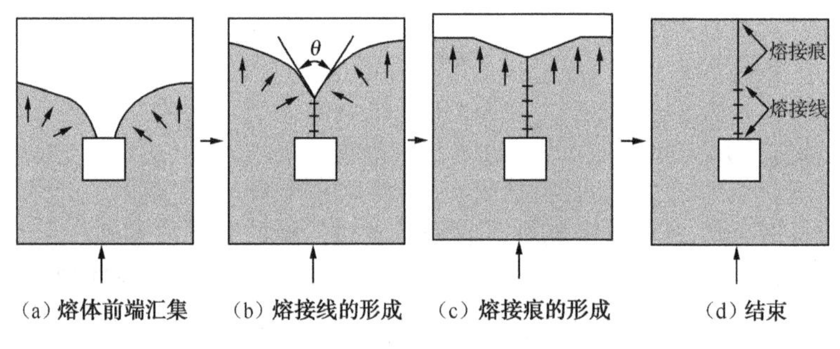

图 1-17　熔接痕形成示意图

2. 物理原因

熔接痕形成的地方为熔料的细流分叉并连接在一起的地方，最典型的是型芯周围的熔流或使用多浇口的塑件。在细流再次相遇的地方，表面会形成接合缝和料流线。

熔流周围的型芯越大或浇口间的流道越长，形成的熔接痕就越明显。细小的熔接痕不会影响塑件的强度。

然而，流程很长或温度和压力不足的地方，充模不满会造成显著的凹槽，其主要原因是流体前端未均匀熔合产生了弱光点。聚合物内加入颜料的地方可能会产生斑点，这是因为在取向上有明显的差异。浇口的数量和位置决定了熔接痕的数量和位置。流体前锋相遇时的角度越小，接合缝越明显。

大多数情况下，工艺调试不可能完全避免熔接痕或料流线。所能做的是降低其亮度，或将它们移到不显眼或完全看不到的地方。

3. 加工原因

与加工参数有关的原因与改良措施如表 1-10 所示。

表 1-10　与加工参数有关的原因与改良措施

原　　因	改 良 措 施
注射速度太低	提高注射速度
保压压力太小	增大保压压力，尽早进行保压切换
模壁温度太低	增加模壁温度
模温太低	增加模温

4．设计原因

与设计有关的原因与改良措施如表 1-11 所示。

表 1-11　与设计有关的原因与改良措施

原　　因	改 良 措 施
浇口位置不合理	重新定位浇口，并将其移到不可见的地方
料流道处无排气孔	排气孔尺寸符合材料特性（ABS：0.02mm 深；PA：0.01mm 深）

1.3.5　翘曲

1．表现

塑件的形状在塑件脱模后或稍后一段时间内产生旋转或翘曲现象，如图 1-18 所示。典型表现为塑件平坦部分有起伏，直边向里或向外弯曲或翘曲。

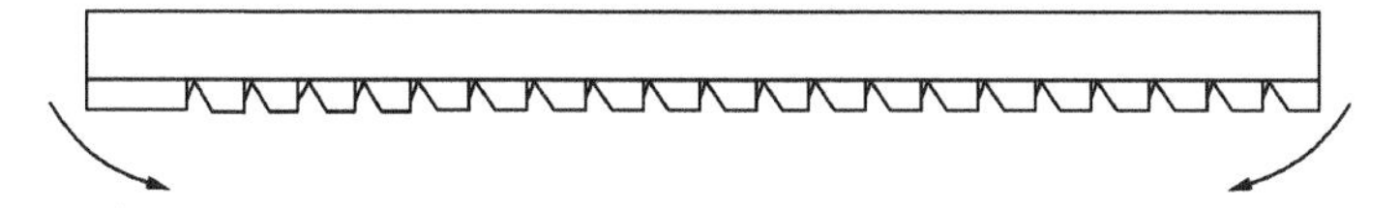

图 1-18　翘曲

2．物理原因

塑件因其特性，冻结的分子链在应力作用下发生内部移位。在脱模的时候，按不同的塑件形状，应力往往会造成不同程度的变形。内应力使塑件收缩不均，小颗粒移位，颗粒内冷却不平衡或颗粒内产生过量的压力。特别是用部分结晶材料制成的塑件，如 PE、PP、POM 比非晶体材料 ABS、PMMA 和 PC 更容易产生缩壁，更易发生翘曲。

3．加工原因

与加工参数有关的原因与改良措施如表 1-12 所示。

表 1-12　与加工参数有关的原因与改良措施

原　　因	改 良 措 施
流体前锋黏性太低	提高注射速度
熔料温度太低	增加料筒温度，增加螺杆背压
模温太低	增加模具温度
模内压力太大	减小保压压力，将保压切换提前

Note

4．设计原因

与设计有关的原因与改良措施如表 1-13 所示。

表 1-13　与设计有关的原因与改良措施

原　　因	改 良 措 施
模温不稳定	提供冷却/加热均衡的模具
截面厚度不规则，材料易堆积	按树脂特性重新设计塑件形状和尺寸

1.3.6　颜色不均

1．表观

颜色不均是指塑件表面的颜色不一样，可在浇口附近和远处出现，偶尔也会在锐边的料流区出现。

2．物理原因

颜色不均是颜料分配不均造成的，尤其是通过母料、粉状或液态色料加色时。

在温度低于推荐的加工温度情况下，母料或色料不能完全均化。当成型温度过高或在料筒的残留时间太长时，也容易造成颜料或塑料的热降解，导致颜色不均。

当材料在正确温度下进行塑化或均化时，如果通过浇口横截面时注射太快，可能会产生摩擦热而造成颜料降解和颜色改变。

通常，在使用母料和色料时，应确保颜料及其溶解液与需要上色的树脂在化学、物理特性方面相容。

3．加工原因

与加工参数有关的原因与改良措施如表 1-14 所示。

表 1-14　与加工参数有关的原因与改良措施

原　　因	改 良 措 施
材料未均匀混合	降低螺杆速度，增加料筒温度，增加螺杆背压
熔料温度太低	增加料筒温度
螺杆背压太小	增大螺杆背压
螺杆速度太高	减少螺杆速度

4．设计原因

与设计有关的原因与改良措施如表 1-15 所示。

表 1-15　与设计有关的原因与改良措施

原　　因	改 良 措 施
螺杆行程过长	用直径较大或长径比较大的料筒
熔料在料筒内停留时间短	用直径较大或长径比较大的料筒
螺杆长径比太小	使用长径比较大的料筒

续表

原　　因	改 良 措 施
螺杆压缩比太小	采用高压缩比螺杆
没有剪切段和混合段	提供剪切段和混合段

1.3.7　气泡

1. 表现

塑件表面和内部有许多气泡（主要在浇口附近、流道中途和远离浇口的地方），发生在塑件壁最厚的地方。气泡有着不同的尺寸和不同的形状，如图 1-19 所示。

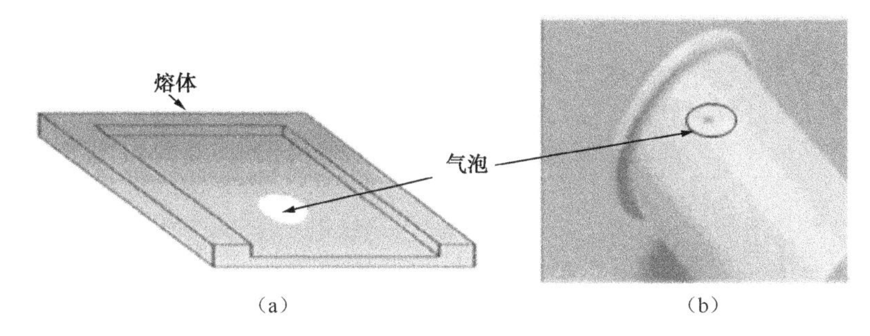

（a）　　（b）

图 1-19　气泡

2. 物理原因

气泡主要发生在必须在高温下加工的热敏感性材料上。如果所需的成型温度太高，通过分子分裂而导致材料分解，熔料就有发生热降解的危险，成型过程中就容易产生气泡。

成型周期长，或因为料筒内的熔料过热，成型过程中都可能产生气泡。

3. 加工原因

与加工参数有关的原因与改良措施如表 1-16 所示。

表 1-16　与加工参数有关的原因与改良措施

原　　因	改 良 措 施
熔料温度太高	降低料筒温度、螺杆背压和螺杆转速
熔料在料筒内残留时间过长	使用较小的料筒直径

4. 设计原因

与设计有关的原因与改良措施如表 1-17 所示。

表 1-17　与设计有关的原因与改良措施

原　　因	改 良 措 施
不合理的螺杆几何形状	使用低压缩比螺杆

1.3.8 空隙

Note

1. 表现

塑件内部的空隙表现为圆形或拉长的气泡形式。只有透明的塑件才可从外面看出里面的空隙；不透明的塑件无法从外面测出。空隙往往发生在壁相对较厚的塑件内，并且是在最厚的地方。

2. 物理原因

当塑件内有泡产生时，经常认为是气泡，是模具内的空气被流入型腔的熔料裹入而形成的。另一个解释是由于料筒内的水汽和气泡进入了塑件的内部。所以，这样的“泡”的产生有多方面的原因。

一开始，生产的塑件会形成一层坚硬的外皮，并且视模具冷却的程度往里或快或慢地发展。然而在厚壁区域，中心部分仍继续保持较长时间的黏性，外皮有足够的强度抵抗任何应力收缩。结果导致平面的熔料被往外拉长，在塑件内仍为塑性的中心部分形成空隙。

3. 加工原因

与加工参数有关的原因与改良措施如表 1-18 所示。

表 1-18　与加工参数有关的原因与改良措施

原　　因	改 良 措 施
模壁温度太低	增加模壁温度
熔料温度太低	增加熔料温度
保压压力太小	增大保压压力
保压时间太短	延长保压时间

4. 设计原因

与设计有关的原因与改良措施如表 1-19 所示。

表 1-19　与设计有关的原因与改良措施

原　　因	改 良 措 施
浇口横截面太小	增加浇口横截面，缩短流道
喷嘴孔太小	增大喷嘴孔径
浇口开在薄壁区	浇口开在厚壁区

1.3.9 放射纹

1. 表现

从浇口喷射出的一股灰暗色熔流在稍微接触模壁后马上被随后注入的熔料包住。此缺陷可能部分或完全隐藏在塑件内部。

2. 物理原因

放射纹往往发生在熔料进入型腔的过程中，流体前端停止发展的地方。它经常发生在大型腔的模具内，熔流没有直接接触到模壁或没有遇到障碍。通过浇口后，有些热的熔料接触到相对较冷的型腔表面后冷却，在充模过程中不能同随后的熔料紧密结合在一起。

除去明显的表面缺陷，放射纹伴随不均匀性、熔料产生冻结拉伸、残余应力和冷应变而产生，并且这些因素都会影响产品质量。

在多数情况下不太可能只通过调节成型参数进行改进，只有改进浇口位置和几何尺寸才可以避免放射纹的产生。

3. 加工原因

与加工参数有关的原因与改良措施如表 1-20 所示。

表 1-20　与加工参数有关的原因与改良措施

原　　因	改 良 措 施
注射速度太快	降低注射速度
注射速度单级	采用多级注射：慢—快
熔料温度太低	增加料筒温度（对于热敏性材料只在计量区），增加螺杆背压
模温太低	在浇口区增加模温

4. 设计原因

与设计有关的原因与改良措施如表 1-21 所示。

表 1-21　与设计有关的原因与改良措施

原　　因	改 良 措 施
浇口和模壁之间过渡不好	提供圆弧过渡
浇口太小	增大浇口
浇口位于截面厚度中心	改变浇口位置，采用障碍注射

1.3.10　烧焦纹

1. 表观

塑件表面表现出银色和淡棕色的非常暗的条纹。

2. 物理原因

烧焦暗纹是熔料过度热降解造成的。淡棕色的暗纹是熔料发生氧化或分解造成的。银色条纹的形成一般是因为螺杆、止逆环、喷嘴、浇口、塑件内窄的横截面或锐边区域产生了摩擦。

一般来说，在机器停工而料筒仍继续加热的时间内塑料会发生严重降解或分解现象。

如果仅在浇口附近发现条纹，原因就不只是热流道温度控制优化不足，还与注塑机的喷嘴有关。

熔料的温度哪怕是稍微有点高，熔料在料筒内的残留时间相对较长，也会导致塑件的力学性能下降。在因为分子热运动而产生的降解连锁反应的作用下，熔料的流动性会增加，使模件不可避免地产生溢模的现象。对于复杂模具尤其要小心。

3. 加工原因

与加工参数有关的原因与改良措施如表 1-22 所示。

表 1-22　与加工参数有关的原因与改良措施

原　　因	改良措施
保压压力太小	增大保压压力
熔料在料筒停留时间过长	采用小直径料筒
热流道温度太高	检查热流道温度，降低热流道温度
注射速度太快	减小注射速度，采用多级注射：快—慢

4. 设计原因

与设计有关的原因与改良措施如表 1-23 所示。

表 1-23　与设计有关的原因与改良措施

原　　因	改良措施
螺杆压缩过度	减小螺杆压缩行程
长径比太大	使用较小长径比的螺杆

1.3.11　玻璃纤维银纹

1. 表现

加入了玻璃增强纤维的塑件表面呈多样缺陷，如灰暗、粗糙、部分出现金属亮点等，尤其是在凸起部分料流区，流体再次会合的接合线附近。

2. 物理原因

如果注射温度太低并且模温太低，含有玻璃纤维的材料往往在模具表面凝结过快，此后玻璃纤维再也不会嵌入熔体内。当两股料流的前锋相遇时，玻璃纤维的取向是在每条细流的方向上，因此在料流交叉的地方会导致表面材质不规则，形成熔接痕或料流线。

这些现象在料筒内熔料未完全混合时会更加明显。例如，由于螺杆行程太长，导致混合不均的熔料被注入熔体口。

3. 加工原因

与加工参数有关的原因与改良措施如表 1-24 所示。

表 1-24　与加工参数有关的原因与改良措施

原　　因	改良措施
注射速度太低	提高注射速度，采用多级注射：慢—快
模温太低	增加模温
熔料温度太低	增加料筒温度，增大螺杆背压
熔料温度变化快，如熔料不均匀	增大螺杆背压，减小螺杆速度，使用较长的螺杆压缩行程

1.3.12 顶白

1. 表现

在塑件面对喷嘴一侧，即在顶出杆位于模具顶出一侧的地方发现应力泛白和应力升高的现象。

2. 物理原因

如果所需的脱模力太高或顶出杆的表面相对较小，此处的面压力会很高，发生变形、最终造成顶出部位泛白。

3. 加工原因

与加工参数有关的原因与改良措施如表 1-25 所示。

表 1-25 与加工参数有关的原因与改良措施

原　　因	改 良 措 施
保压压力太大	减小保压压力
保压时间太长	缩短保压时间
保压切换太迟	将保压切换提前
冷却时间太短	延长冷却时间

4. 设计原因

与设计有关的原因与改良措施如表 1-26 所示。

表 1-26 与设计有关的原因与改良措施

原　　因	改 良 措 施
脱模斜度不够	按规格选择脱模斜度
脱模方向上表面粗糙	对脱模方向上模具表面抛光
顶出一侧上形成真空	型芯内装气阀

1.4 本章小结

模流分析软件 Moldflow 是一款数值模拟软件，根据已设定的各种参数来模拟塑料在注塑成型各阶段的工作情形，包括填充、保压、变形和冷却。为了更加快速地学习模流分析软件，需要初步了解各种塑料的类型和它们各自的特点，知道模具的结构和各种工作状态，了解模流分析的工作原理，更重要的是，对注塑成型的基本知识和常见的注塑成型缺陷要有足够的认识。

基于此，本章主要介绍了模流分析的基础知识，包括有限元法、注射成型基础知识、注射成型过程和注射工艺条件对塑件质量的影响，以及塑件缺陷产生的原因及对策。总之，要想更好地掌握模流分析，需要结合高分子材料、模具设计和注塑成型等相关知识，这样才能真正地学好模流分析、用好模流分析。

第2章

软件介绍

本章主要介绍 Moldflow 软件的基本功能、主要分析模块、Moldflow 2021 的新功能、操作界面和分析流程等，并详细介绍 Moldflow 菜单/选项卡的使用，包括开始菜单、“几何”选项卡、“网格”选项卡、“成型工艺设置”选项卡、“分析”选项卡、“结果”选项卡、“报告”选项卡等。

学习目标

（1）了解 Moldflow 软件的分析模块

（2）了解 Moldflow 软件的操作界面和分析流程

（3）熟悉 Moldflow 菜单/选项卡的使用

Note

2.1 概述

Moldflow 的设计分析解决方案是全球塑料注射成型行业中使用最广泛、技术最先进的。Moldflow 是一个提供深入塑件和模具设计分析的软件包，它提供强大的分析功能、可视化功能和项目管理工具。

2.1.1 软件简介

塑件从设计到成型生产是一个十分复杂的过程，它主要包括塑件设计、模具结构设计、模具加工制造和模塑生产等方面，它需要产品设计师、模具设计师、模具加工工艺师及熟练操作工人协同努力来完成，它是一个设计、修改、再设计的反复迭代、不断优化的过程。

模具是生产各种工业产品的重要工艺装备，随着塑料工业的迅速发展，以及塑件在航空航天、电子、机械、船舶和汽车等行业的推广应用，对模具设计的要求也越来越高，传统的模具设计方法已无法适应当今的要求。与传统的模具设计相比，计算机辅助工程技术无论是在提高生产效率、保证产品质量方面，还是在降低成本、减轻劳动强度方面，都具有极大的效用。

Moldflow 软件是欧特克公司开发的一款用于塑件、模具的设计与制造的软件。Moldflow 软件为企业产品的设计及制造的优化提供了整体的解决方案，帮助工程人员轻松地完成整个流程中各个关键点的优化工作。

Moldflow 软件可以模拟整个注射过程及这一过程对注射成型产品的影响。Moldflow 工具中融合了一整套设计原理，可以评价和优化组合整个过程，可以在模具制造以前对塑料产品的设计、生产和质量进行优化。

在产品的设计及制造环节，提供了两大模拟分析软件：AMA（Moldflow 塑件顾问）和 AMI（Moldflow 高级成型分析专家）。

AMA 简便易用，能快速响应设计者的分析变更，因此主要针对注射产品设计工程师、项目工程师和模具设计工程师，用于产品开发早期，快速验证产品的制造可行性。AMA 主要关注外观质量（熔接线、气穴等）、材料选择、结构优化（壁厚等）、浇口位置和流道（冷流道和热流道）优化等问题。

AMI 用于注射成型的深入分析和优化，是全球应用最广泛的模流分析软件。企业通过 AMI 这一有效的优化设计制造工具，可将优化设计贯穿于设计制造的全过程，彻底改变传统的依靠经验的“试错”的设计模式，使产品的设计和制造尽在掌握之中。Moldflow 2021 软件为 AMI 系列软件中功能最全、版本最新的软件。

2.1.2　软件功能

Note

1．优化塑件

运用 Moldflow 软件，可以得到塑件的实际最小壁厚，优化塑件结构，降低材料成本，缩短生产周期，保证塑件能全部充满。

2．优化模具结构

运用 Moldflow 软件，可以得到最佳的浇口数量与位置、合理的流道系统与冷却系统，并对型腔尺寸、浇口尺寸、流道尺寸和冷却系统尺寸进行优化，在计算机上进行试模、修模，大大提高模具质量，减少实际修模次数。

3．优化注射工艺参数

运用 Moldflow 软件，可以确定最佳的注射压力、保压压力、锁模力、模具温度、熔体温度、注射时间、保压时间和冷却时间，以注射出最佳的塑件。

2.1.3　AMI 软件介绍

AMI 软件作为数字样机解决方案的一部分，为数字样机的使用提供了一整套先进的塑料工程模拟工具。AMI 软件强大的深入分析功能，能够优化塑料产品和与之关联的模具，模拟当今最先进的成型过程。目前，AMI 软件普遍应用于顶级的汽车制造、医疗、消费电子和包装行业，帮助公司将新产品更快地推向市场。

AMI 软件在确定最终设计之前，在计算机上进行不同材料、产品模型、模具设计和成型条件的实验。这种在整个产品的开发过程评估不同状况的能力使得在实际生产中能够获得高质量产品。AMI 软件帮助用户“第一时间改好”，从而避免了制造阶段成本的提高和时间的延误。

AMI 软件致力解决与塑料成型相关的设计和制造问题。对于生产塑料产品和模具的各种成型过程，包括一些新的成型方式，它都有专业的模拟工具。AMI 软件不但能够模拟最普通的成型过程，而且可以模拟为满足苛刻设计要求而采取的独特的成型过程。在材料特性、成型分析、几何模型方面的领先技术，让 AMI 软件代表最前沿的塑料模拟技术。AMI 软件可以缩短开发周期，降低成本，并且让团队有更多的时间去创新。

AMI 软件包含了最大的塑料材料数据库。用户可以查到超过 8000 种商用塑料的最新最精确的材料数据，因此能够放心评估不同的候选材料或者预测最终应用条件苛刻的成型产品的性能。AMI 软件中也可以看到能量使用指示和塑料的标识，因此可以更进一步地降低材料能量并且选择对可持续发展有利的材料。

AMI 软件赋予工程师深入分析的能力去帮助他们解决最困难的制造问题。由于分析结果高度可信，甚至最复杂的产品模型，AMI 软件也能够使工程师团队在模具制造前预测出制造缺陷，真正地减少费时费钱的修模工作。通过完善的控制分析过程参数和广泛的可定制的结果，AMI 软件能够将分析结果和实际成型条件精确关联，预测潜在问题并采取改善措施去避免。一旦分析完成，可以使用自动报告生成工具制成普遍格式（如 Microsoft Word 或 Power Point）的报告，这样就可以和设计、制造团队的其他人员分享有价值的模拟结果，从而提高协同性而使开发更流畅。

2.1.4 主要模块

1. 中性面

中性面不仅大大缩短了对塑件进行造型的时间，而且可以自动产生网格化的实体中性面，使用户可以进行深入的工艺分析。

2. 双层面

双层面是处理 CAD 模型最方便的方法，在保证流动、保压、优化、冷却和翘曲等分析的基础上，能够减少处理模型的时间。用户在使用 AMI 软件进行热固性塑料模具分析时，也可以使用双层面。使用双层面可以改进塑件和模具的设计，确定材料和工艺条件，从而在质量、成本和时间上取得最佳组合。

3. 三维

三维技术解决的是一类以前用传统的有限元法无法解决的问题，即在厚的部件中，熔化的塑料可以向各个方向流动。三维解决方案通过使用基于实体四面体的有限单元网格技术，在非常厚的塑件上执行真正的三维模拟。

4. 浇口位置分析

浇口位置分析可自动分析出最佳浇口的位置。如果模型需要设置多个浇口，可以对模型进行多次浇口位置分析。当模型已经存在一个或者多个浇口时，可以进行浇口位置分析，系统会自动分析出附加浇口的最佳位置。

5. 成型窗口分析

成型窗口分析帮助定义能够生产合格产品的成型工艺条件范围。在这个范围内，就可以生产出高质量的产品。

6. 流动分析

使用填充+保压可以帮助设计人员确定合理的浇口、流道数目和位置、平衡流道系统和评估工艺条件以获得最佳保压阶段设置，提供一个健全的成型窗口，能够预测注射压力、锁模力和熔料流动前沿温度、熔接线和气穴可能出现的位置以及充填时间、压力和温度分布，并确定和更正潜在的塑件收缩和翘曲变形等质量缺陷。

流动分析能分析聚合物在模具中的流动，并且优化型腔的布局、材料的选择、填充和保压的工艺参数，可以在产品允许的强度范围内和合理的充模情况下减少型腔的壁厚，把熔接线和气穴定位在结构和外观允许的位置上，并且定义一个范围较宽的工艺条件，而不用考虑生产车间条件的变化。填充+保压能够为注射成型从塑件设计、模具设计到成型工艺方面提供全面和并行的解决方案。

7. 冷却分析

冷却分析是一种用于对模具冷却回路、镶件、网格模型和模板进行建模及分析模具冷却系统效率的工具。冷却分析分析冷却系统对流动过程的影响，优化冷却水道的布局和工作条件。

冷却和填充+保压相结合，可以模拟完整的动态注射过程，从而改进冷却水道的设计，使塑件均匀冷却，并由此缩短成型周期，减少产品成型后的内应力和翘曲变形，从而降低模具总体制造成本。

8. 翘曲分析

翘曲分析可预测整个塑件的翘曲变形，同时可指出产生翘曲的主要原因及相应的改进措施。翘曲分析可帮助预测由成型工艺引起的应力集中而导致的塑件的收缩和翘曲，也可以预测由不均匀压力分布而导致的模具型芯偏移、明确翘曲原因、查看翘曲变形将会发生的区域及翘曲变形趋势，并可以优化设计、材料选择和工艺参数以便在模具制造之前控制塑件变形。

9. 收缩分析

收缩分析可以通过聚合物的收缩数据和流动分析结果来确定型腔的尺寸。通过使用收缩分析，可以在较宽的成型条件下及紧凑的尺寸公差范围内，使型腔的尺寸更准确地同产品的尺寸相匹配，使型腔修补加工及模具投入生产的时间大大缩短，改善产品组装时的相互配合程度，进一步减少废品率，提高产品质量。通过流动分析结果确定合理的塑料收缩率，保证型腔的尺寸在允许的公差范围内。

10. 流道平衡分析

流道平衡分析可以帮助判断流道是否平衡，并给出平衡方案，对一模多腔或者组合型腔的模具来说，熔体在浇注系统中流动的平衡是十分重要的。如果塑料熔体能够同时到达并充满模具的各个型腔，则称此浇注系统是平衡的。

平衡的浇注系统不仅可以保证良好的产品质量，而且可以保证不同型腔内产品质量的一致性。它可以保证各型腔的充填时间保持一致，保证均衡的保压压力，保持一个合理的型腔压力，优化流道的容积，节省充模材料。

11. 纤维填充取向分析

纤维填充取向分析是使用一系列集成的分析工具来帮助优化由含纤维塑料的流动而引起的纤维取向及塑料/纤维复合材料的合成机械强度；帮助判断和控制含纤维塑料内部的纤维取向，减小成型产品上的收缩不均；帮助判断和控制整个注射过程的取向，从而减小或消除产品的翘曲。

Note

12. 结构应力分析

结构应力分析可分析塑件在受外界载荷的情况下的力学性能，根据注射工艺条件，优化塑件的刚度和强度。结构应力分析可预测在外载荷和温度作用下所产生的应力和位移。

对于纤维增强塑料，结构应力分析可根据流动分析和塑料种类的物性数据来确定材料的力学特性。

13. 气体辅助成型分析

气体辅助成型分析模拟市场上的气体辅助注塑机的注射过程，对整个气体辅助注射成型过程进行优化。气体辅助注射成型方法通常是将加入了氮气的气体注入聚合物熔体中，气体推动熔体流进型腔完成填充。

将气体辅助成型、冷却、纤维填充取向和翘曲结合起来，就可以预测放置熔体的位置和气体入口位置、熔体和气体的比例、放置气道的位置及气道尺寸等。

14. 工艺优化分析

工艺优化分析是根据给定的模具、注塑机、注射材料等参数及流动分析结果自动产生保压曲线。其用于注塑机参数的设置，从而免除了试模时对注塑机参数的反复调试。工艺优化分析采用用户给定或默认的质量控制标准，有效地控制产品的尺寸精度、表面缺陷及翘曲变形。

15. 热固性塑料的流动及融合分析反应注射成型模块

应用反应注射成型模块，用户可以模拟热固性树脂的流动和固化，并深入理解这些复杂的处理过程。用户可以预测热固性和橡胶成型方法、反应注射成型（RIM）、增强型反应注射成型（SRIM）和树脂传递模（RTM）的可制造性，缩短成型周期，优化工艺条件。另外，芯片封装模块可模拟集成电路（IC）封装等。

2.2 Moldflow 软件的操作界面

Moldflow 软件具有集成的用户界面，用户可以方便地进行各种操作。

Moldflow 软件的用户操作界面主要由 7 个部分组成：选项卡、工具面板、工程管理视窗、任务视窗、模型显示视窗、图层管理视窗和日志显示视窗，如图 2-1 所示。

（1）选项卡。选项卡位于界面的最上方，包括主页、工具、查看、几何、网格、边界条件、优化、结果、报告、开始并学习和社区，如图 2-2 所示。

（2）工具面板。工具面板位于选项卡下方。用户常用的命令基本集中在“主页”选项卡中，通过单击本选项卡上的命令按钮，可激活不同的命令，不同的选项卡里的命令集合是不一样的。“主页”选项卡下的工具面板如图 2-3 所示。

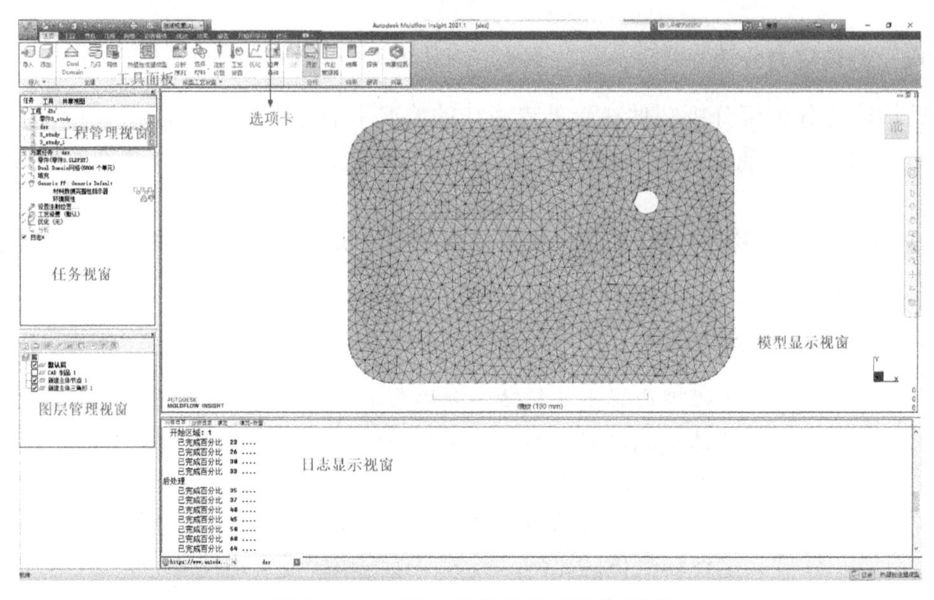

图 2-1　Moldflow 软件的用户操作界面

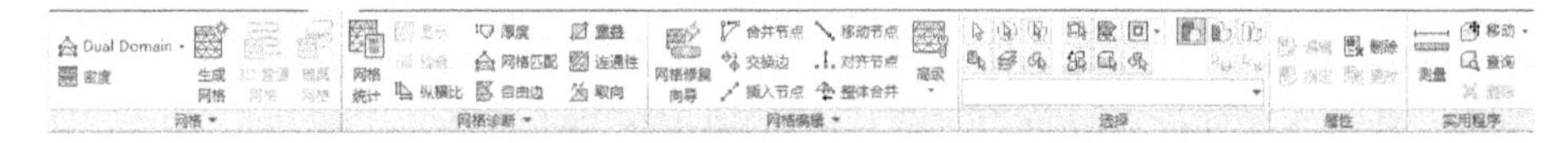

图 2-2　“主页”选项卡

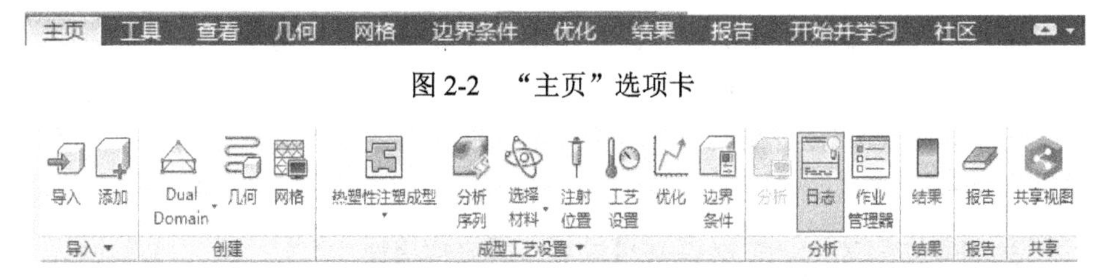

图 2-3　“主页”选项卡下的工具面板

以“网格”选项卡内的命令操作为例进行说明。

- 单击如图 2-3 所示“主页”选项卡下“创建”面板中的“网格”按钮，即可弹出如图 2-4 所示的“网格”选项卡下的工具面板。

图 2-4　“网格”选项卡下的工具面板

- 单击如图 2-5（a）所示“网格编辑”面板的 ▾ 按钮，即可将此功能区展开，得到如图 2-5（b）所示的命令完全显示状态。

（a）　（b）

图 2-5　“网格编辑”面板的功能区

（3）工程管理视窗。工程管理视窗位于用户界面的左上方，显示当前工程项目所包含的方案，用户可以对各个方案进行重命名、复制、删除等操作。工程管理视窗如图 2-6 所示。

（4）任务视窗。任务视窗位于工程管理视窗的下方，显示当前方案分析的状态，具体包括导入的模型、网格属性、分析类型、材料、浇注系统、冷却系统、工艺条件、分析结果等。任务视窗如图 2-7 所示。

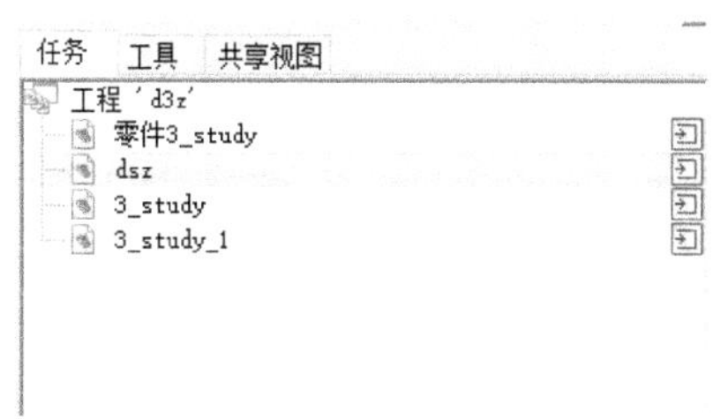

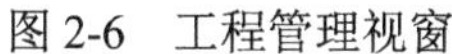

图 2-6 工程管理视窗

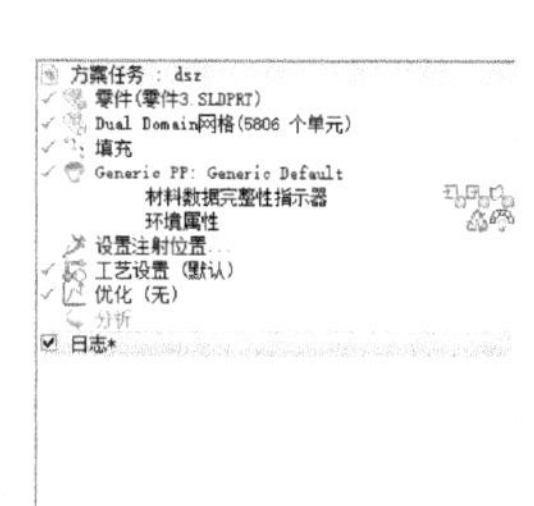

图 2-7 任务视窗

（5）模型显示视窗。模型显示视窗位于整个界面的中央，用来显示模型或分析结果等。模型显示视窗如图 2-8 所示。

（6）图层管理视窗。图层管理视窗位于任务视窗的下方，用户可以进行新建、删除、激活、显示、设定图层等操作，用户熟练使用图层操作，可快速方便地操作软件。图层管理视窗如图 2-9 所示。

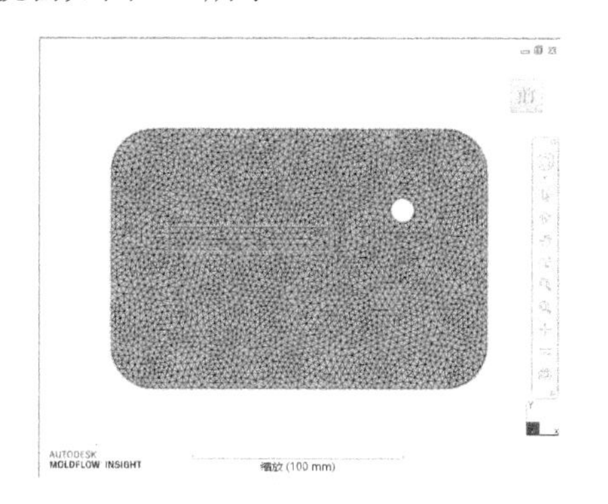

图 2-8 模型显示视窗

图 2-9 图层管理视窗

2.3 Moldflow 软件的菜单/选项卡

本节将详细介绍 Moldflow 软件的各个菜单/选项卡的功能、常用操作，为学习应用 Moldflow 软件进行模流分析打好坚实的实践操作基础。

2.3.1 开始菜单

在文件菜单里，可以执行文件的新建、打开、导入、保存和系统参数设置等命令，

Note

如图 2-10 所示，其中大部分命令都以快捷命令的方式存在于窗口的工具面板中。

1. 组织工程

选择“工程”→“组织”菜单命令，弹出的“组织工程”对话框如图 2-11 所示。用户可以根据不同的排序类型对项目中已存在的方案、报告进行排序，如 CAD 模型、材料、注射点数和共享的结果文件等。

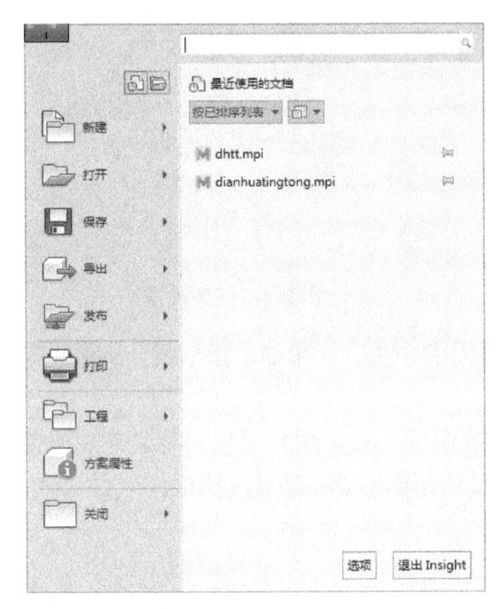

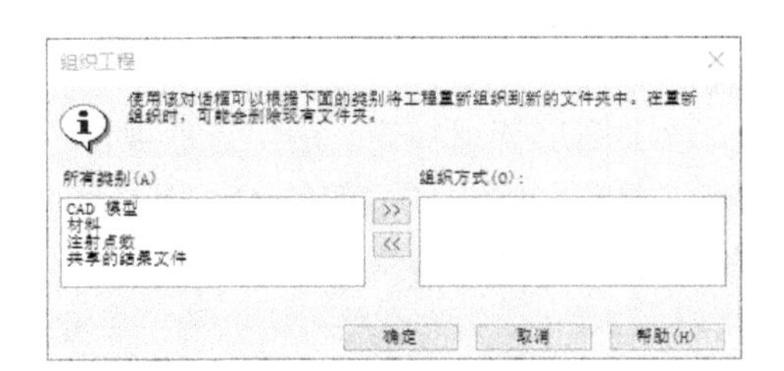

图 2-10　文件菜单

图 2-11　“组织工程”对话框

2. 参数设置

选择“开始”→“选项”菜单命令，弹出的“选项”对话框如图 2-12 所示，包括“常规”“目录”“鼠标”“结果”“外部应用程序”“默认显示”“查看器”“报告”“网络”“计算管理器”“语言和帮助系统”“背景与颜色”12 个选项卡，可以根据个人习惯和需要来设置操作和显示属性。

（1）在“常规”选项卡里，可以进行测量系统的度量单位的设置。

① 在“测量系统”选区中，可以设置激活单位为公制单位或美国英制单位。

② 在“常用材料列表”选区中，可以设置常用材料的数目。

③ “自动保存”选区中的“自动保存时间间隔”复选框：如果选中该复选框，AMI 软件将根据指定的时间间隔自动保存当前运行的项目。

④ 在“建模基准面”选区中，可以设置建模平面的栅格尺寸和平面大小。

（2）在“目录”选项卡中，可以更改工作目录，按照个人需求设置具体的工作目录来保存工程。

（3）图 2-13 所示为“鼠标”选项卡，可以根据个人习惯通过设置鼠标中键、右键、滚轮与键盘的组合使用来对操作对象进行旋转、平移、局部放大、动态缩放、按窗口调整大小、居中、重设、测量等操作。

（4）图 2-14 所示为“结果”选项卡，可以自定义各个分析类型中具体的分析结果。

通过“添加/删除”按钮来设置输出结果，通过“顺序”按钮对分析结果进行排序。

（5）图 2-15 所示为“默认显示”选项卡，用来设置各个图形元素的默认显示状况，包括三角形单元、柱体单元、四面体单元、节点、表面/CAD 面、区域、STL 面和曲线。

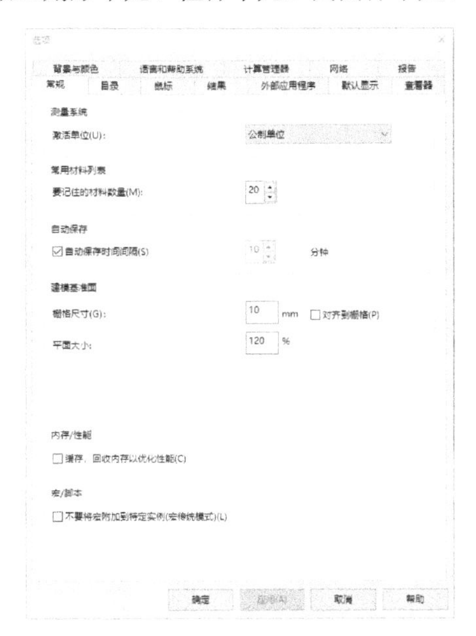

图 2-12　“选项”对话框

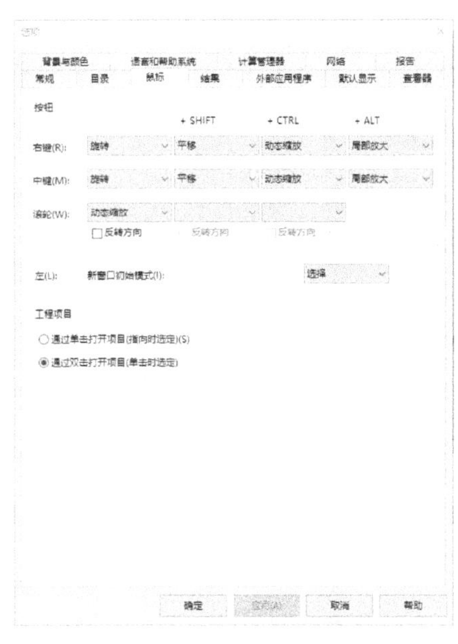

图 2-13　“鼠标”选项卡

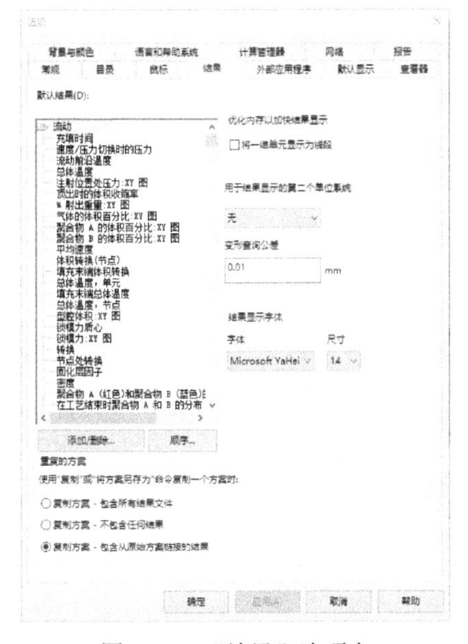

图 2-14　“结果”选项卡

图 2-15　“默认显示”选项卡

显示类型包括实体、实体+单元边、透明、透明+单元边、缩小、网格、实心+网格、透明+网格等。

（6）图 2-16 所示为“查看器”选项卡。

（7）图 2-17 所示为“背景与颜色”选项卡，可以根据个人需要和习惯来设置选中单元颜色、未选中单元颜色和高亮部分颜色等属性。

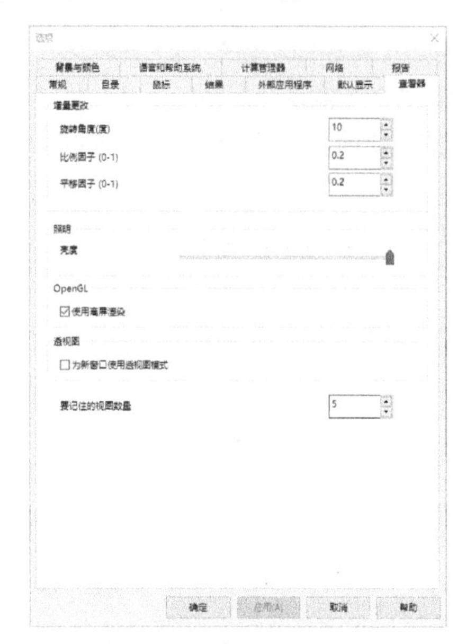

图 2-16 “查看器”选项卡

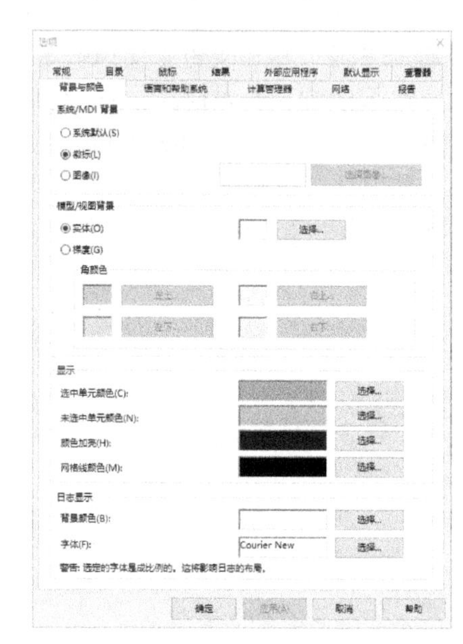

图 2-17 “背景与颜色”选项卡

2.3.2 “几何”选项卡

Moldflow 软件分析的模型可以直接从 CAD 软件中创建导入，也可以直接在 Moldflow 软件中创建，得到的模型是中面模型。

利用“几何”选项卡可以很方便地在模型显示窗口创建点、线、面等基本图形元素，从而构造出复杂的 CAD 模型，通常需要手动创建浇注系统和冷却系统。

“几何”选项卡包括的功能如下：创建节点、创建曲线、创建区域、创建孔、创建镶件、创建局部坐标系/建模基准面、移动/复制、查询实体、型腔重复向导、流道系统向导、冷却回路向导、模具表面向导、通过 Autodesk Inventor Fusion 修改、曲面边界诊断、曲面连通性诊断、曲面修复工具和简化为柱体单元。“几何”选项卡如图 2-18 所示。

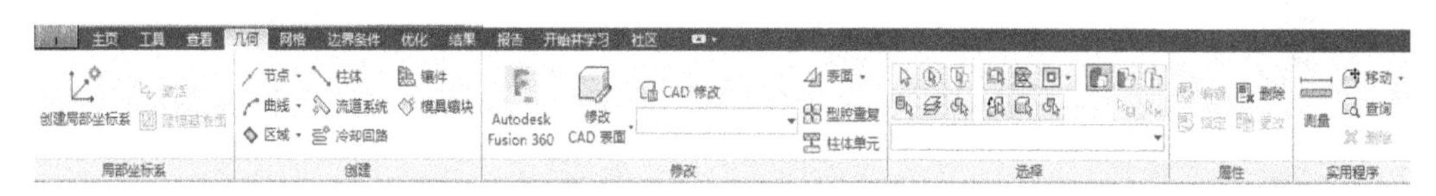

图 2-18 “几何”选项卡

具体操作详见本书第 6 章。

2.3.3 “网格”选项卡

CAD 模型具有高质量的网格，是 Moldflow 软件进行准确分析的前提，因此网格的划分和处理在 Moldflow 软件的应用分析前处理中占有重要的地位。

对导入或创建的模型划分网格，是 Moldflow 软件分析非常重要的步骤，并且网格划分的好坏对分析结果的准确性有很大的影响。

在“网格”选项卡中可以执行“网格生成”“各种网格缺陷诊断”“网格修复”和“柱

体单元创建”等命令，其中绝大部分命令都以快捷命令的方式存在于窗口的工具栏中。

“网格”选项卡如图 2-19 所示，功能包括设置网格类型、生成网格、定义网格密度、生成 SD 模具网格、增加局部网格密度、降低局部网格密度、创建三角形网格、创建柱体网格、创建四面体网格、网格修复向导、网格工具、全部取向、网格诊断、显示诊断结果和网格统计。

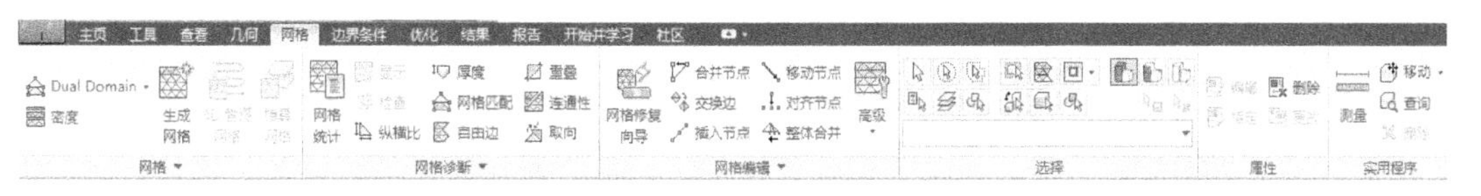

图 2-19 “网格”选项卡

具体操作详见本书第 4 章和第 5 章。

2.3.4 “成型工艺设置”和“分析”选项卡

“成型工艺设置”和“分析”选项卡是 Moldflow 软件的核心，是模流分析的主要工作。“成型工艺设置”和“分析”选项卡可以执行“成型工艺类型选择”“分析类型选择”“成型材料选择”“成型工艺条件设置”等命令，其中大部分命令都以快捷命令的方式存在于窗口的工具面板中。

“成型工艺设置”和“分析”选项卡如图 2-20 所示，功能包括设置成型工艺、设置分析序列、选择材料、工艺设置向导、优化（DOE）设置向导、从 MPX 导入数据、设置注射位置、设置冷却液入口、设置关键尺寸、设置约束、设置载荷、设置 Dynamic Feed 控制位置、编辑阀浇口时间控制器、开始分析和作业管理器。

图 2-20 “成型工艺设置”和“分析”选项卡

1. 设置成型工艺

设置成型工艺用于设定注射成型类型，如果是双层面网格类型，将光标停留在“热塑性注塑成型”选项上，弹出级联菜单如图 2-21 所示。级联菜单包括 9 个选项：“热塑性塑料重叠注塑”“热塑性注塑成型”“多料筒热塑性塑料注射成型”“热塑性塑料微孔发泡注射成型”“反应成型”“微芯片封装”“底层覆晶封装”“传递成型或结构反应成型”和“冷却液流动”。

对于设定注射成型类型的级联菜单，不同的网格类型其选项是不同的，以上选项是双层面网格类型的；如果是中性面网格类型，则其级联菜单如图 2-22 所示，选项包括“热塑性注塑成型”“多料筒热塑性塑料注射成型”“热塑性塑料重叠注塑”“热塑性塑料双组分注射成型”“气体辅助注射成型”“共注射成型”“热塑性塑料注射压缩成型”“反应注射压缩成型”“反应成型”“微芯片封装”“热塑性塑料微孔发泡注射成型”“传递成型或结构反应成型”“底层覆晶封装”“多料筒反应成型”和“冷却液流动”。

Note

热塑性塑料重叠注塑
热塑性注塑成型
多料筒热塑性塑料注射成型
热塑性塑料微孔发泡注射成型
反应成型
微芯片封装
底层覆晶封装
传递成型或结构反应成型
冷却液流动

图 2-21　成型工艺菜单（双层面网格类型）

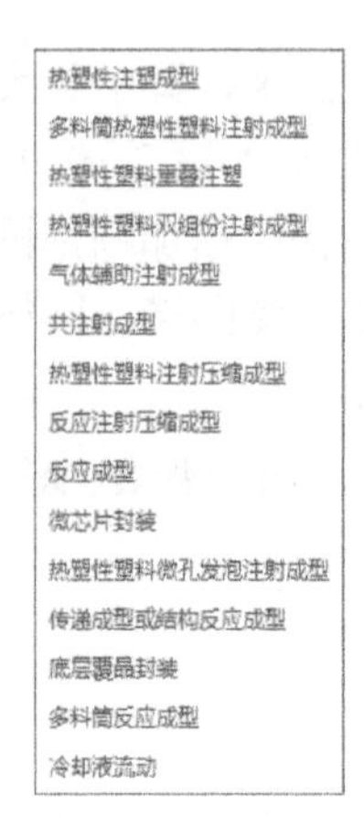

图 2-22　成型工艺菜单（中性面网格类型）①

2. 设置分析序列

设置分析序列用于设定分析的类型和顺序，将光标停留在“分析序列”选项上，弹出如图 2-23 所示的“选择分析序列”对话框。根据模流分析的需要进行分析种类顺序的选择，其中主要包括填充、填充+保压、快速充填、填充+保压+翘曲、冷却、冷却+填充+保压+翘曲、成型窗口、浇口位置、冷却（FEM）、冷却（FEM）+填充+保压+翘曲。

各分析类型详见第 9 章。

3. 选择材料

选择材料用于设定分析材料类型。选择“选择材料”命令，弹出如图 2-24 所示的对话框。Moldflow 软件为用户提供了一个内容丰富的材料数据库，供用户自主选择需要的材料。材料库中包含详细的相关材料的特性信息，能够帮助用户根据成型材料的特性确定成型工艺条件。具体操作详见第 9 章。

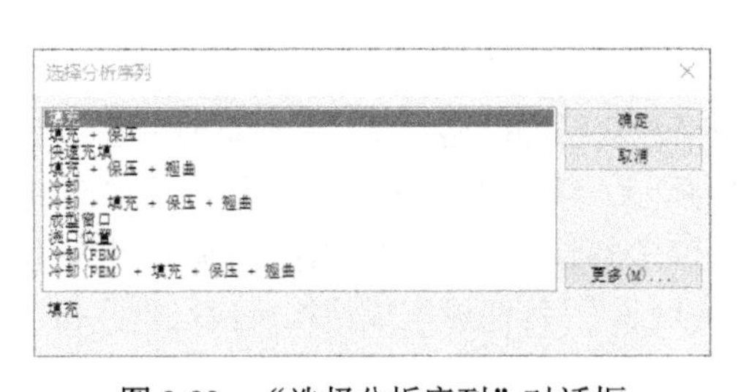

图 2-23　“选择分析序列”对话框

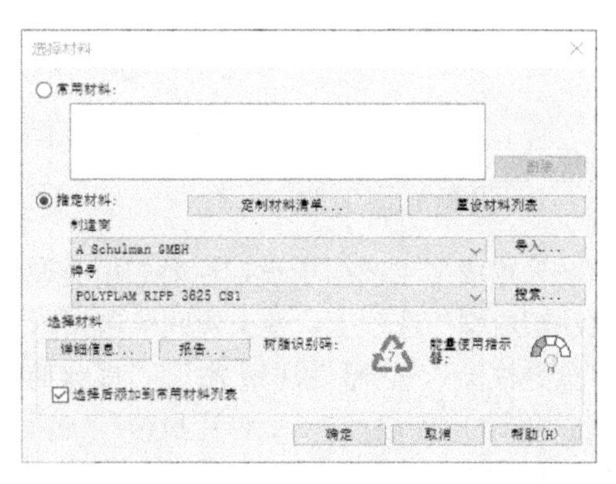

图 2-24　“选择材料”对话框

4. 工艺设置向导

工艺设置向导用于成型工艺条件的设置。一般来说，整个注射成型周期需要具备三大工艺条件，即温度、压力和时间。在 Moldflow 系统中，对于注射成型工艺的三大条件

① 软件图中的“热塑性塑料双组份注射成型”正确写法为“热塑性塑料双组分注射成型”。

及它们之间的相互关系都有很好的表示和控制方法，在分析仿真过程中基本上能够真实地表达。

在进行各种分析前，用户需要设置分析工艺条件。对于不同的成型类型，要设置不同的成型工艺条件。在 Moldflow 系统中，对于不同的分析类型，系统都会提供可行的默认的工艺条件，供用户分析参考。用户可以根据分析的需要对其默认的工艺条件参数进行修改，以达到最佳分析结果。

对于填充分析，用户只需要设置模具温度和熔体温度，并从 Moldflow 软件提供的控制方法中选择合适的方法即可；对于流动分析，用户需要设置模具表面温度、熔体温度、冷却时间等参数；对于冷却分析，用户除了需要设置模具表面温度和熔体温度，还需要设置模具开模时间等参数。

5. 从MPX导入数据

从 MPX（Moldflow Plastics Xpert）导入数据，将光标停留在菜单上，弹出的级联菜单如图 2-25 所示，包括导入 MPX 机器属性、导入 MPX 工艺设置和导入 MPX 实际工艺。

导入 MPX 机器属性
导入 MPX 工艺设置
导入 MPX 实际工艺

图 2-25　从 MPX 导入数据菜单

6. 设置注射位置

在对模型进行模流分析之前，必须设置注射点位置，即浇口位置，这是熔体通过浇注系统进入型腔的位置，是连接分流道与型腔之间的一段细短通道。浇口的作用是使从流道流过来的塑料熔体以较快的速度进入并充满型腔，型腔充满后，浇口部分的熔体能迅速地凝固而封闭浇口，防止型腔内的熔体倒流。浇口的形状、位置和尺寸对塑件的质量影响很大。

选择“注射位置”命令之后，光标会变成形状，只需要在合适的位置单击一下就可以完成浇口位置的设置。

7. 设置冷却液入口

模具的冷却系统设计之后，需要设置冷却管道的冷却液入口位置，通过这个命令，可以在冷却管道中设置冷却液的入口位置。

8. 作业管理器

当进行分析的任务数目比较多、工作量很大时，可以借助作业管理器来对工作队列中的方案自动地依次进行模流分析，这样可以节省时间和人力。同时，通过作业管理器可以实时查看分析的整个过程，包括分析的类型、分析进程、分析完成百分比等信息。

选择“分析”→“作业管理器”菜单命令，弹出如图 2-26 所示的“作业查看器”界面。在这个界面中，可以看到任务队列及计算进程。

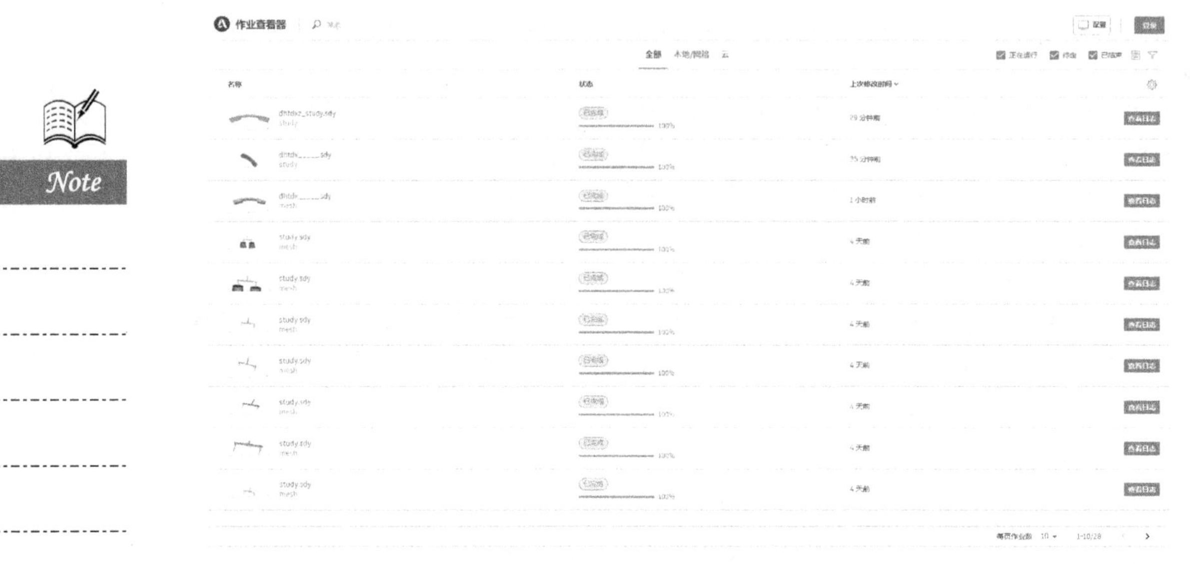

图 2-26　“作业查看器”界面

2.3.5　“结果”选项卡

分析结束之后，可以通过“结果”选项卡对分析结果进行查询，也可以对结果进行适当的处理，得到个性化的分析结果。图 2-27 所示为“结果”选项卡。

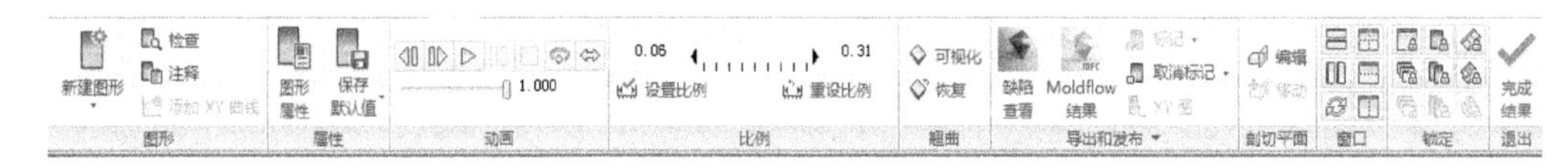

图 2-27　“结果”选项卡

1．新建图形

新建图形用于创建新的结果图，是指在对模型进行模流分析完成之后，可以根据需要新建一个或多个分析结果。选择“新建图形”→“图形”菜单命令，弹出如图 2-28 所示的“创建新图”对话框。其中，“可用结果”列表框包括了 Moldflow 软件提供的所有分析结果类型，根据分析类型，可以对所需要的结果进行创建。

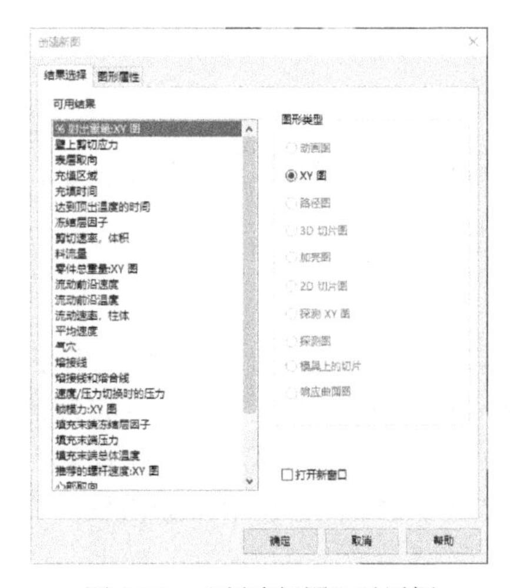

图 2-28　“创建新图”对话框

下面以“密度”结果图为例进行说明。选择“图形”命令，弹出如图 2-28 所示的对话框。在左边“可用结果”列表框中选择“密度”命令，表示新创建“密度”分析结果，在右边有“图形类型”选区，可以根据需要进行图形类型的选择。

（1）如果选择的是“动画图”单选按钮，其结果可以以动画的形式表示，可以利用动画工具面板，进行动画播放等操作，动画演示在整个填充流

动过程中型腔内熔体的密度变化情况，单击▶（播放）按钮，可以进行动画演示，单击工具面板相应按钮可以执行相应操作，如后退、前进、播放、暂停、停止、循环播放等。

（2）如果选择的是“XY 图”单选按钮，将以 *XY* 平面坐标折线图的形式来表示密度的变化，此类型结果图需要指定实体节点，用鼠标在实体上单击，选择要查询的节点，对于选择的节点，会以 *XY* 平面折线图的形式来表示该节点在注射过程中密度随着时间变化而变化的结果，选中 5 个节点，此 5 个节点处的密度在注射过程中的变化情况如图 2-29 所示，分别以不同的折线来表示。

（3）如果选择“路径图”单选按钮，可表示在确定时刻，由选择的节点表示的几何线段的长度与密度之间的关系，如图 2-30 所示。先在实体图上选择要查询的节点，每两点组成一条直线段；同时，在平面图中会以黑色直线段表示此两点所表示的直线段在此时刻的密度情况，通过此结果图可以绘制模型几何形状与密度属性之间的关系。

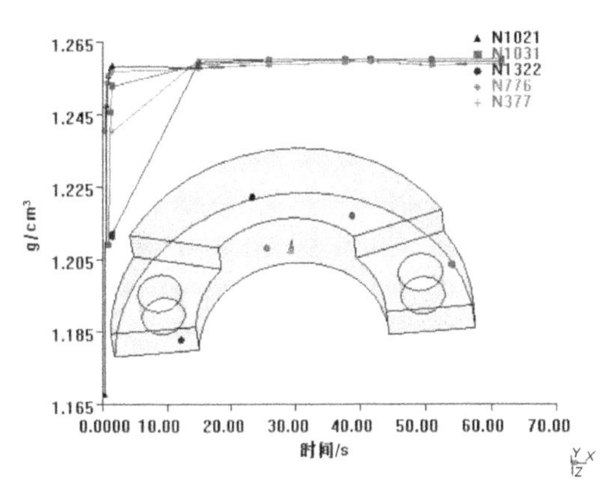

图 2-29　密度：XY 图

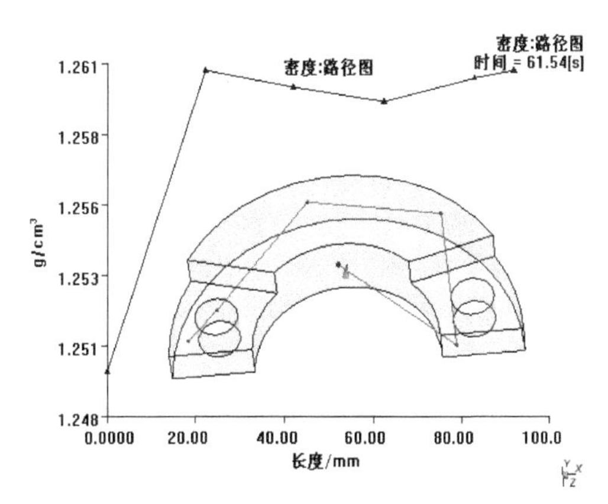

图 2-30　密度：路径图

例如，如果想了解塑件底部边缘的密度变形程度，则可以沿着塑件底部边缘选择节点，将选择的第一个节点作为参考点，从而构成了一段近似塑件底部边缘形状的折线段 1；同时会以折线段 2 表示折线段 1 的密度变化情况，从而可以了解塑件底部边缘的密度是否均匀。

（4）如果选择“探测 XY 图”单选按钮，此结果与“路径图”相似，也是表示在确定时刻，由选择的节点表示的几何线段的长度与密度之间的关系，如图 2-31 所示。不同的是，此类型只需要选择要查询的某一表面节点，Moldflow 系统就会在三维模型的实体上自动探测到与此表面相对的另一表面的节点，并自动生成穿过实体两表面的线段。以线段长度和密度表示的“XY 图”，最多可以选择 5 个节点，分别以不同的折线来表示。

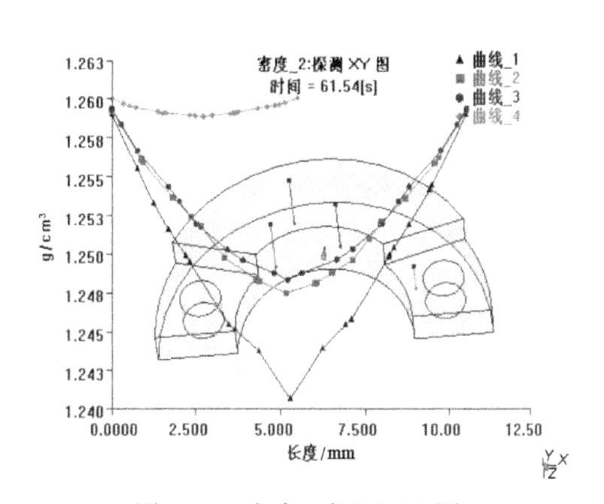

图 2-31　密度：探测 XY 图

2. 新建计算的图

使用此命令来创建一个新的绘图，此命令根据需要进行自定义绘图，包括新建绘图名称、计算结果函数类型及结果类型等，并且会作为新的分析结果图存在于任务视窗中。

选择“计算的”命令，弹出如图 2-32 所示的“创建计算的图”对话框，并进行新图名、数据 A、函数（下拉菜单中包括很多函数类型，如 sin、cos、tan、log 等）、结果等设置。单击...按钮，弹出如图 2-33 所示“选择结果”对话框，可以选择结果图的类型，包括气穴、温度、压力、翘曲变形等。“运算符”下拉列表中包括加、减、乘、除四种算法。“数据 B”选区的设置方法同“数据 A”选区。定义绘图数据时，可以定义两个绘图数据，也可以只定义“数据 A”选区，单击“确定”按钮，则结果图将会在模型窗口中显示出来。

图 2-32 “创建计算的图”对话框

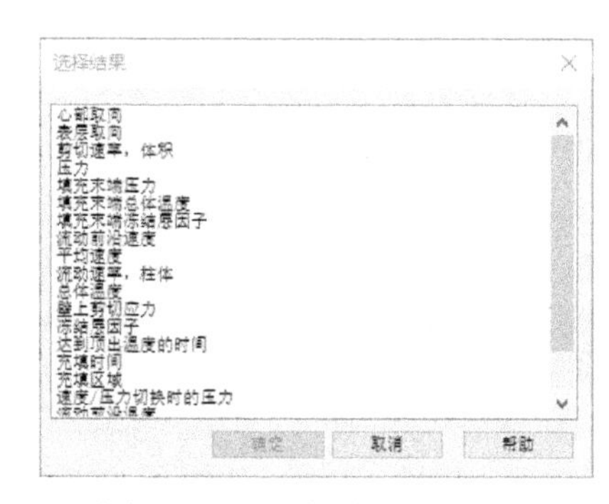

图 2-33 “选择结果”对话框

3. 新建定制图

“新建定制图”也是用来创建新的结果图的，按照向导来完成创建过程。选择“定制”命令，弹出如图 2-34 所示的“创建定制图”对话框，自定义图名、绘图类型及其他绘图参数等，同样会作为新的分析结果图存在于任务视窗中，单击“确定”按钮，则结果图将会在模型显示视窗中显示出来。

4. 图形属性

“图形属性”用来设置图形的属性。

选择“图形属性”命令，弹出如图 2-35 所示的“图形属性”对话框。其中最多显示 6 个选项卡。

（1）“方法”选项卡用来定义图形显示的模式，包括“阴影”和“等值线”两种显示模式，如图 2-36、图 2-37 所示。

对于等值线显示模式，需要对等高线值和等高线数目进行定义，也可以直接选中“单一等值线”复选框，表示只用单一的等高线来表示。在“等值线值”数值框中自定义等高线值，在“等值线数量”数值框中自定义等高线数目。

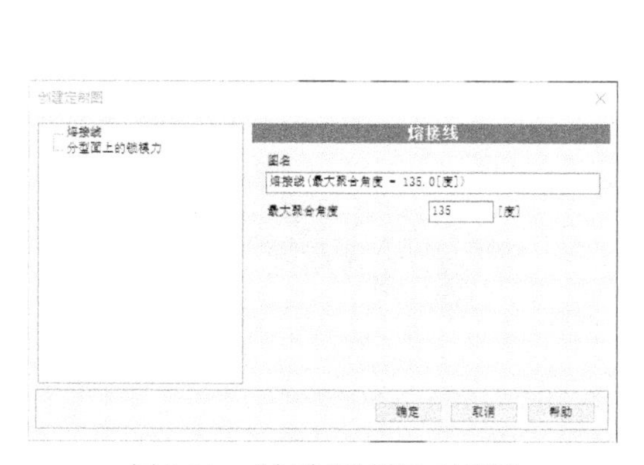

图 2-34 “创建定制图”对话框

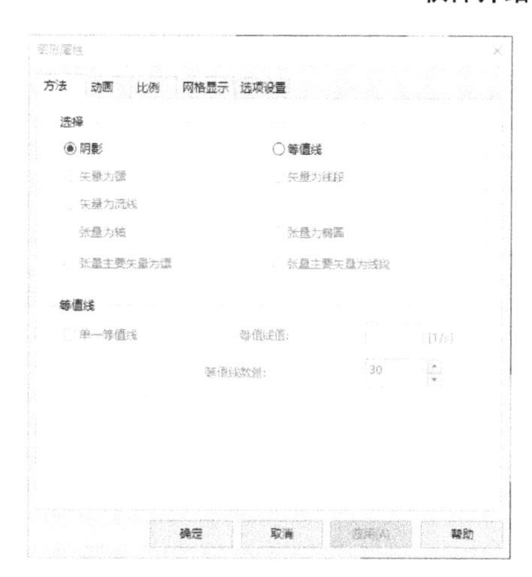

图 2-35 “图形属性”对话框

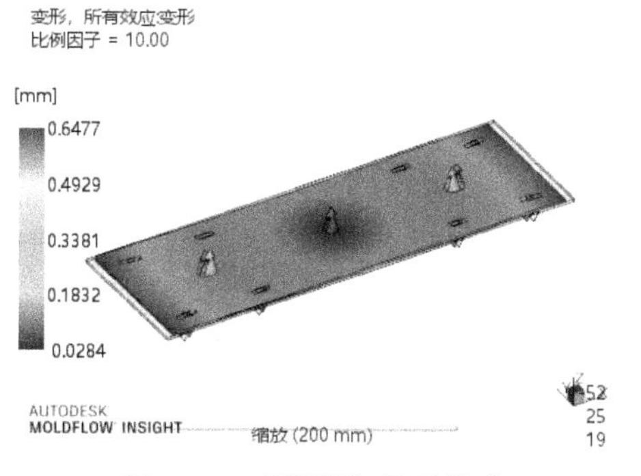

图 2-36 “阴影”显示模式

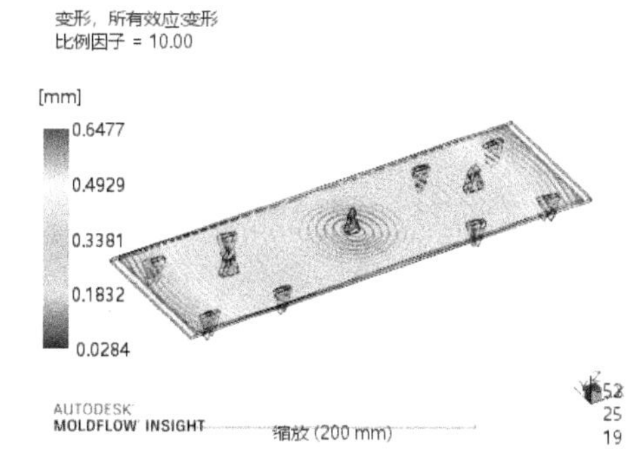

图 2-37 “等值线”显示模式

（2）“动画”选项卡用来定义动画属性，包括动画的帧数、动画显示方法。

单击“动画”选项卡，如图 2-38 所示。在“帧数”数值框中自定义动画的帧数，在“单一数据表动画”选区中自定义动画播放的模式，“积累”单选按钮表示积累效果，即动画帧随着时间的增加而增加。

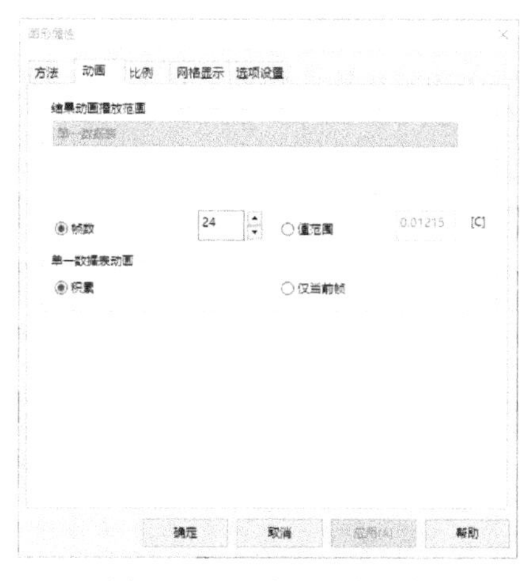

图 2-38 “动画”选项卡

“仅当前帧”单选按钮是只显示当前填充的帧数，即动画中仅播放此时刻正在填充的一帧，而与前后帧数无关的一种模式。两种模式的效果如图 2-39 和图 2-40 所示。

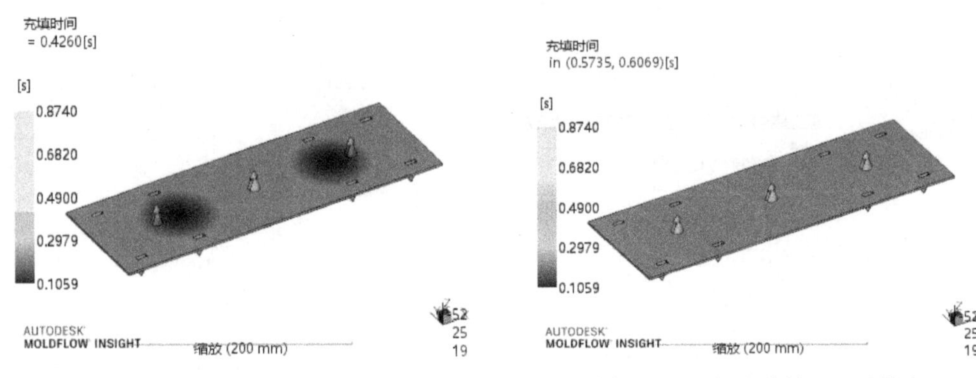

图 2-39　“积累”显示模式　　　　图 2-40　“仅当前帧”显示模式

（3）“比例”选项卡可以自定义结果绘图的显示范围，如图 2-41 所示。

（4）“网格显示”选项卡用来定义网格显示的类型，如图 2-42 所示，设置对象包括“未变形零件上的边缘显示”“变形零件上的边缘显示”和“曲面显示”3 个选项。“未变形零件上的边缘显示”和“变形零件上的边缘显示”都包括“关”“特征线”和“单元线”3 个选项，“曲面显示”则包含“不透明”和“透明”两种显示模式，可以在“不透明度”数值框中自定义不透明系数，其值为 0～1，各种显示效果如图 2-43 所示。

图 2-41　“比例”选项卡

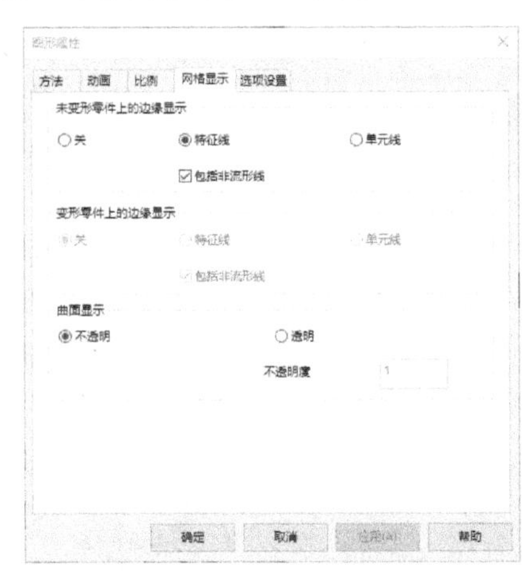

图 2-42　“网格显示”选项卡

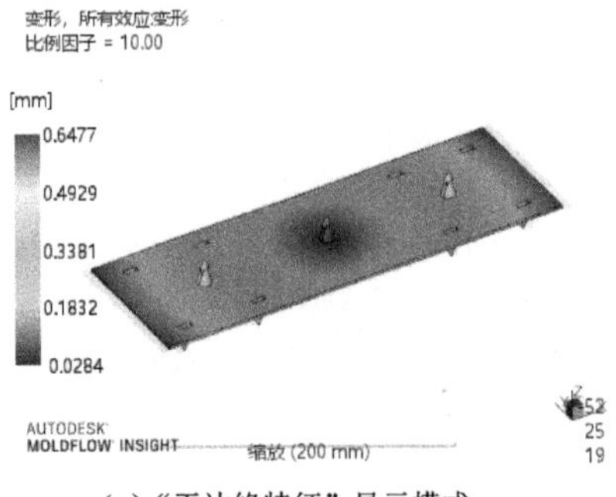

（a）“无边缘特征”显示模式

（b）“特征线”显示模式

图 2-43　各种网格属性显示效果

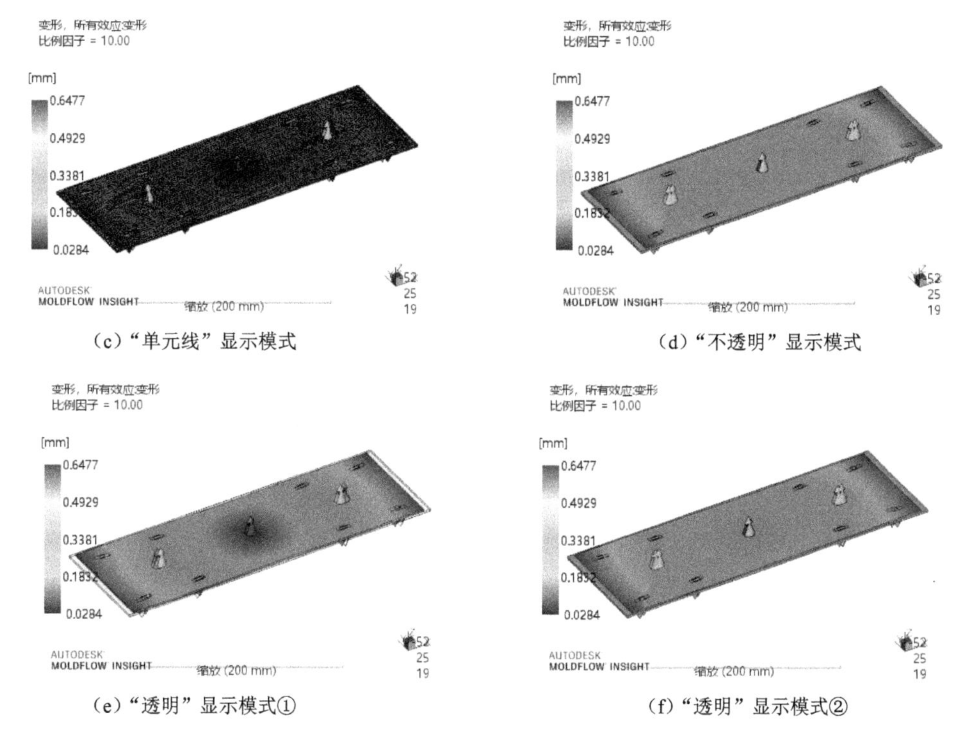

(c)“单元线”显示模式　　(d)“不透明”显示模式

(e)“透明”显示模式①　　(f)“透明”显示模式②

图 2-43　各种网格属性显示效果（续）

(5)“选项设置”选项卡用来设置结果绘图的阴影显示形式和颜色显示效果。单击“选项设置”选项卡，如图 2-44 所示。

(6)“变形”选项卡只有在进行翘曲变形分析的结果选项中才存在，如图 2-45 所示。

① “数据设置”文本框表示当前正在操作编辑的结果选项类型和名称，如翘曲变形结果图，表示的为当前正在操作的 *Y* 方向的翘曲变形量。

② “量/组成”下拉列表用来设置当前结果绘图显示类别，包括 4 个选项：“X”“Y”“Z”和“量”。

③ “参考坐标系”下拉列表中系统默认的参考坐标系统为“整体”，只有当用户自己新建了其他坐标系时，此下拉列表才是可编辑的。

④ “坐标系类型”下拉列表包括两个选项：“笛卡儿”和“圆柱”。

⑤ “比例因子”选区设置变形结果图的缩放比例值，在“方向”选区中自定义缩放的方向，包括“X”“Y”和“Z”。

选中“与未变形零件叠加”复选框，表示覆盖变形前的模型。

5. 检查结果

“检查结果”是在分析完成之后使用的，可以直接用来检查实体上任意位置、任意分析类型结果的数据。例如，填充分析成功之后，可以对充填过程进行详细的检查，包括充填时间、充填压力、熔体温度、体积收缩率等；翘曲分析成功之后，可以对翘曲变形量进行详细的检查，包括总体的翘曲变形量、在 *X*、*Y*、*Z* 各个方向上的翘曲变形量、分子取向导致的翘曲变形量、体积收缩导致的翘曲变形量等；流道平衡分析成功之后，可以对流道优化之后的体积收缩率进行详细检查等。检查结果如图 2-46 所示。

图 2-44 “选项设置”选项卡

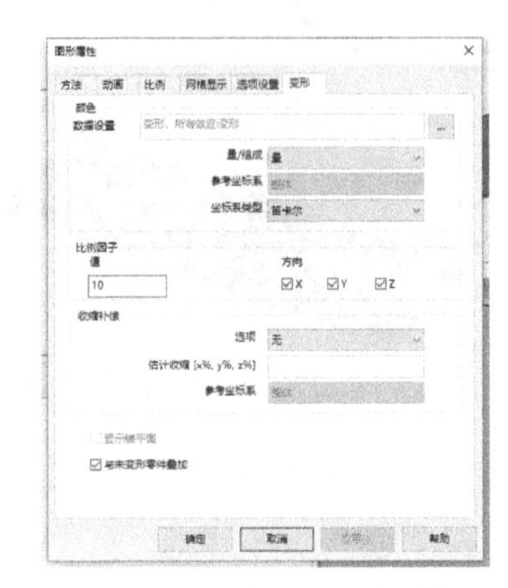

图 2-45 “变形”选项卡①

（a）充填时间检查结果

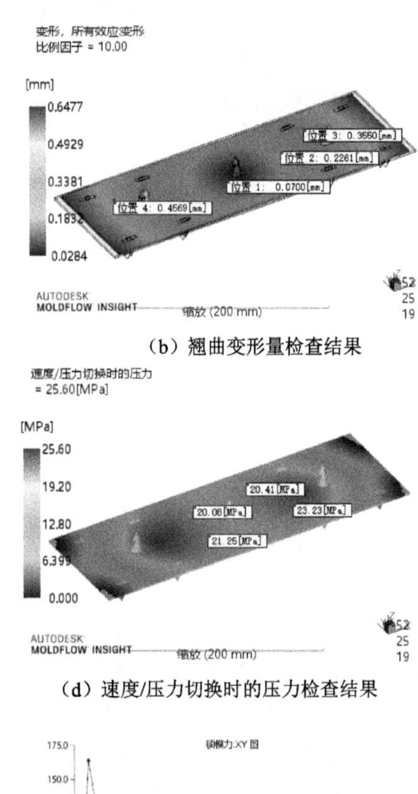

（b）翘曲变形量检查结果

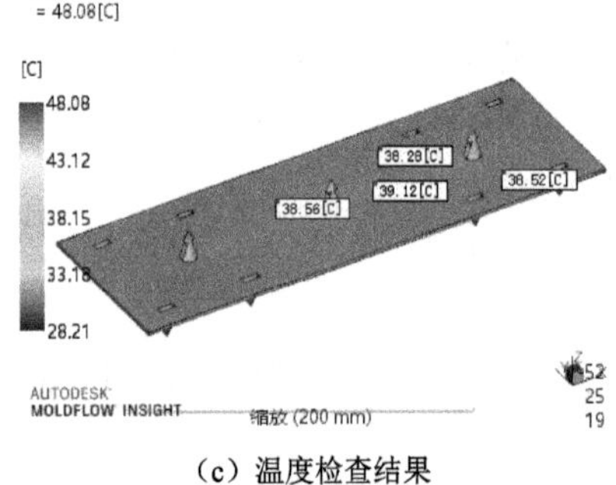

（c）温度检查结果

（d）速度/压力切换时的压力检查结果

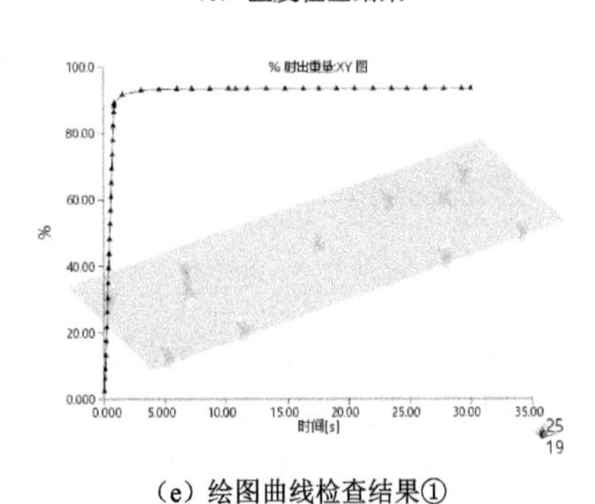

（e）绘图曲线检查结果①

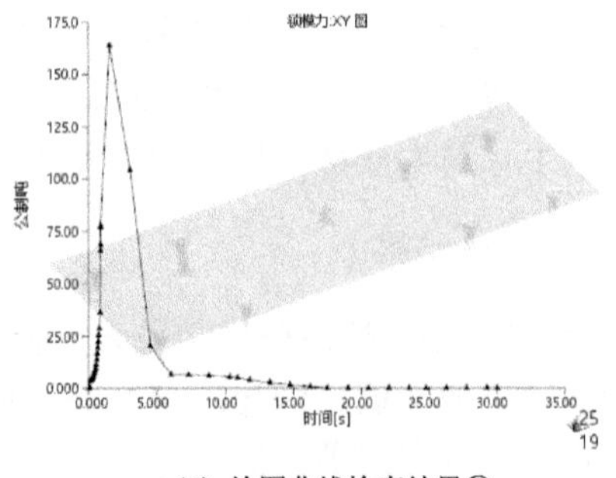

（f）绘图曲线检查结果②

图 2-46 检查结果

① 软件图中的“笛卡尔”正确写法为“笛卡儿”。

如果需要查询实体上的多个对象，或对实体上不同位置的数据进行比较，可以按住键盘上的 Ctrl 键，选中需要查询的多个位置即可。

检查结果不仅可以对实体进行查询，也可以对分析结果绘图的曲线上的数值进行查询，同样如果需要查询曲线上的多个点，或对曲线上不同点的数据进行比较，可以按住键盘上的 Ctrl 键，选中需要查询的多个位置即可。

6. 图形注释

“图形注释”可以对绘图添加一些注解、笔记。单击“图形注释”按钮，弹出如图 2-47 所示对话框，可以直接在里面添加备注。

7. 翘曲结果查看工具

“翘曲结果查看工具”用于查询翘曲变形程度的专用工具，“恢复”命令是在执行了“可视化”命令之后将翘曲变形模型恢复到原始模型的命令。

这两个工具只有在进行了翘曲分析，并且选中了翘曲分析结果选项时才可以操作，否则将以灰色不可使用的状态显示。

单击“可视化”按钮，弹出如图 2-48 所示的“翘曲结果查看工具”对话框。图 2-48 中翘曲查看工具选择的是“平移”选项，在“位移（x，y，z）”文本框中输入平移矢量，单击“应用”按钮，结果如图 2-49 所示。此时再单击“恢复原始位置”按钮，模型将恢复到原始状态，如图 2-50 所示。

图 2-47　添加注释对话框

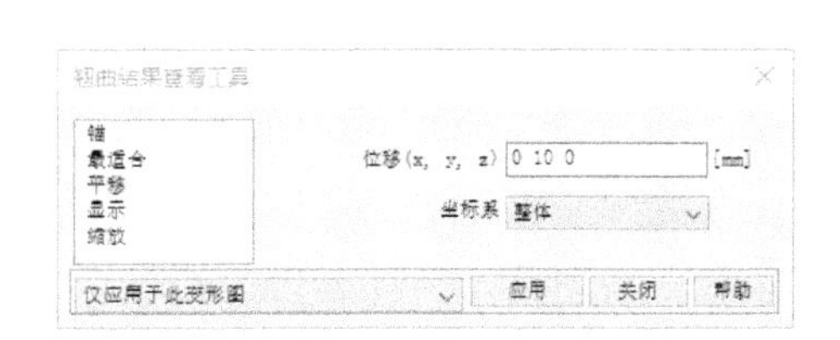

图 2-48　“翘曲结果查看工具”对话框

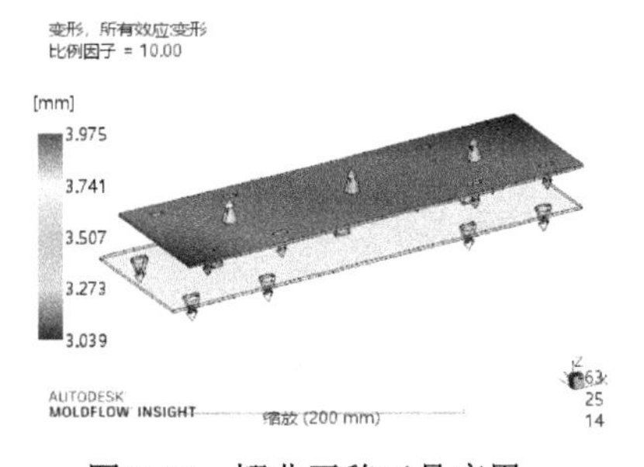

图 2-49　翘曲平移工具应用

图 2-50　翘曲恢复工具应用

8. 保存整体图形属性

“保存整体图形属性”指保存图形属性的操作。例如，通过“图形属性”命令的操作，修改了原来的绘图属性，则可以使用“保存整体图形属性”命令来保存已经改变的绘图属性，同时应用到其他绘图属性中。

2.3.6 “报告”选项卡

在完成了对分析结果的查询及个性化处理之后，可以通过“报告”选项卡自动生成图文并茂的分析结果报告，“报告”选项卡如图 2-51 所示。

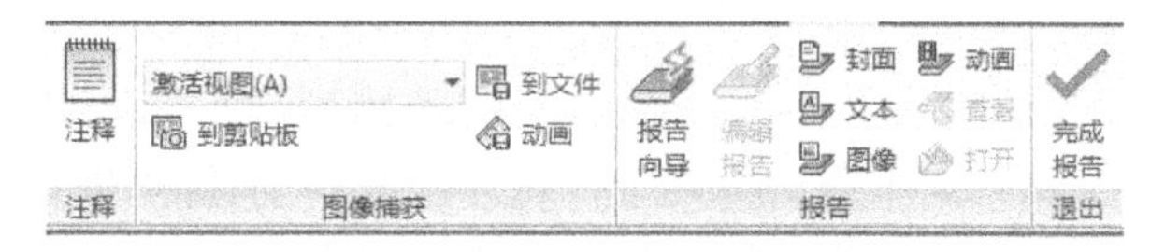

图 2-51 “报告”选项卡

引导用户按照指定步骤生成分析结果报告。

选择“报告”→“报告向导”菜单命令，或将光标移到工程管理视窗中右击，弹出的快捷菜单如图 2-52 所示，选择“新建报告”命令，弹出如图 2-53 所示的“报告生成向导-方案选择”对话框第 1 页。

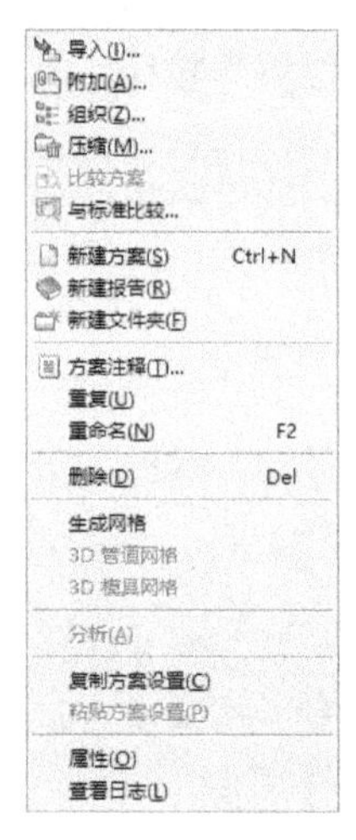

图 2-52 快捷菜单

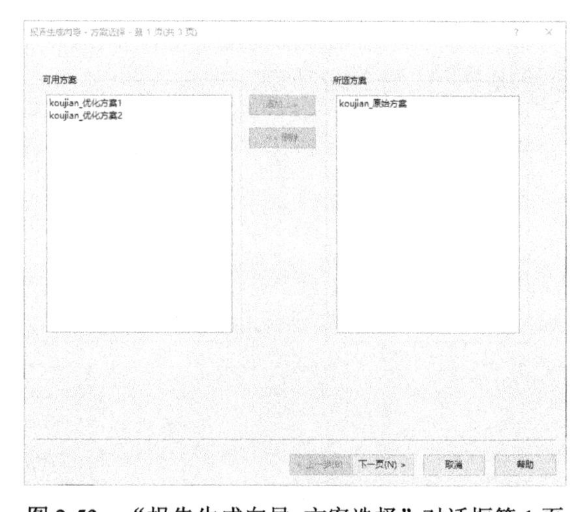

图 2-53 “报告生成向导-方案选择”对话框第 1 页

在弹出的“报告生成向导-方案选择”对话框中，左侧“可用方案”选区中罗列了此工程所有分析成功的方案。

只有模流分析成功的方案才可以进行分析结果报告生成操作。

“所选方案”选区是指当前被用户选中的要生成分析报告的方案。通过单击“添加”和“删除”按钮可以进行方案的添加和删除。单击“下一步”按钮，弹出“报告生成导向-数据选择”对话框第 2 页如图 2-54 所示。

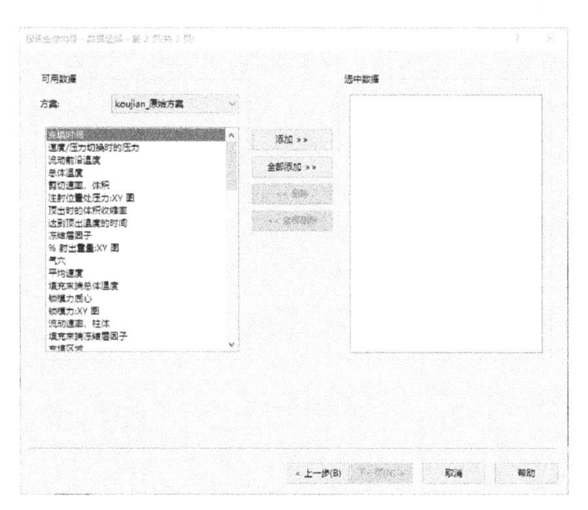

图 2-54　“报告生成向导-数据选择”对话框第 2 页

“可用数据”选区是指该方案分析成功之后可供选择的所有分析结果库。“方案”下拉列表中显示当前选中的分析方案。

“选中数据”选区是指当前用户已经选中的方案生成报告的数据。

其中，通过单击“添加”按钮可以对左侧的分析数据进行单项添加，单击“全部添加”按钮可以一次性添加左侧中方案分析结果的所有数据，单击“删除”按钮可以对右侧已经选择的分析结果数据进行单项移除，单击“全部删除”按钮可以对右侧中已经选择的所有分析结果数据一次性移除。

单击“下一步”按钮，弹出“报告生成导向-报告布局”对话框第 3 页，如图 2-55 所示。

图 2-55　“报告生成向导-报告布局”对话框第 3 页

“报告格式”下拉列表用来设置生成的报告的格式，如图 2-56 所示，包括 HTML 文档、Microsoft Word 文档和 Microsoft PowerPoint 演示。

HTML 文档
Microsoft Word 文档
Microsoft PowerPoint 演示

图 2-56　报告格式

“报告模板”选区包括“标准模板”单选按钮和“用户创建的模板”单选按钮，对于不同的报告格式类型具有不同的报告模板。

“封面”复选框：选中该复选框，可以给报告添加报告封面，单击“属性”按钮，弹出如图 2-57 所示的“封面属性”对话框。对封面的设置可以在“标题”“准备者”“申请者”“检查者”“公司徽标”和“封面图片”文本框中输入相应的数据，单击“确定”按钮即可。

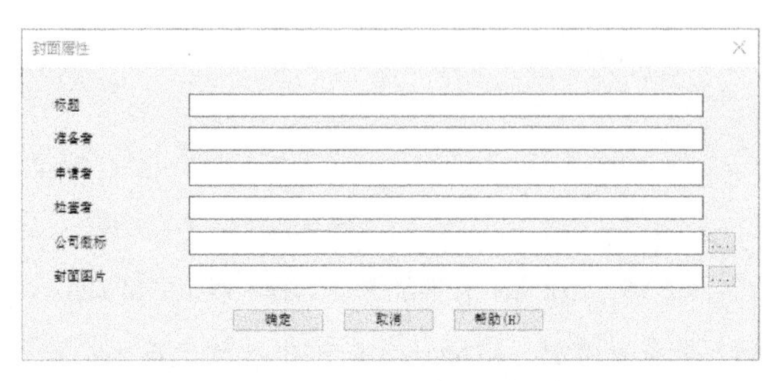

图 2-57　“封面属性”对话框

2.4　Moldflow 软件的一般分析流程

对于常规的塑件，Moldflow 软件的一般分析流程如图 2-58 所示。分析流程包括三个主要的分析步骤：建立网格模型、设定分析参数、模拟分析结果。其中，建立网格模型和设定分析参数都是属于前处理的范畴，模拟分析结果为后处理。

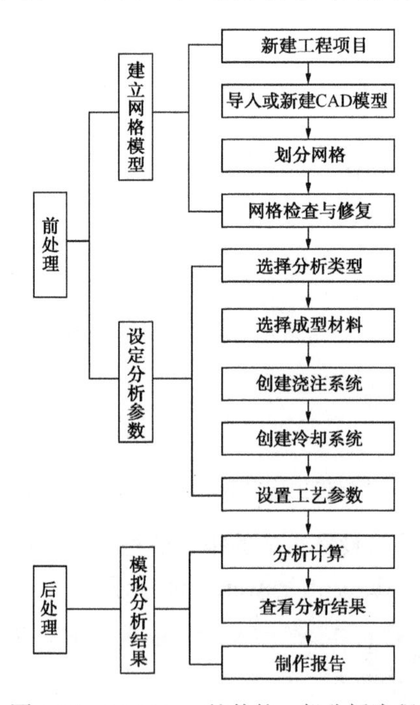

图 2-58　Moldflow 软件的一般分析流程

1. 建立网格模型

建立网格模型包括新建工程项目、导入或新建 CAD 模型、划分网格及网格检查与修复。导入或新建 CAD 模型时，通常要根据分析的具体要求，对模型进行一定的简化。

在 Moldflow 软件中，要新建一个网格模型，需要先建立一个工程项目，再新建一个 CAD 模型，或者利用通用数据格式导入利用 UG、Pro/E、CATIA 等 CAD 软件或 ANSYS、NASTRAN 等 CAE 软件建好的模型，然后对该模型进行网格划分，最后根据需要设置网格类型、尺寸等参数，对划分好的网格进行检查，删除面积为零和多余的网格，修复有缺陷的网格。

2. 设定分析参数

设定分析参数包括选择分析类型、选择成型材料、创建浇注系统、创建冷却系统、设置工艺参数。

参数设置中先要确定分析的类型，根据分析的主要目的选择相应的模块进行分析。然后，在材料库中选择成型的材料，或自行设定材料的各种物理参数。最后，按照注射成型的不同阶段，设置相应的温度、压力和时间等工艺参数。

在选择分析类型之后，需要设定浇口的位置，有时还要创建浇注系统和冷却系统，并确定主流道、分流道、浇口的大小和位置，以及冷却管道的大小和位置等。

3. 模拟分析结果

前处理完成后，就可以进行模拟分析计算了。

根据模型的大小、网格质量、分析类型的不同，分析时间长短不一。在分析结束后，可以看到产品成型过程中填充过程、温度场、压力场的变化和分布，以及产品成型后的形状等信息。

2.5 本章小结

本章介绍了软件的作用、主要分析模块、软件的新功能、软件的操作界面和分析流程，并详细介绍了软件菜单/选项卡的使用。通过本章学习，能够了解模流分析的各种分析类型，认真学习和掌握软件的每个菜单/选项卡和窗口，为后面具体学习每一个详细的分析打下基础。

初步了解分析工作的步骤，将分析的工作步骤进行细化，其中前处理在每个分析工作中都占据了很大的比例，而且前处理的精度直接影响了后面分析的准确性，所以在工作中必须特别注意。

第3章

模型导入

本章主要介绍模型准备、模型格式选择、模型导入，即如何在 CAD 三维软件中将塑件转化为可以被 Moldflow 软件读取的模型，以及在 Moldflow 软件中如何创建新工程、导入模型，这些是进行 Moldflow 模流分析任务操作的第一步。

学习目标

（1）掌握从 CAD 软件导出模型的方法

（2）掌握模型格式的选择方法

（3）掌握 Moldflow 软件导入模型的方法

3.1 模型准备

Note

Moldflow 分析的第一步——准备模型文件，既可以在 Moldflow 软件中创建新的分析模型文件（利用 New Study 就可以创建一个新的模型文件）进行编辑，也可以直接从其他 CAD 软件中导入 CAD 模型文件，即准备可供 Moldflow 软件导入的文件。

Moldflow 软件与其他 CAD 系统具有很好的数据接口。Moldflow 软件中可以导入的 CAD 模型文件格式有 STL 文件、由 ANSYS 或者 Pro/E 生成的*.ans 文件、由 Pro/E 或者 SDRC-Ideas 生成的*.unv 文件、STEP 文件、IGES 文件、由 CATIA 或者 Unigraphic 生成的*.ans 和*.bdf 文件、Parasolid 文件。其中 STP、Prt 和 Parasolid 格式的文件则需要在 Moldflow Design Link（MDL）软件中转化后才能够成功地导入 Moldflow 软件中。

3.1.1 从 CAD 软件导出模型

下面以 Solidworks 软件为例，演示从 CAD 软件导出模型的操作过程。

Step1：启动 Solidworks 软件，打开要转化格式的工件。Solidworks 软件界面如图 3-1 所示。

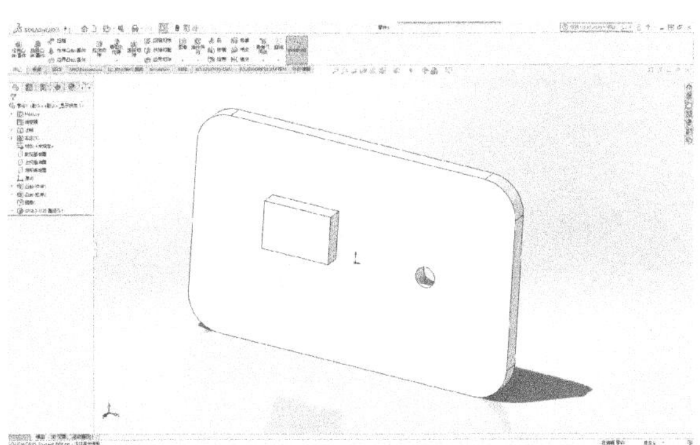

图 3-1 Solidworks 软件界面

Step2：选择“文件”→“另存为”菜单命令，如图 3-2 所示，弹出“另存为”对话框，如图 3-3 所示。单击“保存”按钮之后，生成 STL 文件。

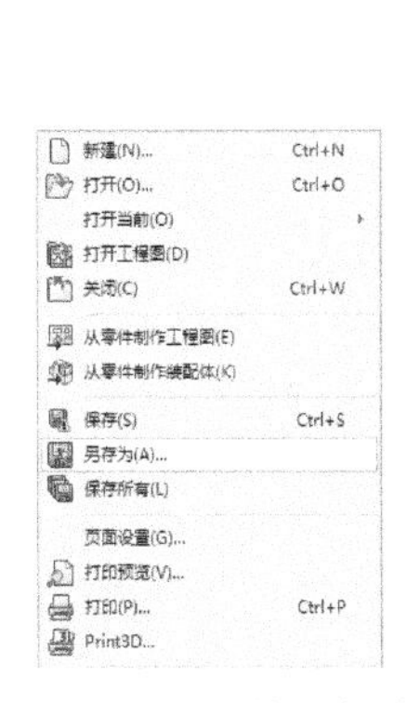

图 3-2 “文件”菜单

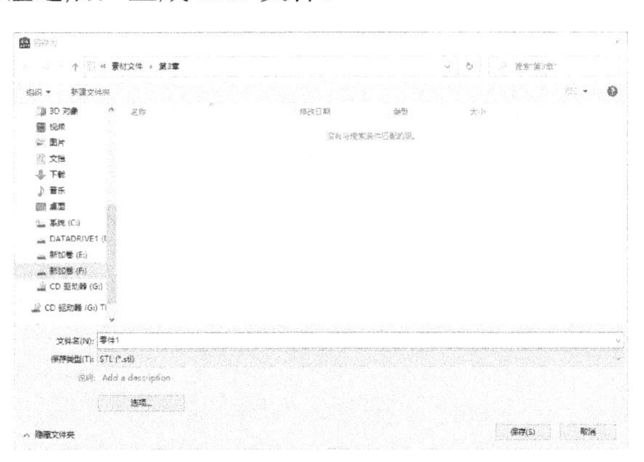

图 3-3 “另存为”对话框

3.1.2 文件格式选择

Note

对有不同文件格式的同一个产品模型来说，导入 Moldflow 软件中后，在划分网格时，即使设定的各项参数均相同，划分出来的网格质量也不一样。

以 STL、IGS 和 STP 这三种格式的文件为例，IGS 格式的文件在划分网格后，其匹配率往往较 STL 和 STP 格式高一些。但对有些产品模型来说，IGS 格式的文件会有很多重叠或缺失的曲面，这一点反而会使网格的缺陷增多。

因此，在 IGS 文件质量较好的情况下，建议优先选择 IGS 格式；反之，则建议优先选择 STL 格式；当安装有 MDL 软件时，则建议优先使用 STP 格式。在本书中，选用的产品模型文件格式为 STL 格式。

3.2 导入操作

Moldflow 软件通过工程项目来操作、管理分析方案和报告，系统自动把与方案和报告相关的所有信息放在指定的工作路径下，只需要在项目管理区中进行各种操作即可。

Step1：启动 Moldflow 软件，界面如图 3-4 所示。

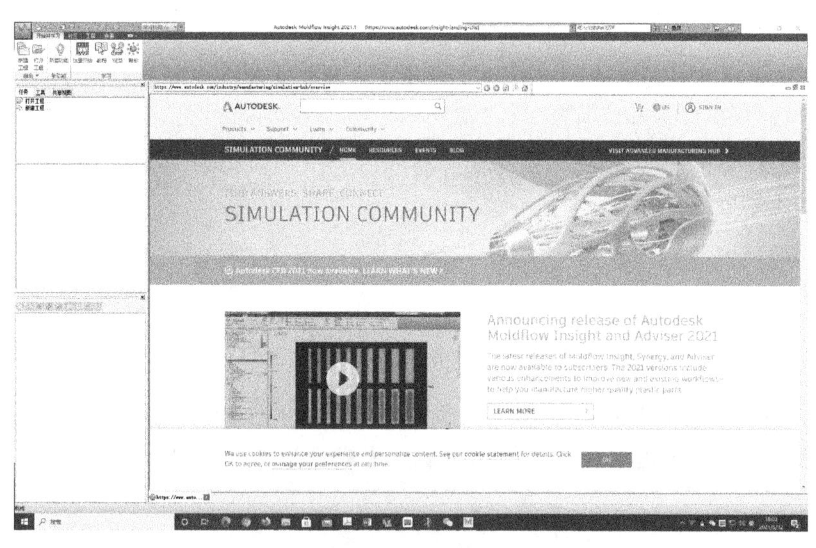

图 3-4 Moldflow 软件的启动界面

Step2：选择“开始并学习”→“新建工程”命令，弹出如图 3-5 所示的“创建新工程”对话框，并在“工程名称”文本框中输入“d3z”。

注 意

此步骤完成，在任务窗格会创建出“d3z”名称的项目。

Step3：右击任务窗格中“d3z”名称，在弹出的快捷菜单中选择“导入”命令，如图 3-6 所示，弹出如图 3-7 所示的“导入”对话框。

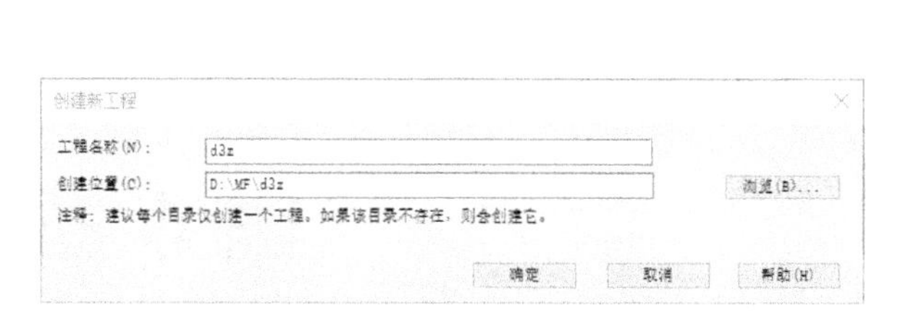

图 3-5　“创建新工程”对话框

图 3-6　快捷菜单

选中“零件 1.STL”文件，将平板模型导入到工程项目中。将网格类型设置为双层面，如图 3-8 所示，模型导入结果如图 3-9 所示。

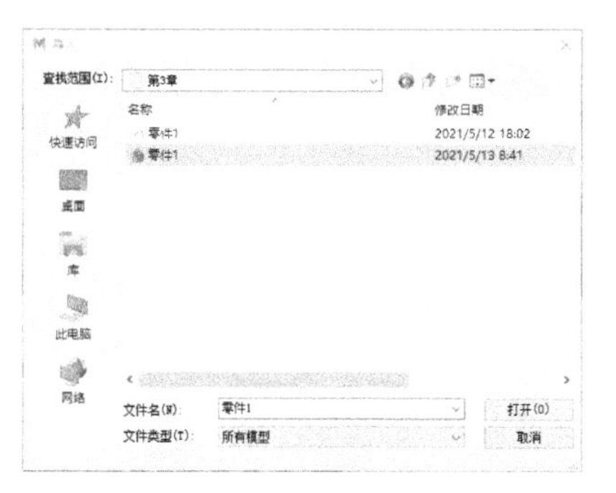

图 3-7　“导入”对话框

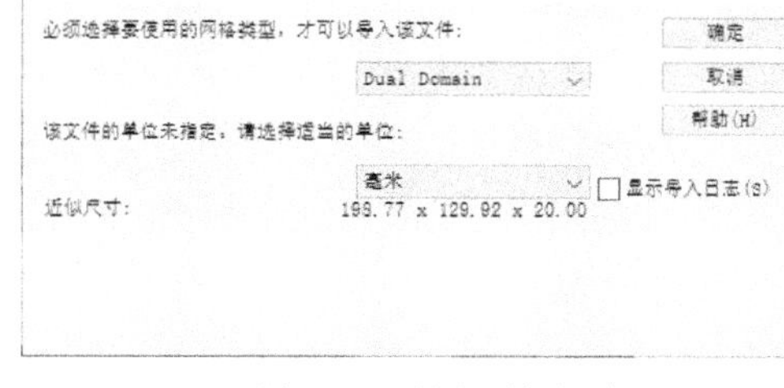

图 3-8　设置网格类型

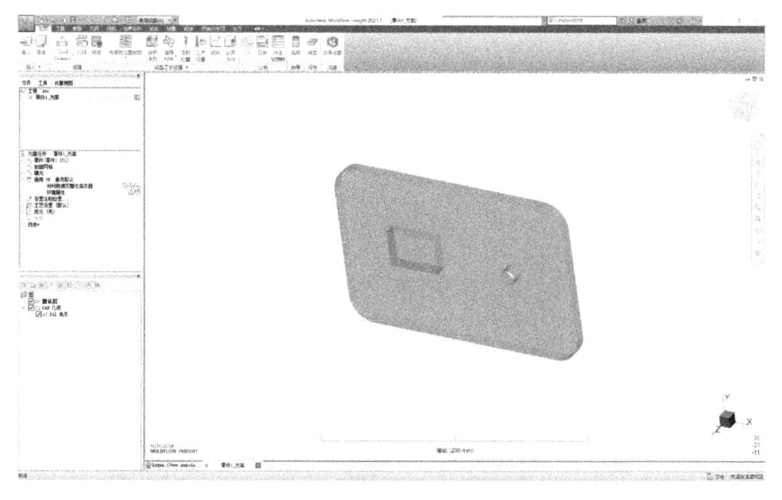

图 3-9　模型导入结果

3.3 本章小结

本章主要介绍了模型导入的具体步骤，通过本章的学习，应该能够很好地掌握模型导入的步骤，特别注意模型的文件格式，使 STP 文件格式尽可能得到最好的网格效果。

第4章

网格划分

本章主要介绍网格类型、网格划分和网格统计，了解中性面、双层面、三维实体网格的类型及区别，了解网格质量的判断方法。CAD 模型具有高质量的网格是 Moldflow 进行准确分析的前提，因此网格的划分是 Moldflow 分析的基础。

学习目标

（1）了解网格类型的确定

（2）掌握网格划分命令的使用

（3）掌握网格单元参数的确定

（4）掌握网格状态统计的分析

Note

4.1 网格的类型

应用 Moldflow 进行模型分析之前，必须创建网格模型，即创建有限元模型。网格是由很多单元组成的，每个单元之间通过节点来连接，并用节点参数表征单元的特性，用单元表征模型的特性。网格是 Moldflow 分析的基础。Moldflow 分析模型的网格类型有中性面、双层面和三维三种。

1．中性面

中性面网格是 Moldflow 采用的最早的网格类型。它是由三节点三角形单元组成的，其原理是将三维几何模型简化为中间面的几何模型，对中间面进行网格划分，即网格创建在模型壁厚的中间处，形成单层网格来代表整个模型的网格，也就是以平面流动来仿真三维实体流动。中性面网格如图 4-1（a）所示。

在创建中性面网格的过程中，要实时提取模型的壁厚信息。其优点是分析速度快、效率高，主要用于薄壁塑料产品。

2．双层面

双层面网格是进行双层面模型分析的基础，是由三节点三角形单元组成的，其原理是将三维几何模型简化为只有上、下表面的几何模型，对两个表面进行网格划分，即网格创建在模型的上、下表面，形成双层面网格来代表整个模型的网格。双层面网格如图 4-1（b）所示。

3．三维

三维实体网格是三维填充+保压分析的基础，是由四节点的三角形形状的实心四面体单元组成的，其原理是将三维几何模型用四面体进行网格划分，划分后进行真实三维模拟分析。该方法主要用于厚壁塑件和厚度变化比较大的塑件。三维实体网格如图 4-1（c）所示。利用三维模型可以更为精确地进行三维流动仿真。

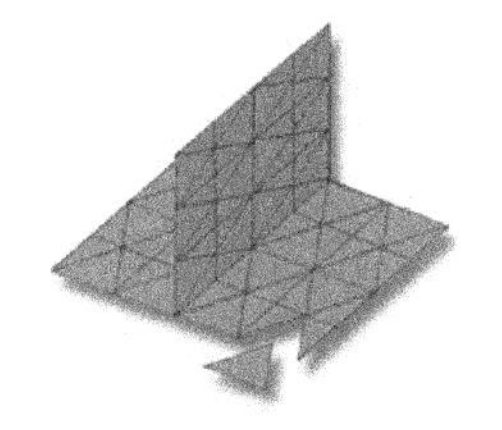

（a）中性面网格

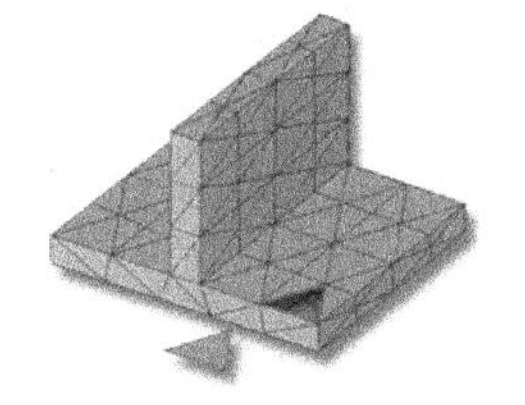

（b）双层面网格

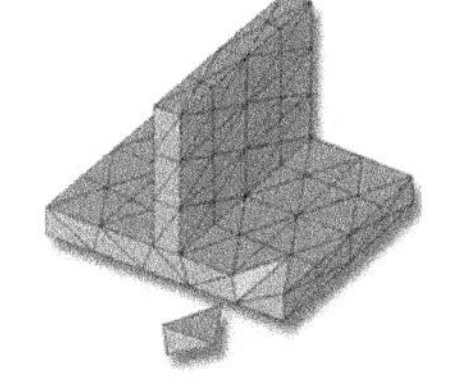

（c）三维实体网格

图 4-1　网格类型

网格的密度和粗糙度、网格单元的纵横比（见图 4-2）都会影响分析的结果。理想网格的三角形单元必须是等边三角形。要尽量避免长而细的单元，因为在流动分析时，可能会导致流动压力、温度和速度的急剧

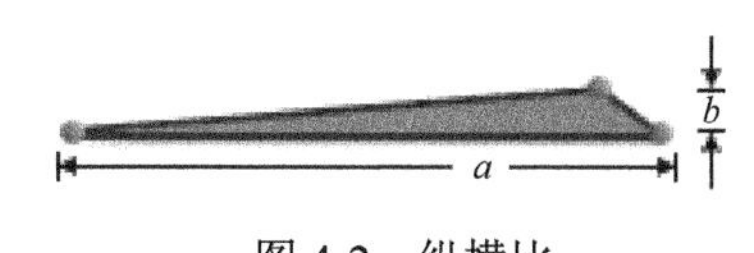

图 4-2　纵横比

变化。太大的纵横比可能会导致分析失败。

对于表面网格，还必须考虑网格的匹配率。表面网格模型的网格匹配率必须达到 85%或者更高才可以进行填充+保压分析。对于翘曲分析，其匹配率还要更高。

4.2 网格的建立

对于已经导入 Moldflow 软件中的模型，先要对其建立网格。

Step1：启动 Moldflow 软件，打开已导入平板模型的“d3z”项目。

选择“开始”→“打开工程”菜单命令，或者双击 按钮，弹出如图 4-3 所示的“打开工程”对话框。选中项目，并单击“打开”按钮，打开“d3z.mpi”项目。双击工程管理视窗内“零件 1_方案”选项。

Step2：在任务视窗区域上单击“创建网格”按钮，显示如图 4-4 所示的网格菜单，并选择“生成网格”命令，或者双击“创建网格”按钮，打开如图 4-5 所示的“生成网格”对话框。

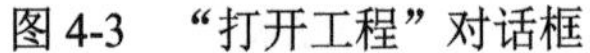

图 4-3 “打开工程”对话框

图 4-4 网格菜单

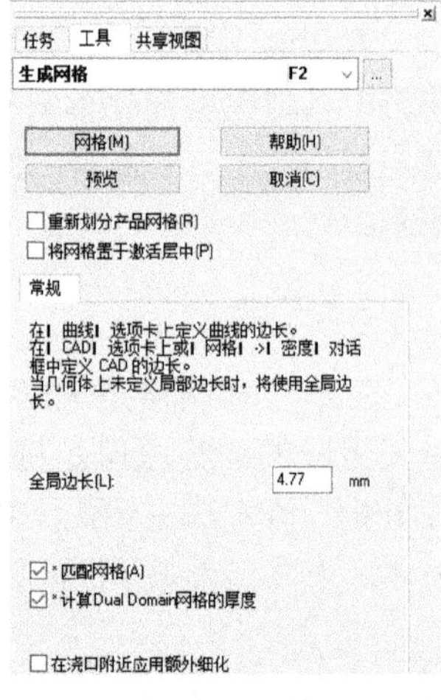

图 4-5 “生成网格”对话框

Step3：对网格属性进行设置，选择“定义网格密度”命令，再单击“应用”按钮，生成网格。

Step4：选择“网格统计”命令，查看网格统计信息，并对网格进行修改，以提高模流分析质量。

1．生成网格

选择“生成网格”命令，弹出如图 4-5 所示的“生成网格”对话框，部分选项说明如下。

（1）“重新划分产品网格”复选框：对已经存在的网格模型重新进行网格划分。

（2）“将网格置于激活层中”复选框：将划分的网格放置在活动层中。

（3）“全局边长”数值框：指定网格单元的边长值。

（4）“匹配网格”复选框：选中该复选框，可以自定义弦高值，用来设置边缘角的弦高。

对于曲面模型，使用“匹配网格”复选框，可以更好地划分网格而不改变模型形状，如果选中该复选框，在“弦高”中直接输入弦高值即可。

设置完成后，如果导入的 CAD 模型为 IGS 格式，需要设置“IGES 合并公差”，Moldflow 软件可自动合并距离小于合并公差的节点。

单击“预览”按钮，可以预览模型生成效果，从而选择合适的单元边长值。

所有设置确定后，单击“网格”按钮，直接生成网格。这时可以通过单击“作业管理器”按钮来查看网格划分的进度，或通过选择“分析”→“作业管理器”菜单命令来查看。

2. 定义网格密度

选择“定义网格密度”命令，弹出“定义网格密度”对话框，如图 4-6 所示。

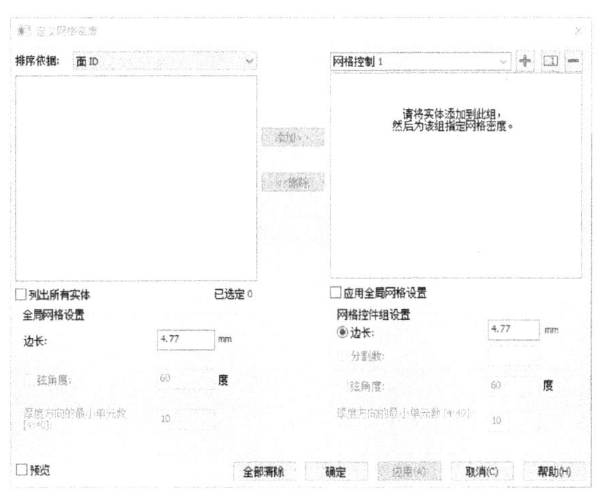

图 4-6 “定义网格密度”对话框

该命令用来重新定义选择区域的网格密度，也就是局部细化网格。

增加网格的密度直到其改变对分析结果没有明显的影响即可。控制网格密度最好的方法是先对整个模型设置相同的网格密度值，再对需要细化密度的区域网格进行重新定义。

一般情况下，提倡在工艺条件变化比较大的区域重新定义网格密度，如在浇口附近的网格密度值要求小一点。

4.3 网格的统计

网格统计用于对划分完毕的网格进行统计，检验已经划分的网格是否符合模型分析的要求，如果不符合要求，需要对网格单元进行修改，以提高网格的质量，保证模型分析结果的准确性。

选择“网格统计”命令，弹出如图 4-7（a）所示的“网格统计”对话框，并在“单元类型”下拉列表中选择“三角形”选项后，单击“显示”按钮，弹出如 4-7（b）所示的“三角形”对话框。

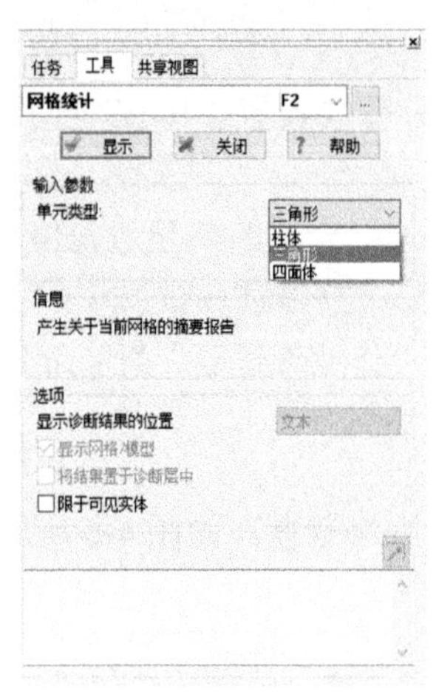

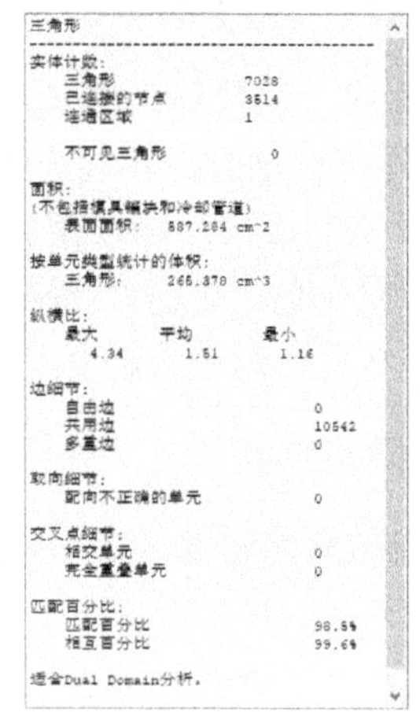

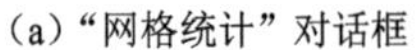

（a）“网格统计”对话框　　　　（b）“三角形”对话框

图 4-7　“网格统计”与“三角形”对话框

对话框中有一部分内容在滚动条下面。

“三角形”对话框中包含以下内容。

1. 实体计数

统计网格划分后模型中各类实体单元的个数。

（1）“三角形”：表面三角形单元个数。

（2）“已连接的节点”：节点个数。

（3）“连通区域”：连通区域个数，指网格划分完成后，整个模型内独立的连通区域的个数，个数应该为 1，否则说明模型存在问题，如图 4-8 所示，左右两图均为不连通区域。

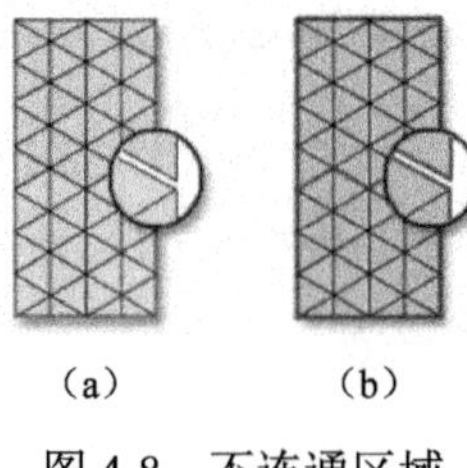

（a）　　（b）

图 4-8　不连通区域

对于导入的一些模型，可能会包含互相不连通的区域，即与整个模型不连接在一起，会导致连通区域个数不为 1；不与整体连接在一起的部分要么重新连接到一起，要么将其移除。另一个关于连通性的问题是由于创建流道系统而产生的。这两个问题的产生都可以通过网格连通性诊断功能来进行诊断。

2. 边细节：单元边的信息

（1）自由边：是指一个三角形或三维单元的某一边没有与其他单元共用，如图 4-9 和图 4-10 所示。

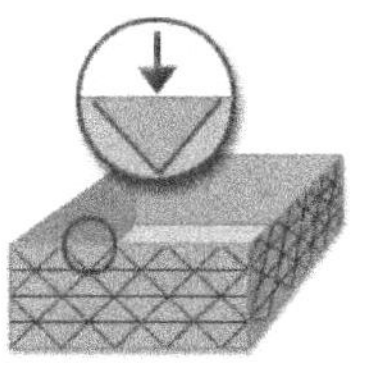

1—自由边；2—共用边；3—交叉边

图 4-9　自由边　　　　图 4-10　单元边

在双层面和三维类型的网格中，不允许有自由边，但在中性面类型中自由边数可以不为 0。

（2）共用边：是指两个三角形或三维单元共用一条边，如图 4-10 所示。

在双层面网格模型中，只存在共用边。

（3）多重边：是指两个以上三角形或三维单元共用一条边，如图 4-10 所示。

在双层面和三维类型的网格中，多重边边数必须为 0，但在中性面类型的网格中，多重边边数可以不为 0。

3. 取向细节：单元配向信息

配向不正确的单元必须保证为 0。

4. 交叉点细节：单元交叉信息

（1）相交单元：相交的单元数，表示不同平面上的单元相互交叉的情况。单元互相交叉穿过是不允许的，如图 4-11 所示。

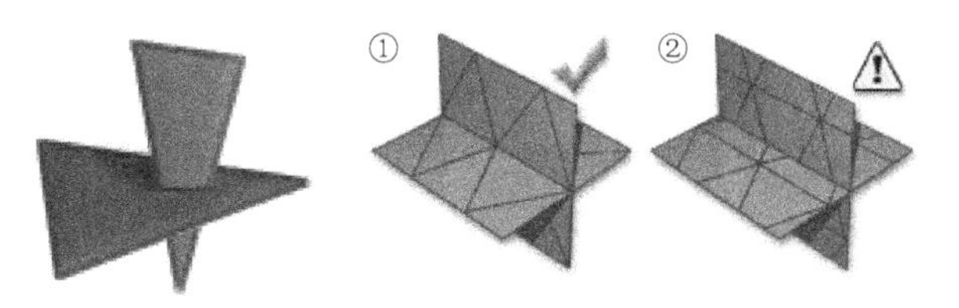

（a）两单元交叉　　（b）正确与错误的单元形式

图 4-11　单元交叉

（2）完全重叠单元：完全重叠单元数，表示单元重叠的情况，如图 4-12 所示。

图 4-12（b）中②表示单元部分重叠，③表示单元完全重叠，这两种情况都是不允许发生的。

（a）两单元重叠

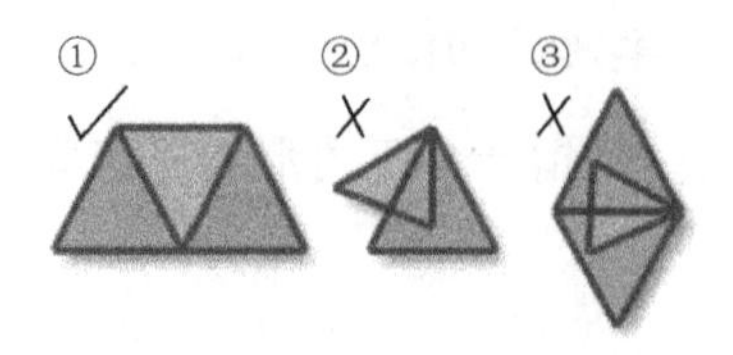

（b）正确与错误的单元形式

图 4-12　单元重叠

5. 纵横比：三角形单元纵横比信息

三角形单元纵横比是指三角形的长、高两个方向的极限尺寸之比，如图 4-13 所示的 w/h。

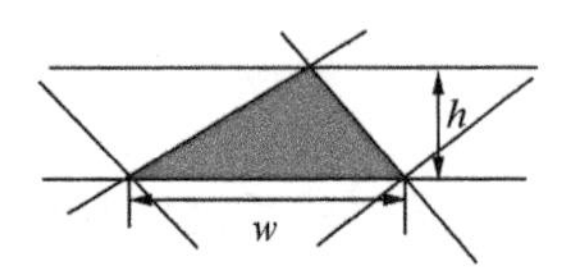

图 4-13　三角形单元纵横比

（1）最小纵横比值：统计整个网格模型中纵横比最小值。
（2）最大纵横比值：统计整个网格模型中纵横比最大值。
（3）平均纵横比值：统计整个网格模型中纵横比的平均值。

单元纵横比对分析计算结果的精确性有很大影响。大的纵横比会导致分析变慢，而且会影响分析结果。如果最长边是沿着流动方向的，那么大纵横比单元的后节点会对前面的流动计算产生一个附加的抗力，影响分析速度。

要尽量避免大纵横比的三角形单元，特别是在单元长边沿着流动方向的大纵横比网格单元。

一般在中性面和双层面类型的网格分析中，推荐的纵横比最大值为 6，在三维类型网格中，推荐的纵横比最大值和最小值分别为 50 和 5，平均应该为 15 左右。

6. 匹配百分比：单元匹配率信息

单元匹配率仅仅针对双层面类型的网格，表示模型上、下表面网格单元的相匹配程度。

对于“填充+保压”分析，单元匹配率应大于 85%或更高，低于 50%是无法计算的。对于“翘曲”分析，单元匹配率同样要大于 85%。

如果单元匹配率太低，应该重新划分网格。

4.4 网格划分实例

本节以平板模型为例，演示网格划分的过程。

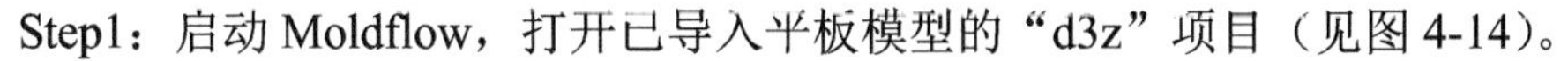

Step1：启动 Moldflow，打开已导入平板模型的“d3z”项目（见图 4-14）。

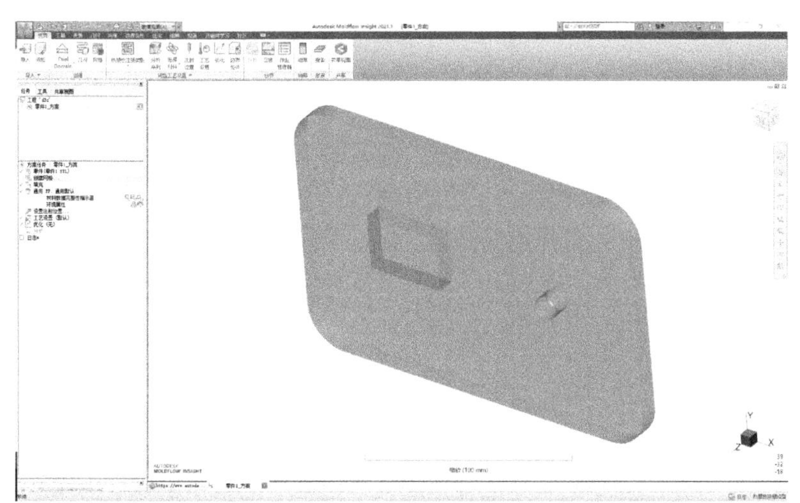

图 4-14　导入模型

选择“开始”→“打开工程”菜单命令，或者单击 按钮，打开项目“d3z.mpi”。

Step2：在任务视窗区域上双击“创建网格”按钮，弹出“网格菜单”对话框，选择“生成网格”命令后弹出“生成网格”对话框，由于平板形状比较简单，网格质量比较高，采用系统默认的网格属性即可。

Step3：单击“网格”按钮，生成网格。

生成网格后的窗口如图 4-15 所示。

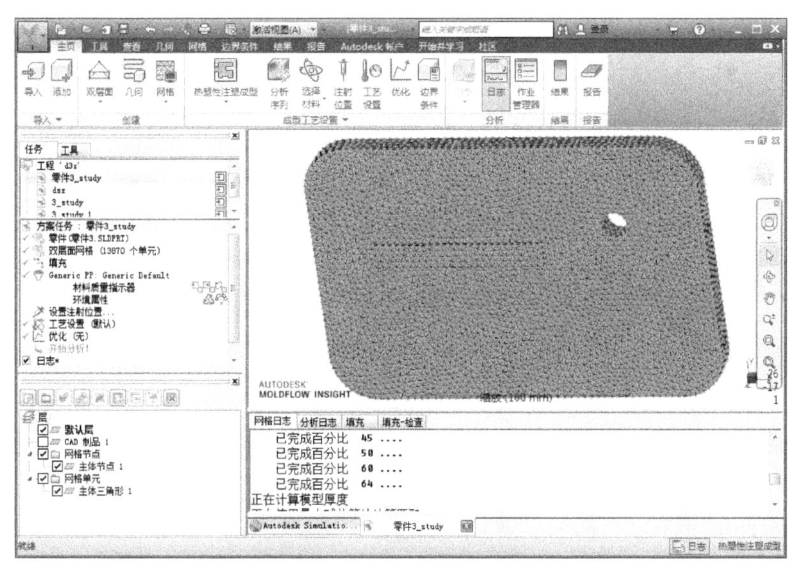

图 4-15　生成网格后的窗口

在日志显示视窗区域中可以查看分析日志，如图 4-16 所示。

对于此实例的网格划分过程，日志包括“网格日志”“分析日志”“填充”和“填充-检查”4 部分内容。

通过“网格日志”选区，可以查看网格的大小、密度等网格属性，还可以查看网格划分完成情况、从网格划分开始直到划分完毕的所有信息、计算机系统的硬件信息、网格划分完成时间、过程使用时间，以及网格划分完毕之后的属性，便于更全面地分析求解结果信息。

可以在日志显示视窗区域右击，弹出如图 4-17 所示的菜单。可以打印、保存为*.txt 文件或者复制，以便对分析过程进行及时查询。

Step4：网格划分完毕，要对网格进行统计，查看网格质量是否符合分析的要求。

在工程任务视窗中右击，选择“网格统计”命令，打开“网格统计信息”窗口，如图 4-18 所示。

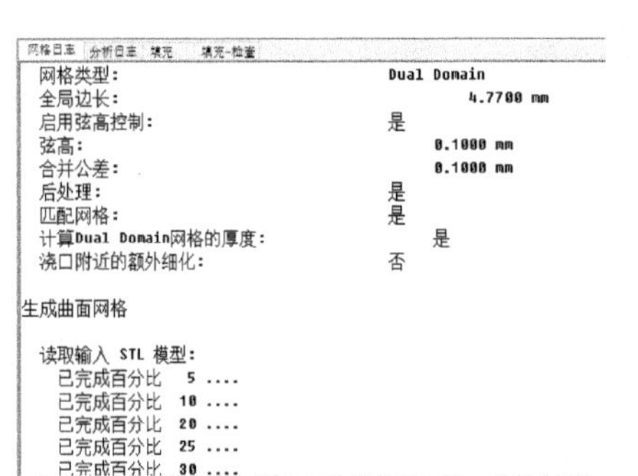

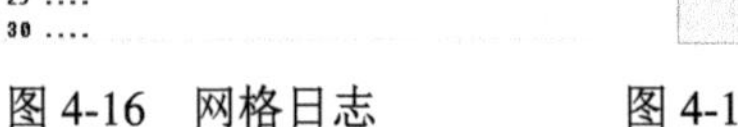

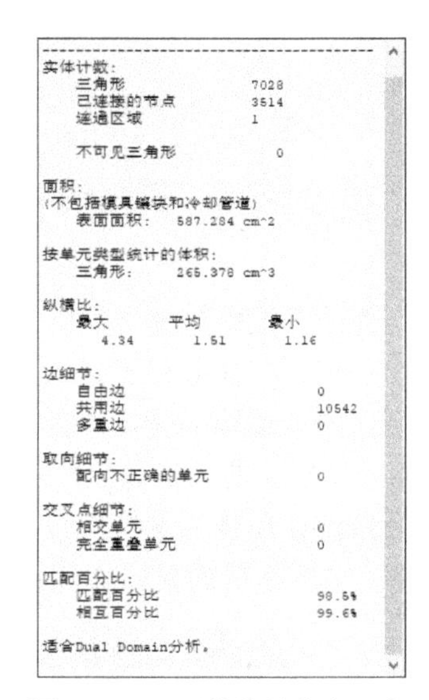

图 4-16　网格日志　　图 4-17　右击菜单　　图 4-18　“网格统计信息”窗口

从“网格统计信息”窗口中可以看到，本实例没有自由边、多重边，没有定向的单元，没有单元交叉，并且连通区域为 1；纵横比低于 6 是相当理想的，单元匹配率高达 99.6%，此网格质量相当高，可以直接用来进行模流分析而不需要修复。

4.5 本章小结

本章主要介绍了网格划分的具体步骤，主要包括网格类型的确定、网格密度的定义、网格生成和网格的统计。其中，网格的类型主要根据产品的结构形状来确定，密度则主要确定了网格的匹配和数量，而网格统计则可以知道网格中有哪些问题需要进行修复。

总之，网格的质量关系到分析所需要的时间和分析的精度，所以务必掌握网格处理的步骤和要求。

第5章

网格诊断及修复

本章主要介绍模型网格单元的缺陷诊断和修复，并了解纵横比、自由边、连通性等概念。在缺陷诊断的基础上进行网格单元的修复，是 Moldflow 分析相当重要的步骤，模型网格质量的好坏直接影响到分析结果的准确性。

学习目标

（1）了解纵横比、自由边、连通性等概念

（2）掌握网格缺陷诊断工具的使用

（3）掌握网格缺陷修复工具的使用

（4）掌握图层功能的使用

Note

5.1 网格缺陷诊断

通常情况下，网格划分完毕后，网格中会存在缺陷，可通过网格统计查看网格属性。网格单元的质量直接影响模流分析的可行性及分析结果的精确性，只有诊断并修复好网格，才能够使接下来的分析工作得以顺利且准确地进行，从而保证分析质量。

单击“主页”选项卡下的“网格”命令按钮，即可弹出“网格”选项卡，在此选项卡的工具面板中即可看到如图 5-1 所示的“网格诊断”面板，单击 ▾ 按钮，可将隐藏的网格诊断命令显示出来，如图 5-2 所示。

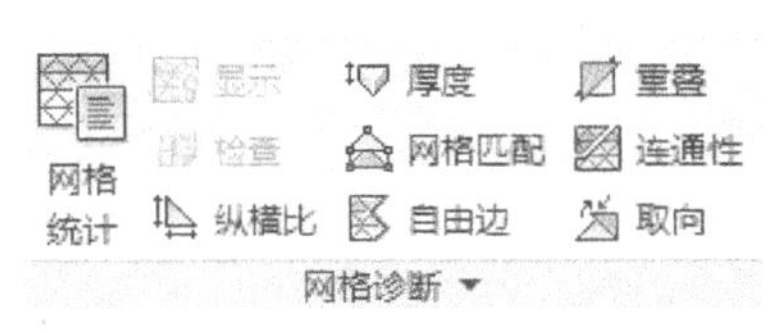

图 5-1　“网格诊断”面板

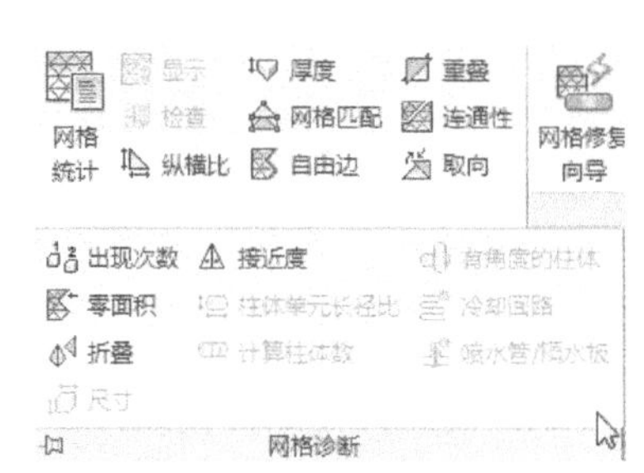

图 5-2　完全显示的“网格诊断”面板

5.1.1　纵横比诊断

“纵横比诊断”用于诊断网格纵横比，如 4.3 节所述，网格纵横比指的是三角形的最长边与三角形高的比值。

网格纵横比越大，则此三角形单元就越接近于一条直线，在分析中是不允许有这样的三角形存在的。

推荐的纵横比最小值为 6～8，最大值为 15～20。一般情况下，推荐的最大值一栏为空，这样模型中比最小纵横比值大的单元都将在诊断中显示，从而可以消除和修改这些缺陷。

单击“纵横比”按钮，弹出如图 5-3 所示的“纵横比诊断”对话框。

在“纵横比诊断”对话框中，可以设置纵横比的最小值和最大值。

“选项”选区包括“显示诊断结果的位置”“显示网格/模型”“将结果置于诊断层中”和“限于可见实体”4 部分内容。

“显示诊断结果的位置”下拉列表包括“显示”和“文本”两个选项。

只有选中“显示网格/模型”复选框，网格模型才会在窗口中显示出来；推荐选中“将结果置于诊断层中”复选框，即将结果单独放入“诊断”图层中，方便用户查找诊断结果，如图 5-4（a）所示。

如果选中“将结果置于诊断层中”复选框，在图层管理视窗中仅选中“诊断结果”选项，就可以清楚地查看到纵横比不符合要求的单元，如图 5-4（b）所示。

在“显示诊断结果的位置”下拉列表中，选择“显示”选项。采用显示诊断结果后，系统用不同颜色的引出线指出纵横比大小不同的单元。单击引出线，可以选中存在纵横比缺陷的单元。单击“显示”按钮，显示纵横比诊断结果，如图 5-4 所示。

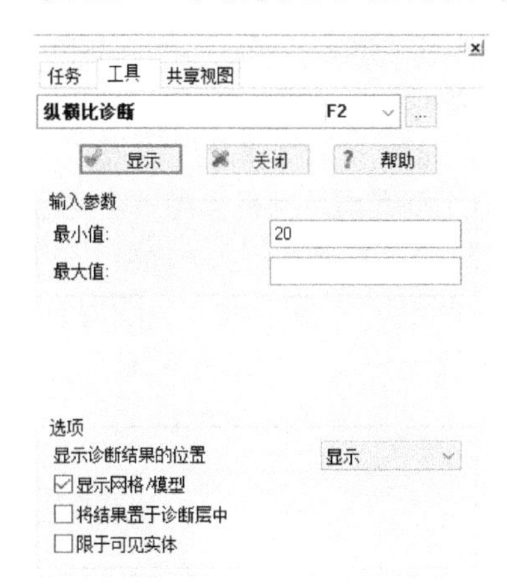

图 5-3 “纵横比诊断”对话框

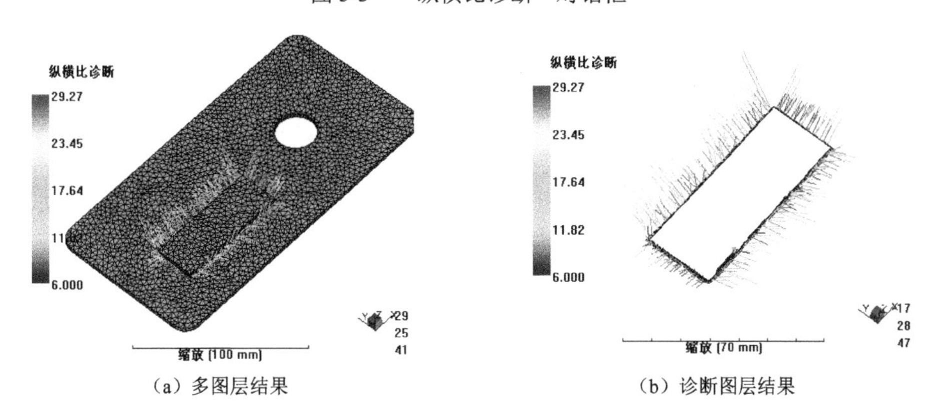

（a）多图层结果　　（b）诊断图层结果

图 5-4 纵横比诊断结果

但如果选择“文本”选项，即采用文本显示方式后，其诊断结果则以文本的形式在对话框中给出，如图 5-5 所示。

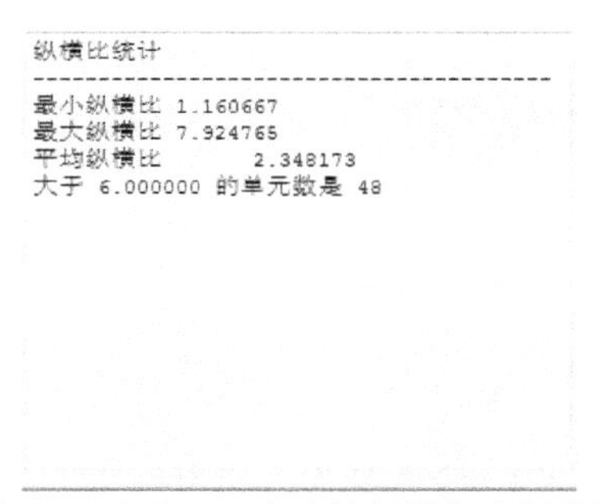

图 5-5 文本显示方式的纵横比诊断结果

5.1.2 重叠单元诊断

“重叠单元诊断”用于诊断交叉和重叠的三角形单元。单击“重叠”按钮，会弹出如图 5-6 所示的“重叠单元诊断”对话框。

“输入参数”选区包括“查找交叉点”和“查找重叠”两个选项。

“选项”选区包括“显示诊断结果的位置”“显示网格/模型”“将结果置于诊断层中”和“限于可见实体”4 部分内容。

“显示诊断结果的位置”下拉列表包括“显示”和“文本”两个选项。

只有选中“显示网格/模型”复选框，网格模型才会在窗口中显示出来；推荐选中“将结果置于诊断层中”复选框，即将结果单独放入“诊断”图层中，方便用户查找诊断结果。

如果选中“将结果置于诊断层中”复选框，在图层管理视窗中仅选中“诊断结果”选项，就可以清楚地查看到纵横比不符合要求的单元。

单击“显示”按钮，显示交叉重叠单元诊断结果，如图 5-7 所示。

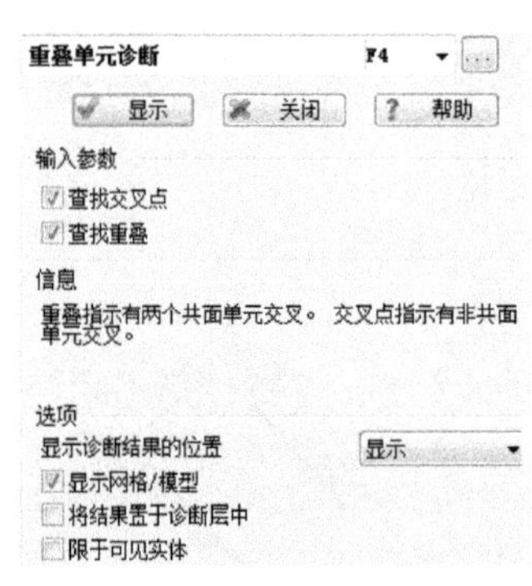

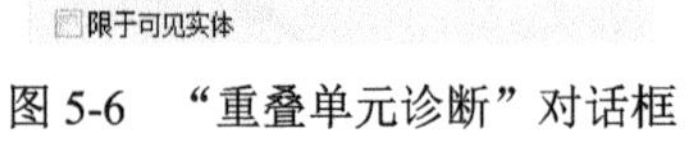

图 5-6 “重叠单元诊断”对话框

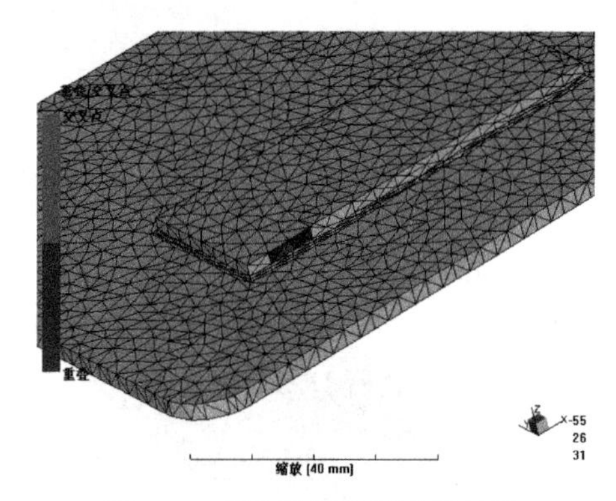

图 5-7 交叉重叠单元诊断结果

但如果选择“文本”选项，即采用文本显示方式后，其诊断结果则以文本的形式在对话框中给出。

单击“显示”按钮，显示诊断结果。

5.1.3 取向诊断

“取向诊断”用于诊断定向错误的三角形单元。

网格中不应该有定向错误的三角形单元存在，即定向不正确的单元数应为 0。

对于中性面网格，单元定向可用于表示并区分网格的上、下表面，并会以蓝色显示网格的上表面，以红色显示网格的下表面。

对于双层面网格，单元定向可用于表示并区分网格的内、外表面，并会以蓝色显示网格的外表面，以红色显示网格的内表面。

一般来说，无须进行单元取向诊断，因为即使网格模型中存在定向不正确的单元，

不管这些单元的数目有多少，都可以直接执行“网格”→“全部取向”菜单命令，一次性修复这些定向错误问题。

单击“取向”按钮，弹出如图 5-8 所示的“取向诊断”对话框。单击对话框中“显示”按钮，显示取向诊断结果，如图 5-9 所示。

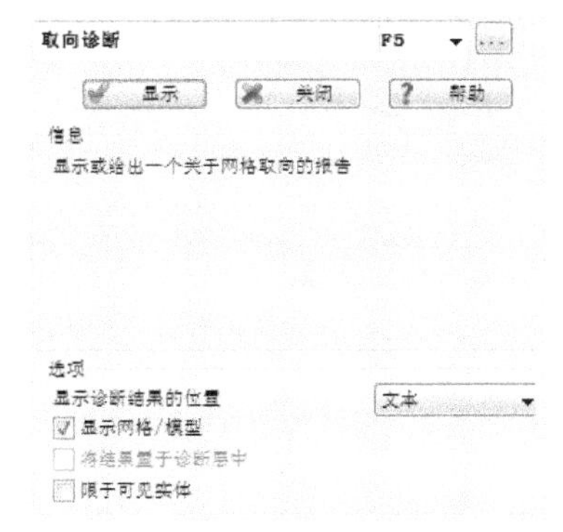

图 5-8 “取向诊断”对话框

图 5-9 取向诊断结果

5.1.4 连通性诊断

“连通性诊断”用于诊断窗口中对象的连通性，诊断时需要先任选一个单元进行诊断，与选中单元连通的单元显示为红色，不连通的单元显示为蓝色。

对非装配体的单个产品来说，它应该仅有一个独立的部分，如果一个产品有两个独立部分时，则应视为两个产品。连通性诊断功能可用于诊断单个产品内是否有多余的独立部分存在，也可以用于诊断浇注系统与产品是否连通。

单击“连通性”按钮，弹出如图 5-10 所示的“连通性诊断”对话框。

要求在网格模型中任意选择一个单元，选中的单元显示在“从实体开始连通性检查”右边的文本框中，Moldflow 软件则从选中的单元中开始检查整个网格的连通性。

如果选中“忽略柱体单元”复选框，则表示忽略网格模型中的一维单元的连通性。

“选项”选区包括“显示诊断结果的位置”“显示网格/模型”“将结果置于诊断层中”和“限于可见实体”4 部分内容。

“显示诊断结果的位置”下拉列表包括“显示”和“文本”两个选项。

只有选中“显示网格/模型”复选框，网格模型才会在窗口中显示出来；推荐选中“将结果置于诊断层中”复选框，即将结果单独放入“诊断”图层中，方便用户查找诊断结果。

如果选中“将结果置于诊断层中”复选框，在图层管理视窗中仅选中“诊断结果”选项，就可以清楚地查看到连通性不符合要求的单元。

单击“显示”按钮，显示连通性诊断结果，如图 5-11 所示。

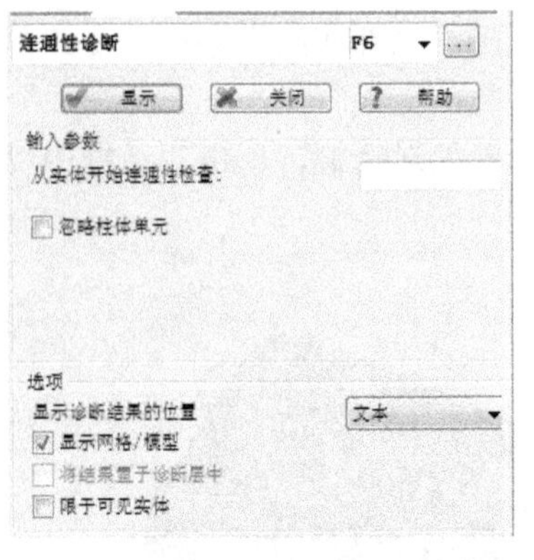

图 5-10　“连通性诊断”对话框

图 5-11　连通性诊断结果

5.1.5　自由边诊断

“自由边诊断”用于诊断自由边。

自由边主要有两种情况出现：一种为与其他三角形单元未共享的边；另一种为网格模型中的非结构性孔洞缝隙周围的边。例如，当删除两个三角形单元时，就会产生 4 个自由边。

单击“自由边”按钮，弹出如图 5-12 所示的“自由边诊断”对话框。

选中“查找多重边”复选框，表示显示的诊断结果中包含交叉边。

“选项”选区包括“显示诊断结果的位置”“显示网格/模型”“将结果置于诊断层中”和“限于可见实体”4 部分内容。

“显示诊断结果的位置”下拉列表中包括“显示”和“文本”两个选项。

只有选中“显示网格/模型”复选框，网格模型才会在窗口中显示出来；推荐选中“将结果置于诊断层中”复选框，即将结果单独放入“诊断”图层中，方便用户查找诊断结果。

如果选中“将结果置于诊断层中”复选框，在图层管理视窗中仅选中“诊断结果”选项，就可以清楚地查看到存在自由边的单元。

单击“显示”按钮，显示自由边诊断结果，如图 5-13 所示。

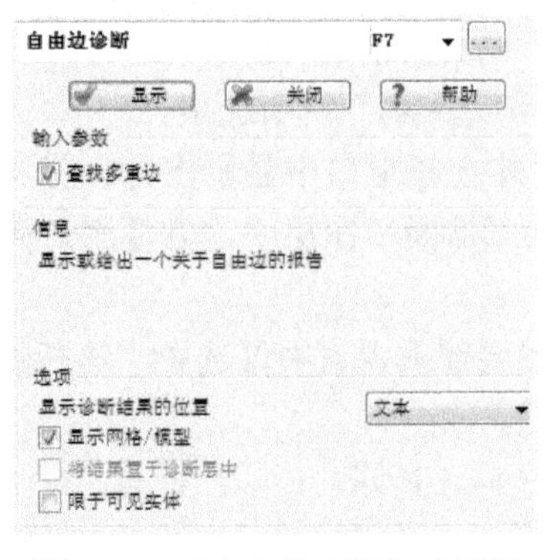

图 5-12　“自由边诊断”对话框

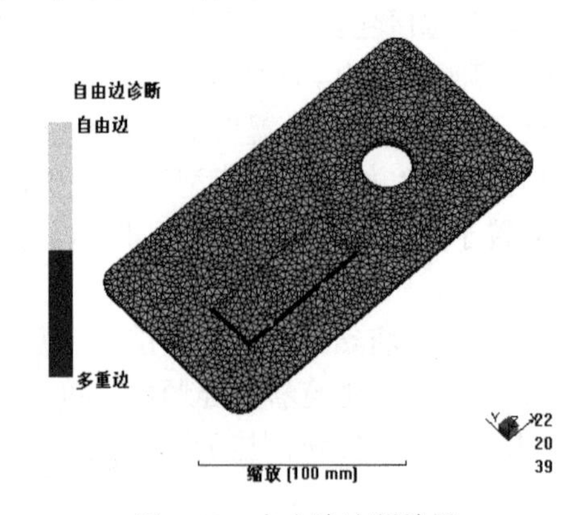

图 5-13　自由边诊断结果

5.1.6 厚度诊断

“厚度诊断”用于诊断三角形单元的厚度。模型同一特征区域的厚度应相等或相近。

当三维产品模型导入 Moldflow 软件后，模型部分区域的厚度会与三维产品模型的尺寸有差异。此时需要“厚度诊断”工具诊断出厚度有差异的单元，然后以手动的方法修复其尺寸。

单击“厚度”按钮，弹出如图 5-14 所示的“厚度诊断”对话框。
在“最小值”和“最大值”文本框中输入要显示的厚度范围值。
单击“显示”按钮，显示厚度诊断结果，如图 5-15 所示。

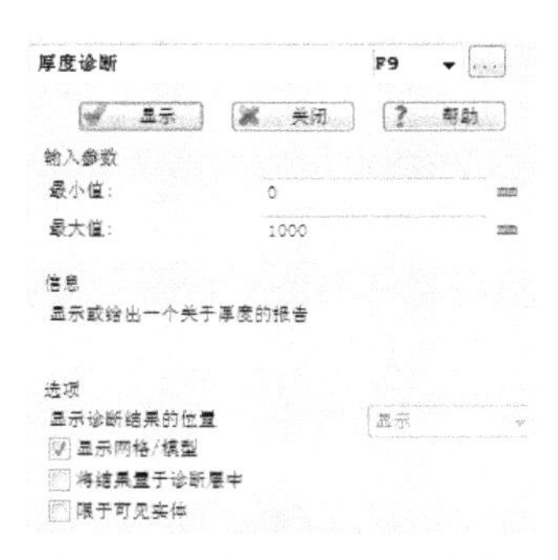

图 5-14 “厚度诊断”对话框

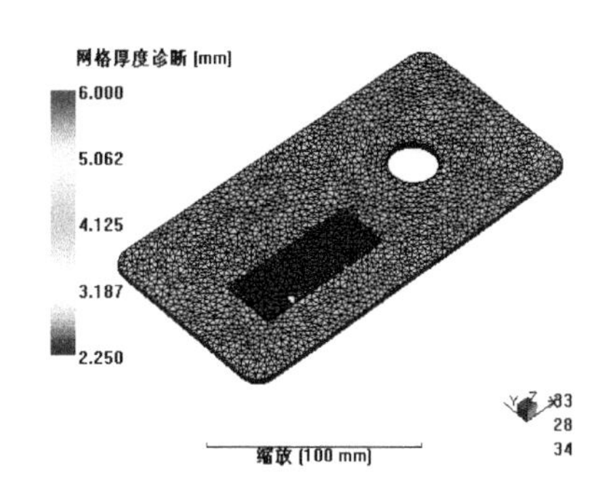

图 5-15 厚度诊断结果

5.1.7 网格出现次数诊断

“网格出现次数诊断”用于诊断网格出现的次数，出现次数又称“复数因子”。在未手动设置“出现次数”之前，其值为 1。这主要用于一模多腔的分析。

对于同一产品，当它呈一模多腔对称分布时，可以选择其中一腔并将其“出现次数”设置为与之对应的型腔数进行替代分析，从而减少分析时间。

如果没有手动设置出现次数，则无须进行出现次数诊断。
单击“出现次数”按钮，弹出如图 5-16 所示的“出现次数诊断”对话框。
单击“显示”按钮，显示网格出现次数诊断结果，如图 5-17 所示。

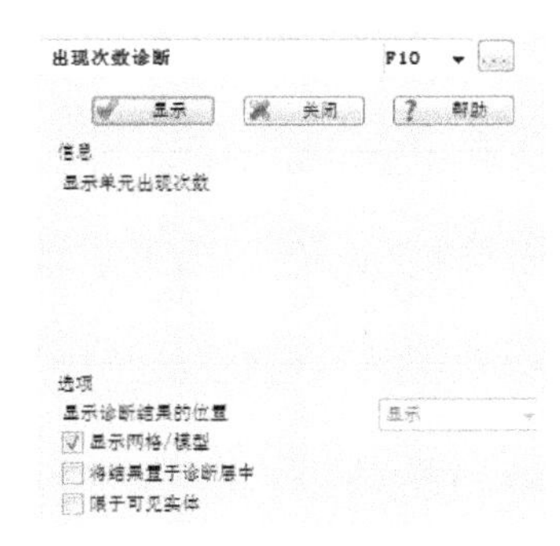

图 5-16 “出现次数诊断”对话框

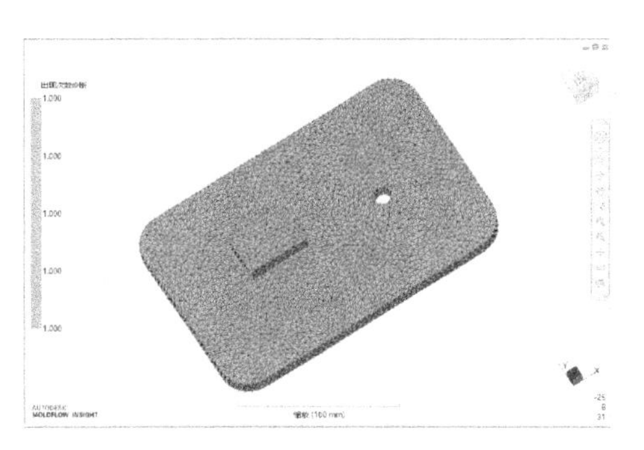

图 5-17 出现次数诊断结果

5.1.8　网格匹配诊断

Note

“网格匹配诊断”用于诊断网格的匹配性。

低于 50%的匹配率往往会导致分析失败，对于翘曲分析，则需要 85%以上的匹配率，以便能得到准确的结果。如果匹配率太低，可通过选择合适的网格边长的方法来重新划分网格或者使用网格匹配修复工具修复未匹配的单元以达到提高匹配率的目的。

匹配率的大小与所设置的网格密度、网格单元边长有关，而且与模型形状密切相关。当模型形状比较复杂，厚度变化较大，较多倒角、倒圆角和其他细微特征时，划分出来的网格的匹配率往往会比较低。当出现这种状况时，可以在导入模型之前，将模型的倒角、倒圆角等特征删除，这样可以显著提高网格的匹配率。

单击“网格匹配”按钮，弹出如图 5-18 所示的“双层面网格匹配诊断”对话框。单击“显示”按钮，显示网格匹配诊断结果，如图 5-19 所示。

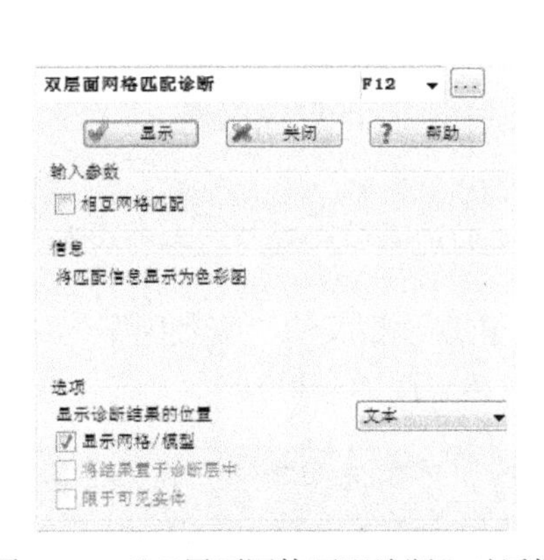

图 5-18　“双层面网格匹配诊断”对话框

图 5-19　双层面网格匹配诊断结果

5.1.9　零面积单元诊断

“零面积单元诊断”用于诊断面积极小的、几乎接近一条直线的三角形单元。

网格模型中不应有零面积单元存在。

单击“零面积”按钮，弹出如图 5-20 所示的“零面积单元诊断”对话框。单击“显示”按钮，显示零面积单元诊断结果，如图 5-21 所示。

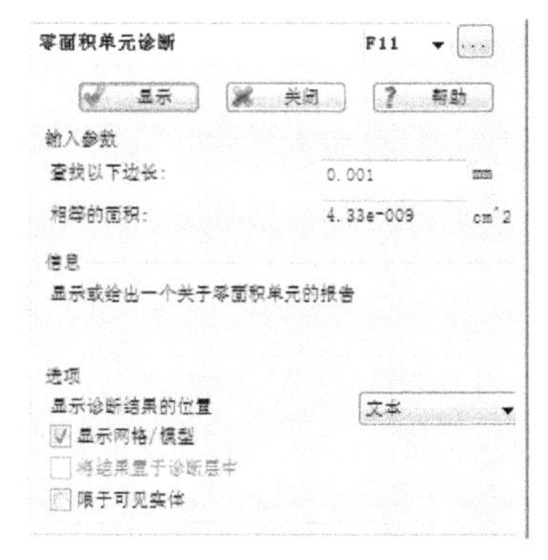

图 5-20 “零面积单元诊断”对话框

图 5-21 零面积单元诊断结果

5.2 网格缺陷修复工具

通过 5.1 节的网格诊断工具，可以发现划分的网格中存在网格缺陷，而网格的质量直接影响模流分析结果的准确性，所以对网格缺陷的修复是一项相当重要的工作。Moldflow 软件提供了 22 种网格缺陷修复工具（见图 5-22），熟练掌握这些网格修复工具的使用方法是十分重要的。所有修复命令按钮被集成在“网格编辑”面板内。

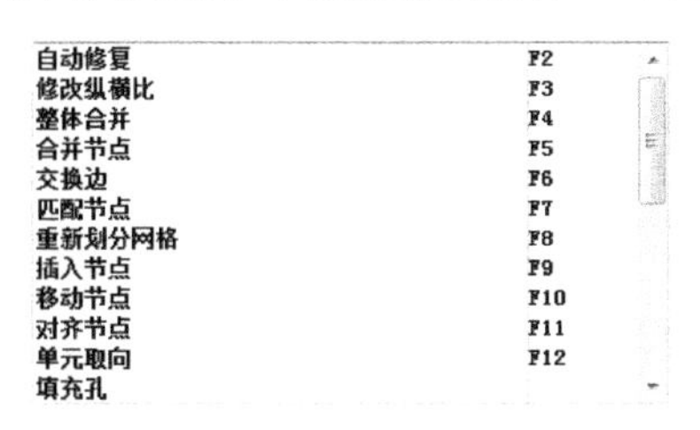

图 5-22 网格缺陷修复工具

单击“主页”选项卡下的“网格”按钮，弹出“网格”选项卡，在此选项卡的工具面板中可以看到“网格编辑”面板，如图 5-23 所示，单击 按钮，可得到完整的“网格编辑”面板，如图 5-24 所示。

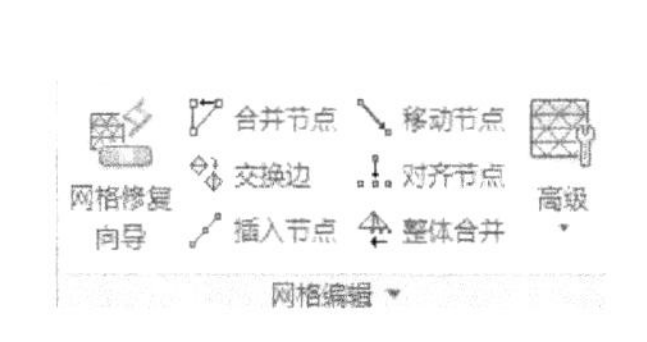

图 5-23 “网格编辑”面板

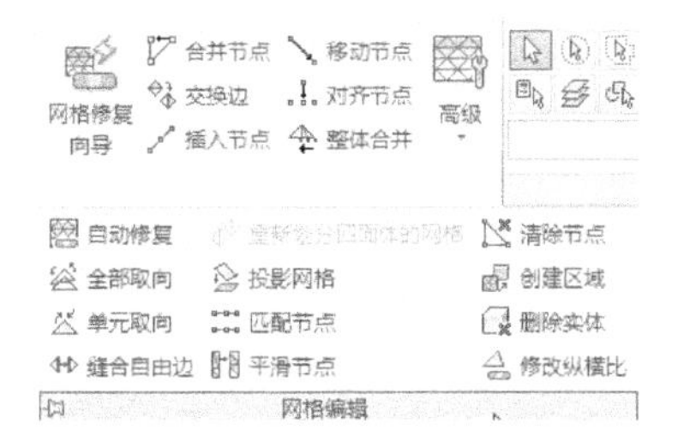

图 5-24 完整的“网格编辑”面板

5.2.1 自动修复

“自动修复”主要用于修复网格中存在的交叉与重叠单元问题，可以有效改进网格的纵横比。此项功能对双层面模型很有效。

在使用一次该功能后，再次反复使用，可以提高修改的效率，在手动处理网格存在的问题之前，一般先进行自动修复，这样可以减少工作量，但是不能期待该功能解决所有网格中存在的问题。

单击“自动修复”按钮，弹出如图 5-25 所示的“自动修复”对话框。

单击“应用”按钮，系统会自动修复已划分的网格，弹出结果窗口如图 5-26 所示。

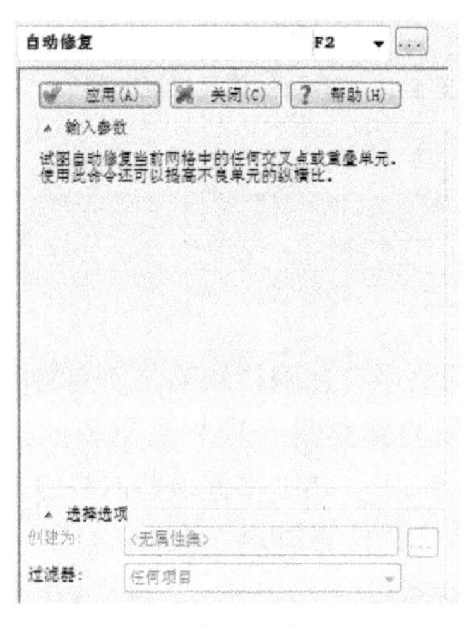

图 5-25 “自动修复”对话框

图 5-26 自动修复结果

5.2.2 修改纵横比

“修改纵横比”用于修复纵横比，是通过指定最大纵横比，降低网格模型中的最大纵横比。使用此命令后，系统会自动改善一部分三角形的纵横比问题，但通常系统并不能将纵横比修复到所期望的数值，所以在使用此命令后，有较大纵横比的地方还需要手动进行修复。

单击“修改纵横比”按钮，弹出如图 5-27 所示的“修改纵横比”对话框。

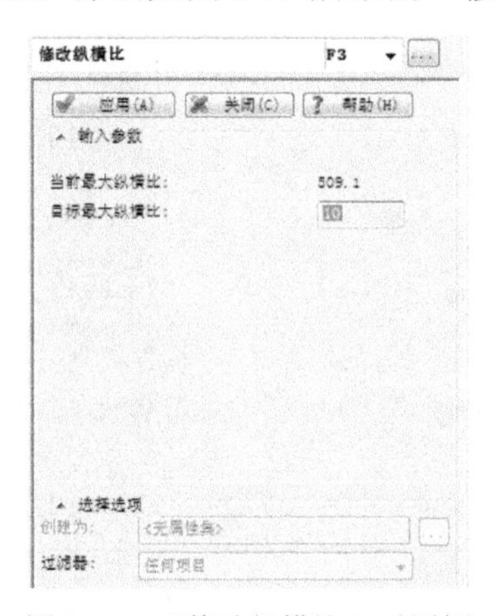

图 5-27 “修改纵横比”对话框

其中，“当前最大纵横比”文本框是显示当前模型中纵横比的最大值，而“目标最大纵横比”文本框是期望的最大纵横比值，可以自行设置，一般为 6～20。

单击“应用”按钮，系统会自动修改已划分的网格。修改纵横比之后的效果图如图 5-28（b）所示。

图 5-28 为修改纵横比前后对比图，从中可以看出，通过“修改纵横比”工具，使纵横比从 13.9 减小到 11.5。

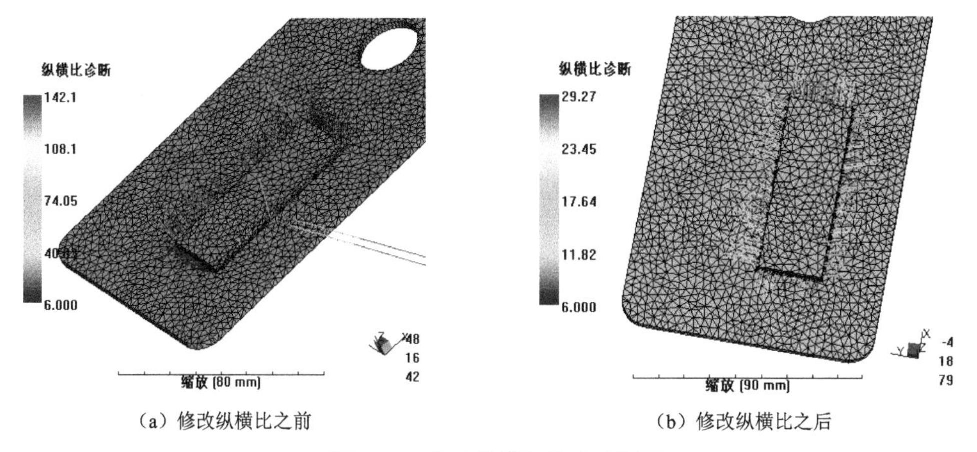

（a）修改纵横比之前　　（b）修改纵横比之后

图 5-28　修改纵横比前后对比图

5.2.3　整体合并

“整体合并”通过指定合并公差值，自动合并所有间距小于合并公差值的节点。主要用于修复纵横比和零面积区域。

这个选项对有零面积区域或极小单元格存在的网格来说很有用，同时它是修复纵横比问题的有力工具，使用此选项可以消除网格中的零面积区域，并可以大大减少纵横比较大的三角形单元的数量。

单击“整体合并”按钮，弹出如图 5-29 所示的“整体合并”对话框。

对于“整体合并”，由于软件会根据合并公差值对网格中所有距离小于所设置的公差值的网格进行自动合并，所以如果设置的值太大，合并后会使网格模型发生变形。将图 5-30 中的合并公差值设置为 0.1mm。整体合并前后对比图如图 5-31 所示。当然在纵横比较大的三角形单元数目较多的网格模型中，合并公差值尽可能取较大值，这样可以修复更多纵横比过大的三角形网格，以减少后续修复纵横比的麻烦。

每次使用完“整体合并”命令后，可以旋转模型，检查一下网格模型特征处（如薄肋、倒圆角）有没有产生变形现象。

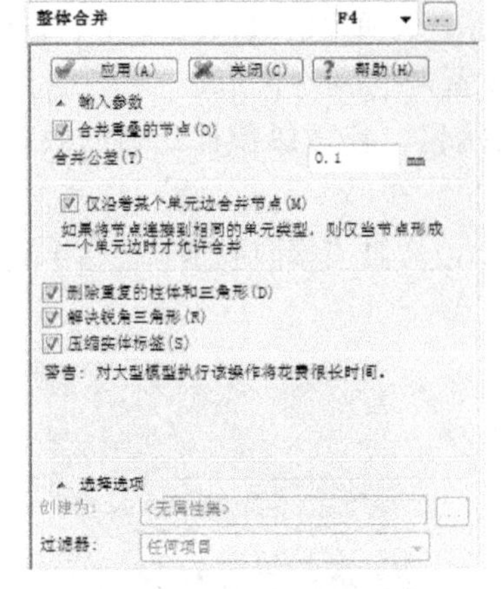

图 5-29　“整体合并”对话框

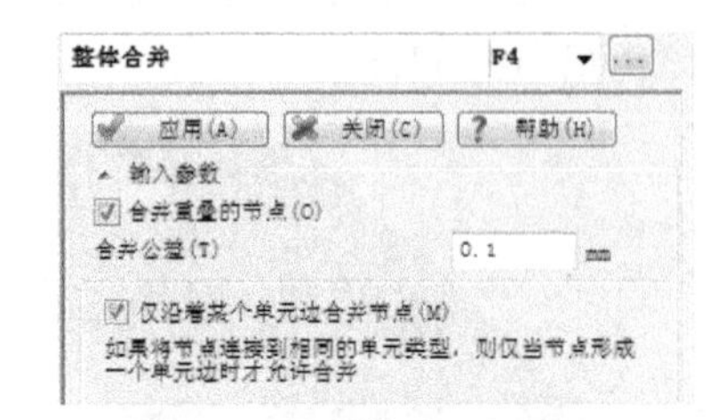

图 5-30　“整体合并”设置

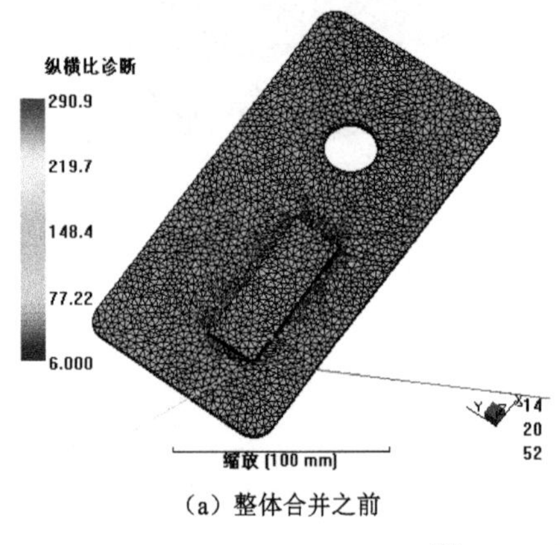

（a）整体合并之前

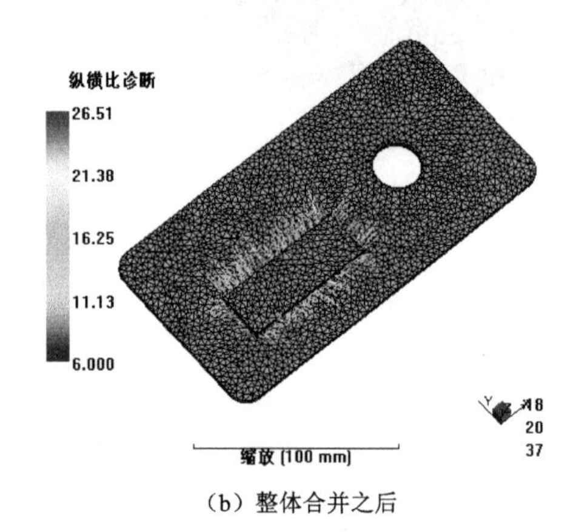

（b）整体合并之后

图 5-31　整体合并前后对比图

5.2.4　合并节点

“合并节点”用来将一个或多个节点合并到一指定的节点上。常用于修复自由边、纵横比较大、交叉或重叠三角形单元等。

单击“合并节点”按钮，弹出如图 5-32 所示的“合并节点”对话框。

依次选择准备合并的两个节点，“要合并到的节点”是目标节点，“要从其合并的节点”是要合并的一个或多个节点，如果是多个节点的话，按住 Ctrl 键，依次选择。

先用结果查询，找到纵横比过大的一个网格单元，如图 5-33（a）所示，N2216 节点是目标节点，N1783 节点是要合并到 N2216 节点的起始节点，合并后的网格模型如图 5-33（b）所示。

从合并前后网格模型的对比图中可以看出，合并之后的网格单元形状比较合理，由图 5-33（b）可以看出，合并后区域的纵横比比原来区域的纵横比变小了。

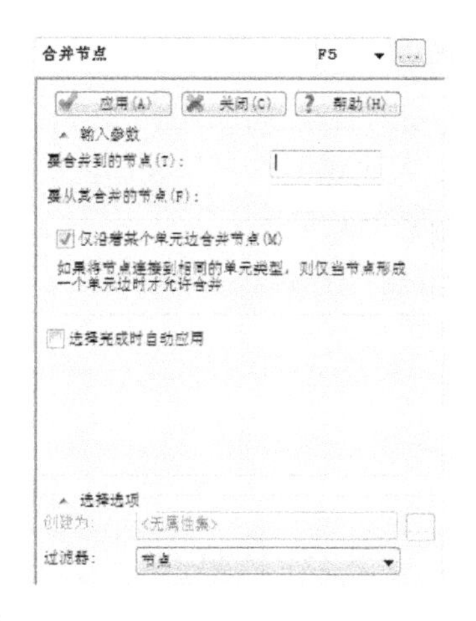

图 5-32 “合并节点”对话框

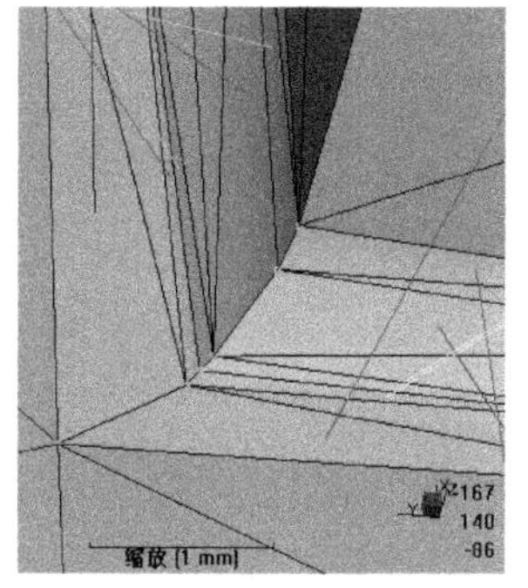

（a）合并节点之前

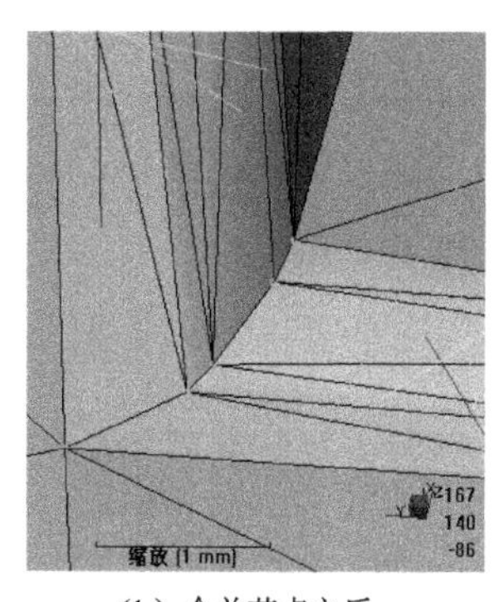

（b）合并节点之后

图 5-33 合并节点前后对比图

5.2.5 交换边

“交换边”用来交换两相邻三角形单元的公共边，但是相邻的三角形单元必须在同一个平面上，否则无法交换，该工具主要在改善网格纵横比时使用。

单击“交换边”按钮，弹出如图 5-34 所示的“交换边”对话框。

其中，“选择第一个三角形”“选择第二个三角形”文本框分别用来选择两个相邻的要交换的三角形单元。

两个交换的三角形必须同平面且具有共用边才可以交换成功。

“允许重新划分特征边的网格”复选框也必须选中，否则对多数交换过程来说，往往无法交换成功。

如图 5-35 所示，对两个相邻的三角形单元进行共用边交换之后，网格质量得到了提高。

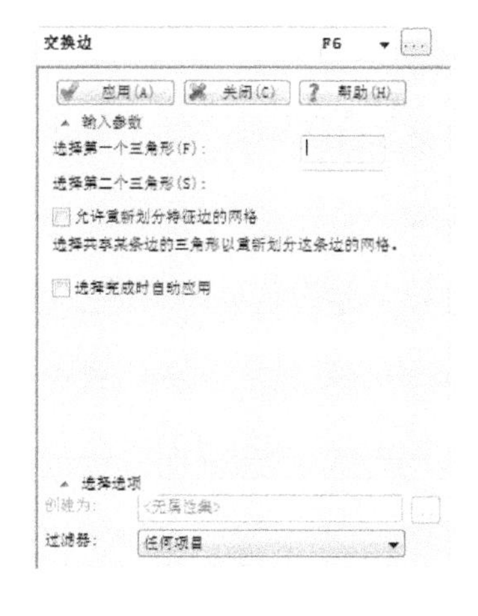

图 5-34 “交换边”对话框

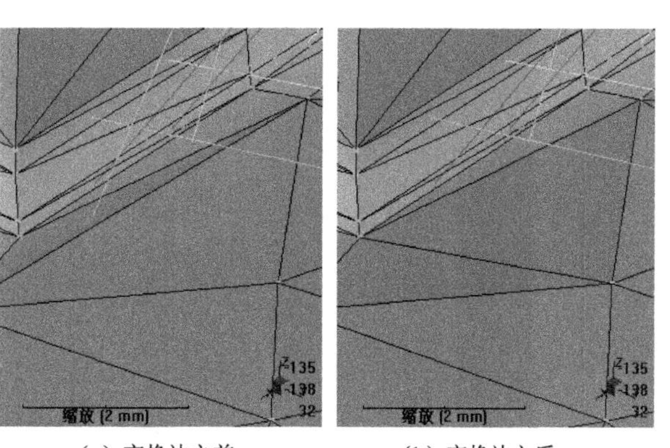

（a）交换边之前　　（b）交换边之后

图 5-35 交换边前后对比图

5.2.6　匹配节点

Note

“匹配节点”用于在手动修改完网格后获得更好的网格匹配，将网格模型表面上的一节点投影到另一面指定的三角形单元上，可以重新建立良好的网格匹配。

单击“匹配节点”按钮，弹出如图 5-36 所示的“匹配节点”对话框。

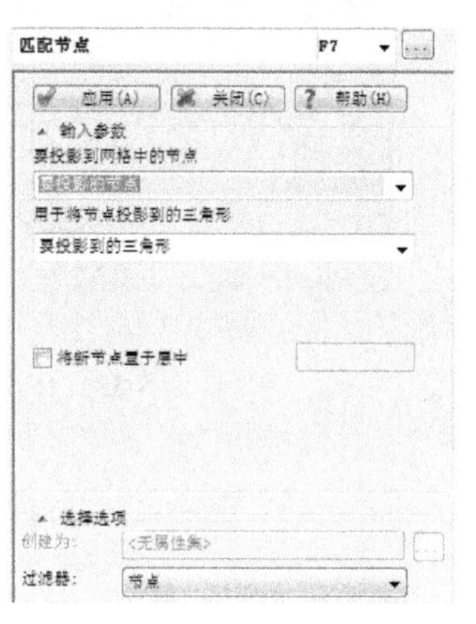

图 5-36　“匹配节点”对话框

其中，“要投影到网格中的节点”下拉列表用于选择投影节点，“用于将节点投影到的三角形”下拉列表用于选择投影三角形。

5.2.7　重新划分网格

“重新划分网格”是对某区域重新进行网格划分，用于获得更加合理的网格，在模型划分完网格的基础上，需要对部分区域进行重新划分。其可以用来在形状复杂或者形状简单的模型区域上进行网格局部加密或局部稀疏。

单击“重新划分网格”按钮，弹出如图 5-37 所示的“重新划分网格”对话框。

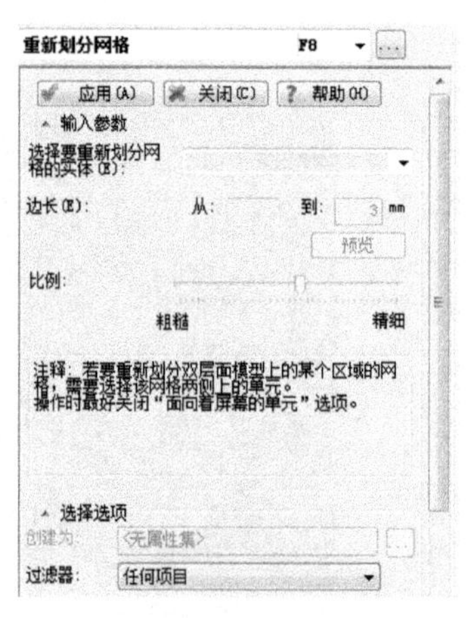

图 5-37　“重新划分网格”对话框

其中，“选择要重新划分网格的实体”下拉列表选择要重新划分的区域，“边长”文

本框指定重新划分单元的边长，此数值的大小将影响重新划分后的网格密度，值越小，密度就越大，将其划分单元边长设置为 8mm。重新划分网格前后对比图如图 5-38 所示。

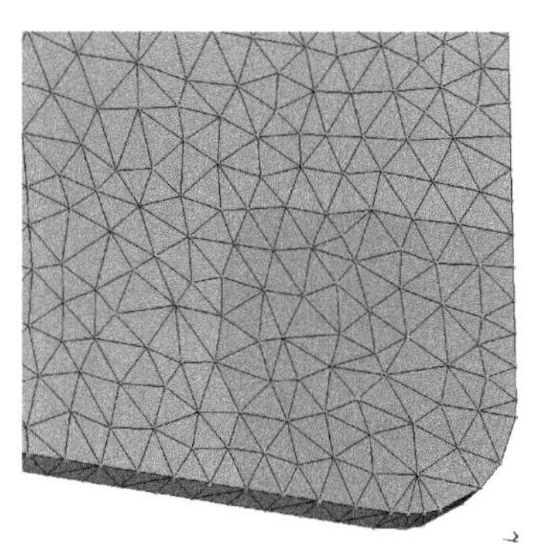

（a）重新划分网格之前

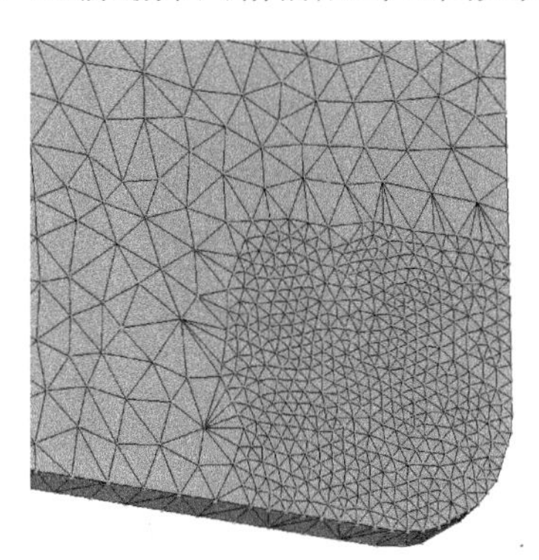

（b）重新划分网格之后

图 5-38　重新划分网格前后对比图

在对网格单元进行重新划分时，应将所划区域的上、下表面网格同时选中，避免重新划分区域后影响网格的匹配率。

5.2.8　插入节点

“插入节点”用来在指定的两节点之间或指定的三角形单元内创建一新的节点，以获得理想的纵横比。

单击“插入节点”按钮，弹出如图 5-39 所示的“插入节点”对话框。

选择的两个节点必须是同一个三角形上同一条边上的节点，否则插入选项无法完成。同时，推荐选择对话框中的“过滤器”下拉列表，以免因系统捕捉到其他类型而使操作失败。

其中，可以在指定的三角形边的中点创建新节点（见图 5-39）或三角形的中心创建新节点（见图 5-40），对比结果分别如图 5-41 和图 5-42 所示。

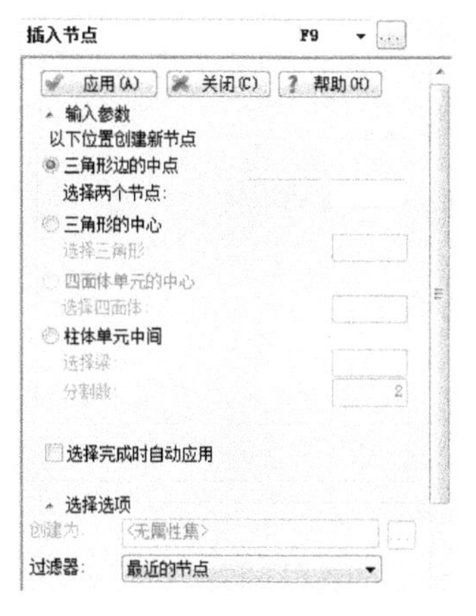

图 5-39　“插入节点”对话框①

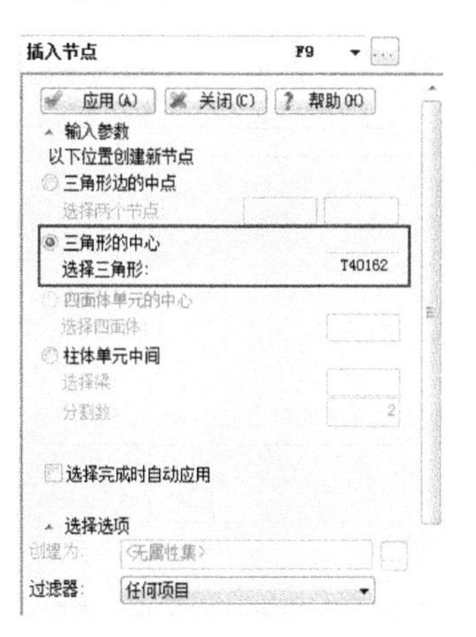

图 5-40　“插入节点”对话框②

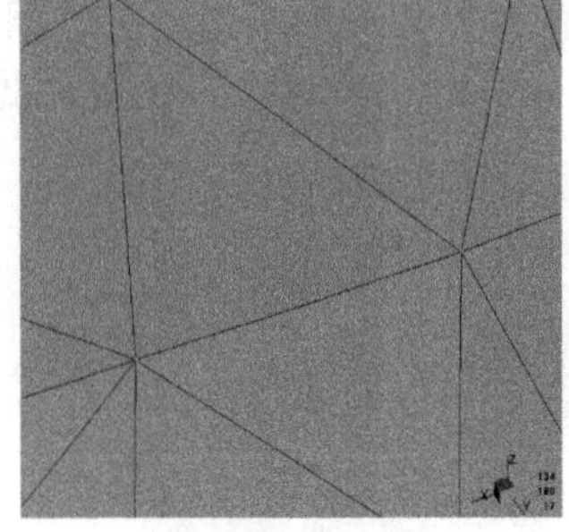

（a）插入节点之前

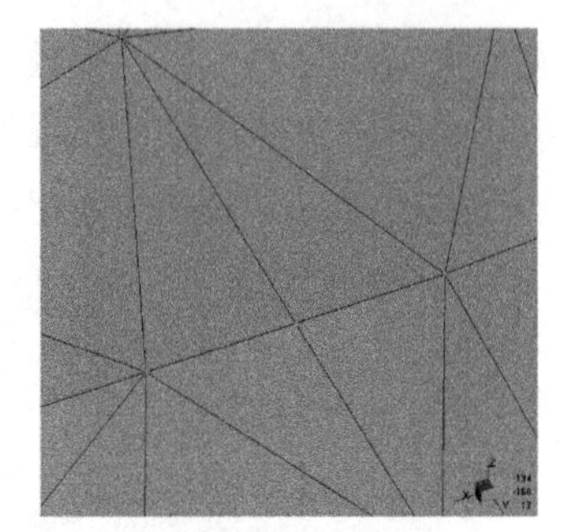

（b）插入节点之后

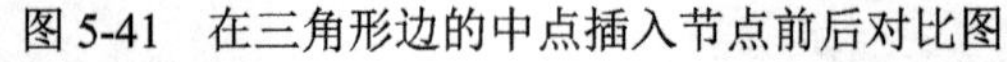

图 5-41　在三角形边的中点插入节点前后对比图

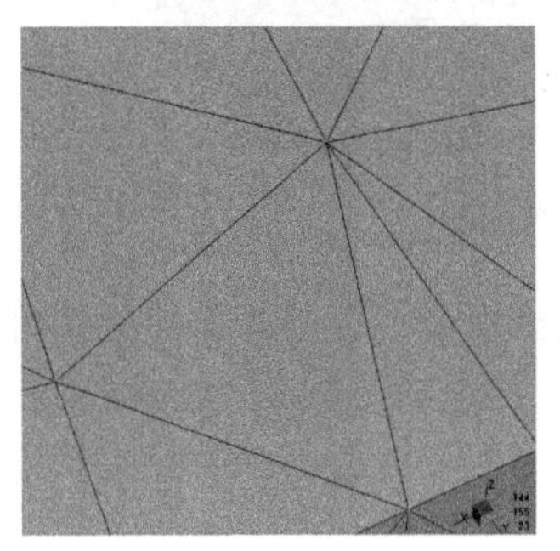

（a）插入节点之前

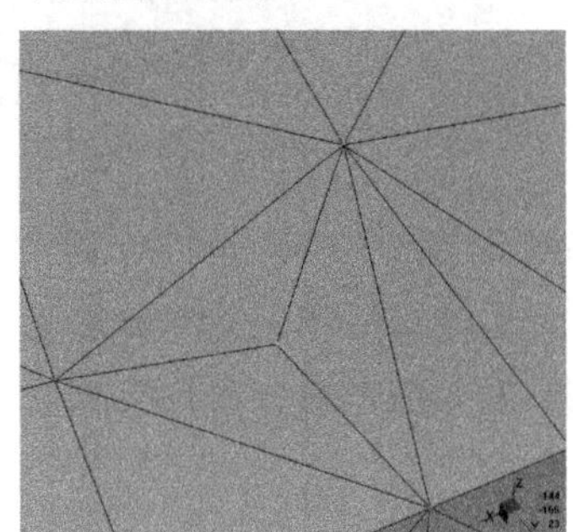

（b）插入节点之后

图 5-42　在三角形的中心插入节点前后对比图

5.2.9　移动节点

“移动节点”用来将指定的一个或多个节点按照指定的绝对或相对坐标移动一定距离。

单击“移动节点”按钮，弹出如图 5-43 所示的“移动节点”对话框。

其中，“要移动的节点”文本框是选择要进行移动的节点，然后在“位置”文本框中输入移动节点的目标位置，即其坐标 X、Y、Z 的值，可以选择“绝对”或者“相对”单选按钮。

除了直接输入目标位置的坐标值（见图 5-44），更为常见的是直接把节点拖动到目标位置处。移动节点前后对比图如图 5-45 所示。移动节点的功能也适用于柱体单元。

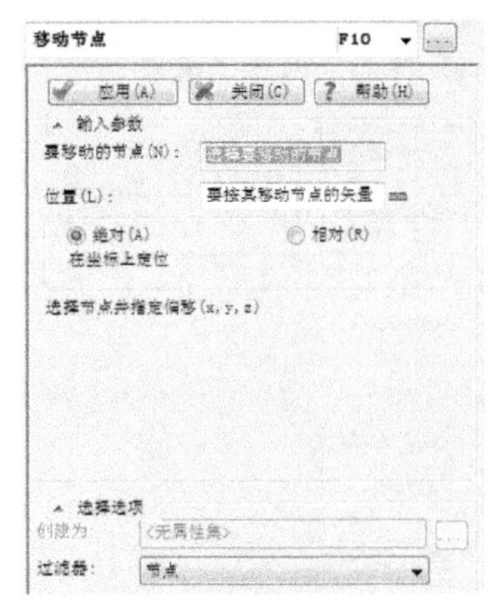

图 5-43　“移动节点”对话框①

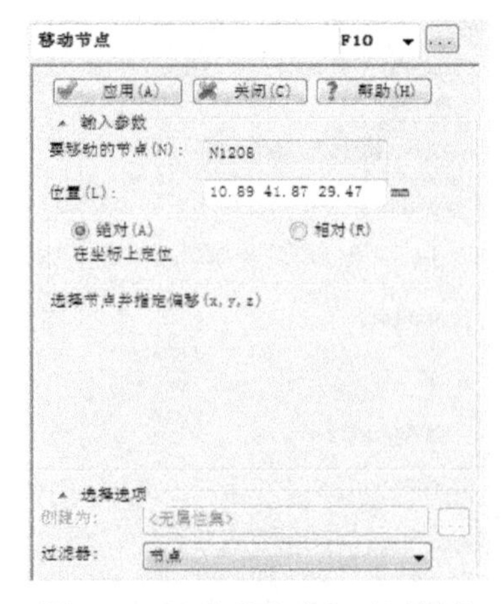

图 5-44　“移动节点”对话框②

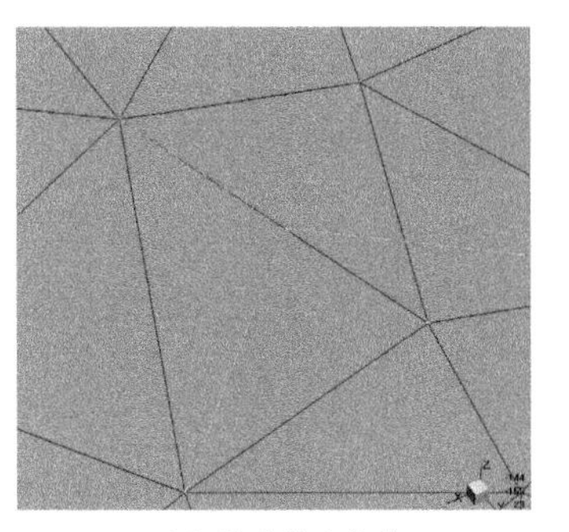

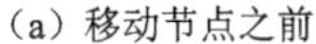
（a）移动节点之前

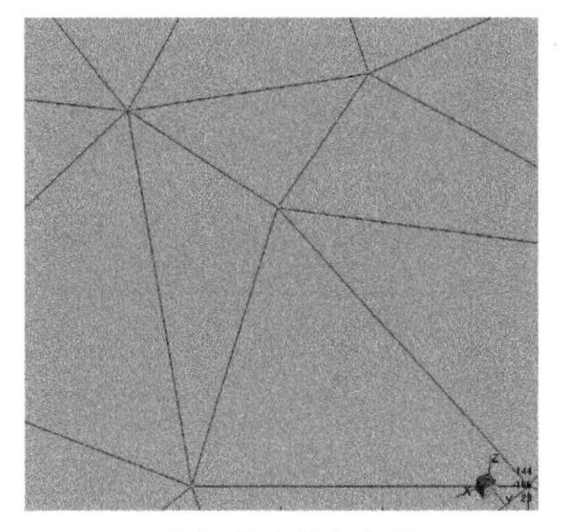

（b）移动节点之后

图 5-45　移动节点前后对比图

5.2.10　对齐节点

“对齐节点”用来重新排列一组节点，需要先指定两节点作为基准节点，然后把选择需要移动的节点重新排列到两基准节点所在的直线上。

单击“对齐节点”按钮，弹出如图 5-46 所示的“对齐节点”对话框。

其中，“对齐节点 1”和“对齐节点 2”是选择的参考节点，而“要移动的节点”是选择要与前两者成直线排列的节点。如果有需要，按住 Ctrl 键，依次选择，以达到一次性对齐多个节点的目的。对齐节点前后对比图如图 5-47 所示。

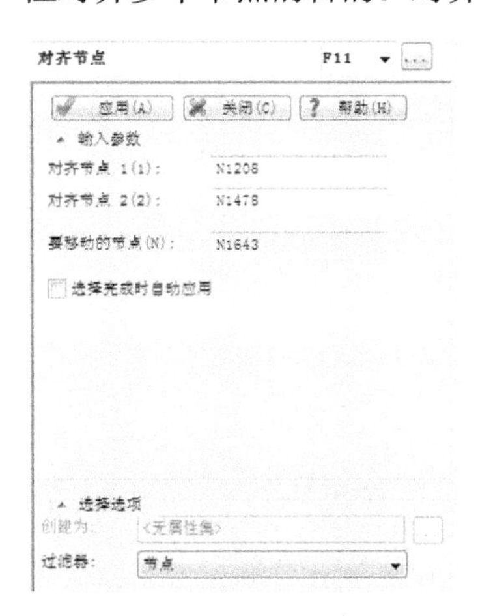

图 5-46　“对齐节点”对话框

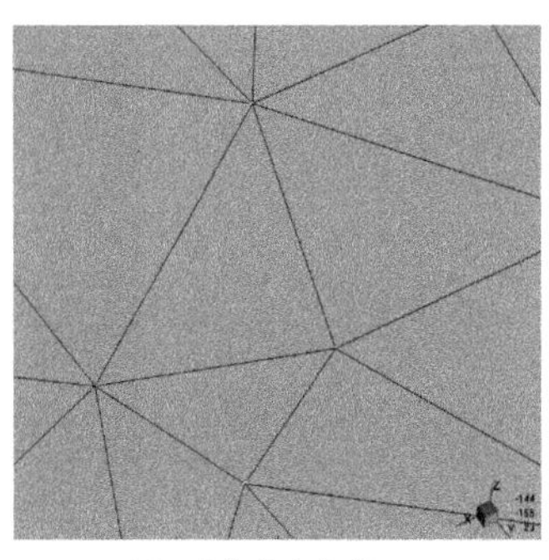

（a）对齐节点之前

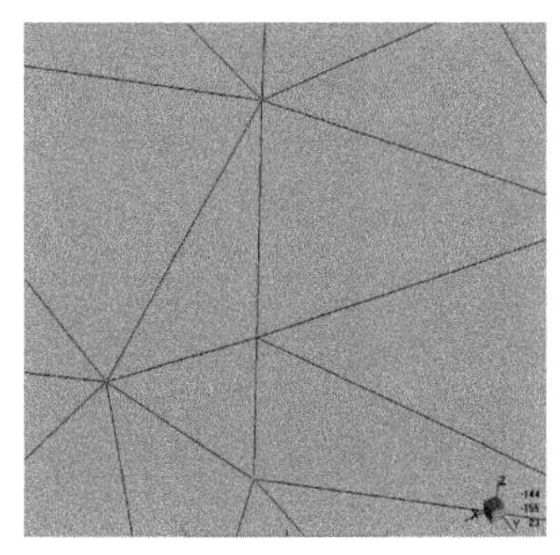

（b）对齐节点之后

图 5-47　对齐节点前后对比图

5.2.11　单元取向

“单元取向”用于将取向不正确的单元重新定向，但不适合三维类型的网格。

单击“单元取向”按钮，弹出如图 5-48 所示的“单元取向”对话框。

先选择定向错误的单元，在“要编辑的单元”下拉列表中选中“三角形单元集”选项；在“参考”右边的文本框中输入“选择参考单元”，或者直接在模型上选择参考单元，单击“应用”按钮即可。

在修复定向错误的单元的时候，通常使用全部取向，可以一次性修复所有定向错误的单元，速度比较快，所以较少用单元取向进行单个修复。

5.2.12 其他网格修复工具

1. 填充孔

“填充孔”是通过创建三角形单元来填补网格上所存在的非结构性洞孔或是缝隙缺陷的。其主要用于修复自由边及出现孔洞的区域，也可以用于建模。

单击“填充孔”按钮，弹出如图 5-49 所示的“填充孔”对话框。

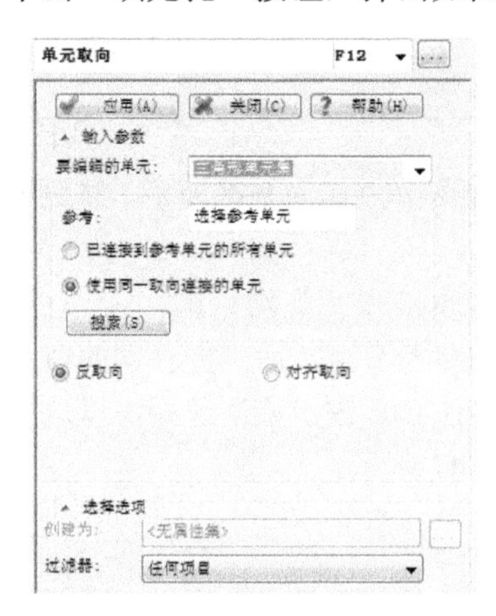

图 5-48 “单元取向”对话框

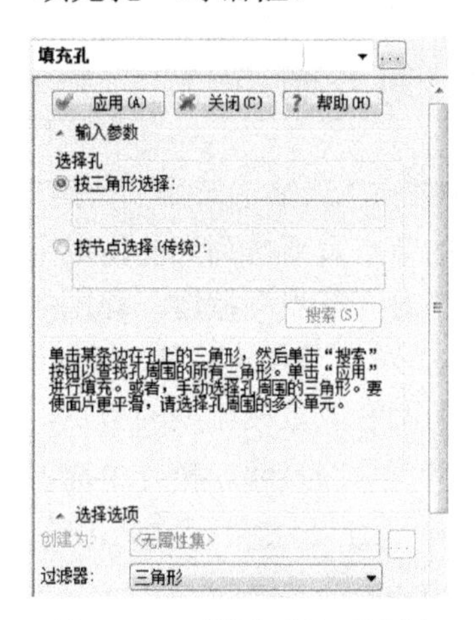

图 5-49 “填充孔”对话框

可以手动依次选择定义洞孔的节点，或选择一节点后，单击“搜索”按钮，系统会自动搜索洞孔的边界，如图 5-50（a）所示。填充孔前后对比图分别如图 5-50（b）、图 5-50（c）所示。

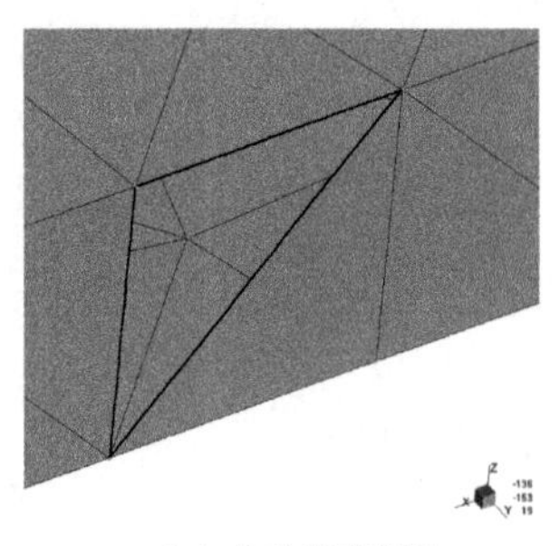

（a）自动搜索范围

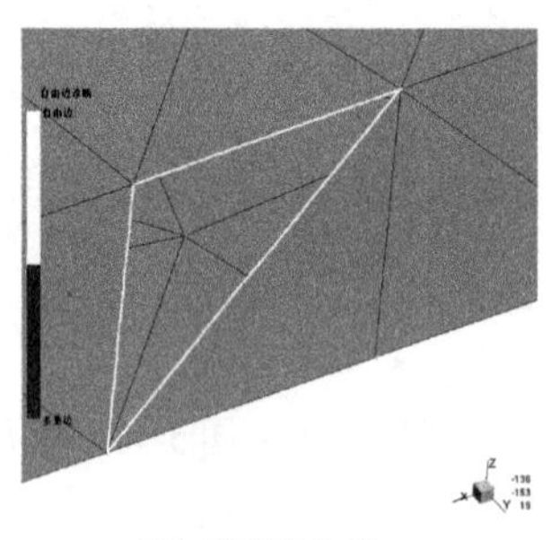

（b）填充孔之前

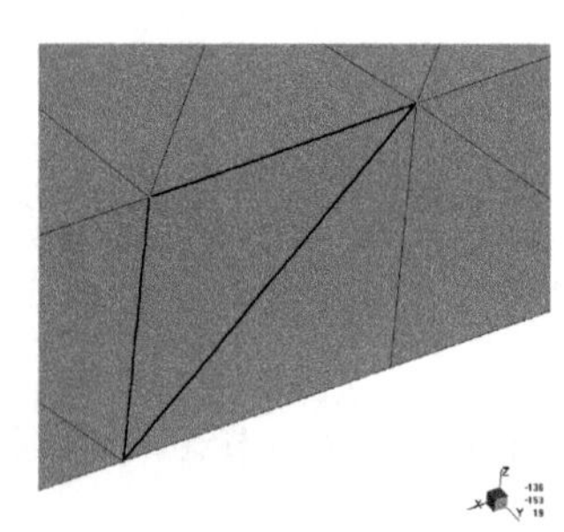

（c）填充孔之后

图 5-50 填充孔

如果有两个或多个自由边区域相邻在一起，或同一自由边区域不位于同一平面时，单击“搜索”按钮可能会导致补孔失败，此时可以按住 Ctrl 键不放，依次选择自由边上的节点，先补好一个孔或单个三角形，然后再补其他的孔洞即可。

2. 缝合自由边

“缝合自由边”可以用于修复自由边。单击“缝合自由边”按钮，弹出如图5-51（a）所示的“缝合自由边”对话框。

用鼠标选择有自由边的区域，然后选中对话框中的“指定”单选按钮，并输入数值，如图 5-51（b）所示，单击“应用”按钮，即可缝合自由边。缝合自由边前后对比图如图5-52所示。

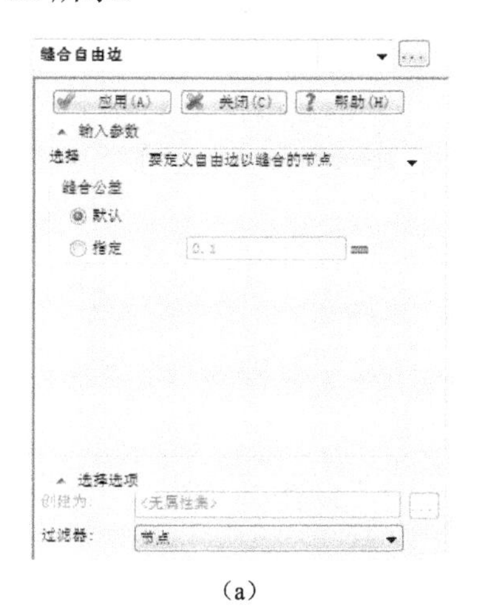

（a）

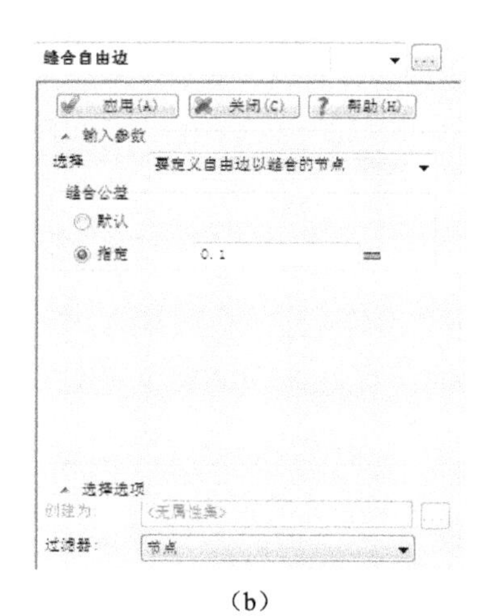

（b）

图5-51 “缝合自由边”对话框

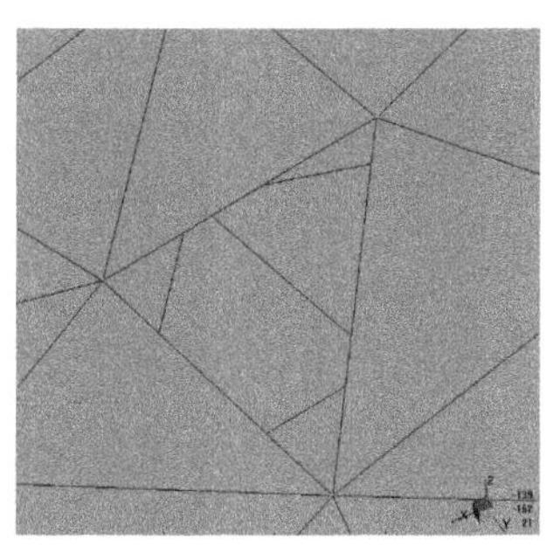

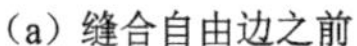
（a）缝合自由边之前

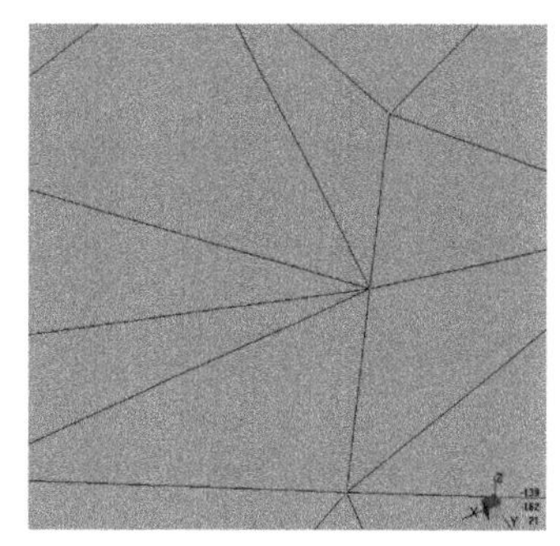

（b）缝合自由边之后

图5-52 缝合自由边前后对比图

如果无法缝合时，可适当将数值改大，再尝试缝合。

3. 平滑节点

“平滑节点”用于自动重新划分与选定节点有关联的网格单元，以得到更加均匀合理的网格，从而有利于计算。

单击“平滑节点”按钮，弹出如图5-53（a）所示的“平滑节点”对话框。

单击鼠标用拖曳的方法，框选准备平滑的一系列节点，如图 5-53（b）所示，然后单击“应用”按钮即可。平滑节点前后对比图如图5-54所示。

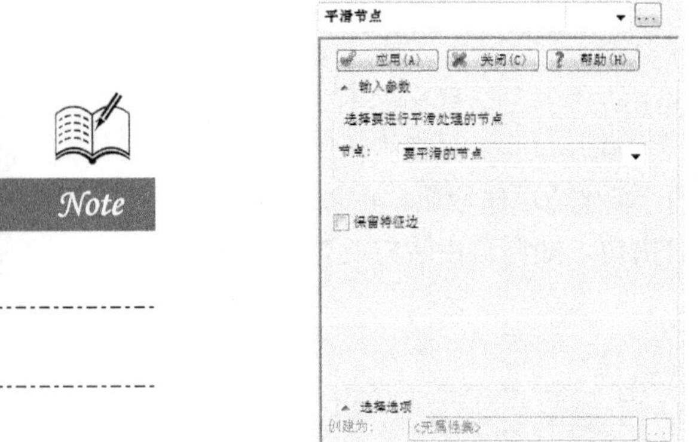

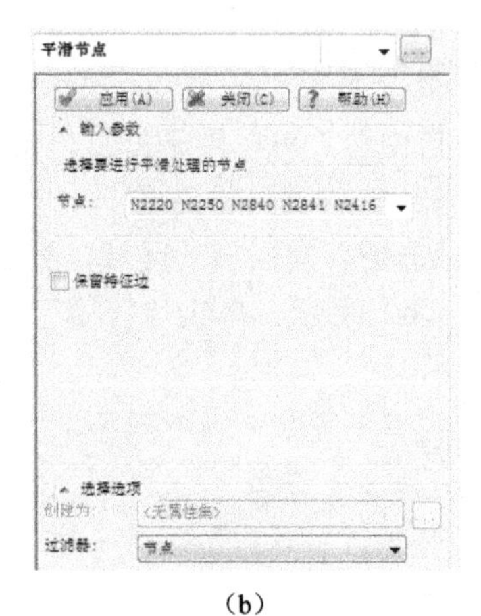

（a）　　　　（b）

图 5-53　“平滑节点”对话框

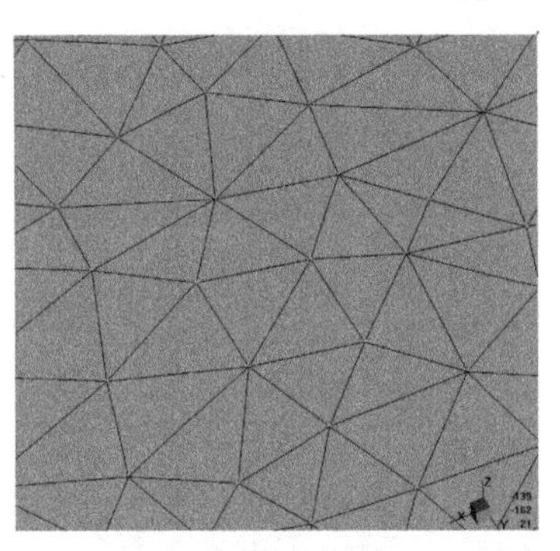

（a）平滑节点之前

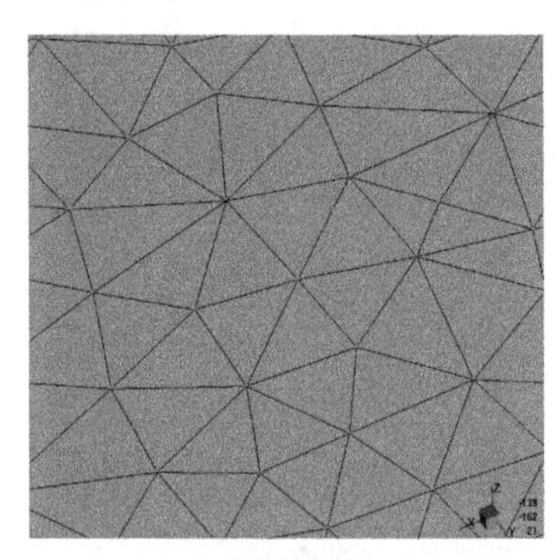

（b）平滑节点之后

图 5-54　平滑节点前后对比图

4. 创建柱体单元

“创建柱体单元”可以通过存在的节点创建柱体单元。

柱体单元在创建浇注系统、冷却系统时用得比较多。

单击“创建柱体单元”按钮，弹出如图 5-55（a）所示的“创建柱体单元”对话框。

在“第一”和“第二”文本框中分别输入柱体单元的第一节点和第二节点，如图 5-55（b）所示。以这两个节点为起始节点和终点节点创建柱体单元，如图 5-55（a）所示，如果需要创建多个柱体单元，可以在“柱体数”文本框中输入个数。如图 5-56（b）和图 5-56（c）所示，柱体单元数分别为 1 和 5。

5. 投影网格

当某一网格单元严重背离模型表面，或不再符合网格表面模型时，“投影网格”命令可以还原网格，使网格遵循模型表面。

如果导入的几何模型为 STL 模型，则该命令无效。

（a） （b）

图 5-55 “创建柱体单元”对话框

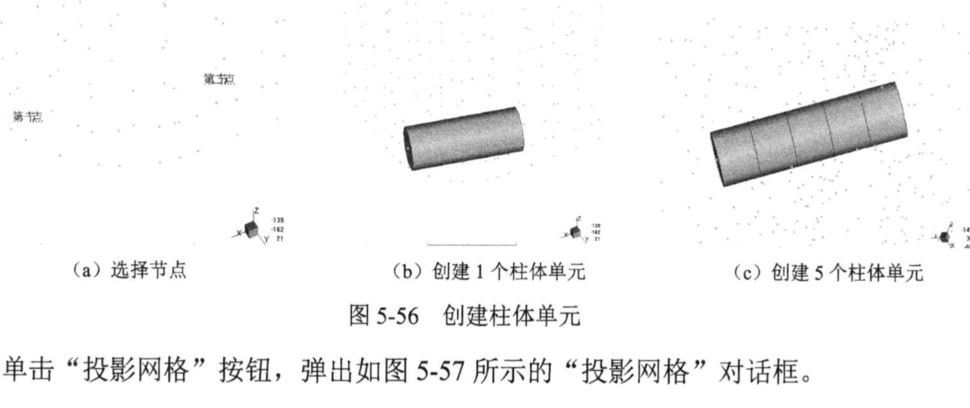

（a）选择节点 （b）创建 1 个柱体单元 （c）创建 5 个柱体单元

图 5-56 创建柱体单元

单击“投影网格”按钮，弹出如图 5-57 所示的“投影网格”对话框。

6. 创建三角形

“创建三角形”是通过存在的节点创建三角形单元。这个功能与网格菜单中的“创建三角形网格”命令是一样的。

单击“创建三角形”按钮，弹出如图 5-58 所示的“创建三角形”对话框。创建三角形单元前后对比图如图 5-59 所示。

7. 删除实体

“删除实体”用来删除选定的网格单元。

也可以使用键盘上的 Delete 键直接删除选定的网格单元，但如果选定的对象的类型很多，在使用 Delete 键直接删除对象时，会弹出如图 5-60 所示的“删除实体”对话框，用于筛选对象类型。

删除实体前后对比图如图 5-61（b）所示。

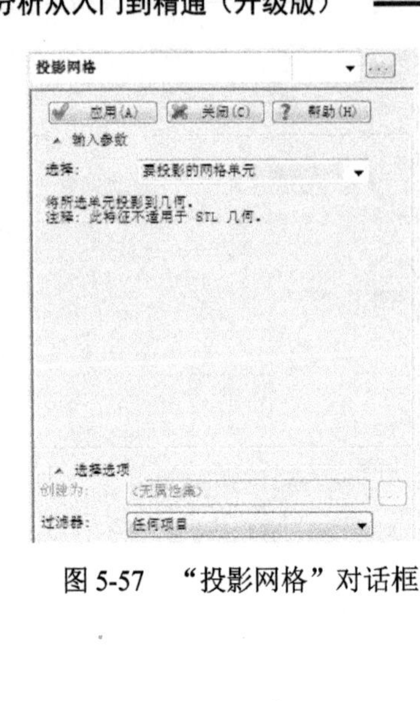

图 5-57　“投影网格”对话框

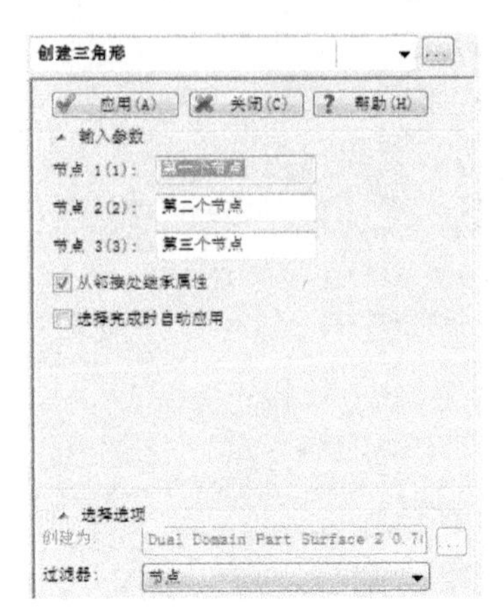

图 5-58　“创建三角形”对话框

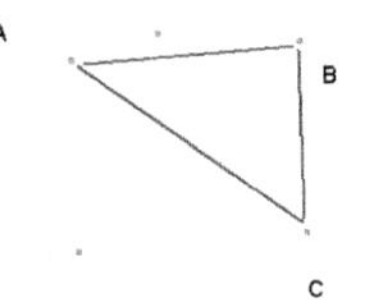

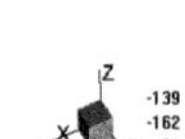

（a）创建三角形单元之前　　（b）创建三角形单元之后

图 5-59　创建三角形单元前后对比图

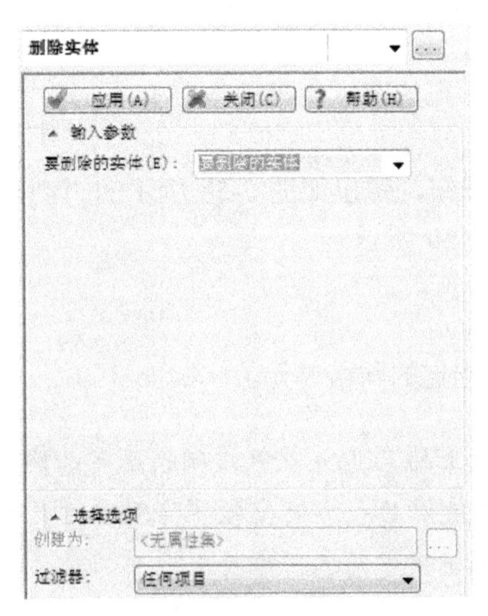

图 5-60　“删除实体”对话框

Note

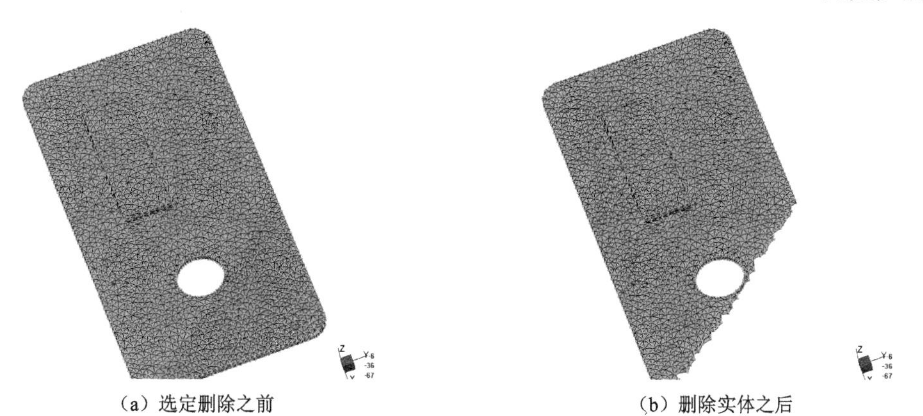

（a）选定删除之前　（b）删除实体之后

图 5-61　删除实体前后对比图

8. 清除节点

“清除节点”用来清除网格模型中与其他单元没有任何联系的节点。当网格处理完毕及流道和浇口等对象建好后，通常会使用此功能以清除所有多余的节点。

单击“清除节点”按钮，弹出如图 5-62 所示的“清除节点”对话框。

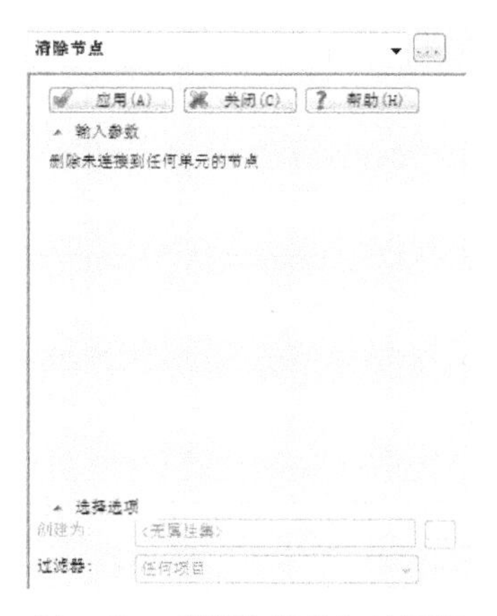

图 5-62　“清除节点”对话框

单击“应用”按钮，无须任何操作，系统会自动清除所有多余的节点。清除节点前后对比图如图 5-63 所示。

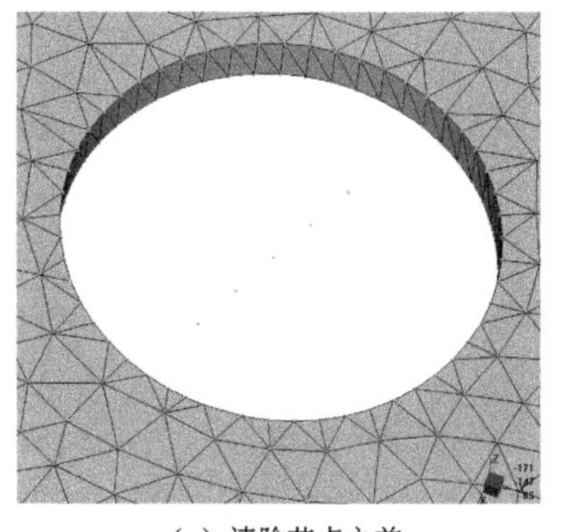

（a）清除节点之前

（b）清除节点之后

图 5-63　清除节点前后对比图

9．创建四面体

“创建四面体”通过选定的 4 个节点来创建四面体。

单击“创建四面体”按钮，弹出如图 5-64 所示的“创建四面体”对话框。选择 4 个节点，如图 5-65（a）所示，创建四面体，结果如图 5-65（b）所示。

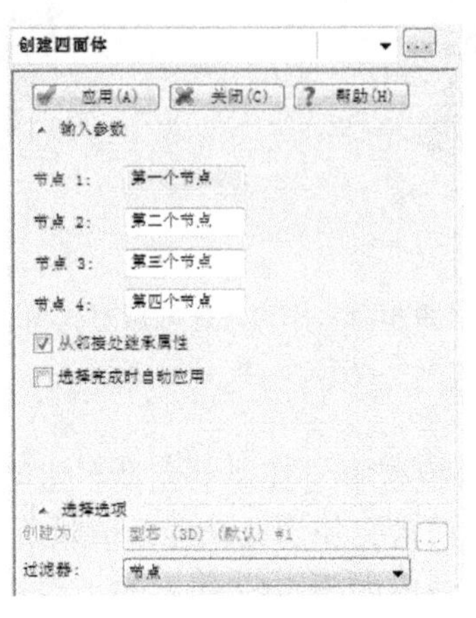

图 5-64 “创建四面体”对话框

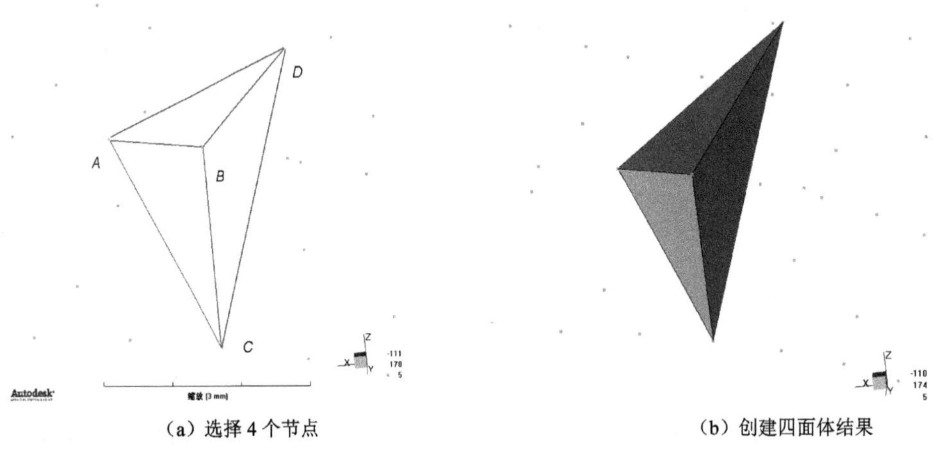

（a）选择 4 个节点　　（b）创建四面体结果

图 5-65 创建四面体

10．重新划分四面体的网格

“重新划分四面体的网格”是在已经划分网格的基础上对四面体单元再进行网格划分，以达到对四面体单元的网格要求。

单击“重新划分四面体的网格”按钮，弹出对话框。

其中，“重新划分指定的四面体区域的网格”和“选择区域”用来定义重新划分网格的四面体区域。

“厚度方向的目标单元数”用来定义沿着厚度方向生成的单元数目。

“按边长重新划分曲面的网格”用来重新定义划分表面网格的单元边长。

将图 5-66（a）所示的四面体单元重新定义，划分网格结果如图 5-66（b）所示。

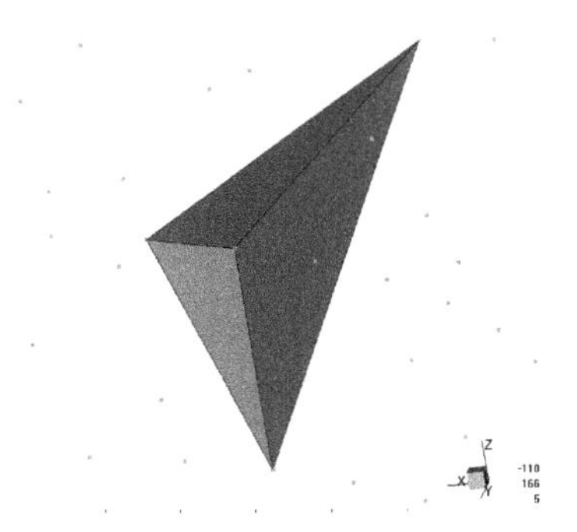

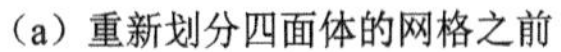

（a）重新划分四面体的网格之前

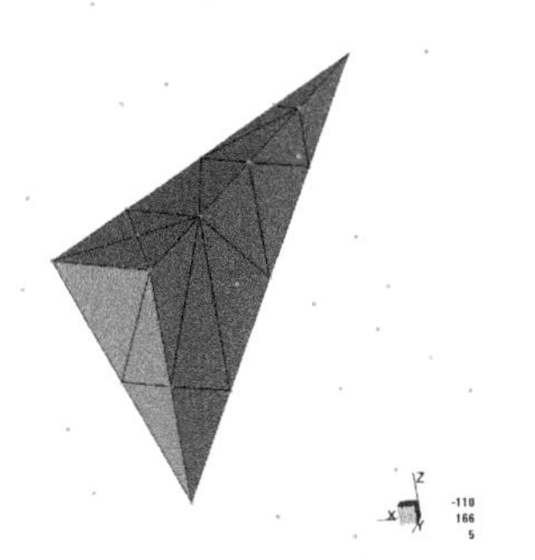

（b）重新划分四面体的网格之后

图 5-66　重新划分四面体的网格前后对比图

11．全部取向

“全部取向”可以对网格的所有单元进行重新定向。

5.3 网格诊断与修复实例

本节以探头盖模型为例，演示网格诊断和修复在实例中的应用。

Step1：启动 Moldflow 软件。

Step2：选择“开始”→“新建”菜单命令，新建工程项目“Mesh”。

Step3：在工程管理视窗中右击工程“Mesh”图标，单击“导入”按钮，导入探头盒盖模型“3.stl”。将模型设置为双层面网格类型。导入探头盒盖模型的设置如图 5-67 所示。

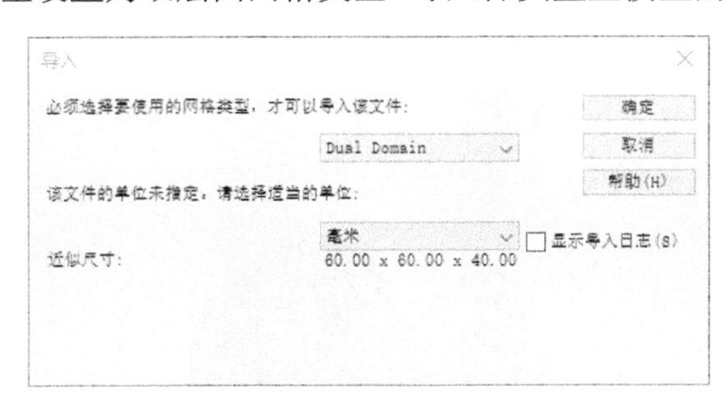

图 5-67　导入探头盒盖模型

单击“确定”按钮，将模型导入到模型显示窗口中，如图 5-68 所示。

Step4：在任务视窗中双击“生成网格”，弹出“生成网格”对话框，将“全局边长”文本框设置为“1”，其他采用系统默认的网格属性。

Step5：单击“网格”按钮，生成网格模型，如图 5-69 所示。

Step6：网格划分完毕，选择“网格”→“网格统计”菜单命令，弹出“网格统计”对话框。

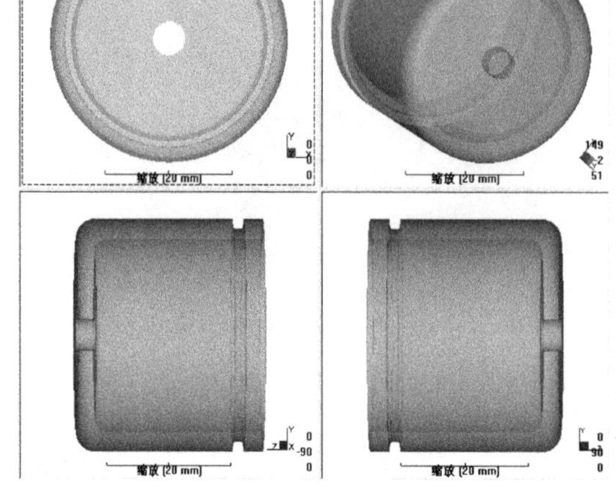

图 5-68　探头盒盖

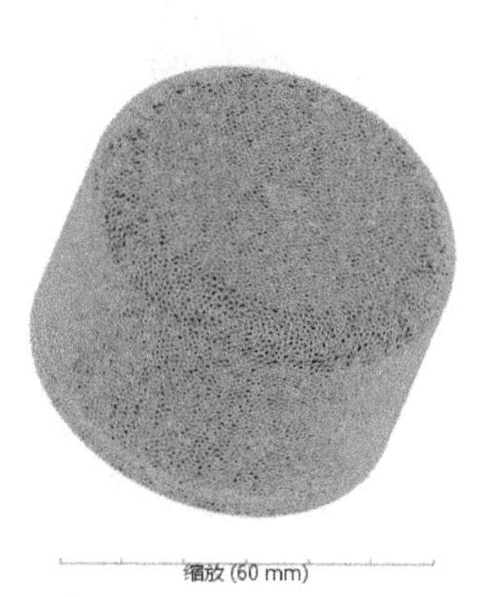

图 5-69　划分网格模型

网格诊断和修复。由网格统计信息可以看出纵横比的大小，推荐的纵横比值为 6～8，为保证分析结果的准确性，纵横比越小越好。这就需要应用网格缺陷诊断工具及修复工具来对网格进行修复。

Step7：自动修复。选择“自动修复”→“应用”命令，系统会自动修复已划分的网格，结果如图 5-70 所示。

Step8：纵横比诊断。选择“纵横比诊断”→“显示”命令，显示纵横比诊断结果，如图 5-71 所示。

要选中“将结果置于诊断层中”复选框，即将结果单独放入“诊断结果”图层中，便于查找诊断结果。诊断完成后的图层管理视窗如图 5-72 所示，如果只显示诊断结果层，则诊断结果一目了然。

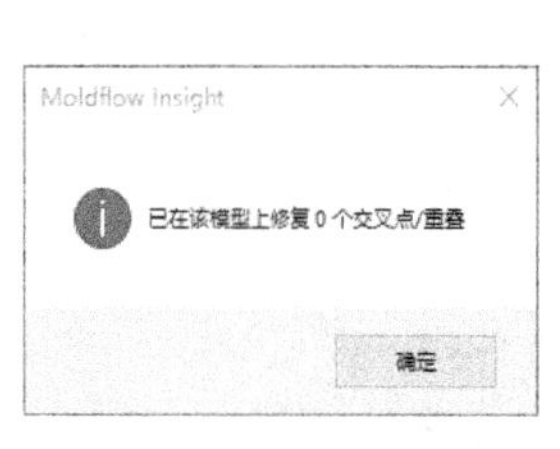

图 5-70　自动修复结果

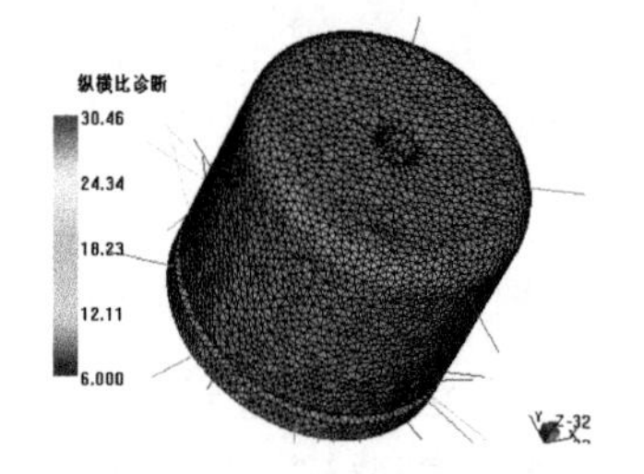

图 5-71　纵横比诊断结果

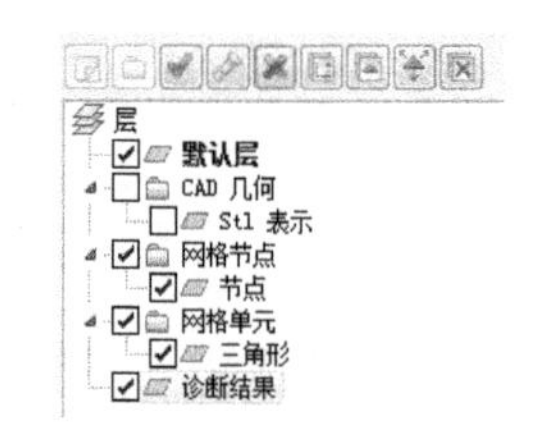

图 5-72　图层显示

Step9：处理纵横比。单击“修改纵横比”按钮，弹出的“修改纵横比”对话框，如图 5-73（a）所示，将“目标最大纵横比”文本框设置为“6”，单击“应用”按钮，反复单击，直到对话框中“当前最大纵横比”不再改变，最后修复到 8.7，如图 5-73（b）所示。

本方案修改纵横比前后对比图分别如图 5-73（c）和图 5-73（d）所示。

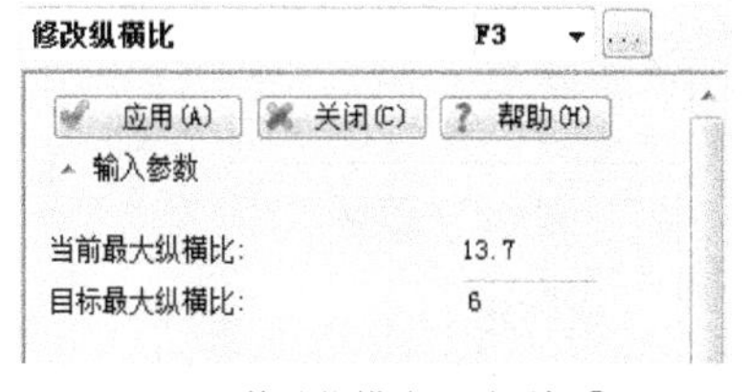

（a）“修改纵横比”对话框①

（b）“修改纵横比”对话框②

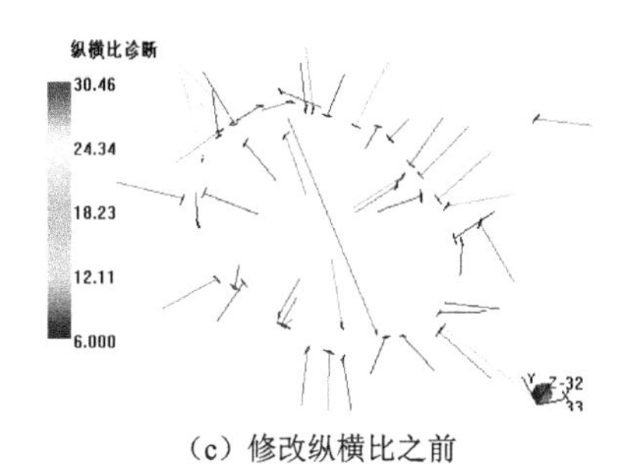

（c）修改纵横比之前

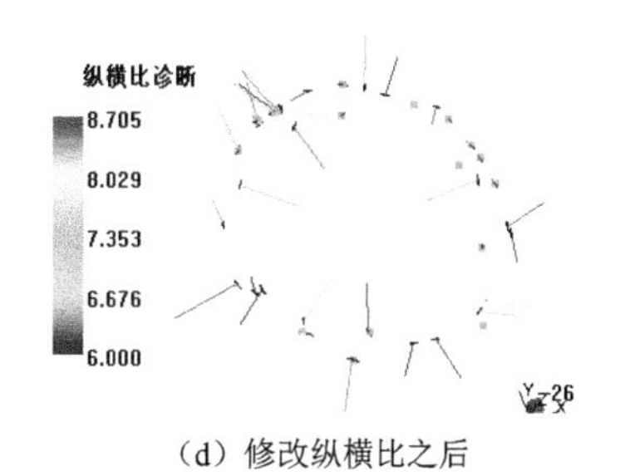

（d）修改纵横比之后

图 5-73　修改纵横比

Step10：修复网格单元。单击“合并节点”按钮，选择目标节点和起始节点，单击“应用”按钮。合并节点前后对比图如图 5-74 所示。

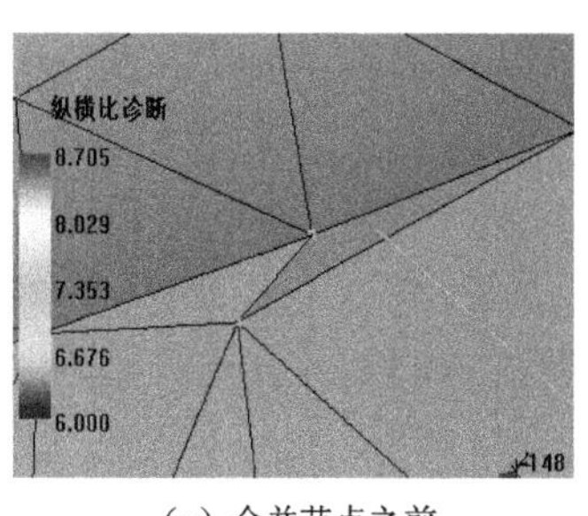

（a）合并节点之前

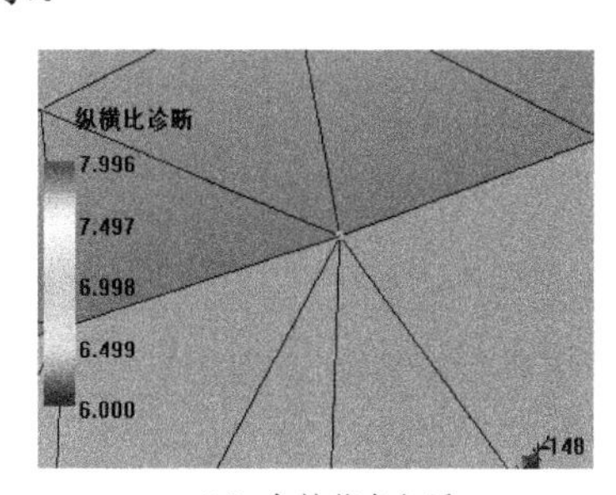

（b）合并节点之后

图 5-74　合并节点前后对比图

Step11：移动节点。单击“移动节点”按钮，弹出如图 5-75（a）所示的“移动节点”对话框。选中要移动的节点 N1702，拖动到合适的目标位置后松开鼠标即可。移动节点的过程如图 5-75（b）、图 5-75（c）和图 5-75（d）所示。

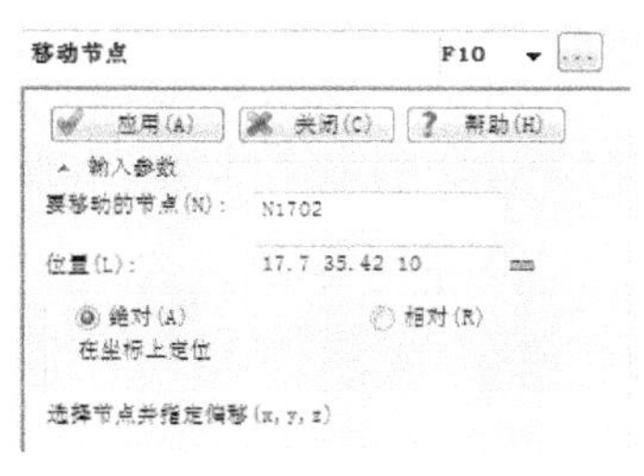

（a）“移动节点”对话框

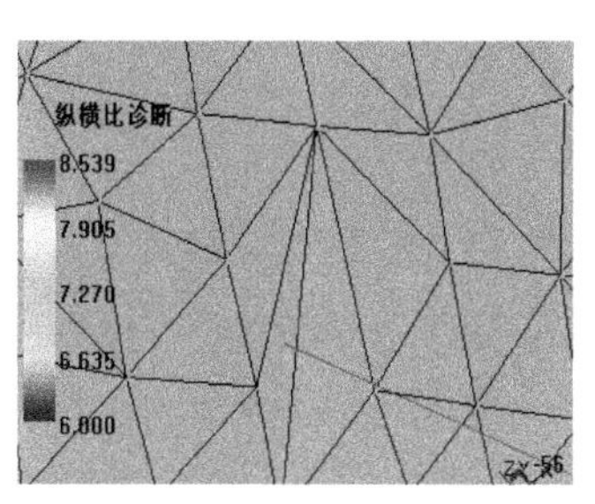

（b）移动节点之前

图 5-75　移动节点

（c）移动节点中

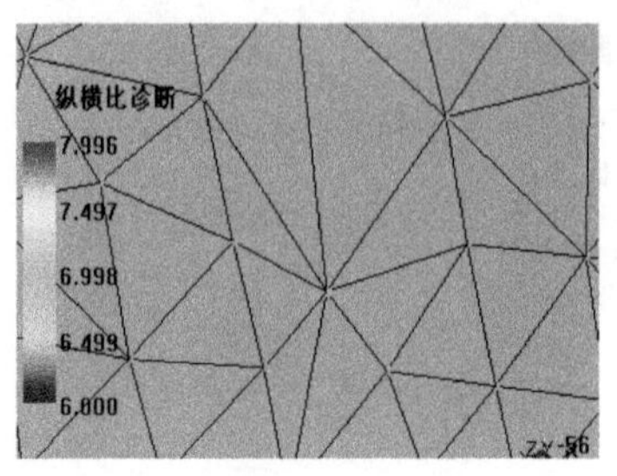

（d）移动节点之后

图 5-75　移动节点（续）

Step12：合并节点。单击“合并节点”按钮，弹出如图 5-76（a）所示的“合并节点”对话框。在该对话框中选择目标节点和起始节点，单击“应用”按钮。合并节点前后对比图如图 5-76（b）和图 5-76（c）所示。

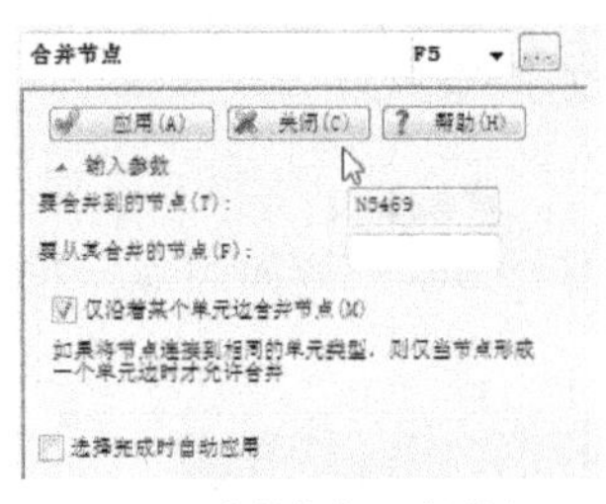

（a）“合并节点”对话框

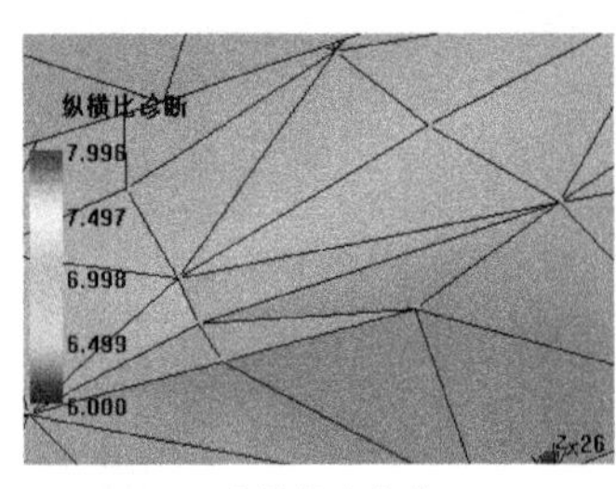

（b）合并节点之前

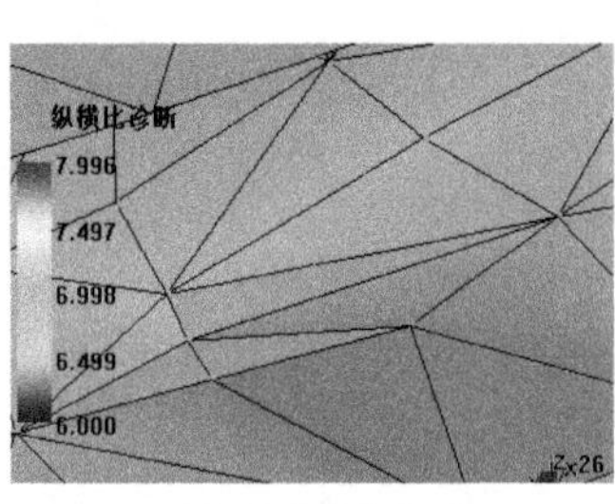

（c）合并节点之后

图 5-76　合并节点

Step13：对齐节点。单击“对齐节点”按钮，弹出如图 5-77（a）所示的“对齐节点”对话框。在该对话框中先选定两个对齐节点，再选择要对齐的节点，对齐节点前后对比图分别如图 5-77（b）、（c）所示。

（a）“对齐节点”对话框

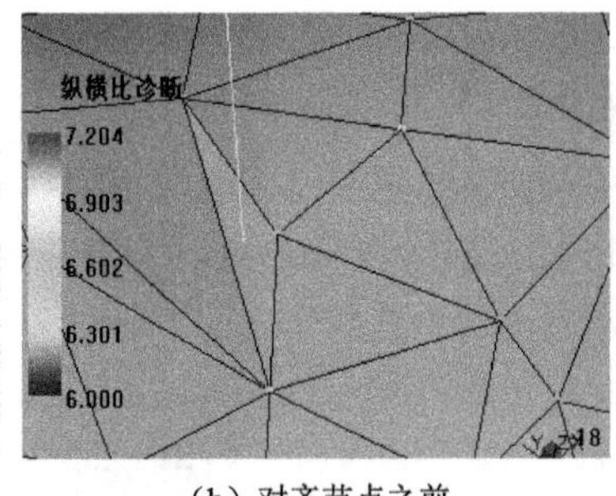

（b）对齐节点之前

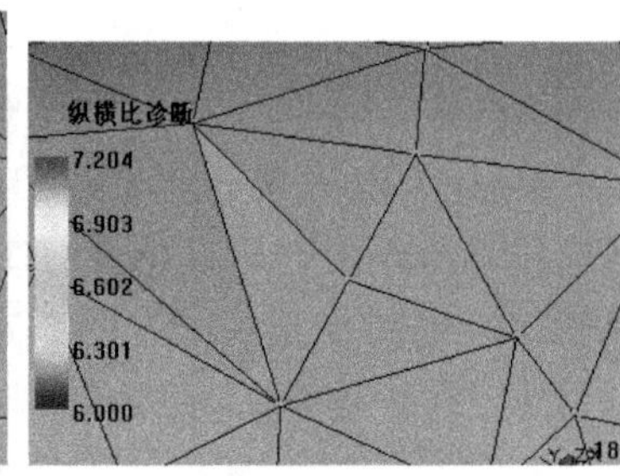

（c）对齐节点之后

图 5-77　对齐节点

Step14：为了更便捷快速地修复网格，在图层管理视窗中只显示“诊断结果”和“新建节点”两个图层，可以快捷地对纵横比过大的网格进行修复。修复纵横比过程如图 5-78 所示。

从以上“修复纵横比”的过程中可以看到，通过图层管理视窗的设置，可以很快捷地进行网格纵横比的修复。

由修复结果可知，合并节点之后纵横比诊断图例自动消失了。

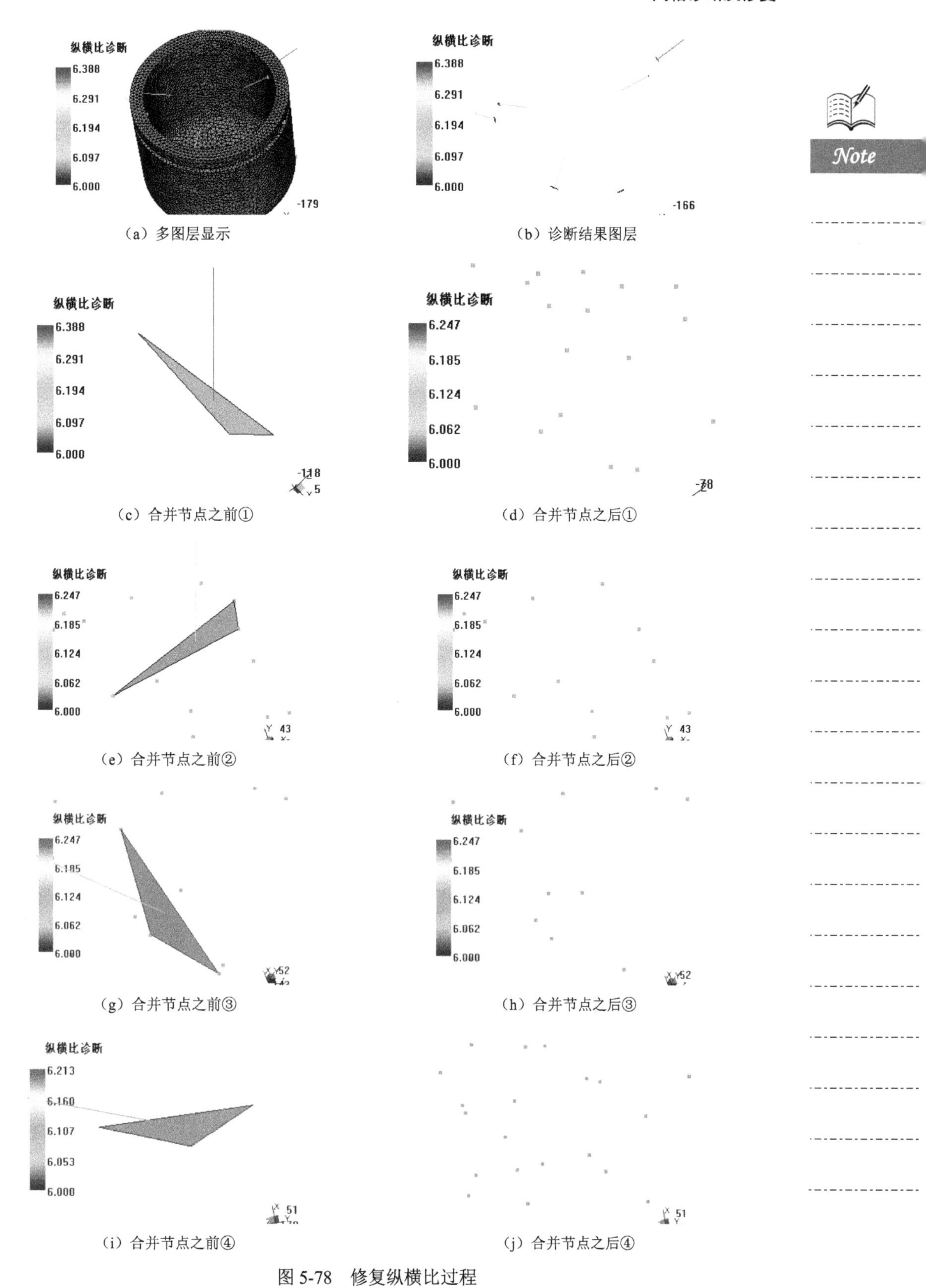

（a）多图层显示　（b）诊断结果图层

（c）合并节点之前①　（d）合并节点之后①

（e）合并节点之前②　（f）合并节点之后②

（g）合并节点之前③　（h）合并节点之后③

（i）合并节点之前④　（j）合并节点之后④

图5-78　修复纵横比过程

在 Moldflow 软件中，当网格修复到满足诊断设置参数时，诊断结果将会自动消失，表示修复结果已经满足用户设置要求。

在本案例中，纵横比诊断结果消失，意味着此时网格模型中所有的网格单元的纵横比都小于诊断设置的最小纵横比值 6。

在进行网格诊断过程中，灵活地应用“将结果置于诊断层中”可以快捷地完成网格修复。但必须注意的是，模型显示窗口中只显示不满足纵横比要求的网格单元，有时在进行网格节点合并后，会影响模型的形状。所以，当对模型形状精度要求比较高的情况时慎用。

Step15：单击“网格统计”按钮，打开网格状态统计窗口。

由网格状态统计结果可知，其网格单元匹配率为 86.9%，高于 85%，符合分析要求，不存在自由边、交叉重叠单元，其连通性区域为 1，没有单元定向错误等缺陷，纵横比最大值为 6，完全符合 Moldflow 分析的要求。

至此，网格诊断修复完毕。

5.4 本章小结

本章主要介绍了对模型的网格进行问题的诊断和修复的步骤。在网格诊断的基础上进行网格单元的修复，是模流分析非常重要的步骤，而网格质量的好坏会直接影响分析结果的准确性。

通过本章的学习，应能很好地掌握各种网格修复工具的使用，以及针对各种网格问题运用合适的工具进行修复，直到满足其分析要求的网格质量为止。

总之，网格修复占据了模流分析工作的很大一部分时间，通过对多个零件的网格处理，可以加强网格修复的速度。

第6章

建模工具

本章主要介绍Moldflow软件中建模工具的应用。利用建模工具可以很方便地在模型显示窗口中创建点、线、面等基本图形元素，从而构造出复杂的CAD模型。包括节点的创建、线的创建、曲面的创建、镶件的创建、局部坐标系的创建、移动与复制、型腔重复向导、浇注系统向导、冷却系统向导等工具的使用方法。

学习目标

（1）掌握点、线、面等基本图形元素的创建

（2）掌握移动/复制工具的应用

（3）掌握浇注系统向导的应用

（4）掌握冷却系统向导的应用

Note

6.1 工具面板

建模工具可以很方便地为模型创建点、线、面等基本图形元素，创建浇注系统、冷却系统等，也可以直接利用建模工具创建原始模型，为 Moldflow 分析准备模型文件。

单击“几何”选项卡，即可弹出如图 6-1 所示的“几何”工具面板。

图 6-1　几何建模工具

6.2 节点的创建

节点的创建命令如图 6-2 所示。

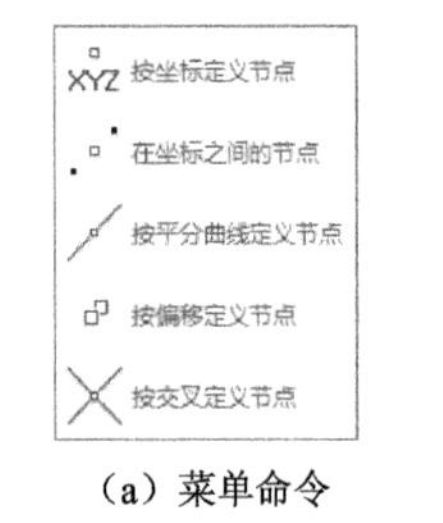

（a）菜单命令

按坐标定义节点	F2
在坐标之间的节点	F3
按平分曲线定义节点	F4
按偏移定义节点	F5
按交叉定义节点	F6

（b）创建节点的下拉菜单

图 6-2　节点的创建命令

6.2.1　通过坐标系创建节点

Step1：选择“按坐标定义节点”命令，弹出如图 6-3 所示的对话框。

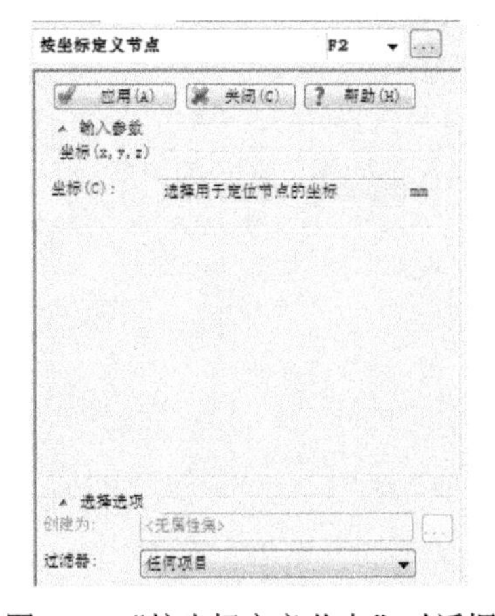

图 6-3　“按坐标定义节点”对话框

Step2：直接在“坐标”文本框中输入坐标系的 X、Y、Z 值创建节点。

直接输入三维坐标 X、Y、Z 值和矢量值的方法有两种：一种是坐标值之间用空格隔开，即“10 10 10”；另一种是用逗号隔开，即“20,20,20”。

Step3：单击“测量”按钮，在弹出的对话框中查看创建结果，如图 6-4 所示。

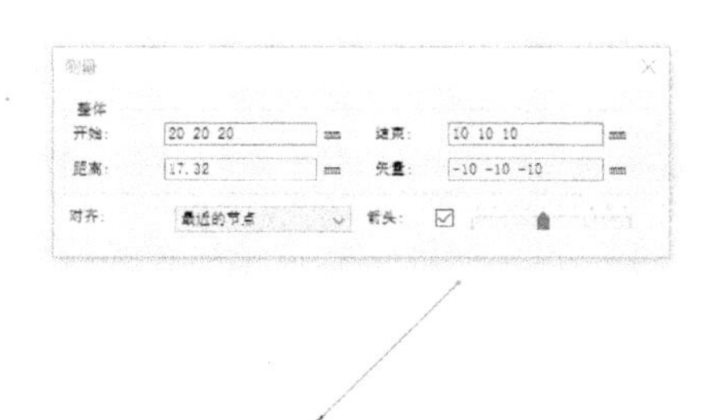

图 6-4　查看创建结果

6.2.2　在已有两节点之间创建节点

Step1：选择“在坐标之间的节点”命令，弹出如图 6-5 所示的对话框。

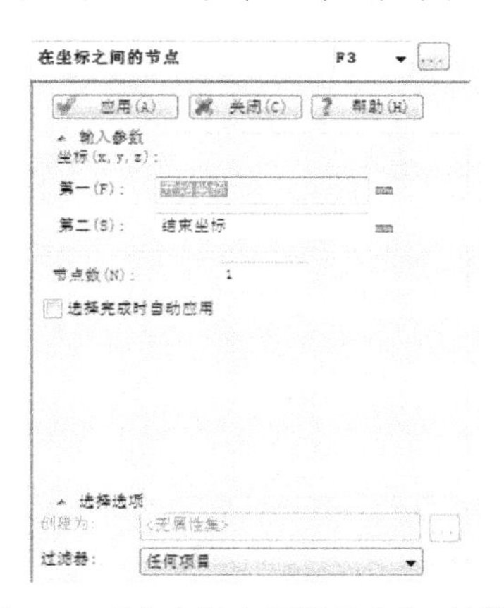

图 6-5　“在坐标之间的节点”对话框

Step2：选定两个坐标，可以直接输入三维坐标 X、Y、Z 值，如图 6-6（a）所示，或者直接选择两个基准节点，如图 6-6（b）所示。

Step3：在“节点数”文本框中输入想要创建的节点数目。

Step4：单击“应用”按钮，创建结果如图 6-6（c）所示。

（a）输入三维坐标 X、Y、Z 值　　（b）选择两个基准节点　　（c）节点创建结果

图 6-6　在已有两节点之间创建节点

在“过滤器”下拉列表中可以选择的图形元素的类别如图 6-7 所示，包括“任何项目”“建模基准面”“节点”“圆弧中心”“曲线末端”“曲线中央”“曲线上的点”和“最近的节点”。利用“过滤器”下拉列表可方便地在复杂的模型中选择可用的图形元素。

图 6-7 “过滤器”下拉列表中的图形元素

6.2.3 平分曲线创建节点

Step1：选择“按平分曲线定义节点”命令，弹出如图 6-8 所示的“按平分曲线定义节点”对话框。

Step2：选定要进行等分的曲线（见图 6-9），或者直接输入曲线的名称，如 C1。

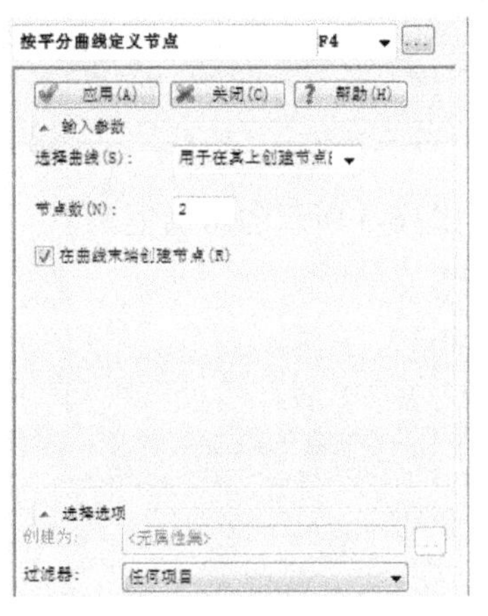

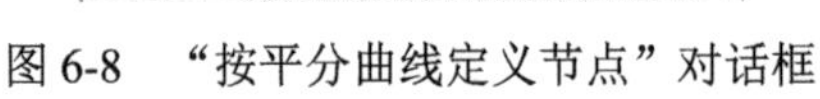

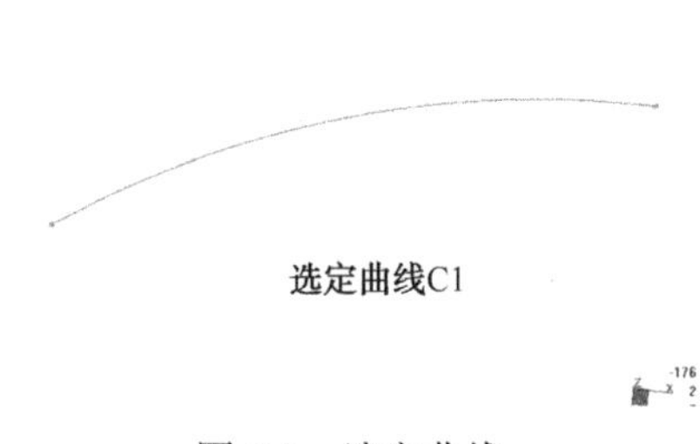

图 6-8 “按平分曲线定义节点”对话框

图 6-9 选定曲线

Step3：在“节点数”文本框中输入想要创建的节点数目。

Step4：对于“在曲线末端创建节点”复选框，可以根据需要进行选择。

是否选中“在曲线末端创建节点”复选框，等分的曲线结果是不同的，如图 6-10 所示。

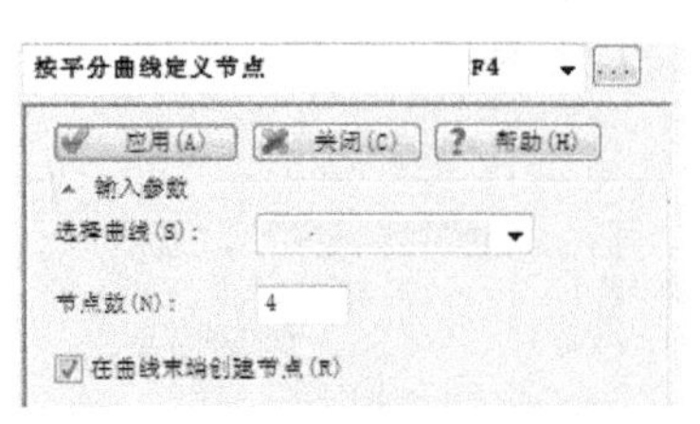

（a）对话框设置①

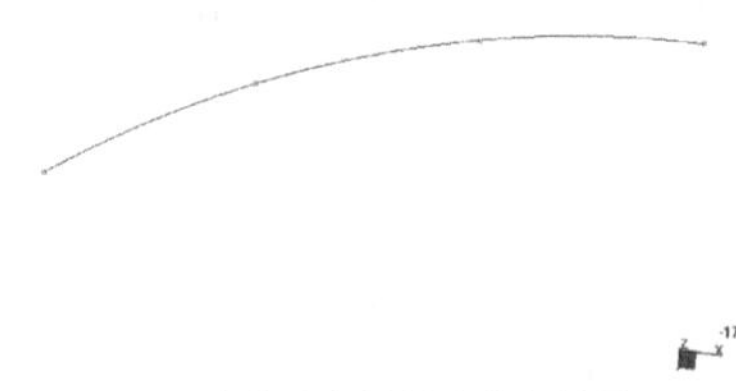

（b）在曲线末端创建节点结果

图 6-10 平分曲线创建节点

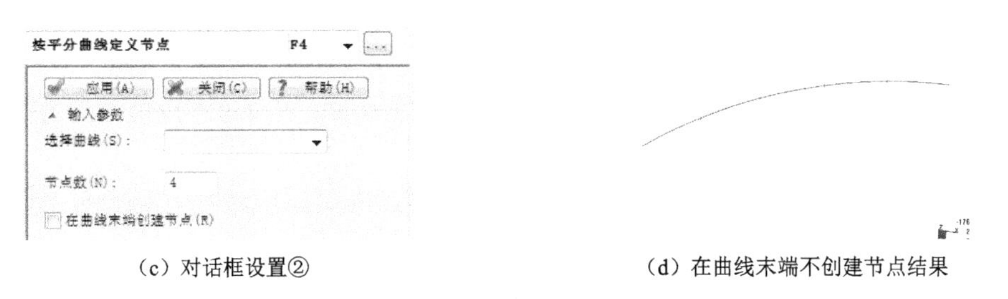

（c）对话框设置②　　（d）在曲线末端不创建节点结果

图 6-10　平分曲线创建节点（续）

Step5：单击“应用”按钮，创建等分曲线节点。

6.2.4　偏移创建节点

Step1：选择“按偏移定义节点”命令，弹出如图 6-11 所示的“按偏移定义节点”对话框。

Step2：选定要进行偏移的节点，或者直接输入节点的三维坐标值，如坐标（50,50,50），如图 6-12（a）所示。

Step3：在“偏移”文本框中输入要创建的节点偏移的坐标值，即输入相对坐标值。

Step4：在“节点数”文本框中输入要创建节点的数目。

Step5：单击“应用”按钮，创建结果如图 6-12（b）所示。

其中，N1 节点的坐标是（50,50,50），在对话框中设置的相对偏移矢量为（5,5,5），创建节点数目为 5，表示的含义是节点 N2 是节点 N1 向 X 轴正方向移动 5mm，向 Y 轴正方向移动 5mm，向 Z 轴正方向移动 5mm；同理，节点 N3 是节点 N2 向 X 轴正方向移动 5mm，向 Y 轴正方向移动 5mm，向 Z 轴正方向移动 5mm。

在输入目标位置沿坐标系 X、Y、Z 方向的增量值时，也可以输入负值，此时代表向坐标系某一轴的负方向偏移。

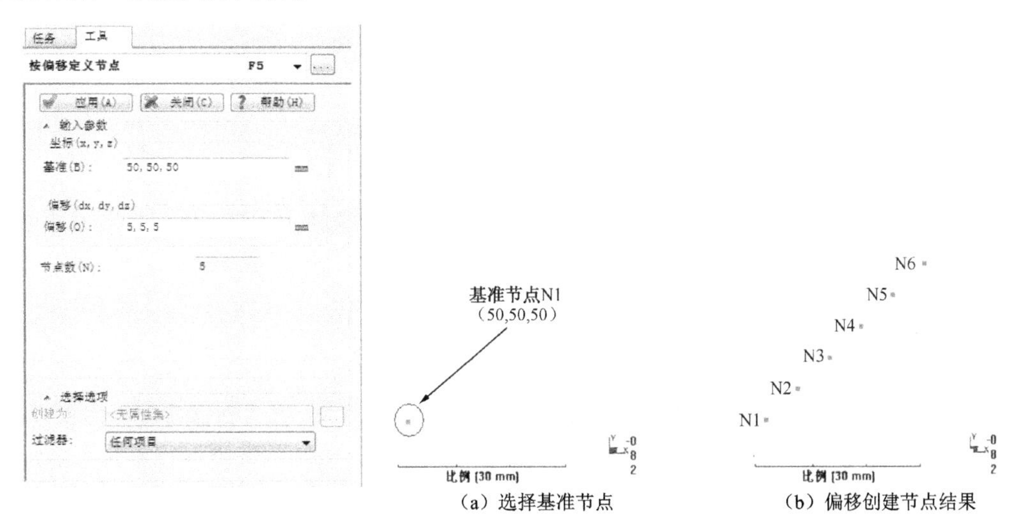

（a）选择基准节点　　（b）偏移创建节点结果

图 6-11　“按偏移定义节点”对话框　　图 6-12　偏移创建节点

6.2.5 曲线相交创建节点

Step1：选择“按交叉定义节点”命令，弹出如图 6-13 所示的“按交叉定义节点”对话框。

Step2：选定两相交的曲线，或者直接输入两相交曲线的名称 C1 和 C2（此处为直线），如图 6-14（a）所示。

Step3：单击“应用”按钮，创建结果如图 6-14（b）所示。

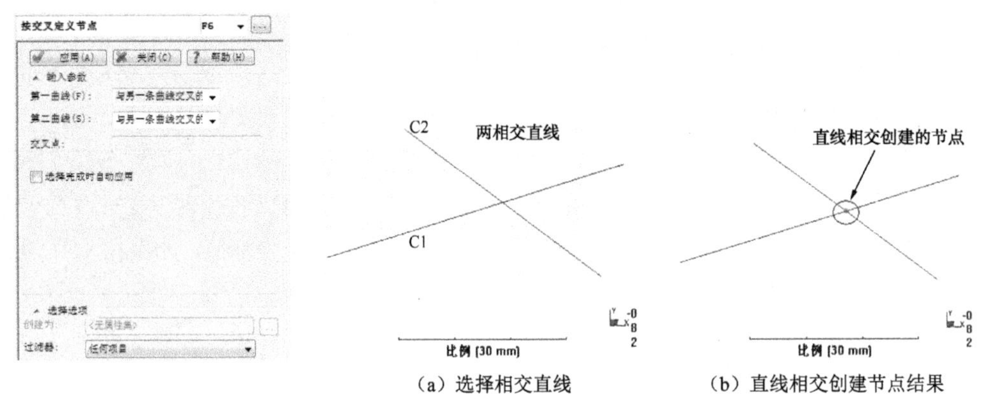

（a）选择相交直线　　（b）直线相交创建节点结果

图 6-13 “按交叉定义节点”对话框　　图 6-14 直线相交创建节点

6.3 线的创建

图 6-15 所示为创建曲线的菜单命令。

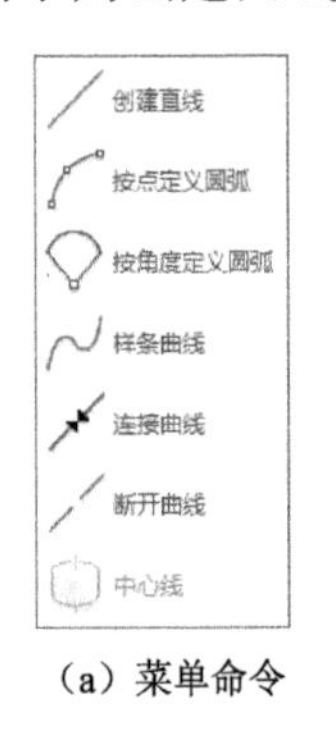

（a）菜单命令

创建直线	F2
按点定义圆弧	F3
按角度定义圆弧	F4
样条曲线	F5
连接曲线	F6
断开曲线	F7
中心线	F8

（b）创建曲线下拉菜单

图 6-15 创建曲线的命令

6.3.1 两节点创建直线

Step1：选择“创建直线”命令，弹出如图 6-16（a）所示的“创建直线”对话框。

Step2：指定两节点，可以是已经存在的节点，也可以通过三维坐标直接输入确定的节点，如图 6-16（b）所示。

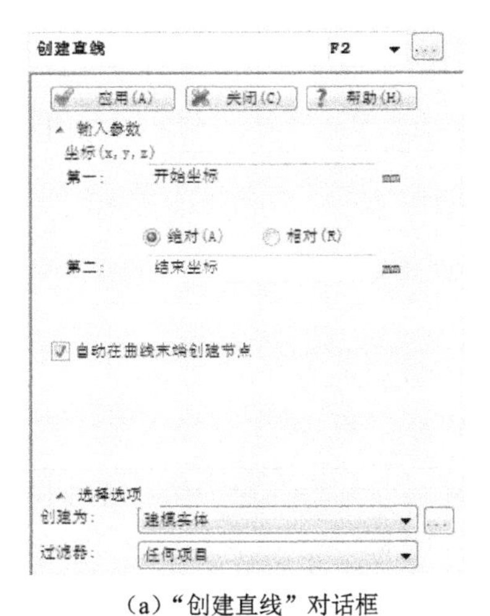

(a)“创建直线”对话框

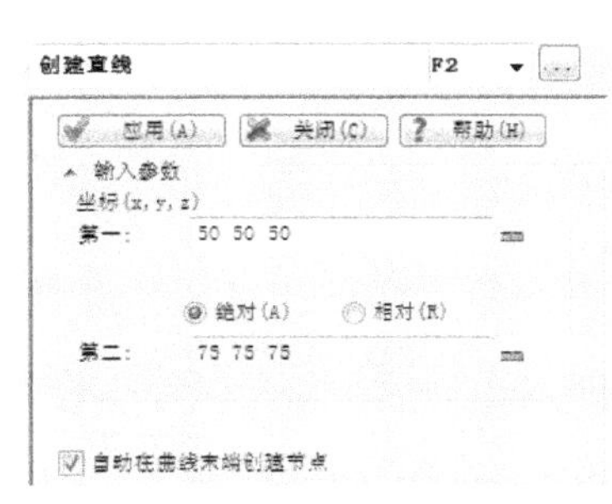

(b)指定节点坐标

图 6-16　两节点创建直线

Step3：单击“应用”按钮，创建结果如图 6-17 所示。

指定第二个节点时，有两种方式：绝对和相对。如果选择绝对坐标方式，可以直接用鼠标在模型显示窗口中取点；如果选择相对坐标方式，需要注意的是，输入的第二个节点的坐标是相对于第一个节点的坐标值。

为了方便操作，可通过过滤器选择点。

“自动在曲线末端创建节点”复选框可根据需要进行选择。

“创建为”下拉列表用来指定创建曲线的属性（如主流道、分流道、冷却管道等），可以单击右边的按钮，弹出“指定属性”对话框，如图 6-18（a）所示。

单击“新建”按钮，弹出如图 6-18（b）所示的下拉菜单，可以从中选择需要创建的曲线属性。

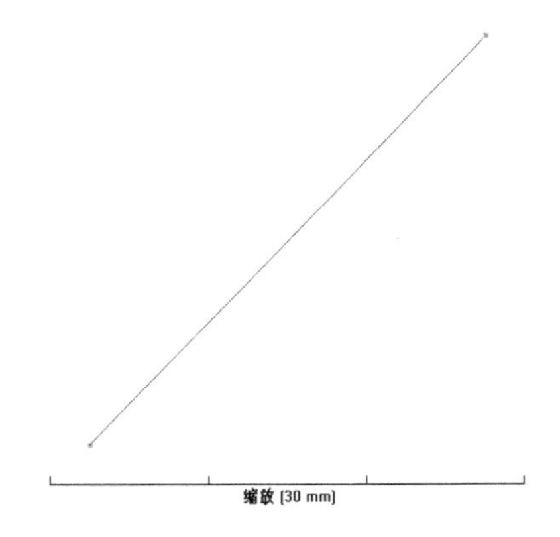

图 6-17　两节点创建直线结果

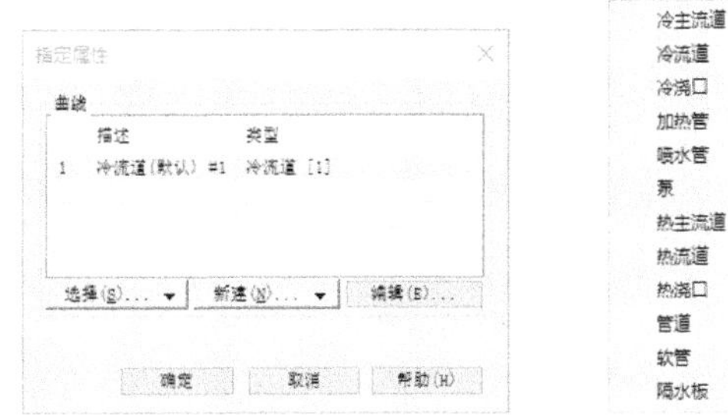

(a)“指定属性”对话框　　(b)曲线的属性类型

图 6-18　曲线属性设置

6.3.2　三节点创建圆或圆弧

Step1：选择“按点定义圆弧”命令，弹出如图 6-19 所示的“按点定义圆弧”对话框。

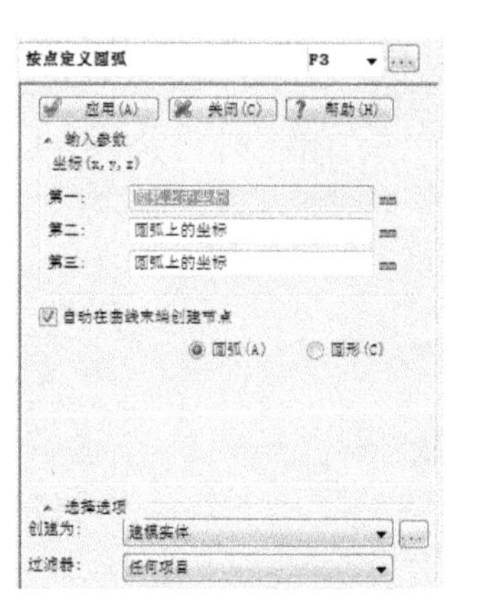

图 6-19 “按点定义圆弧”对话框

Step2：指定三节点，可以是已经存在的节点，也可以通过三维坐标直接输入确定的节点。

Step3：单击“应用”按钮，完成创建。

复选框的不同选择产生的不同创建结果，如图 6-20 所示。

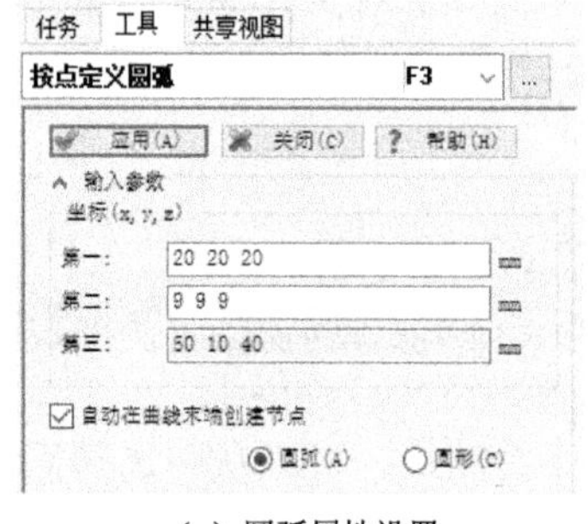

（a）圆弧属性设置

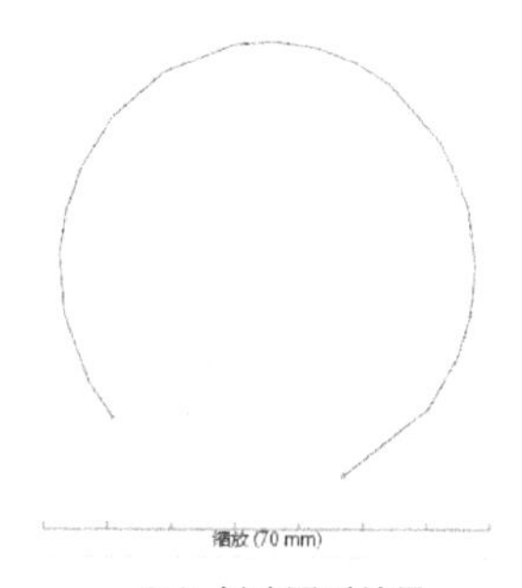

（b）创建圆弧结果

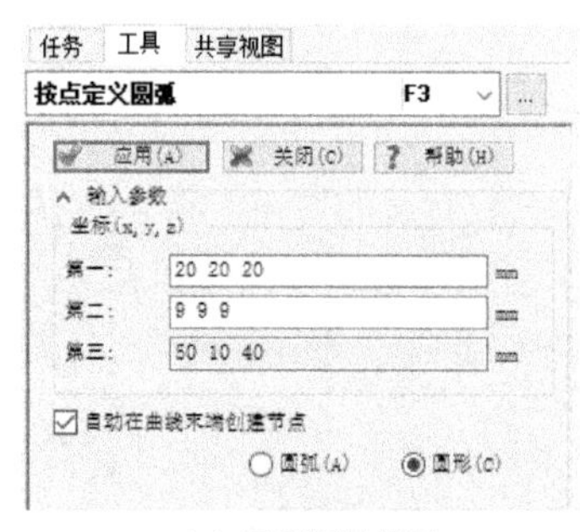

（c）圆形属性设置

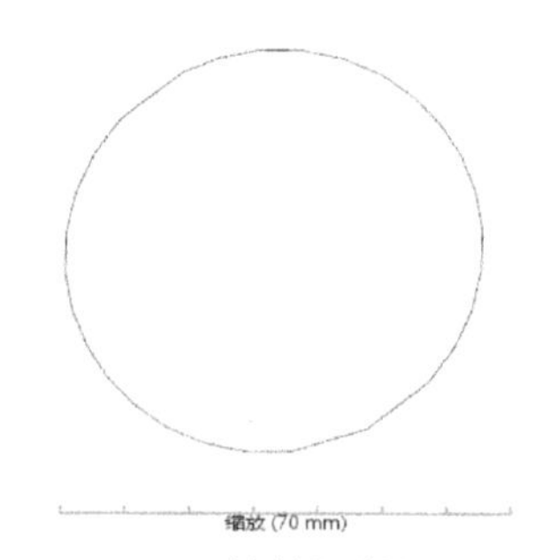

（d）创建圆形结果

图 6-20 三节点创建圆和圆弧

创建类型包括圆弧和圆形。“创建为”下拉列表用来指定创建曲线的属性（如主流道、分流道、冷却管道等），可以单击右边的按钮，弹出“指定属性”对话框。

“自动在曲线末端创建节点”复选框，可根据需要选择。

6.3.3　角度创建圆弧

Note

Step1：选择“按角度定义圆弧”命令，弹出如图 6-21 所示的“按角度定义圆弧”对话框。

Step2：根据给定角度创建圆弧，需要指定以下参数。

“中心”：指定圆弧中心点坐标。

“半径”：指定圆弧半径。

“开始角度”：指定初始角度。

“结束角度”：指定终止角度。

Step3：单击“应用”按钮，创建结果如图 6-22 所示。

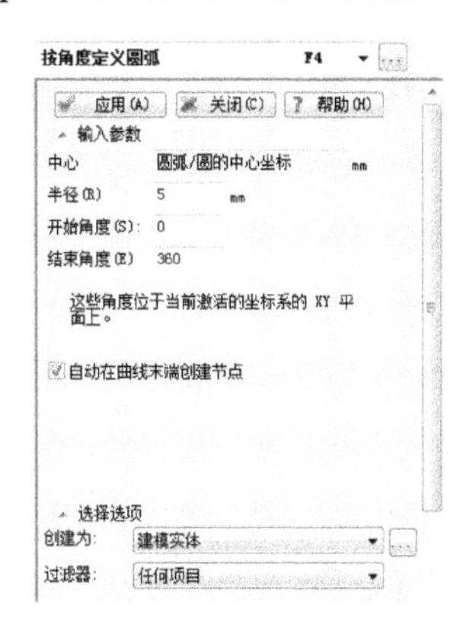

图 6-21　“按角度定义圆弧”对话框

图 6-22　角度创建圆弧结果

6.3.4　节点创建样条曲线

Step1：选择“样条曲线”命令，弹出如图 6-23 所示的“样条曲线”对话框。

Step2：给定一组节点，在“坐标”文本框中输入节点三维坐标，单击“添加”按钮增加节点，单击“删除”按钮移除节点，给定一组节点，系统根据这组节点自动拟合一条样条曲线。

Step3：单击“应用”按钮，创建结果如图 6-24 所示。

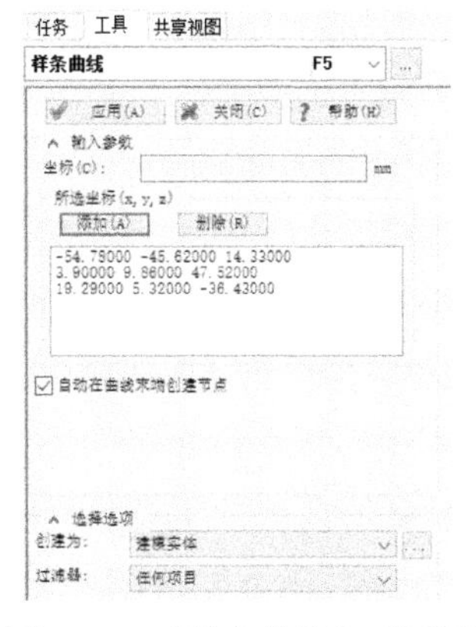

图 6-23　“样条曲线”对话框

图 6-24　样条曲线结果

6.3.5 连接两曲线来创建曲线

Step1：选择“连接曲线”命令，弹出如图 6-25 所示的“连接曲线”对话框。

Step2：选择要连接的第一曲线和第二曲线，如图 6-26（a）所示，输入圆角因子，如图 6-25 所示。

“圆角因子”限定的输入数值为 100。“圆角因子”为 0 时创建一条直线，大于 0 时创建一条曲线，并随着数值的增大新曲线与两条已选定的曲线的距离也增大。

Step3：单击“应用”按钮，创建结果如图 6-26（b）所示。

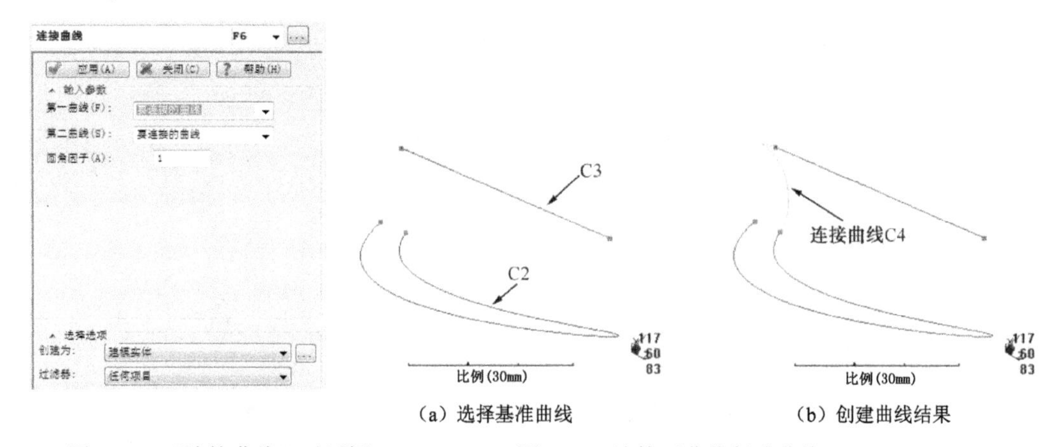

（a）选择基准曲线　　（b）创建曲线结果

图 6-25 “连接曲线”对话框　　图 6-26 连接两曲线创建曲线

6.3.6 断开曲线

Step1：选择“断开曲线”命令，弹出如图 6-27 所示的“断开曲线”对话框。

Step2：选择两相交的曲线第一曲线和第二曲线，如图 6-28（a）所示。

Step3：单击“应用”按钮，创建结果如图 6-28（b）所示。原来两条相交的直线，打断后，由相交点打断成为四条直线。

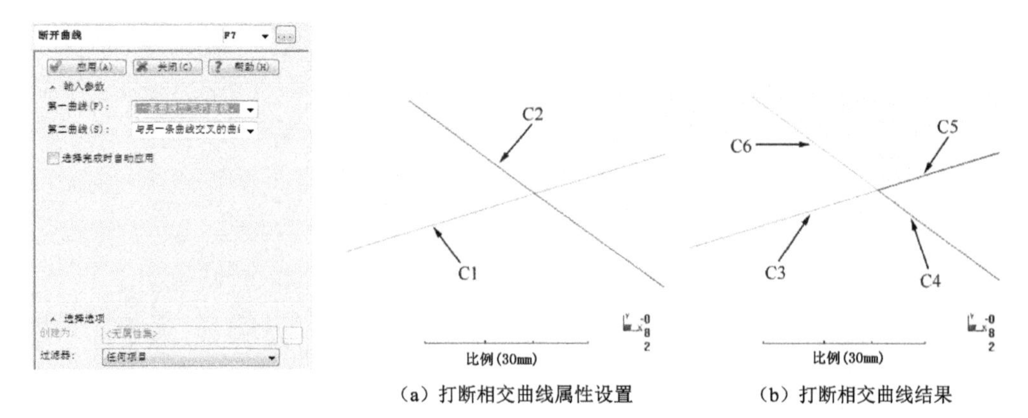

（a）打断相交曲线属性设置　　（b）打断相交曲线结果

图 6-27 “断开曲线”对话框　　图 6-28 断开曲线

"选择完成时自动应用"复选框：如果选中此复选框，那么在选择完两相交曲线之后，自动将其打断，如果没选中此复选框，则需要单击"应用"按钮，才会将相交曲线打断。

6.4 区域的创建

区域的创建命令如图 6-29 所示。Moldflow 中曲面分为两种：外部边界面和洞。外部边界面是指塑件的外表面，而洞则是指在外表面上挖空的面。

（a）菜单命令

按边界定义区域	F2
按节点定义区域	F3
按直线定义区域	F4
按拉伸定义区域	F5
从网格/STL 创建区域	F6
按边界定义孔	F7
按节点定义孔	F8

（b）创建曲面下拉菜单

图 6-29　区域的创建命令

Moldflow 提供了 7 种创建区域的方式，下面介绍其中常用的几种。

6.4.1　通过封闭曲线创建区域

Step1：选择"按边界定义区域"命令，弹出如图 6-30 所示的"按边界定义区域"对话框。

Step2：选择一组封闭的曲线来创建，如图 6-31（a）所示。

Step3：单击"应用"按钮，创建结果如图 6-31（b）所示。

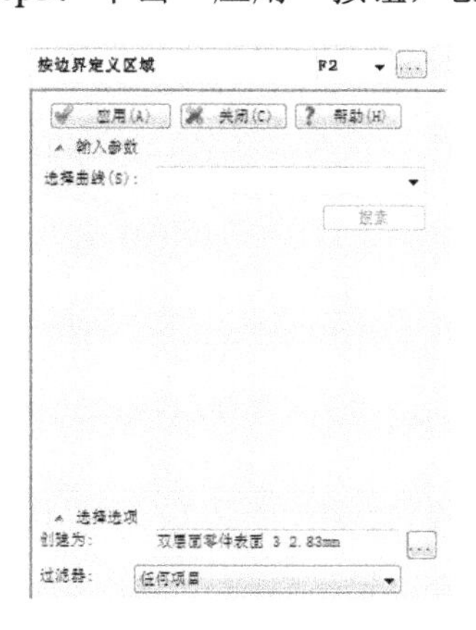

图 6-30　"按边界定义区域"对话框

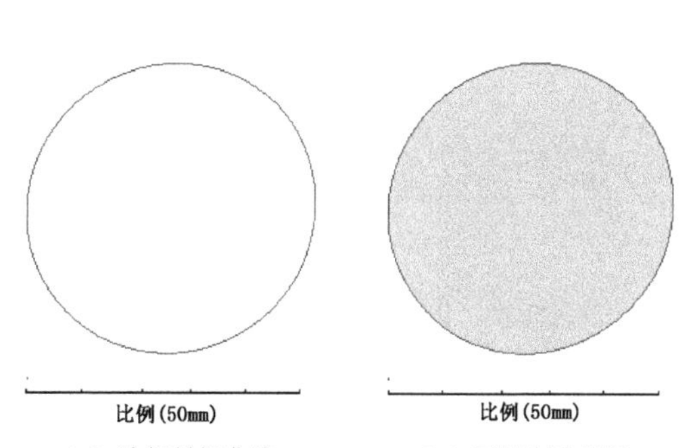

（a）选择封闭曲线　　（b）区域创建结果

图 6-31　通过封闭曲线创建区域

6.4.2 节点创建区域

Step1：选择“按节点定义区域”命令，弹出如图 6-32 所示的“按节点定义区域”对话框。

Step2：选择一系列节点来创建区域，如图 6-33（a）所示。

Step3：单击“应用”按钮，创建结果如图 6-33（b）所示。

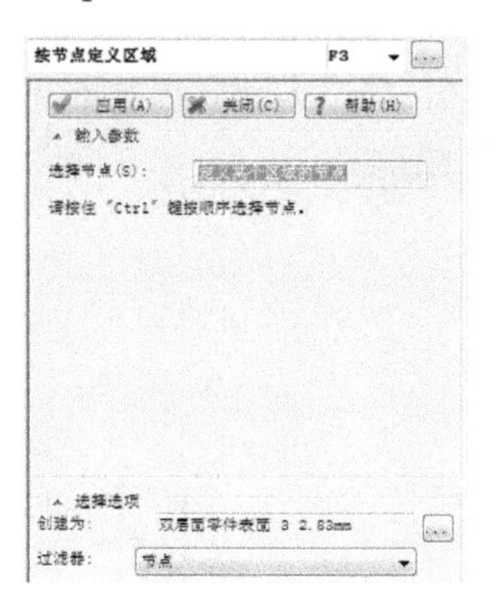

图 6-32 “按节点定义区域”对话框

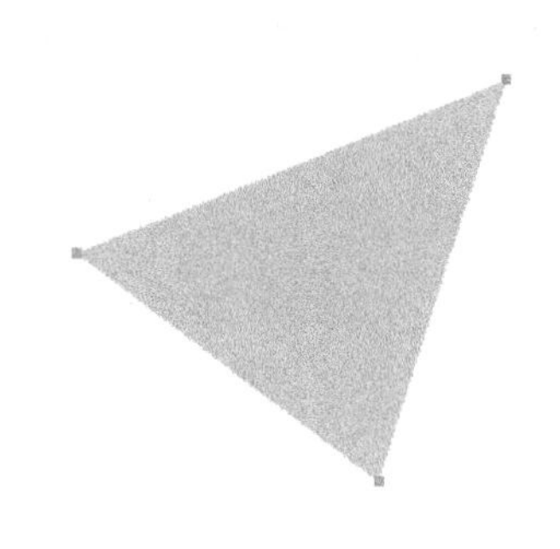

（a）选择 3 个节点　　（b）区域创建结果

图 6-33 节点创建区域

6.4.3 直线创建区域

Step1：选择“按直线定义区域”命令，弹出如图 6-34 所示的“按直线定义区域”对话框。

Step2：选择两条共面的曲线来创建区域，如图 6-35（a）所示。

Step3：单击“应用”按钮，创建结果如图 6-35（b）所示。

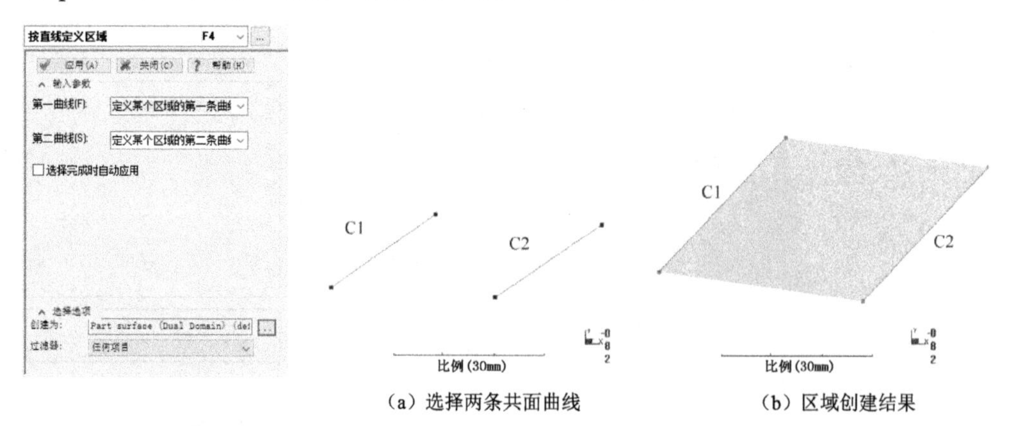

（a）选择两条共面曲线　　（b）区域创建结果

图 6-34 “按直线定义区域”对话框　　图 6-35 直线创建区域

6.4.4 通过拉伸曲线创建区域

Step1：选择“按拉伸定义区域”命令，弹出如图 6-36 所示的“按拉伸定义区域”

对话框。

Step2：在“选择直线”下拉列表中选择一条曲线，如图 6-37（a）所示，“拉伸矢量”文本框中指定拉伸矢量。

Step3：单击“应用”按钮，创建结果如图 6-37（b）所示。

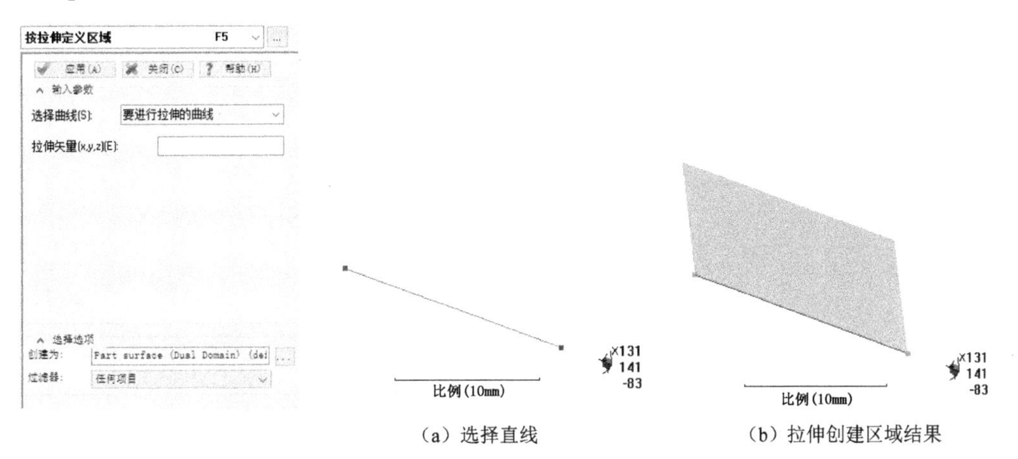

（a）选择直线　　（b）拉伸创建区域结果

图 6-36　“按拉伸定义区域”对话框　　图 6-37　拉伸创建区域

6.4.5　通过边界创建孔洞

Step1：选择“按边界定义孔”命令，弹出如图 6-38 所示的“按边界定义孔”对话框。

Step2：在“选择区域”下拉列表中选择创建孔洞所属的区域，在“选择曲线”下拉列表中选择封闭曲线作为边界来创建孔洞，如图 6-39（a）所示。

Step3：单击“应用”按钮，创建结果如图 6-39（b）所示。

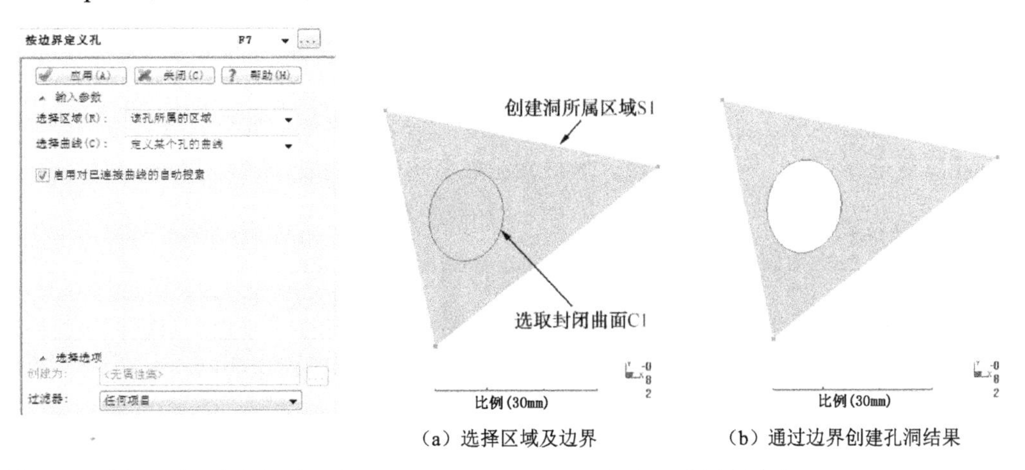

（a）选择区域及边界　　（b）通过边界创建孔洞结果

图 6-38　“按边界定义孔”对话框　　图 6-39　边界创建孔

如果选中“启用对已选择曲线的自动搜索”复选框，则只要选择一条曲线，Moldflow 软件就能自动选择相连的所有曲线。

6.4.6 节点创建孔

Step1：选择“按节点定义孔”命令，弹出如图 6-40 所示的“按节点定义孔”对话框。

Step2：在“选择区域”下拉列表中选择创建孔洞所属的区域，在“选择节点”下拉列表中选择一系列节点作为边界来创建孔洞，如图 6-41（a）所示。

Step3：单击“应用”按钮，创建结果如图 6-41（b）所示。

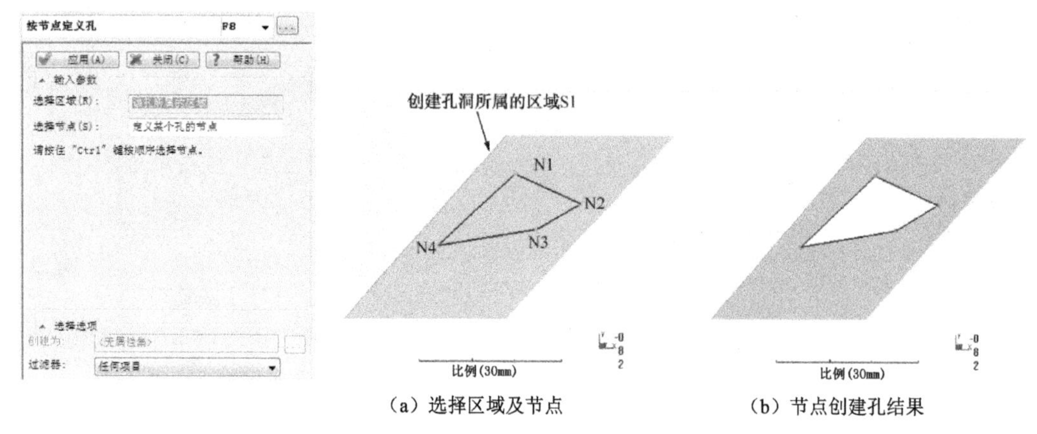

（a）选择区域及节点　　（b）节点创建孔结果

图 6-40　“按节点定义孔”对话框　　图 6-41　节点创建孔

6.5 镶件的创建

为了增加塑件的局部强度、硬度、耐磨性、导磁性、导电性，或者为了增加塑件局部尺寸和形状的稳定性，提高精度，或者为了降低塑料消耗，以及满足其他方面的要求，塑件之间常采用各种形状、各种材料的镶件。

镶件通常在注射之前被安装到模具上，注射后成为塑件的一部分。多数镶件由各种有色或黑色金属制成，有的用玻璃、木材或已成型的塑件制成。

6.5.1 镶件创建

Step1：选择“创建模具镶件”命令，弹出如图 6-42 所示的“创建模具镶件”对话框。

Step2：“选择”下拉列表用于在划分完的网格上选择镶件对应的网格单元；“方向”下拉列表用于确定镶件生成的方向；“投影距离”选区用于指定镶件的高度。

Step3：单击“应用”按钮，创建完毕。

镶件一般在网格划分完以后创建。

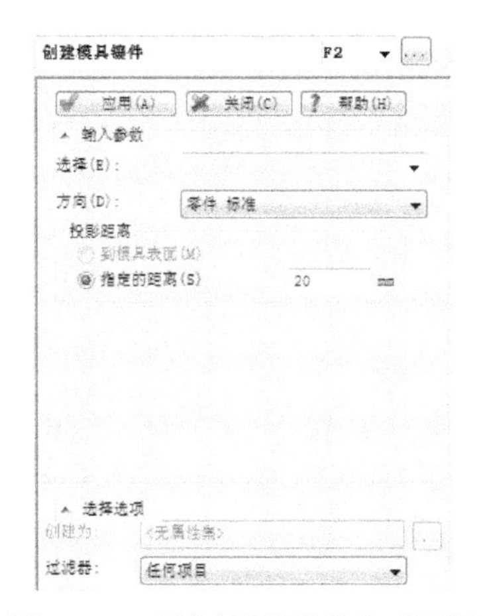

图 6-42　“创建模具镶件”对话框

6.5.2　镶件创建实例

Step1：打开一平板网格模型，如图 6-43 所示，将在此模型上创建一个高为 20mm 的金属镶入块，即在平板中间的矩形孔洞处创建镶件。

Step2：选择“创建镶件”命令。

Step3：选择原始网格模型中间矩形孔洞内的三角形网格，被选择的三角形网格单元将显示为红色，如图 6-44 所示。

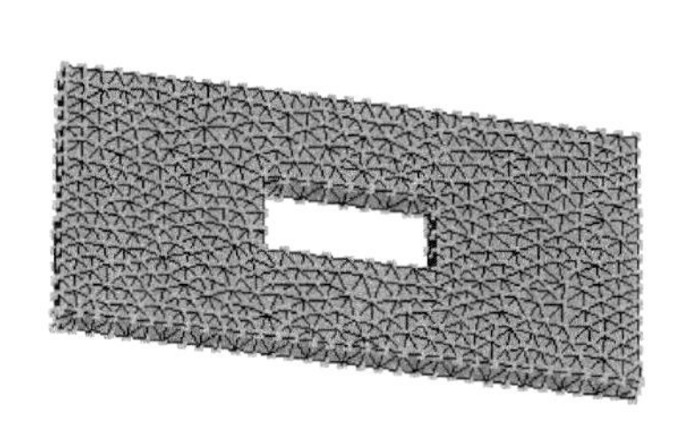

图 6-43　平板原始网格模型

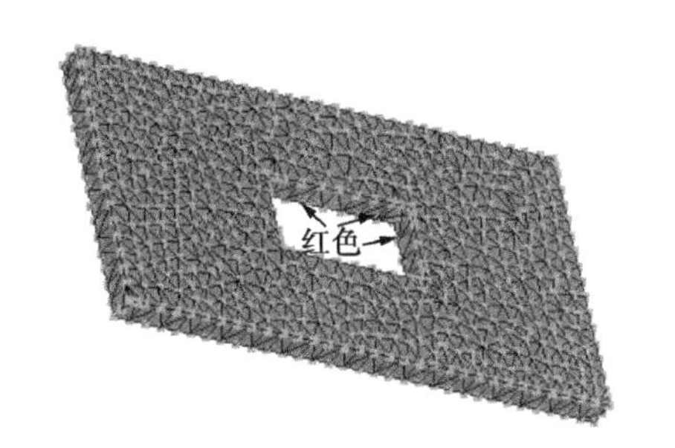

图 6-44　选择网格单元

Step4：确定镶件生成的方向，方向垂直于平板，由三维坐标系确定为沿着 *Y* 轴的方向，如图 6-45 所示。

Step5：选中“指定的距离”单选按钮，在文本框中输入创建镶件的高度为 20mm。

Step6：单击“应用”按钮，创建镶件结果如图 6-46 所示。

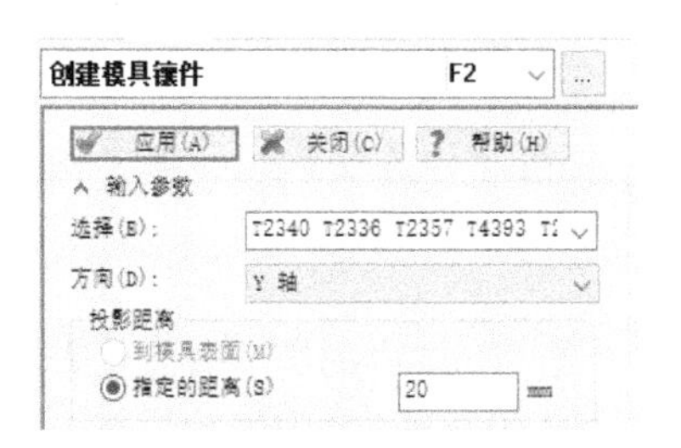

图 6-45　创建镶件

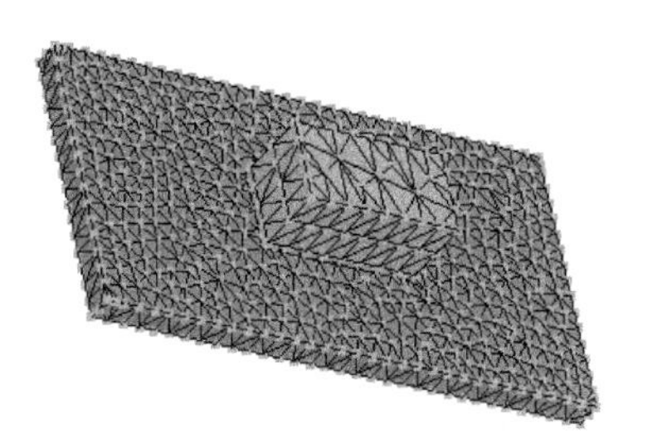

图 6-46　创建镶件结果

6.6 局部坐标系的创建

Note

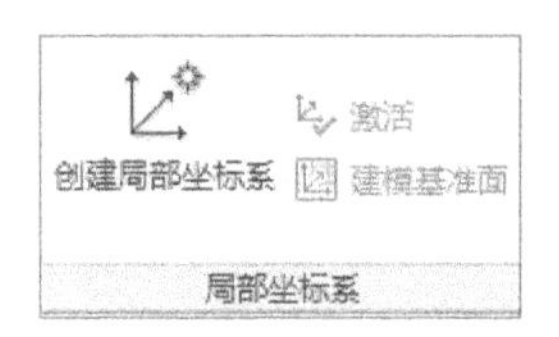

图 6-47 “局部坐标系”面板

“局部坐标系/建模基准面”主要用在产品外形与模型窗口中的坐标系不协调的时候，很少使用。

单击“创建局部坐标系”命令按钮，打开局部坐标系创建编辑操作窗口。“局部坐标系”面板如图 6-47 所示。

6.6.1 局部坐标系的创建

Step1：选择“创建局部坐标系”命令，弹出如图 6-48 所示的“创建局部坐标系”对话框。

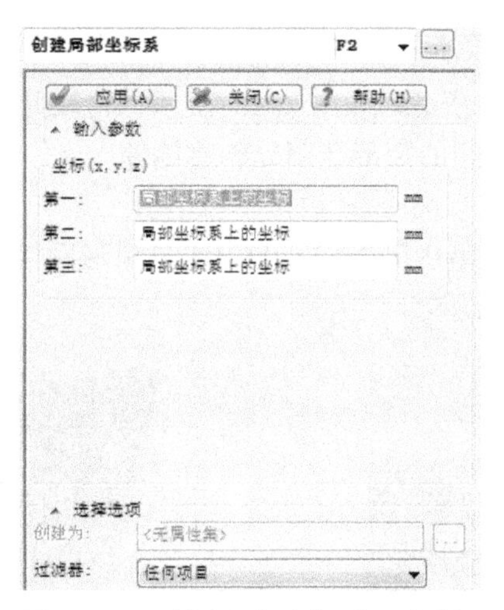

图 6-48 “创建局部坐标系”对话框

Step2：输入参数（三维坐标值），第一节点代表新坐标系的原点位置；第二节点代表新坐标系 X 轴的轴线与方向；第三节点与第二节点组成新坐标系的 XY 平面，由此确定新坐标系 Y 轴的方向。

Step3：单击“应用”按钮，创建完毕。

6.6.2 局部坐标系的创建实例

本节通过一个实例来介绍局部坐标系的创建方法。

Step1：打开一平板网格模型，如图 6-49 所示，在此模型上创建与该模型形状相符合的本地坐标系，这样可以更方便地对模型进行操作。

Step2：选择“创建局部坐标系”命令。

Step3：选择原始网格模型中间矩形孔洞边缘的 3 个节点，选中的第一节点代表新坐标系的原点位置；选中的第二节点代表新坐标系 X 轴的轴线与方向；选中的第三节点与第二节点组成新坐标系的 XY 平面，由此确定新坐标系 Y 轴的方向，如图 6-50 所示。

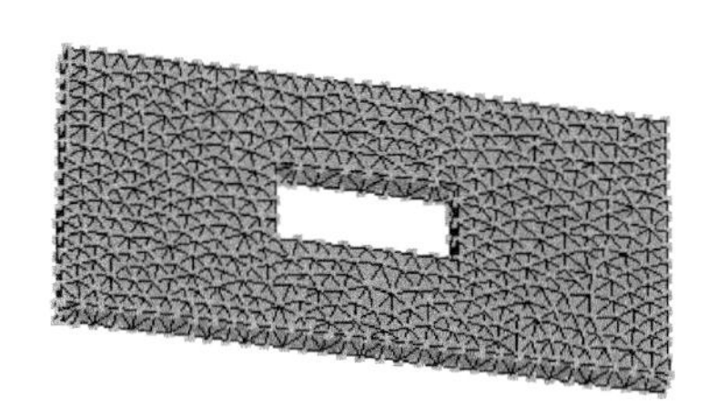

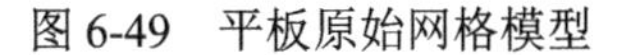

图 6-49　平板原始网格模型

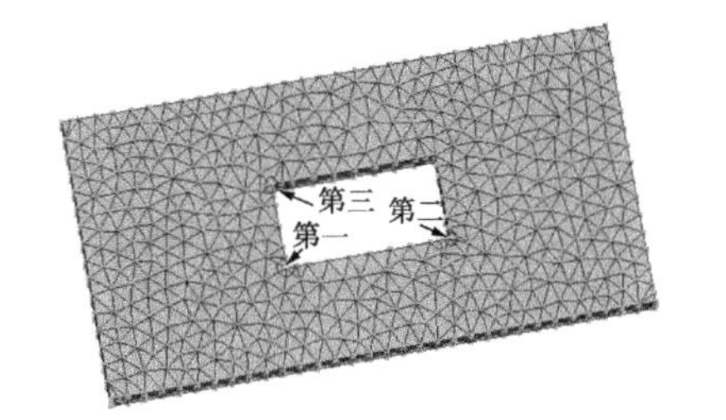

图 6-50　选择三节点

Step4：单击“应用”按钮，创建结果如图 6-51 所示。

提示

此时新建的坐标系还不能作为当前的坐标系来使用，需要对其进行激活操作后才可以使用。

Step5：选中新建的坐标系，使其变为淡红色，因为如果没有选中的话，激活本地坐标系的选项是灰色的，不能使用。

Step6：选择“激活为局部坐标系”命令，激活后本地坐标系显示为深红色，如图 6-52 所示。

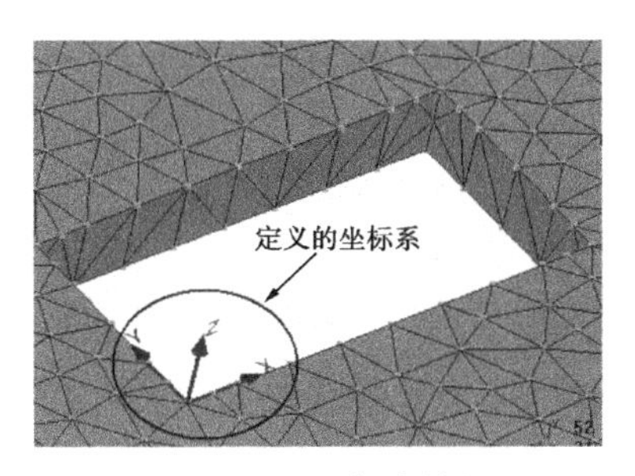

图 6-51　LCS 创建结果

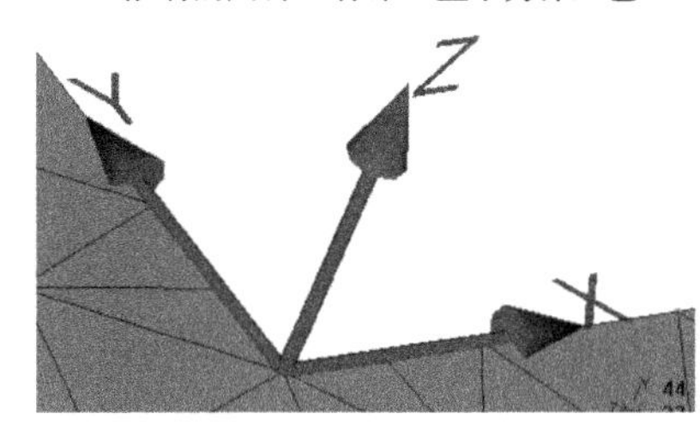

图 6-52　激活为局部坐标系

Step7：激活本地坐标系后，原来选中的三节点三维坐标值的变化：第一(7.5,5,15)→(0,0,0)，第二(7.5,5,−15)→(30,0,0)，第三(−7.5,5,15)→(0,15,0)，如图 6-53 所示。

说明

在 Step6 中，如果选择“激活为建模基准面”命令，则会创建成建模基准面，如图 6-54 所示。

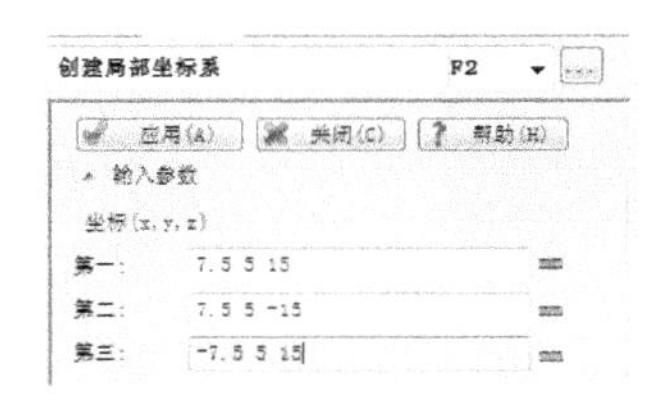

（a）激活本地坐标系前的节点坐标值

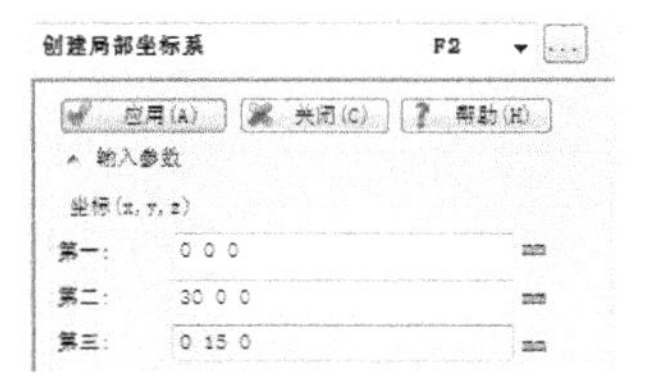

（b）激活本地坐标系后的节点坐标值

图 6-53　激活本地坐标系前后节点的坐标值变化

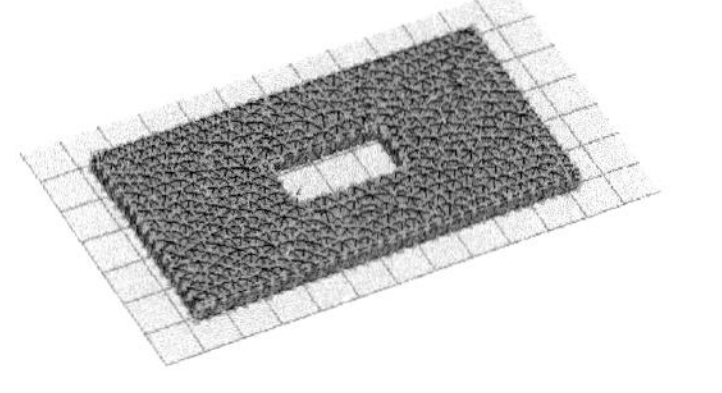

图 6-54　建模基准面

说明

如果想把已经创建的本地坐标系删除，可以选中局部坐标系，然后使用键盘上的 Delete 键直接将其删除即可。

6.7 移动与复制

Note

移动与复制工具是建模的重点，AMI 软件提供了 5 种方式移动/复制实体模型，分别是平移、旋转、3 点旋转、缩放、镜像，同样在“几何”选项卡下的工具面板中可找到此 5 种命令，如图 6-55 所示。

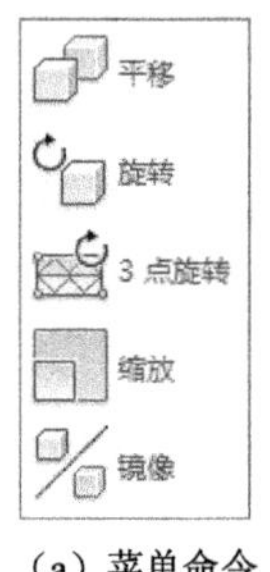

（a）菜单命令

（b）移动/复制下拉菜单

图 6-55　执行移动/复制操作的 5 种命令

6.7.1　平移

Step1：选择“平移”命令，弹出如图 6-56 所示的“平移”对话框。

Step2：在“选择”文本框中选择要平移的模型。

“矢量”文本框用来定义平移的矢量，根据操作的需要选中“移动”或者“复制”单选按钮，如果选择“复制”单选按钮，还需要定义“数量”数值框（指定要复制的个数），选择薄壳体模型，参数设置如图 6-56 所示。

“层”选区将平移的结果直接分层。

Step3：单击“应用”按钮，创建结果如图 6-57 所示。

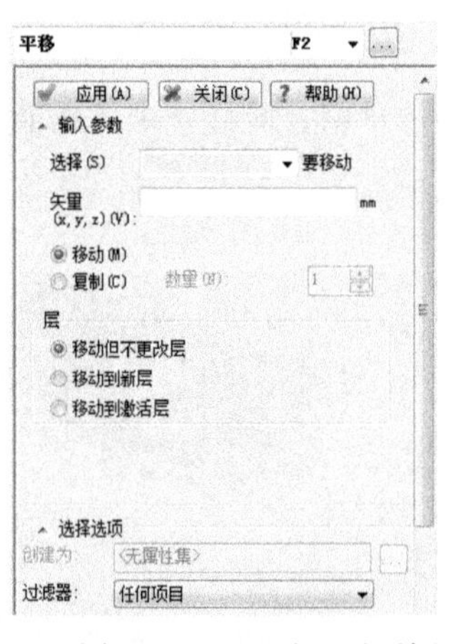

图 6-56　“平移”对话框

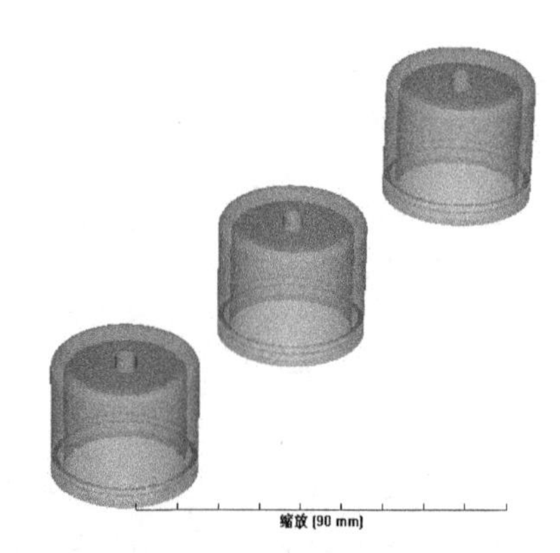

图 6-57　平移复制结果

6.7.2 旋转

Step1：选择“旋转”命令，弹出如图 6-58 所示的“旋转”对话框。

Step2：在“选择”下拉列表中选择要旋转的模型；在“轴”下拉列表中选择旋转轴，可以是 *X*、*Y*、*Z* 轴；在“角度”文本框中输入要旋转的角度；在“参考点”文本框中输入旋转参考点，根据操作的需要选中“移动”或者“复制”单选按钮。如果选择“复制”单选按钮，还需要定义“数量”数值框（指定要复制的个数）。参数设置如图 6-58 所示。

Step3：单击“应用”按钮，创建结果如图 6-59 所示。

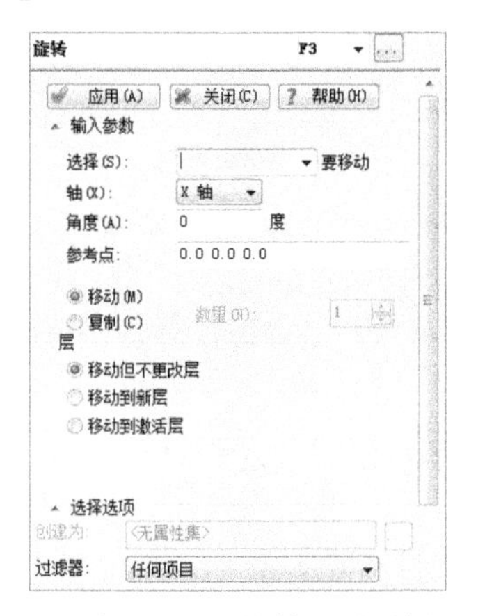

图 6-58 “旋转”对话框

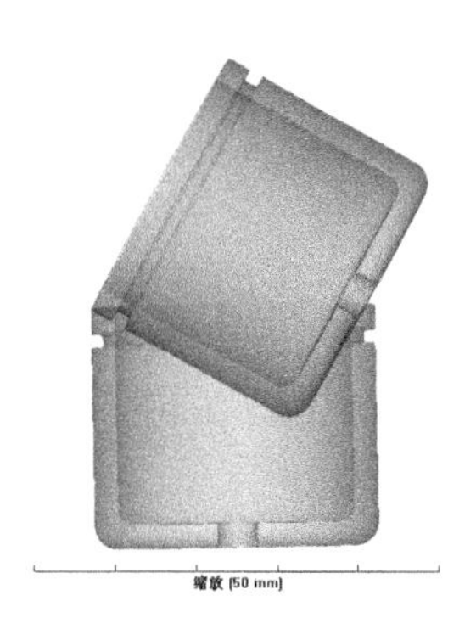

图 6-59 旋转复制结果

6.7.3 3 点旋转模型

Step1：选择“3 点旋转”命令，弹出如图 6-60 所示的“3 点旋转”对话框。

Step2：在“选择”下拉列表中选择要旋转的模型。

选定 3 个节点，第一节点将旋转成为系统默认坐标系的原点；第二节点与第一节点共同确定的直线，将旋转成为坐标系的 *X* 轴；第三节点与第一、二节点共同确定的平面，将旋转成为坐标系的 *XY* 面。

根据操作的需要选中“移动”或者“复制”单选按钮。

Step3：单击“应用”按钮，创建结果如图 6-61 所示。

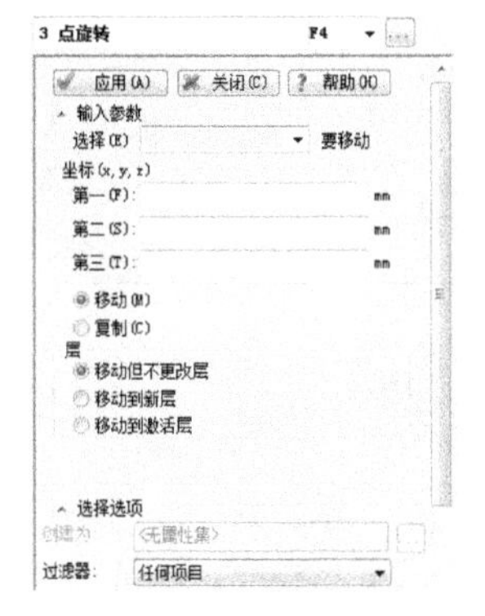

图 6-60 “3 点旋转”对话框

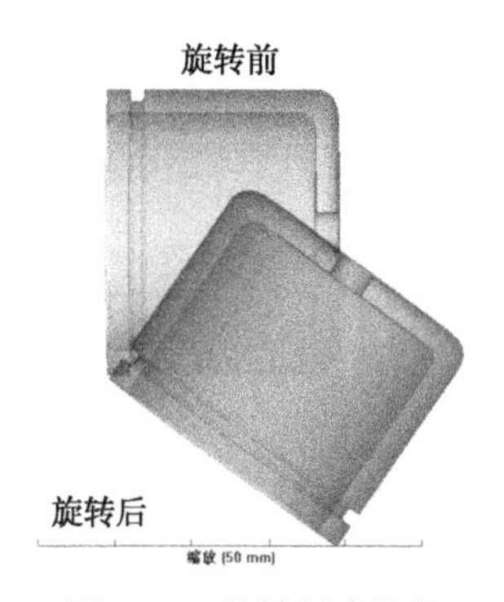

图 6-61 旋转创建结果

6.7.4　指定比例因子缩放模型

Step1：选择“缩放”命令，弹出如图 6-62 所示的“缩放”对话框。

Step2：“选择”下拉列表用于选择要缩放的模型；“比例因子”文本框用于指定比例因子；“参考点”文本框用于指定参考中心坐标。

根据操作的需要选中“移动”或者“复制”单选按钮，参数设置如图 6-62 所示。

Step3：单击“应用”按钮，创建结果如图 6-63 所示。

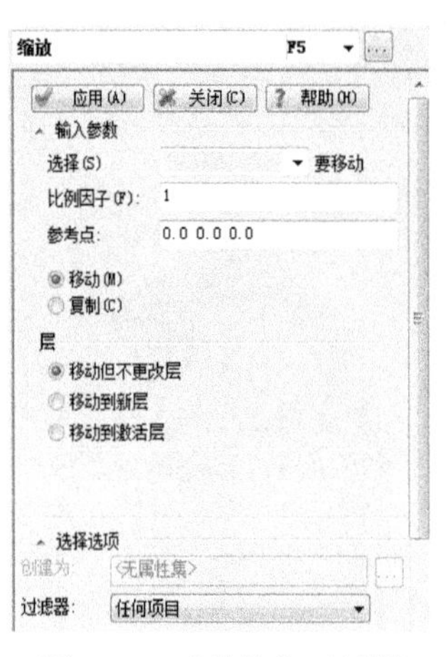

图 6-62　“缩放”对话框

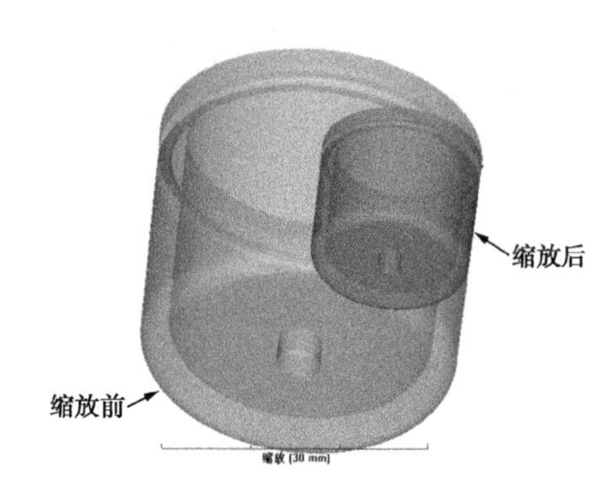

图 6-63　缩放创建结果

6.7.5　镜像创建模型

Step1：选择“镜像”命令，弹出如图 6-64 所示的“镜像”对话框。

Step2：在“选择”下拉列表中选择要镜像的模型；在“镜像”下拉列表中指定镜像平面，包括 *XY* 平面、*XZ* 平面和 *YZ* 平面；在“参考点”文本框中指定镜像面参考中心坐标。

根据操作的需要选中“移动”或者“复制”单选按钮，参数设置如图 6-64 所示。

Step3：单击“应用”按钮，创建结果如图 6-65 所示。

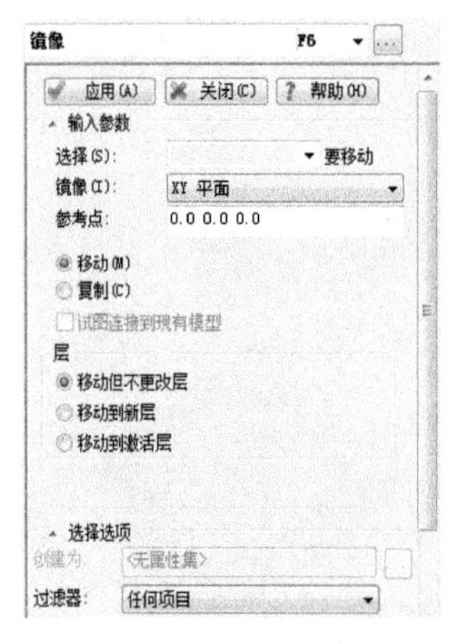

图 6-64　“镜像”对话框

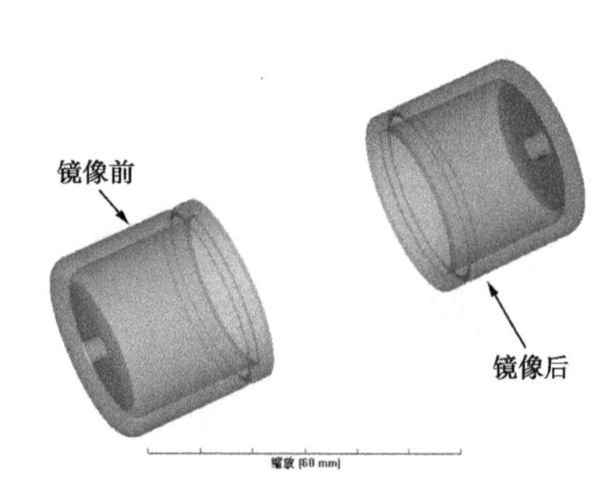

图 6-65　镜像创建结果

6.8 其他建模工具的应用

6.8.1 查询实体

单击“查询”按钮，弹出如图 6-66 所示的“查询”对话框。

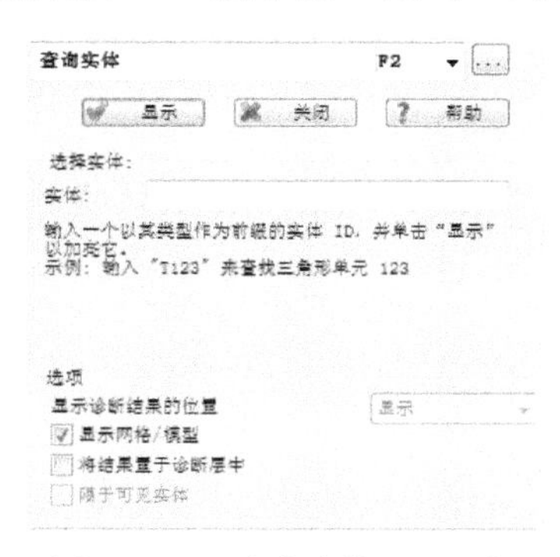

图 6-66　“查询实体”对话框

在该对话框中可以用来查询网格模型的单元或节点，在“实体”文本框中输入要查询的单元或节点号，如 T346、N17、STL1，单击“显示”按钮，显示查询结果。

如果选中“将结果置于诊断层中”复选框，在图层区就会自动增加查询结果的“查询的实体”图层。

6.8.2 型腔重复向导

单击“型腔重复”按钮，弹出如图 6-67 所示的“型腔重复”对话框。在“型腔数”数值框中指定创建模型总个数；在“列”单选按钮数值框中指定列数；在“行”单选按钮数值框中指定行数；在“列间距”数值框中指定列间距；在“行间距”数值框中指定行间距。

单击“使用默认值”按钮后，对话框内的数值会恢复到系统初始默认状态；单击“预览”按钮，可以预览在以上参数设置下型腔的排布情况。

对话框的设置如图 6-67 所示，单击“完成”按钮，型腔排布结果如图 6-68 所示。

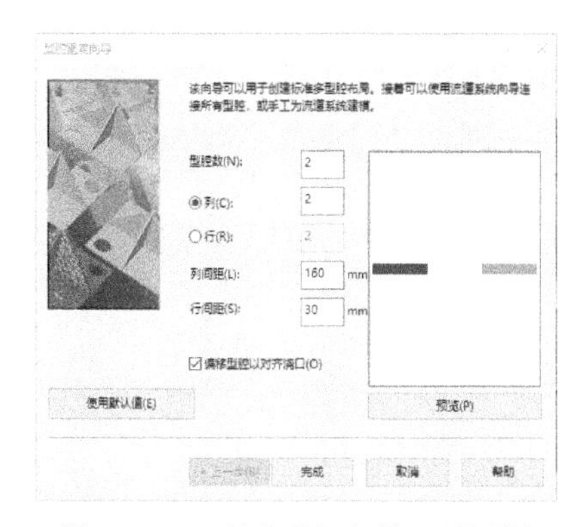

图 6-67　“型腔重复向导”对话框

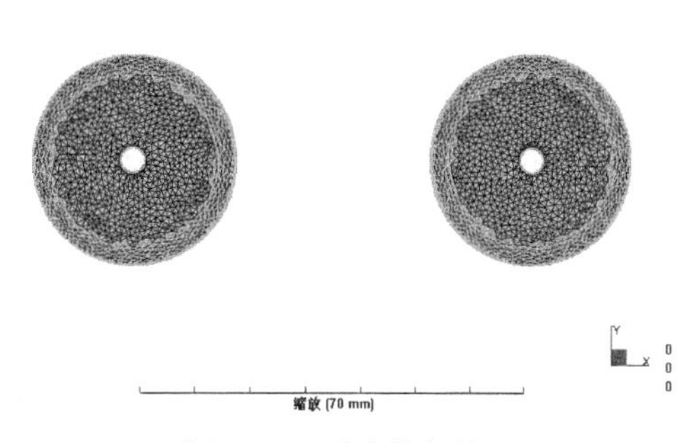

图 6-68　型腔排布结果

6.8.3　流道系统向导

流道系统向导可以用来创建流道和浇口等浇注系统，但对于较复杂的浇注系统，流道系统向导有一定的局限性，通常需要通过创建节点、曲线和移动/复制等命令来手动创建。流道系统向导将在第 7 章详细介绍。

6.8.4　冷却回路向导

“冷却回路向导”可以用来创建冷却浇注系统。同浇注系统一样，可以自动创建冷却系统，也可以手动创建冷却系统，还可以在自动创建的冷却系统上进一步手动修改，以满足冷却分析的要求。

冷却回路向导将在第 8 章详细介绍。

6.8.5　模具镶块向导

“模具镶块向导”可以用来创建一个包围实体模型的长方体模具外表面，也就是创建模块。

1．创建模具表面

单击“模具表面”按钮，弹出如图 6-69 所示的“模具表面”对话框。

图 6-69　“模具镶块向导”对话框

需要设置模具长方体的中心和具体尺寸。在“原点”选区中，可以直接输入 *X*、*Y*、*Z* 三维坐标来确定中心，也可以直接选中“居中”单选按钮，系统将会自动选择模型中心作为长方体模具的中心；在“尺寸”选区中，可以直接设定长方体模具的尺寸，*X*、*Y*、*Z* 分别代表长、宽、高。

2．创建模具表面实例

Step1：打开如图 6-70（a）所示的网格模型。

Step2：选择“模具表面”命令，对话框参数设置如图 6-69 所示。

Step3：单击“完成”按钮，模具表面创建结果如图 6-70（b）所示。

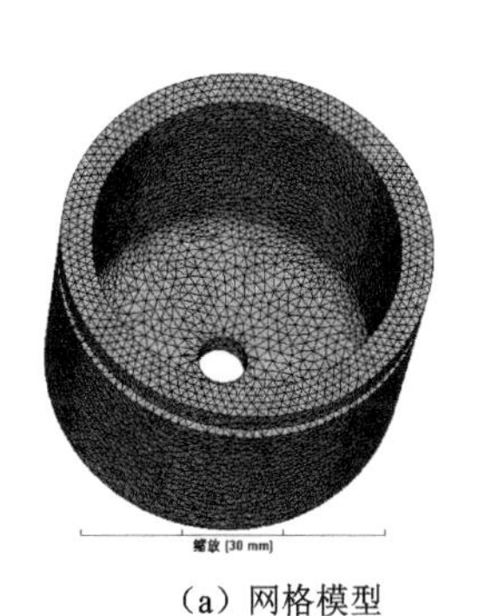

（a）网格模型

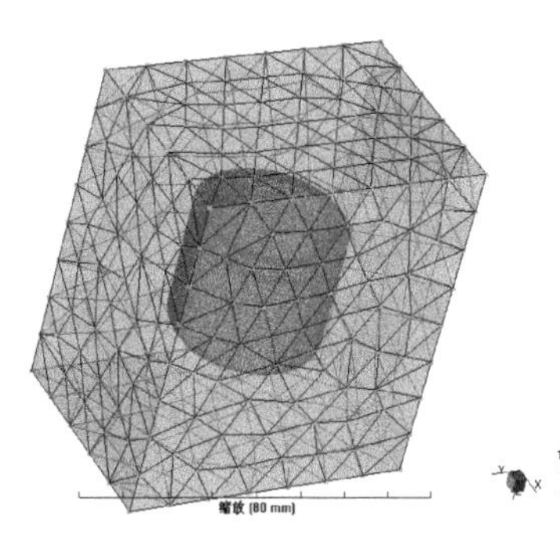

（b）模具表面创建结果

图 6-70 模具镶块向导

6.8.6 曲面边界诊断

“曲面边界诊断”用来诊断模型的所有面边界线是否正确或有效，包括外部边界和内部边界。

选择“曲面边界诊断”命令，弹出如图 6-71 所示的“曲面边界诊断”对话框。

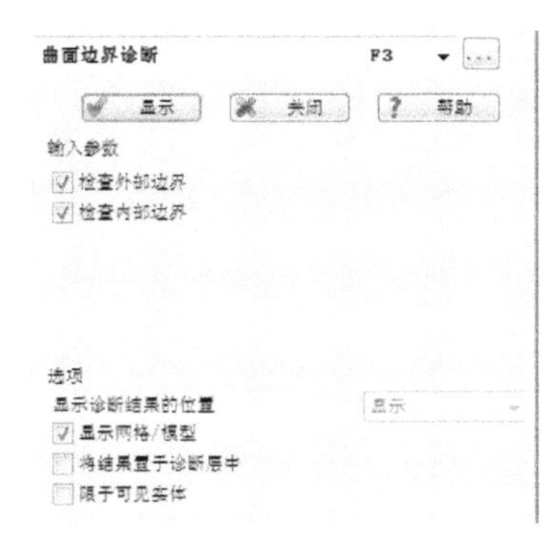

图 6-71 “曲面边界诊断”对话框

“检查外部边界”复选框用于诊断外部边界。

“检查内部边界”复选框用于诊断内部边界。

单击“显示”按钮，显示诊断结果。

在模型导入以后，可能存在模型面边界不匹配的情况，如果发现不匹配的情况，应该检查原始的 CAD 模型或 CAD 模型转化为其他格式时参数的设置。

6.8.7 曲面连通性诊断

“曲面连通性诊断”用来检查整个模型面的连通性，并检查模型中是否存在自由边或非交叠边。

选择“曲面连通性诊断”命令，弹出如图 6-72 所示的“曲面连通性诊断”对话框。

图 6-72 “曲面连通性诊断”对话框

“查找自由边”复选框用于诊断自由边。

“查找多重边”复选框用于诊断非交叠边。

单击“显示”按钮，显示诊断结果。

6.9 本章小结

本单主要介绍了模流分析软件中相关建模工具的应用方法，学习使用建模工具在模型上创建点、线、面等一些基本的图形元素，介绍了对浇注系统向导应用和冷却系统向导应用的相关操作命令。

掌握并能熟练运用建模的所有命令和工具，可以节省时间，并能更有效、更准确地建立分析模型。

第7章

浇注系统

本章主要介绍使用流道系统向导创建浇注系统和手动创建浇注系统的方法、技巧，创建过程中主要使用的创建节点、创建圆弧、创建柱体单元、划分柱体单元等命令，创建点浇口、侧浇口、潜伏式浇口、香蕉形浇口的方法，以及热流道浇注系统的创建方法及阀浇口属性的设置。

学习目标

（1）了解使用流道系统向导创建浇注系统的方法
（2）手动创建常用浇口的方法
（3）手动创建浇注系统的方法
（4）连通性的诊断和修复方法
（5）阀浇口属性的设置方法

7.1 浇注系统介绍

Note

浇注系统是指从注塑机喷嘴进入模具开始，到型腔入口结束的那一段流道，它的作用是将塑料熔体顺利地充满型腔，获得外形轮廓清晰、内在质量优良的塑料产品。

浇注系统可分为普通浇注系统（冷流道）和热流道凝料浇注系统（包括绝热式流道、加热式流道）。

多型腔模具的普通浇注系统由主流道、分流道、浇口、冷料井几部分组成。图 7-1 所示为普通浇注系统示意图。对于单型腔模具，有时可省去分流道和冷料井，简单的只有一个主流道和塑件相连接，这段流道又称主流道浇口。

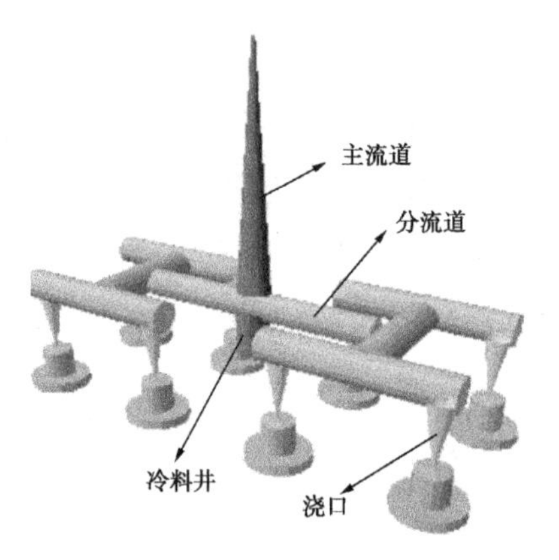

图 7-1　普通浇注系统示意图

浇注系统各部分的作用如下。

（1）主流道：引料入模，将熔料引入模具的分型面。

（2）分流道：将来自主流道的熔料进行分流、转向，引入各型腔或型腔的各部分。

（3）浇口：熔料由分流道流入型腔的通道。

（4）冷料井：容纳两次注射间歇中喷嘴头部的冷料。

浇注系统的设计要求如下。

（1）物料通过浇注系统时，压力损失要小。

（2）热量损失要小。

（3）便于模具的加工、脱模及清除凝料。

（4）在塑件上产生的工艺缺陷要少。

（5）物料的使用量要少。

7.1.1　浇口的设计

浇口是流道与塑件的连接部分，故要求留迹要小。浇口的作用有三个：第一，使分流道输送来的熔料在进入型腔时产生加速度，从而快速充满型腔；第二，成型后浇口处塑料先冷凝，以封闭型腔，防止熔料产生倒流，避免型腔压力下降过快，在塑件上出现缩孔和凹陷；第三，成型后便于使浇注系统与塑件分离，因此它的形状和尺寸直接影响熔料的流动状态、充模情况及塑件质量。若浇口截面尺寸过小，则熔料通过时会产生很大的剪切作用，使那些对剪切作用敏感的塑料出现温升现象，对具有热敏性的塑料又易产生烧焦熔料，而且压力损失大，熔体充模困难。反之，浇口截面尺寸过大，则使型腔排气困难，甚至影响成型周期。

Note

1. 浇口的设置方法

1）设置浇口以达到平衡填充

图 7-2 所示为浇口设置的平衡填充情况。图 7-2（a）所示为平衡填充，塑料熔体沿着一个方向流动，可能会由于保压引起体积变化。图 7-2（b）所示为部分平衡填充，塑料熔体沿着辐射方向流动，可能会由于取向造成翘曲。图 7-2（c）所示为另一种部分平衡填充，塑料熔体沿着辐射方向流动，在熔体汇合点末端会产生较宽大的熔接痕。图 7-2（d）所示为不平衡填充，会提前产生熔接痕，将塑件分为 3 部分，中间部分过分填充。

（a）平衡填充

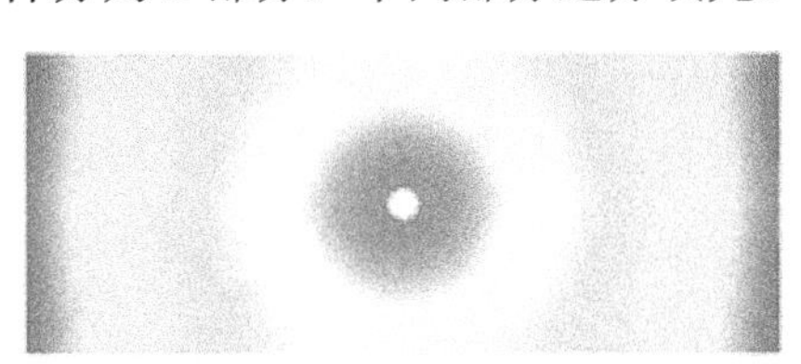

（b）部分平衡填充

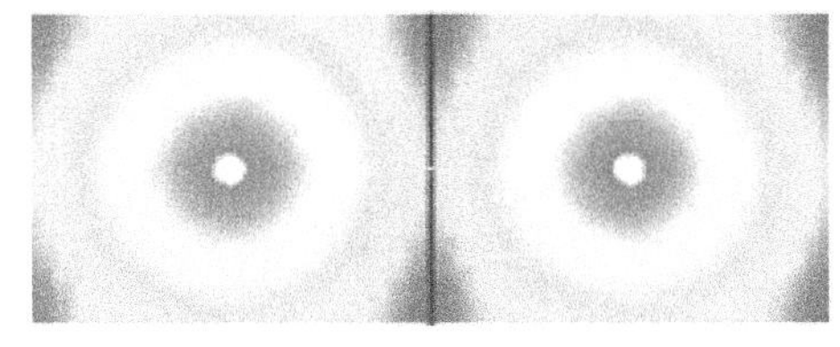

（c）另一种部分平衡填充

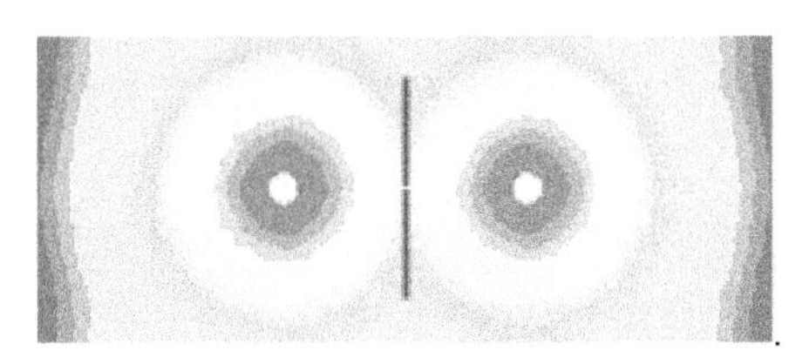

（d）不平衡填充

图 7-2　浇口设置的平衡填充情况

2）浇口应位于较厚区域

浇口设置在塑件截面较厚的区域，有利于流动和补料，并且会降低填充压力，如图 7-3 所示。

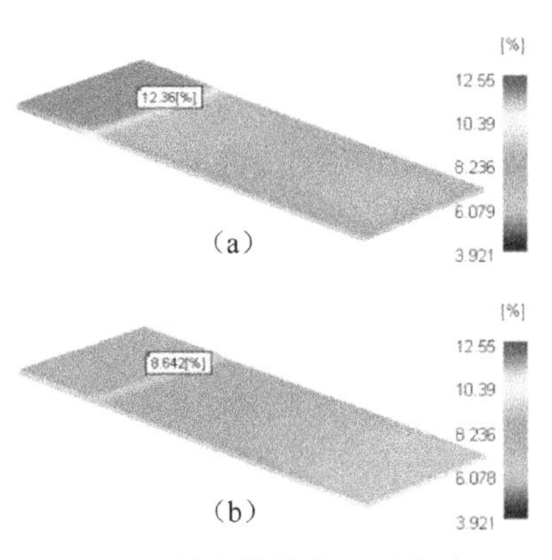

（a）

（b）

图 7-3　体积收缩率（顶出时）

Note

3）放置浇口以达到单向填充

单一浇口的塑料熔体的流动是单向的，如图 7-4 所示。保持熔体分子的单向性会降低塑件的变形量，长而狭窄的塑件最好选用这种类型的浇口。这种浇口可能存在的问题是造成保压不均及填充时需要较大的压力。

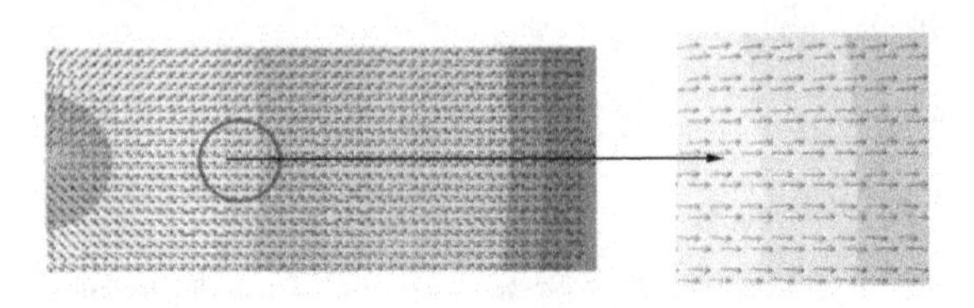

图 7-4　单一浇口熔体流动的单一性

4）增加浇口数目以减小压力

当塑件较长时，流动长度变长会使填充压力变大，增加浇口数目可以缩短流动长度，从而减小填充压力，如图 7-5 所示。

在塑件中心的单一浇口有时达不到最好的平衡状态，适当增加浇口数目将更好地达到平衡状态，并且预防中心肋板发生过保压现象，如图 7-6 所示。

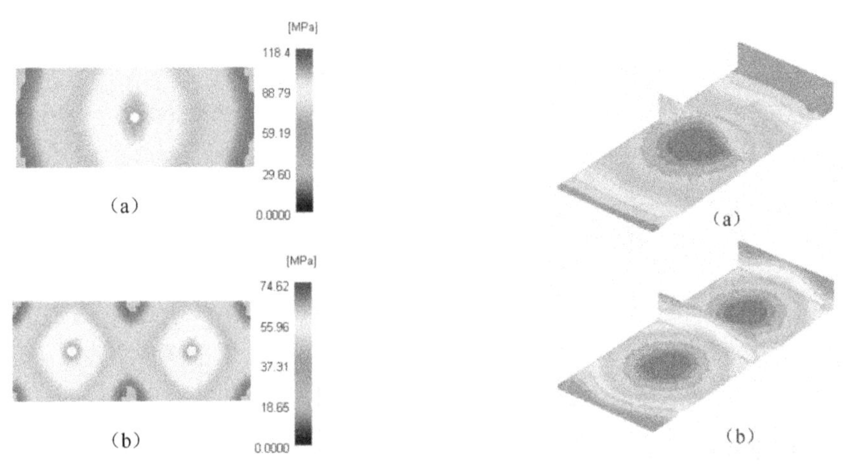

图 7-5　增加浇口数目以减小填充压力　　图 7-6　增加浇口数目以预防中心肋板发生过保压现象

2. 浇口的类型

常见的浇口形式包括侧浇口、扇形浇口、盘形浇口、环形浇口、平缝式浇口、潜伏式浇口、香蕉形浇口、点浇口、护耳式浇口、直接浇口、轮辐浇口、爪形浇口等。

1）侧浇口

侧浇口（边缘浇口）如图 7-7 所示，该浇口相对于分流道来说其断面尺寸较小，属于小浇口的一种，也是浇口中使用最多的一种。侧浇口一般开在分型面上，从塑件边缘进料。侧浇口具有矩形或者接近矩形的断面形状，可以通过改变其厚度和宽度来调整充模时的剪切速率和浇口封闭时间。其优点是浇口易于机械加工，易保证加工精度，而且试模时浇口的尺寸容易修整，适用于各种塑料品种。

2）扇形浇口

扇形浇口如图 7-8 所示，常用来成型宽度较大的薄片状产品，浇口由鱼尾形过渡部

分和浇口台阶组成，过渡部分沿进料方向逐渐变宽，厚度逐渐变薄，并在浇口处迅速减至最薄。扇形浇口使塑料熔体在横向上得到均匀分配，可降低塑件的内应力，减少塑件变形，能有效地消除浇口附近的缺陷，但是其浇口去除较困难，工作量大，且沿塑件的侧壁有较长的剪切痕，有损塑件美观。模型由薄壳和柱体单元组成。

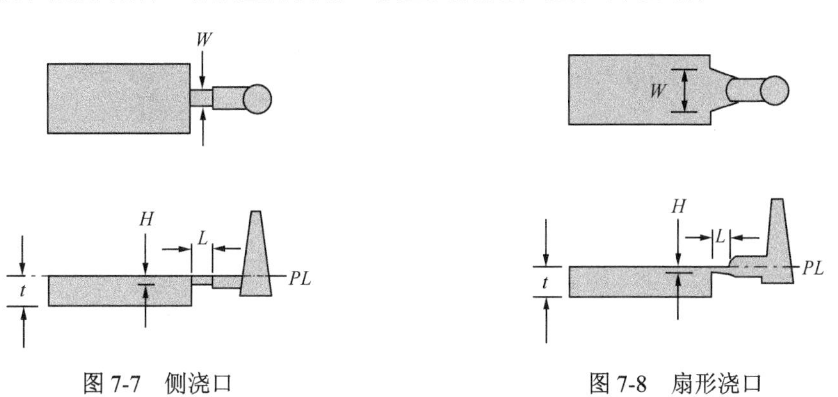

图 7-7　侧浇口　　图 7-8　扇形浇口

3）盘形浇口和环形浇口

盘形浇口如图 7-9 所示，环形浇口如图 7-10 所示。沿塑件内圆周进料称为盘形浇口，沿外圆周进料称为环形浇口。这两种浇口主要用于圆筒形塑件或中间带有孔的塑件，可使进料均匀，在整个圆周上取得大致相同的流速，空气也容易排出，同时无熔接痕。但是除去浇口较为困难，并且会在塑件的圆周上留下明显的浇口痕迹。模型由薄壳单元组成。

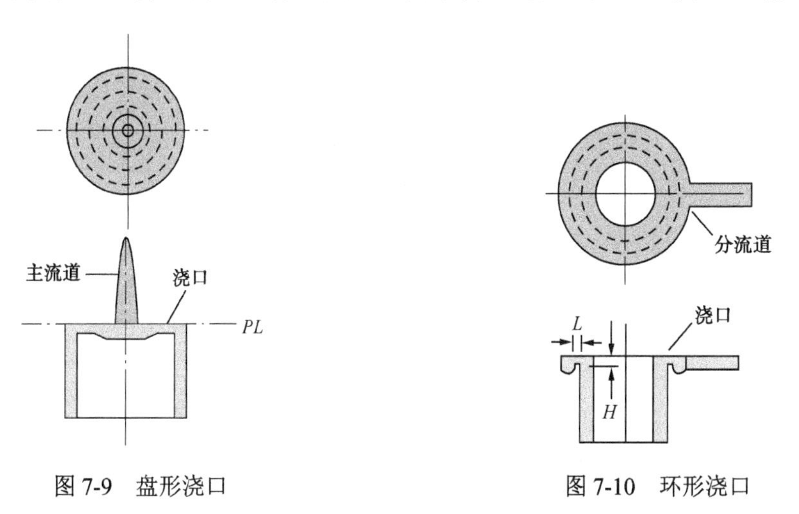

图 7-9　盘形浇口　　图 7-10　环形浇口

4）平缝式浇口

平缝式浇口又称薄片浇口、膜状浇口，如图 7-11 所示，用于大面积的扁平塑件。平缝式浇口的分流道与型腔的侧边平行，又称平行流道。熔体进入模具后，先在平行流道内得到均匀分配，再以较低的线速度呈平行流动，均匀进入型腔，因此塑件内应力小，变形也小。但是在成型后去除浇口的工作量大，沿塑件一侧会有较长剪切痕，有损塑件美观。模型由薄壳和柱体单元组成。

5）潜伏式浇口

潜伏式浇口如图 7-12 所示。潜伏式浇口又称隧道式浇口、剪切浇口，它是由点浇口

Note

演变而来的。它的进料浇口一般都在塑件的内表面或隐蔽处，因此不影响塑件外观。它可在模具打开时，或在脱模的瞬间，借助一个特殊的刃口，使浇口从成型面上切断。但是由于浇口潜伏于分型面下面，沿斜向进入型腔，会给加工带来一定困难。潜伏式浇口特别适用于从一侧进料的塑件。对于强韧的塑料，潜伏式浇口是不适宜的。

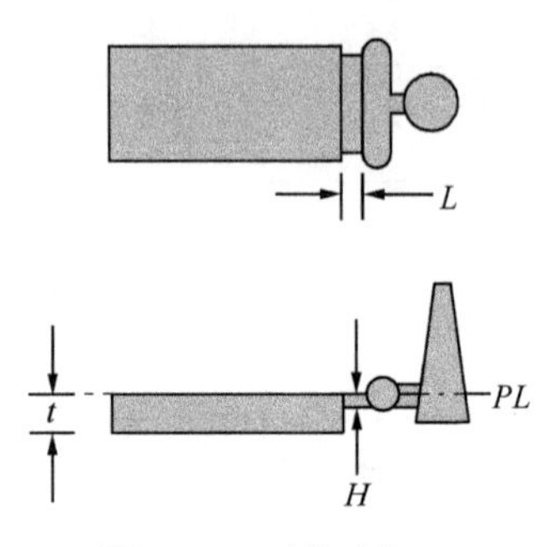

图 7-11　平缝式浇口

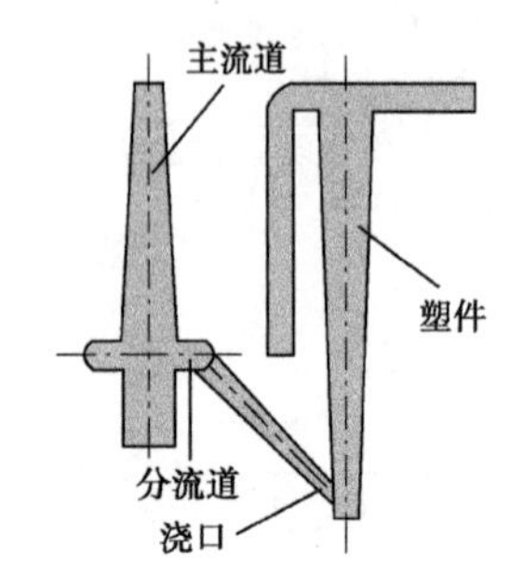

图 7-12　潜伏式浇口

6）香蕉形浇口

香蕉形浇口如图 7-13 所示。香蕉形浇口是一种特殊的圆弧形弯曲的潜伏式浇口，可在扁平塑件的内侧进料，效果很好，但是加工较为困难。

7）点浇口

点浇口如图 7-14 所示。点浇口是一种尺寸很小的浇口。物料通过点浇口时有很高的剪切速率，这对降低假塑性熔体的表观黏度有好处，熔体的黏度在高速剪切力场中减小后，将在一段时间内继续保持该黏度进入型腔。此外，熔体通过小浇口时还有摩擦生热提高料温的作用，因而黏度进一步降低。点浇口适用于表观黏度对剪切速率敏感的塑料熔体和黏度较低的塑料熔体。点浇口在开模时容易实现自动切断，在塑件上残留浇口痕迹很小，故被广泛使用。

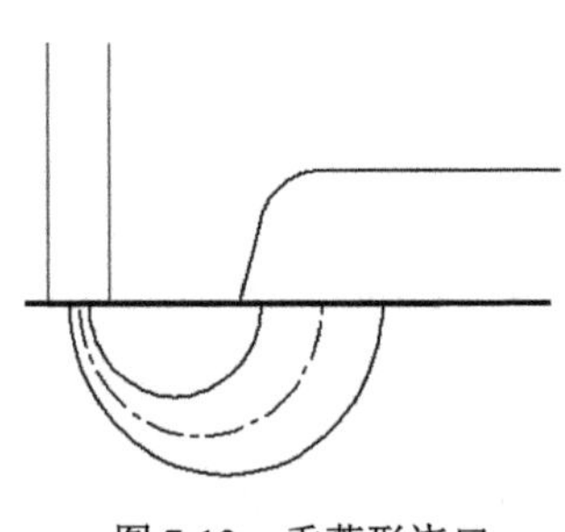

图 7-13　香蕉形浇口

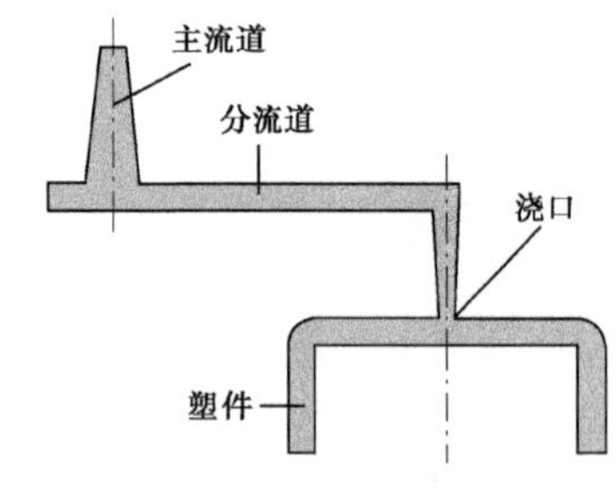

图 7-14　点浇口

8）护耳式浇口

护耳式浇口如图 7-15 所示。护耳式浇口在型腔侧面开设耳槽，当熔体通过浇口进入护耳时，由于浇口与护耳呈 90° 角，使熔体冲击护耳的对面壁，降低了流速，改变了方向，从而平稳地进入型腔。因浇口离型腔较远，所以浇口处的残余应力不会影响塑件，塑件的内应力较小。这种浇口特别适用于流动性不好的塑料，如 PC、PMMA、HPVC 等，但这种浇口去除比较困难，且遗留痕迹较大。

9）直接浇口

直接浇口如图7-16所示。在单型腔模具中，熔体可直接进入型腔，因而压力损失很小，进料速度快，成型较容易，适应性强。模具结构简单，保压补缩作用强。但浇口去除困难，浇口痕迹明显，易产生较大内应力，易产生气孔和缩孔。这种浇口特别适合大型塑件、厚壁塑件或流动性不好的塑料品种的成型。

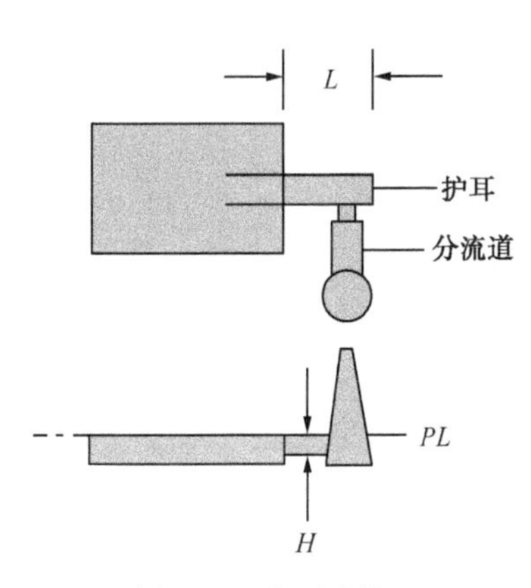

图7-15　护耳式浇口

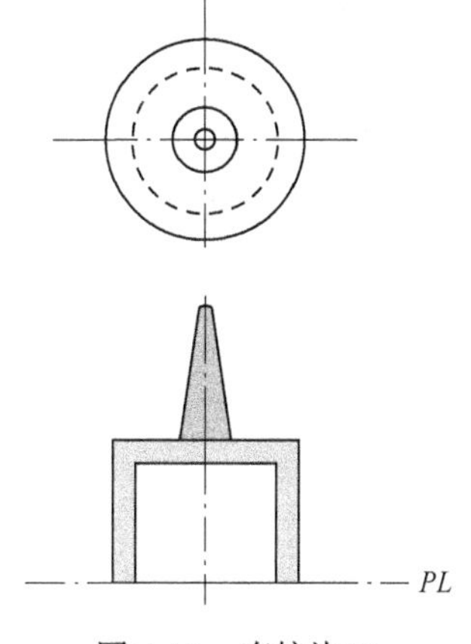

图7-16　直接浇口

10）轮辐浇口

轮辐浇口如图7-17所示。这种浇口设在分隔开来的几段圆弧上，因此进料较均匀。与圆环形浇口相比，浇口的去除较容易，浪费材料少，这种结构在型芯的上部定位，从而增加了型芯的稳定性。但是这种塑件上有几条熔接痕，对塑件的外观和强度有一定影响。这种浇口适用于圆筒形塑件和中间带孔的塑件。

11）爪形浇口

爪形浇口如图7-18所示。这种浇口是轮辐式浇口的一种演变，它沿圆周的几个点进料，其分流道与爪口不在一个平面内，型芯的顶端伸入定模中，起定位作用，保证了塑件内孔与外圆的同轴度要求，但是其塑件上有几条拼合缝，影响了塑件的强度。这种浇口适用于管状塑件，特别是内孔较小或同轴度要求高的塑件。

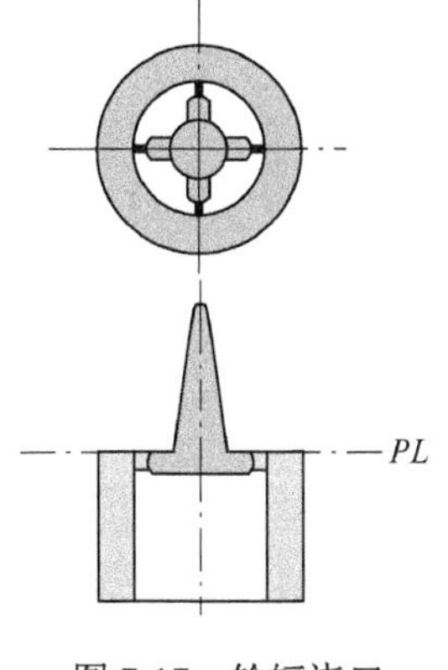

图7-17　轮辐浇口

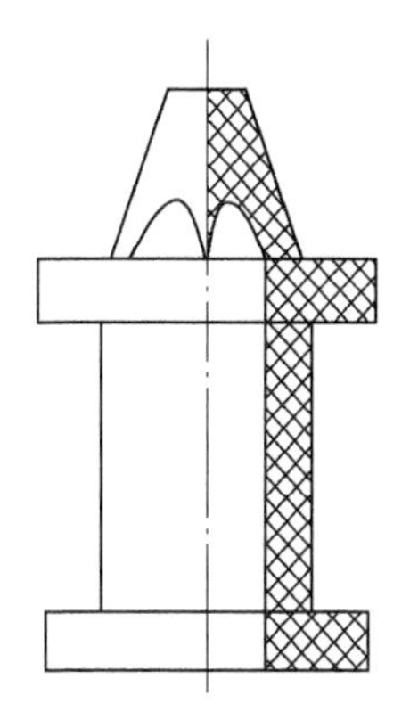

图7-18　爪形浇口

7.1.2 分流道的设计

1. 多型腔模中型腔和分流道的设计原则

（1）尽可能使塑料熔体从主流道到各浇口的距离相等。

（2）有足够的空间排布冷却系统，并有足够截面积承受注射压力。

（3）在满足以上要求的情况下尽量缩短流道长度、降低浇注系统凝料质量。

（4）使型腔压力中心尽可能与注塑机的中心重合。

2. 多型腔模中型腔和分流道的布置

多型腔模中型腔和分流道的布置，有三种常见的布置方式。

（1）标准流道系统（Standard）或鱼骨形（Herringbone）流道系统，如图 7-19 所示。这种布置的特点是从主流道至各个型腔的分流道的长度不尽相同，为了使各个型腔能同时均衡进料，各个型腔的浇口尺寸不能相同，应相应进行变化。

（2）H 形流道系统（H-bridge）或分枝形（Branching）流道系统，如图 7-20 所示。这种布置要求从主流道至各个型腔的分流道形状、长度和截面尺寸都必须对应相等，使各个型腔的热平衡和塑料流动达到平衡，因此各个型腔的浇口尺寸应当相同，使各型腔能同时均衡地进料。

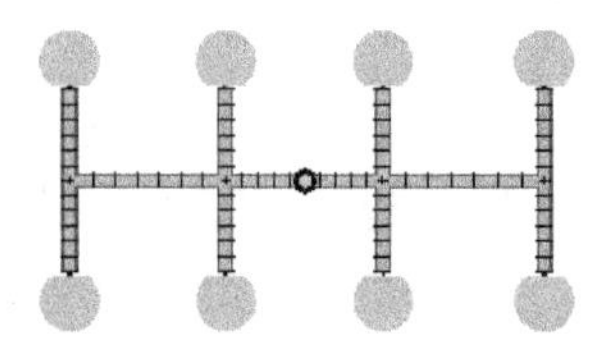

图 7-19 标准流道系统

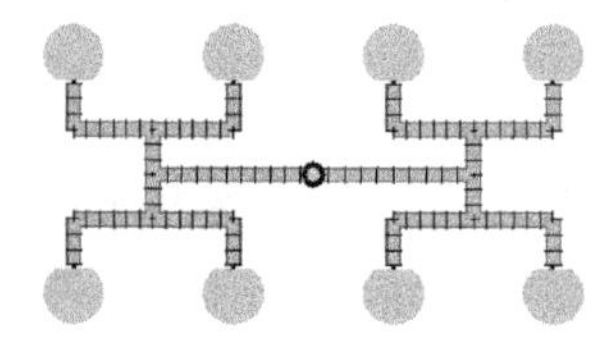

图 7-20 H 形流道系统

（3）辐射流道系统（Radial）或星形（Star）流道系统，如图 7-21 所示。这种布置的特点与 H 形流道系统相同。

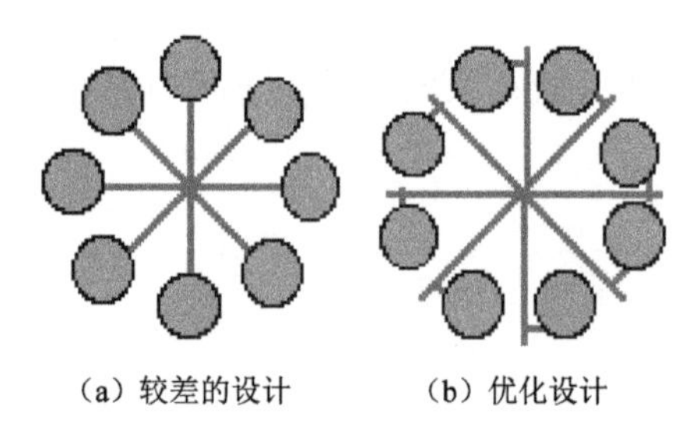

（a）较差的设计　（b）优化设计

图 7-21 辐射流道系统

3. 分流道截面形状设计

分流道可以分为多种不同的截面形状，如图 7-22 所示。通常建议采用前三种流道截面设计，即圆形、梯形、U 形流道。就最大的体积与表面积比值而言，圆形流道最佳，其具有最小的压力降和热损失，然而必须在两侧模板都进行加工，模具加工成本通常较昂贵，而且合模时两侧的半圆必须对齐。

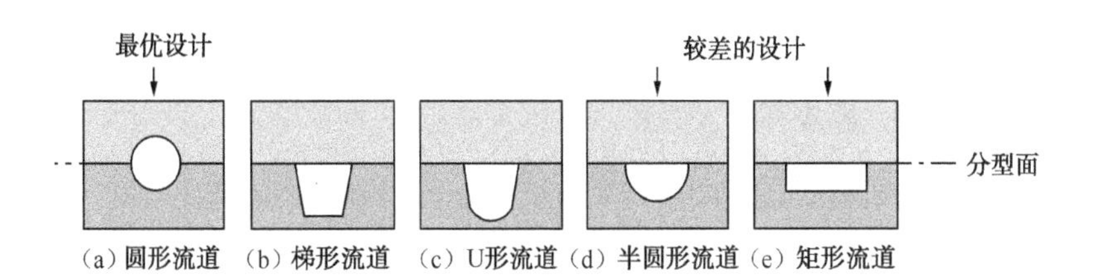

图 7-22　分流道截面形状

相对地，梯形流道只在凹模侧加工，其效能也很好，梯形流道通常应用于三板模，因为三板模如果采用圆形流道，可能无法顺利脱模，而且模具可能在分型面造成圆形流道与模板滑动件之间的干涉。

7.1.3　浇注系统的几何

浇注系统与塑件的网格模型不同，它全部是由线型柱体单元组成的，其创建一般有两种方式：直接利用流道系统向导来创建和手动创建。

其中，利用流道系统向导来创建浇注系统要求浇注系统形状、尺寸比较简单，并且必须先设置该塑件的注射点位置，才能使用这个创建向导。

7.2　自动创建流道系统

本节将以一个操作实例来演示流道系统向导自动创建流道系统的方法。

操作步骤如下。

Step1：设定塑件注射点位置。单击“主页”选项卡的工具面板中“注射位置”按钮，在塑件网格模型上单击欲设置注射点的位置，如图 7-23 所示。

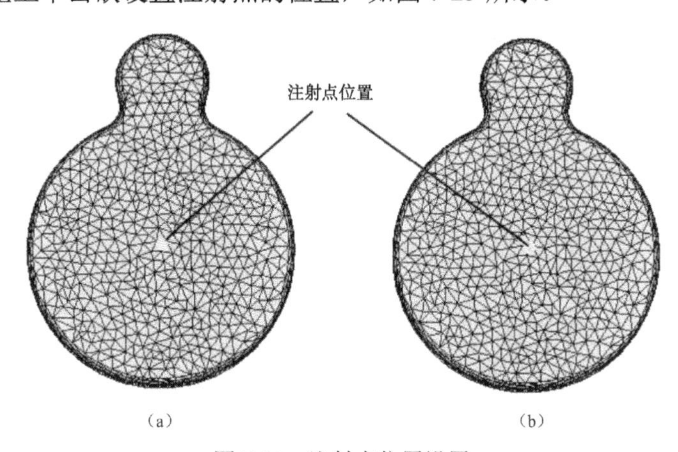

图 7-23　注射点位置设置

Step2：单击“主页”选项卡下工具面板中的“几何”命令按钮，弹出“几何”工具面板，然后单击“几何”工具面板中的“流道系统”按钮，弹出如图 7-24 所示的“布局”对话框第 1 页。

Moldflow 软件自动创建流道系统向导需要设定主流道位置、分型面位置，主流道大小、分流道大小和浇口大小等。

Note

图 7-24 所示对话框中的 X、Y 用于确定主流道位置，可以直接输入 X、Y 值，也可以选择“模型中心”或“浇口中心”命令。系统默认的位置通常为模型中心。

如果要使用热流道浇注系统，则可以选中“使用热流道系统”复选框。

“顶部流道平面 Z”数值框用来设定分型面位置，可以通过输入 Z 值来确定。

Step3：选择“浇口中心”按钮，在“顶部流道平面 Z”数值框中输入“30”。单击“下一步”按钮，设置“主流道”“流道”“竖直流道”等参数，如图 7-25 所示。

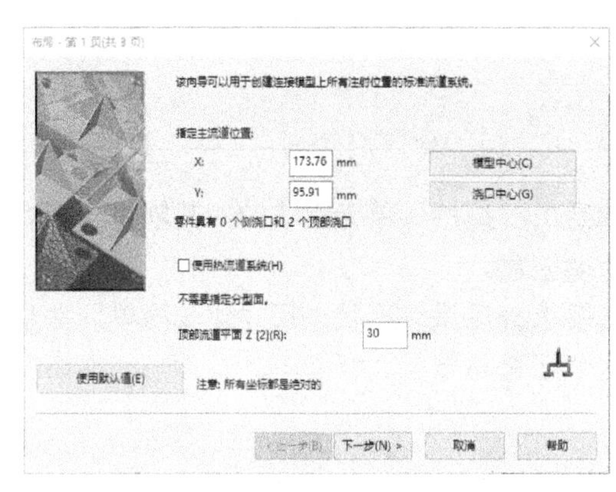

图 7-24 “布局”对话框第 1 页

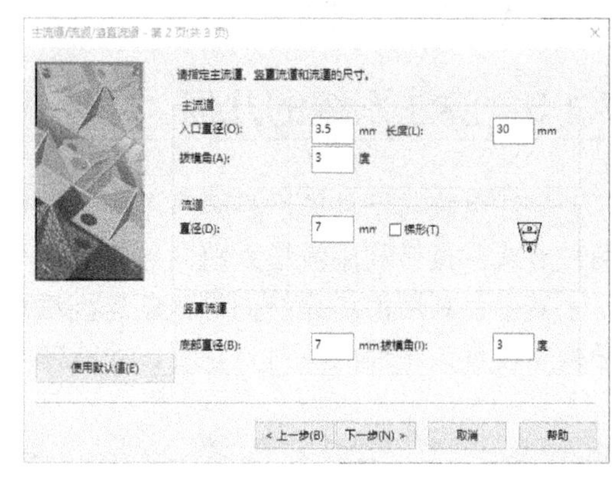

图 7-25 “注入口/流道/竖直流道”对话框第 2 页

Step4：在“主流道”选区设定主流道的几何参数。在“入口直径”数值框中输入“3.5”，在“长度”数值框中输入“30”，“拔模角”数值框中输入“3”。

Step5：在“流道”选区设定分流道的几何参数。在“直径”数值框中输入“7”。

“梯形”复选框用于选择分流道截面形状是否为梯形，如果选中此复选框，则需要指定“包含倾角”的大小。

Step6：在“竖直流道”选区中设定竖直流道的几何参数。在“底部直径”数值框中输入“7”，在“拔模角”数值框中输入“3”。单击“下一步”按钮，设置浇口几何参数，如图 7-26 所示。

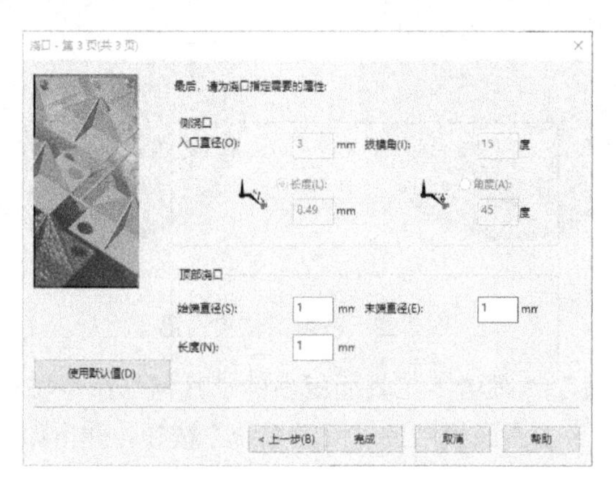

图 7-26 “浇口”对话框第 3 页

Step7：在“顶部浇口”选区中设定浇口的几何参数。在“始端直径”数值框中输入“1”，在“末端直径”数值框中输入“1”，在“长度”数值框中输入“1”。

“侧浇口”选区用于设定侧浇口的几何参数。

Step8：单击“完成”按钮，关闭该对话框。

至此，经过以上几个步骤的操作，流道系统创建完毕，其结果如图 7-27 所示。

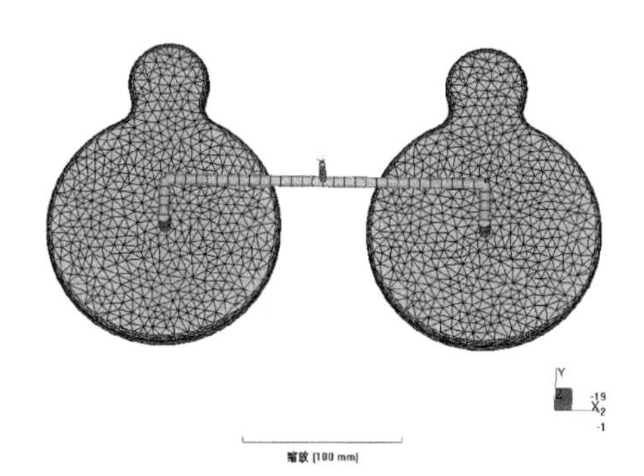

图 7-27　流道系统创建结果

7.3　浇口的创建

在 AMI 软件中，手动创建浇口的方法有两种：一种是使用直线创建命令；另一种是使用柱体单元创建命令。一般来说，在创建非弧形浇口时，通常采用柱体单元创建命令，而在创建弧形（如潜伏式）浇口时则采用直线创建命令。在下面的几个操作实例中，两种方法都有涉及并做了详细介绍。

7.3.1　点浇口的创建

本例将演示通过柱体单元的方法创建点浇口，本例的原始网格模型如图 7-28 所示，创建结果如图 7-29 所示。本例的模型见本书附带配套资源“第 7 章　点浇口”。

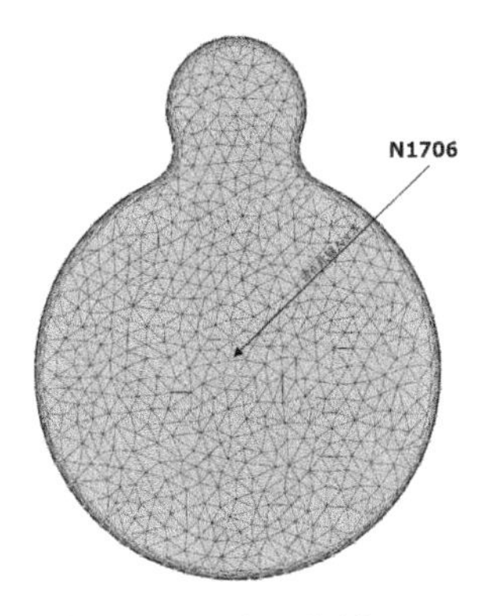

图 7-28　原始网格模型

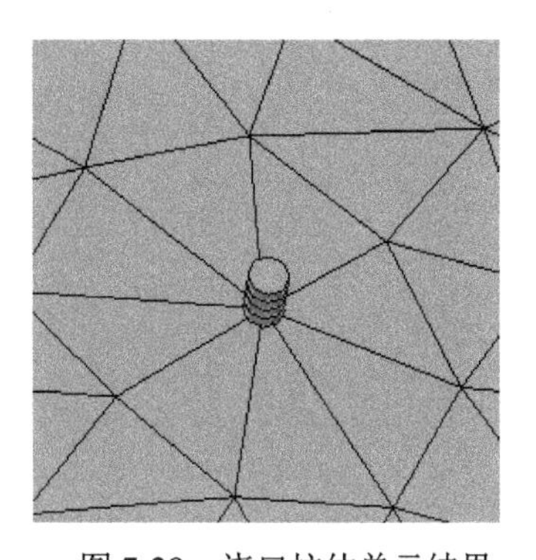

图 7-29　浇口柱体单元结果

1. 创建节点

激活“几何”工具面板后，单击“平移”按钮，显示如图 7-30 所示的“平移”对话框，选择 N1706 节点。在“矢量”数值框中输入“0,0,2”，选中“复制”单选按钮，单击“应用”按钮，即生成如图 7-31 所示的位置 1 节点。单击“关闭”按钮，关闭“平移”对话框。

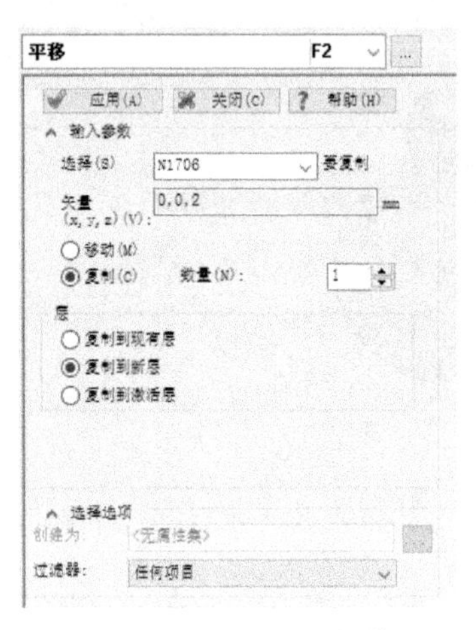

图 7-30 “平移”对话框

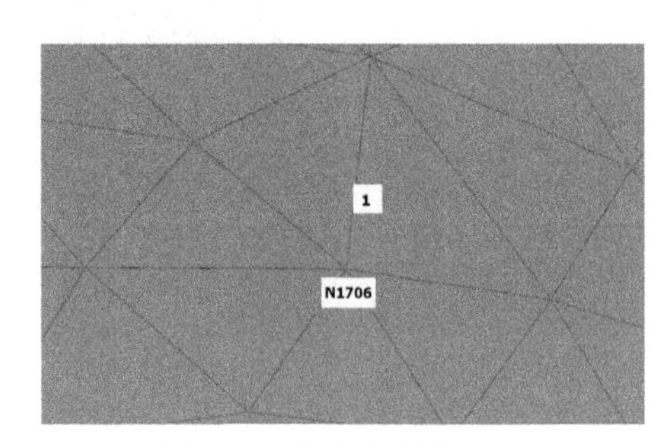

图 7-31 节点复制结果

2. 创建浇口柱体单元

Step1：单击“柱体”命令按钮，弹出“创建柱体单元”对话框，如图 7-32 所示。

Step2：分别选择 N1706 节点和位置 1 节点，“第一”和“第二”数值框会分别自动显示这两个节点的坐标值。

Step3：单击“创建为”文本框旁边的…按钮，弹出“指定属性”对话框，如图 7-33 所示。

Step4：单击“新建”下拉按钮，弹出下拉菜单，如图 7-34 所示。

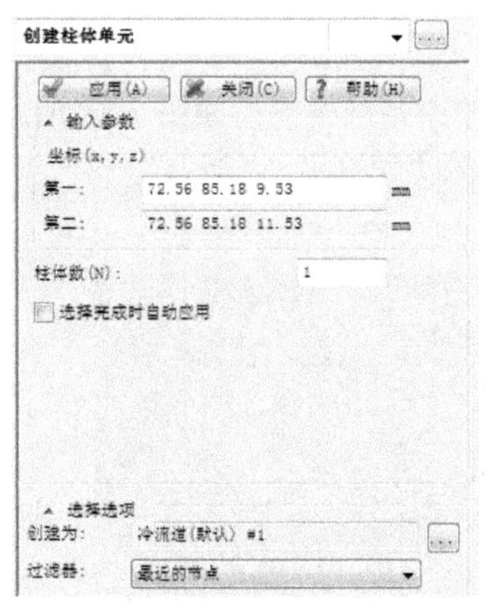

图 7-32 “创建柱体单元”对话框

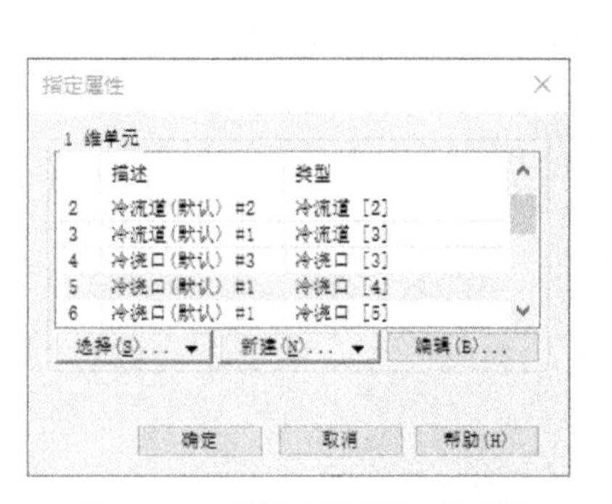

图 7-33 “指定属性”对话框

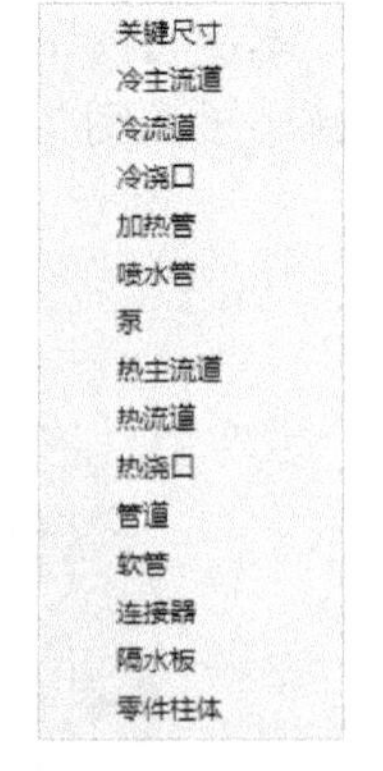

图 7-34 “新建”下拉菜单

Step5：在弹出的下拉菜单中选择“冷浇口”命令，弹出“冷浇口”属性设置对话框，如图 7-35 所示。在“截面形状是”下拉列表中选择“圆形”选项，在“形状是”下拉列表中选择“非锥体”选项，在“直径”数值框中输入“2”。单击“确定”按钮，逐级返回上级对话框进行确认，直到返回图 7-32 所示的对话框，单击“应用”按钮。

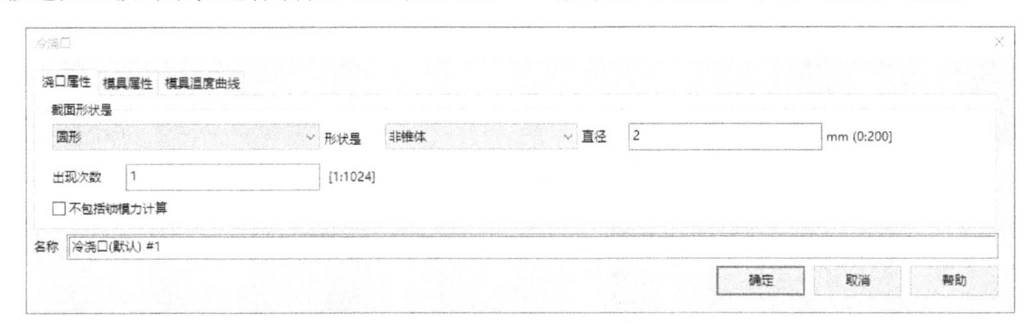

图 7-35 “冷浇口”属性设置对话框

在如图 7-35 所示的“冷浇口”属性设置对话框中，各项的说明如下。

“截面形状是”下拉列表中共有 6 个选项：“圆形”“半圆形”“梯形”“U 形”“其他形状”和“矩形”，其中以圆形和矩形这两种形状最为常见。

“形状是”下拉列表中共有 3 个选项：“非锥体”“锥体（由端部尺寸）”和“锥体（由角度）”。当选择了“锥体（由端部尺寸）”和“锥体（由角度）”选项时，图 7-35 所示的对话框还会出现“编辑尺寸”按钮，单击此按钮，在弹出的对话框中可以对浇口的截面尺寸进行设置。

“模具属性”选项卡用来定义模具材料的属性，系统默认模具材料为高级选项中的材料，用户也可以选择另一种材料。“模具温度曲线”选项卡用来定义模具表面温度控制的属性。

除以上介绍的选项外，图 7-35 中还有“出现次数”和“名称”文本框，以及“不包括锁模力计算”复选框。“出现次数”文本框主要用于对称型腔的简化分析中，在没有使用简化分析的情况下，此值为 1。“名称”文本框，默认值为“冷浇口（默认）#1”，在创建浇口元素的柱体单元时，在此文本框中标注上内容（如尺寸信息等），在以后修改此对象的属性时，可以起到方便查找的作用。

Step6：单击“关闭”按钮，关闭“创建柱体单元”对话框，创建一个圆形浇口柱体单元，结果如图 7-36 所示。

3. 划分浇口的柱体单元

Step1：选择“网格”→“生成网格”菜单命令，在弹出的“生成网格”对话框中选择“重新划分产品网格”复选框，如图 7-37 所示。

Step2：选取图 7-36 中的浇口柱体单元。

Step3：在“全局边长”数值框中输入“2”。

Step4：单击“网格”按钮，完成对浇口柱体单元的划分，划分结果如图 7-38 所示。

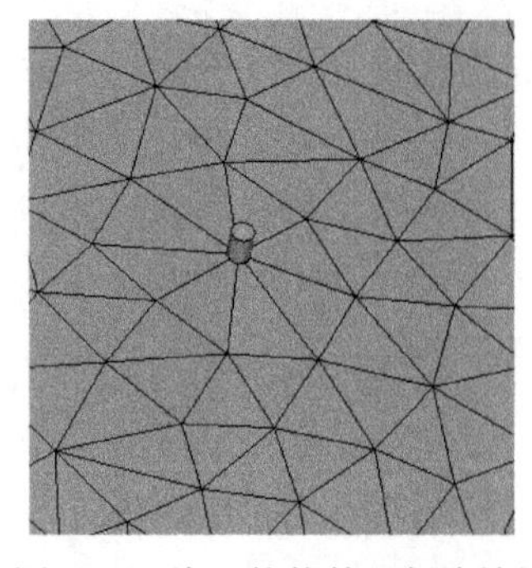

图 7-36　浇口柱体单元创建结果

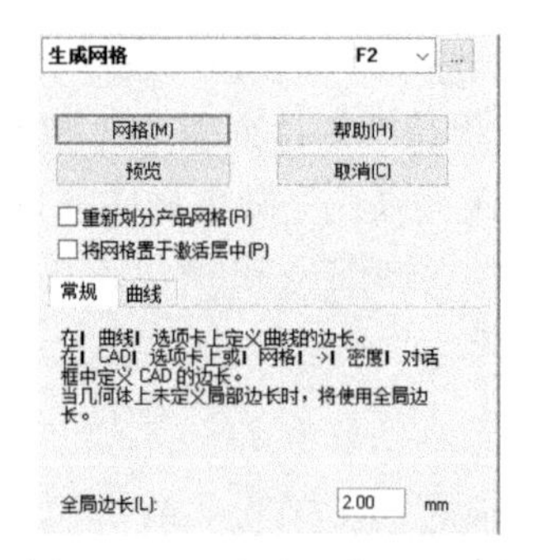

图 7-37　“生成网格”对话框

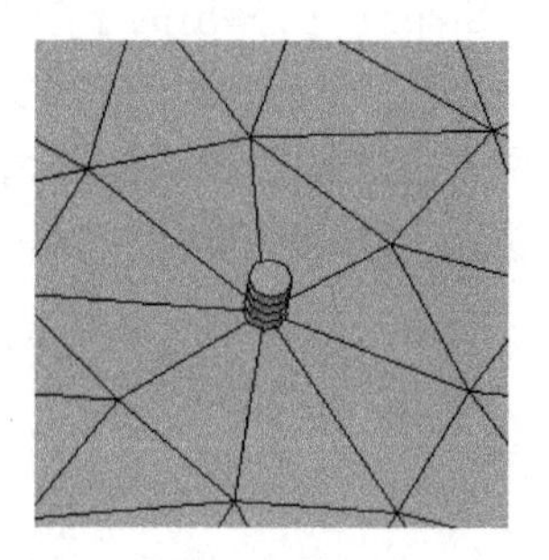

图 7-38　浇口柱体单元划分结果

为能够精确地预测浇口的冷却时间、应力强度、剪切速率的大小等，浇口应至少划分三个元素，即至少划分为三段。

7.3.2　侧浇口的创建

本例将演示通过柱体单元的方法创建侧浇口，本例的原始网格模型如图 7-39 所示，创建结果如图 7-40 所示。本例的模型见本书附带配套资源“第 7 章 侧浇口”。

操作步骤如下。

1. 创建节点

选择“几何”→“移动”→“平移”菜单命令，单击 N1272 节点，在“矢量”数值框中输入“0,3,0”，选中“复制”单选按钮，单击“应用”按钮，即生成位置 1 节点，如图 7-41 所示。

图 7-39　原始网格模型

图 7-40　侧浇口柱体单元创建结果

图 7-41　复制节点结果

2. 创建侧浇口柱体单元

Step1：选择“几何”→“柱体”菜单命令，弹出“创建柱体单元”对话框，如图 7-32 所示。

Step2：分别选择位置 1 节点和 N1272 节点，“第一”和“第二”数值框会分别自动显示这两个节点的坐标值。

Step3：单击“创建为”文本框旁边的 按钮，弹出“指定属性”对话框，单击“新建”下拉按钮，弹出下拉菜单，如图 7-34 所示。

Step4：在弹出的下拉菜单中选择“冷浇口”命令，弹出“冷浇口”对话框，如图 7-42 所示。在“截面形状是”下拉列表中选择“矩形”选项，在“形状是”下拉列表中选择“锥体（由端部尺寸）”选项。

图 7-42　“冷浇口”对话框

Step5：单击“编辑尺寸”按钮，弹出“横截面尺寸”对话框，如图 7-43 所示。在“起始宽度”数值框中输入“4”，在“始端高度”数值框中输入“3”，在“末端宽度”数值框中输入“6”，在“末端高度”数值框中输入“1”。

Step6：单击“确定”按钮，逐级返回上级对话框进行确认，最后单击“应用”按钮，完成侧浇口柱体单元的创建，其结果如图 7-44 所示。

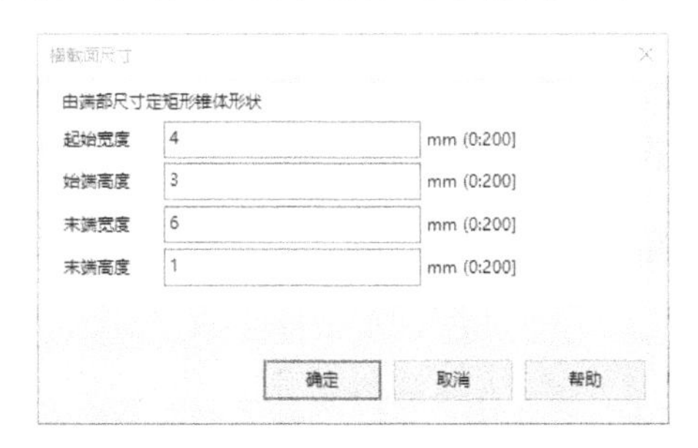

图 7-43　“横截面尺寸”对话框

图 7-44　侧浇口柱体单元创建结果

3. 划分浇口的柱体单元

Step1：选择“网格”→“生成网格”菜单命令，在弹出的对话框中选择“重新划分产品网格”复选框，如图 7-37 所示。

Step2：选取图 7-44 中的侧浇口柱体单元，此时柱体单元的编号会自动添加到“选择要重新划分网格的实体”下拉列表中。

Step3：在“目标边长度”数值框中输入“1”。

Step4：单击“应用”按钮，完成对侧浇口柱体单元的划分。

Step5：单击“关闭”按钮，关闭该对话框。

经过以上几个步骤，侧浇口创建完毕，其结果如图 7-45 所示。

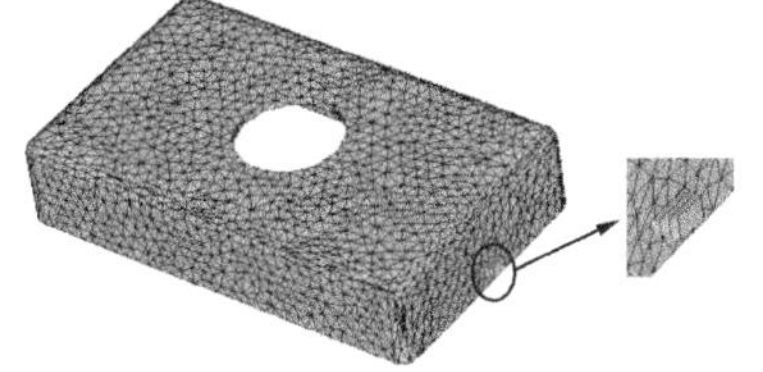

图 7-45　浇口柱体单元划分结果

7.3.3　潜伏式浇口的创建

本例将演示通过直线创建命令的方法创建潜伏式浇口，本例的原始网格模型如图 7-46 所示，创建结果如图 7-47 所示。

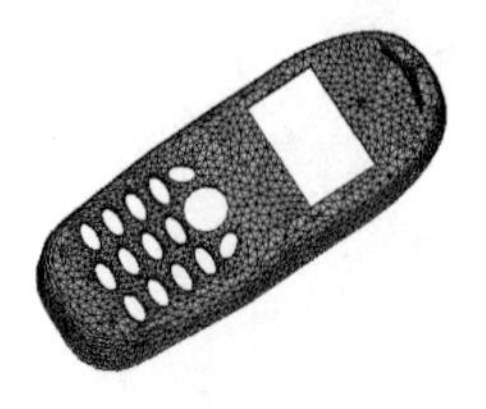

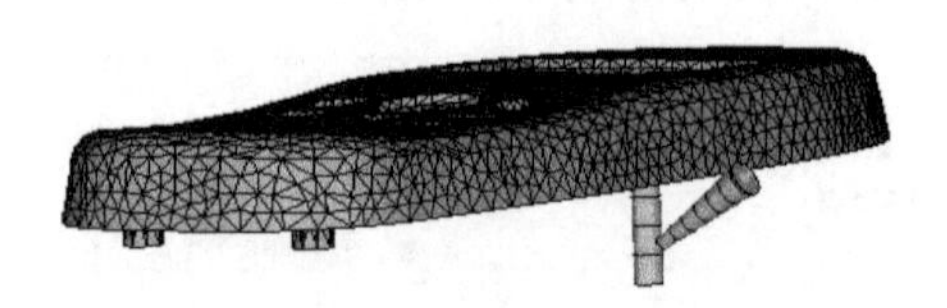

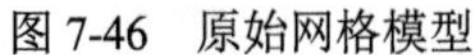

图 7-46　原始网格模型　　　图 7-47　潜伏式浇口创建结果

本例的原始模型见本书附带配套资源“第 7 章 潜伏式浇口”。

操作步骤如下。

1. 创建顶杆柱体单元的节点

Step1：选择“几何”→“移动”→“平移”菜单命令，单击原始模型底部的一个节点，在“矢量”数值框中输入“0,0,20”，选中“复制”单选按钮。

Step2：单击“应用”按钮，即生成位置 1 节点，如图 7-48 所示。

Step3：单击“关闭”按钮，关闭该对话框。

2. 创建直线

Step1：选择“几何”→“曲线”→“创建直线”菜单命令，弹出如图 7-49 所示的“创建直线”对话框。

Step2：依次选取位置 1 和模型原始节点，取消选中的“自动在曲线末端创建节点”复选框。

说明

如果没有取消选中的“自动在曲线末端创建节点”复选框，则在节点 N1778 处会产生一个新节点，从而使塑件的网格模型和浇口的柱体单元模型不能连接成为一个整体。因此，在创建柱体网格曲线时必须注意取消选中的“自动在曲线末端创建节点”复选框。

Step3：单击“创建为”文本框旁边的...按钮，弹出“指定属性”对话框，如图 7-33 所示。

Step4：单击“新建”下拉按钮，弹出下拉菜单，如图 7-50 所示。

图 7-48　节点创建结果

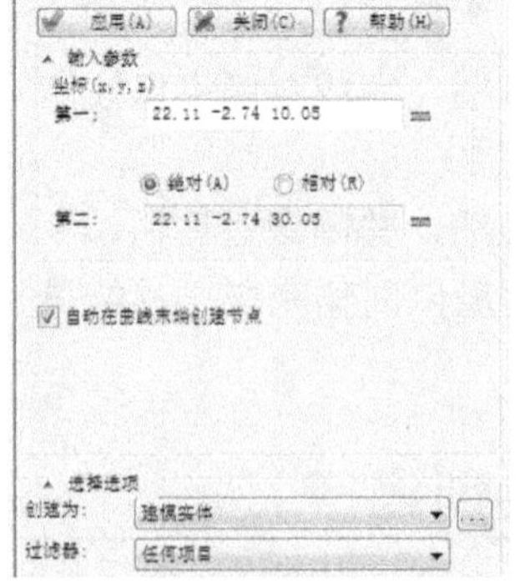

图 7-49　“创建直线”对话框

关键尺寸
冷主流道
冷流道
冷浇口
加热管
喷水管
泵
热主流道
热流道
热浇口
管道
软管
连接器
隔水板
零件柱体

图 7-50　“新建”下拉菜单

Step5：在弹出的下拉菜单中选择“零件柱体”命令，弹出“零件柱体”对话框，如

图 7-51 所示。在“截面形状是”下拉列表中选择“圆形”选项，在“形状是”下拉列表中选择“非锥体”选项，在“直径”数值框中输入“3”。

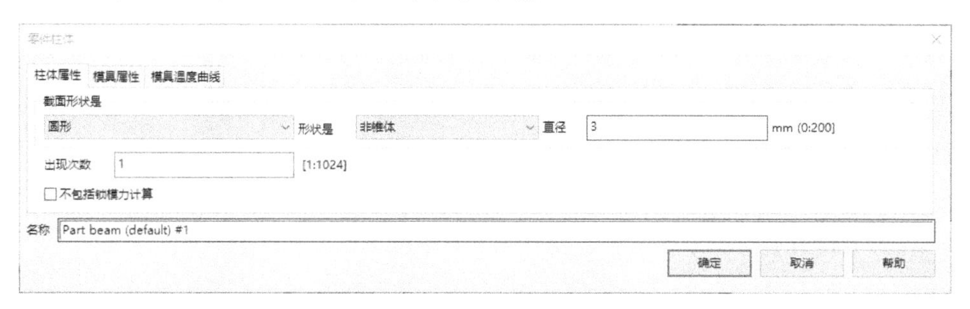

图 7-51 “零件柱体”对话框

Step6：单击“确定”按钮，逐级返回上级对话框进行确认，单击“应用”按钮。

Step7：单击“关闭”按钮，关闭“创建顶杆柱体单元”对话框，创建一条直线，结果如图 7-52 所示。

3. 划分顶杆柱体单元

Step1：选取刚创建的直线（见图 7-52），选择“网格”→“生成网格”菜单命令，弹出“生成网格”对话框，如图 7-53 所示。

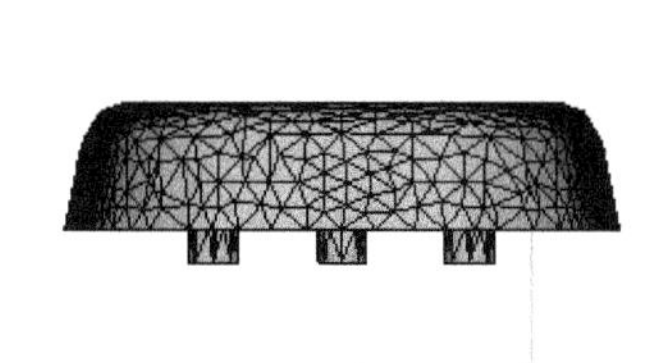

图 7-52 直线创建结果

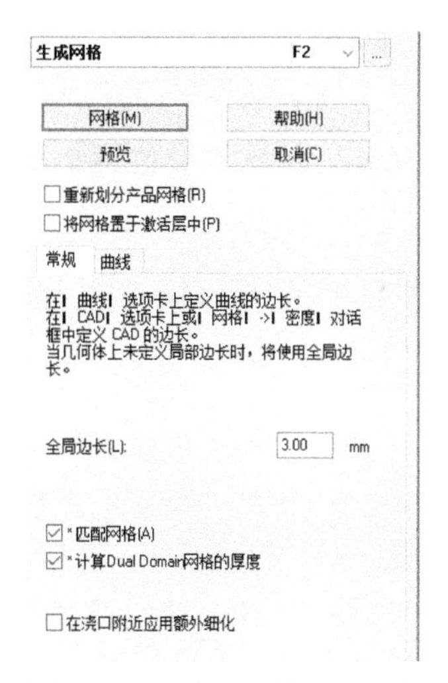

图 7-53 “生成网格”对话框

Step2：在“全局边长”数值框中输入“3”。

Step3：单击“网格”按钮，即对直线进行网格划分。

经过以上几个步骤，顶杆柱体单元创建完毕，其结果如图 7-54 所示。

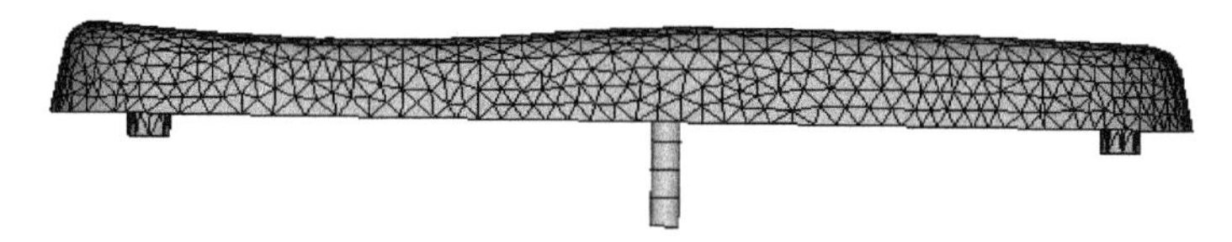

图 7-54 顶杆柱体单元创建结果

Note

4．创建浇口柱体单元的节点

Step1：选择“几何”→“移动”→“平移”菜单命令，选择顶杆上的位置 2 节点，在“矢量”数值框中输入“12,0,−8”，选中“复制”单选按钮。

Step2：单击“应用”按钮，即生成位置 3 节点，如图 7-55 所示。

5．创建直线

Step1：选择“几何”→“曲线”→”创建直线”菜单命令，弹出如图 7-56 所示的“创建直线”对话框。

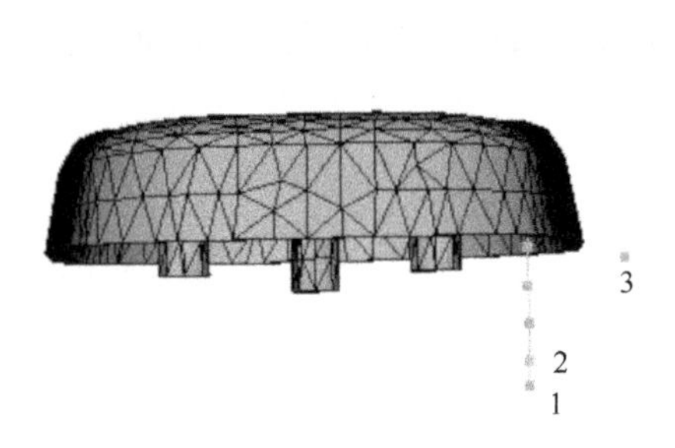

图 7-55　节点创建结果

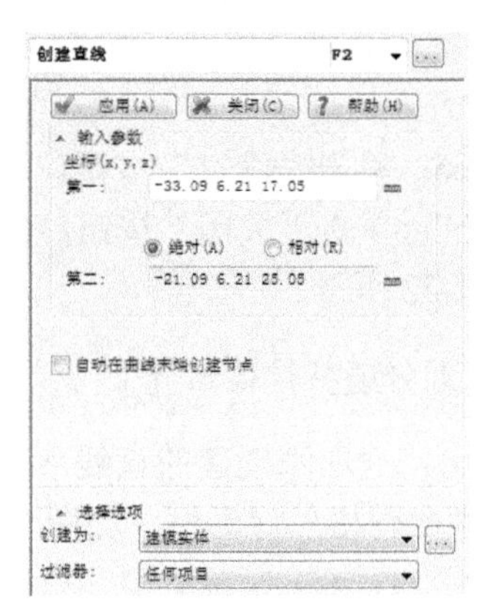

图 7-56　“创建直线”对话框

Step2：依次选取位置 3 和位置 2 节点，取消选中的“自动在曲线末端创建节点”复选框。

说　明

在选择浇口中心线起点和终点时，要与尺寸编辑中的起点和端点的设置相对应。

Step3：单击“创建为”文本框旁边的 ... 按钮，弹出“指定属性”对话框。

Step4：单击“新建”下拉按钮，弹出下拉菜单。

Step5：在弹出的下拉菜单中选择“冷浇口”命令，弹出“冷浇口”对话框，如图 7-57 所示。在“截面形状是”下拉列表中选择“圆形”选项，在“形状是”下拉列表中选择“锥体（由端部尺寸）”选项。

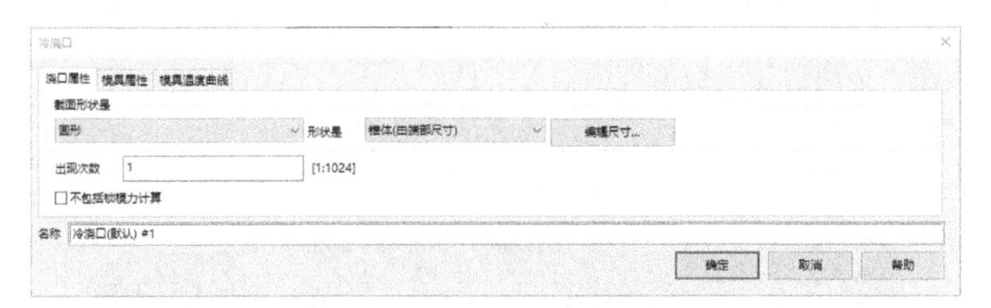

图 7-57　“冷浇口”对话框

Step6：单击“编辑尺寸”按钮，弹出“横截面尺寸”对话框，如图 7-58 所示。在“始端直径”数值框中输入“1”，在“末端直径”数值框中输入“4”。单击“确定”按钮，逐级返回上级对话框进行确认，单击“应用”按钮。

Step7：单击“关闭”按钮，创建一条浇口直线，如图 7-59 所示。

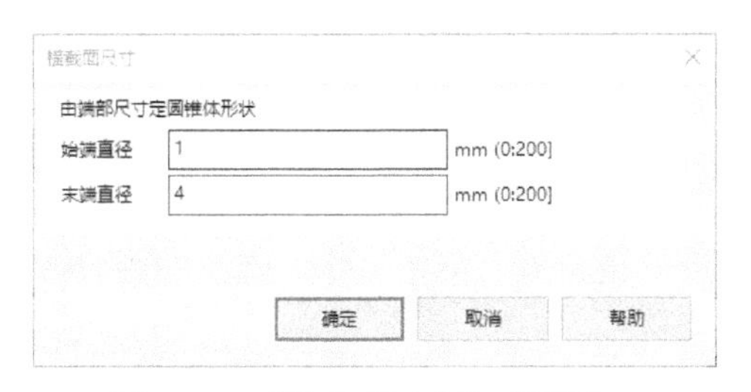

图 7-58 “横截面尺寸”对话框

图 7-59 浇口直线创建结果

6．划分浇口柱体单元

Step1：选取刚创建的直线（见图 7-59），选择“网格”→“生成网格”菜单命令，弹出“生成网格”对话框。

Step2：在“全局边长”数值框中输入“2”。

Step3：单击“网格”按钮，即对直线进行网格划分。

经过以上几个步骤，潜伏式浇口创建完毕，其结果如图 7-60 所示。

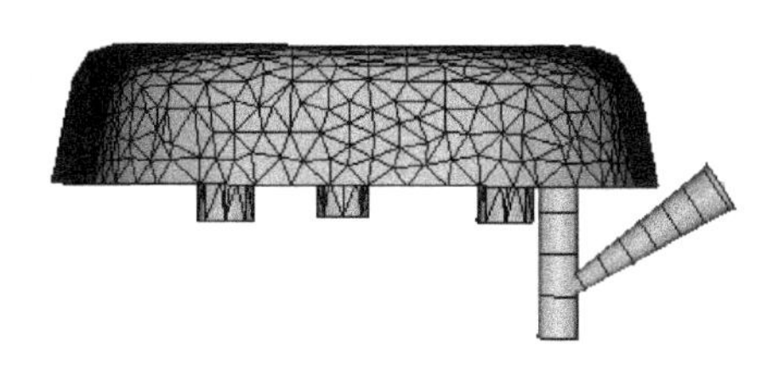

图 7-60 潜伏式浇口柱体创建结果

7.3.4 香蕉形浇口的创建

本例将演示通过直线创建命令的方法创建香蕉形浇口，本例的原始网格模型如图 7-61 所示，创建结果如图 7-62 所示。

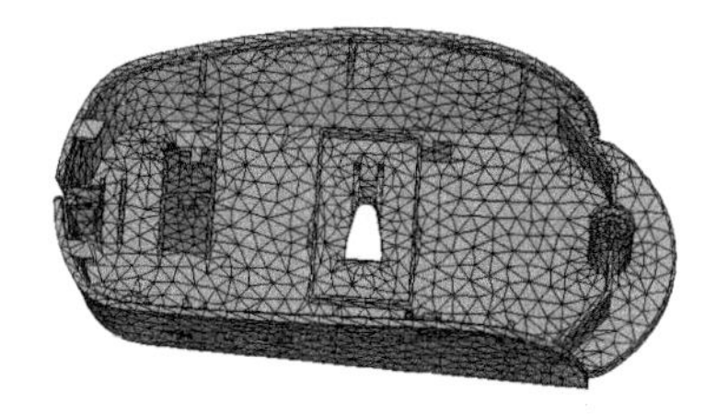

图 7-61 原始网格模型

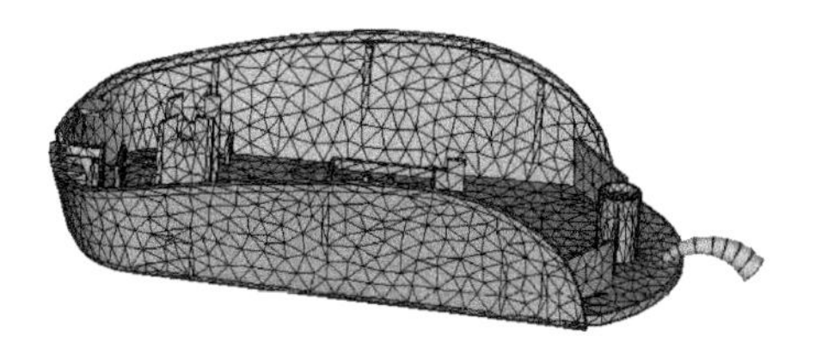

图 7-62 香蕉形浇口创建结果

本例的模型见本书附带配套资源“第 7 章 香蕉形浇口”。

操作步骤如下。

1．创建节点

Step1：选择“几何”→“移动”→“平移”菜单命令，单击 N3985 节点，在“矢量”

Note

数值框中输入“0,−15,0”，选中“复制”单选按钮，单击“应用”按钮，即生成位置 1 节点。

Step2：在“矢量”数值框中输入“0,−10,3”，选中“复制”单选按钮，单击“应用”按钮，即生成位置 2 节点。

位置 1 和 2 节点如图 7-63 所示。

2. 创建圆弧曲线

Step1：选择“几何”→“曲线”→“按点定义圆弧”菜单命令，弹出如图 7-64 所示的“按点定义圆弧”对话框。

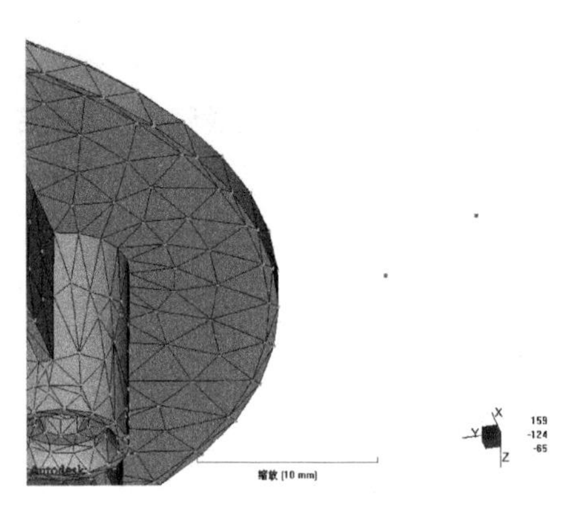
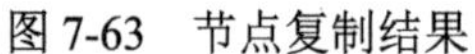

图 7-63　节点复制结果

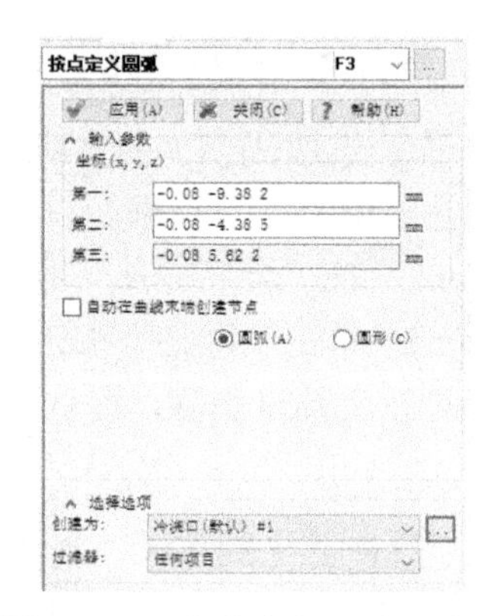

图 7-64　“按点定义圆弧”对话框

Step2：依次选取图 7-63 中的位置 1 和 2 节点及模型原始节点 N3985，取消选中的“自动在曲线末端创建节点”复选框。

说明

在选择浇口中心线起点和终点时，要与尺寸编辑中的起点和终点的设置相对应。

Step3：单击“创建为”文本框旁边的...按钮，弹出“指定属性”对话框。

Step4：单击“新建”下拉按钮，弹出下拉菜单。

Step5：在弹出的下拉菜单中选择“冷浇口”命令，弹出“冷浇口”属性设置对话框，如图 7-65 所示。在“截面形状是”下拉列表中选择“圆形”选项，在“形状是”下拉列表中选择“锥体（由端部尺寸）”选项。

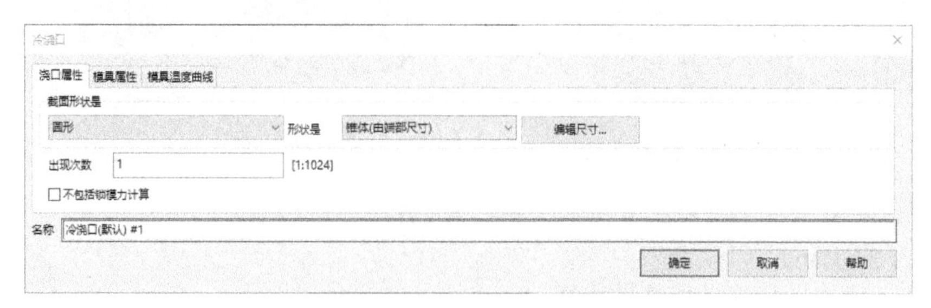

图 7-65　“冷浇口”属性设置对话框

Step6：单击“编辑尺寸”按钮，弹出“横截面尺寸”对话框，如图 7-66 所示。在“始

端直径”数值框中输入“5”，在“末端直径”数值框中输入“1.5”。单击“确定”按钮，逐级返回上级对话框进行确认，直到返回图 7-64 所示的对话框，单击“应用”按钮。

Step7：单击“关闭”按钮，创建一条浇口圆弧曲线，结果如图 7-67 所示。

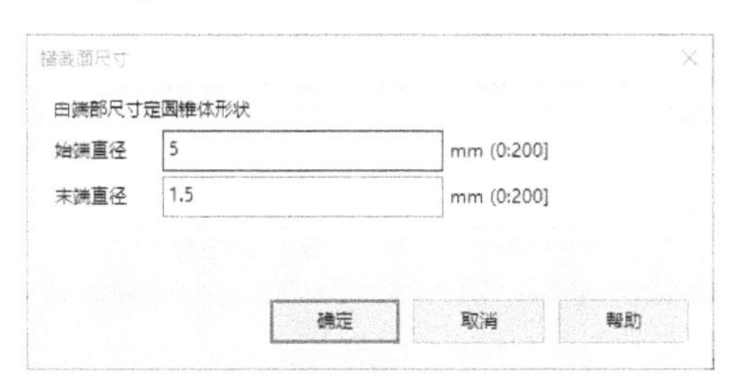

图 7-66 “横截面尺寸”对话框

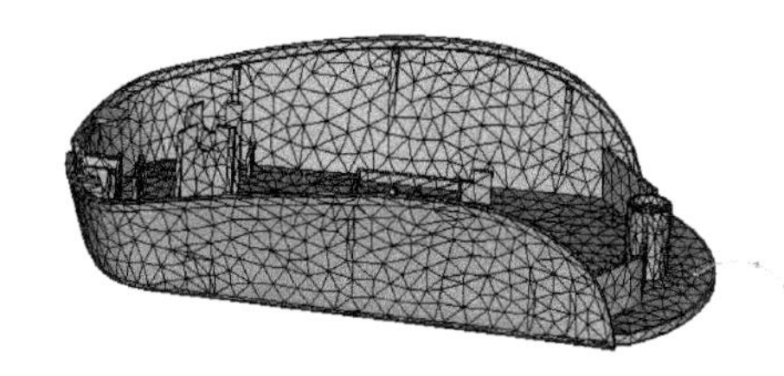

图 7-67 浇口圆弧曲线创建结果

3. 划分柱体单元

Step1：选取刚创建的圆弧曲线（见图 7-67），选择“网格”→“生成网格”菜单命令，会弹出“生成网格”对话框，如图 7-68 所示。

Step2：在“全局边长”数值框中输入“1”。

Step3：单击“网格”按钮，即对圆弧曲线进行网格划分。

经过以上几个步骤，香蕉形浇口创建完毕，其结果如图 7-69 所示。

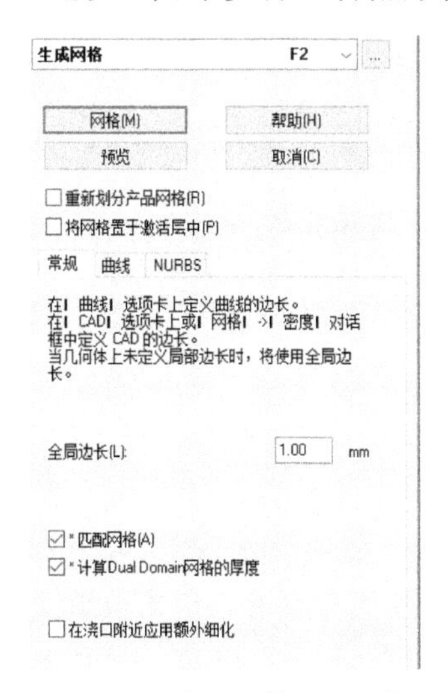

图 7-68 “生成网格”对话框

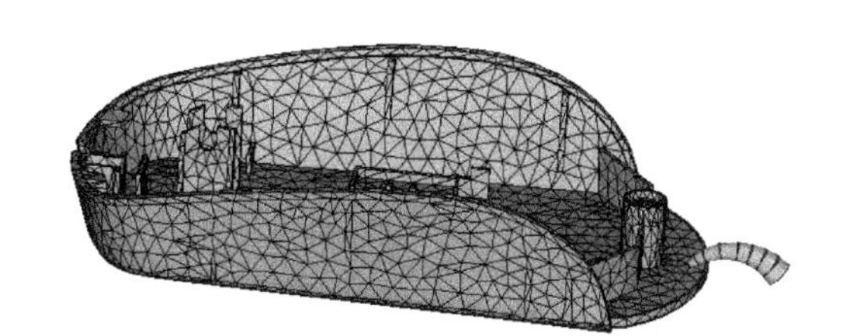

图 7-69 香蕉形浇口柱体创建结果

7.4 创建普通浇注系统

本节将演示浇注系统的手动创建方法，包括主流道、分流道、浇口、冷料井的手动创建方法，并介绍浇注系统和塑件之间连通性的检查及修复方法。

本例的原始网格模型如图 7-70 所示，本模型为一模两腔布局，浇注系统创建结果如图 7-71 所示。

本例的模型见本书附带配套资源“第 7 章 普通浇注系统”。

Note

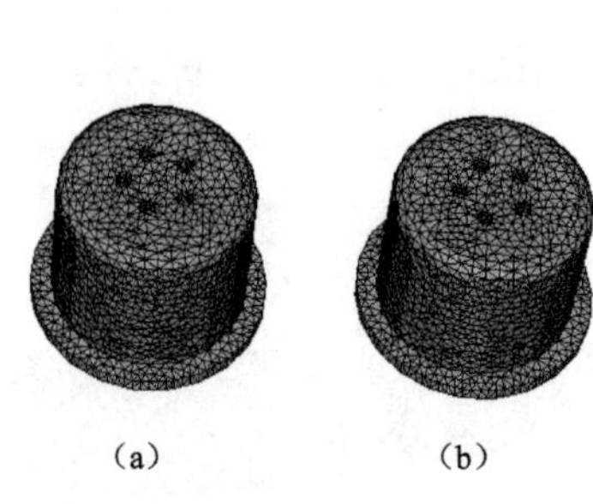
(a)　(b)

图 7-70　原始网格模型

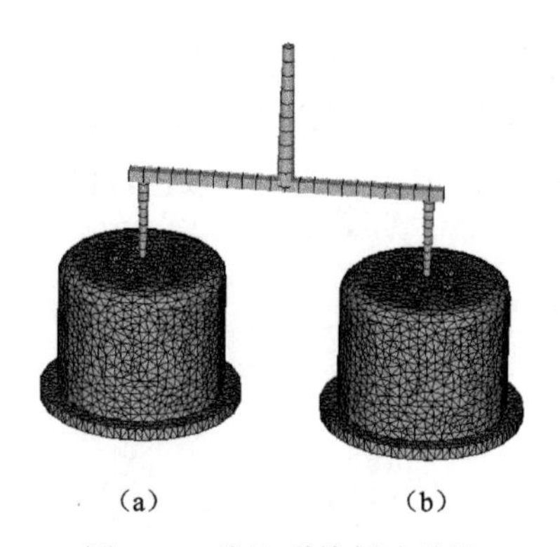
(a)　(b)

图 7-71　浇注系统创建结果

1. 创建浇注系统节点

Step1：选择“几何”→“节点”→“按偏移定义节点”菜单命令，显示如图 7-72 所示的“按偏移定义节点”对话框。单击节点 N2439，“基准”数值框中显示该节点的坐标值。在“偏移”数值框中输入“0,1.5,0”，单击“应用”按钮，即生成图 7-73 中的位置 1 节点。

Step2：单击位置 1 节点，在“偏移”数值框中输入“0,30,0”，单击“应用”按钮，生成图 7-73 中的位置 2 节点。

Step3：单击位置 2 节点，在“偏移”数值框中输入“5,0,0”，单击“应用”按钮，即生成图 7-73 中的位置 3 节点。

Step4：单击节点 N6560，在“偏移”数值框中输入“0,1.5,0”，单击“应用”按钮，即生成图 7-73 中的位置 4 节点。

Step5：单击位置 4 节点，在“偏移”数值框中输入“0,30,0”，单击“应用”按钮，即生成图 7-73 中的位置 5 节点。

Step6：单击位置 5 节点，在“偏移”数值框中输入“-5,0,0”，单击“应用”按钮，即生成图 7-73 中的位置 6 节点。

Step7：选择“几何”→“节点”→“在坐标之间的节点”菜单命令，弹出如图 7-74 所示的“在坐标之间的节点”对话框，选择位置 2 节点和位置 5 节点，单击“应用”按钮，即生成图 7-73 中的位置 7 节点。

Step8：选择“几何”→“节点”→“按偏移定义节点”菜单命令，单击位置 7 节点。在“偏移”数值框中输入“0,50,0”，单击“应用”按钮，即生成图 7-73 中的位置 8 节点。

说明

经以上几个步骤，浇注系统所需的节点全部创建完毕，如图 7-73 所示。

2. 创建主流道柱体单元

Step1：选择“网格”→“创建柱体单元”菜单命令，弹出“创建柱体单元”对话框，如图 7-75 所示。图中“第一”数值框和“第二”数值框分别用于设置要创建柱体网格的节点。分别单击位置 8 和位置 7 节点。

Step2：单击“创建为”文本框旁边的 按钮，系统会弹出如图 7-76 所示的“指定属性”对话框。

Step3：单击“新建”下拉按钮，弹出下拉菜单，如图 7-77 所示。

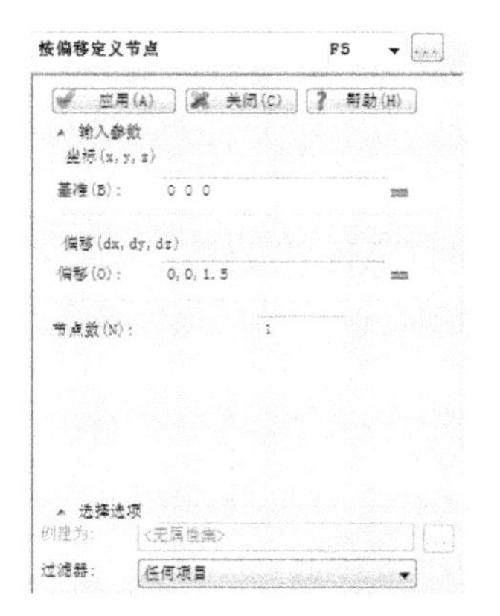

图 7-72 “按偏移定义节点”对话框

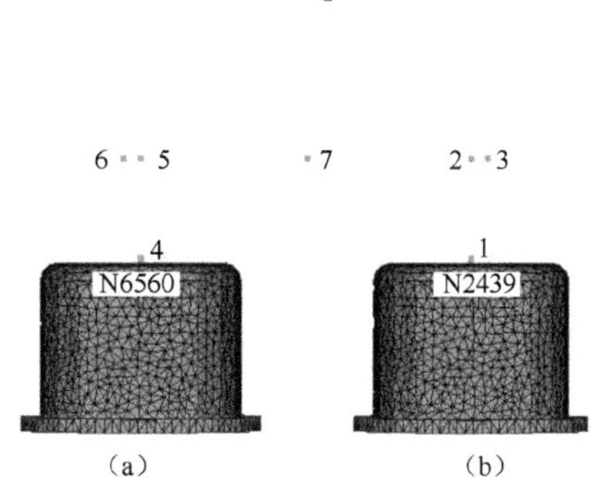

图 7-73 创建节点结果

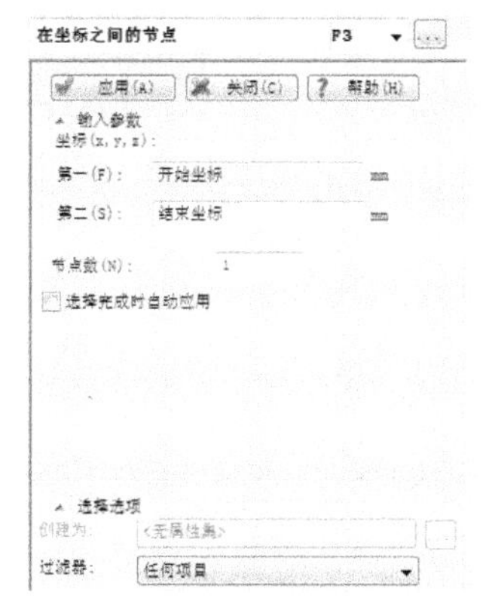

图 7-74 “在坐标之间的节点”对话框

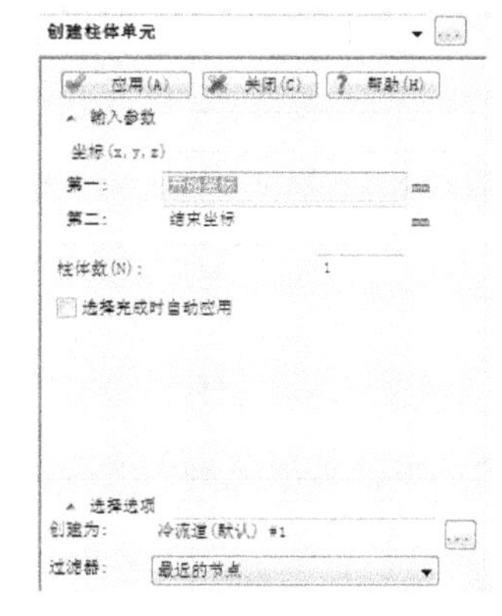

图 7-75 “创建柱体单元”对话框

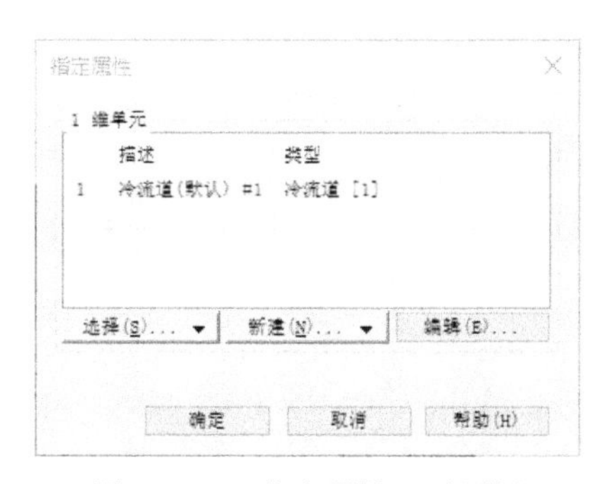

图 7-76 “指定属性”对话框

关键尺寸
冷主流道
冷流道
冷浇口
加热管
喷水管
泵
热主流道
热流道
热浇口
管道
软管
连接器
隔水板
零件柱体

图 7-77 “新建”下拉菜单

Step4：在弹出的下拉菜单中选择“冷主流道”命令，弹出“冷主流道”属性设置对话框，如图 7-78 所示。在“形状是”下拉列表中选择“锥体（由端部尺寸）”选项。

冷主流道
主流道属性 模具属性 模具温度曲线
形状是
锥体(由端部尺寸)
编辑尺寸...
名称 冷主流道(默认) #1
确定 取消 帮助

图 7-78 “冷主流道”属性设置对话框

Step5：在“冷主流道”属性设置对话框中单击“编辑尺寸”按钮，弹出“横截面尺寸”对话框，如图 7-79 所示。在“始端直径”数值框中输入“4”，在“末端直径”数值框中输入“6”。

Step6：单击“确定”按钮，逐级返回上级对话框进行确认，直到返回如图 7-75 所示的对话框，单击“应用”按钮，完成主流道柱体单元的创建，其结果如图 7-80 所示。

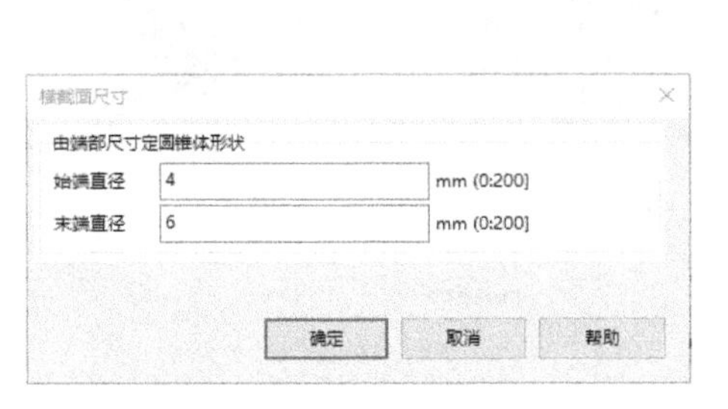

图 7-79　“横截面尺寸”对话框图

图 7-80　主流道柱体单元创建结果

3. 创建梯形分流道及冷料井的柱体单元

Step1：选择“网格”→“创建柱体单元”菜单命令，弹出“创建柱体单元”对话框，如图 7-75 所示。分别单击位置 2 和位置 7 节点。

Step2：单击“创建为”文本框旁边的...按钮，弹出如图 7-76 所示的“指定属性”对话框。

Step3：单击“新建”下拉按钮，弹出下拉菜单，如图 7-77 所示。

Step4：在弹出的下拉菜单中选择“冷流道”命令，弹出“冷流道”属性设置对话框，如图 7-81 所示。在“截面形状是”下拉列表中选择“梯形”选项，在“形状是”下拉列表中选择“非锥体”选项。

Step5：单击“编辑尺寸”按钮，弹出“横截面尺寸”对话框，如图 7-82 所示。在“顶部宽度”数值框中输入“5”，在“底部宽度”数值框中输入“6”，在“高度”数值框中输入“4”。

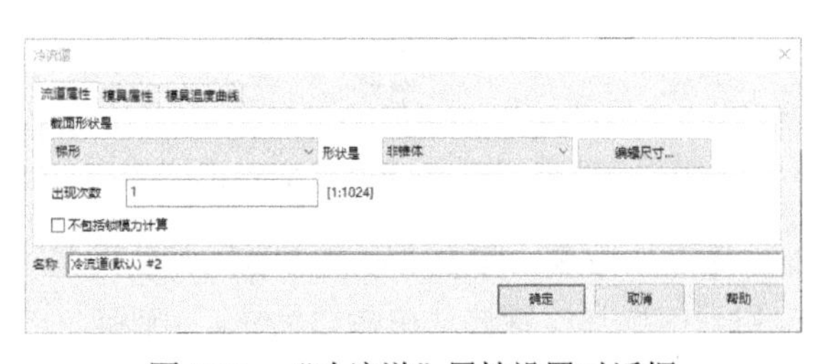

图 7-81　“冷流道”属性设置对话框

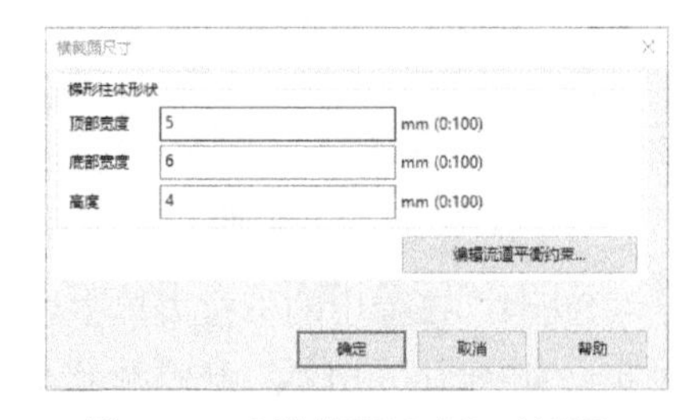

图 7-82　“横截面尺寸”对话框

Step6：单击“确定”按钮，逐级返回上级对话框进行确认，直到返回图 7-75 所示的对话框，单击“应用”按钮，完成一个梯形分流道柱体单元的创建，其结果如图 7-83 所示。

Step7：将光标移到图 7-75 所示对话框的“第一”数值框中，单击选取位置 5 节点，再选取位置 7 节点，单击“应用”按钮，创建另一个分流道柱体单元。

Step8：重复第七步的操作，单击选取位置 2 节点，再选取位置 3 节点，单击“应用”按钮，创建一个分流道冷料井柱体单元。

Step9：重复第七步的操作，单击选取位置 5 节点，再选取位置 7 节点，单击“应用”按钮，创建另一个分流道冷料井柱体单元。

至此，经过以上几个步骤，梯形分流道及其冷料井的柱体单元创建完毕，其结果如图 7-84 所示。

图 7-83　梯形分流道柱体单元创建结果

图 7-84　梯形分流道及其冷料井柱体创建结果

在 Moldflow 软件中，冷料井是通过创建分流道的方式来创建的，其属性为“冷流道”。

4．创建锥形分流道柱体单元

Step1：选择“网格”→“创建柱体单元”菜单命令，弹出“创建柱体单元”对话框，如图 7-85 所示。图中“第一”和“第二”数值框分别用于设置要创建柱体网格的节点。分别单击位置 2 和位置 1 节点。

Step2：单击“创建为”文本框旁边的⋯按钮，弹出“指定属性”对话框。

Step3：单击“新建”下拉按钮，弹出下拉菜单，如图 7-86 所示。

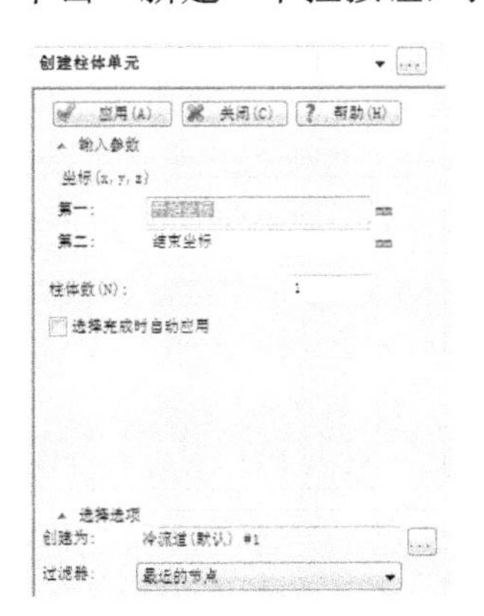

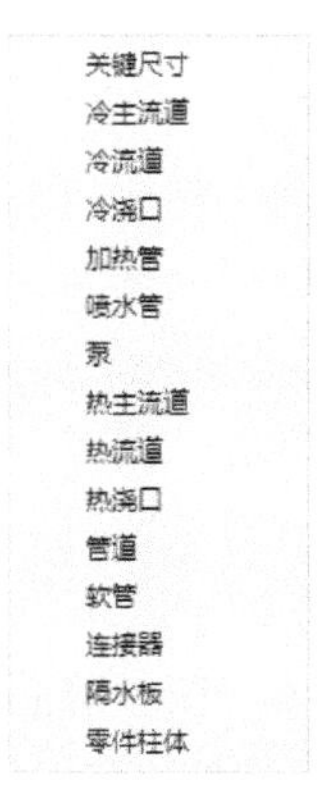

图 7-85　“创建柱体单元”对话框

图 7-86　“新建”下拉菜单

Step4：在弹出的下拉菜单中选择“冷流道”命令，弹出“冷流道”属性设置对话框，如图 7-87 所示。在“截面形状是”下拉列表中选择“圆形”选项，在“形状是”下拉列表中选择“锥体（由端部尺寸）”选项。

Step5：单击“编辑尺寸”按钮，弹出“横截面尺寸”对话框，如图 7-88 所示。在

“始端直径”数值框中输入“4”，在“末端直径”数值框中输入“2.5”。

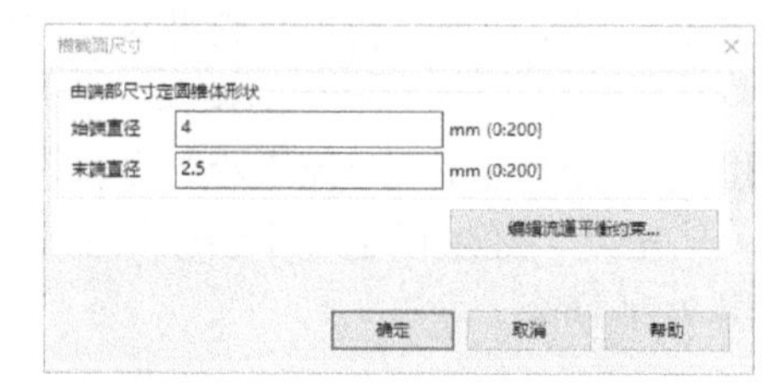

图 7-87 “冷流道”属性设置对话框　　图 7-88 “横截面尺寸”对话框

Step6：单击“确定”按钮，逐级返回上级对话框进行确认，直到返回如图 7-85 所示的对话框，单击“应用”按钮，完成一个锥形分流道柱体单元的创建，其结果如图 7-89（a）所示。

Step7：将光标移到图 7-85 所示对话框的“第一”数值框中，单击选取位置 5 节点，再选取位置 4 节点，单击“应用”按钮，创建另一个锥形分流道柱体单元，其结果如图 7-89（b）所示。

（a）创建一个锥形分流道柱体单元

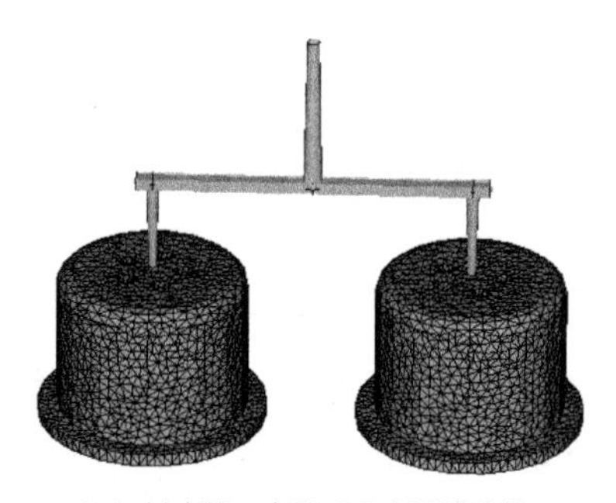

（b）创建另一个锥形分流道柱体单元

图 7-89 锥形分流道柱体单元创建结果

5. 创建浇口柱体单元

Step1：选择“网格”→“创建柱体单元”菜单命令，弹出“创建柱体单元”对话框，如图 7-85 所示。

Step2：分别选择 N2439 节点和位置 1 节点，“第一”和“第二”数值框会分别自动显示这两个节点的坐标。

Step3：单击“创建为”文本框旁边的...按钮，弹出“指定属性”对话框。

Step4：单击“新建”下拉按钮，弹出下拉菜单，如图 7-86 所示。

Step5：在弹出的下拉菜单中选择“冷浇口”命令，弹出“冷浇口”属性设置对话框，如图 7-90 所示。在“截面形状是”下拉列表中选择“圆形”选项，在“形状是”下拉列表中选择“非锥体”选项，在“直径”数值框中输入“1”。单击“确定”按钮，逐级返回上级对话框进行确认，直到返回图 7-85 所示的对话框，单击“应用”按钮，完成浇口柱体单元的创建，其结果如图 7-91 所示。

Step6：将光标移到图 7-85 所示对话框的“第一”数值框中，单击选取位置 4 节点，再选取位置 5 节点，单击“应用”按钮，创建另一个浇口柱体单元。

至此，浇注系统柱体单元创建完毕，其结果如图 7-92 所示。

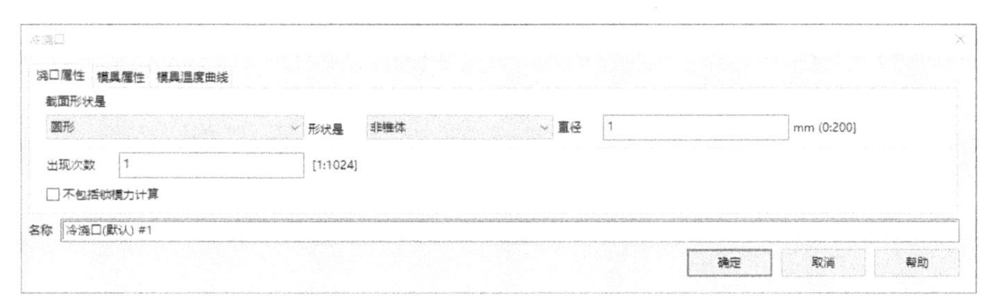

图 7-90　“冷浇口”属性设置对话框

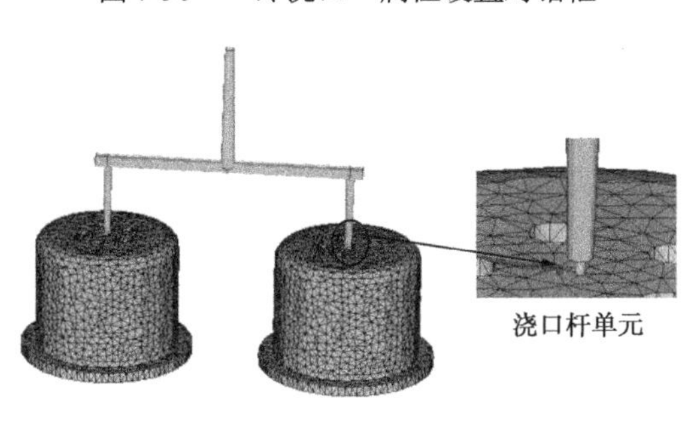

图 7-91　浇口柱体单元创建结果

6．划分柱体单元网格

Step1：选择“网格”→“网格编辑”→“重新划分网格”菜单命令，在弹出的对话框中选择“重新划分网格”复选框。

Step2：选取图 7-92 中的主流道柱体单元，此时柱体单元的编号会自动添加到对话框中“选择要重新划分网格的实体”下拉列表中。

Step3：在“边长”数值框中输入“5”。

Step4：单击“应用”按钮，完成对主流道柱体单元的划分。

Step5：重复以上步骤，对剩下的柱体单元进行划分，“目标边长度”根据实际情况进行设置，其中梯形分流道的值为“5”，锥体分流道的值为“3”，浇口的值为“0.5”。

经过以上几个步骤，浇注系统柱体单元划分完毕，其结果如图 7-93 所示。

图 7-92　浇注系统柱体单元创建结果

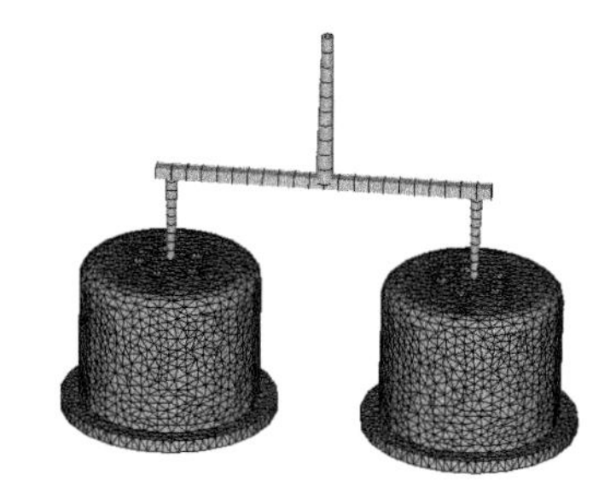

图 7-93　浇注系统柱体单元划分结果

7．连通性诊断

连通性诊断是指诊断浇注系统和塑件模型网格之间是否连通成为一个整体，当浇注系统与塑件模型完全不连通时，系统会提示分析失败。所以，在建立完整的浇注系统后，为保证计算分析的有效性，在分析之前，必须检查塑件与流道之间的连通性。

Step1：选择“网格”→“网格诊断”→“连通性”菜单命令，弹出如图 7-94 所示的“连通性诊断”对话框。

Step2：单击塑件或浇注系统中的任意单元或节点，单击“显示”按钮，其结果如图 7-95 所示，塑件与浇注系统保持很好的连通性。

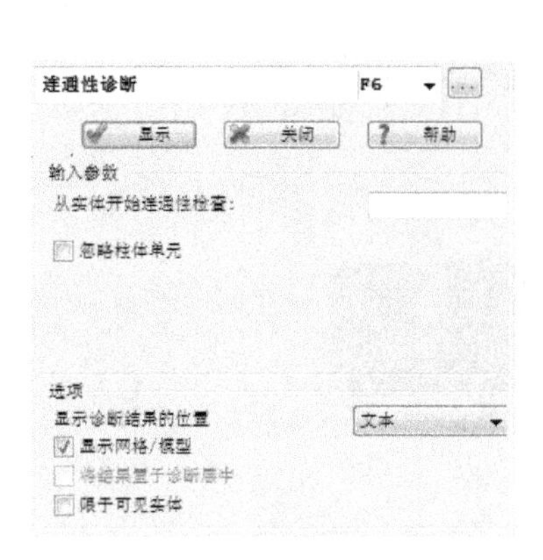

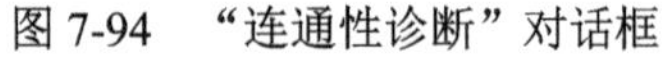
图 7-94　“连通性诊断”对话框

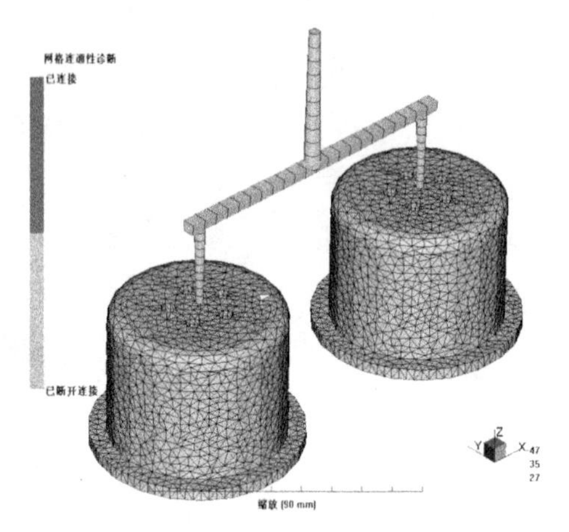

图 7-95　连通性诊断结果

Step3：选择“网格”→“显示诊断结果”菜单命令，关闭连通性诊断结果显示。

在屏幕上，塑件与浇注系统均以蓝色显示，表示全部连通。

如果出现浇注系统不连通的情况，就要进行连通性的修复。这种情况的出现一般是由构成浇口的节点不是塑件网格模型上的节点造成的。

连通性的修复可以通过合并节点的方法进行修复，具体操作如下：选择“网格”→“网格修复”→“合并节点”菜单命令，将靠近浇口节点塑件模型上的节点和浇口节点合并成为一个节点，即可完成连通性修复。

7.5　热流道浇注系统的创建

热流道浇注系统采用对流道进行绝热或加热的办法来保持从注塑机喷嘴到型腔浇口之间的塑料呈熔融状态。在开模时只需取出塑件，不需取出浇注系统凝料，故又称无流道浇注系统。热流道浇注系统在工业发达的国家应用较为普遍，而且相关元件已经标准化。我国近年来对这种新技术推广应用的同时，也在不断完善和发展。

7.5.1　热流道系统成型介绍

1. 热流道系统成型的优点

（1）基本可实现无废料加工，节约原料。

（2）省去除浇注系统凝料、修整塑件、破碎回收料等工序，因而节省人力，提高生产率，降低成本，简化设备，缩短成型周期。

（3）省去取浇注系统凝料的工序，开模取塑件依次循环连续进行生产，尤其是针点浇口模具，可以避免采用三板式模具，避免采用顺序分型脱模机构，操作简化，有利于实现生产过程自动化。

Note

（4）由于浇注系统的熔体在生产过程中始终处于熔融状态，浇注系统畅通，压力损失小，因此可以实现多点浇口、一模多腔和大型模具的低压注射；此外，还有利于压力的传递，从而克服了因补塑不足所导致的制作缩孔、凹陷等缺陷，改善了应力集中产生的翘曲变形，提高了塑件质量。

（5）由于没有浇注系统的凝料，所以缩短了模具的开模行程，提高了设备对深腔塑件的适应能力。

2．热流道成型的缺点

（1）模具的设计和维护较难。

（2）成型准备时间长，模具费用高，小批量生产时效果不大。

（3）对塑件形状和使用的塑料有要求。

（4）对于多型腔模具，采用热流道成型技术难度较高。

3．热流道系统的分类

热流道模具按保持流道温度的方式不同进行分类，可以分为绝热流道模具和加热流道模具两大类。

1）绝热式流道

绝热流道的特点是主流道和分流道都很粗大。在不另外加热的情况下，这一点特点导致流道中心的部分塑料在连续注射时来不及凝固仍保持熔融状态，从而让塑料熔体能顺利地通过它进入型腔，达到连续注射而无须取出流道凝料的要求。

由于不进行流道的辅助加热，流道中的塑料容易固化，因此绝热流道要求注射成型周期短，并仅限于聚乙烯和聚丙烯的小型塑件。当注塑机停止生产时，要清除凝料才能再次开机，所以在实际生产中较少采用绝热式流道。

2）加热式流道

加热式流道与绝热式流道的区别在于是否具有加热元件。加热式流道如图 7-96 所示。由于在流道附近或中心设有加热元件，所以从注塑机喷嘴出口到浇口附近的整个流道都处于高温状态，使流道中的塑料维持熔融状态。

在停机后一般不需要打开模具取出流道凝料，再开机时，只需加热流道达到要求温度即可。与绝热流道相比，它适应的塑料品种较广。

4．阀浇口

阀浇口与一般热流道浇口相似，但浇口入口用一根阀针进行封闭，如图 7-97 所示。阀针可以控制浇口的开和关。

使用阀浇口可以控制塑料熔体的流动。

（1）通过控制每个阀浇口的开关时间可以控制熔接线的形成。

（2）多模穴可以控制流动平衡。

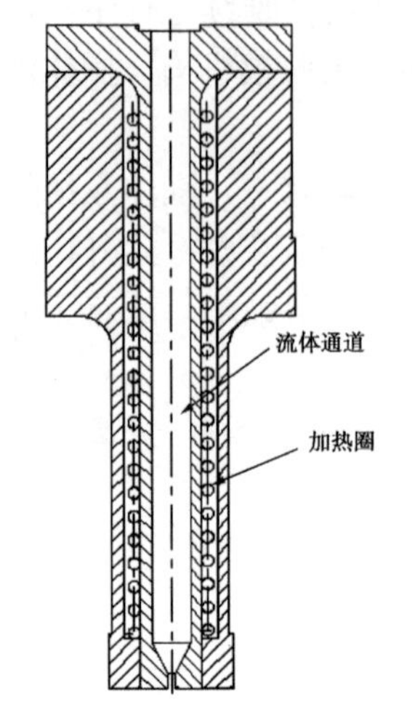

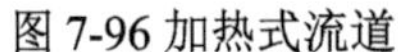
图 7-96 加热式流道

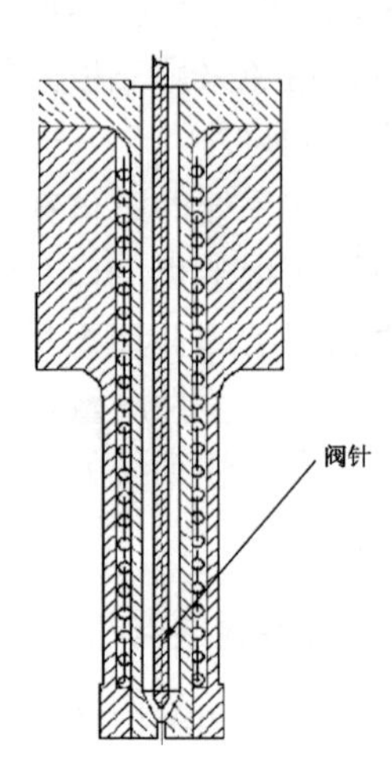

图 7-97 阀浇口

7.5.2　热流道浇注系统的创建实例

本节将以一个操作实例来演示热流道浇注系统的创建方法。利用流道系统向导自动创建热流道浇注系统。

本例的模型见本书附带配套资源“第 7 章　热流道浇注系统”。

操作步骤如下。

Step1：设定塑件注射点位置。双击任务栏中的“设置注射位置”按钮，在塑件网格模型上单击要设置浇口的节点位置，设置注射点，如图 7-98 所示。

Step2：选择“几何”→“流道系统”菜单命令，弹出如图 7-99 所示的“布局”对话框第 1 页。

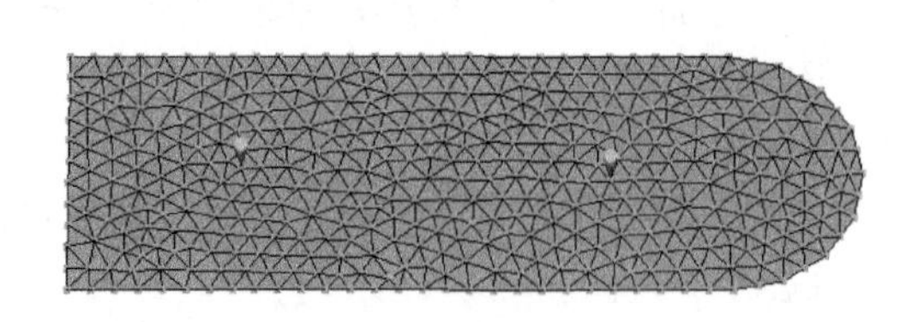

图 7-98 注射点位置设置

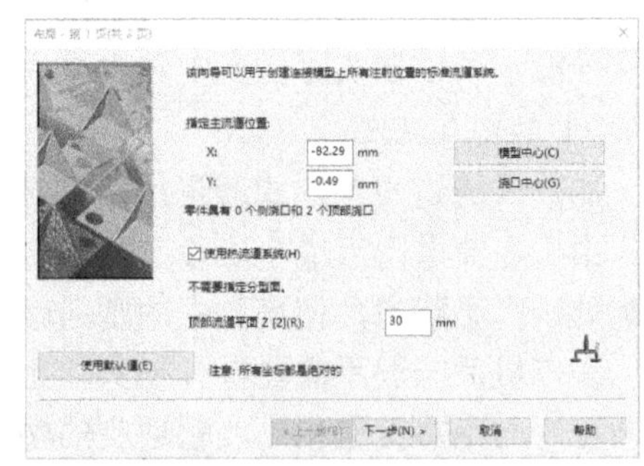

图 7-99“布局”对话框第 1 页

Step3：选中“使用热流道系统”复选框。

Step4：单击“浇口中心”按钮，在“顶部流道顶面 Z”数值框中输入“30”。单击“下一步”按钮，设置“主流道”“流道”“竖直流道”等的参数，如图 7-100 所示。

Step5：在“主流道”选区内设定主流道的几何参数。在“入口直径”数值框中输入“5”，在“长度”数值框中输入“40”，在“拔模角”数值框中输入“3”。

Step6：在“流道”选区内设定分流道的几何参数。在“直径”数值框中输入“3”。

Step7：在“竖直流道”选区中设定竖直流道的几何参数。在“底部直径”数值框中输入“3”，在“拔模角”数值框中输入“0”。单击“下一步”按钮，设置浇口的几何参数，如图 7-101 所示。

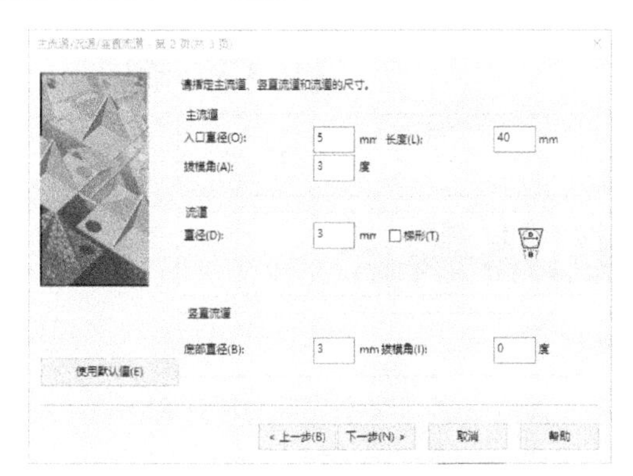

图 7-100“注入口/流道/竖直流道”对话框第 2 页

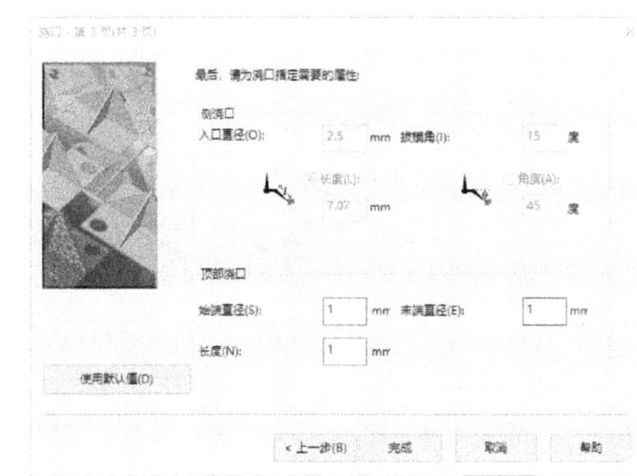

图 7-101“浇口”对话框第 3 页

Step8：在“顶部浇口”选区中设定浇口的几何参数。在“始端直径”数值框中输入“1”，在“末端直径”数值框中输入“1”，在“长度”数值框中输入“1”。

Step9：单击“完成”按钮，关闭该对话框。

至此，经过以上几个步骤的操作，浇注系统创建完毕。与冷流道浇注系统不同的是，热流道浇注系统在 Moldflow 软件中以红色显示，其结果如图 7-102 所示。

图 7-102 热流道浇注系统创建结果

7.6 本章小结

本章主要介绍了在模流分析软件中运用流道系统向导创建浇注系统和手动创建浇注系统的方法和技巧，创建过程中运用了创建节点、创建圆弧、创建柱体单元和划分柱体单元等命令，以及关于热流道系统的创建方法和阀浇口属性的设置等。

浇注系统分为冷流道和热流道，而且它们又分别包含相关不同的种类。所以在本章的学习中，不仅要掌握各种流道系统的创建方法，更重要的是可以根据产品的要求确定浇注系统的类型。

第8章

冷却系统和加热系统

本章主要介绍自动创建冷却系统、手动创建冷却系统及创建加热系统的方法、技巧等，创建过程中主要使用了创建节点、创建直线、创建柱体单元、划分柱体单元等命令。

学习目标

（1）掌握使用冷却系统创建向导创建冷却系统的方法

（2）掌握手动创建冷却系统的方法

（3）掌握手动创建喷流式冷却系统的方法

（4）掌握手动创建挡板式冷却系统的方法

8.1 冷却系统介绍

在使用“冷却分析”模块之前，必须先创建冷却系统。本节先介绍冷却系统的冷却效果及影响因素、在实际生产中冷却系统的设计方法等相关知识，为冷却管道创建及实例学习做基础准备。

8.1.1 冷却系统的冷却效果及影响因素

冷却系统是用来冷却塑件、液压油、浇注系统及模具的，冷却效果的好坏对成型效率和塑件质量的影响很大。它是一个封闭的循环系统，将冷却介质分配到各个独立的回路上，并对其流量进行控制。

塑件的成型周期包括注射时间、顶出时间、冷却时间、开模时间，其中模具的冷却时间占整个周期的 2/3 以上，如图 8-1 所示。

图 8-2 所示为注射成型中的热传导方式，注入模具内的塑料熔体所带走的热量通过模具模板进入冷却介质中，少量散发到大气中，它们之间的热交换性能决定了冷却系统的冷却效果。因此，影响冷却系统性能的因素主要包括以下几个方面。

（1）塑料熔体与模板间的热导率。

（2）塑料熔体与模板界面到模板与冷却介质界面的热导率。

（3）模板与冷却介质的热导率。

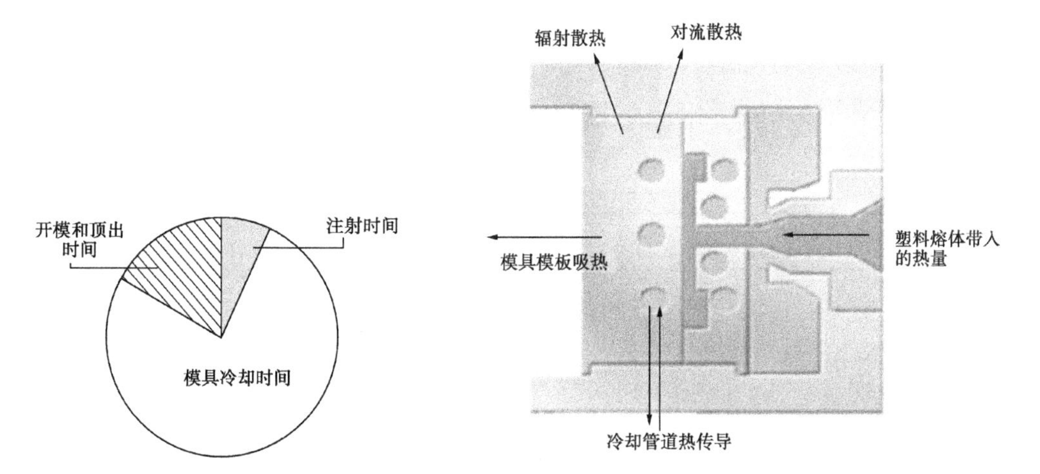

图 8-1　模具的冷却时间占整个周期的 2/3 以上　　　图 8-2　注射成型中的热传导方式

影响塑料熔体到模板间的热导率的因素主要包括熔体与模板壁面之间的温度梯度、塑料熔体的比热和热传导性能、塑料熔体与模板间的接触性能。

在 Moldflow 中，熔体与模板间可以看成完全接触的，模板温度和塑件的温度是相等的。

模板温度对冷却系统的冷却效果影响很大，模板温度越高，冷却效果越差，需要的冷却时间越长。

Note

8.1.2 冷却系统的设计

要使模具有效冷却并提高模具的热导率，就应做好冷却系统节点的设计工作。

1. 影响冷却系统设计的因素

（1）模具结构形式，如普通塑料注射模具、细长型芯塑料注射模具、复杂型芯塑料注射模具及多镶块的塑料注射模具等，对冷却系统设计都有直接影响。

（2）模具的大小及成型投影面积的大小。

（3）塑件熔接痕的位置。

（4）浇口和流道的布置及其结构。

2. 冷却系统设计的基本原则

（1）动、定模的冷却。

（2）孔径与位置。

一般塑件的壁厚越厚，水管孔径越大。其塑件的壁厚、孔径的大小及孔的位置可根据表 8-1 选择。

表 8-1　塑件的壁厚、孔径的大小及孔的位置

壁厚 W	回路直径/mm
2	8～10
4	10～12
6	12～15
D=(1～3)d	
P=(3～5)d	

D d P

d—冷却管道直径；D—管道深度；P—管道间距

在满足孔径与相应的位置关系的前提下会出现以下情况。

① 冷却管道的数量越多，模具内温度梯度越小，塑件冷却越均匀，图 8-3（a）所示的冷却效果比图 8-3（b）所示的要好。

② 冷却管道可以穿过模板与镶件的交界面，但是不能穿过镶件与镶件的交界面，以免漏水。

③ 尽可能使冷却管道与型腔表面的距离相等。当塑件壁厚均匀时，冷却管道与型腔表面的距离应处处相等，如图 8-4（a）所示。当塑件壁厚不均匀时，壁厚处应强化冷却，管道应靠近型腔，距离要小，如图 8-4（b）所示。

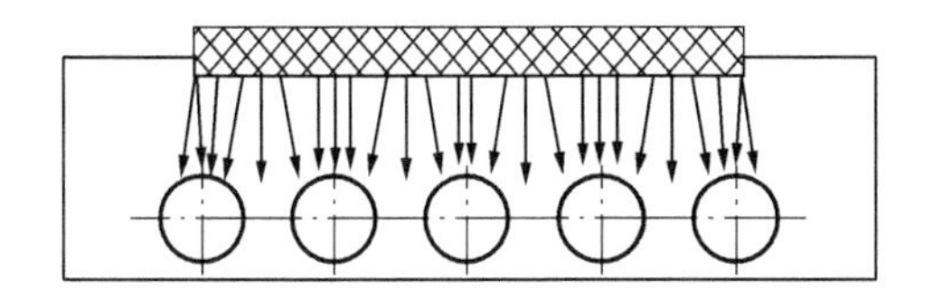

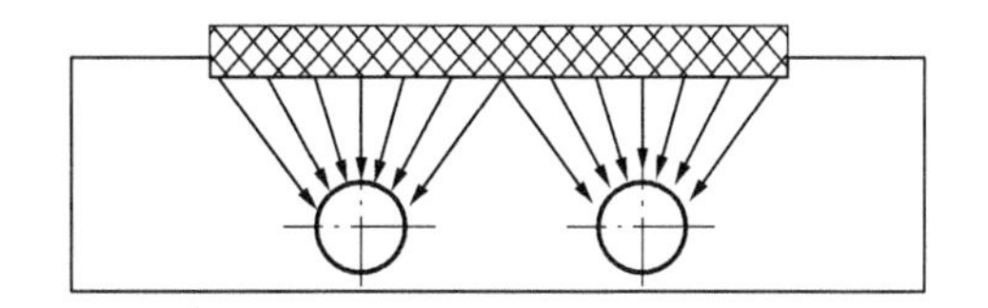

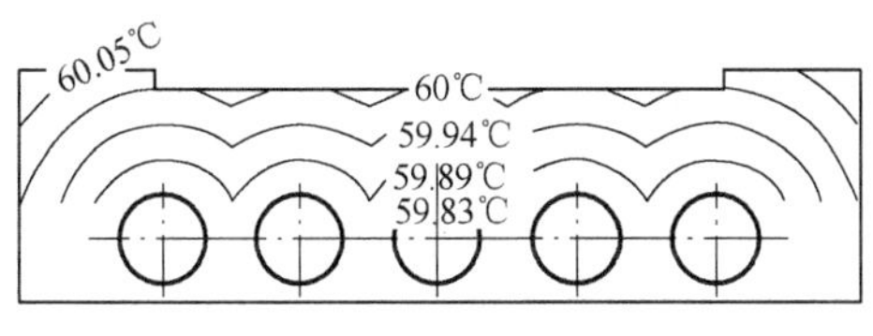

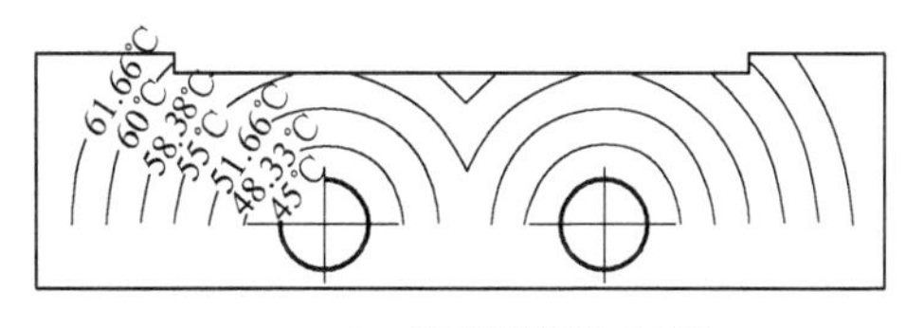

（a）多管道热传导示意图　　（b）两管道热传导示意图

图 8-3　热传导与管道数目的关系

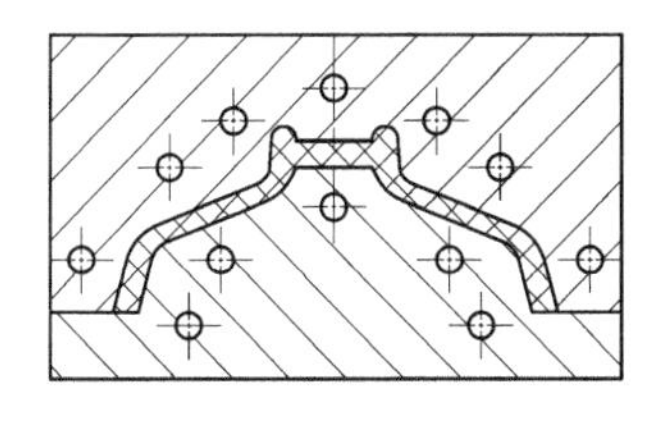

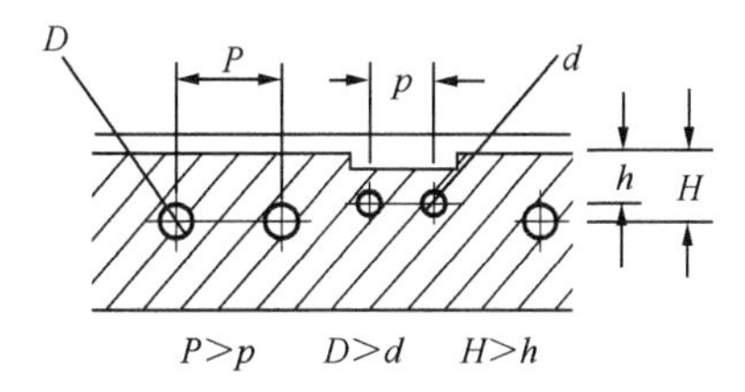

（a）塑件壁厚均匀的冷却管道位置　　（b）塑件壁厚不均匀的冷却管道位置

图 8-4　冷却管道的位置

④ 浇口处加强冷却。一般在注射成型时，浇口附近温度最高，距浇口越远温度越低，因此要加强浇口处的冷却，即冷却水从浇口附近流入。图 8-5（a）所示为侧浇口的循环冷却水路，图 8-5（b）所示为多浇口的循环冷却水路。必要时，在浇口附近单独设置冷却管道。

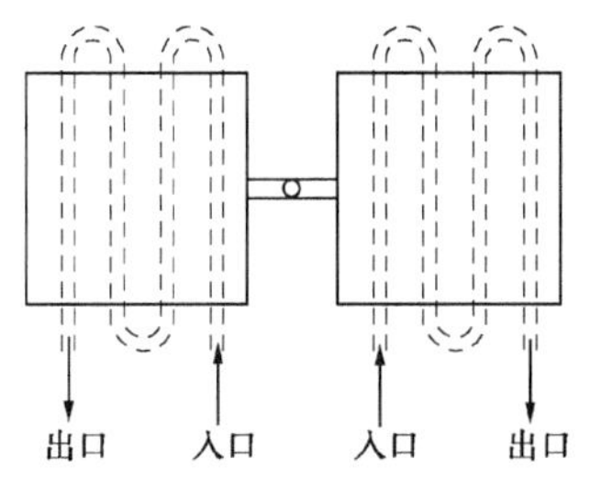

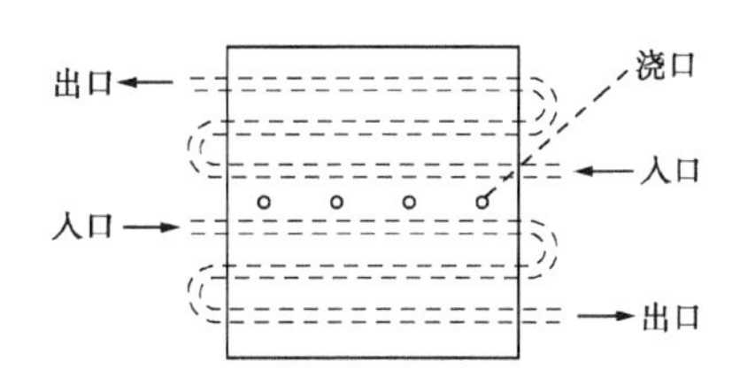

（a）侧浇口的循环冷却水路　　（b）多浇口的循环冷却水路

图 8-5　浇口处加强冷却的形式

⑤ 应降低进水与出水的温差。如果进水与出水温差过大，将会使模具的温度分布不均匀，一般情况下，进水与出水的温度差不大于 5℃。图 8-6（a）所示为一组进出口冷却管道，若改成图 8-6（b）所示的三组进出口冷却管道，即可降低进出口水温，使模具温度均匀。

⑥ 标记冷却管道的水流方向，如图 8-6 所示。在图纸上标记进水口（IN1、IN2 和 IN3）和出水口（OUT1、OUT2 和 OUT3）。另外，当水路穿过模板与镶件的交界面时，应用 UP 和 DOWN 标记水流的方向。

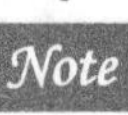

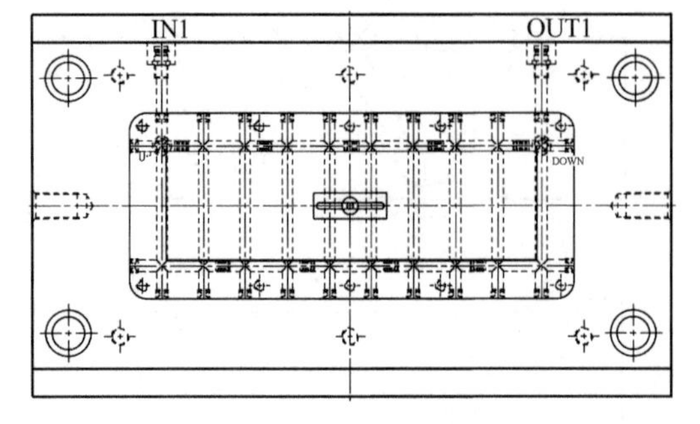

（a）一组进出口冷却管道　　（b）三组进出口冷却管道

图 8-6　降低进水与出水的温差

⑦ 合理确定冷却水管接头的位置。水管接头应设在不影响操作的地方，接头应根据用户的要求选用。

⑧ 冷却系统的管道尽量避免与模具上其他机构（如推杆孔、小型芯孔等）发生干涉现象，设计时要通盘考虑。

（3）流动速率与传热。

当冷却剂的流动从层流转变为湍流时，传热效率提高。因为当冷却剂的流动为层流时，层与层之间仅以热传导方式传热，如图 8-7（a）所示；而湍流则是热传导和热对流两种方式传热，从而使传热效率显著增加，如图 8-7（b）所示。应注意确保冷却管道各部分的冷却剂都是湍流。

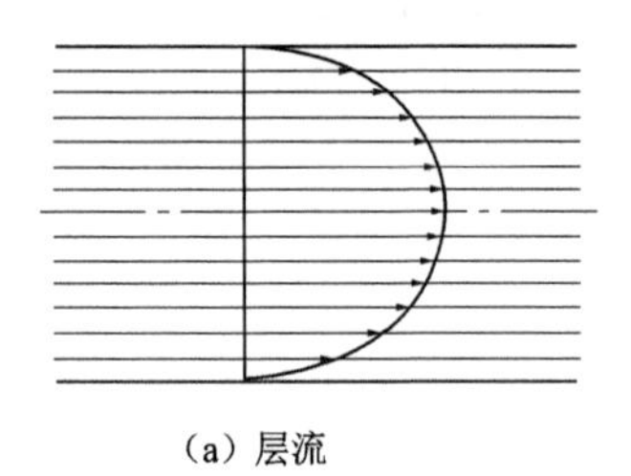

（a）层流

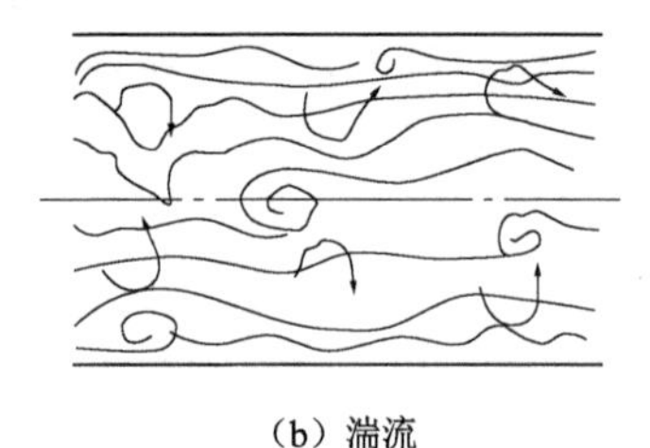

（b）湍流

图 8-7　层流与湍流

当冷却剂达到湍流流动状态后，再增加冷却剂的流动速率对传热效果的提高就不太明显了。另外，采取消除镶件与模板之间的气隙、减少冷却管道内的气泡等措施也能提高冷却剂的冷却效果。

（4）水道的配置和形式。

① 冷却管道的连接形式。图 8-8（a）所示为并联冷却管道。在并联冷却管道中，从冷却水供应歧管到冷却水收集歧管之间有多个流路，根据各冷却管道流动阻力的不同，各冷却管道的冷却水流动速率也不同，这造成各冷却管道有不同的传热效率，因此并联冷却管道之间可能有不均匀的冷却效应。所以，采用并联冷却管道时，通常模具的凹模与凸模都有并联冷却系统，各系统的冷却管道数目则取决于模具的尺寸和复杂性。

图 8-8（b）所示为串联冷却管道。在串联冷却管道中，从冷却水供应歧管到冷却水收集歧管连接成单一流路，这是最常采用的冷却管道配置。假设冷却管道具有均匀的管径，可以将通过整个冷却系统的冷却水设计成所需的湍流，获得最佳的传热效率。然而，

串联冷却管路必须将冷却水温度的上升幅度控制在一定的范围内，通常出口与入口冷却水的温差在5℃以内，精密模具则控制在3℃以内。大型模具可能不止有一组串联冷却管道，以确保均匀的冷却水温度和均匀的模具冷却。

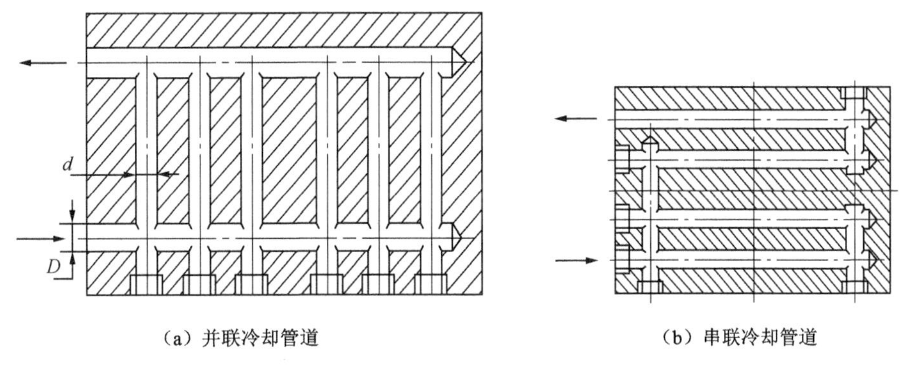

（a）并联冷却管道　　（b）串联冷却管道

图 8-8　冷却管道的配置

② 合理选择冷却管道的形式。对于不同形状的塑件，冷却管道的排列形式有所不同，图 8-9（a）所示为薄壁扁平塑件的冷却形式；图 8-9（b）所示为中等深度壳形塑件的冷却形式；图 8-9（c）所示为深腔塑件的冷却形式。

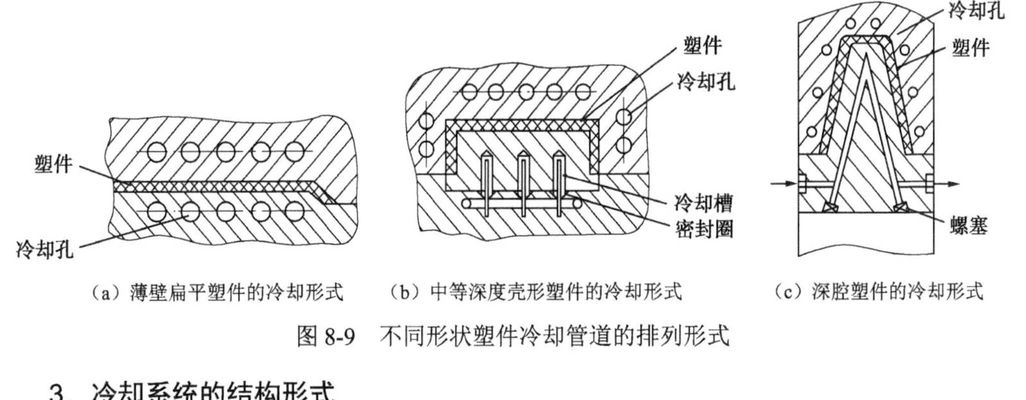

（a）薄壁扁平塑件的冷却形式　（b）中等深度壳形塑件的冷却形式　（c）深腔塑件的冷却形式

图 8-9　不同形状塑件冷却管道的排列形式

3．冷却系统的结构形式

冷却系统的布局应根据塑料塑件的形状及其所需冷却温度的要求而定。冷却系统的形式可分为直通式水道、圆周式水道、多级式水道、螺旋式水道、循环式水道、喷流式水道及挡板式水道等。

（1）直通式水道如图 8-10 所示。钻孔后，用管子从外部接通形成回路，可连成单路循环或多路并行循环，它易于加工，便于检查有无堵塞情况，但模外的连接太多，损伤的可能性大。

（2）圆周式水道如图 8-11 所示。它在型腔外周钻直通水道，然后用堵头堵住不需要处，构成环绕式，如果模具型腔高，可安置多层冷却水道。它接头少，模具外周整齐，但有堵塞时难以发现，且水泄漏较多。

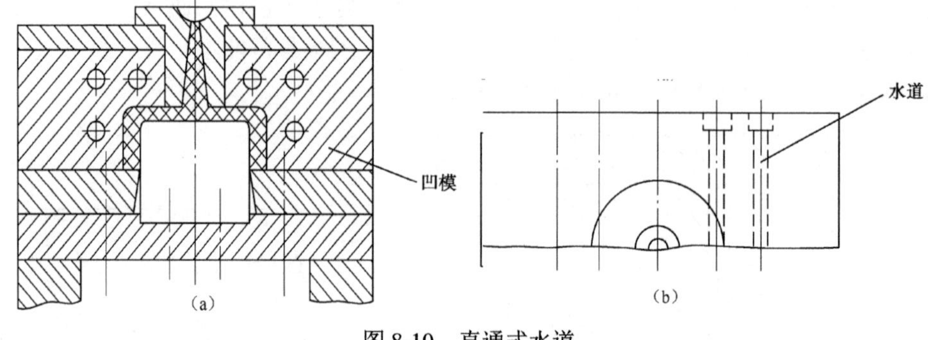

图 8-10　直通式水道

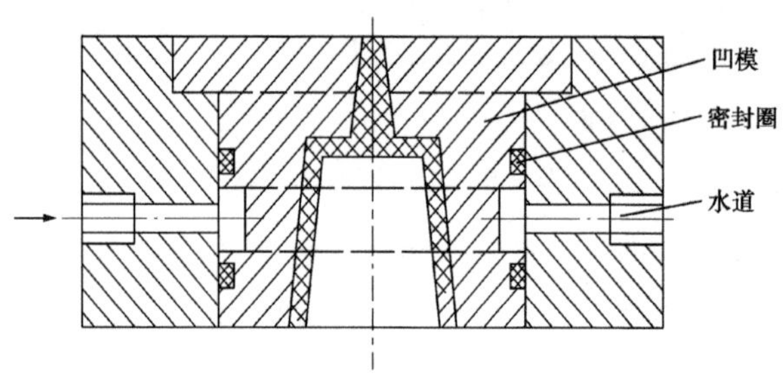

图 8-11　圆周式水道

（3）多级式水道如图 8-12 所示。在型腔较高的模具中设置多层冷却水道，冷却效果好。

（4）螺旋式水道如图 8-13 所示。让冷却水在模具中产生螺旋状回路，其冷却效果好，但制造较麻烦，如果密封不良，易引起冷却水泄漏问题。

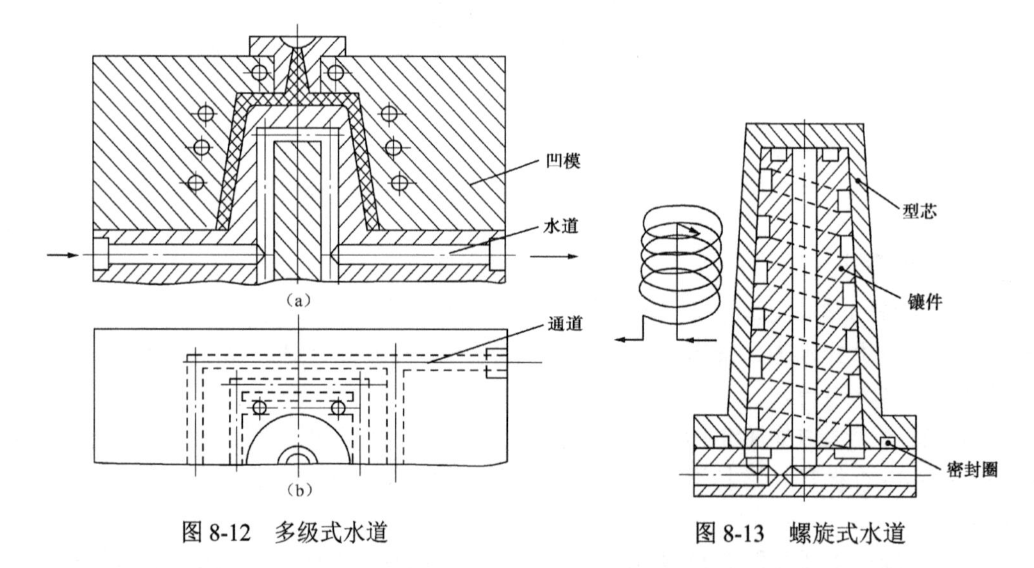

图 8-12　多级式水道　　图 8-13　螺旋式水道

（5）循环式水道如图 8-14 所示。采用循环式冷却水道，对凹模和凸模的冷却效果较好，但制造比较复杂，管道难以加工，成本高。它主要用于中、小型注射模具。

（6）喷流式水道如图 8-15 所示。它在型芯内用一根芯管通入冷却水，冷却水从中心芯管中喷出向四周流出，对型芯壁实施冷却。它冷却效果优良，但制造较为困难，多适用于长型芯模具的冷却。

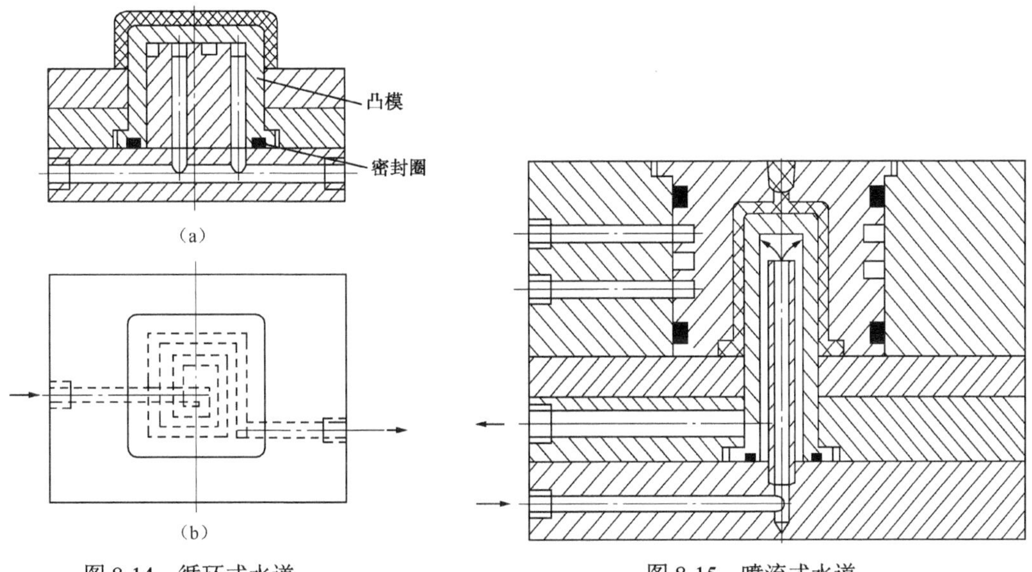

图 8-14　循环式水道　　　　图 8-15　喷流式水道

（7）挡板式水道如图 8-16 所示。它是将型芯中心钻空，在其中镶嵌一块挡板，将其孔分成两半，在冷却水进入时，先沿挡板上升，再翻过挡板下降，从而使型芯得到冷却，它的冷却效果较好。

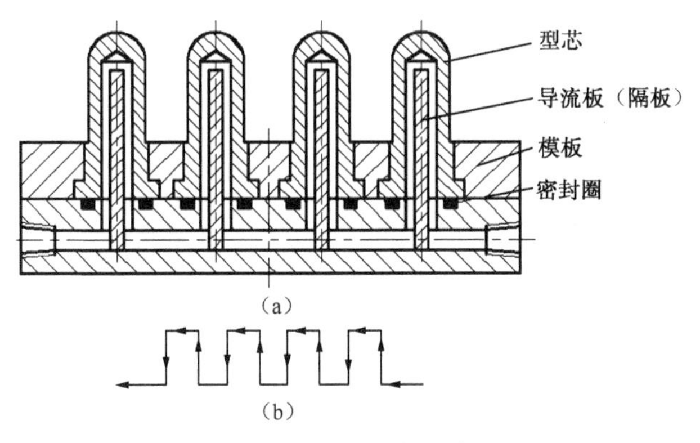

图 8-16　挡板式水道

8.1.3　冷却系统构件的几何

在 Moldflow 软件中，冷却系统构件的几何包括管道、软管、隔水管、喷水管等。

冷却系统网格和浇注系统一样，全部是由线型柱体单元组成的，它也有两种创建方式：直接利用冷却回路向导来创建和手动创建。简单的冷却管道可以通过冷却回路向导来创建，而复杂的不规则的管道、软管、隔水管、喷水管则要手动创建。

手动创建冷却系统共有两种方法：一种是使用直线创建命令；另一种是使用柱体单元创建命令。本章将分别用实例介绍这两种创建方法。

8.2 冷却系统的创建

Note

8.2.1 自动创建冷却系统

本节将以一个操作实例来演示冷却回路向导自动创建冷却系统的创建方法和操作步骤。本例的模型见配套资源“第 8 章 冷却回路向导”。

操作步骤如下。

Step1：选择“几何”→“冷却回路”菜单命令，弹出“冷却回路向导-布局”对话框第 1 页，如图 8-17 所示。

Step2：在“指定水管直径”数值框中输入“10”。

Step3：在“水管与零件间距离”数值框中输入“25”。

Step4：在“水管与零件排列方式”选区中选择 X 方向。

Step5：单击“下一步”按钮，进入“冷却回路向导-管道”对话框第 2 页，如图 8-18 所示。

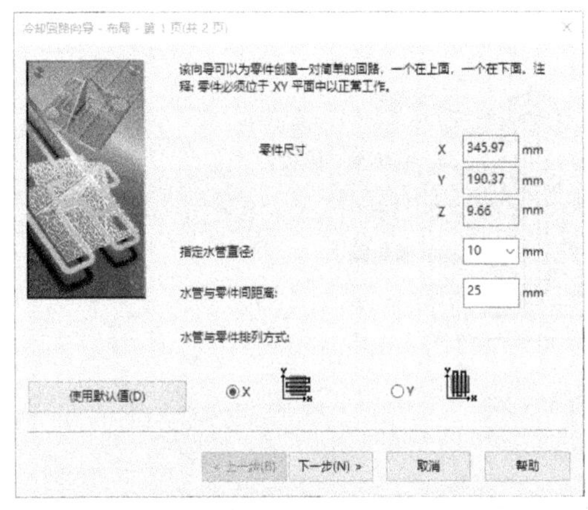

图 8-17 “冷却回路向导-布局”对话框第 1 页

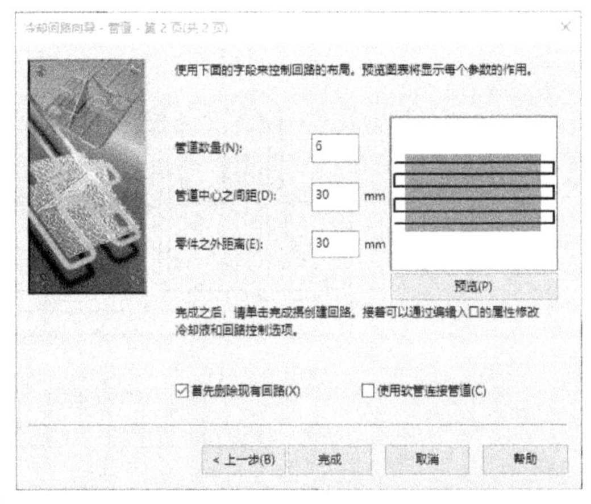

图 8-18 “冷却回路向导-管道”对话框第 2 页

提示

“首先删除现有回路”表示首先删除已经存在的管道，如果之前已经创建了冷却管道，则可以选中此复选框进行修改。本例中没有已经存在的管道，可以不用管它。

说明

“使用软管连接管道”：如果两管道之间有软管连接则可以选中此复选框。

Step6：在“管道数量”数值框中输入“6”。

Step7：在“管道中心之间距”数值框中输入“30”。

Step8：在“零件之外距离”数值框中输入“30”。

Step9：单击“完成”按钮，冷却系统自动创建完毕，其结果如图 8-19 所示。

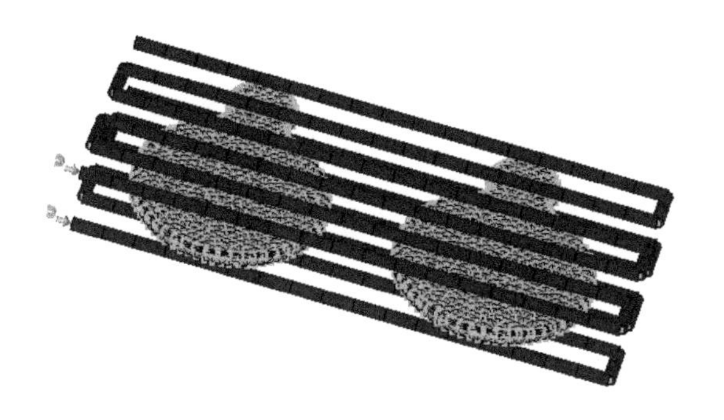

图 8-19　冷却系统结果

8.2.2　手动创建冷却系统

手动创建冷却系统的方法常用于创建一些较为复杂的冷却系统，包括管道、软管、隔水管、喷水管等。本节将通过一个操作实例，演示使用柱体单元命令手动创建冷却管道、软管的方法和操作步骤。

本例的原始网格模型如图 8-20 所示，创建冷却管道结果如图 8-21 所示。本例的模型见本书附带配套资源“第 8 章 手动创建冷却系统”。

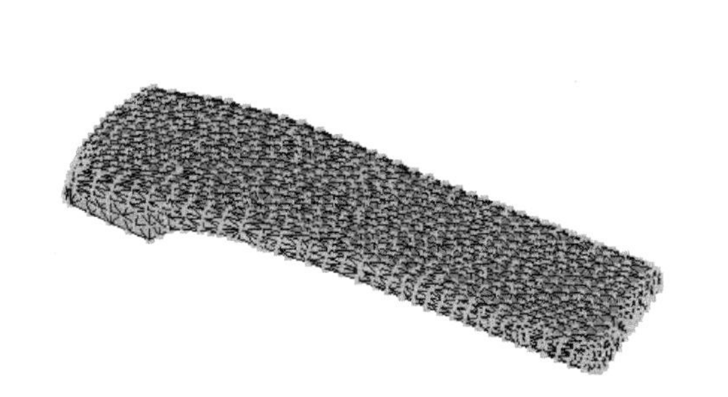

图 8-20　原始网格模型

图 8-21　创建冷却管道结果

操作步骤如下。

1．创建节点

Step1：选择“几何”→“移动”→“平移”菜单命令，弹出如图 8-22 所示的“平移”对话框，单击节点 N165。在“矢量”数值框中输入“0,30,25”，选中“复制”单选按钮，单击“应用”按钮，即生成图 8-23 中的位置 1 节点。

Step2：将光标移到“选择”下拉列表中，单击节点 N131。在“矢量”数值框中输入“0,−30,25”，选中“复制”单选按钮，单击“应用”按钮，即生成图 8-23 中的位置 2 节点。

2．创建管道的柱体单元

Step1：选择“网格”→“网格”→“创建柱体单元”菜单命令，弹出图 8-24 所示的“创建柱体单元”对话框。

Step2：分别选择位置 1 和位置 2 节点，“第一”和“第二”右边的数值框会分别自动显示这两个节点的坐标值。

Step3：单击“创建为”文本框旁边的 按钮，弹出“指定属性”对话框，如图 8-25 所示。

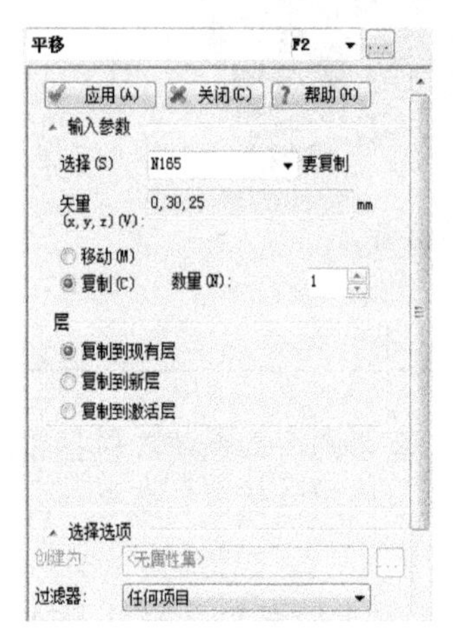

图 8-22 “平移”对话框

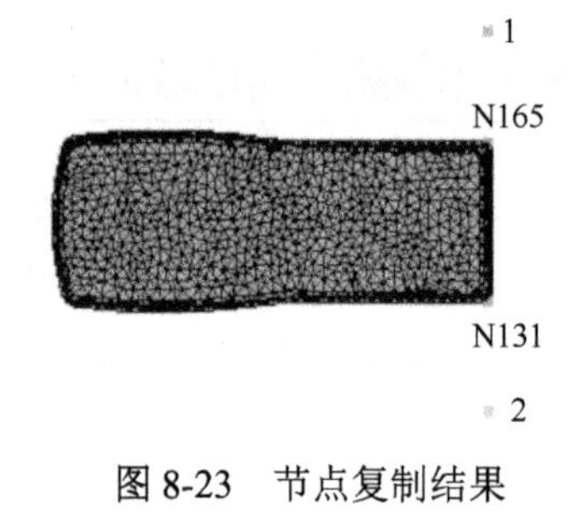

图 8-23 节点复制结果

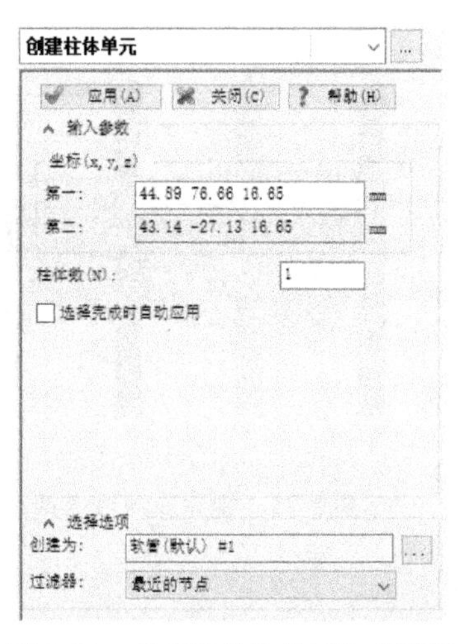

图 8-24 “创建柱体单元”对话框

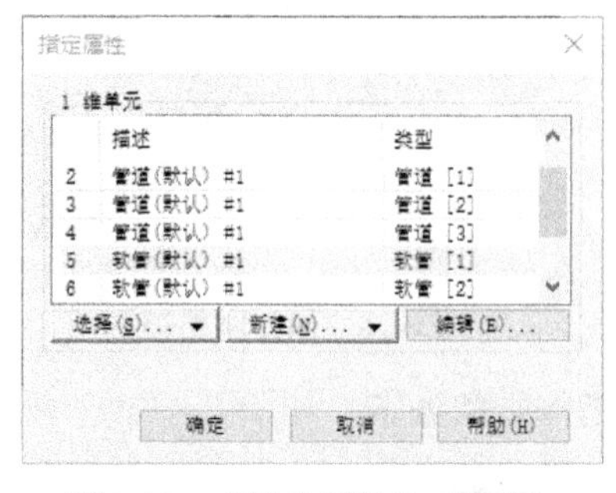

图 8-25 “指定属性”对话框

Step4：单击“新建”按钮，弹出下拉菜单，如图 8-26 所示。

Step5：在弹出的下拉菜单中选择“管道”命令，弹出“管道”属性设置对话框，如图 8-27 所示。在“截面形状是”中选择“圆形”，在“直径”右边的文本框中输入“10”。单击“确定”按钮，逐级返回上级对话框进行确认，直到返回图 8-24 所示的“创建柱体单元”对话框，单击“应用”按钮。

说明

在图 8-27 所示的“管道”属性设置对话框中，各项的说明如下。

“截面形状是”下拉列表中共有 6 个选项：“圆形”“半圆形”“梯形”“U 形”“其他形状”和“矩形”，其中以圆形和矩形这两种形状最为常见。

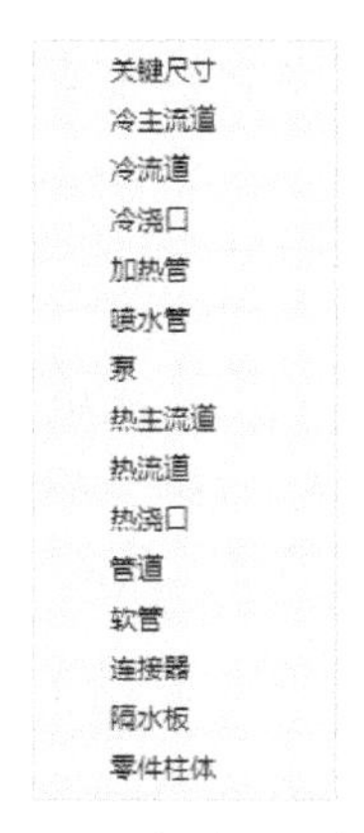

图 8-26 “新建”下拉菜单

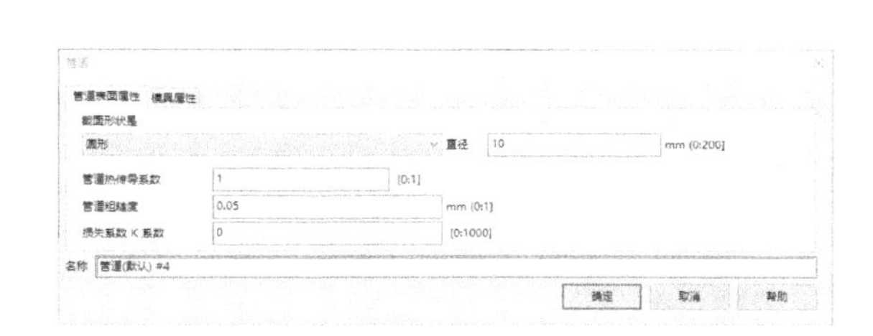

图 8-27 “管道”属性设置对话框

“直径”数值框用于设置冷却管道的直径大小。

“管道热传导系数”的值在[0,1]区间内，默认值为 1。

“管道粗糙度”的默认值为 0.05。

“模具属性”选项卡主要用来定义“模具材料”选项属性。

Step6：单击“应用”按钮关闭“创建柱体单元”对话框，创建一个圆形冷却管道柱体单元，创建结果如图 8-28 所示。

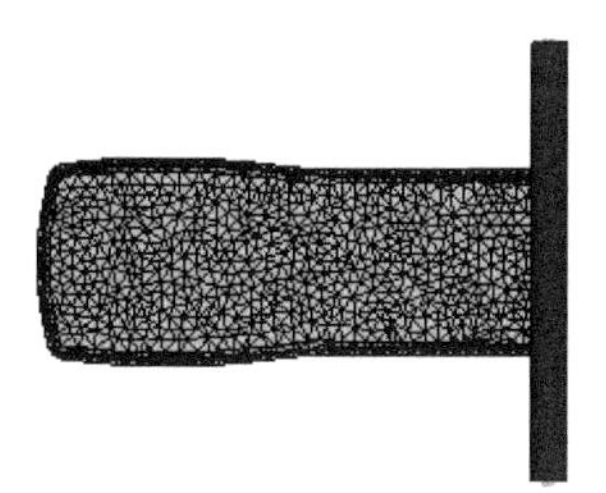

图 8-28 冷却管道柱体单元创建结果①

Step7：选择“几何”→“移动”→“平移”菜单命令，单击图 8-28 中刚创建的冷却管道。在“矢量”数值框中输入“-40,0,0”，选中“复制”单选按钮，单击“应用”按钮，复制一条冷却管道，创建结果如图 8-29 所示。

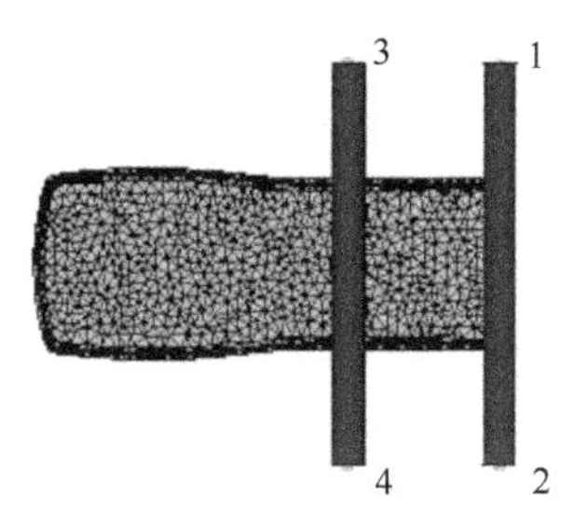

图 8-29 冷却管道柱体单元创建结果②

3. 创建软管的柱体单元

Step1：选择“网格”→“网格”→“创建柱体单元”菜单命令，弹出“创建柱体单元”对话框，如图 8-30 所示。

Step2：分别选择位置 1 和位置 3 节点，“第一”和“第二”右边的数值框会分别自动显示这两个节点的坐标值。

Step3：单击“创建为”文本框旁边的...按钮，弹出“指定属性”对话框。

Step4：单击“新建”按钮，弹出下拉菜单。

Step5：在弹出的下拉菜单中选择“软管”命令，如图 8-31 所示，弹出“软管”属性设置对话框，如图 8-32 所示。在“直径”右边的数值框中输入“10”。单击“确定”按钮，逐级返回上级对话框进行确认，直到返回图 8-30 所示的“创建柱体单元”对话框，单击“应用”按钮，软管柱体单元创建完成，其结果如图 8-33 所示。

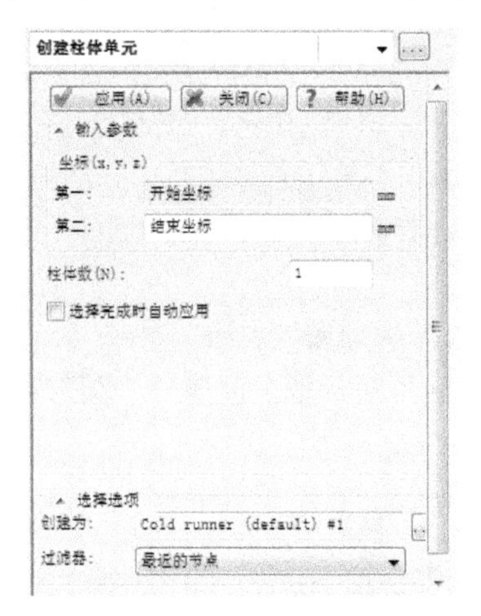

图 8-30　“创建柱体单元”对话框

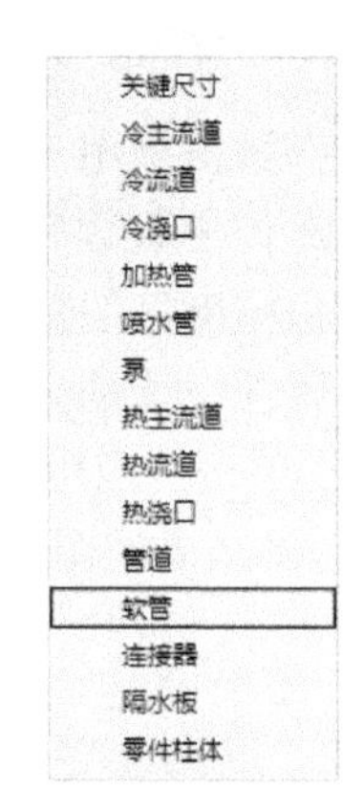

图 8-31　选择“软管”命令

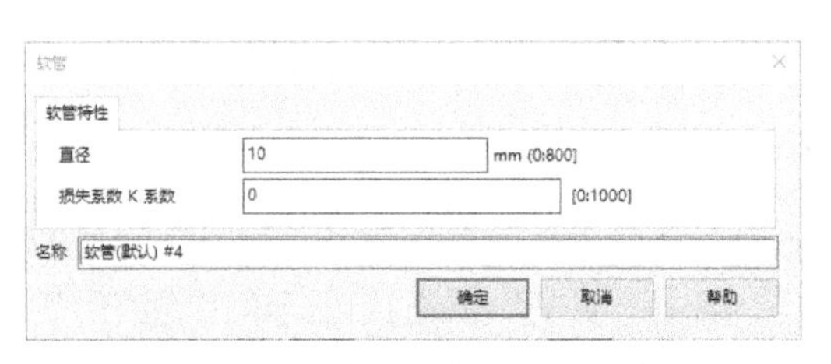

图 8-32　“软管”属性设置对话框

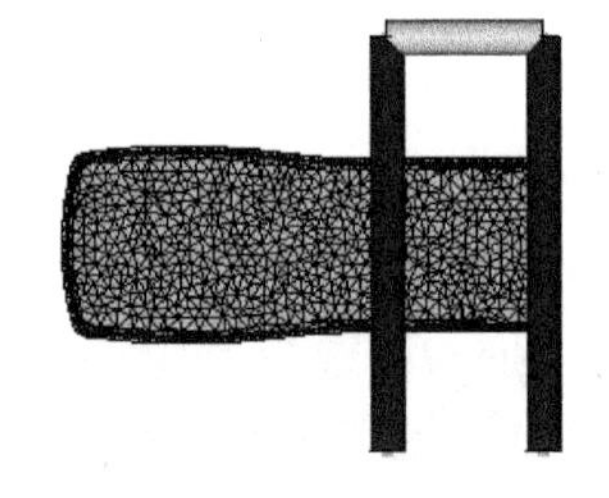

图 8-33　软管创建结果

4．划分柱体单元

Step1：选择“网格”→“网格编辑”→“重新划分网格”菜单命令，弹出如图 8-34 所示的“重新划分网格”对话框。

Step2：选取图 8-33 中的一条冷却系统柱体单元，此时柱体单元的编号会自动添加到对话框的“选择要重新划分网格的实体”下拉列表中。

Step3：在“边长”数值框中输入“25”。

Step4：单击“应用”按钮完成对冷却系统柱体单元的划分，划分结果如图 8-35 所示。

Step5：重复以上划分命令，对剩下的冷却管道和软管柱体单元进行划分，其结果如图 8-36 所示。

Note

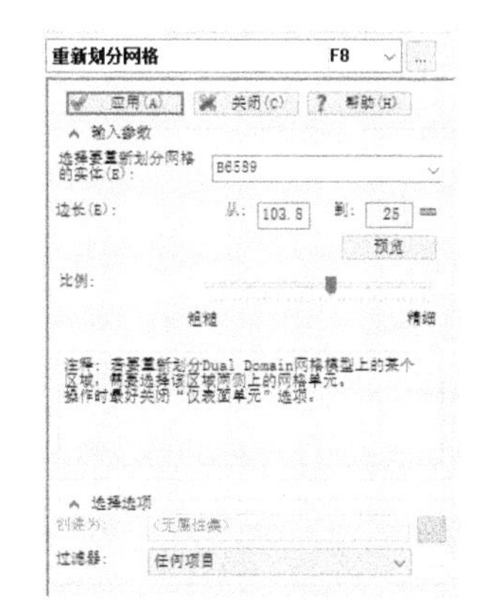

图 8-34 “重新划分网格”对话框

图 8-35 柱体单元划分结果①

图 8-36 柱体单元划分结果②

在对冷却系统柱体单元进行划分时，目标边长度值应尽量取柱体单元直径的 2.5 倍。

5. 设置冷却液入口

Step1：选择“边界条件”→“冷却液入口/出口”→“冷却液入口”菜单命令，此时光标会变成十字状，并且在窗口中弹出“设置冷却液入口”对话框，如图 8-37 所示。

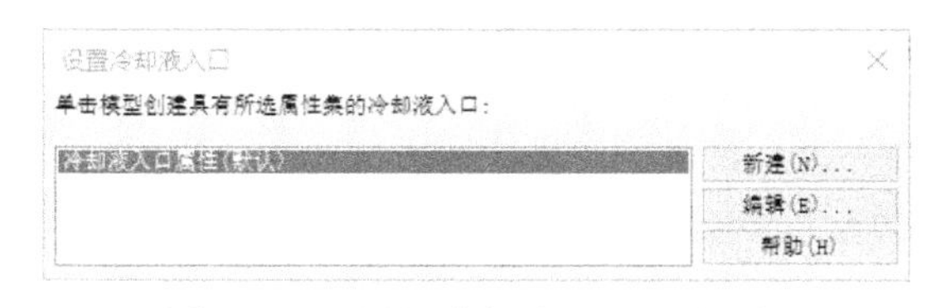

图 8-37 “设置冷却液入口”对话框

Step2：单击“新建”按钮，弹出“冷却液入口”对话框，如图 8-38 所示。

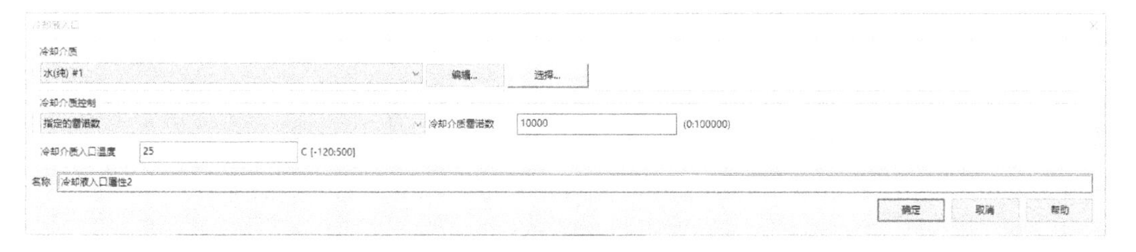

图 8-38 “冷却液入口”对话框

如图 8-38 所示，在“冷却介质”选区中系统默认的冷却液是“水（纯）#1”，如果需要选择其他冷却液，则需要单击“选择”按钮，弹出图 8-39 所示的“选择冷却介质”对话框，从中选择需要的冷却液。

单击“编辑”按钮，弹出图 8-40 所示的“冷却介质”对话框，可以对冷却介质的属性进行设置。图 8-40（a）中的“描述”选项卡是对所选冷却介质的名称等进行描述的，图 8-40（b）中的“属性”选项卡是用来设置所选的冷却介质的。

选择 冷却介质
所有冷却介质(系统)
描述
1 Water (PURE)
2 Ethylene Glycol/Water 10%-90%
3 Ethylene Glycol/Water 20%-80%
4 Ethylene Glycol/Water 30%-70%
5 Ethylene Glycol/Water 40%-60%
6 Ethylene Glycol/Water 50%-50%
7 Ethylene Glycol/Water 60%-40%
8 Ethylene Glycol/Water 70%-30%
导出(X)... 细节(D)... 搜索(A)... 列(C)...
选择 取消 帮助(H)

图 8-39 “选择冷却介质”对话框

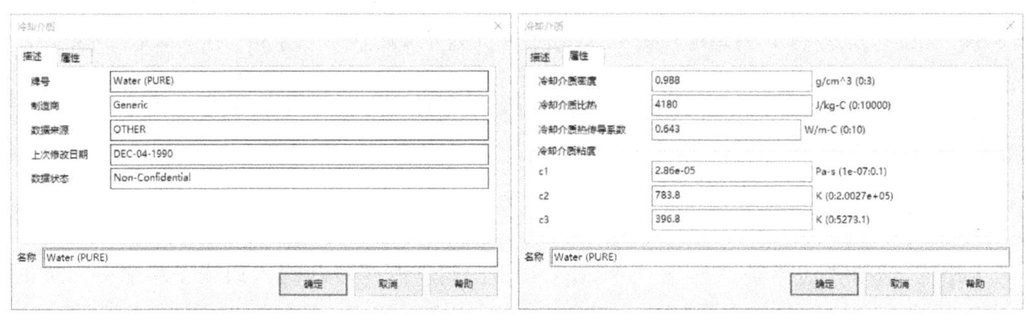

（a）“描述”选项卡　　　　（b）“属性”选项卡

图 8-40 “冷却介质”对话框

系统默认的“冷却介质入口温度”为 25℃。

图 8-38 中的“冷却介质控制”下拉列表中有 4 个选项，分别为 “指定压力”“指定流动速率”“指定雷诺数”“总流动速率（所有回路）”，在每个选项后面都需要输入相应的指定值，如选择“指定雷诺数”，则需输入“冷却介质雷诺数”，默认值为 10000。

Step3：单击图 8-38 中的“确定”按钮，关闭“冷却液入口”对话框，回到图 8-37 所示的“设置冷却液入口”对话框。

在本例中，“冷却液入口”对话框中的各项参数均为默认值，不予修改。

Step4：单击冷却液入口处的节点，完成冷却液入口的设置，其结果如图 8-41 所示。

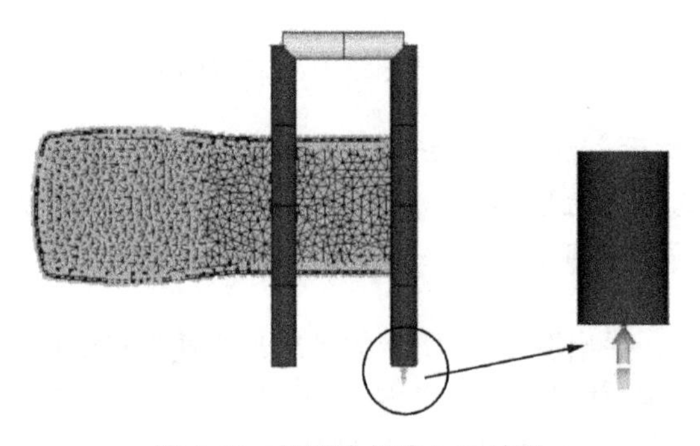

图 8-41 设置冷却液入口结果

Step5：关闭“设置冷却液入口”对话框。

Note

6．复制冷却管道

Step1：选择“几何”→“移动”→“平移”菜单命令，弹出如图 8-42 所示的“平移”对话框。

Step2：在图 8-42 中选择刚创建的所有的冷却系统，在“矢量”数值框中输入“-80,0,0”，选中“复制”单选按钮。

Step3：单击“应用”按钮，完成对冷却系统的复制，其结果如图 8-43 所示。

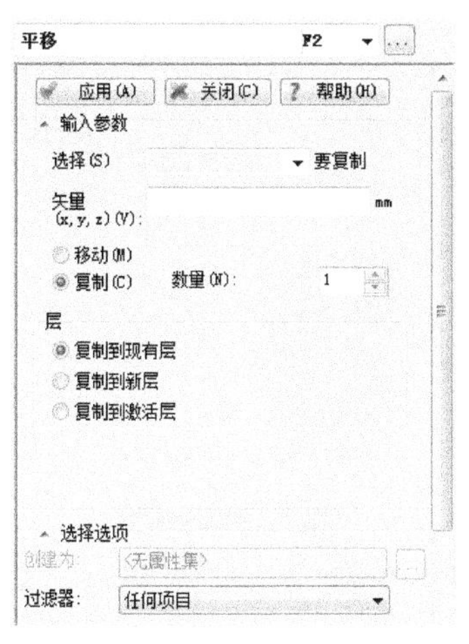

图 8-42 “平移”对话框

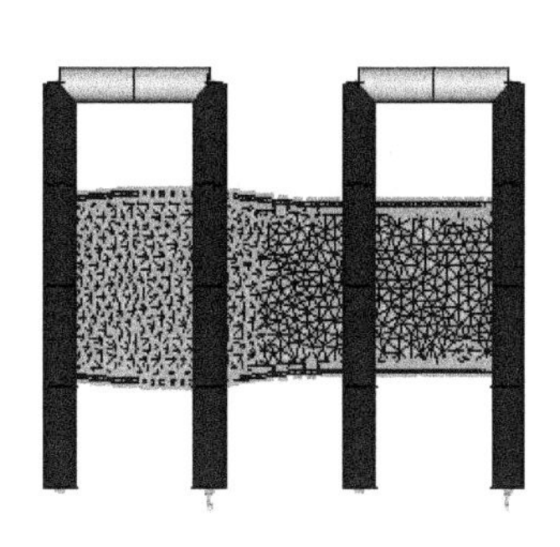

图 8-43 复制柱体单元结果

Step4：单击“关闭”按钮，关闭“平移”对话框。

8.3 喷流式冷却系统的创建

细长塑件（空心）在细长的型芯上开设冷却管道比较困难，常常采用喷流式冷却方式。图 8-44 所示为细长型芯喷流式冷却系统，在型芯中部开一个盲孔，盲孔中插入一根管子，冷却液从型芯下部经管子喷射到型芯顶部，当塑件的浇口开设在顶部中心时，此处为温度最高区域，然后分流由四周流回，形成平行流动冷却。

图 8-44 细长型芯的喷流式冷却系统

喷水管的内、外管直径必须调整为具有相同的流动阻力，即

内管直径/外管直径=0.707

目前，喷水管已经商业化，可以用螺纹旋入型芯。外管直径小于 4mm 的喷水管应该将内管末端加工成斜边，以增加喷流出口的截面积，如图 8-45 所示。喷水管除了应用于型芯中，也可以应用于无法钻铣冷却管道的平面模板中。

本节将通过一个实例来演示在 Moldflow 软件中创建喷流式冷却系统的方法和操作步骤。

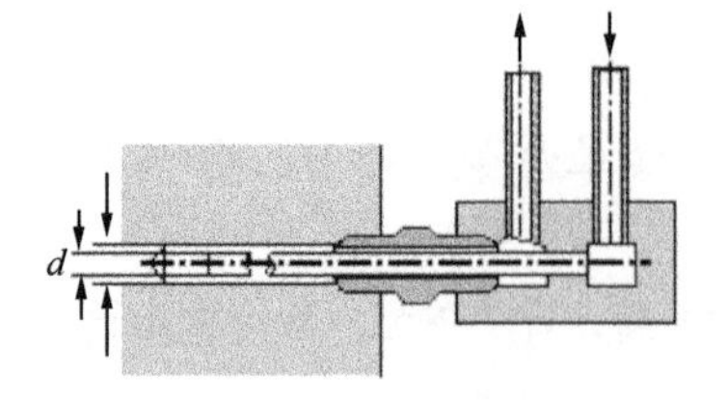

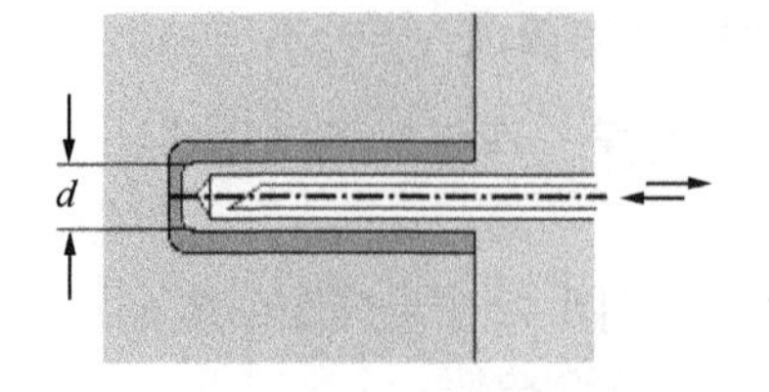

（a）锁进型芯的喷水管　　（b）喷水管末端斜面造就较大的流动

图 8-45　喷水管

本例的原始模型如图 8-46 所示，节点 N1908 为基节点。该模型为空心圆柱形结构，为了保证凹模和型腔冷却均匀，需要在型芯上开设冷却管道，由于型芯为细长结构，所以选择创建喷流式冷却系统。喷流式冷却系统创建结果如图 8-47 所示。

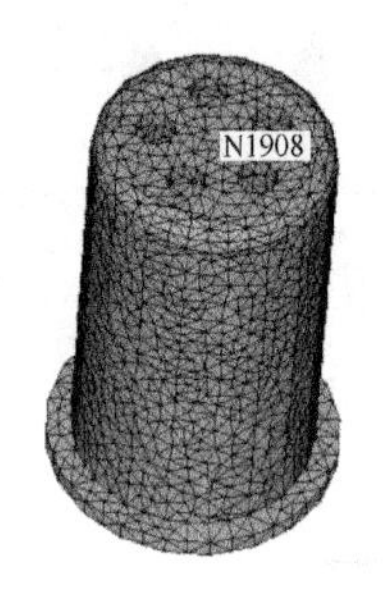

图 8-46　原始模型

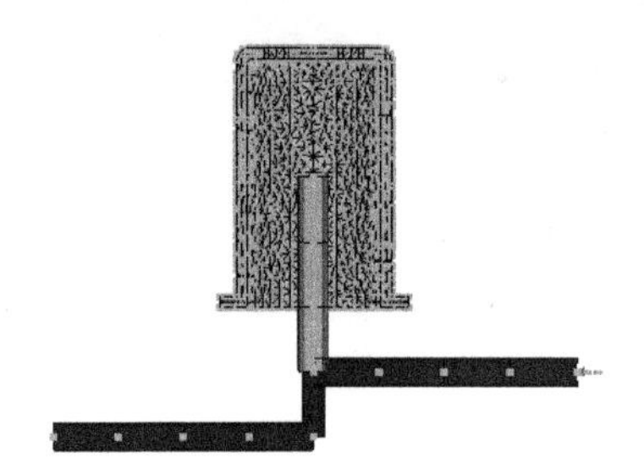

图 8-47　喷流式冷却系统创建结果

本例的模型见配套资源“第 8 章 喷流式冷却系统”。

操作步骤如下。

1. 创建节点

Step1：选择“几何”→“移动”→“平移”菜单命令，弹出如图 8-48 所示的“平移”对话框，选取节点 N1908。在“矢量”数值框中输入“-150,0,0”，选中“复制”单选按钮，单击“应用”按钮，即生成图 8-49 中的位置 1 节点。

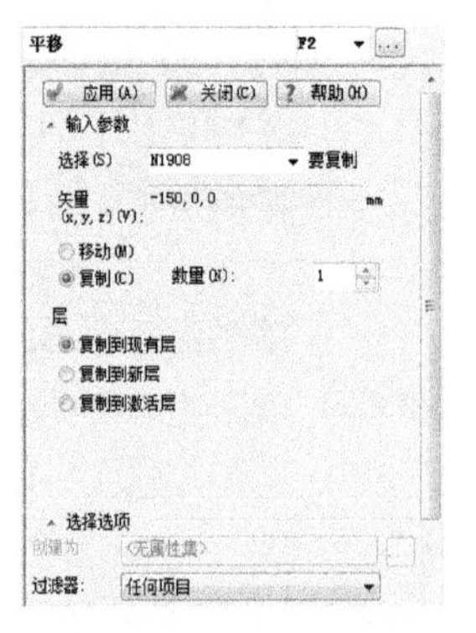

图 8-48　“平移”对话框

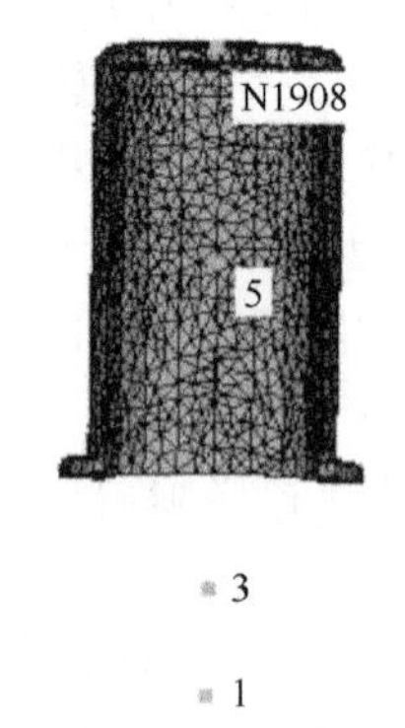

图 8-49　节点复制结果

Step2：将光标移到“选择”下拉列表中，单击位置 1 节点。在“矢量”数值框中输入“0,100,0”，单击“应用”按钮，即生成图 8-49 中的位置 2 节点。

Step3：在“矢量”数值框中输入“25,0,0”，单击“应用”按钮，即生成图 8-49 中的位置 3 节点。

Step4：重复 Step2 的操作，单击位置 3 节点，在“矢量”数值框中输入“0,-100,0”，单击“应用”按钮，即生成图 8-49 中的位置 4 节点。

Step5：在“矢量”数值框中输入“75,0,0”，单击“应用”按钮，即生成图 8-49 中的位置 5 节点。

Step6：选择“结果”→“剖切平面”→“编辑”菜单命令，弹出“剖切平面”对话框，如图 8-50 所示。

Step7：选中“平面 XY”复选框，单击 “使激活”按钮，主窗口的模型沿 *XY* 平面剖开，可以看到以上步骤生成的所有节点，如图 8-49 所示。

图 8-50 “剖切平面”对话框

至此，本例中所有节点创建完毕。

2. 创建管道的柱体单元

Step1：选择“网格”→“创建柱体单元”菜单命令，弹出“创建柱体单元”对话框，如图 8-51 所示。

Step2：分别选取位置 1 和位置 2 节点，“第一”和“第二”右边的数值框会分别自动显示这两个节点的坐标值。

Step3：单击“创建为”文本框旁边的⋯按钮，弹出“指定属性”对话框。

Step4：单击“新建”按钮，弹出下拉菜单。

Step5：在弹出的下拉菜单中选择“管道”命令，如图 8-52 所示，弹出“管道”对话框，如图 8-53 所示。在“截面形状是”下拉列表中选择“圆形”选项，在“直径”数值框中输入“10”。单击“确定”按钮，逐级返回上级对话框进行确认，直到返回图 8-51 所示的“创建柱体单元”对话框，单击“应用”按钮，创建一个圆形冷却管道柱体单元 C1，创建结果如图 8-54 所示。

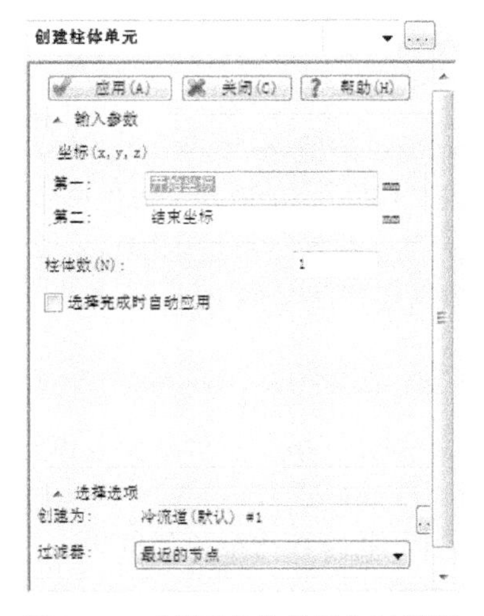

图 8-51 “创建柱体单元”对话框

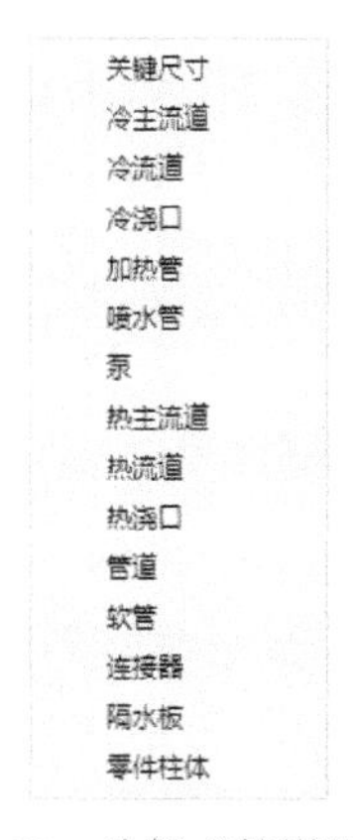

图 8-52 选择“管道”命令

Note

Step6：选取位置 3 和位置 4 节点，单击“应用”按钮，创建另一个圆形冷却管道柱体单元 C2，如图 8-54 所示。

Note

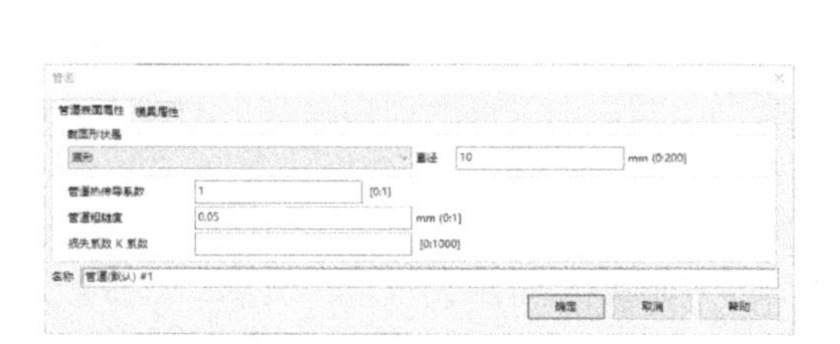

图 8-53　“管道”对话框①

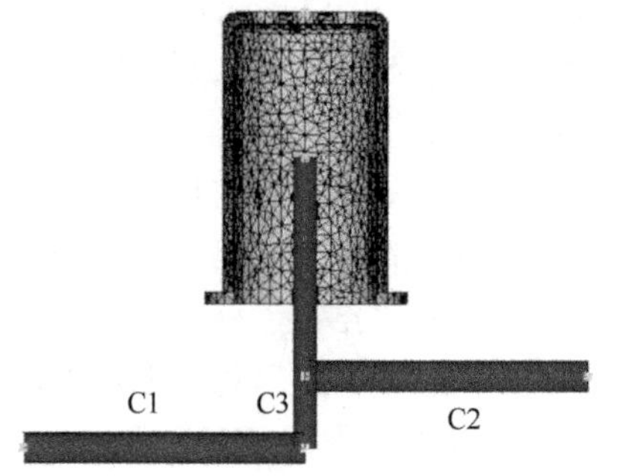

图 8-54　冷却管道柱体单元创建结果

Step7：选取位置 1 和位置 5 节点，单击按钮，弹出“指定属性”对话框。

Step8：单击“新建”按钮，弹出下拉菜单。

Step9：在弹出的下拉菜单中选择“管道”命令，弹出“管道”属性设置对话框，如图 8-55 所示。在“截面形状是”下拉列表中选择“圆形”选项，在“直径”数值框中输入“8”，在“管道热传导系数”数值框中输入“1”。单击“确定”按钮，逐级返回上级对话框进行确认，单击“应用”按钮，创建一个圆形冷却管道柱体单元 C3，创建结果如图 8-54 所示。

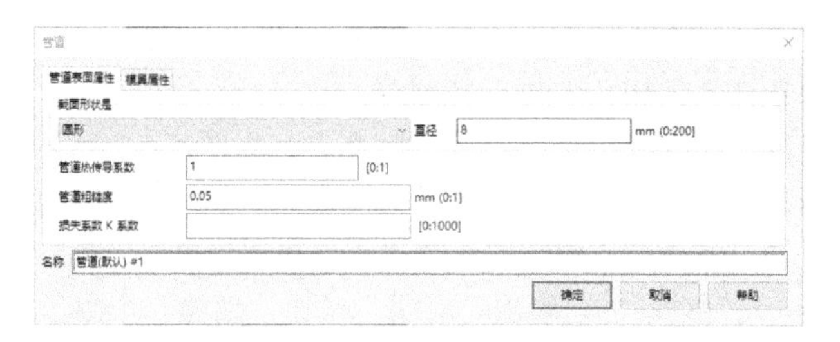

图 8-55　“管道”对话框②

Step10：分别选取位置 3 和位置 5 节点，单击按钮，弹出“指定属性”对话框。

Step11：单击“新建”按钮，弹出下拉菜单。

Step12：在弹出的下拉菜单中选择“喷水管”命令，如图 8-56 所示，弹出“喷水管”对话框，如图 8-57 所示。在“外径”数值框中输入“12”，在“内径”数值框中输入“8”，其他参数按默认设置。单击“确定”按钮，逐级返回上级对话框进行确认，单击“应用”按钮，创建一个圆形冷却管道柱体单元 B1，创建结果如图 8-58 所示。

3．划分柱体单元

Step1：选择“网格”→“网格编辑”→“重新划分网格”菜单命令，弹出如图 8-59 所示的“重新划分网格”对话框。

Step2：选取图 8-58 中的冷却系统柱体单元 C1，此时柱体单元的编号会自动添加到对话框中“选择要重新划分网格的实体”下拉列表中。

Step3：在“边长”数值框中输入“25”。

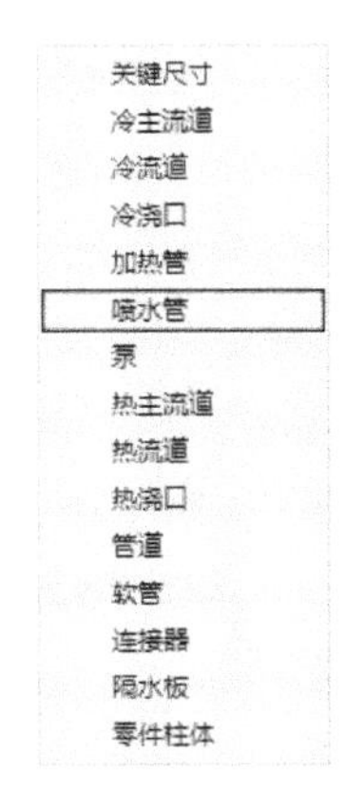

图 8-56 选择“喷水管”命令

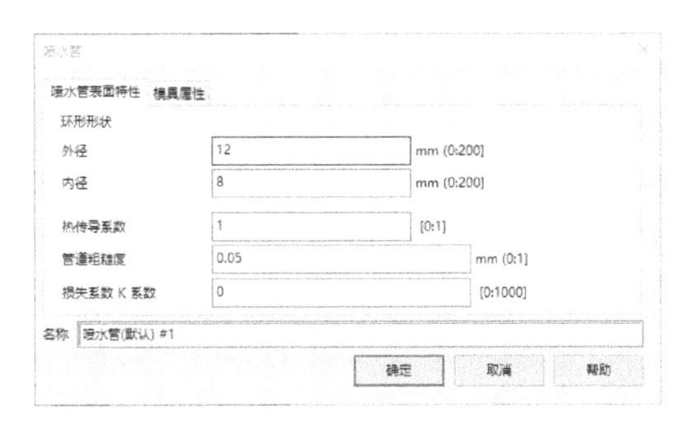

图 8-57 “喷水管”属性设置对话框

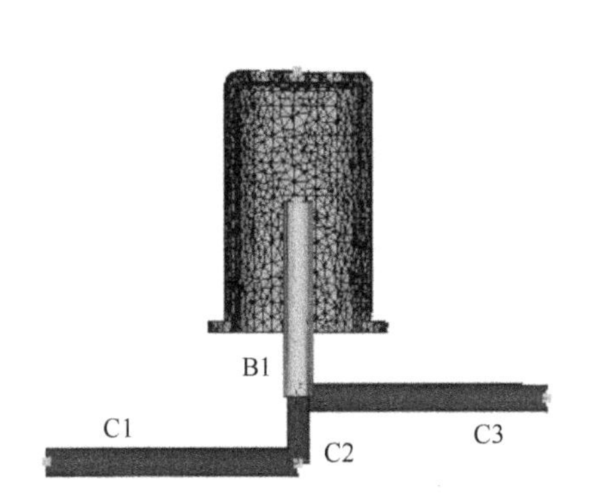

图 8-58 喷水管柱体单元创建结果

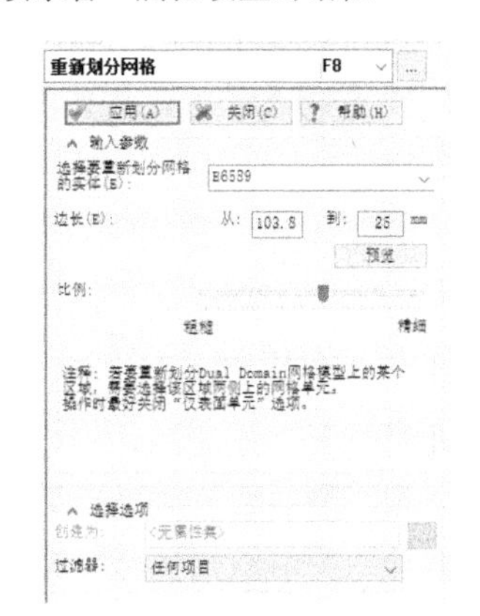

图 8-59 “重新划分网格”对话框

Step4：单击“应用”按钮完成对管道柱体单元的划分，划分结果如图 8-60 所示。

Step5：重复以上划分命令，对剩下的冷却管道 C2、C3 和喷水管 B1 柱体单元进行划分，其结果如图 8-61 所示。

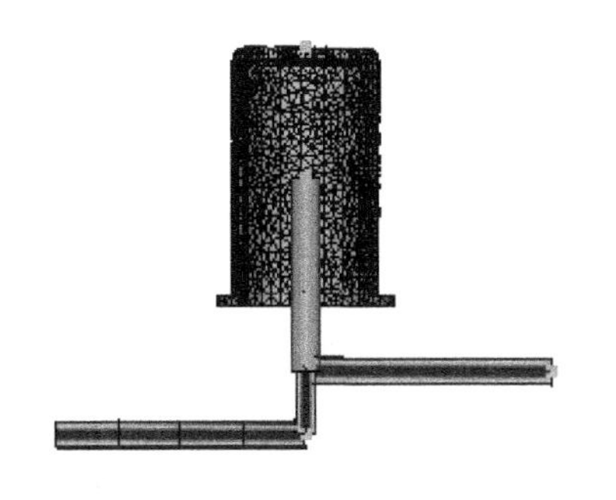

图 8-60 划分网格结果①

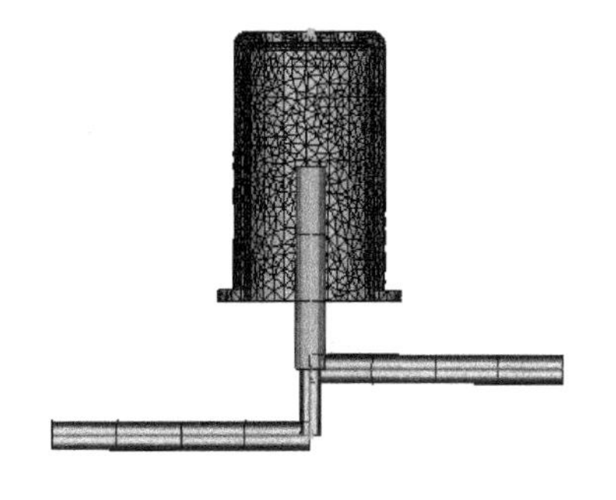

图 8-61 划分网格结果②

4. 设置冷却液入口

Step1：选择“边界条件”→“冷却液入口/出口”→“冷却液入口”菜单命令，此时光标会变成十字状，并且弹出“设置冷却液入口”对话框，如图 8-62 所示。

Step2：在图 8-62 中选取冷却液入口处的节点，完成冷却液入口的设置，其结果如图 8-63 所示。

Step3：关闭“设置冷却液入口”对话框。

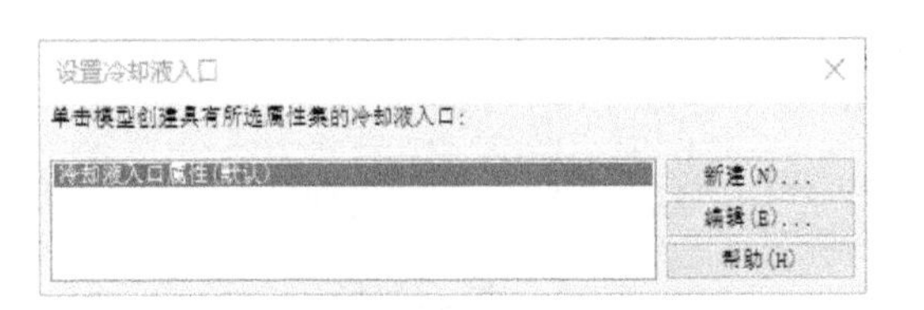

图 8-62 “设置冷却液入口”对话框

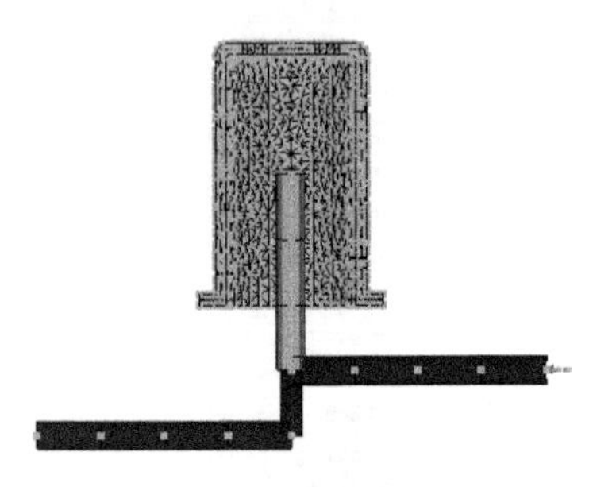

图 8-63 设置冷却液入口结果

8.4 挡板式冷却系统的创建

解决在细长塑件（空心）的型芯上开设冷却管道困难的问题，除了 8.3 节介绍的喷流式冷却方式，还可以采用挡板式冷却方式，如图 8-64 所示。

实际上，隔水管是垂直钻过主要冷却管道的管道，在冷却系统中加入一个挡板，将其分隔成两个半圆形流路，冷却液从主要冷却管道流进挡板一侧，进到末端再回流到挡板的另一侧，最后回流到主要管道，形成平行流动冷却。

隔水管为冷却液提供最大接触面积，但是其挡板很难保持在中央位置，因而型芯两侧的冷却效果及温度分布可能不同。将金属挡板改成螺线挡板，可以改善此缺点，也符合制造上的经济效益。

另一种设计采用螺旋旋挡板，如图 8-65 所示，其管径为 12～50mm，可以获得均匀的温度分布。

图 8-64 细长型芯的挡板式冷却系统

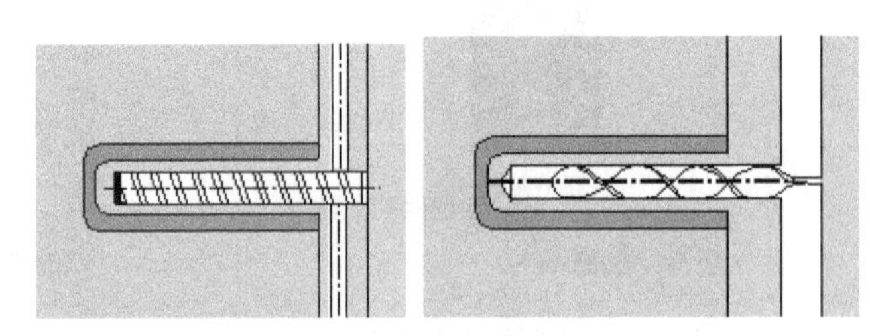

图 8-65 螺旋挡板

本节将通过一个实例来演示在 AMI 软件中创建挡板式冷却系统的方法和操作步骤。本例的原始模型如图 8-66 所示，节点 N1908 为基节点，在此基础上创建挡板式的冷却系统，其创建结果如图 8-67 所示。

本例的模型见配套资源“第 8 章 挡板式冷却系统”。

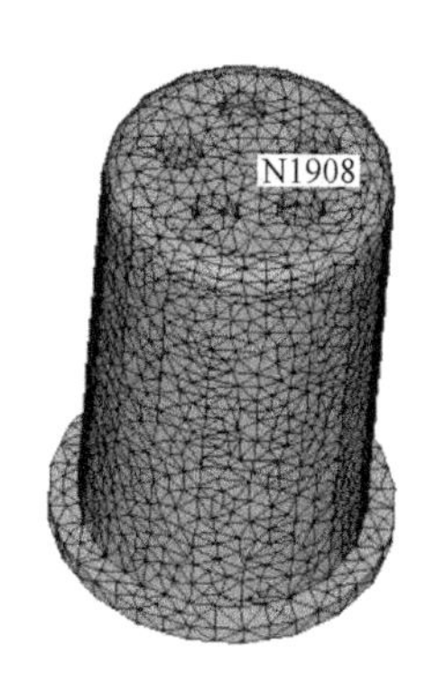

图 8-66　原始模型

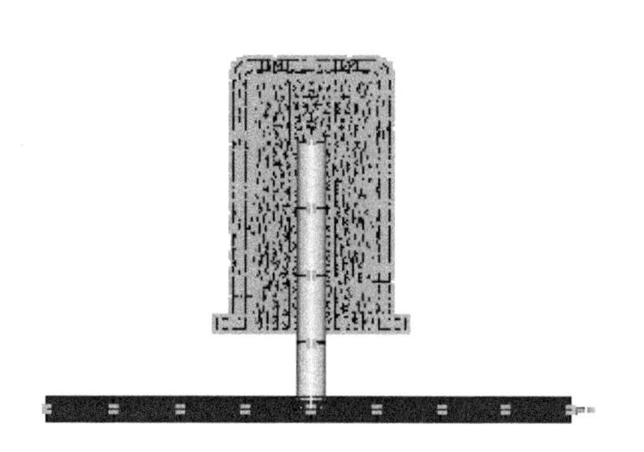
图 8-67　挡板式冷却系统创建结果

操作步骤如下。

1．创建节点

Step1：选择“几何”→“移动”→“平移”菜单命令，弹出如图 8-68 所示的“平移”对话框，单击节点 N1908。在“矢量”数值框中输入“-130,0.1,0”，选中“复制”单选按钮，单击“应用”按钮，即生成图 8-69 中的位置 1 节点。

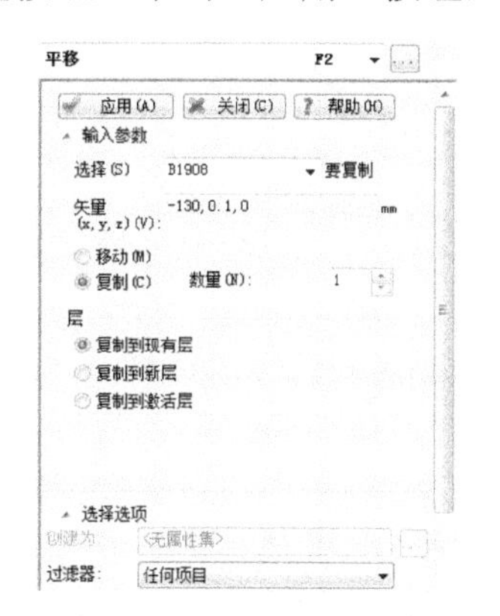

图 8-68　“平移”对话框

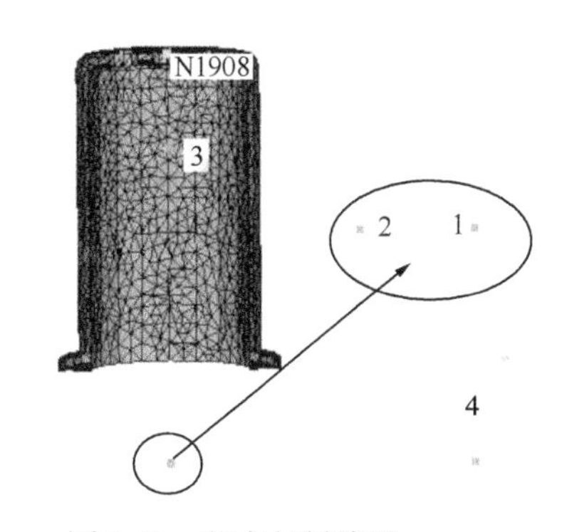

图 8-69　节点复制结果

Step2：在“矢量”数值框中输入“-130,-0.1,0”，单击“应用”按钮，即生成图 8-69 中的位置 2 节点。

Step3：在“矢量”数值框中输入“-30,0,0”，单击“应用”按钮，即生成图 8-69 中的位置 3 节点。

Step4：将光标移至“选择”下拉列表中，单击位置 1 节点，在“矢量”数值框中输入“0,100,0”，单击“应用”按钮，即生成图 8-69 中的位置 4 节点。

Step5：将光标移至“选择”下拉列表中，单击位置 2 节点，在“矢量”数值框中输入“0,-100,0”，单击“应用”按钮，即生成图 8-69 中的位置 5 节点。

Step6：选择“结果”→“剖切平面”→“编辑”菜单命令，弹出“剖切平面”对话框，如图 8-70 所示。

Step7：选中“平面 XY”复选框，单击“使激活”按钮，主窗口的模型沿 *XY* 平面剖开，可以看到以上步骤生成的所有节点，如图 8-69 所示。

说 明

至此，本例中所有节点创建完毕。位置 1 和位置 2 节点之间的距离为 0.2mm，图 8-69 所示的圈内为放大显示。

Note

2．创建管道和隔水管的柱体单元

Step1：选择“网格”→“创建柱体单元”菜单命令，弹出“创建柱体单元”对话框，如图 8-71 所示。

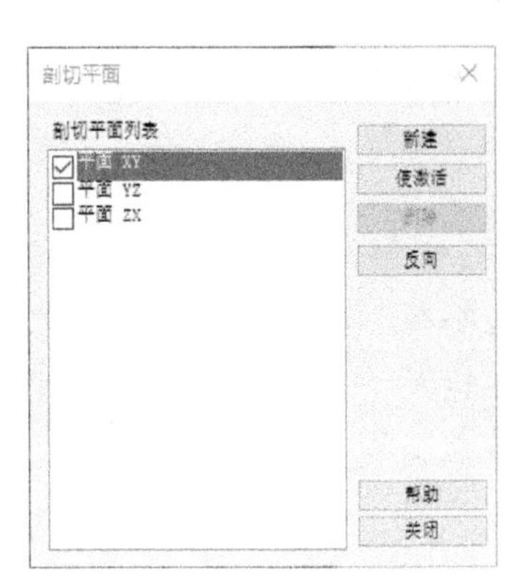

图 8-70　“剖切平面”对话框

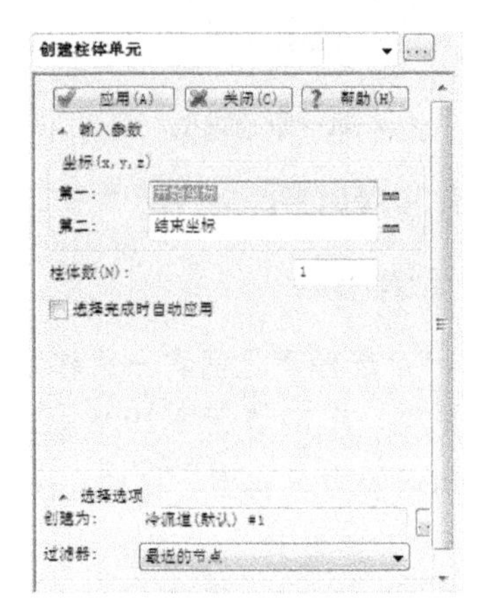

图 8-71　“创建柱体单元”对话框

Step2：分别选取位置 1 和位置 4 节点，“第一”和“第二”右边的数值框会分别自动显示这两个节点的坐标值。

Step3：单击“创建为”文本框旁边的…按钮，弹出“指定属性”对话框。

Step4：单击“新建”按钮，弹出下拉菜单。

Step5：在弹出的下拉菜单中选择“管道”命令，弹出“管道”属性设置对话框，如图 8-72 所示。在“截面形状是”下拉列表中选择“圆形”选项，在“直径”数值框中输入“10”。单击“确定”按钮，逐级返回上级对话框进行确认，直到返回图 8-71 所示的“创建柱体单元”对话框，单击“应用”按钮，创建一个圆形冷却管道柱体单元 C1，创建结果如图 8-73 所示。

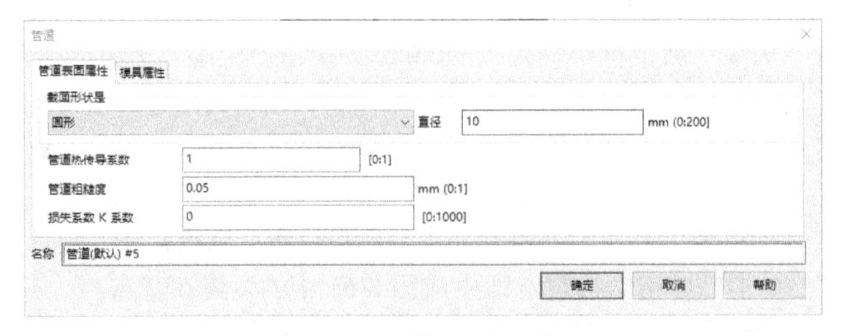

图 8-72　“管道”对话框

Step6：选取位置 2 和位置 5 节点，单击“应用”按钮，创建另一个圆形冷却管道柱体单元 C2，创建结果如图 8-73 所示。

Step7：分别选取位置 3 和位置 1 节点，单击…按钮，弹出“指定属性”对话框。

Step8：单击“新建”按钮，弹出下拉菜单。

Step9：在弹出的下拉菜单中选择“隔水板”命令，如图 8-74 所示，弹出“隔水板”对话框，如图 8-75 所示。在“直径”数值框中输入“12”，其他参数按默认设置。单击“确定”按钮，逐级返回上级对话框进行确认，单击“应用”按钮，创建一个圆形冷却管道柱体单元 B1，创建结果如图 8-76 所示。

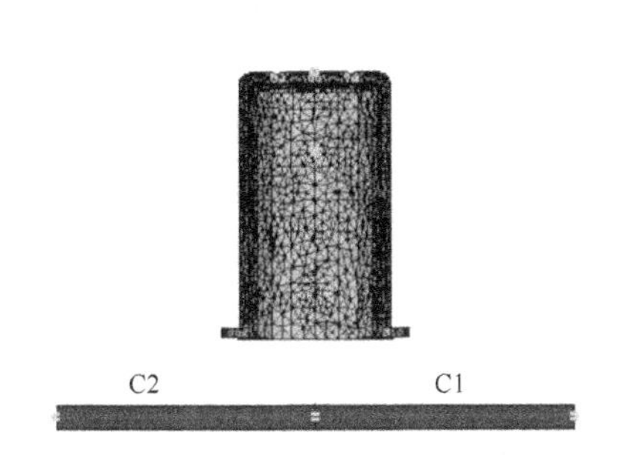

图 8-73　冷却管道柱体单元创建结果

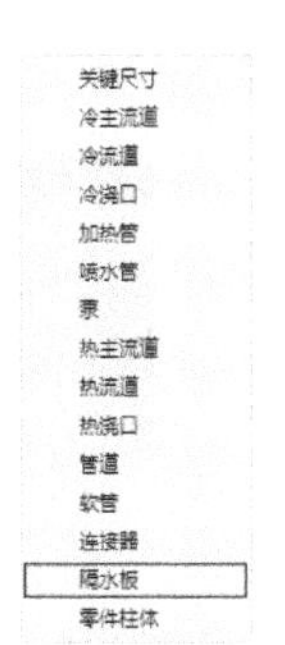

图 8-74　选择“隔水板”命令

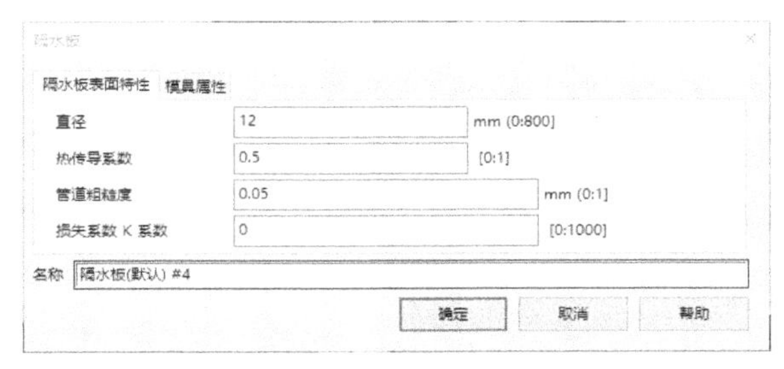

图 8-75　“隔水板”对话框

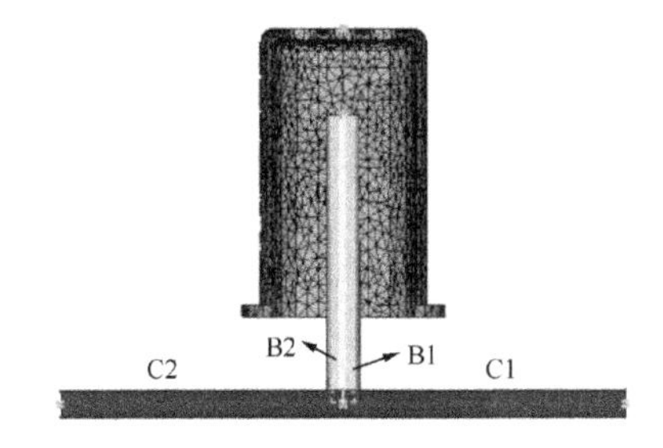

图 8-76　隔水管柱体单元创建结果

Step10：分别选取位置 3 和位置 2 节点，单击“应用”按钮，创建另一个隔水管柱体单元 B2，创建结果如图 8-76 所示。

3. 划分柱体单元

Step1：选择“网格”→“网格编辑”→“重新划分网格”菜单命令，显示如图 8-77 所示的“重新划分网格”对话框。

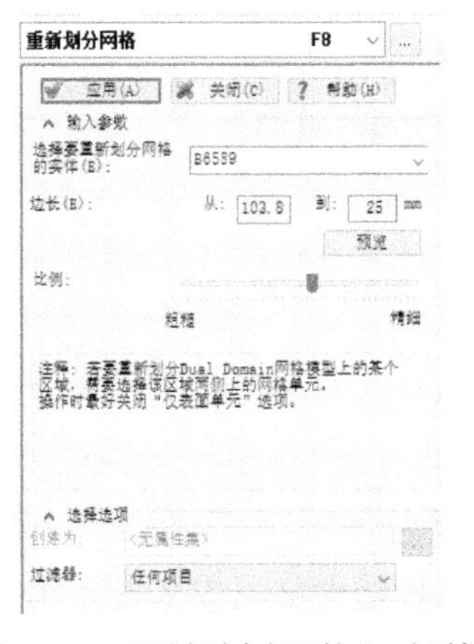

图 8-77　“重新划分网格”对话框

Step2：选取图 8-76 中的冷却系统柱体单元 C1，此时柱体单元的编号会自动添加到对话框中“选择要重新划分网格的实体”下拉列表中。

Step3：在“边长”数值框中输入“25”。

Step4：单击“应用”按钮完成对浇口柱体单元的划分，划分结果如图 8-78 所示。

Step5：重复以上划分命令，对剩下的冷却管道 C2 和隔水管 B1、B2 柱体单元进行划分，划分结果如图 8-79 所示。

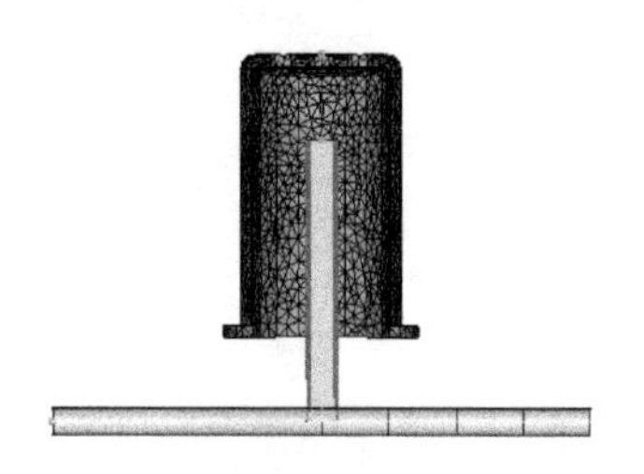

图 8-78　冷却管道柱体单元划分结果

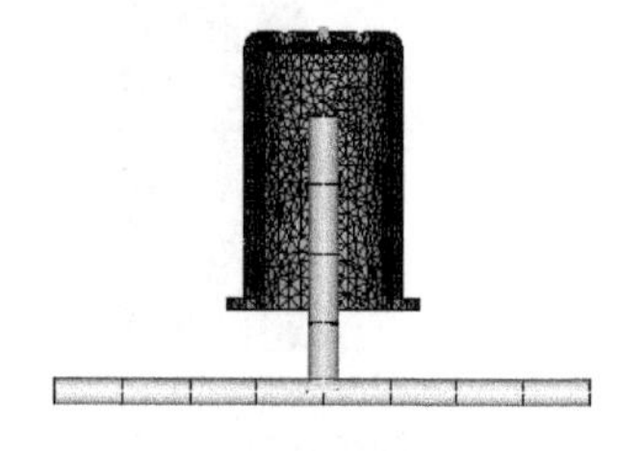

图 8-79　隔水管柱体单元划分结果

4．设置冷却液入口

Step1：选择“边界条件”→“冷却液入口/出口”→“冷却液入口”菜单命令，此时光标会变成十字状，并且在模型窗口中弹出“设置冷却液入口”对话框，如图 8-80 所示。

Step2：在图 8-79 中选取冷却液入口处的节点，完成冷却液入口的设置，其结果如图 8-81 所示。

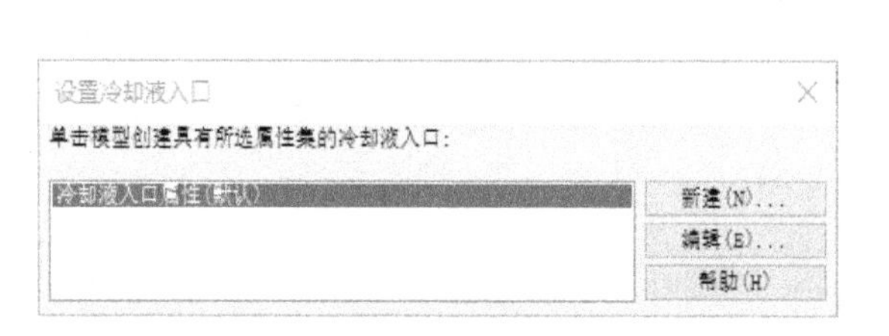

图 8-80　“设置冷却液入口”对话框

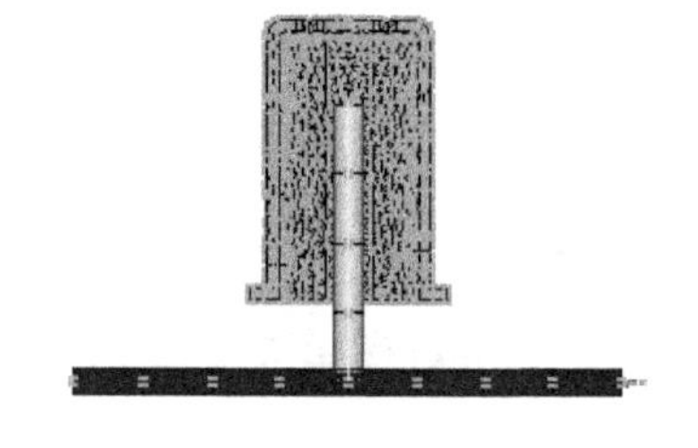

图 8-81　设置冷却液入口结果

Step3：关闭“设置冷却液入口”对话框。

8.5 加热系统的创建

在 AMI 软件中，与冷却系统类似，可以根据需要创建加热系统。本节主要介绍在实际应用中加热系统的设计方法及在 AMI 中加热系统的创建方法。

8.5.1　设计加热系统

在一般情况下，需要对热固性塑件成型模具设计加热系统。但对于热塑性塑料注射成型时也需要对以下这四种情况进行加热。

（1）要求模具温度在80℃以上的塑料成型。某些熔融黏度高、流动性差的热塑性塑料，如聚碳酸酯、聚甲醛、氯化聚醚、聚砜、聚苯醚等，要求有较高的模具温度，此时需要对模具进行加热。如果这些塑料在成型时模温过低，则会影响塑料熔体的流动性，从而加大流动剪切力，使塑件的内应力增大，甚至会出现冷流痕、银丝、轮廓不清等缺陷。

（2）对大型模具进行预热。大型模具在初始成型时其模温是室温，靠熔融塑料的热量使其达到相应的温度是十分困难的，这时就需要在成型前对模具进行预热，才能使成型顺利进行。

（3）模具有需要加热的局部区域。远离浇口的模具型腔，由于模温过低可能会影响塑料熔体的流动，这时可以对该处进行局部加热。

（4）热流道模具的局部加热。有的热流道模具需要对浇注系统部分进行局部加热。

1. 模具加热方式

根据加热的热源不同，模具加热常常分为介质加热和电加热两大类。

1）介质加热

利用冷却水道通入热水、热油、热空气及蒸汽等加热介质进行模具加热。其装置和调节方法与冷却水路基本相同，结构比较简单。但是，对于需要持续维持80℃以上高温的模具最好不要用热水加热，因为高温易使未经软化的水产生水垢而影响传热效率，甚至堵塞通道。

2）电加热

用电热棒或电热环作为加热元件进行模具加热。电加热具有清洁、简便、可随时调节温度等优点，在大型模具和热流道模具中逐渐得到广泛的应用。

2. 电阻加热常用元件的结构与要求

1）电阻加热常用元件的结构

电阻加热的常见元件是电热棒。电热棒的结构如图8-82所示。根据模具体积，靠改变电热元件的功率、安装数目和输入电压来调节加热速度和温度。

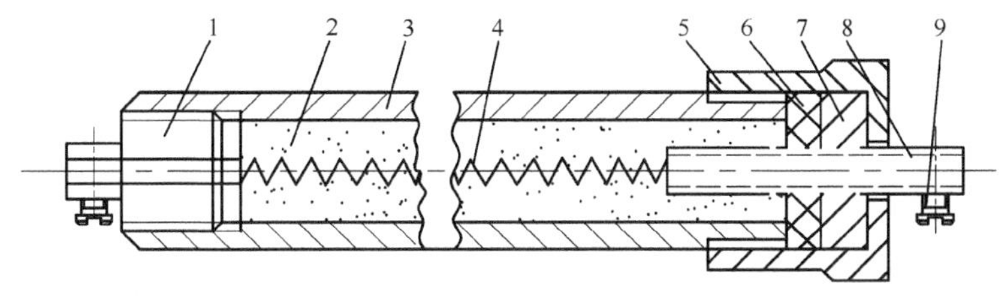

1—螺丝堵头；2—耐火材料；3—套管；4—电阻丝；5—螺母；6—绝缘垫；7—垫圈；8—接线柱；9—螺钉

图8-82　电热棒的结构

图8-83所示为装入电热元件的电热板。电热棒一般装在通用电热板内，通常用于热固性塑料模具的加热。

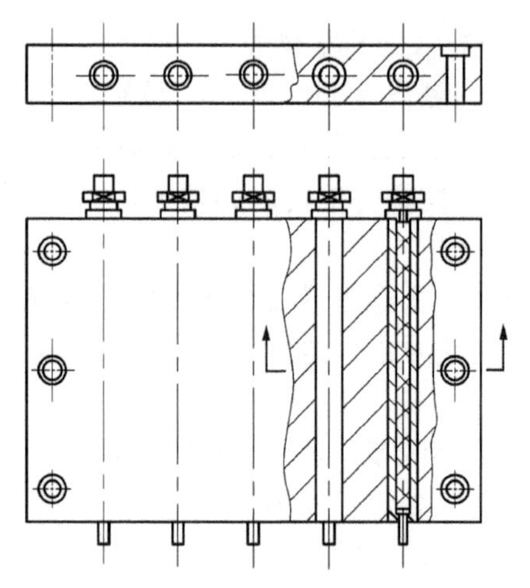

图 8-83　装入电热元件的电热板

除了采用电热棒，也可以根据模具结构的不同采用其他形式的电热元件，如电热圈和电热板等，如图 8-84 所示。

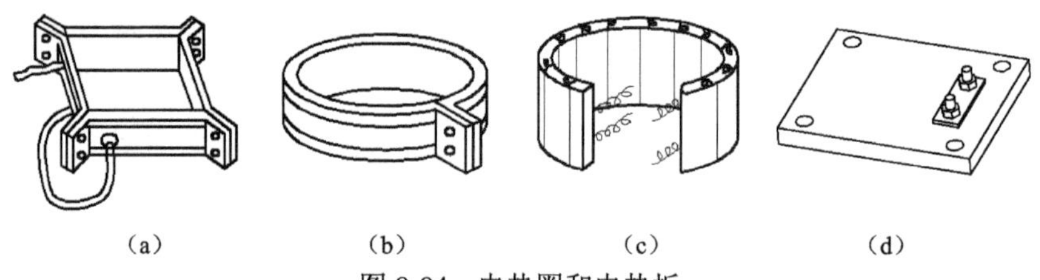

图 8-84　电热圈和电热板

2）电阻加热的基本要求

（1）正确合理布置电热元件，保证电热元件的加热功率。如果电热元件的功率不足，就不能达到模具的温度；如果电热元件功率过大，会使模具加热过快，从而出现局部过热现象。

（2）大型模具的电热板应安装两套控温仪表，分别用来控制和调节电热板中央和边缘部位的温度。

（3）电热板的中央和边缘部位要分别采用不同功率的电热元件，一般在模具中央部位的电热元件功率稍小，边缘部位的电热元件功率稍大。

（4）加强模具的保温措施，减小热量的传导和热辐射的损失。通常，在模具与压力机的上、下压板之间，以及模具四周设置石棉隔热板，厚度为 4～6mm。

8.5.2　创建加热系统

在 Moldflow 软件中，加热系统的创建方法和冷却系统类似，只是在加热介质进口的设置上要选择油，而冷却系统选择的是冷却水。

本节在 8.3 节创建好的管道的基础上进行加热介质进口设置。创建好的加热系统如图 8-85 所示。

操作步骤如下。

Step1：选择“边界条件”→“冷却液入口/出口”→“设置冷却液入口”菜单命令，此时光标会变成十字状，并且在模型窗口中弹出“设置冷却液入口”对话框，如图 8-86 所示。

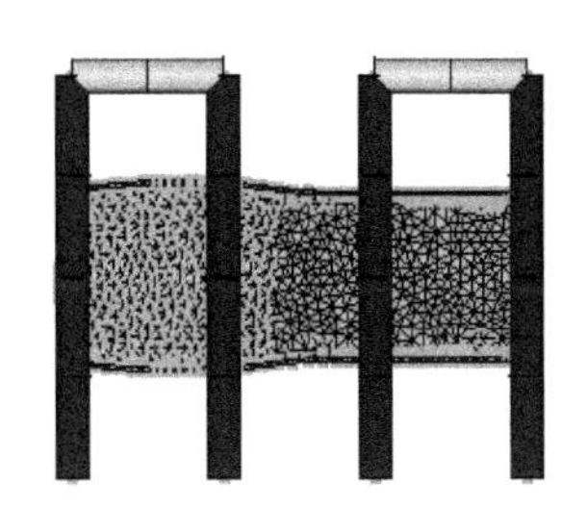

图 8-85　加热系统

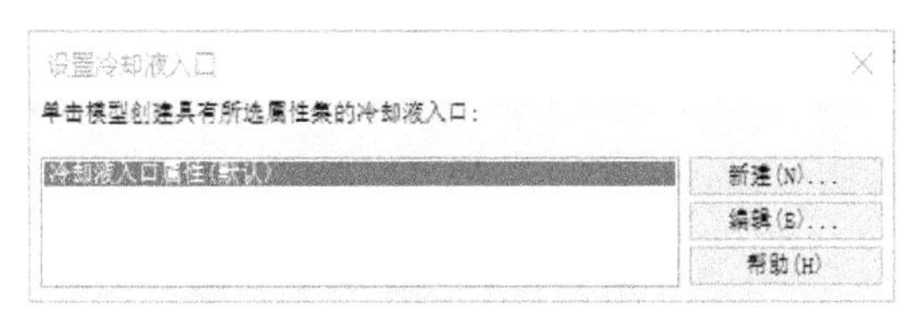

图 8-86　“设置冷却液入口”对话框

Step2：单击“新建”按钮，弹出“冷却液入口”对话框，如图 8-87 所示。

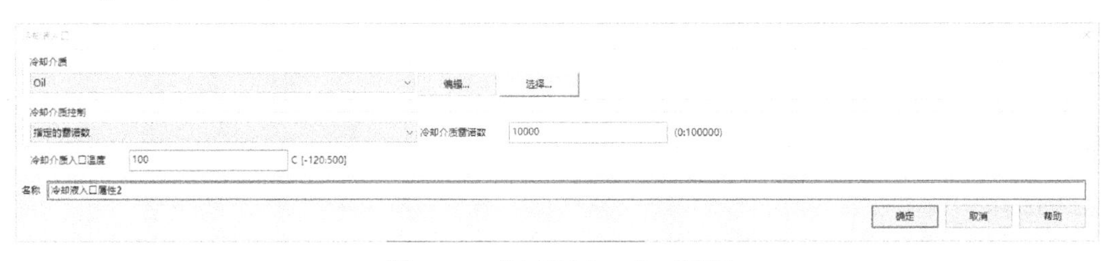

图 8-87　“冷却液入口”对话框

Step3：单击“选择”按钮，弹出如图 8-88 所示的“选择 冷却介质”对话框，在该对话框中选择 Oil（油）作为冷却介质。

Step4：单击“选择”按钮，返回图 8-87 所示的“冷却液入口”对话框，可以对冷却介质的属性进行设置。

Step5：设置“冷却介质入口温度”为 100℃，在“冷却介质控制”下拉列表中选择“冷却介质雷诺数”选项，并采用默认值 10000。

Step6：单击“确定”按钮，关闭该对话框，此时图 8-89 所示的对话框中多出一项内容“冷却液入口属性 2”。

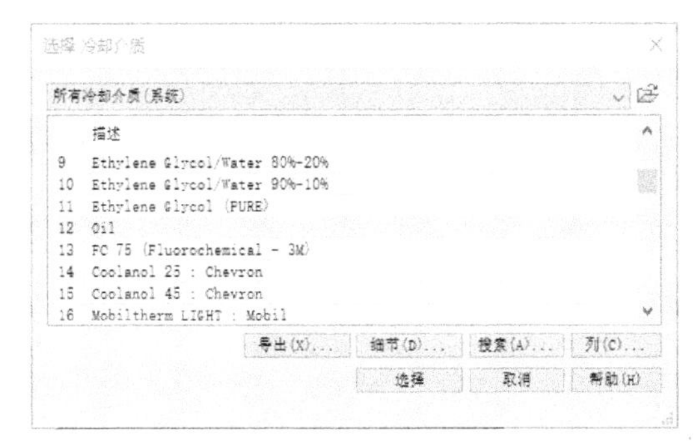

图 8-88　“选择 冷却介质”对话框

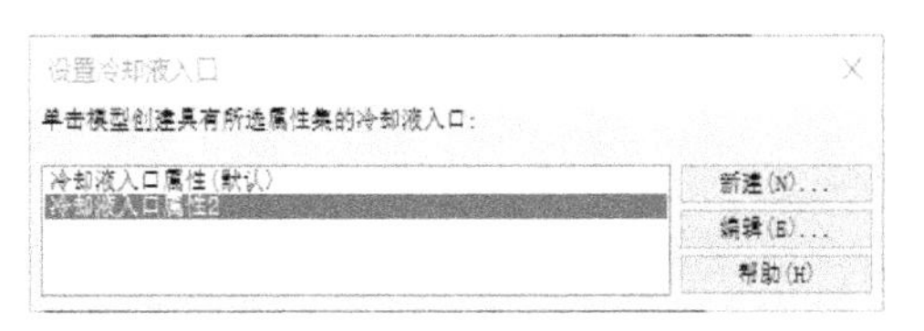

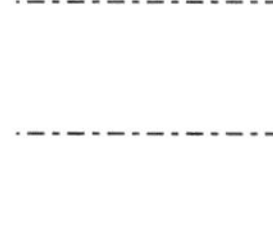

图 8-89　“设置冷却液入口”对话框

Step7：单击冷却液入口处的节点，完成冷却液入口的设置，其结果如图 8-90 所示。

Note

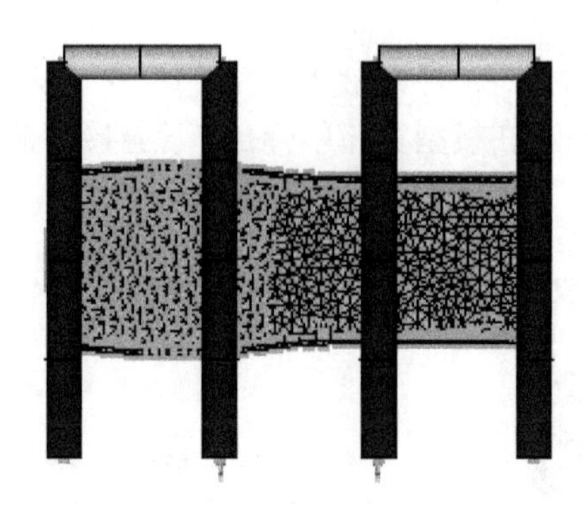

图 8-90 设置冷却液入口结果

Step8：关闭“设置冷却液入口”对话框。至此，加热系统的加热介质进口设置完毕。

8.6 本章小结

本章主要介绍了自动创建冷却系统、手动创建冷却系统及创建加热系统的方法和步骤，在手动创建冷却系统时，重点需要掌握喷流式冷却系统和挡板式冷却系统的创建方法。

鉴于冷却过程在整个注射成型过程中的重要性，以及冷却效果的好坏直接影响产品的质量，在进行冷却系统创建时需多注意这两方面。

第9章

分析类型及材料选择

本章主要介绍 Moldflow 软件中的基本分析类型及材料库的使用方法，介绍浇口位置、填充、保压、翘曲等各分析类型及组合，并介绍材料搜索、显示材料属性等方法。在分析注射成型案例时，必须设定将要分析的类型和选择合适的材料。

学习目标

（1）熟悉各种分析类型

（2）掌握材料库的使用方法

Note

9.1 选择分析类型

当塑件模型导入 Moldflow 软件中并进行网格划分和修复处理后，就要选择分析类型。Moldflow 软件有丰富的分析类型供用户选择，每一种分析类型的分析结果各不相同，用户可以预计塑件的缺陷类型选择相应的分析类型。因此，清楚地了解每种分析类型的分析目的和所能得到的结果，可以为选择有针对性的分析提供依据。

1. 分析类型选择方法

选择分析类型有两种方法，其操作过程如下。

（1）双击任务视窗中的“填充”命令，会弹出“选择分析序列”对话框，如图 9-1 所示。

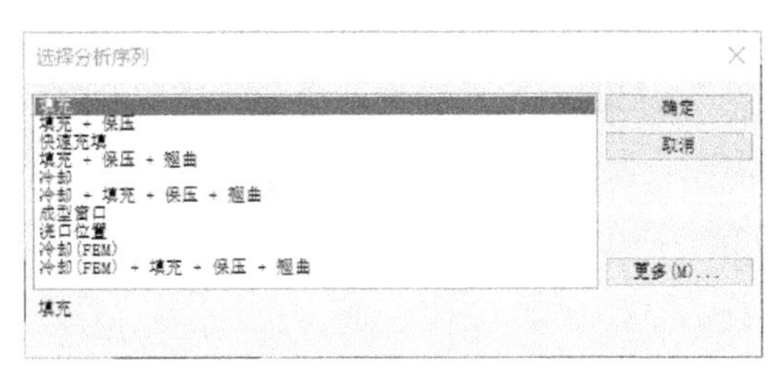

图 9-1 “选择分析序列”对话框

（2）如图 9-2 所示，选择“主页”→“成型工艺设置”→“分析序列”菜单命令，同样会弹出“选择分析序列”对话框。

单击图 9-1 中的“更多”按钮，会弹出“定制常用分析序列”对话框，如图 9-3 所示，显示更多的分析类型和分析类型的组合。

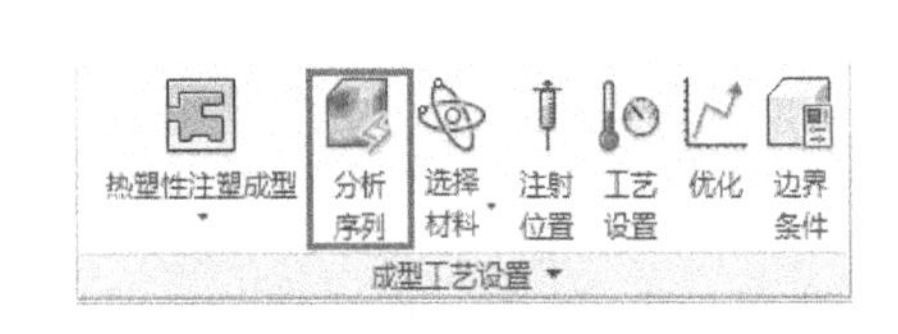

图 9-2 选择“分析序列”命令

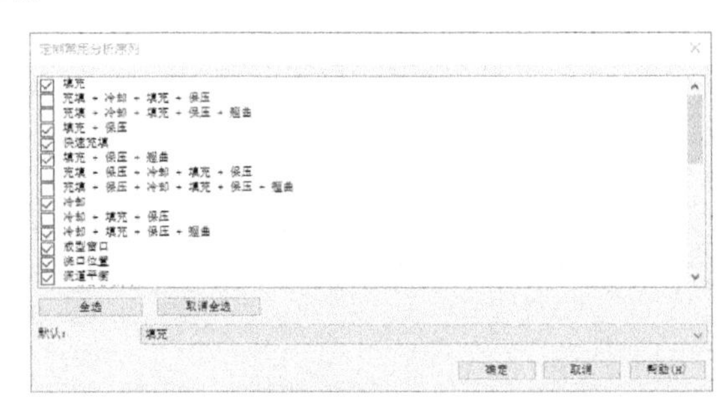

图 9-3 “定制常用分析序列”对话框

2. 分析类型介绍

Moldflow 软件的分析类型可以单独使用，也可以组合起来使用。

各分析类型及组合说明如下。

（1）填充分析。模拟塑料熔体从喷嘴进入模具型腔开始到充满型腔的填充过程，计算从注射点开始，塑料熔体流动前沿在型腔中的位置。根据模拟结果，可以得到塑料熔体在型腔中的填充行为报告，从而为判断浇口位置、浇口数目、浇注系统布局、工艺参数等是否合理提供可靠的依据。

（2）填充+保压分析。模拟塑料熔体在型腔中的充模和保压过程，从而得到最佳的保压阶段设置，最大限度地降低由保压引起的塑件收缩和翘曲等缺陷。

（3）冷却分析。模拟塑料熔体在模具内的热量传递情况，从而可以判断塑件冷却效果的优劣，优化冷却系统的设置，缩短塑件的成型周期，提高塑件成型的质量。

（4）翘曲分析。模拟预测塑件成型过程中发生翘曲变形的情况，查出发生翘曲的原因，从而优化模具设计及工艺参数设置，以获得高质量的塑件。

（5）浇口位置分析。其主要作用是得到最佳浇口位置，避免由浇口位置设置不当引起的后续分析失真或者塑件缺陷等问题。

（6）成型窗口。其主要作用是得到能够生产合格塑件的成型工艺条件。

（7）流道平衡分析。其主要作用是改善塑料熔体在多型腔内的流动不平衡性，降低不同型腔内的压力差，防止由流动不平衡造成的过保压等情况的出现。

（8）设计实验（填充）分析。其作用是通过一系列实验，帮助优化工艺参数和最终成型的塑件质量。

（9）工艺优化（填充）分析。其作用是对填充阶段的螺杆位置进行优化，同时分析出塑件冷凝百分比，以及流动前沿区域随时间的变化情况，从而优化成型工艺参数。

9.2 选择材料

对每种分析类型，必须选择一种材料才能进行分析。为帮助选择材料，一种材料需要与另一种或几种材料进行比较，分析材料的不同特性。

Moldflow 软件为用户提供了一个内容丰富的材料数据库，供用户自主选择需要的材料。材料库中包含详细的相关材料的特性信息，能够帮助用户根据成型材料的特性确定成型工艺条件。

对一种分析来说，有几种选择材料的途径，这主要取决于所掌握的信息。如果知道制造商和牌号，就可从材料列表中直接选取该材料。如果不知道使用的材料，就需要进行材料搜索以寻找所需的材料。当选择材料后，它就可与其他的材料进行比较并可查看材料的质量报告。

进入“选择材料”对话框有两种方式：双击任务视窗中的材料图标（见图 9-4），或者选择“主页”→“成型工艺设置”→“选择材料”菜单命令，系统弹出“选择材料”对话框，如图 9-5 所示。

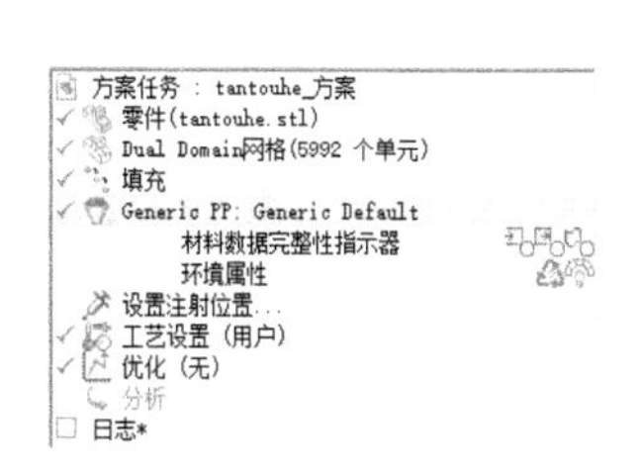

图 9-4　任务视窗

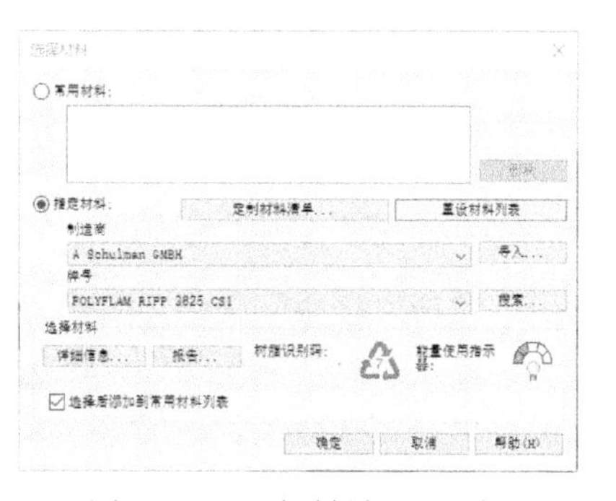

图 9-5　“选择材料”对话框

对图 9-5 对话框中各个选项的说明如下。

（1）“常用材料”列表框：显示之前使用过的材料。如果分析所要选择的材料存在此列表框中，则可以直接选择该材料；如果分析所要选择的材料不在此列表框中，则可以通过搜索材料查找所需材料。

（2）“指定材料”单选按钮：通过指定材料制造商和材料商业名称的方法查找材料。指定材料区包含一张材料数据库中所有材料的列表，该列表包含了材料库中的 8000 多种材料，它们根据制造商、牌号进行分类。选择此项后，在“制造商”下拉列表中选择材料的制造商，在“牌号”下拉列表中选择相应的名称，即可选择指定材料。

（3）“搜索”按钮：通过输入材料的制造商名称、牌号等方式搜索材料，这是比较常用的方法。

（4）“选择后添加到常用材料列表”复选框：此复选框用来将已经选择的材料添加到“常用材料”列表框中。

（5）“删除”按钮：用来将某个已经不常使用的材料从“常用材料”列表框中删除。

（6）“详细信息”按钮：用来显示材料的相关信息。

（7）“报告”按钮：用来显示材料数据使用方法报告。

9.2.1 材料的搜索

在图 9-5 所示的“选择材料”对话框中单击“搜索”按钮，系统会弹出“搜索条件”对话框，如图 9-6 所示。

在该对话框中，左边的列表框为“搜索字段”，右边的“子字符串”文本框中可以输入相应的查找关键字，然后单击“搜索”按钮开始搜索。

本节以 PP 为例说明材料搜索的过程。

操作步骤如下。

Step1：选择图 9-6 所示的“搜索条件”对话框的“材料名称缩写”选项，使其处于激活状态。

Step2：在“子字符串”文本框中输入“PP”，如图 9-7 所示。

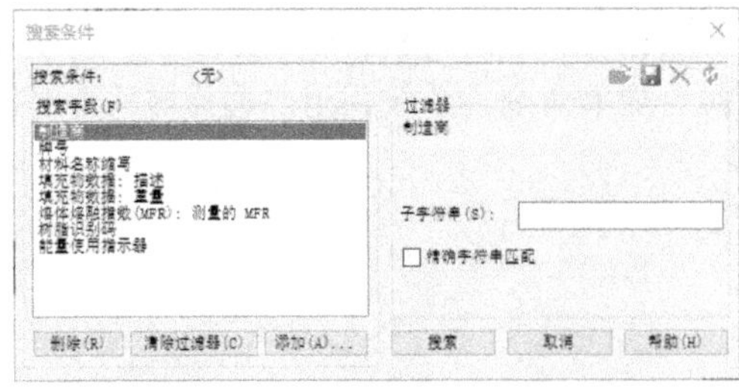
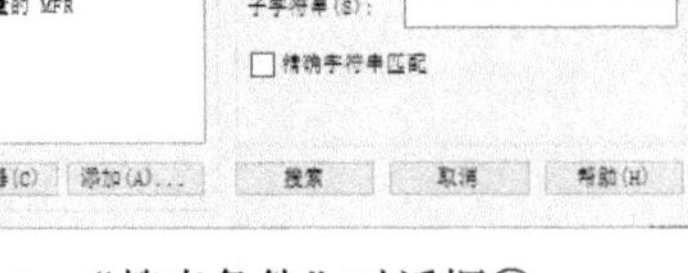

图 9-6 “搜索条件”对话框①

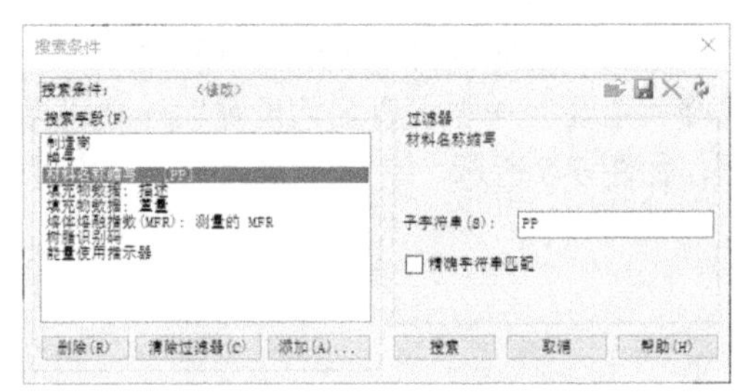

图 9-7 “搜索条件”对话框②

Step3：单击“搜索”按钮，弹出“选择 热塑性材料”对话框，如图 9-8 所示。

Step4：单击“制造商”按钮，制造商的名称会以字母的顺序排列从而方便查找。

Step5：单击第 500 条记录的 SABIC 生产的 PPCompound 8250U。

Step6：单击“细节”按钮，查看材料的详细信息。

Step7：单击“确定”按钮，回到图 9-8 所示的“选择 热塑性材料”对话框，单击“选择”按钮。

图 9-8 “选择 热塑性材料”对话框

Step8：回到图 9-5 所示的“选择材料”对话框，单击“确定”按钮，选择该材料。

9.2.2 显示材料属性

通过查看材料详细信息可知，材料详细信息包含 12 项内容：①描述；②推荐工艺；③流变属性；④热属性；⑤pvT（压力、体积、温度）属性；⑥机械属性；⑦收缩属性；⑧填充物/纤维；⑨微孔发泡特性；⑩光学特性；⑪环境影响；⑫材料数据完整性指示器。

1. 描述

图 9-9 所示为材料的基本属性描述，具体内容见表 9-1。

图 9-9 “热塑性材料”对话框

表 9-1　材料基本属性描述

项　　目	简　　介
系列	材料大类，如 Polycarbonate（聚碳酸酯）、Polypropylene（聚丙烯酯）等
牌号	材料的牌号，如 Lupol TE-5007B
制造商	如 LG Chemical、Bayer USA 等
材料名称缩写	材料大类名的缩写，如 Polypropylene 的缩写为 PP
材料类型	定义所选材料结构是非结晶态还是半结晶态
数据来源	描述所选材料的数据来源
上次修改日期	数据最后一次修改的时间
测试日期	材料最早测试的时间
数据状态	显示数据处于保密状态
材料 ID	显示材料在 Moldflow 材料库中的唯一编号
等级代码	显示材料在 Moldflow 材料库中的等级代码
供应商代码	显示材料的供应商代码
纤维/填充物	显示材料是否含有纤维或填料

2. 推荐工艺

图 9-10 所示为“推荐工艺”选项卡。

推荐工艺是 Moldflow 软件根据该材料的特性向用户推荐的成型工艺条件，对用户在分析中设定工艺参数具有重要的参考价值。另外，如果材料的特性名称以红色突出显示，则表明这种材料的该种特性没有进行测试过，它的数据是通过相同等级的材料测试得到的。

推荐的成型工艺条件包括模具表面温度、熔体温度、模具温度（推荐）（最大值和最小值）、熔体温度（推荐）（最大值和最小值）、绝对最大熔体温度、顶出温度、最大剪切应力、最大剪切速率。

对材料 PPCompound 8250U 来说，推荐的模具温度为 40℃，熔体温度为 230℃，这两个温度也是 Moldflow 分析中默认的成型工艺条件的相关温度。

3. 流变属性

流变属性和热属性是材料的两大重要性能指标。Moldflow 的材料库中包含了每种材料的流变数据和热属性数据。图 9-11 所示为“流变属性”选项卡。该选项卡中包括默认的黏度模型、转变温度等内容。

对于材料 PPCompound 8250U，默认的黏度模型为 Cross-WLF。单击右边的“查看黏度模型系数”按钮，弹出“Cross WLF 黏度模型系数”对话框，可以查看该黏度模型的系数，如图 9-12 所示。

在 Moldflow 软件中，黏度模型除了默认的 Cross-WLF 模型，还有 Second order、Matrix model 模型两种。

单击图 9-11 中的“绘制黏度曲线”按钮，可以查看该材料的黏度和剪切速率的曲线关系图。图 9-13 所示为材料黏度曲线图。

图 9-10 “推荐工艺”选项卡　　图 9-11 “流变属性”选项卡[①]

图 9-12 “Cross WLF 黏度模型系数”对话框

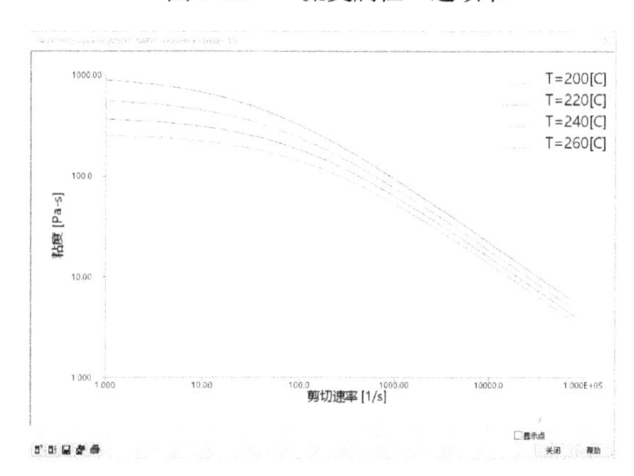

图 9-13 材料黏度曲线图

图 9-13 所示的曲线图描述的是熔体流动时的抵抗力（黏度）与温度和剪切速率的关系，即黏度会随着剪切速率或是温度的提高而降低。

当黏度降低时，熔体的流动性较好。曲线图可以反映出材料对温度的敏感性，随着温度升高而熔体黏度下降速度较快时，说明这种材料对温度较敏感。对于这种材料，在出现由黏度较大而导致填充速度较慢的情况时，可以优先考虑通过提高温度使其黏度降低的方法来改善。

4. 热属性

图 9-14 所示为“热属性”选项卡。

在“热属性”选项卡中，描述了比热数据，列出了该材料在不同温度下的比热和加热或冷却的速率。单击“绘制比热数据”按钮，可以从图 9-15 中直观地看到该材料的比热随温度的变化情况。

① 软件图中“粘度”的正确写法为“黏度”。

“热塑性材料”对话框的下半部分描述了材料的热传导数据，单击“绘制热导率数据”按钮，可以从图 9-16 中直观地看到材料的热传导率随温度的变化情况。

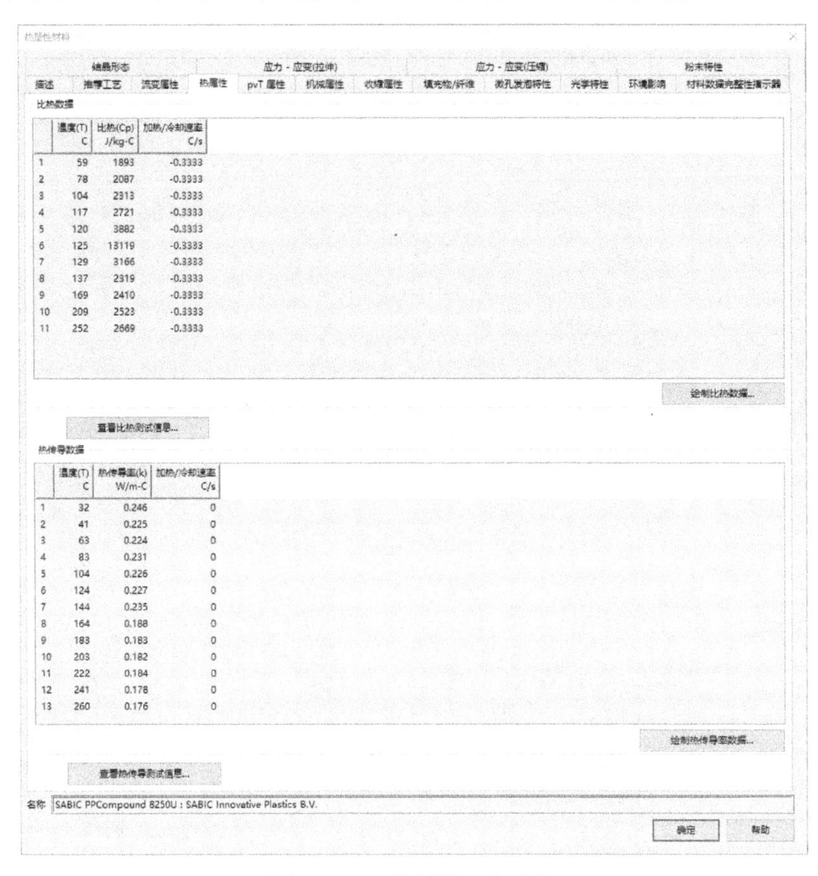

图 9-14 “热属性”选项卡

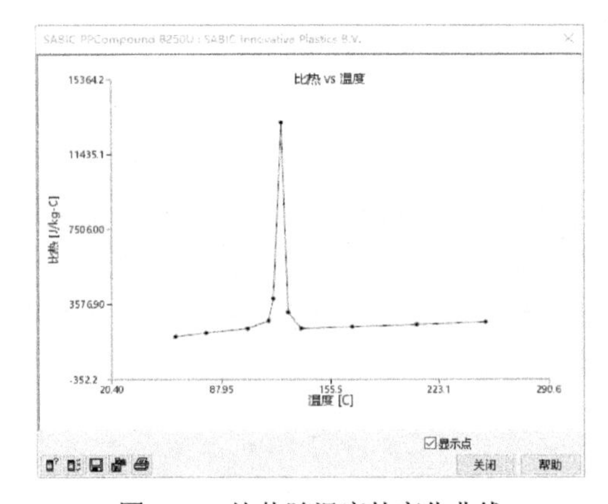

图 9-15 比热随温度的变化曲线

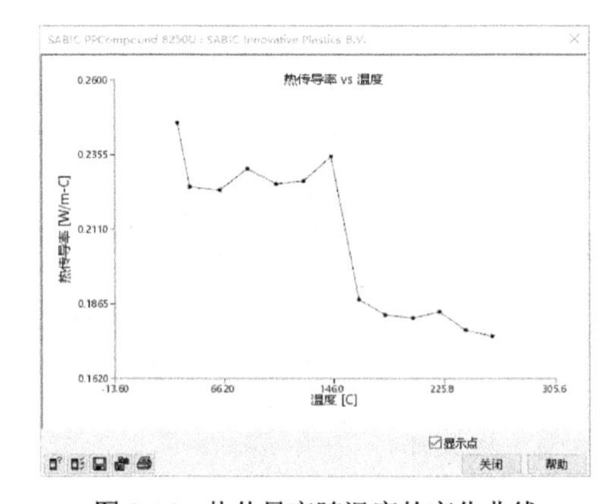

图 9-16 热传导率随温度的变化曲线

5. pvT属性

pvT 属性是指材料的压力、体积、温度属性，这三个参数对塑料成型来说是至关重要的，对材料的收缩性、流动性、结晶性、热敏性等方面的影响是非常大的，直接决定了塑件成型质量的好坏。图 9-17 所示为“pvT 属性”选项卡。

图 9-17 “pvT 属性”选项卡

在图 9-17 所示的“pvT 属性”选项卡中，包含了以下内容。

（1）“熔体密度”数值框：表示所选材料在熔融状态下的密度。该数据是在该材料成型过程中在特定温度和压力下测定的。

（2）“固体密度”数值框：表示所选材料在固体状态下的密度。该数据是在温度为 23℃且压力为 0 的情况下测定的。

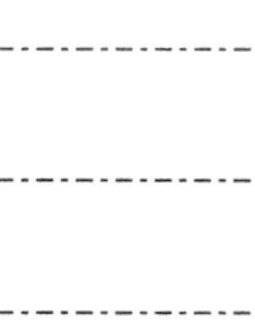

在图 9-17 所示的对话框中单击“绘制 pvT 数据”按钮，可以查看 pvT 数据，如图 9-18 所示。

对材料 Noryl TN300 来说，在不同的压力下，质量、体积都是随着温度的升高而增大的。

图 9-18 所示的曲线图描述的是塑料随着温度和压力的变化而发生变化的情况。

在填充及保压阶段，料温相对较高，塑料随着温度的升高而膨胀；在冷却阶段，塑料随着温度的降低而收缩。由曲线图 9-18 可知，在温度一定的情况下，随着压力的提高，塑料的膨胀量呈下降趋势，由此可说明较高的压力可以抑制塑料的收缩。

6．机械属性

图 9-19 所示为“机械属性”选项卡，它包括机械属性数据和热膨胀（CET）数据的横向各向同性系数等。

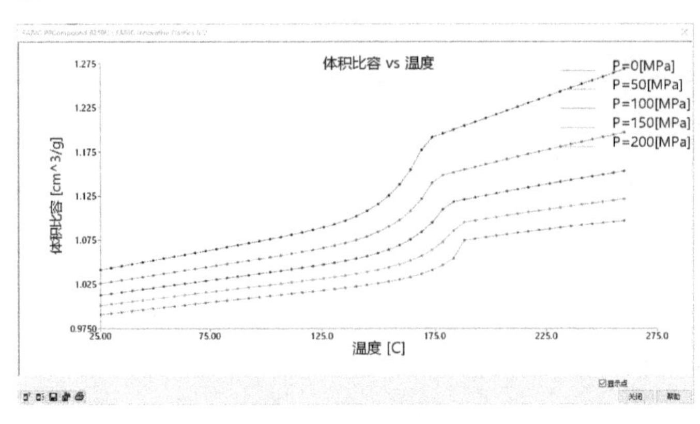

图 9-18　pvT 属性曲线图

机械属性数据包含的内容如下。

（1）弹性模量，第 1 主方向（E1）。

（2）弹性模量，第 2 主方向（E2）。

（3）泊松比（ν12）：在ν12 剪切面上的泊松比（ν12）。

（4）泊松比（ν23）：在ν23 剪切面上的泊松比（ν23）。

（5）剪切模量（G12）：在 G12 面上的剪切模量（G12）。

弹性模量 E1 和 E2 分别代表流动方向与垂直于流动方向的弹性模量值。E1 和 E2 值相差越小，塑件越不容易收缩，也越不容易翘曲变形。非结晶型材料的 E1 和 E2 值有时相差数倍。

热膨胀（CTE）数据的横向各向同性系数包含以下内容。

（1）Alpha1：材料沿流动方向的热膨胀系数。

（2）Alpha2：材料沿与流动方向垂直的方向的热膨胀系数。

Alpha1 和 Alpha2 均为线性热膨胀系数（LTEC）。在塑料成型过程中以线性描述塑料在温度改变时的尺寸变化，如图 9-20 所示。Alpha1 和 Alpha2 的数值不同造成了塑件的翘曲变形，对于半结晶性材料尤为明显。

图 9-19　“机械属性”选项卡

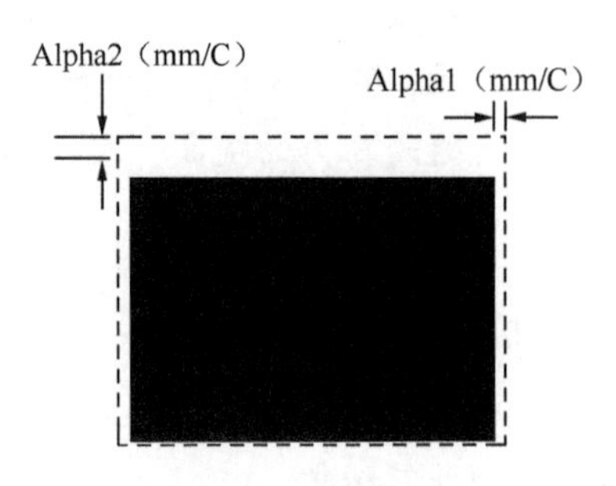

图 9-20　塑件的尺寸变化

7．收缩属性

图 9-21 所示的“收缩属性”选项卡，包括选择一个收缩模型、测试平均收缩率、测试收缩率范围和收缩成型摘要 4 方面的内容。

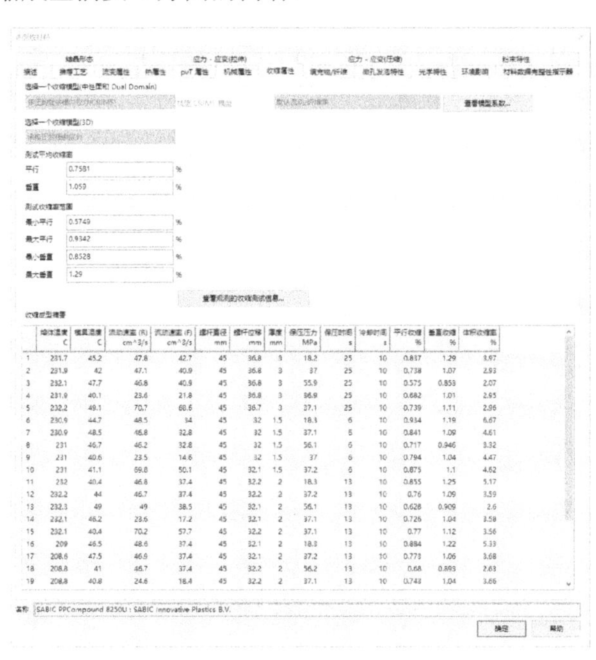

图 9-21　“收缩属性”选项卡

1）收缩模型

未修正残余应力模型：当没有材料收缩数据时，选择此项。此时，流动分析将根据塑件成型周期中的流动和热量数据历史预测塑件内的残余应力值。

修正的残余模内应力模型：当进行材料的收缩测试时，默认此项。这种模型的精确度很高，因为它把流动分析预测和实际试验得到的收缩值结合起来进行分析。

残余应变模型：当 CRIMS 模型中有关材料收缩的信息不足时，选用此项。

2）测试平均收缩率

“平行”数值框：显示材料在流动方向上的名义收缩率。

“垂直”数值框：显示材料在与流动方向垂直的方向上的名义收缩率。

3）测试收缩率范围

（1）“最小平行”：显示材料沿流动方向的最小实测收缩率。

（2）“最大平行”：显示材料沿流动方向的最大实测收缩率。

（3）“最小垂直”：显示材料沿与流动方向垂直的方向上的最小实测收缩率。

（4）“最大垂直”：显示材料沿与流动方向垂直的方向上的最大实测收缩率。

4）收缩成型摘要

其显示材料熔体温度、模具温度等信息。

8．填充物/纤维属性

图 9-22 所示为“填充物/纤维”选项卡。如果材料有填充物，图 9-22 所示的“填充

Note

物/纤维”选项卡会显示相应的填充物信息。本节以选择的材料 SABIC PPCompound 8250U 为例，其中包含 11%Talc 填充。填充物数据包括对填充物的描述、重量百分比、密度、比热、热传导率、机械属性数据、热膨胀（CTE）数据的系数、拉伸强度数据。

图 9-22　“填充物/纤维”选项卡

9．微孔发泡特性

图 9-23 所示为“微孔发泡特性”选项卡。选择“查看属性”命令，弹出“编辑属性”对话框如图 9-24 所示。

图 9-23　“微孔发泡特性”选项卡

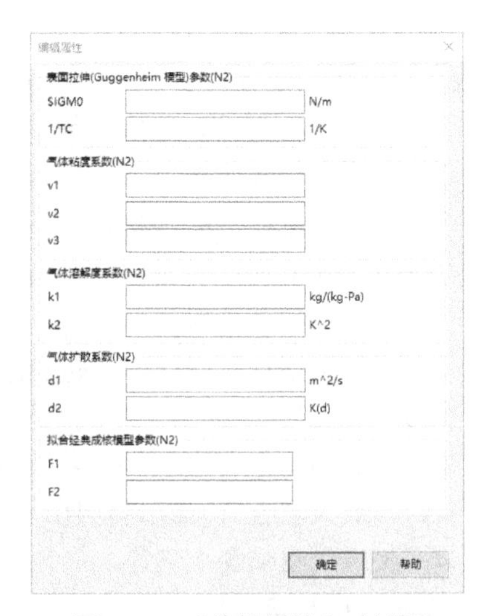

图 9-24　“编辑属性”对话框

10．光学特性

图 9-25 所示为“光学特性”选项卡，显示材料的光学特性信息。

11. 环境影响

图 9-26 所示为“环境影响”选项卡，显示材料的环境影响信息。在“环境影响”选项卡中包括树脂识别码和能量使用指示器。

Note

图 9-25 “光学特性”选项卡

图 9-26 “环境影响”选项卡

所选材料属于哪个大类决定了采用哪个树脂识别码。共有 8 个大类，不同识别码对应不同的图标，如 PP 属于第 7 类。材料的树脂识别码也显示在任务视窗材料栏中。

能量使用指示器根据预测的注射压力和冷却时间得到能量使用相对值。材料的能量使用指示器分为 5 个级别，材料的能量使用率越高，值越低。材料的能量使用指示器也显示在任务视窗材料栏中。

12. 材料数据完整性指示器

图 9-27 所示为“材料数据完整性指示器”选项卡，显示材料数据完整性指示器信息。

图 9-27 “材料数据完整性指示器”选项卡

9.2.3 材料的比较

Moldflow 软件允许对所选材料与其他材料的数据和测试方法的相关信息进行比较。首先必须选择一种材料，才能使用材料比较功能。

操作步骤如下。

Step1：右击任务视窗中选择的材料，会弹出如图 9-28 所示的材料比较的快捷菜单。

Step2：选择“比较”选项，会弹出“选择材料与之比较”对话框，如图 9-29 所示。

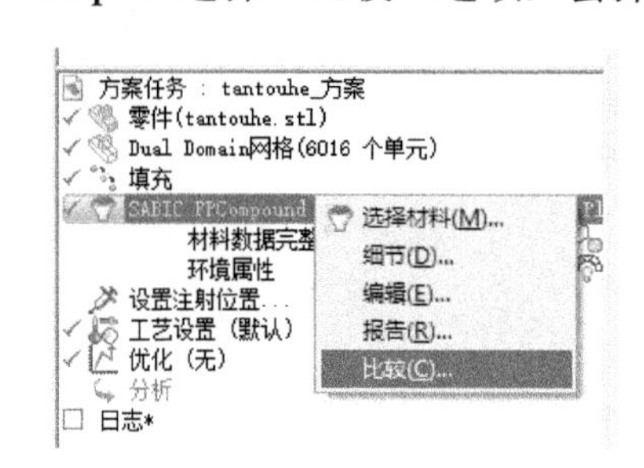

图 9-28　材料比较的快捷菜单

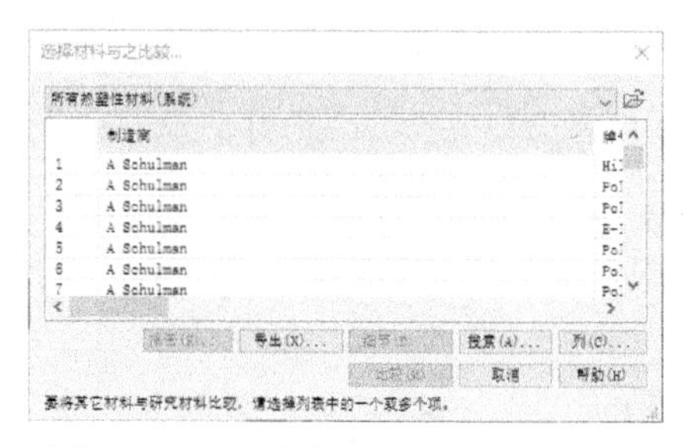

图 9-29　“选择材料与之比较”对话框

Step3：选择要进行比较的材料，可以选择一种或者多种材料。

Step4：选择“比较”选项，Moldflow 软件会给出进行比较的材料的综合性能比较列表，如图 9-30 所示。

在材料综合性能比较列表中，表格左边第一列是对比的内容项，而第二列是任务视窗中的材料，其他列表示从材料库中选择用来比较的材料。

在材料的综合性能比较列表中，可以看到流变、热传导率等属性名称前有一个曲线图形。单击这个按钮，会出现各种材料的相应属性的比较，用户可以直观地从曲线的变化趋势所反映出的属性对各种材料进行比较。

图 9-31 所示显示了两种材料分别为 0、50MPa、100MPa、150MPa、200MPa 压力时，体积比容随温度变化的 pvT 属性曲线图。

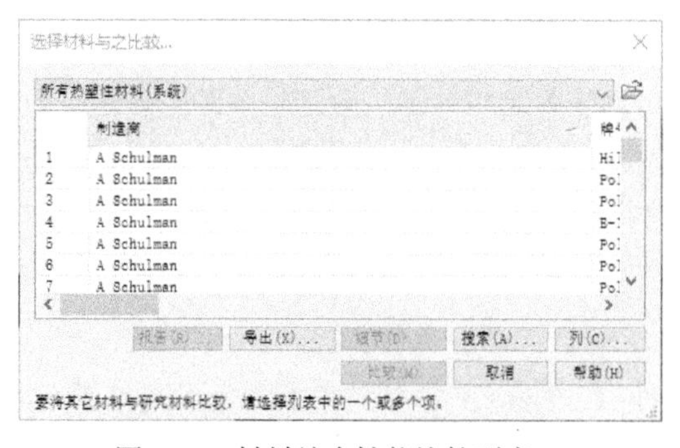

图 9-30　材料综合性能比较列表

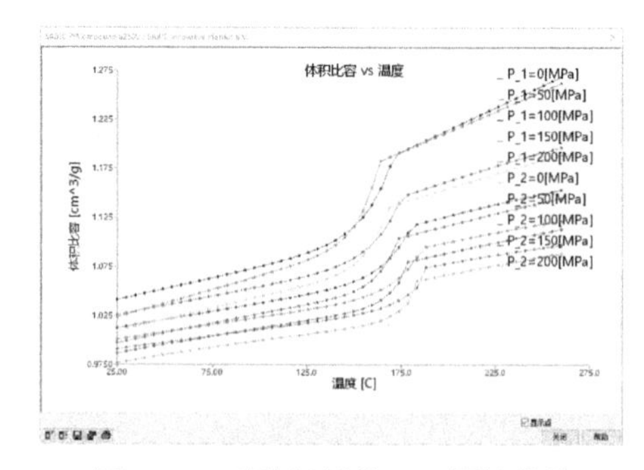

图 9-31　两种材料的 pvT 属性曲线

9.2.4 材料的数据及使用方法报告

在“选择材料”对话框中，有一个“报告”按钮。该按钮可显示所选材料的报告。在此报告中说明数据的内容和使用时的建议。材料数据及使用方法报告如图 9-32 所示。

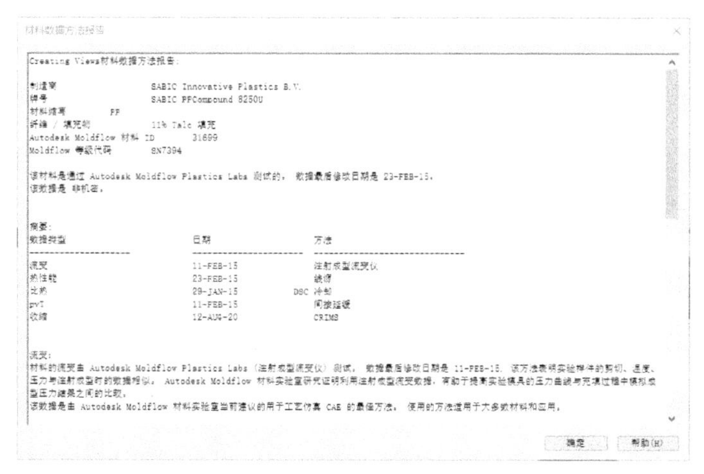

图 9-32　材料数据及使用方法报告

9.3 本章小结

本章主要介绍了软件中基本分析类型和材料数据库的使用方法和相关步骤。需要注意的是，由于材料在很大程度上影响了分析的准确性，所以在对一个产品进行分析前，一定要得到此产品的具体牌号。至少需要实际成型材料的物性数据，才能在软件数据库中准确选取类似的材料。

第二部分　高级应用

第10章

浇口位置分析

本章介绍浇口位置分析的基础知识和 Moldflow 软件在浇口分析实例中的应用，重点介绍浇口的作用和设计及位置分析工艺参数设置等。

学习目标

（1）了解浇口的设计
（2）浇口位置分析流程
（3）浇口位置分析的应用

10.1 浇口位置介绍

Note

“浇口位置”能够自动分析出最佳浇口的位置。如果模型需要设置多个浇口时，可以对模型进行多次浇口位置分析。当模型已经存在一个或者多个浇口时，可以进行浇口位置分析，系统会自动分析出附加浇口的最佳位置。

10.1.1 浇口的作用

浇口是连接分流道与型腔之间的一段细短通道，浇口的作用是使从流道流过来的塑料熔体以较快的速度进入并充满型腔，型腔充满后，浇口部分的熔体能迅速地凝固而封闭浇口，防止型腔内的熔体倒流。浇口的形状、位置和尺寸对塑件的质量影响很大。注射成型的许多缺陷都是由浇口设计不合理而造成的，所以要特别重视浇口的设计。

10.1.2 浇口位置的设计

典型零件的浇口位置选择实例见表 10-1。

表 10-1 典型零件的浇口位置选择实例

塑料塑件形状	简图	说明
圆环形		对于圆环形塑件采用切向浇口可减少熔接痕，提高熔接部分强度，有利于排气
箱体形		对于箱体形的塑件应用这种浇口，流程短，熔接痕少，熔接强度好
框形		对于框形塑件浇口最好对角设置，这样可以改善收缩引起的塑件变形，圆角处有反料作用，可增大流速，有利于成型
长框形		对于长框形塑件设置浇口时，应考虑产生熔接痕的部位，选择浇口位置应不影响塑件的强度
圆锥形		对于外观无特殊要求的塑件采用点浇口进料较为合适
壁厚不均匀		对于壁厚不均匀的塑件，浇口位置应保证流程一致，避免涡流而造成明显熔接痕
骨架形		对于骨架形塑件，设置浇口使塑料从中部分两路充填型腔，缩短流程，减少充填时间，适用于壁薄而大的塑件

续表

塑料塑件形状	简　图	说　明
多层骨架形		对于多层骨架形的塑件，可采用多点浇口，以便改善充填条件
		也可采用两个点浇口进料，塑件成型良好，适用于大型塑件及流动性好的塑料
圆形齿轮		对齿轮形塑件，可采用爪形浇口进料，不仅能避免接缝的产生，同时齿轮的齿形不会受到损坏
薄壁板形		薄壁板形塑件的外形尺寸较大时，浇口设在中间长孔中，由于两面有浇口，缩短了流程，防止缺料和熔接痕，塑件质量较好，缺点是去浇口困难
长条形		塑件有纹向要求时，可以采用从一端切线进料的方法，单流程较长，如无纹向要求，可以采用从两端切线方向进料的方法，这样流程可以缩短
圆片形		对于圆片形塑件可采用径向扇形浇口，这样进料可以防止旋涡，并且可获得良好的塑件

10.1.3　AMI 浇口位置分析

浇口位置的设定直接关系到熔体在模具型腔内的流动，从而影响聚合物分子的取向和产品成型后的翘曲，因此选择合理的浇口在模制产品的设计中是十分重要的。

1．浇口位置

浇口位置主要基于以下因素。

（1）流动的平衡性。

（2）型腔内的流动阻力。

（3）产品的形状和壁厚。

（4）注射成型中浇口位置的可行性等。

2．浇口位置分析特点

如果不设定任何浇口，其分析结果会显示放置单个浇口的最佳位置。

如果已经设定一个或多个浇口，在模具设计阶段可以借助 AMI 强大的分析能力，综合考虑流动阻力和流动平衡，再给出一个额外的浇口位置，以保证流动的平衡性，合理地设计模具系统和浇口位置，避免一些潜在的问题，提高一次试模成功率，从而缩短产品的设计和上市周期，大大降低生产成本，提高企业竞争力。

通过浇口位置分析所得到的浇口位置可以作为浇口位置设置的重要参考信息，但不一定就是模具设计的浇口位置。浇口位置的设置要充分考虑熔体的流动、注射塑件的外观质量、成型塑件的力学性能和模具设计制造等方面的因素。

AMI 系统中的“浇口位置”分析模块，可以用来为设计分析过程找到一个最佳的浇口位置。也许，该位置并不是最终的设计结果，但是它对用户的设计有很好的参考价值。

10.2 浇口位置分析工艺参数设置

在浇口位置分析前，用户需要设置分析工艺条件。

选择“成型工艺设置”→“工艺设置”菜单命令，或者双击“任务视窗”中的“工艺设置（默认）”按钮，弹出“工艺设置向导-浇口位置设置”对话框，如图 10-1 所示。对话框中各选项及相关知识的说明如下。

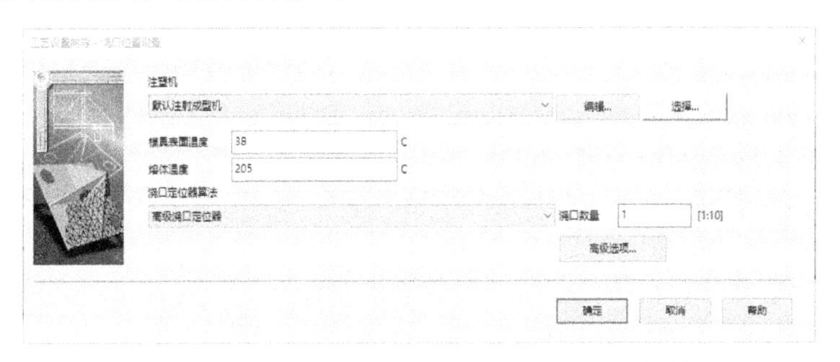

图 10-1 “工艺设置向导-浇口位置设置”对话框

1. 注塑机

单击“注塑机”选区的“编辑”按钮，弹出如图 10-2 所示的“注塑机”对话框，可以对选中的注塑机进行参数设置。

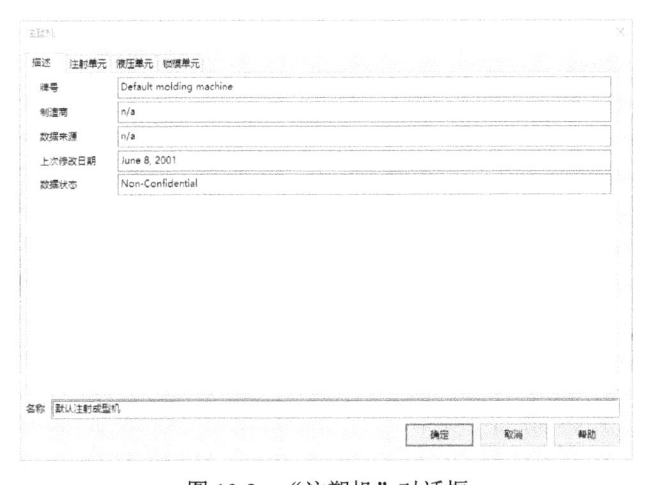

图 10-2 “注塑机”对话框

在进行分析时，用户可以编辑或选择注塑机。要使模拟分析的结果更加准确，所选择的注塑机的机型、参数就必须与实际生产中使用的注塑机一致。

“注塑机”对话框包括4个选项卡：“描述”“注射单元”“液压单元”和“锁模单元”。

单击“注塑机”选区的“选择”按钮，可以重新选择注塑机，弹出如图10-3所示的“选择注塑机”对话框。

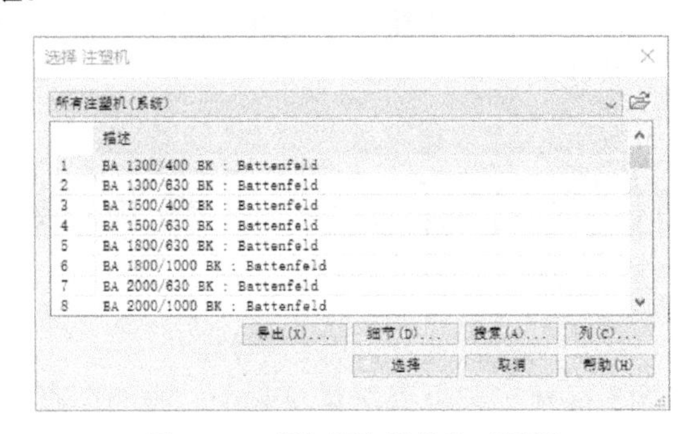

图10-3　“选择注塑机”对话框

2．模具表面温度

模具表面温度：模具温度初始值是系统根据所选择的材料特性参数自动推荐的，通常使用系统默认值。

此外，也可以按实际情况进行设置，模具温度值不能超过材料的最大许可值。

3．熔体温度

系统根据所选择的材料特性参数自动推荐的熔体温度，通常使用系统默认值。可以按实际情况进行设置，熔体温度值不能超过材料的最大许可值。

4．浇口定位器算法

浇口定位器算法包括两个选项：“高级浇口定位器”和“浇口区域定位器”。如果选择“高级浇口定位器”，需要设置浇口个数；如果选择“浇口区域定位器”，则不需要设置浇口个数。

单击“浇口定位器算法”选区中的“高级选项”按钮，弹出如图10-4所示的“浇口位置高级选项”对话框。

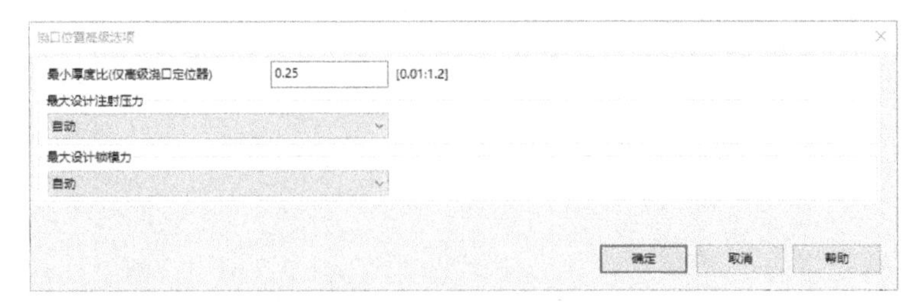

图10-4　“浇口位置高级选项”对话框

图10-4中各项的说明如下。

(1)“最小厚度比（仅高级浇口定位器）”：用于设置最小厚度比率。

（2）“最大设计注射压力”：用于设定注塑机最大注射压力，可以选择自动或者指定注射压力两种方式。

（3）“最大设计锁模力”：设定注塑机最大锁模力，可以选择自动或者指定注射压力两种方式。

10.3 浇口位置应用实例

本节将以一个操作实例，演示浇口位置分析的过程，并对分析结果进行解读。本例的原始模型如图 10-5 所示。该模型为一薄壳件，主要介绍浇口位置的分析过程及分析结果。

本例的模型见配套资源“第 10 章 浇口位置分析”。

10.3.1 分析前处理

操作步骤如下。

1. 导入模型

Step1：启动 Moldflow 软件，选择“文件”→“新建工程”菜单命令，新建工程项目“Gate Location”。

Step2：选择“文件”→“导入”菜单命令，或者在工程管理视窗中右击工程“Gate Location”图标，选择导入（模型），导入薄壳件模型“dhtdx.stl”。

模型设置为“双层面”类型网格，听筒下盖模型如图 10-5 所示。

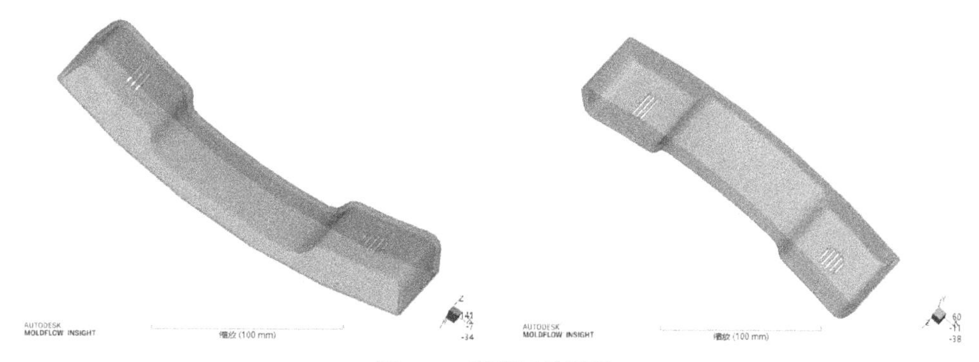

图 10-5 听筒下盖模型

2. 划分网格及网格修复

Step1：在任务视窗中双击“创建网格”按钮，弹出“生成网格”对话框，采用系统默认的网格属性。

Step2：单击“网格”按钮，生成网格。听筒下盖网格模型如图 10-6 所示。

Step3：网格划分完毕，选择“网格”→“网格统计”菜单命令，打开网格状态统计窗口。网格修复前的统计信息如图 10-7（a）所示。

Step4：网格缺陷诊断和修复。网格修复后的统计信息如图 10-7（b）所示。

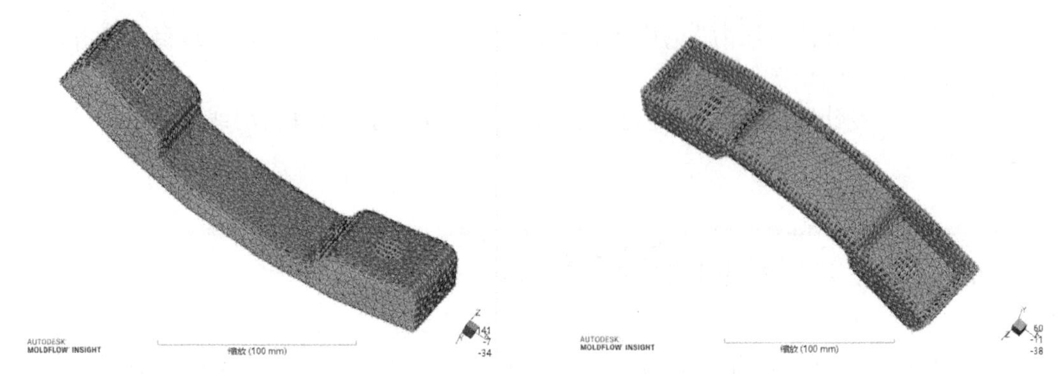

图 10-6　听筒下盖网格模型

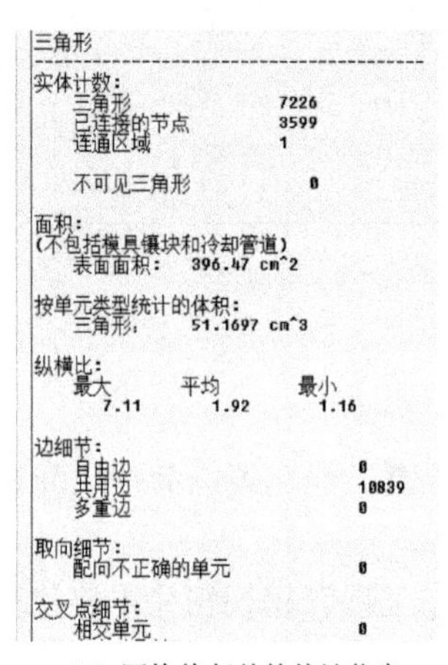

（a）网格修复前的统计信息

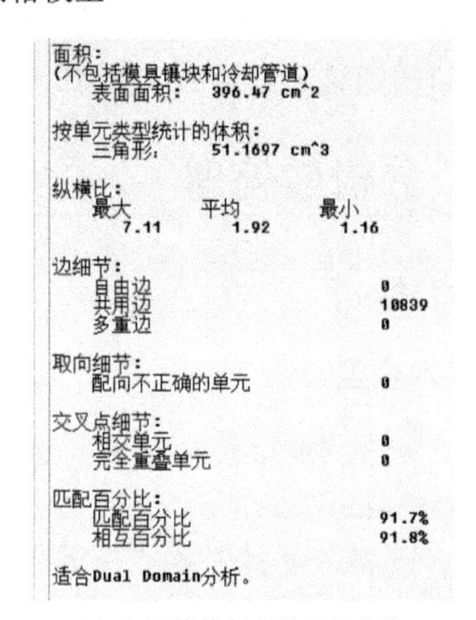

（b）网格修复后的统计信息

图 10-7　网格统计信息

3．选择分析类型

双击任务视窗中的“填充”选项，系统会弹出“选择分析序列”对话框，如图 10-8 所示。

图 10-8　“选择分析序列”对话框

由于本实例是要进行浇口位置分析，在“选择分析序列”对话框中选择“浇口位置”选项，单击“确定”按钮。分析类型变为“浇口位置”。

4．选择材料

选择的材料为“POLYFLAM RPP 374 ND CS1：A Schulman GMBH”。“热塑性材料”对话框如图 10-9 所示。

图 10-9 “热塑性材料”对话框

5. 设置工艺参数

双击任务视窗中的“工艺设置（默认）”按钮，系统会弹出“工艺设置向导-浇口位置设置”对话框，如图 10-10 所示。

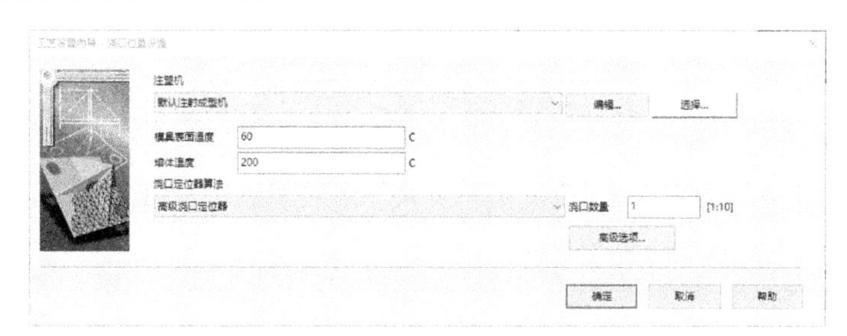

图 10-10 “工艺设置向导-浇口位置设置”对话框

所有参数均采用默认值，模具表面温度为 60℃，熔体温度为 200℃。

单击“确定”按钮，完成充填工艺参数的设置。

10.3.2 分析计算

在完成分析前处理之后，即可进行分析计算，任务视窗如图 10-11 所示，整个求解器的计算过程基本由系统自动完成。

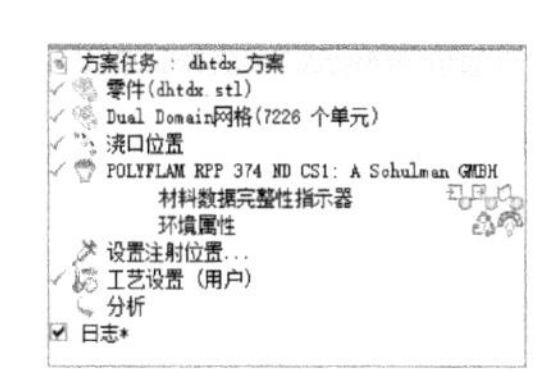

图 10-11 任务视窗

Step1：双击任务视窗中的“分析”选项，求解器开始分析计算。

Step2：选择“分析”→“作业管理器”菜单命令，弹出如

图 10-12 所示的“作业查看器”界面，可以看到任务队列及计算进程。

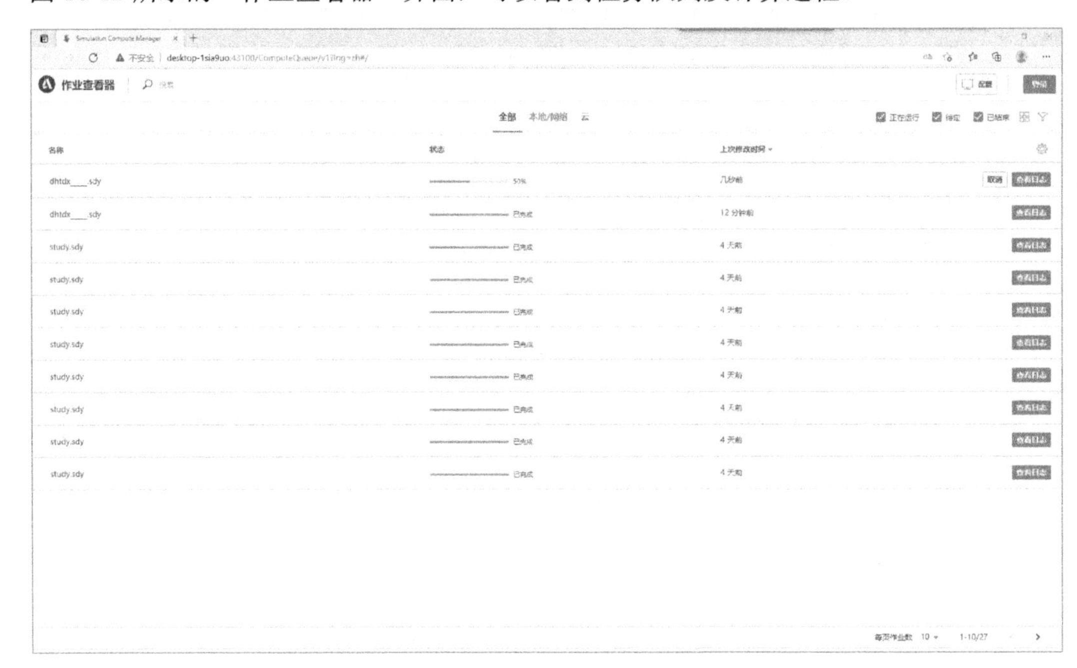

图 10-12 “作业查看器”界面

通过分析计算的分析日志，可以实时地监控分析整个过程，浇口位置分析日志如图 10-13 所示。

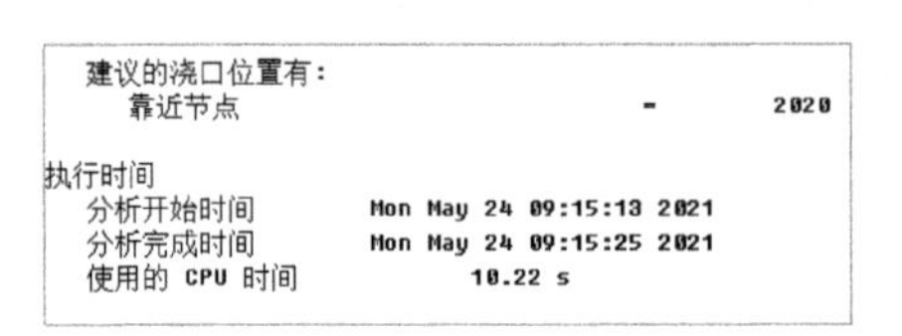

图 10-13 浇口位置分析日志

10.3.3 浇口位置分析结果

浇口位置分析完成后，可以发现，在工程管理视窗中，自动生成了另一个方案“dhtdx_study（浇口位置）”，如图 10-14 所示。

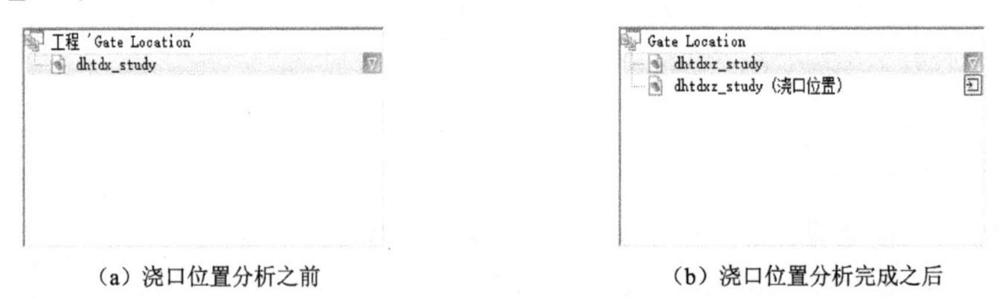

（a）浇口位置分析之前　　（b）浇口位置分析完成之后

图 10-14 工程管理视窗

双击“dhtdx_study（浇口位置）”选项，打开方案，浇口位置模型如图 10-15 所示。在模型显示窗口中可以看到，此方案是在“dhtdx_study”完成“浇口位置”分析之

后，系统自动生成的结果。该模型中，系统根据“浇口位置”分析结果自动设置了最佳浇口节点。

浇口位置分析结果会以文字、图形、动画等方式显示出来，同时在任务视窗面板中会分类显示，如图 10-16 所示。

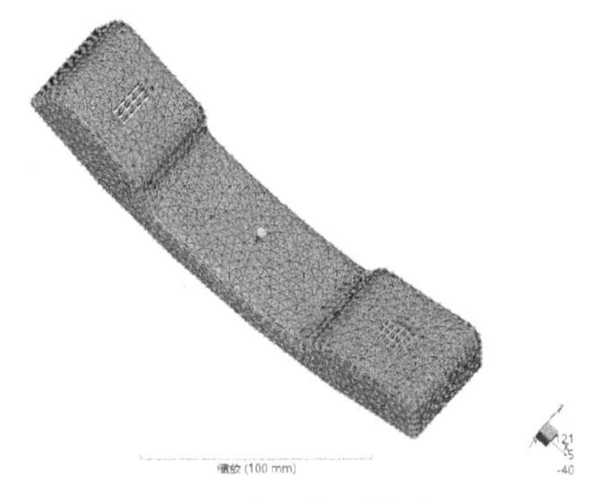

图 10-15　浇口位置模型

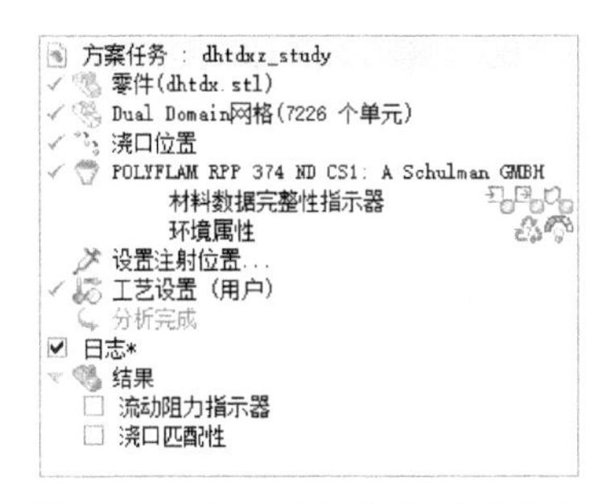

图 10-16　浇口位置分析结果信息

浇口位置分析结果包括流动阻力指示器和浇口匹配性两项。

下面对浇口位置分析结果进行解读。

1. 流动阻力指示器

图 10-17 所示为流动阻力指示器结果。通过流动阻力指示器，可以查询模型上各个部分的模拟流动阻力大小，并且可以通过动画面板进行操作，得到不同时刻的结果图。

2. 浇口匹配性

图 10-18 所示为浇口匹配性结果，显示了模型各位置处的浇口匹配性位置。在 Moldflow 软件中用蓝色位置表示浇口匹配性最好；红色位置表示浇口匹配性最差，其他位置匹配性处于过渡区域。

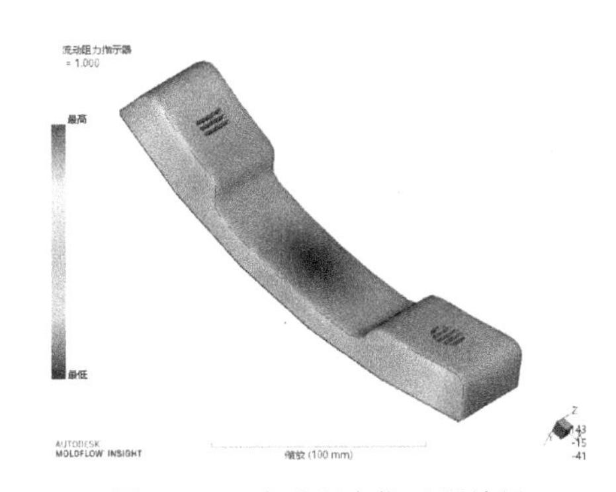

图 10-17　流动阻力指示器结果

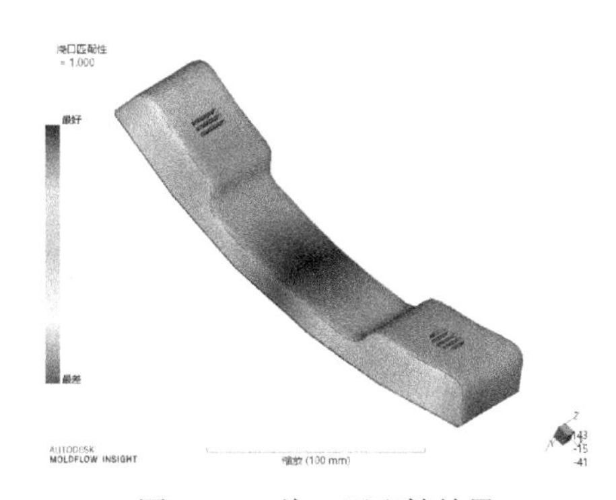

图 10-18　浇口匹配性结果

3. 最佳浇口节点查询

选择“几何”→“查询”菜单命令，弹出如图 10-19 所示“查询实体”对话框，进行分析结果的查询。

在“查询实体”对话框中设置查询实体属性。

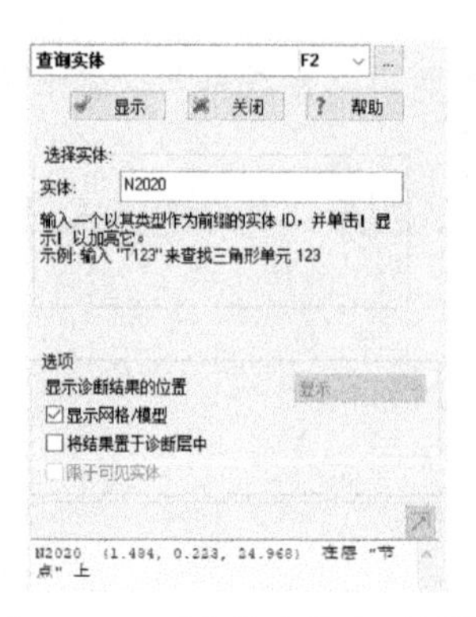

图 10-19 “查询实体”对话框

通过分析日志可知，最佳的浇口位置是节点 N2020。

直接在“查询实体”对话框的“实体”文本框中输入“N2020”（N 表示实体属性为节点），如图 10-19 所示。

为了方便查询实体结果的显示，选中“将结果置于诊断层中”复选框，将“查询实体”的结果，即节点 N2020 单独放入结果诊断层中，以便诊断结果的查看和应用。

单击“显示”按钮，查询结果会在模型上显示出来，如图 10-19 所示，N2020 以红色显示在模型上。

此时可以看到，图层管理视窗中会自动生成一个图层，即“查询的实体”，如图 10-20 所示。

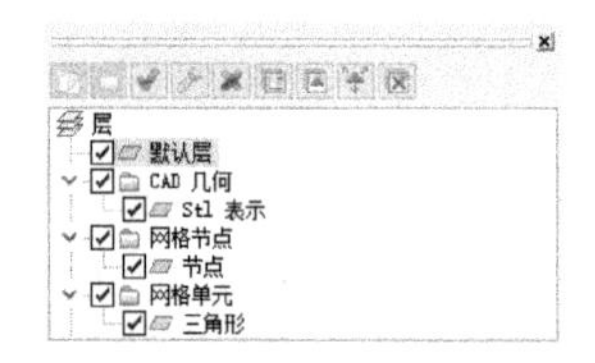

（a）查询实体之前图层管理视窗

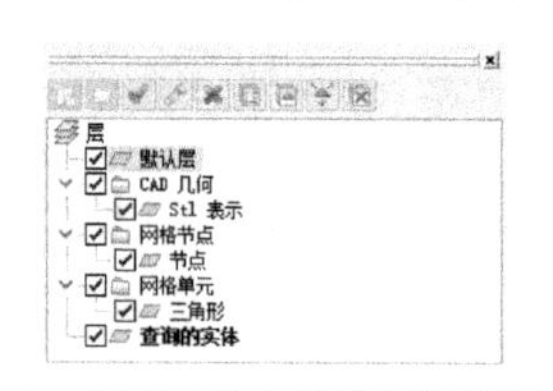

（b）查询实体之后图层管理视窗

图 10-20 图层管理视图

如果仅选中图层管理视窗中的“查询的实体”复选框，在“查询的实体”处右击，弹出快捷菜单，如图 10-21 所示。选择“隐藏所有其他层”选项，则模型显示窗口中仅显示诊断结果层，即节点 N2020。查询实体与图层结果如图 10-22 所示。

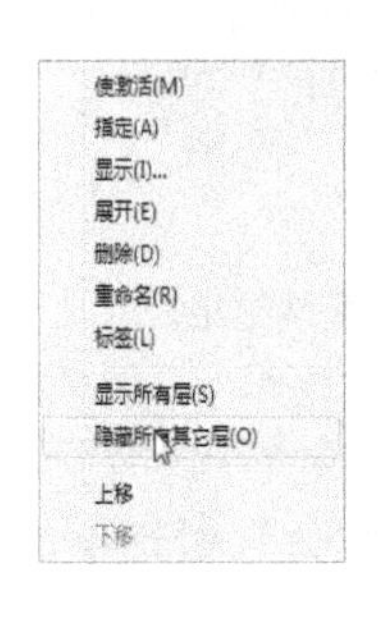

图 10-21 图层快捷菜单

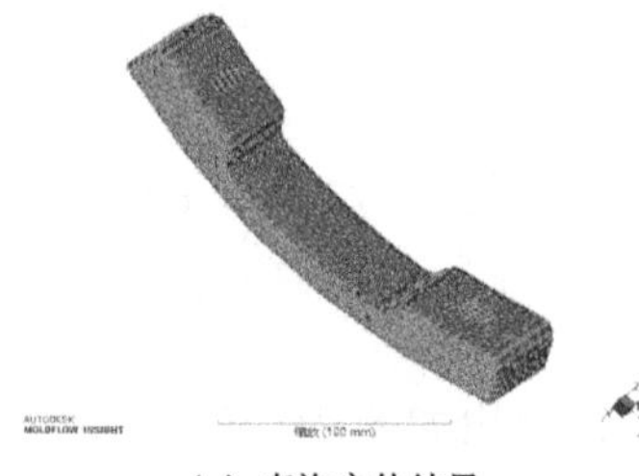

（a）查询实体结果

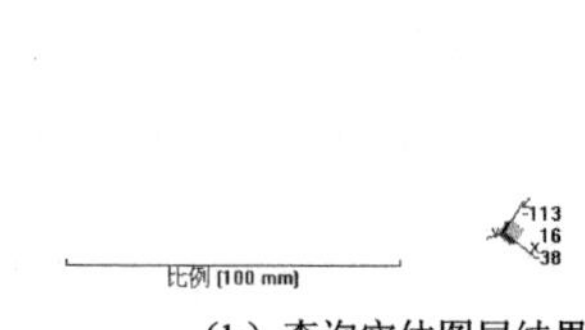

（b）查询实体图层结果

图 10-22 查询实体与图层结果

Note

4. 浇口位置结果查询

选择“结果”→“检查”菜单命令，或者直接单击工具面板中的 （检查）按钮，单击模型上的目标位置，就可以查看到相应的分析结果。

提示：如果需要对多处位置进行结果检查与比较，按住键盘上的 Ctrl 键不放，在对应的分析结果绘图模型上单击，便可以同时显示多处分析结果。

单击 （检查）按钮，按住键盘上的 Ctrl 键不放，在浇口匹配性分析结果图（见图 10-18）中单击几处不同的区域，此时窗口会显示检查结果，如图 10-23 所示。

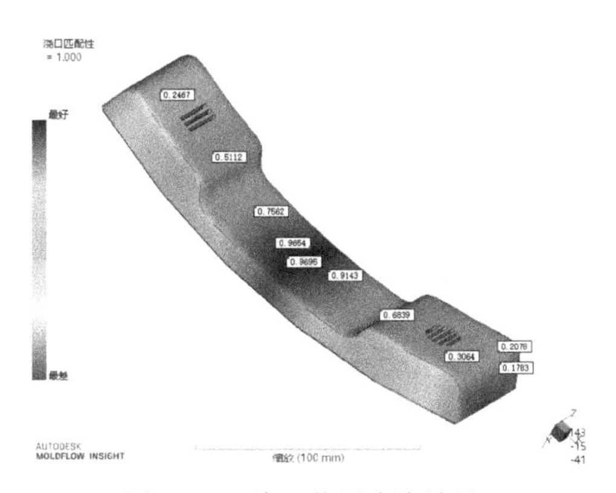

图 10-23　浇口位置查询结果

如图 10-23 所示，当某个位置的因子为 1 或接近于 1 时，表示这个位置是最佳的浇口位置，因子值越小，浇口匹配性越差，即浇口位于这个位置的成型合理性越小。

10.4 本章小结

本章主要介绍了分析软件中的“浇口位置”分析模块，可以为设计分析过程找到一个初步的浇口位置。

但由于浇口位置分析只是基于产品的几何特征和流动长度而选取的进浇区域，并没有考虑其位置的可行性，所以在实际分析过程中，不可以过多地依赖这个分析结果，仅可以作为参考。

第11章

成型窗口分析

本章介绍成型窗口分析的基础知识及 Moldflow 软件在成型窗口实例中的应用，重点介绍 Moldflow 中的成型窗口分析的工艺条件设置等，可以为设计分析过程定义生产合格产品的成型工艺条件范围。

学习目标

（1）了解成型窗口分析

（2）了解成型窗口分析流程

（3）掌握成型窗口分析的应用

11.1 成型概述

“成型窗口”分析的作用：用于定义能够生产合格产品的成型工艺条件范围。如果位于这个范围中，则可以生产出质量较好的塑件。

“成型窗口”分析流程：导入模型→划分网格→选择分析类型→选择材料→设置浇口位置→设置工艺参数→开始分析→分析结果解读。

11.2 成型窗口分析工艺条件设置

在进行成型窗口分析前，需要设置分析工艺条件。

选择“分析”→“工艺设置向导”菜单命令，或者双击任务视窗中的“工艺设置”选项，弹出“工艺设置向导-成型窗口设置”对话框，如图 11-1 所示。

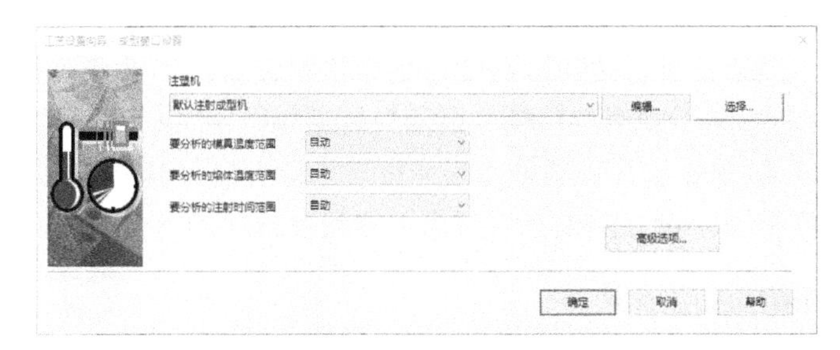

图 11-1 “工艺设置向导-成型窗口设置”对话框

图 11-1 所示的对话框各项相关知识的说明如下。

1. 注塑机

单击“注塑机”选区的“编辑”按钮，弹出如图 11-2 所示的“注塑机”对话框，可以对选中的注塑机进行参数设置。

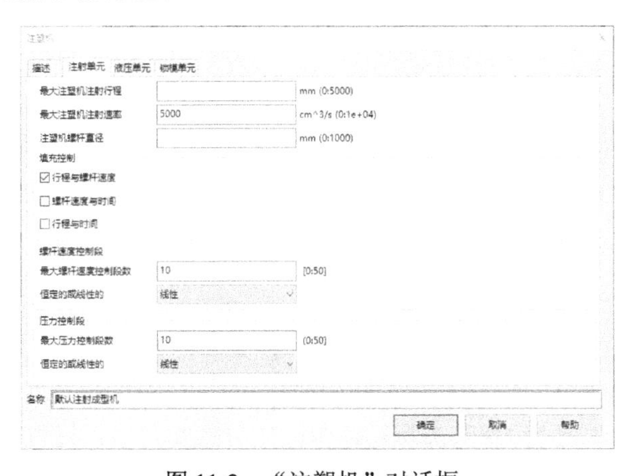

图 11-2 “注塑机”对话框

Note

在进行分析时，用户可以编辑或选择注塑机。要使模拟分析的结果更加准确，选择的注塑机的机型、参数就必须与实际生产中使用的注塑机一致。

“注塑机”对话框包括 4 个选项卡：“描述”“注射单元”“液压单元”“锁模单元”。

单击“注塑机”选区的“选择”按钮，可以重新选择合适的注塑机，弹出如图 11-3 所示的“选择注塑机”对话框。

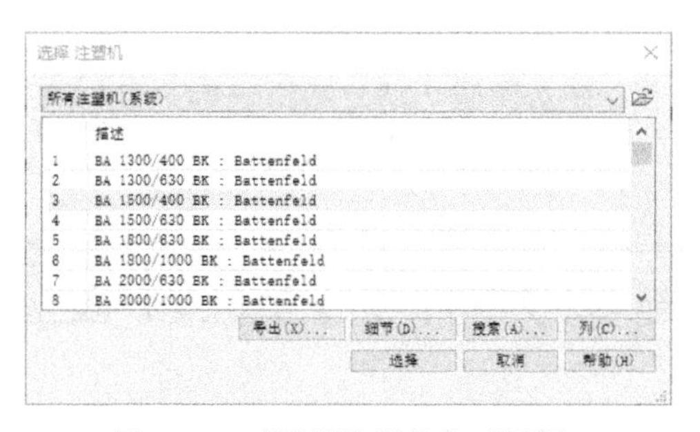

图 11-3 “选择注塑机”对话框

2．要分析的模具温度范围

设置成型窗口工艺分析的模具表面温度范围，有两个选项：“自动”“指定”。通常使用系统默认的“自动”选项，也可以按实际情况进行设置，即选择“指定”选项。单击“编辑范围”按钮，弹出“成型窗口输入范围”对话框，在该对话框的“模具温度范围”选区（见图 11-4）中设置模具表面温度的最小值和最大值，其中（-120:500）是所选材料推荐的一个温度范围，设置的模具温度值不能超过材料的这个范围。

3．要分析的熔体温度范围

设置成型窗口工艺分析的熔体温度范围，有两个选项：“自动”“指定”。通常使用系统默认的“自动”选项，也可以按实际情况进行设置，即选择“指定”选项。单击“编辑范围”按钮，弹出“成型窗口输入范围”对话框，在该对话框的“熔体温度范围”选区（见图 11-5）中设置熔体温度的最小值和最大值，其中（0:1000）是所选材料推荐的一个温度范围，设置的熔体温度值不能超过材料的这个范围。

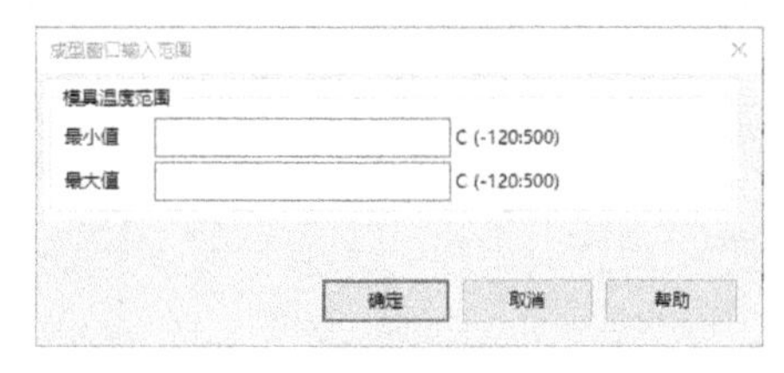

图 11-4 “模具温度范围”选区

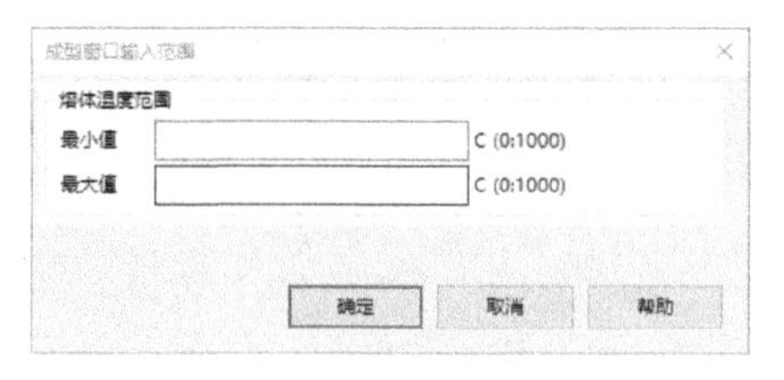

图 11-5 “熔体温度范围”选区

4．要分析的注射时间范围

设置成型窗口工艺分析的注射时间范围，有四个选项：“自动”“宽”“精确的”“指定”，如图 11-6 所示，系统默认的是“自动”选项。如果选择“指定”选项，单击“编辑范围”按钮，弹出如图 11-7 所示的“成型窗口输入范围”对话框，在该对话框中设置下限和上限，其中（0:100）是所选材料推荐的注射时间范围，设置的注射时间值不能超过这个范围。

Note

图 11-6 “注射时间范围”下拉列表

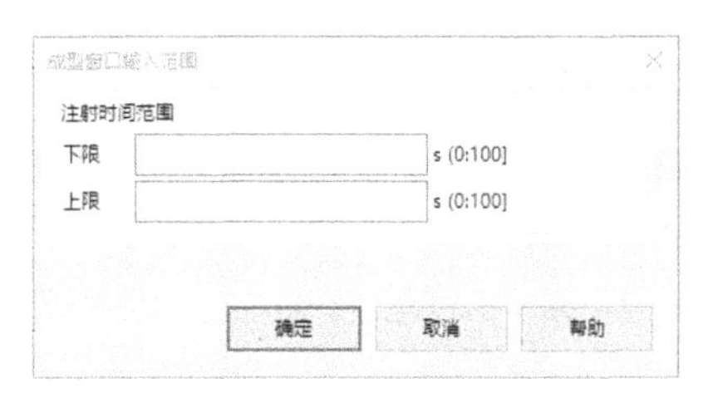

图 11-7 “注射时间范围”选区

5. 高级选项

单击“高级选项”按钮，弹出如图 11-8 所示的“成型窗口高级选项”对话框。

通过“成型窗口高级选项”对话框可以对“计算可行性成型窗口限制”和“计算首选成型窗口的限制”选区进行设置。

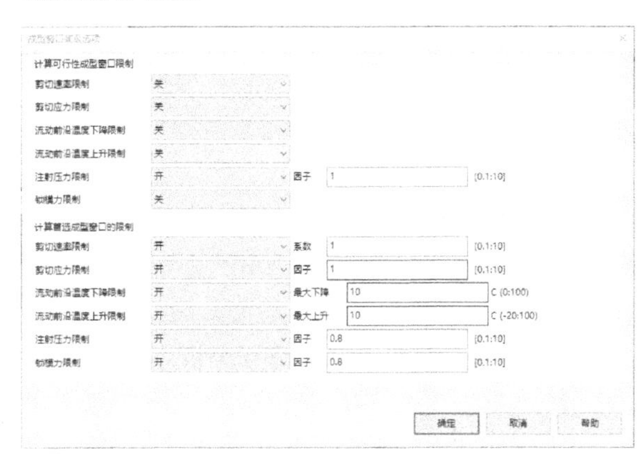

图 11-8 “成型窗口高级选项”对话框

11.3 成型窗口分析实例

本节将以一个操作实例，演示成型窗口工艺分析的过程，并对分析结果进行解释。本例的原始模型和网格模型如图 11-9 所示，主要介绍成型窗口工艺分析的分析过程及分析结果。

本例的模型见配套资源“第 11 章 成型窗口分析”。

11.3.1 分析前处理

1. 导入模型

Step1：启动 Moldflow 软件，选择“文件”→“新建工程”菜单命令，新建工程项目“Molding Window”。

Step2：选择“文件”→“导入”菜单命令，或者在工程管理视窗中右击工程“成型窗口”图标，选择导入（模型），导入薄壳件模型“Speed.stl”。

将模型设置为“双层面”类型网格，Speed 原始模型如图 11-9 所示。

2. 划分网格

Step1：在任务视窗中双击“创建网格”选项，弹出“生成网格”对话框，采用系统默认的网格属性。

Step2：单击“网格”按钮，生成网格，如图 11-10 所示。

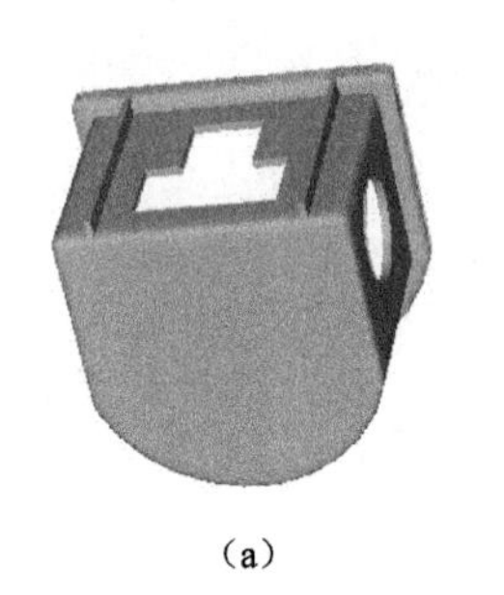

（a）

（b）

图 11-9　Speed 原始模型

（a）

（b）

图 11-10　Speed 网格模型

Step3：进行网格缺陷诊断和修复。

3. 选择分析类型

双击任务视窗中的“填充”选项，系统会弹出“选择分析序列”对话框，如图 11-11 所示。

由于本实例是要进行成型窗口分析，在“选择分析序列”对话框中选择“成型窗口”选项，单击“确定”按钮。

分析类型设置为“成型窗口”。

4. 选择材料

选择的材料为“POLYFLAM RIPP 3625 CS1：A Schulman GMBH”。

5. 设置注射点位置

双击任务视窗中的“设置注射位置”选项，光标在模型显示视窗中变成形状，在模型显示视窗中单击一个节点，则在模型上出现一个圆锥形实体（见图 11-12），代表此位置设定为浇口位置，用来代替整个浇注系统，也可以手动创建一个浇注系统。

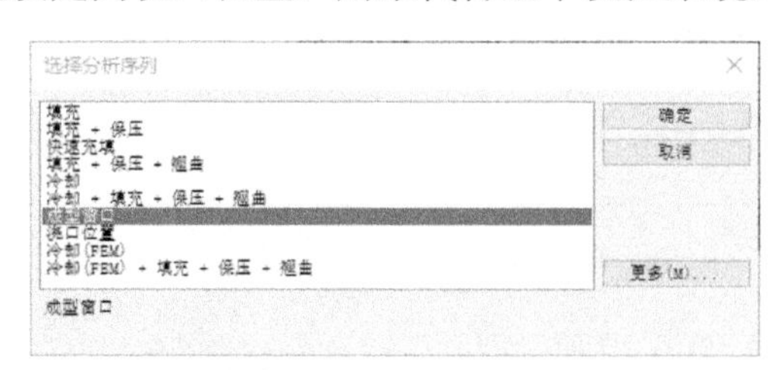

图 11-11　“选择分析序列”对话框

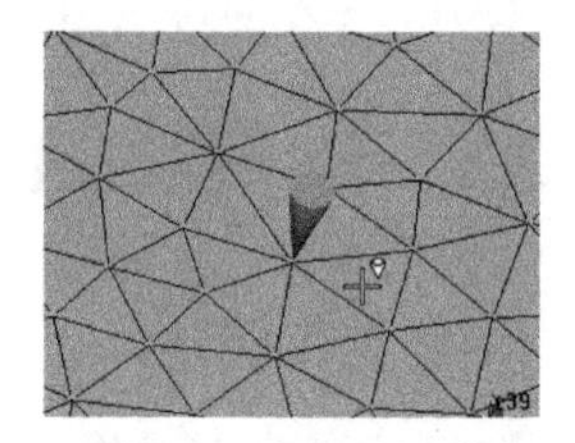

图 11-12　设置浇口位置

6. 设置工艺参数

双击任务视窗中的“工艺设置（默认）”选项，系统会弹出“工艺设置向导-成型窗口设置”对话框，如图 11-13 所示。

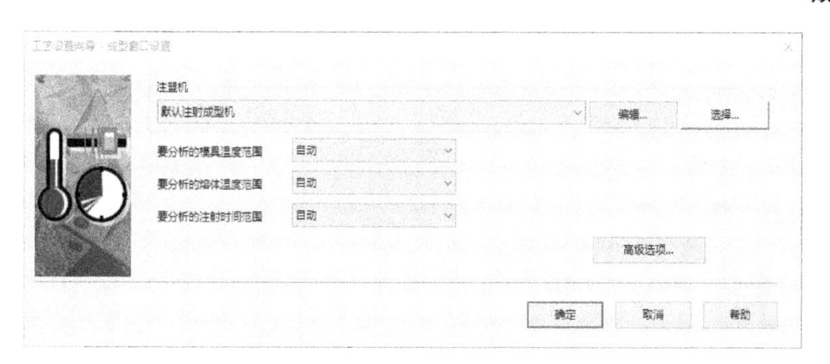

图 11-13　“工艺设置向导-成型窗口设置”对话框

所有参数均采用默认值，单击“确定”按钮，完成填充工艺参数的设置。

11.3.2　分析计算

在完成分析前处理之后，分析任务视窗如图 11-14 所示。此时就可以进行分析计算，整个求解器的计算过程基本由系统自动完成。

Step1：双击任务视窗面板中的“分析”选项，求解器开始分析计算。

Step2：选择“分析”→“作业管理器”菜单命令，弹出如图 11-15 所示的“作业查看器”界面，可以看到任务队列及计算进程。

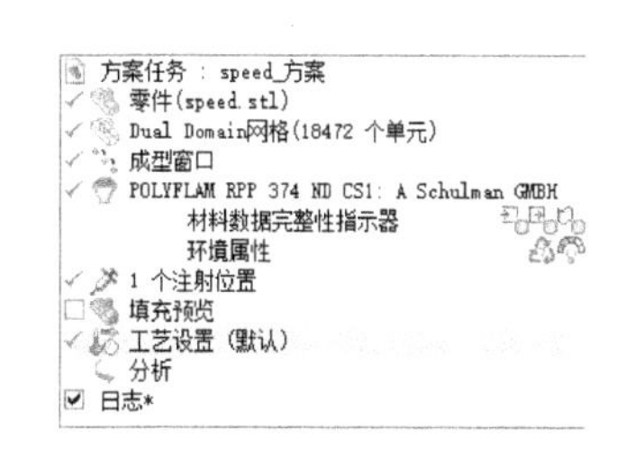

图 11-14　任务视窗

通过分析计算的分析日志，可以实时监控分析整个过程，输出的信息如图 11-16 所示。

图 11-15　“作业查看器”界面

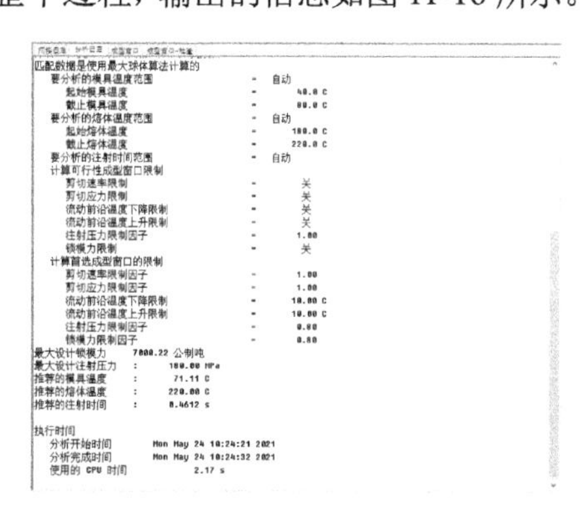

图 11-16　成型窗口分析日志

11.3.3　成型窗口分析结果

“成型窗口”分析完成后，成型窗口分析结果会以文字、图形、动画等方式显示出来，同时在任务视窗中会分类显示，如图 11-17 所示。下面对浇口位置分析结果进行解读。

1．质量（成型窗口）：XY图

图 11-18 所示为熔体温度为 180℃、注射时间为 0.1s 时塑件质量与模具温度关系曲

线。通过“质量（成型窗口）：XY 图”可以查询注射成型过程中，成型窗口分析质量与模具温度之间的关系。

方案任务：speed_方案
零件(speed.stl)
Dual Domain网格(18472 个单元)
成型窗口
POLYFLAM RPP 374 ND CS1: A Schulman GMB
材料数据完整性指示器
环境属性
1 个注射位置
工艺设置（默认）
分析完成
日志*
结果
优化
质量(成型窗口):XY 图
区域(成型窗口):2D 切片图
最大压力降(成型窗口):XY 图
最低流动前沿温度(成型窗口):XY 图
最大剪切速率(成型窗口):XY 图
最大剪切应力(成型窗口):XY 图
最长冷却时间(成型窗口):XY 图

图 11-17　质量（成型窗口）：XY 图

质量(成型窗口):XY 图
熔体温度: 180.0 [C]
注射时间: 0.1000 [s]
模具温度[C]

图 11-18　塑件质量与模具温度关系曲线

2. 区域（成型窗口）：2D切片图

图 11-19 所示为区域（成型窗口）：2D 切片图。

从图 11-19 中可以看出，默认成型工艺参数分析时将自动范围分别设置如下。

模具温度：40～80℃。

熔体温度：180～220℃。

注射时间：2.637s。

图 11-19 中红色区域为不可行成型范围，蓝色区域为可行成型范围，绿色为首选成型范围。用户应当尽量在绿色和蓝色范围内选择成型条件。

3. 最大压力降（成型窗口）：XY图

图 11-20 所示为最大压力降（成型窗口）：XY 图。

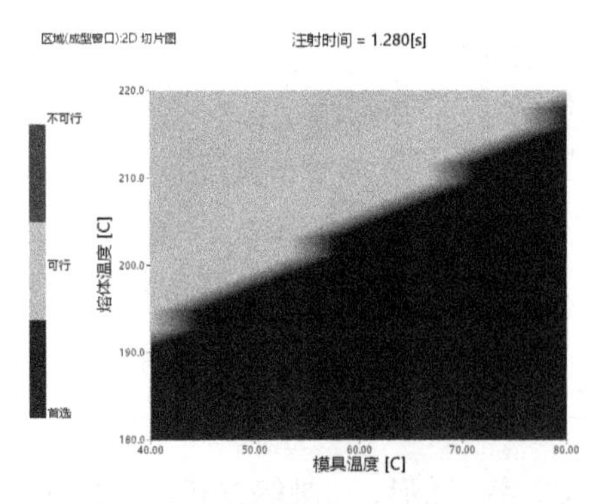

图 11-19　区域（成型窗口）2D 切片图

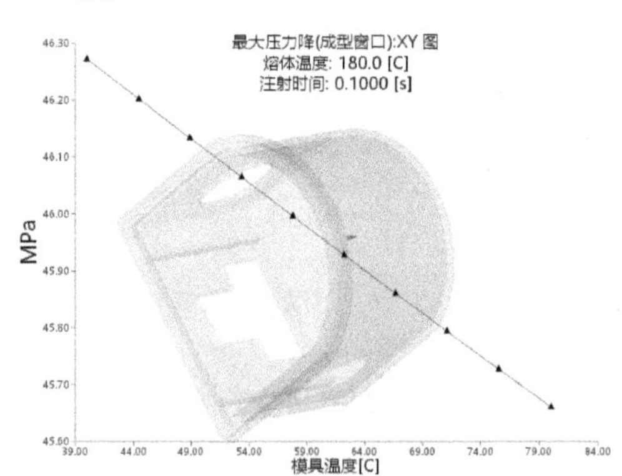

图 11-20　最大压力降（成型窗口）：XY 图

通过“最大压力降（成型窗口）：XY 图”可以查询注射成型过程中，模具温度与注射压力之间的关系。

4．最低流动前沿温度（成型窗口）：XY图

图 11-21 所示为最低流动前沿温度（成型窗口）：XY 图。

通过“最低流动前沿温度（成型窗口）：XY 图”可以查询注射成型过程中，流动前沿熔体温度与模具温度之间的关系。

5．最大剪切速率（成型窗口）：XY图

图 11-22 所示为最大剪切速率（成型窗口）：XY 图。

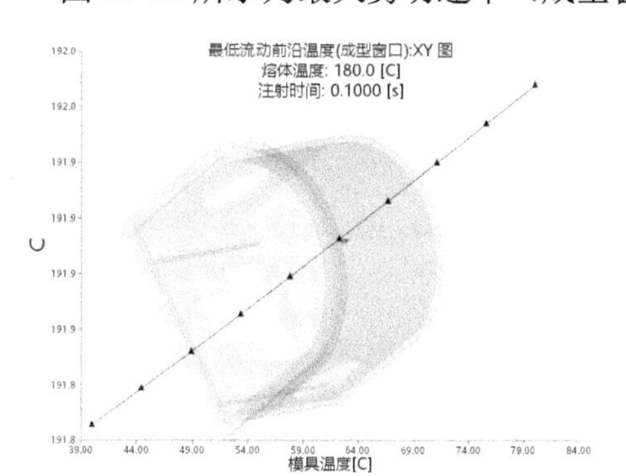

图 11-21　最低流动前沿温度（成型窗口）：XY 图

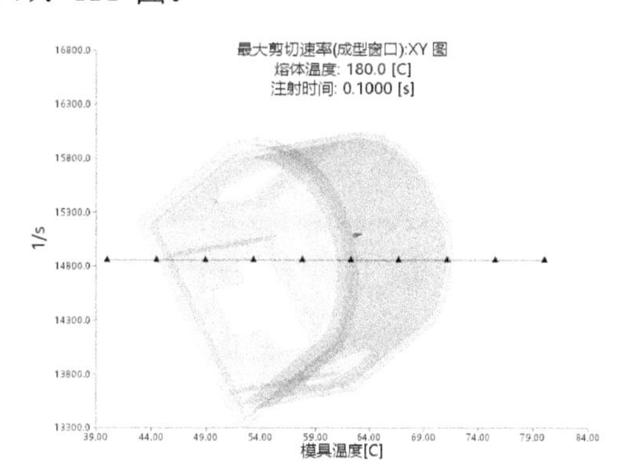

图 11-22　最大剪切速率（成型窗口）：XY 图

通过“最大剪切速率（成型窗口）：XY 图”，可以查询注射成型过程中，剪切速率与模具温度之间的关系。

6．最大剪切应力（成型窗口）：XY图

图 11-23 所示为最大剪切应力（成型窗口）：XY 图。

通过“最大剪切应力（成型窗口）：XY 图”，可以查询注射成型过程中，剪切应力与模具温度之间的关系。

7．最长冷却时间（成型窗口）：XY图

图 11-24 所示为最长冷却时间（成型窗口）：XY 图。

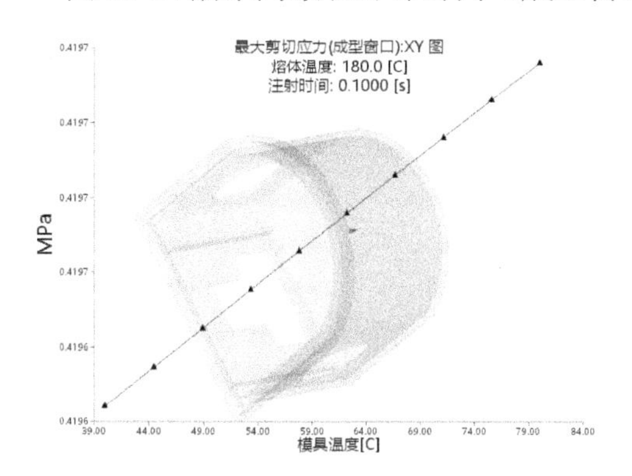

图 11-23　最大剪切应力（成型窗口）：XY 图

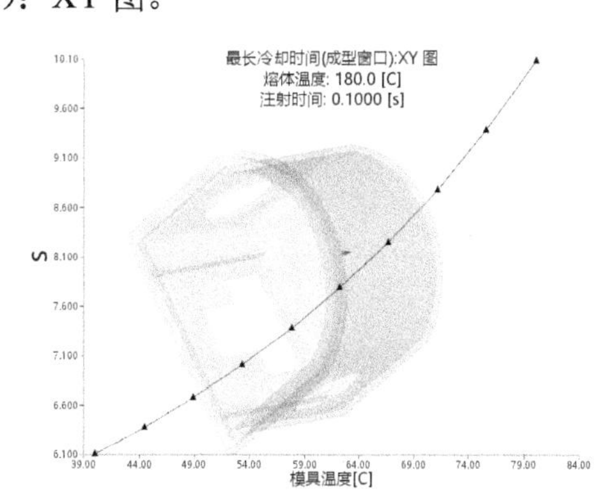

图 11-24　最长冷却时间（成型窗口）：XY 图

通过“最长冷却时间（成型窗口）：XY 图”，可以查询注射成型过程中，冷却时间与模具温度之间的关系。

Note

通过“成型窗口”分析，系统给出模型的最佳成型工艺参数，通过“分析日志”，可以查看“成型窗口”分析的最终结果。

图 11-25 所示为“成型窗口”分析推荐的模具温度、熔体温度和注射时间。

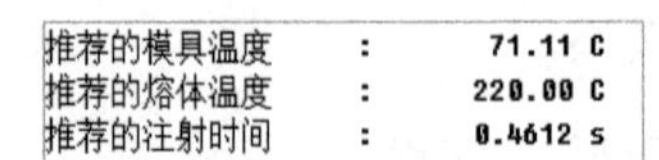

推荐的模具温度	:	71.11 C
推荐的熔体温度	:	220.00 C
推荐的注射时间	:	0.4612 s

图 11-25　最佳成型工艺参数

（1）推荐的模具温度为 71.11℃。

（2）推荐的熔体温度为 220.00℃。

（3）推荐的注射时间为 0.4612s。

11.4　本章小结

本章主要介绍了软件中的“成型窗口”分析模块，可以为设计分析过程定义生产合格的成型工艺条件范围。在本章的学习中，需要掌握成型窗口分析的流程和具体步骤，以及对成型窗口分析结果的应用。

合适的成型窗口，就是能够生产合格产品的成型工艺条件范围。学习和掌握此章内容，可以在优化成型窗口分析时得到很好的建议。

第12章

填充分析

本章介绍填充分析的基础知识和Moldflow软件在填充分析实例中的应用，重点介绍了Moldflow软件中填充分析的工艺参数设置、高级设置、分析结果等。

学习目标

（1）掌握填充分析的工艺参数设置方法

（2）掌握填充分析结果的解读

（3）掌握填充分析的应用

12.1 填充分析简介

Note

注射成型的填充过程是指塑料充模的过程。这一阶段从柱塞或者螺杆向前移动开始，将位于储料区已经塑化完毕而呈现熔融状态的塑料射入型腔中，直至型腔被塑料熔体充满为止。

填充开始后的一段时间内型腔中没有压力，待型腔充满时，料流压力迅速上升达到最大值。模塑压力与填充的时间有关。填充的时间长，先进入模内的塑料熔体，受到较多的冷却，后面的塑料熔体就需要较高的压力才能进入塑模。反之，所需的压力则较小。在前一种情况下由于熔体受到较大的剪切应力，分子取向程度较大。这种现象如果保留到料温降低至软化点以后，则塑件中冻结的取向分子将使塑件具有各向异性。这种塑件在温度变化较大的使用过程中会出现裂纹，裂纹的方向与分子取向方向一致。此外，塑件的热稳定性也较差，这是因为塑料的软化点随着分子取向的增高而降低。

高速充模时，塑料熔体通过喷嘴、主流道、分流道和浇口时将产生较多的剪切热，使料温升高，这样当料流压力达到最大值时，塑料熔体的温度就能保持较高的值，分子取向程度就会减少，塑件熔接强度也可提高。但充模过快时，在嵌件处材料的熔接往往不好，致使塑件强度变差。

对于单型腔模具，塑料熔体通常通过主流道由浇口进入型腔中；对于多型腔模具通常需要利用浇注系统将塑料熔体分配到各个型腔中。

通常螺杆依设定的行程曲线及注射压力曲线前进，由于塑料黏度很高，可以调节成型温度来改变注射压力。模温根据材料的要求设定。充填时间短则 0.5～1s，长则 5～10s，视型腔数目及模具大小而定。

在填充过程中，由于型腔尚未填满，塑料前沿为大气压状态或是抽真空。在正常填充过程下，若注射压力足够高，则塑料将以设定的流量曲线（或螺杆行程曲线）顺利充模。此阶段称为流率控制阶段。但随着填充范围的增加，塑料填充的流动阻力将逐渐增加，反映出来的就是型腔压力的增加。型腔压力是一种背压，是塑料流动阻力的表征。型腔压力上升越快，代表流动阻力越大。塑料在填充过程中需能克服流动阻力迅速填满型腔，否则若注射压力不足，注射速度不够，流动就会停止，造成短射。

在型腔将被填满时，型腔压力就会发生上溢的现象，此时已经很难以流率来控制螺杆前进。一般会将填充过程切换至压力控制阶段。

填充过程的影响因素如下。

（1）塑料的黏度。塑料的黏度影响其加工性。塑料黏度与温度、压力、剪切速率等变量的分布有关。因此，随塑件/模具设计、填充工艺参数设定而有所差异。塑料黏度分布是造成填充过程塑料熔体流向不同的主因。

（2）塑件表面分子链取向。在注射过程中分子链大体沿主要流动方向取向，使塑件性能产生流动方向及垂直流动方向的差异性，也使塑料在射出后性质与原料有所差异。分子链取向性影响塑件翘曲状况及力学性能。对于加入玻璃纤维强化的塑料，纤维取向对塑件性能的影响更大。

（3）塑料的结晶度。对于结晶性塑料，在填充过程中，有时会因为分子链排向结果造成再结晶现象。这种流动引发的结晶会释放结晶热，造成塑件变色黄化，影响塑件翘曲性质等。

（4）塑料热分解。在填充过程中，由高剪切速率摩擦造成的黏滞加热会使塑料产生局部升温的效果。若温度超过塑料的热分解温度，则会使塑料烧焦劣化。

（5）塑件外观及表面品质是填充过程影响塑件性质的主要部分。不良的填充问题如喷流、困气、流痕及熔接痕等，都会对塑件外观及表面性质造成不良影响。

（6）塑件强度。熔接痕等填充问题会造成各种缺陷，形成局部应力集中，降低成型塑件机械强度。

填充过程是塑料在型腔中成型的起始步骤，是一个十分重要的过程。由于牵涉到塑料流动及传热，塑料性质会根据温度压力及剪切速率等变量的不同而有所差异，加上熔体流动前沿是随时间变化的自由面流动，因此这也是一个十分复杂的过程。

Moldflow 软件中的填充分析可以对塑料熔体从开始进入型腔直至充满型腔的整个过程进行模拟。根据模拟结果，可以得到塑料熔体在型腔中的填充行为报告，获得最佳浇注系统设计，可以用于查看塑件的填充行为是否合理、填充是否平衡、能否完成对塑件的完全填充等。它的分析结果包括充填时间、压力、流动前沿温度、分子趋向、剪切速率、气穴、熔接痕等。分析结果有助于选择最佳浇口位置、浇口数目、最佳浇注系统布局。

12.2 填充分析工艺条件设置

在注射成型生产中，塑料原料、注射设备和模具是 3 个必不可少的物质条件，将这三者联系起来并能形成一定的生产能力的技术方法就是注射成型工艺。

影响注射成型质量的因素很多，但是在塑料原料、注塑机和模具结构确定之后，注射成型工艺条件的选择和控制就成为了决定成型质量的主要因素。一般来说，整个注射成型周期中具有三大工艺条件，即温度、压力和时间。

注射成型的温度条件主要是指熔体温度和模具温度两方面的内容，其中料温影响熔体塑化和注射充模过程，而模温则同时影响充模和冷却定型。

注射成型过程需要选择和控制的压力包括注射压力、保压压力和塑化压力。其中，注射压力与注射速度相辅相成，对塑料熔体的流动和充模具有决定性作用；保压压力和保压时间密切相关，主要影响型腔压力和最终成型质量；塑化压力的大小直接影响熔体的塑化过程、塑化效果和塑化能力，并与螺杆转速相关。

注射成型周期是指完成一次注射成型工艺过程所需要的时间，它包含注射成型过程中的所有时间问题，直接关系到生产效率，主要包括注射时间、保压冷却时间和其他操作时间。在 AMI 系统中，对于注射成型工艺的三大影响因素，以及它们之间的相互关系都有很好的表示和控制方法，在分析仿真过程中基本上能够真实地表达出来。

在填充分析前，用户需要设置填充分析工艺条件。对于填充分析，用户只需要设置模具温度和熔体温度，并从 Moldflow 软件提供的控制方法中选择合适的方法即可。

选择“成型工艺设置”→“工艺设置”菜单命令或者双击任务视窗中的“工艺设置

（默认）”按钮，弹出“工艺设置向导-填充设置”对话框，如图 12-1 所示。

图 12-1　“工艺设置向导-填充设置”对话框①

图 12-1 所示的对话框中各项及相关知识的说明如下。

（1）“模具表面温度”：模具温度初始值是系统根据所选择的材料属性参数自动推荐的，通常使用系统默认值。可以按实际情况进行设置，模具温度值不能超过材料的最大许可值。

（2）“熔体温度”：系统根据所选择的材料属性参数自动推荐的，通常使用系统默认值。可以按实际情况进行设置，熔体温度值不能超过材料的最大许可值。

（3）“填充控制”：熔体从进入型腔开始，到充满型腔的这个过程的控制方式。

在“填充控制”下拉列表中共有 6 个选项：自动、注射时间、流动速率、相对螺杆速度曲线、绝对螺杆速度曲线、原有螺杆速度曲线（旧版本）。

例如，在图 12-1 所示的对话框中选择“流动速率”作为填充控制方式时，右边就会出现一个文本框（见图 12-2），要求用户输入流动速率值，表示在流动速率为该值时进行控制。如果对塑件成型掌握的信息不够多时，一般采用“自动”填充控制方式。另外，“注射时间”填充控制方式也较为常用。

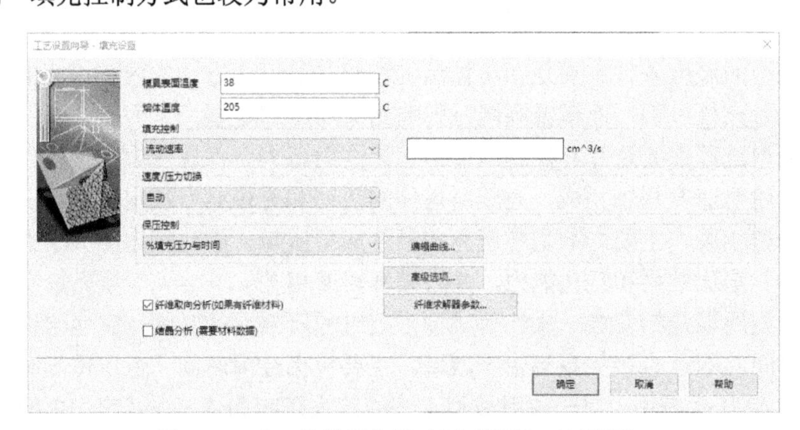

图 12-2　“工艺设置向导-填充设置”对话框②

（4）“速度/压力切换”：在注射成型中，当型腔将要被充满时，注塑机的螺杆就要设置速度控制和压力控制的切换，即设定在什么情况下进入保压阶段。

“速度/压力切换”下拉列表中共有 9 项（见图 12-3），分别为自动、由%充填体积、

由螺杆位置、由注射压力、由液压压力、由锁模力、由压力控制点、由注射时间、由任一条件满足时。除了“自动”选项，当选择了其他选项时，右侧都会出现一个文本框或者按钮，需要输入相应的数值或者进行相关参数的编辑。其中，“由任一条件满足时”选项仅对中性面网格模型有效。

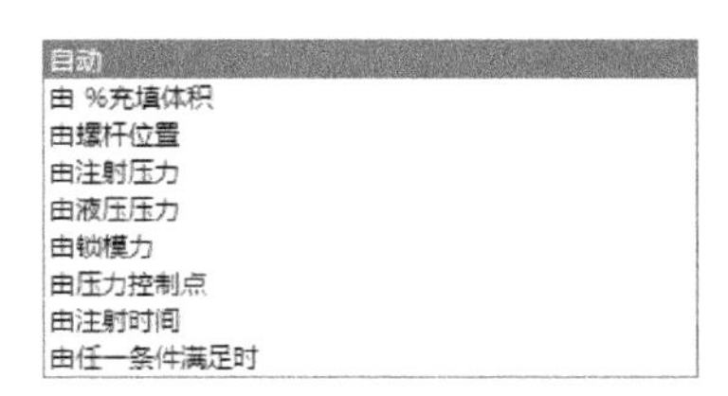

图 12-3 设定“速度/压力切换”下拉菜单

速度/压力切换对注射过程有很大的影响，切换过早会造成以下后果。

① 螺杆不到位产生欠注现象。

② 螺杆速度减慢造成注射周期延长。

切换过晚会造成以下后果。

① 过高的注射压力导致飞边。

② 熔体过度挤压造成塑件产生表面焦痕。

③ 压力过大造成注射设备的损坏。

在进行分析时，Moldflow 软件默认的控制切换是“自动”选项。也常选择“由%充填体积”选项，表示当型腔填充到一定体积时开始进行速度/压力切换。

（5）“保压控制”：是保压及冷却过程中的压力控制，包括保压时间和保压压力值。

在进行分析时，可以对选定的方式的参数进行更改设置。单击“保压控制”选区中的“编辑曲线”按钮，系统弹出“保压控制曲线设置”对话框，如图 12-4 所示。

单击“绘制曲线”按钮，会弹出如图 12-5 所示的曲线。保压控制的内容将在第 13 章详细介绍。

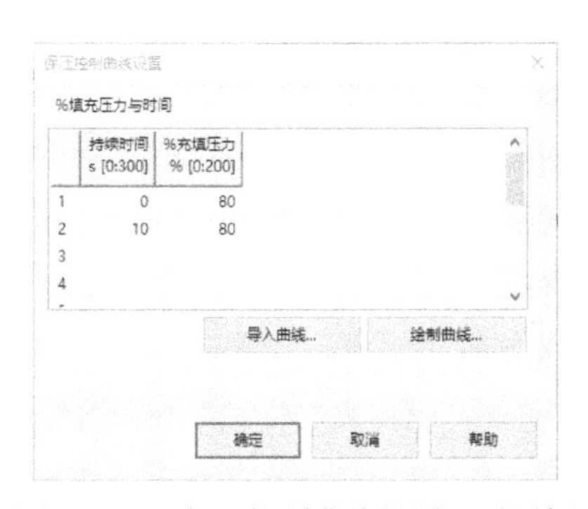

图 12-4 “保压控制曲线设置”对话框

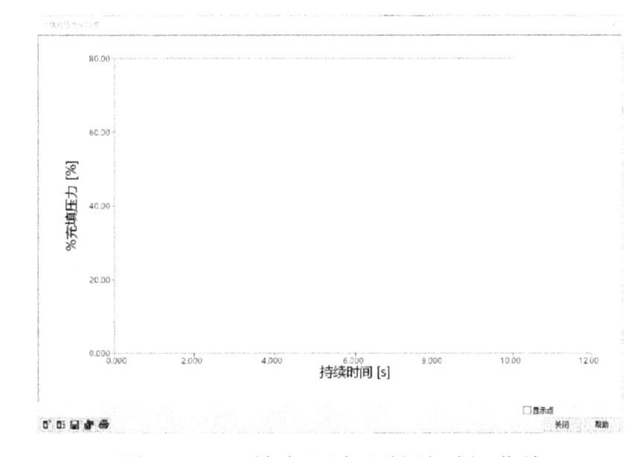

图 12-5 %填充压力和持续时间曲线

（6）“纤维取向分析（如果有纤维材料）”：选中此复选框后，对于材料中添加了纤维的塑件模型，在分析的时候，系统会自动进行纤维取向分析。

（7）“纤维求解器参数”：单击“纤维求解器参数”按钮，系统会弹出如图 12-6 所示的“纤维求解器参数”对话框，用户可以进行相关参数的设置。

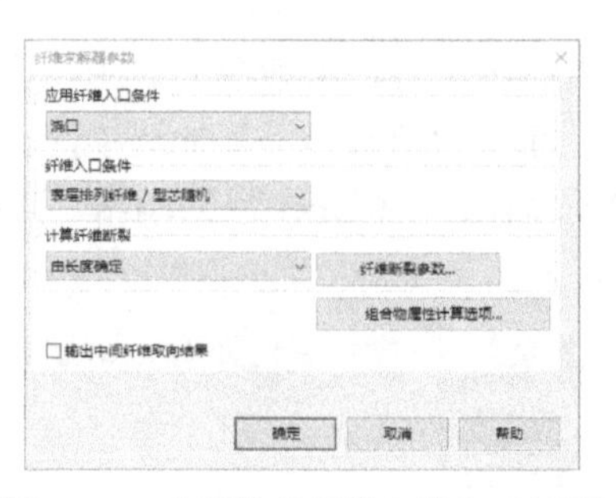

图 12-6 “纤维求解器参数”对话框

12.3 注射工艺条件高级设置

单击图 12-1 所示的对话框中右下方的“高级选项”按钮，系统会弹出“填充+保压分析高级选项”对话框，如图 12-7 所示。

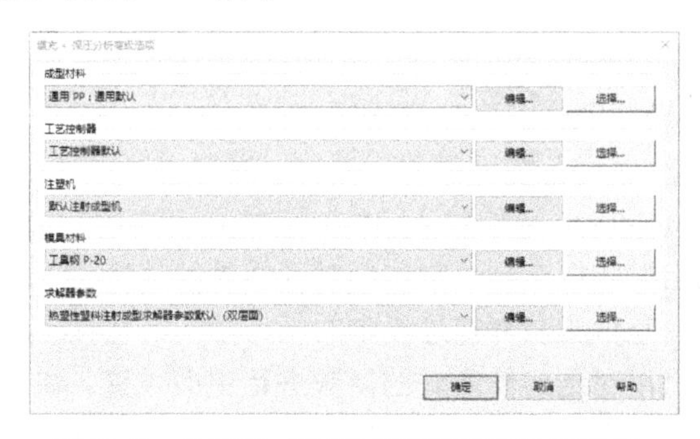

图 12-7 “填充+保压分析高级选项”对话框

高级选项包含的内容如下。

1. 成型材料

单击右侧的“编辑”按钮，弹出“材料属性”对话框，可以对材料的属性进行编辑。单击“选择”按钮，弹出“材料库”对话框，可以从中选择另一种材料。材料库的使用方法在前面的章节已做介绍。

2. 工艺控制器

单击右侧的“编辑”按钮，系统会弹出“工艺控制器”对话框，如图 12-8 所示。

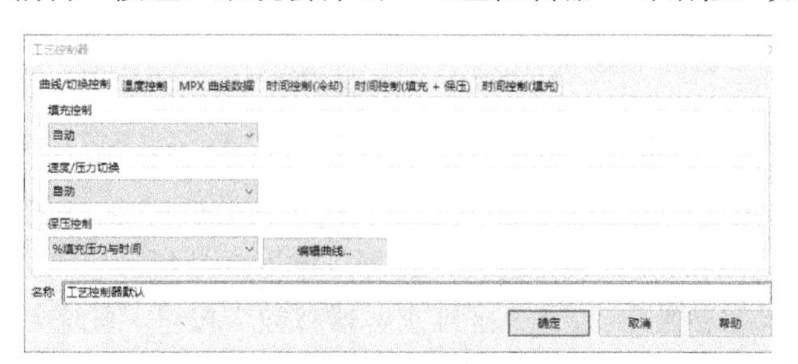

图 12-8 “工艺控制器”对话框

对话框中的第一个选项卡设置与图 12-1 相同，用户可以在这个对话框中修改各种控制方式。对话框中的第二个选项卡为“温度控制”选项卡，单击该选项卡，会切换至如图 12-9 所示的内容。

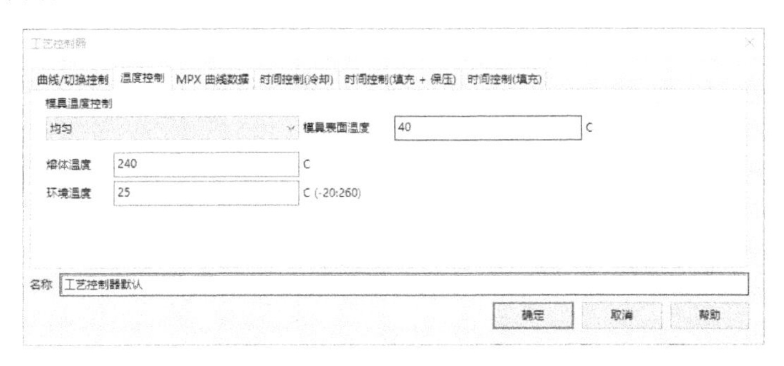

图 12-9 “温度控制”选项卡

图 12-9 所示的选项卡中包含的内容如下。

（1）“模具表面温度”：用于指定动、定模的温度。

（2）“熔体温度”：用于指定进入型腔的熔体的温度。如果模型有分流道系统，这个温度就是指进入分流道系统时的温度；如果模型没有分流道系统，这个温度就是指通过浇口的温度。

（3）“环境温度”：用于指定车间的环境温度。系统使用环境温度来计算螺杆向前推进的名义体积。型腔体积乘以材料在该环境温度下的密度和熔体温度下的密度的比值就是螺杆向前推进的名义体积。

（4）“模具温度控制”：默认参数为“均匀”，用于指定模具的动、定模使用相同的温度值。该选项的另一个参数为“型腔和型芯不同”，用于设置型腔和型芯使用不同的温度，可以用来模拟型腔沿厚度方向的不均匀冷却的流动分析。单击右边的“编辑模具温度”按钮，系统会弹出“型腔/型芯模具温度设置”对话框，如图 12-10 所示。

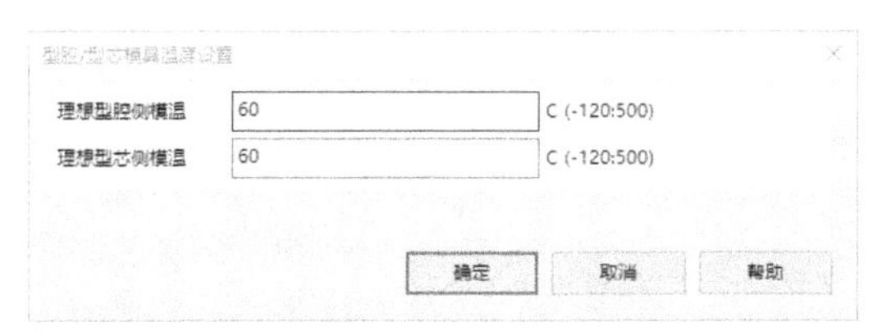

图 12-10 “型腔/型芯模具温度设置”对话框

“型腔/型芯模具温度设置”对话框中包含两项内容：“理想型腔侧模温”，用于指定型腔侧的模具温度；“理想型芯侧模温”，用于指定型芯侧的模具温度。

3．注塑机

在进行分析时，用户可以编辑或选择注塑机。要使模拟分析的结果更加准确，选择的注塑机的机型、参数就必须与实际生产中使用的注塑机一致。

“注塑机”对话框包括 4 个选项卡：“描述”“注射单元”“液压单元”“锁模单元”。

1）描述

列出了注塑机的商业信息，如图 12-11 所示。

Note

图 12-11　“注塑机”对话框

2）注射单元

注塑机的“注射单元”选项卡如图 12-12 所示，包含的内容介绍如下。

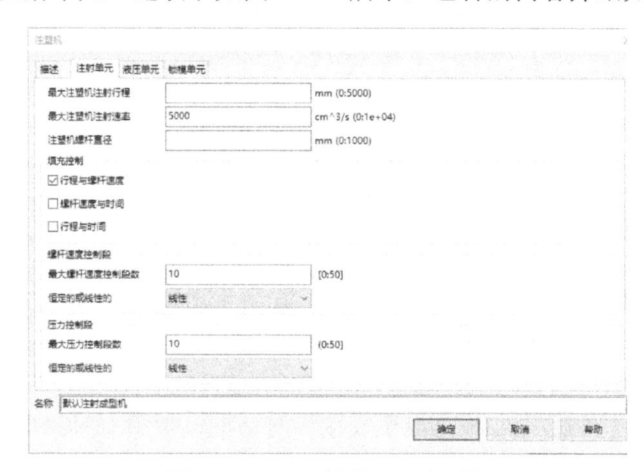

图 12-12　“注射单元”选项卡

（1）“最大注塑机注射行程”：其范围为 0～5000mm，默认值为 100mm。

（2）“最大注塑机注射速率”：其范围为 0～10000cm^3/s，默认值为 5000cm^3/s。

（3）“注塑机螺杆直径”：其范围为 0～1000mm，默认值为 10mm。

（4）“填充控制”：包括 3 个选项，分别为“行程与螺杆速度”“螺杆速度与时间”“行程与时间”。默认为“行程与螺杆速度”。

（5）“螺杆速度控制段”：包括“最大螺杆速度控制段数”和“恒定的或线性的”两部分（默认为“线性”）。

（6）“压力控制段”：包括“最大压力控制段数”和“恒定的或线性的”两部分（默认为“线性”）。

3）液压单元

注塑机的“液压单元”选项卡如图 12-13 所示，包含的内容介绍如下。

（1）“注塑机压力限制”：其下拉列表包括两个选项，分别为“注塑机最大注射压力”（默认值为 180MPa）和“最大注塑机液压压力”（默认值为 18MPa）。

（2）“增强比率”：注塑机最大注射压力和最大液压压力的比值称为增强比率。该值的典型比值为 10，其范围通常为 0～30。

（3）“注塑机液压响应时间”：默认值为 0.01s。

4）锁模单元

注塑机的“锁模单元”选项卡如图 12-14 所示，包含的内容介绍如下。

（1）“最大注塑机锁模力”：默认值为 7000.22。

（2）“不要超出最大锁模力”：选中该复选框，则在进行最佳浇口分析时锁模力不会超过注塑机的最大锁模力。默认值为取消选中该复选框。

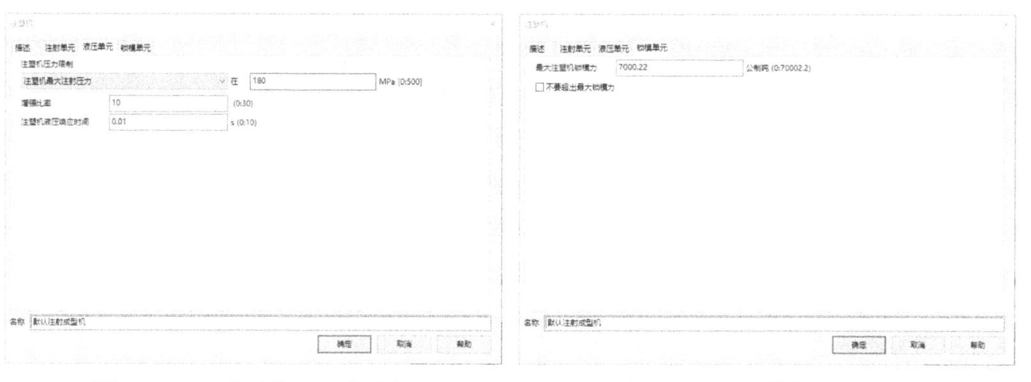

图 12-13　“液压单元”选项卡　　　图 12-14　“锁模单元”选项卡

单击图 12-7 所示对话框中的“注塑机”选区的“选择”按钮，系统会弹出“选择注塑机”对话框，如图 12-15 所示。用户可以从中选择不同的注塑机的品牌和型号。

4．模具材料

“模具材料”对话框包括“描述”和“热”“机械”“电气”4 个选项卡。

1）描述

列出了模具材料的商业信息，如图 12-16 所示。

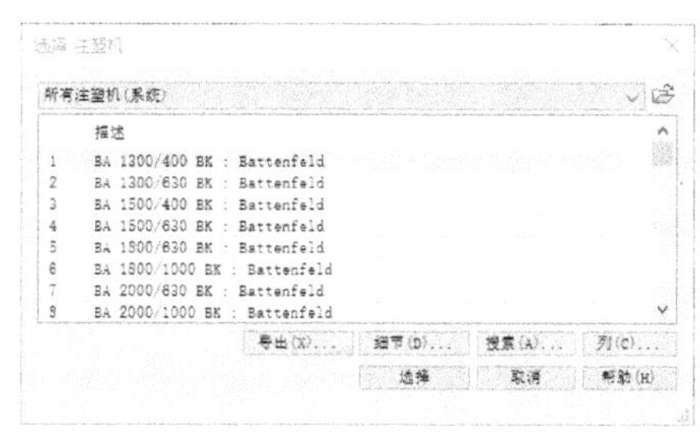

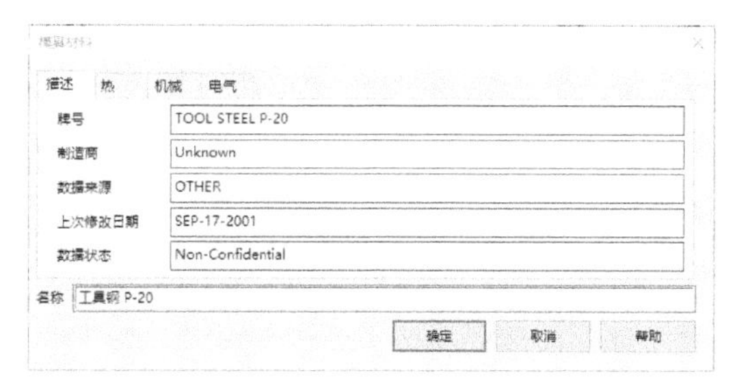

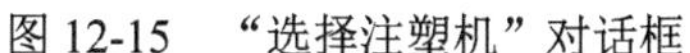

图 12-15　“选择注塑机”对话框　　　图 12-16　“描述”选项卡

2）属性

图 12-17 所示的“模具材料”对话框中包括“热”“机械”“电气”选项卡，包含的内容如下。

（1）“模具密度”：默认值为 7.8。

（2）“模具比热”：默认值为 460。

（3）“模具热传导率”：默认值为 29。

（4）“模具机械属性”：包括弹性模量（默认值为 200000MPa）和泊松比（默认值为 0.33）。

（5）“模具热膨胀系数”：默认值为 1.2e-05。

（6）“材料的电阻率”。

（7）“材料的相对磁导率”。

单击图 12-7 所示对话框中的“模具材料”选区中“选择”按钮，系统会弹出“选择模具材料”对话框，如图 12-18 所示，用户可以从中选择其他的模具材料。

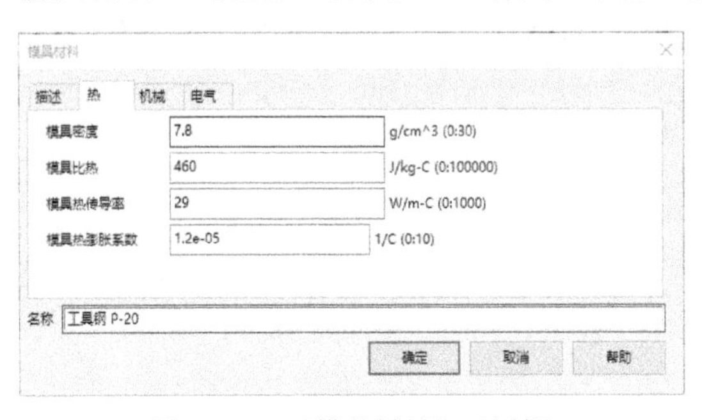

图 12-17　“模具材料”对话框

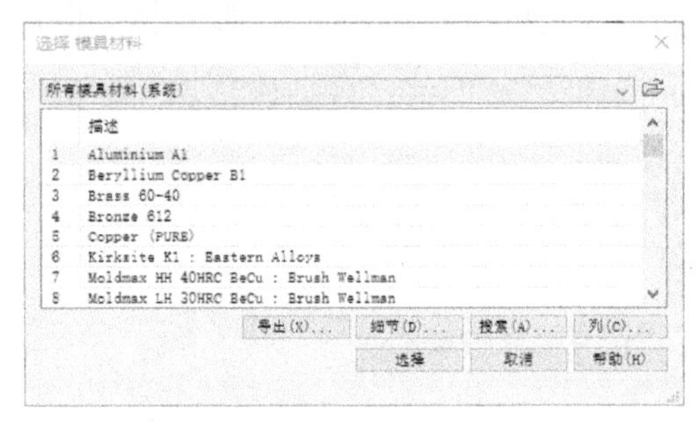

图 12-18　“选择模具材料”对话框

5．求解器参数

单击右侧的“编辑”按钮，系统会弹出“热塑性塑料注射成型求解器参数”对话框，如图 12-19 所示。其对话框中包括 10 个选项卡，选择部分选项卡进行介绍。

（1）“网格/边界”：用于设定塑件模型的网格和网格边界值，包括设置塑件厚度上的层数和设定模具–熔体热传导系数等。

（2）“中间结果输出”：用于设定塑件模型写入分析的中间结果。

（3）“收敛”：用于设定分析时塑件模型的求解器收敛值。

（4）“纤维分析”：用于设定分析时塑件模型的纤维取向值。

（5）“重新启动”：用于设定写入分析时的塑件模型的重新启动文档，包括填充阶段和保压阶段重新启动步骤数量。

（6）“型芯偏移”：用于设定流动分析时塑件模型和型芯的偏芯预测值。

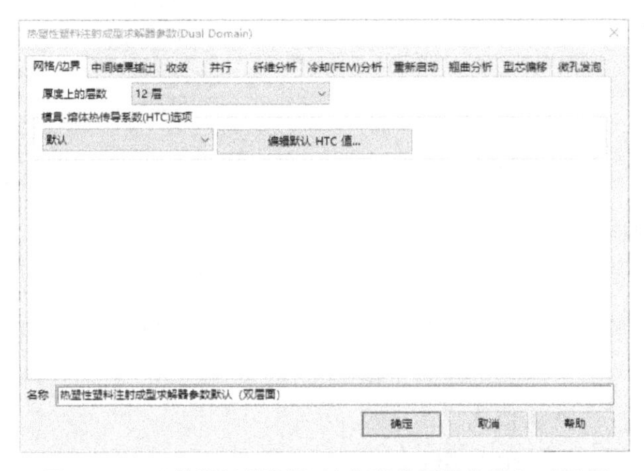

图 12-19　“热塑性塑料注射成型求解器参数”对话框

12.4 填充分析结果

填充分析完成后，填充分析结果会以文字、图形、动画等方式显示出来，同时在任务视窗中也会分类显示，如图 12-20 所示。填充分析结果主要包括“充填时间”“压力”“流动前沿温度”“表层取向”“剪切速率”“气穴”“熔接痕”等。

下面介绍主要的填充分析结果。

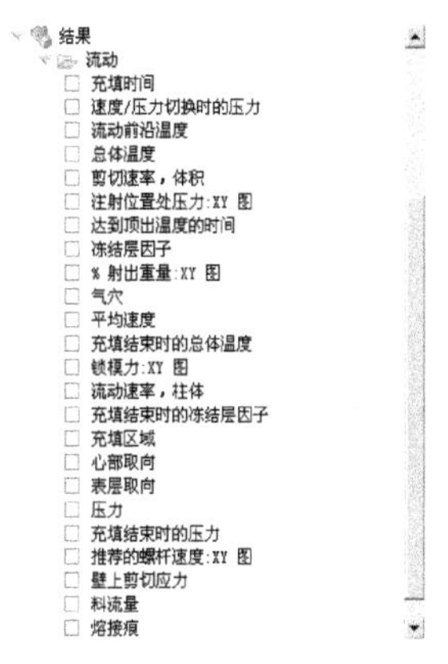

图 12-20 填充分析结果

1. 充填时间

充填时间显示的是熔体流动前沿的流动情况，其默认绘制方式是阴影图，但使用等值线图更容易解释结果。充填时间可以用于查看整个塑件的充填情况，以及塑件有无发生短射、迟滞等现象。塑件的填充应该平衡。

当塑件平衡充模时，塑件的各个远端处在同一时刻充满。在大多数结果中，充填时间是一个非常关键的结果。

选择“结果”→“检查”菜单命令，单击塑件模型上的任意位置，可以显示熔体填充该位置的时间。

提 示

按住键盘上的 Ctrl 键，同时单击模型上的多个位置，可以显示多个位置的充填时间，以方便进行比较，由此可以判断出熔体填充是否平衡，如果熔体流到这些位置的时间比较接近，说明塑件模型能够平衡填充。

充填时间结果图也可以使用等值线图的方式绘制，等值线的间距应该相同，这表明熔体流动前沿的速度相等。选择“结果”→“图形属性”菜单命令，系统会弹出如图 12-21 所示的“图形属性”对话框，在“方法”选项卡中选中“等值线”单选按钮，单击“确定”按钮，充填时间结果图就会采用等值线的方式显示。

图 12-21 “图形属性”对话框

单击如图 12-22 所示的“动画”面板上的▷（播放）按钮，可以动态播放充填时间的动画，直观地查看塑件模型的瞬时填充情况。

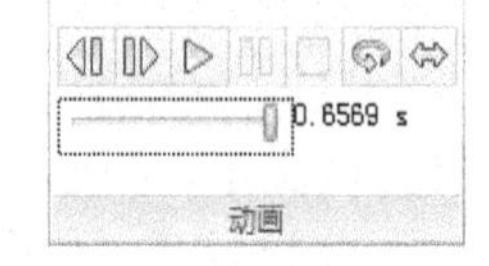

图 12-22 “动画”面板

2．速度/压力切换时的压力

“速度/压力切换时的压力”属于单组数据，该压力图同样是观察塑件的压力分布是否平衡的有效工具。通常，对于非顺序控制的分析，速度/压力切换时的压力在整个注射成型周期中是最大的，此时压力的大小和分布可通过该压力图进行观察。同时，用户可以看到在切换塑件时填充了多少时间的压力，未填充部分以灰色表示。

3．流动前沿温度

熔体前沿温度分布是模具中任意点前沿到达的温度，平衡流动是模具设计中一个主要的设计准则。对于单型腔模具，平衡流动即为模具中所有末端区域同时被充满；对于多型腔模具则意味着不同型腔同时被充满；否则，提前充满的区域会使型腔压力急剧上升，甚至会引起胀模。对单型腔模具来说，可以通过修改浇口位置或塑件厚度以得到均匀一致的平衡流动；对于多型腔模具，借助填充分析，可以很方便地通过修改流道的尺寸来实现填充平衡。

除此之外，利用熔体前沿的温度分布情况，可以方便地确定熔接痕和气穴位置，同样可以通过修改浇口位置和尺寸及塑件厚度来优化熔接线和气穴位置，使熔接线处于应力不敏感和不影响塑件美观的区域，使气穴处于易于排气的位置。

流动前沿温度是聚合物熔体填充一个节点时的中间流温度。因为它代表的是截面中心的温度，因此其变化不大。合理的温度分布应该是大致相同的，即模型的温度差不能太大，一般允许值为 20℃。

4．总体温度

在填充过程中熔体温度不仅随时间和位置变化，而且沿厚度方向也发生变化，因此无法用一个单一的温度分布来描述成型过程中物料的温度变化。采用熔体总体温度来描述温度变化的综合效应，它是温度沿厚度方向的速度加权平均值，具有明确的物理意义，表征了一点的能量输送情况。

在连续流动的区域，熔体总体温度较高；在滞流区域或流动停止区域，熔体总体温度下降很快。熔体总体温度分布中的热斑区显示了该区域的剪切热过高。如果熔体总体温度接近或超过聚合物的降解温度，材料降解就会导致塑件变脆、黑斑等成型缺陷，因此必须修改热斑区的制件设计或工艺条件。同时，温差的存在会引起塑件的收缩和翘曲，因此希望塑件中的熔体总体温度均匀一致。

5．注射位置处压力：XY图

注射节点是观察二维曲线图的常用节点。通过注射位置处压力的曲线图可以容易地看到压力的变化情况。注射位置处压力变化曲线可以用于查看注射时需要多大的注射压力，从而为注塑机的选择做参考。

当聚合物熔体被注入型腔后，压力持续增大。假设压力出现明显尖峰（通常出现在充模快要结束的时候），则表明塑件没有很好地达到平衡充模，或者是流动前沿物料体积的明显减少使流动前沿的速度提高。

6. 剪切速率，体积

剪切速率代表的是整个截面的剪切速率，由截面内材料的流速和剪切应力计算所得。剪切速率代表塑料被剪切变形的速率。

剪切速率越大，塑料变形的速率就越高，就有可能发生塑料高分子链被拉断，发生裂解、变色、机械性能下降等问题，从而影响塑件强度。可以把它直接与材料数据库中的材料极限值进行比较，体积剪切速率值应不超过材料极限值。

在显示该结果图时，最好关掉节点平均值。通常，可能有一些小单元节点具有很高的剪切速率，因此关掉节点平均值可以看得更清楚。

塑件内的剪切速率很少过高。通常，剪切速率过高的地方都是浇注系统，特别是浇口。有些材料含有多种添加剂，如纤维、着色剂和稳定剂等，这时应尽量把剪切速率控制在材料的极限值以内。通常，实际使用的浇口尺寸都可以保证这一点。

7. 壁上剪切应力

型腔壁上的剪切应力是指型腔壁处或熔体和冷凝层交界处的剪切应力，它与该点处的压力梯度成正比。在当前的填充模拟中，剪切应力在中面处为 0，并沿厚度方向线性增加，在固/熔界面达到最大值，因此型腔壁上的剪切应力表征了该截面处最大的应力水平。

剪切应力间接表示了分子和纤维的取向程度。剪切应力越高，分子取向越剧烈，特别是在塑件表面，这种影响更明显。同时，对于流动稳定性（如熔体断裂行为），一般都通过实验直接与剪切应力水平联系起来，因此在填充过程中应该限制剪切应力水平，以保证流动的稳定性，改善塑件质量。

塑件内的剪切应力应低于数据库中规定的材料极限值。因为型腔壁上的剪切应力是中间数据，用户不知道什么时候剪切应力将超过极限值。为了帮助用户解释结果，应改变绘图属性，即调整绘图比例，并把最小值设为材料极限应力值。在这种情况下，绘出的将仅仅是那些高于极限值的单元。

把塑件设为透明，默认的透明值为 0.1，根据计算机的图形卡的不同，可能需要把该透明值增大。同时，为了显示出有问题的小单元，应关掉节点平均值。这样就可以手动播放剪切应力随时间变化的动画，从而发现在什么时间、在哪里出现了高的剪切应力值。

8. 填充结束时的压力

“填充结束时的压力”属于单组数据，该压力图是观察塑件的压力分布是否平衡的有效工具。由于填充结束时的压力对平衡非常敏感，因此如果此时的压力图分布平衡，则表明塑件很好地实现了平衡填充。

Note

9．压力

对于填充分析中某一点的压力，其沿厚度方向不变，只是平面位置和时间的函数。沿流动路径中任意两点之间的压力差或压力梯度的存在是流动发生的必要条件。压力和压力梯度的大小取决于聚合物熔体在模具中所遇到阻力的大小，因此模具中阻碍流体流动的区域（如薄壁截面、细流道、长流道等）及高黏度的聚合物熔体，需要很大的填充压力和压力梯度。

在填充过程中，希望得到均匀一致的压力梯度分布，非均匀的压力梯度往往意味着会造成滞流、过保压（飞边、溢料）、欠保压（会引起过大的收缩）现象，因此在填充过程中应尽量避免压力分布的突变。

注射压力是一个中间结果，每个节点在分析时间内每时刻的压力值都被记录下来。默认的动画是时间动画，因此用户可以通过动画观察压力随时间变化的情况。注射压力分布应该平衡，或者在保压阶段应保证均匀的压力分布和避免过保压的现象。

10．锁模力：XY图

该曲线图表示锁模力随时间而变化的情况。计算锁模力时把 *XY* 平面作为分型面，锁模力根据每个单元在 *XY* 平面上的投影面积和单元内的压力进行计算。当使用表面模型时，考虑的是相互匹配的单元组，因此锁模力没有重复计算。但是，如果塑件的几何结构在 *XY* 平面上的投影有重叠，锁模力的预测将会偏大。可以设置属性，将投影发生重叠的单元排除在锁模力的计算之外，从而解决该问题。

锁模力对充模是否平衡、保压压力和速度/压力控制转换时间等非常敏感。对这些参数稍加调整，就会使锁模力发生较大的变化。

11．气穴

气穴定义在节点位置，当材料从各个方向流向同一个节点时就会形成气穴。气穴将显示在其真正出现的位置，但当气穴位于分型面时，气体可以排出。

气穴对网格密度很敏感。塑件上的气穴应该消除。例如，改变塑件的壁厚、浇口位置和注射时间都有助于消除或减少气穴。

12．熔接痕

当两股聚合物熔体的流动前沿汇集到一起，或一股流动前沿分开后又合到一起时，就会产生熔接痕，如聚合物熔体沿一个孔流动。有时，当有明显的流速差时，也会形成熔接痕。厚壁处的材料流得快，薄壁处流得慢，在厚薄交界处就可能形成熔接痕。

与气穴一样，熔接痕对网格密度非常敏感。由于网格划分的原因，有时熔接痕可能在并不存在的地方显现，或有时在真正有熔接痕的地方没有显示。为确定熔接痕是否存在，可与充模时间一起显示。同时，熔接痕可与温度图和压力图一起显示，以判断它们的相对质量。

减少浇口的数量可以消除掉一些熔接痕，改变浇口位置或改变塑件的壁厚就可以改变熔接痕的位置。

12.5 填充分析应用实例

本节将以一个操作实例，演示填充分析的过程，并对分析结果进行解释。本例的原始模型如图 12-23 所示。该模型为手机外壳，外观质量要求较高。本例采用一模两腔的设计方案。本例重点介绍填充分析，网格划分和浇注系统已经创建完毕，如图 12-24 所示。

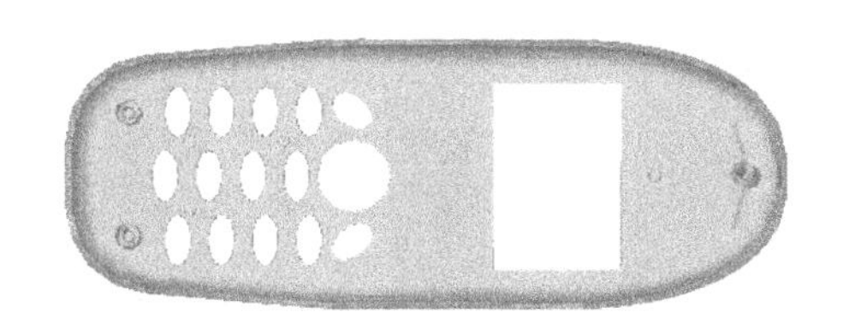

图 12-23 手机外壳模型

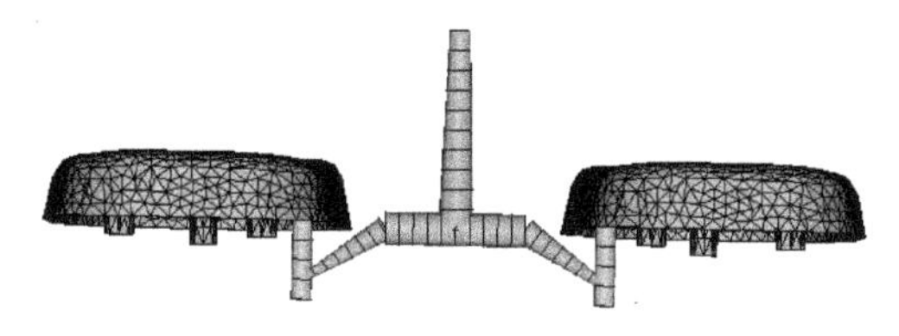

图 12-24 网格模型和浇注系统

采用潜伏式浇口，在模型的底部创建顶杆，作为二次浇口。潜伏式浇口的创建方法在第 7 章中已做介绍，这里不再详述。顶杆为圆柱形，直径为 3mm。主流道为圆锥形，两端直径分别为 3mm 和 5mm。分流道为圆形，直径为 5mm。浇口形状为圆锥形，两端直径分别为 4mm 和 1mm。

本例的模型见配套资源“第 12 章 填充分析”。

12.5.1 初始填充分析方案

1. 打开工程

Step1：启动 Moldflow 软件。

Step2：双击“打开工程”按钮，在打开的对话框中选择“phone.AMI”文件，单击“打开”按钮，在工程管理视窗中显示名为“phone”的工程。

Step3：双击“phone”选项，在模型显示窗口中显示手机外壳模型，如图 12-23 所示。

2. 选择分析类型

双击任务视窗中的“填充”选项，系统会弹出“选择分析序列”对话框，如图 12-25 所示。由于系统默认的分析类型为“填充”选项，所以可以不选择。

3. 选择材料

选择的材料为系统默认的“Generic PP：Generic Default”。

4. 设置注射位置

双击任务视窗中的“设置注射位置”选项，单击主流道入口点，完成注射位置的设置，如图 12-26 所示。

5. 设置工艺参数

双击任务视窗中的“工艺设置（默认）”选项，系统会弹出“工艺设置向导-填充设

置”对话框，如图 12-27 所示。所有参数均采用默认值，“模具表面温度”为 40℃，“熔体温度”为 240℃。单击“确定”按钮，完成填充工艺参数的设置。

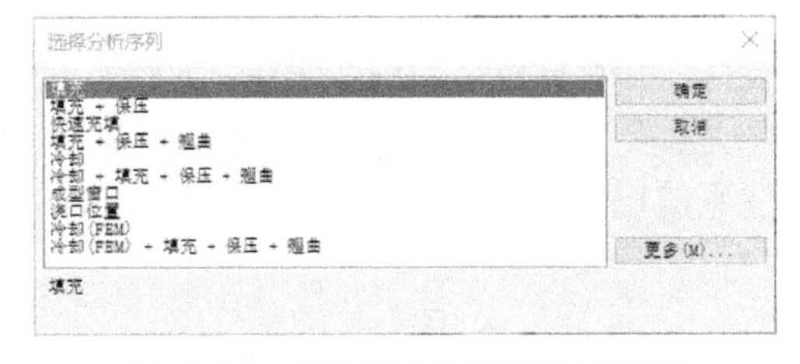

图 12-25 “选择分析序列”对话框

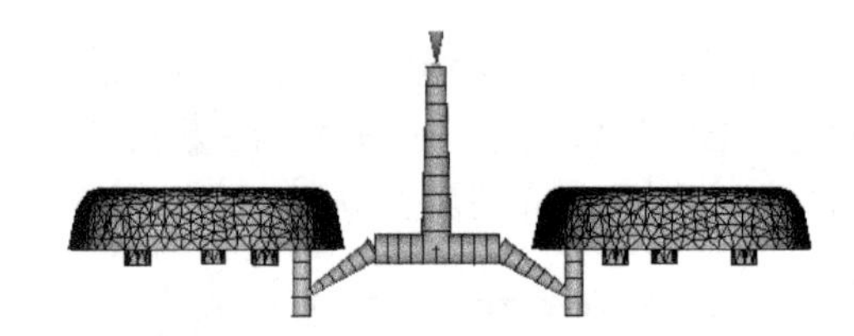

图 12-26 设置注射位置

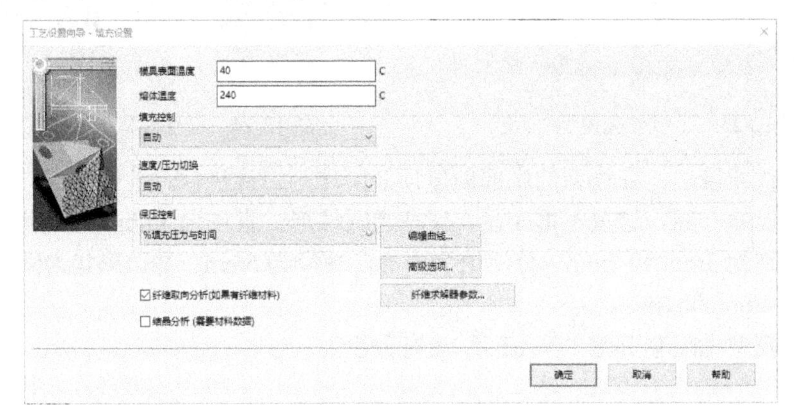

图 12-27 “工艺设置向导-填充设置”对话框

6. 进行分析

双击任务视窗中的“分析”选项，求解器开始分析计算。

通过分析计算的“分析日志”，可以实时监控分析的整个过程，输出的信息如下。

（1）求解器参数如图 12-28 所示。

（2）材料数据如图 12-29 所示。

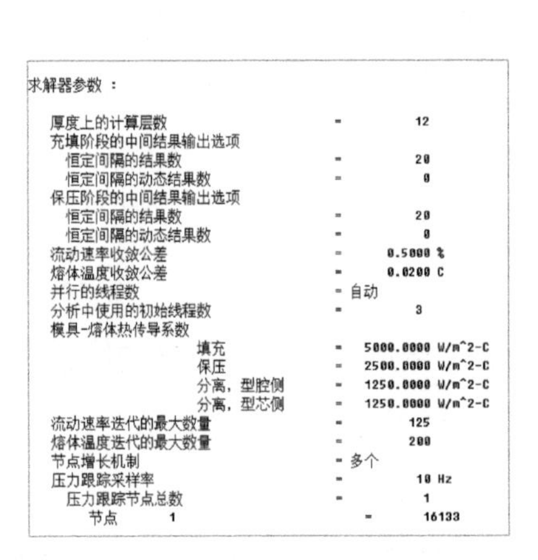

图 12-28 求解器参数

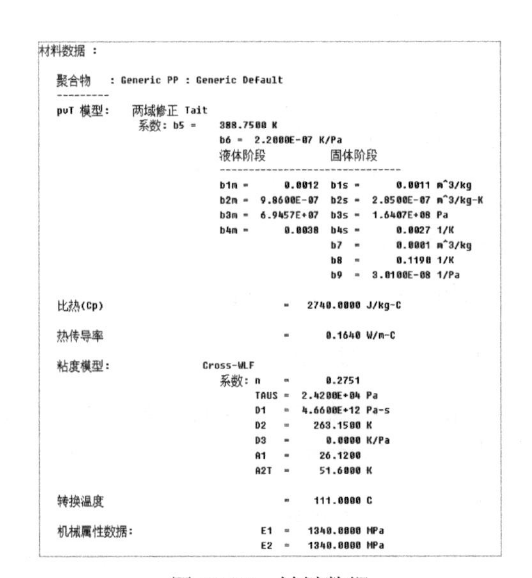

图 12-29 材料数据

（3）工艺设置如图 12-30 所示。

（4）模型细节如图 12-31 所示。

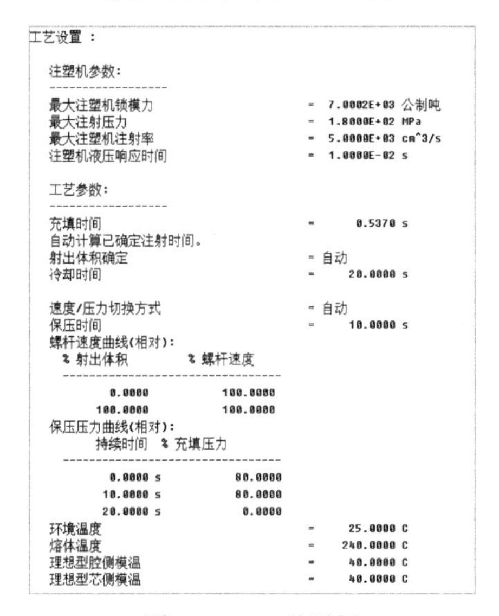

```
工艺设置 :

  注塑机参数:
  ------------------
  最大注塑机锁模力                        = 7.0002E+03 公制吨
  最大注射压力                            = 1.8000E+02 MPa
  最大注塑机注射率                        = 5.0000E+03 cm^3/s
  注塑机液压响应时间                      = 1.0000E-02 s

  工艺参数:
  ------------------
  充填时间                                =     0.5370 s
  自动计算已确定注射时间。
  射出体积确定                            = 自动
  冷却时间                                =    20.0000 s

  速度/压力切换方式                       = 自动
  保压时间                                =    10.0000 s
  螺杆速度曲线(相对):
   % 射出体积         % 螺杆速度
   ----------------------------------
        0.0000          100.0000
      100.0000          100.0000
  保压压力曲线(相对):
        持续时间   % 充填压力
   ----------------------------------
        0.0000 s          80.0000
       10.0000 s          80.0000
       20.0000 s           0.0000
  环境温度                                =    25.0000 C
  熔体温度                                =   240.0000 C
  理想型腔侧模温                          =    40.0000 C
  理想型芯侧模温                          =    40.0000 C
```

图 12-30　工艺设置

```
模型细节 :

  网格类型                                = Dual Domain

  网格匹配百分比                          =  88.8 %

  相互网格匹配百分比                      =  83.6 %
  节点总数                                =       9455
  注射位置节点总数                        =          1
    注射位置节点标签是:
                                                          16133
  单元总数                                =      18998
    零件单元数                            =      18962
    主流道/流道/浇口单元数                =         36
    管道单元数                            =          0
    连接器单元数                          =          0
  分型面法线                         (dx) =     0.0000
                                     (dy) =     0.0000
                                     (dz) =     1.0000
  三角形单元的平均纵横比                  =     2.2920
  三角形单元的最大纵横比                  =    37.1493
  具有最大纵横比的单元数                  =      13111
  三角形单元的最小纵横比                  =     1.1574
  具有最小纵横比的单元数                  =      21223
  总体积                                  =    12.1747 cm^3
    最初充填的体积                        =     0.0000 cm^3
    要充填的体积                          =    12.1747 cm^3
      要充填的零件体积                    =    11.2406 cm^3
      要充填的主流道/流道/浇口体积        =     0.9340 cm^3
  总投影面积                              =    72.6587 cm^2
```

图 12-31　模型细节

（5）填充分析的进度和部分结果如图 12-32 所示。在分析计算的过程中，分析日志显示充填时间、体积、压力、锁模力、流动速率和状态信息。

（6）警告信息如图 12-33 所示。本例的警告信息表明填充的总体积大于注塑机的最大注射体积，需要检查注塑机设置和塑件的尺寸，并再次运行分析。

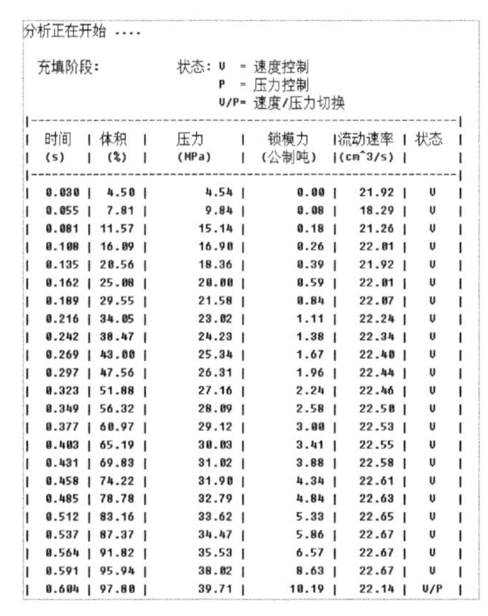

分析正在开始 ....

充填阶段:　　状态: V = 速度控制
　　　　　　　　　　P = 压力控制
　　　　　　　　　　V/P= 速度/压力切换

时间 (s)	体积 (%)	压力 (MPa)	锁模力 (公制吨)	流动速率 (cm^3/s)	状态
0.030	4.50	4.54	0.00	21.92	V
0.055	7.81	9.84	0.08	18.29	V
0.081	11.57	15.14	0.18	21.26	V
0.108	16.09	16.90	0.26	22.01	V
0.135	20.56	18.36	0.39	21.92	V
0.162	25.08	20.00	0.59	22.01	V
0.189	29.55	21.58	0.84	22.07	V
0.216	34.05	23.02	1.11	22.24	V
0.242	38.47	24.23	1.38	22.34	V
0.269	43.00	25.34	1.67	22.40	V
0.297	47.56	26.31	1.96	22.44	V
0.323	51.88	27.16	2.24	22.46	V
0.349	56.32	28.09	2.58	22.50	V
0.377	60.97	29.12	3.00	22.53	V
0.403	65.19	30.03	3.41	22.55	V
0.431	69.83	31.02	3.88	22.58	V
0.458	74.22	31.90	4.34	22.61	V
0.485	78.78	32.79	4.84	22.63	V
0.512	83.16	33.62	5.33	22.65	V
0.537	87.37	34.47	5.86	22.67	V
0.564	91.82	35.53	6.57	22.67	V
0.591	95.94	38.02	8.63	22.67	V
0.604	97.80	39.71	10.19	22.14	V/P

图 12-32　填充分析进程

```
** 警告 98682 ** 要充填的总体积大于
                   注塑机的最大注射体积。
                   检查注塑机设置及零件尺寸
                   并再次运行分析。
```

图 12-33　警告信息

在“分析日志”中经常会出现网格模型或者参数设置的“警告”和“错误”信息，用户可以根据这些信息，对塑件模型和相关参数设置进行相应的修改和完善，从而使分析结果更为可靠，更接近实际生产情况。

12.5.2 初始填充分析结果

Note

下面介绍主要的填充分析结果。

1. 充填时间

图 12-34 所示为熔体充满型腔时的结果显示，从图中可以看出充填时间为 0.6648s。

选择“结果”→“检查”菜单命令，单击塑件模型上的任意位置，可以显示熔体填充该位置的时间。按住键盘上的 Ctrl 键，同时选择模型上的多个位置点，可以显示多个位置的充填时间，以便进行比较，由此可以判断出熔体填充是否平衡，如果熔体流到这些位置的时间比较接近，说明塑件模型能够平衡填充。

图 12-35 所示为塑件两个模型的对称位置的充填时间结果，从图中可以看出熔体在 4 个方向上并不是同时流到型腔末端的。

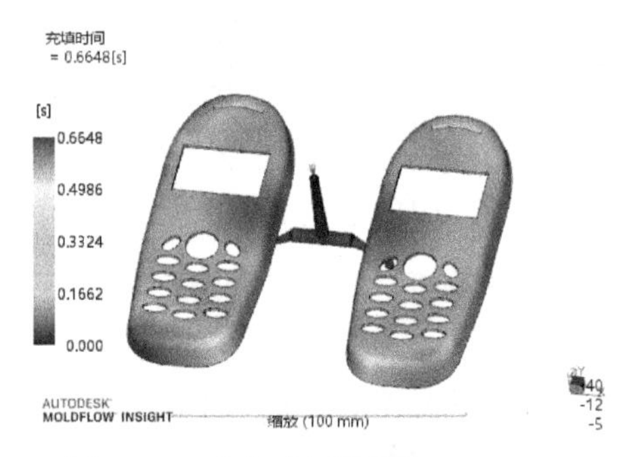

图 12-34 充填时间结果①

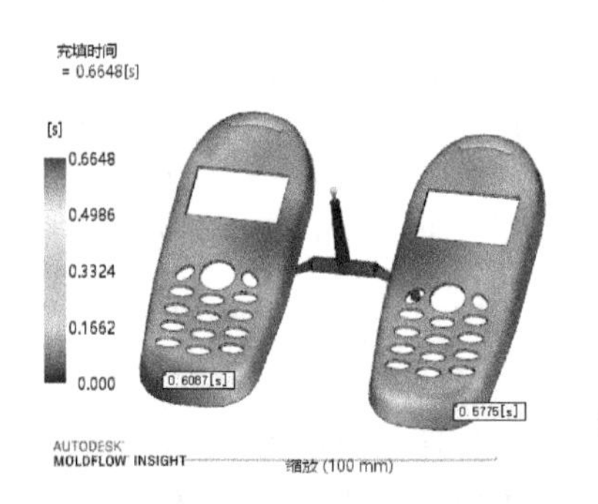

图 12-35 充填时间结果②

选择“结果”→“图形属性”菜单命令，系统会弹出如图 12-36 所示的对话框，在“方法”选项卡中选中“等值线”单选按钮，单击“确定”按钮，充填时间结果图就会采用等值线的方式显示，显示结果如图 12-37 所示。

图 12-36 “图形属性”对话框

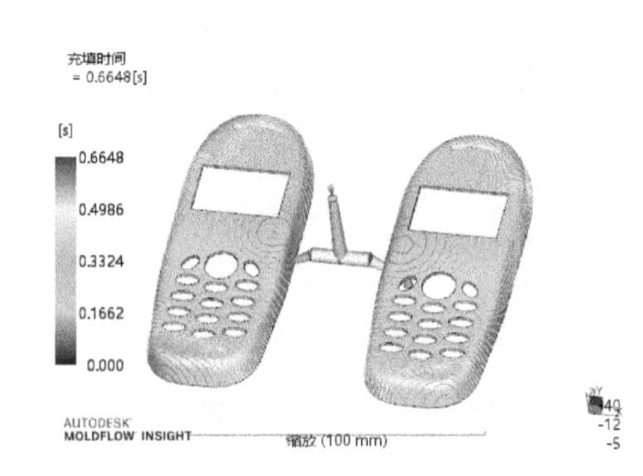

图 12-37 充填时间等值线显示结果

单击如图 12-38 所示的“动画”面板上的 ▷（播放）按钮，可以动态播放充填时间的动画，直观地查看塑件模型的瞬时充填情况。

2. 速度/压力切换时的压力

图 12-39 所示为该模型填充分析的速度/压力切换时的压力结果，图 12-39 左边的模型两端各有一处明显的未填充完全区域，表明在速度/压力切换时，该区域仍未填充完全，与填充分析的结果相一致。

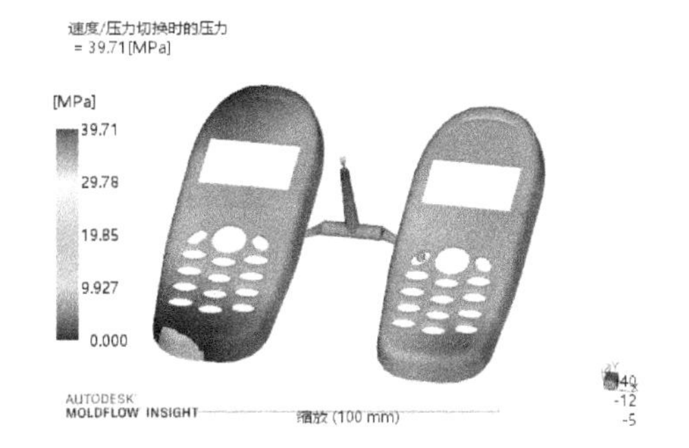

图 12-38 “动画”面板

图 12-39 速度/压力切换时的压力结果

3. 流动前沿温度

图 12-40 所示为该模型填充分析的流动前沿温度结果。从图 12-40 中可以看出，熔体的流动前沿温度为 229.4～240.5℃，温度差异为 11℃左右，在可以接受的范围内。

4. 总体温度

图 12-41 所示为该模型的总体温度结果。从图 12-41 中可以查看塑件在填充过程中温度较高的区域，该模型的最高温度为 246.8℃。

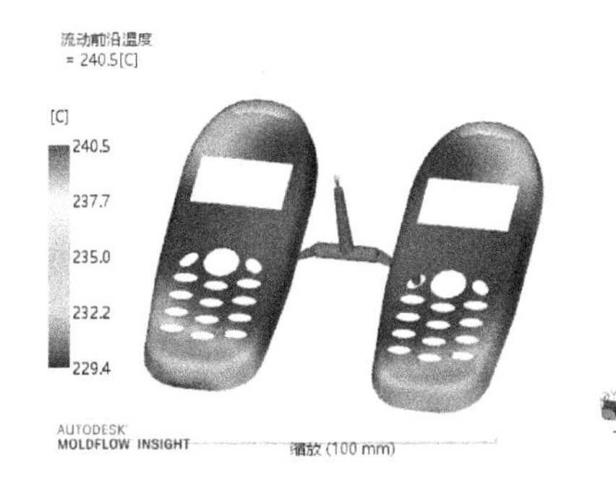

图 12-40 流动前沿温度结果

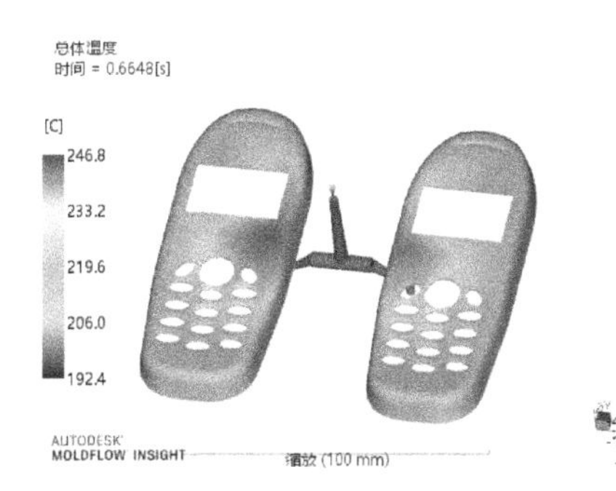

图 12-41 总体温度结果

如果最高温度接近或超过塑件材料的降解温度，或者出现局部过热的情况，则要求用户重新设计浇注系统、冷却系统及成型工艺参数等。

5. 注射位置处压力：XY图

图 12-42 所示为该模型的注射位置处压力：XY 图。选择“结果”→“检查”菜单命令，可以单击曲线尖峰的位置，就会显示注射时需要的最大注射压力值，如图 12-43 所示。

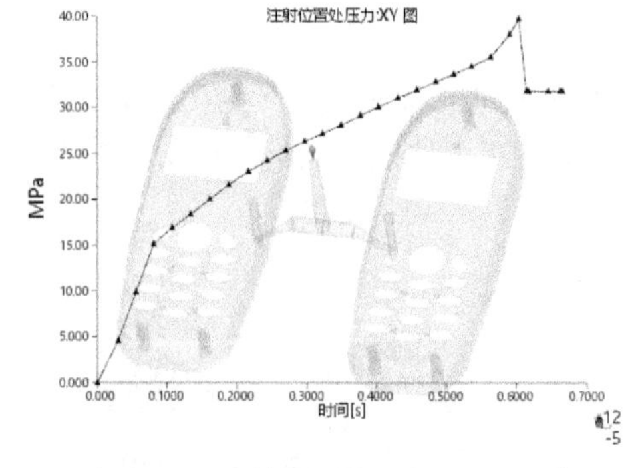

图 12-42　注射位置处压力：XY 图①

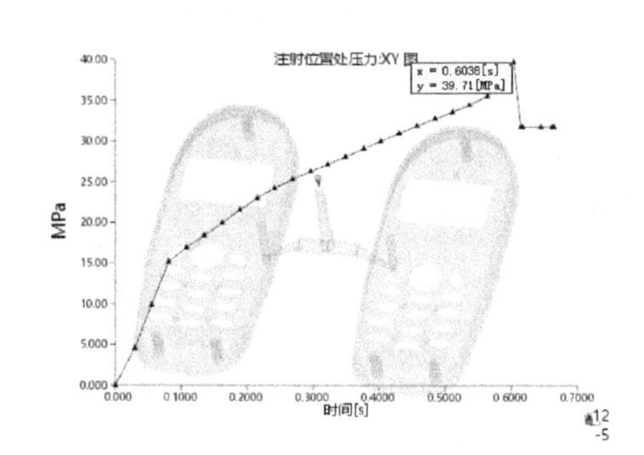

图 12-43　注射位置处压力：XY 图②

6. 体积剪切速率

图 12-44 所示为该模型的剪切速率结果。从图 12-44 中可以看出，剪切速率为 0～87593.8（1/s），处于较高的水平，其中剪切速率最大的区域位于右边模型浇口位置。右击任务视窗中的“选择的材料”选项，在弹出的下拉菜单中选择“细节”命令（见图 12-45），系统会弹出“热塑性材料”对话框，在该对话框中单击“推荐工艺”选项卡，对话框会自动切换到如图 12-46 所示内容。

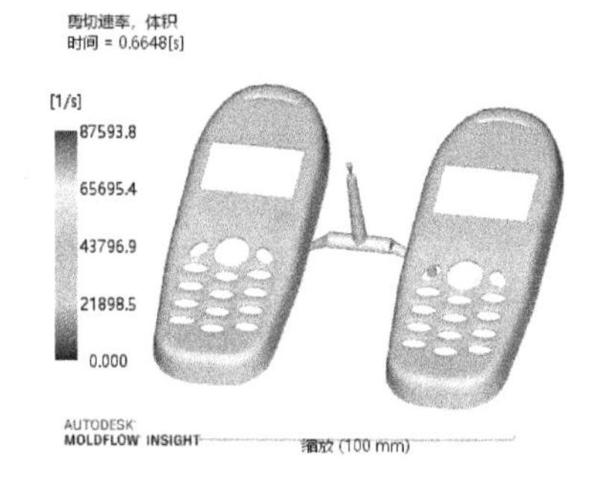

图 12-44　剪切速率结果

从图 12-46 中可以看出材料的最大剪切速率为 100000（1/s），远大于图 12-44 所示的预测值。

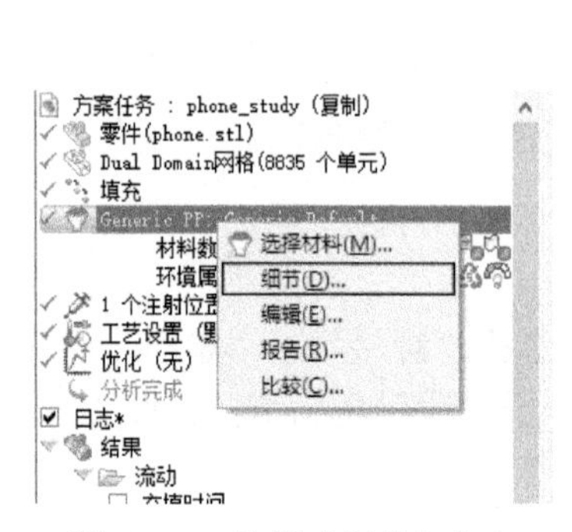

图 12-45　选择“细节”命令

图 12-46　“推荐工艺”选项卡

7. 壁上剪切应力

从图 12-46 可以得知，该材料的最大剪切应力为 0.25MPa。

图 12-47 所示为该模型型腔壁上的剪切应力结果。从图 12-47 可以看出，该模型的最大剪切应力为 0.3727MPa，超过了数据库中规定的材料极限值。

选择“结果”→“图形属性”菜单命令，系统会弹出“图形属性”对话框，如图 12-48 所示。在“比例”选项卡中单击“指定”单选按钮，在“最小”数值框中输入材料极限应力值“0.25”，单击“确定”按钮。单击“动画”面板上的◁▯按钮，直到模型上出现红色为止，红色区域就是最大应力的位置。

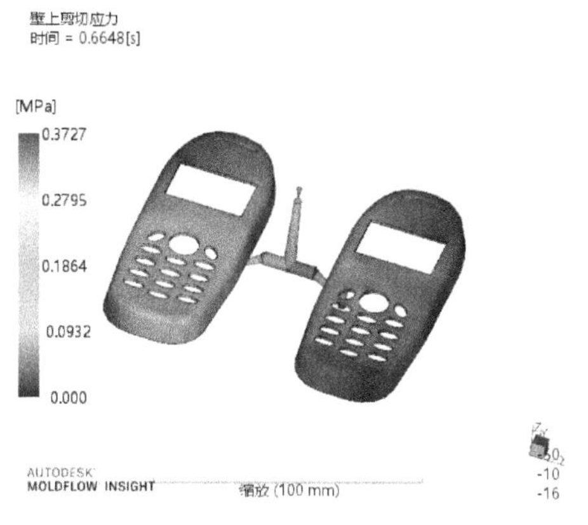

图 12-47 壁上剪切应力结果

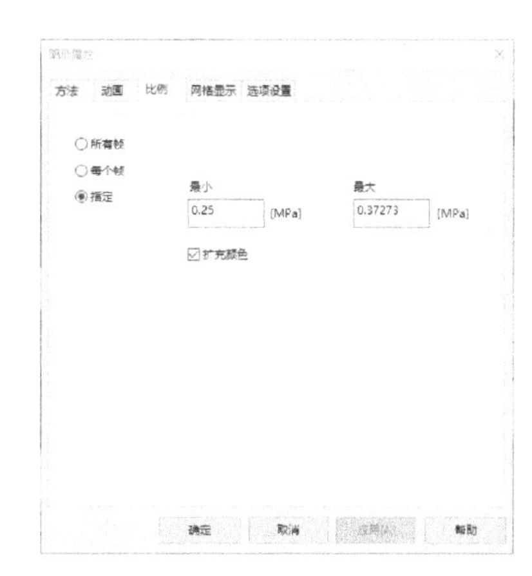

图 12-48 “图形属性”对话框

图 12-49 所示为该模型的最大剪切应力位置结果。从图 12-49 中可以看出，该模型的最大剪切应力为 0.3727MPa，且发生在 0.60s 的时候。

8. 填充末端压力

图 12-50 所示为该模型填充结束时的压力结果。从图 12-50 中可以看出，进料口处的最大压力为 31.77MPa，型腔内的最大压力为 24.5MPa，模型上的压力分布并不平衡。

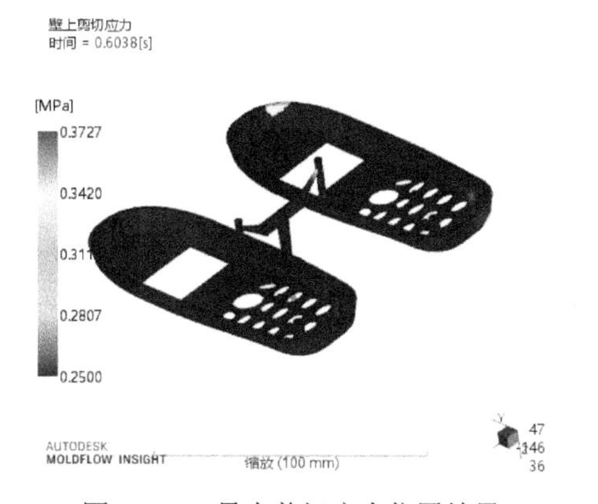

图 12-49 最大剪切应力位置结果

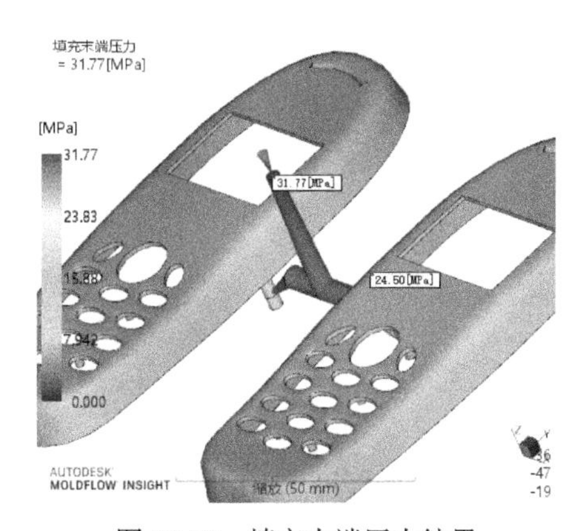

图 12-50 填充末端压力结果

9. 压力

图 12-51 所示为该模型的压力结果。从图 12-51 可以看出，该模型在填充完毕后的最大注射压力为 39.71MPa。

10. 锁模力曲线

图 12-52 所示为该模型的锁模力曲线。从图 12-52 中可以看出模型填充时的锁模力最大值为 12.50t。

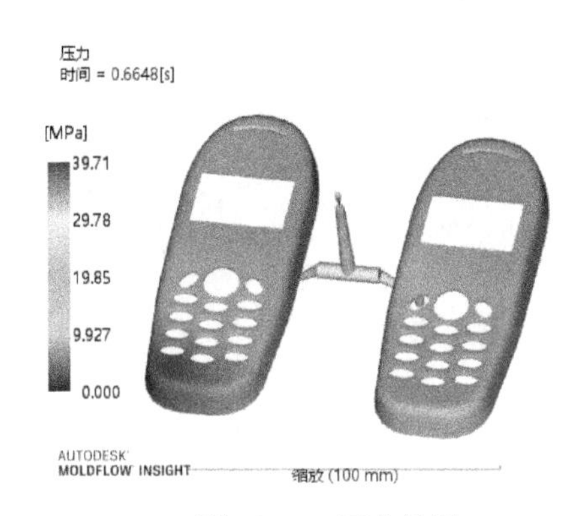

图 12-51　压力结果

图 12-52　锁模力曲线

11. 气穴

图 12-53 所示为该模型的气穴结果。从图 12-53 可以看出，模型的气穴主要分布在模型底部定位支柱的位置，在实际注射成型时可以通过成型杆和模板之间的间隙排除。

12. 熔接痕

图 12-54 所示为该模型的熔接痕分布结果。从图 12-54 可以看出，该模型的熔接痕主要出现在按键位置边缘。

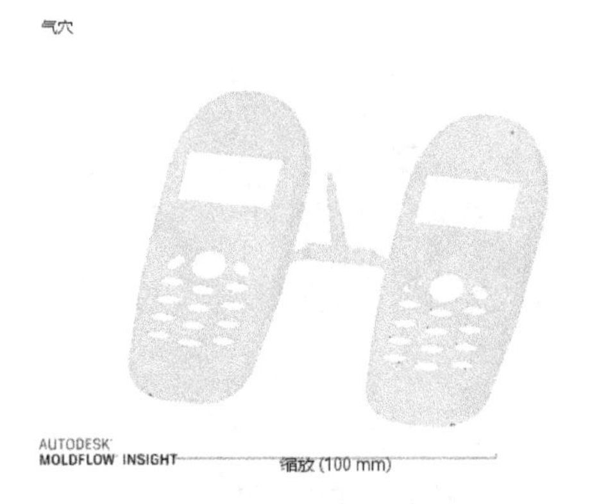

图 12-53　气穴结果

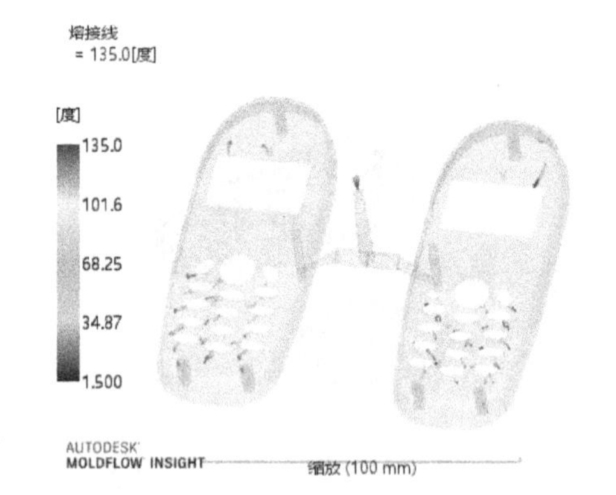

图 12-54　熔接痕分布结果

12.5.3 优化填充分析方案

根据以上分析结果可知，存在的问题主要有以下几个方面。

（1）熔体的注射量大于注塑机的最大注射量，需要重新设置注塑机参数。

（2）熔体流动不平衡，不能同时到达型腔末端，需要重新设计浇注系统。

（3）体积剪切速率和型腔壁处的应力较大，需要增大浇口尺寸。

调整后的方案如下。

（1）将左右两边模型的浇口尺寸由原来的 4mm 和 1mm 分别修改为 4.5mm、1.4mm 和 4.5mm、1.5mm。

选中模型显示窗口左边模型的浇口柱体单元，右击选择“属性”命令，系统会弹出如图 12-55 所示的“冷浇口”对话框。

图 12-55　“冷浇口”对话框

在对话框中单击“编辑尺寸”按钮，系统会弹出“横截面尺寸”对话框，如图 12-56 所示。在“始端直径”数值框中输入“4.5”，在“末端直径”数值框中输入“1.5”，单击“确定”按钮。

采用同样的方法修改左边模型的浇口尺寸，在“始端直径”数值框中输入“4.5”，在“末端直径”数值框中输入“1.4”。修改后的浇口尺寸如图 12-57 所示。

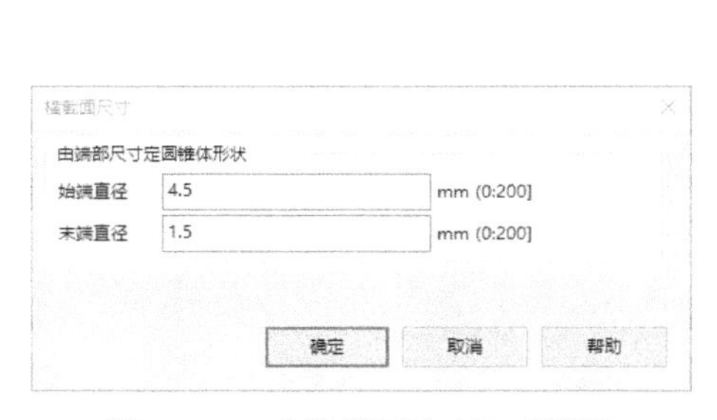

图 12-56　“横截面尺寸”对话框

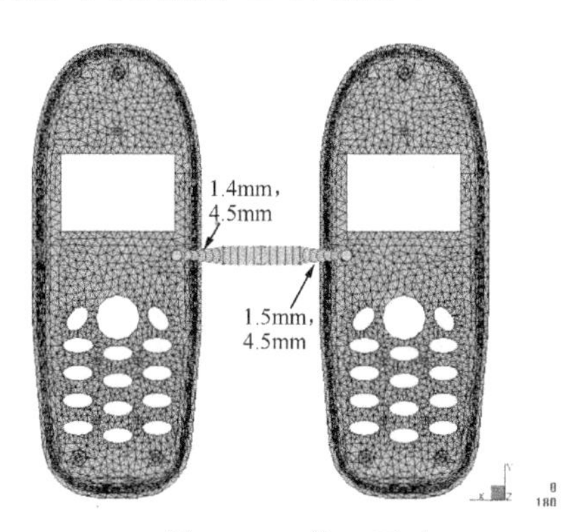

图 12-57　浇口尺寸

（2）在成型工艺条件高级设置里，将注塑机的“最大注塑机注射行程”由默认的 100mm 修改为 150mm，“注塑机螺杆直径”由默认的 10mm 修改为 12mm，如图 12-58 所示。

（3）其他成型工艺条件不变。

重新进行分析计算。

Note

注塑机

描述 注射单元 液压单元 锁模单元

最大注塑机注射行程 150 mm (0:5000)

最大注塑机注射速率 5000 cm^3/s (0:1e+04)

注塑机螺杆直径 12 mm (0:1000)

填充控制

☑ 行程与螺杆速度

☐ 螺杆速度与时间

☐ 行程与时间

螺杆速度控制段

最大螺杆速度控制段数 10 [0:50]

恒定的或线性的 线性

压力控制段

最大压力控制段数 10 [0:50]

恒定的或线性的 线性

名称 默认注射成型机

确定 取消 帮助

图 12-58 “注射单元”选项卡

12.5.4 优化后填充分析结果

查看“分析日志”，并没有出现图 12-33 所示的警告信息，说明修改后的注塑机参数能够满足注射填充要求。

1. 充填时间

图 12-59 所示为该模型的充填时间结果图。从图 12-59 中可以看出，已经没有未填充区域，说明几乎同时到达型腔末端。

2. 剪切速率

图 12-60 所示为该模型的剪切速率结果。从图 12-60 中可以看出，方案修改后的模型的剪切速率为 33554（单位为 1/s），比初始方案的 87593.8（单位为 1/s）下降了很多。

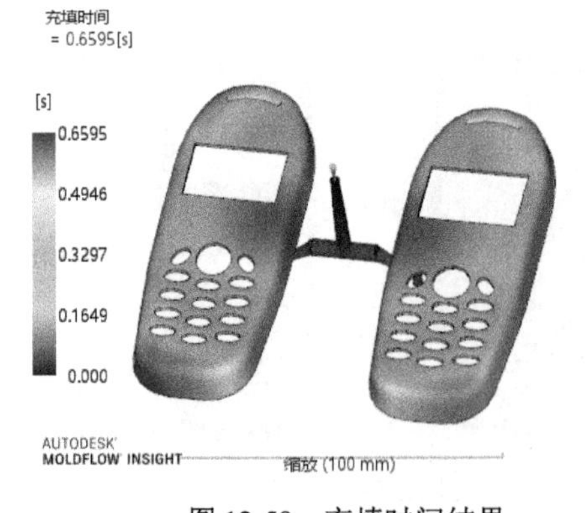

图 12-59 充填时间结果

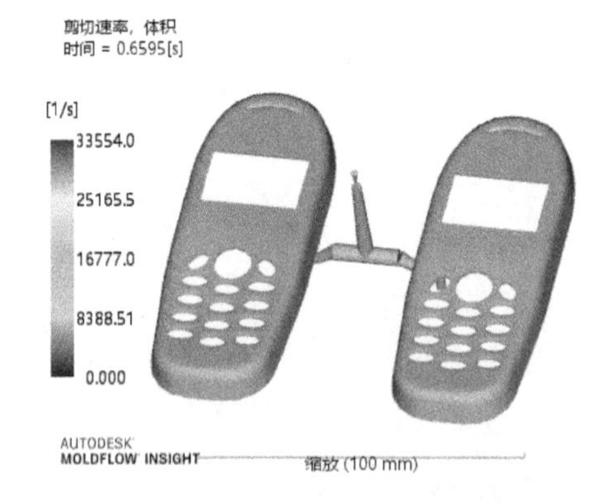

图 12-60 平均剪切速率结果

3. 壁上剪切应力

图 12-61 所示为该模型的壁上剪切应力结果。从图 12-61 中可以看出，方案修改后的模型型腔壁上的剪切应力为 0.2910MPa，比初始方案的 0.3727MPa 有所降低，但并未达到理想效果。

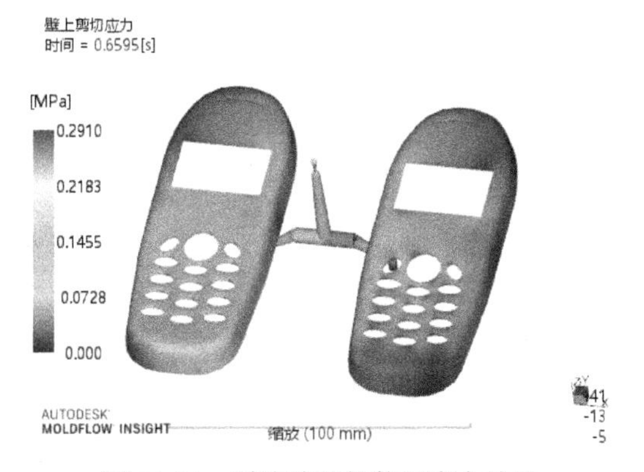

图 12-61 型腔壁处的剪切应力结果

本例不再继续修改，可以通过增加浇口尺寸、延长注射时间的方式，继续进行改进。

12.6 本章小结

本章主要介绍了软件的“填充分析”模块，包括填充分析的工艺参数设置和分析结果的评估等。

学习本章可以掌握填充分析的基本操作方法和工艺参数设置，解读填充分析结果，以及通过对比多个填充分析的结果来初步判断产品的流动是否平衡、压力是否过高、浇口大小是否合适等。

第13章

流动分析

本章介绍流动分析的基础知识及 Moldflow 软件在流动分析中的应用实例，重点介绍 Moldflow 软件中流动分析的工艺参数设置、分析结果等。

学习目标

（1）掌握流动分析的工艺参数设置方法

（2）掌握流动分析结果的解读方法

（3）掌握流动分析的应用

13.1 流动分析简介

流动分析包括注射成型过程的填充和保压两个阶段。填充阶段已经在第 12 章中做了介绍，这里只介绍保压阶段。在实际生产过程中，保压阶段分为压实阶段和倒流阶段。

压实阶段是指自熔体充满型腔时起至柱塞或螺杆退回时为止的一段时间。在这段时间内，塑料熔体会因受到冷却而发生收缩，但因塑料仍处于柱塞或螺杆的稳压下，料筒内的熔体会向型腔内继续流入以补足因收缩而留出的空隙。

如果柱塞或螺杆停在原位不动，压力略有衰减；如果柱塞或螺杆保持压力不变，也就是随着熔体进入型腔的同时向前做少许移动，则在此阶段中模内压力维持不变。

压实阶段对提高塑件的密度、降低收缩和克服塑件表面缺陷都有影响。此外，由于熔体还在流动，而且温度在不断下降，取向分子容易被冻结，所以这一阶段是大分子取向形成的主要阶段。这一阶段越长，分子取向程度也就越大。

倒流阶段是从柱塞或螺杆后退时开始的，这时型腔内的压力比流道内的压力大，因此会发生塑料熔体的倒流，从而使型腔内的压力迅速下降，倒流将一直进行到浇口处熔体冻结为止。

如果柱塞或螺杆后撤时浇口处的熔体已经冻结，或者在喷嘴处有止逆阀，则倒流阶段就不会存在，也就不会出现压力减小的情况。因此，倒流的多少与有无是由压实阶段的时间决定的。但是，不管浇口处熔体的冻结发生在柱塞或螺杆后撤以前或以后，冻结时的压力和温度总是决定塑件平均收缩率的重要因素，而影响这些因素的是压实阶段的时间。

倒流阶段因为有塑料熔体的流动会增多分子的取向，但是这种取向较少，而且波及区域也不大。相反，由于这一阶段内塑料熔体温度还较高，因此某些取向分子可能因布朗运动而解除取向。

13.1.1 流动分析的目的

在 Moldflow 软件中，流动分析用来模拟塑料熔体从注射点进入型腔开始，直到充满整个型腔的流动过程。其目的是为了设置最佳的保压阶段，从而尽可能地降低由保压引起的塑件收缩、翘曲等质量缺陷。

13.1.2 工艺参数的定义

流动分析中的两个重要参数是压力和时间，这两个参数的相关说明如下。

（1）压实压力：指由速度控制切换成压力控制后的填充压力值的大小（补偿阶段应用的压力值）。

（2）压实时间：指由速度控制切换成压力控制后，压力施加的时间（补偿阶段在不同压力下持续或变化的时间）。

（3）保压压力：Moldflow 定义的另一个压力，通常是一个比压实压力要小的值。

（4）保压时间：指保压压力施加的时间。

（5）冷却时间：指保压结束后，塑件停留在模具内的时间，使用冷却系统使塑件冷却到顶出温度的时间，即冷却阶段的时间。

虽然压实压力和保压压力存在差别，但是用户如果在 Moldflow 软件中进行保压分析设置时，两者是等同的。模具型腔被充满后的任何压力都被称为保压压力。

保压压力控制对减小飞边和防止机械损伤有着非常重要的意义。良好的保压压力控制方式有助于减小塑件收缩，提高塑件的外观质量。保压时间过长或过短都对成型不利。过长会使保压不均匀，塑件内部应力增大，塑件容易变形，严重时会发生应力开裂；过短则保压不充分，塑件体积收缩严重，表面质量差。

正常来说，保压压力为填充压力的 20%～100%，有时也可以设得更大或更小。但必须确定保压压力不能超过注塑机的锁模力极限值，否则可能有胀模的危险，使塑件产生飞边等质量缺陷。默认的保压压力为填充压力的 80%。

保压时间的确定以浇口冷凝的时间为准，保压时间必须足够长以保证浇口位置能够冷凝。当浇口冻结以后，塑件的重量将不再增加，因此可以通过反复增加保压时间和检查塑件重量的方法来确定浇口冻结的时间，即保压时间。

例如，先设置保压时间为 2s，然后设置保压时间为 4s，如果塑件的重量不再增加，则浇口冻结的时间发生在 2s 之内，保压时间就可以设置为 2s；如果塑件的重量增加了，说明浇口冻结的时间发生在 2s 之后。重复以上分析，不断增加保压时间直到塑件的重量保持恒定，就可以确定保压时间了。

13.1.3 保压曲线

有两种基本的保压方式，分别为恒压式保压和曲线式保压。

1．恒压式保压曲线

图 13-1 所示为恒压式保压曲线。这种保压方式具有一个或两个恒定的压力降，这些压力降的大小相差不大，以便获得利用保压曲线进行保压的效果。当注塑机不能进行曲线式保压时，就采用恒压式保压方式。

注塑机一旦改变了压力大小，又会马上在新的压力值上维持恒定。如果塑件的厚度有一个较大的变化范围，那么恒压式保压方法的效果就和曲线式保压一样。

2．曲线式保压曲线

图 13-2 所示为曲线式保压曲线。在这种保压方式中压力在时间上呈现连续、稳定的变化。如果应用得当，曲线式保压方法可以使塑件获得较为一致的体积收缩率。体积收缩率的高低是由熔体冷凝时具有的压力大小决定的，压力越大，收缩越小。

采用曲线式保压方法还能减小保压压力。减小浇口处的压力从而增加浇口附近的体积收缩，可以避免过保压现象的发生。

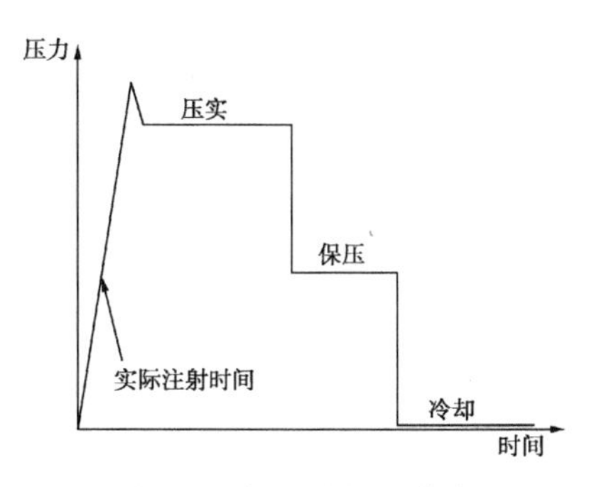

图 13-1　恒压式保压曲线

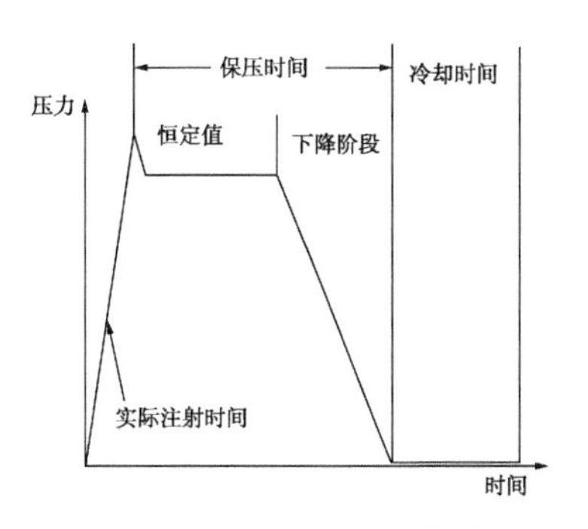

图 13-2　曲线式保压曲线

当注塑机具备设置保压曲线的能力时，可以采用曲线式保压方法。但是，如果当塑件厚度变化较大时，曲线式保压方法并不能取得很好的保压效果。这是因为塑件壁厚较厚的地方要获得和壁厚较薄的地方相同的体积收缩率，需要更高的压力。

13.2 流动分析工艺参数设置

在进行流动分析前，用户需要设置流动分析工艺参数。对于流动分析，用户需要设置模具的表面温度、熔体温度、冷却时间等参数。

选择“成型工艺设置”→“工艺设置”菜单命令或者双击任务视窗中的“工艺设置（默认）”选项，弹出“工艺设置向导-填充+保压设置”对话框，如图 13-3 所示。

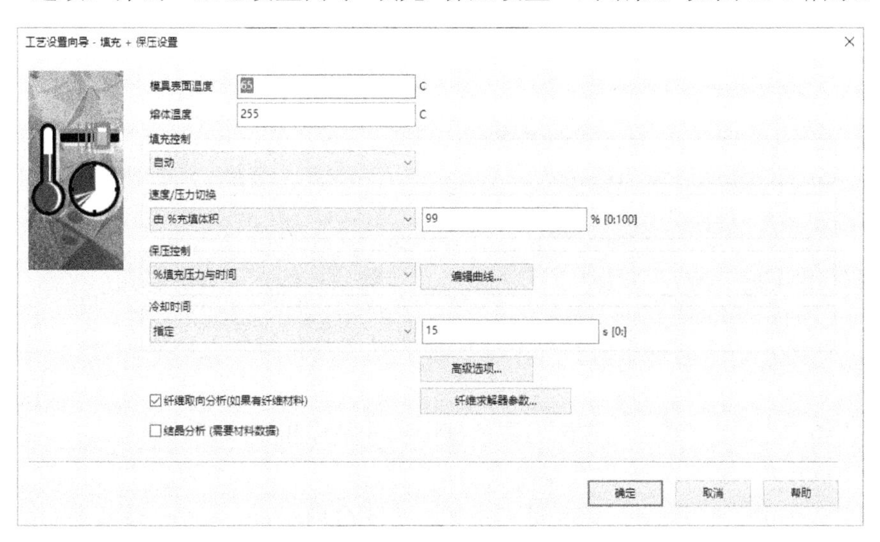

图 13-3　“工艺设置向导-填充+保压设置”对话框

该对话框中的“模具表面温度”“熔体温度”“填充控制”“速度/压力切换”的设置方法和填充分析相同，这里不再赘述。

流动分析最重要的参数设置是“保压控制”。在“保压控制”下拉列表中共有 4 个选项。

（1）“%填充压力与时间”：由填充压力控制，需要制定填充压力的百分比。

（2）“保压压力与时间”：由指定的保压压力控制。

（3）“液压压力与时间”：由指定的注塑机液压压力控制。

（4）“%最大注射压力与时间”：由注塑机最大注射压力控制。

系统默认的保压控制方式为“%填充压力与时间”。另外，“保压压力与时间”控制方式也较为常用。

在进行分析时，可以对选定的方式的参数进行更改设置。单击右侧的“编辑曲线”按钮，系统弹出“保压控制曲线设置”对话框，如图 13-4 所示，用户可以输入需要的曲线点。其中，“持续时间”用于设定保压时间；“%充填压力”表示填充压力的百分比，用于设定保压压力。保压压力的默认值通常为填充压力的 80%，这个值是可以更改的。

单击“绘制曲线”按钮，会弹出如图 13-5 所示的曲线。曲线图表示的意义是，在保压的初始时刻，保压压力为填充压力的 80%；在以后的 10s 内，保压压力仍然维持在填充压力的 80%。

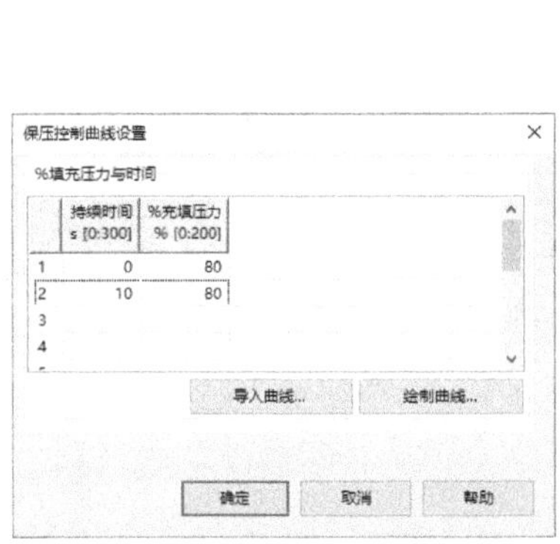

图 13-4 “保压控制曲线设置”对话框

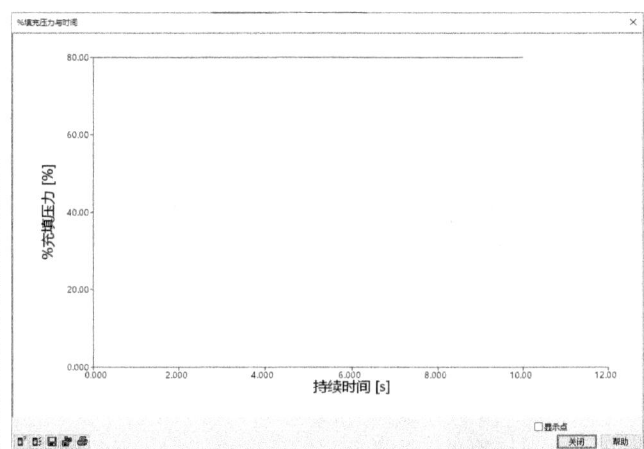

图 13-5 %填充压力和时间曲线

保压曲线对于翘曲分析，以及由保压不足而引起的收缩不均等塑件缺陷是很重要的，可以通过调整保压曲线来消除缺陷和改善塑件品质。

图 13-3 所示的对话框中的另一个重要参数是“冷却时间”。“冷却时间”下拉列表中有两个选项。

（1）“指定”：用户通过在右侧的数值框中输入数值指定冷却时间。

（2）“自动”：单击右侧的“编辑顶出条件”按钮，系统会弹出“目标零件顶出条件”对话框，如图 13-6 所示。该对话框中包含 3 部分内容，分别是“模具表面温度”“顶出温度”和“顶出温度下的最小零件冻结百分比”，可以通过在相应数值框中输入数值进行相关参数设置。

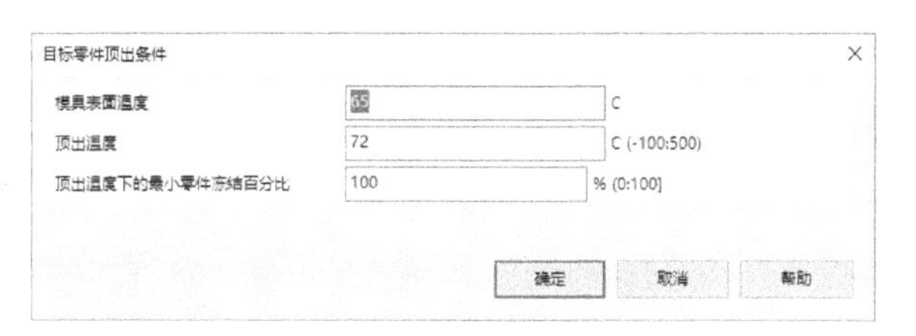

图 13-6 “目标零件顶出条件”对话框

13.3 流动分析结果

Moldflow 软件在流动分析完成后，会以文字、图形、动画等方式显示流动分析结果，同时在任务视窗中也会分类显示，如图 13-7 所示。与填充分析相比，流动分析结果除了包括填充分析的所有结果，还有“顶出时的体积收缩率”“冻结层因子”“锁模力质心”“缩痕，指数”“体积收缩率”等。

结果
流动
充填时间
速度/压力切换时的压力
流动前沿温度
总体温度
剪切速率，体积
注射位置处压力:XY 图
顶出时的体积收缩率
达到顶出温度的时间
冻结层因子
% 射出重量:XY 图
气穴
平均速度
填充末端总体温度
锁模力质心
锁模力:XY 图
流动速率，柱体
填充末端冻结层因子
充填区域
第一主方向上的型腔内残余应力
第二主方向上的型腔内残余应力
心部取向
表层取向
压力
压力:XY 图
填充末端压力
推荐的螺杆速度:XY 图
壁上剪切应力
缩痕，指数
料流量
体积收缩率
熔接线

图 13-7 流动分析结果信息

下面介绍主要的流动分析结果。

1．顶出时的体积收缩率

顶出时的体积收缩率显示了塑件在保压和冷却过程中收缩率的变化，整个型腔的收缩率应该均匀，但通常难以实现。可通过调整保压曲线使收缩率均匀一些。

2．冻结层因子

冻结层因子用于观察塑件和浇口冻结的时间。冻结层因子的值为 1（100%），表示截面已经完成冻结。如果塑件上靠近浇口的一些区域冻结得早，就会使远离浇口的区域具有高的收缩率。

在图 13-8 中单击“动画”面板的 ▷（播放）按钮，以动画的形式演示塑件模型和浇口中的冷凝层随时间的变化过程，从而找出浇口的冻结时间，作为修改保压时间的参考。

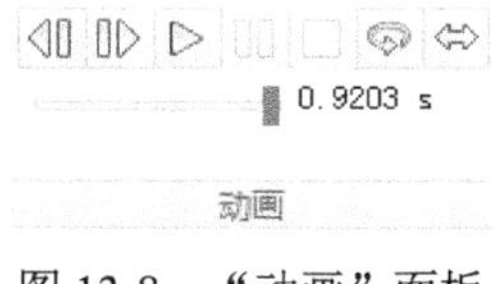

图 13-8 “动画”面板

3．缩痕指数

缩痕指数可以反映塑件上产生缩痕的相对可能性，缩痕指数值越高的区域，表明此区域出现缩痕或缩孔的可能性越大。

当分析结果显示塑件上某区域缩痕指数较高时，说明此区域出现缩痕的可能性较大，通过改变浇口位置、增加浇口数目、改善产品设计、优化冷却系统、延长保压时间和增加保压压力的方式可以使其得到一定程度的改善。

Note

4．体积收缩率

体积收缩率显示塑件每个区域的体积收缩百分数，可以用来确定塑件可能产生缩痕的区域。

为了减少翘曲变形，塑件的体积收缩率必须均匀一致，并且要低于材料允许的最大值。

13.4 流动分析应用实例

本节将以一个操作实例，演示流动分析的过程，并对分析结果进行解释。本例的原始模型如图 13-9 所示，该模型为鼠标下盖。本例重点介绍流动分析，网格划分和浇注系统已经创建完毕，如图 13-10 所示。采用香蕉形浇口，在模型的前部创建浇口。香蕉形浇口的创建方法在第 7 章中已做介绍，这里不再详述。主流道为圆锥形，两端直径分别为 4mm 和 6mm。分流道为圆形，直径为 6mm。浇口形状为圆锥形，两端直径分别为 5mm 和 1.5mm。

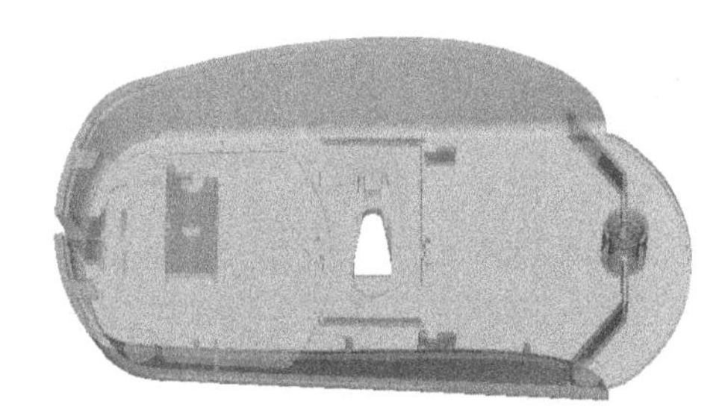

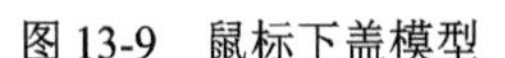

图 13-9　鼠标下盖模型

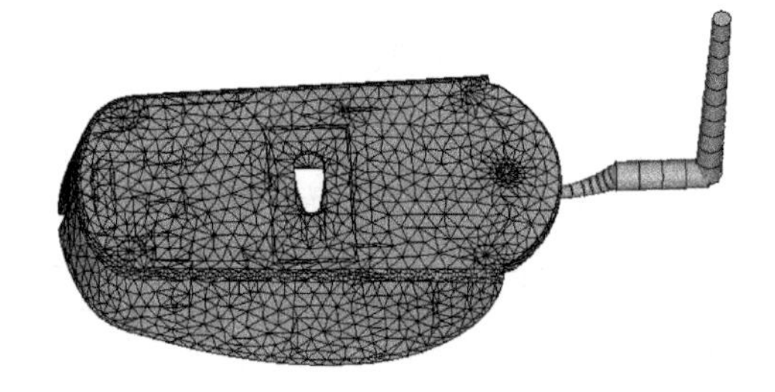

图 13-10　网格模型和浇注系统

本例的模型见配套资源“第 13 章 流动分析”。

13.4.1 初始流动分析方案

1．打开工程

Step1：启动 Moldflow 软件。

Step2：双击“打开工程”按钮，在打开的对话框中选择“mouse.AMI”文件，单击“打开”按钮，在工程管理视窗中显示名为“mouse”的工程。

Step3：双击“mouse”工程图标，在模型显示窗口中显示鼠标下盖模型，如图 13-9 所示。

2．选择分析序列

双击任务视窗中的“填充”选项，系统会弹出“选择分析序列”对话框，如图 13-11 所示。选择“填充+保压”选项，单击“确定”按钮。

3. 选择材料

选择的材料为“Trinseo APAC”公司的“EMERGE PC/ABS 7550”。

选择材料的操作步骤如下。

Step1：双击任务视窗中的“材料”选项，或者选择“分析”→“选择材料”菜单命令，系统弹出“选择材料”对话框，如图 13-12 所示。

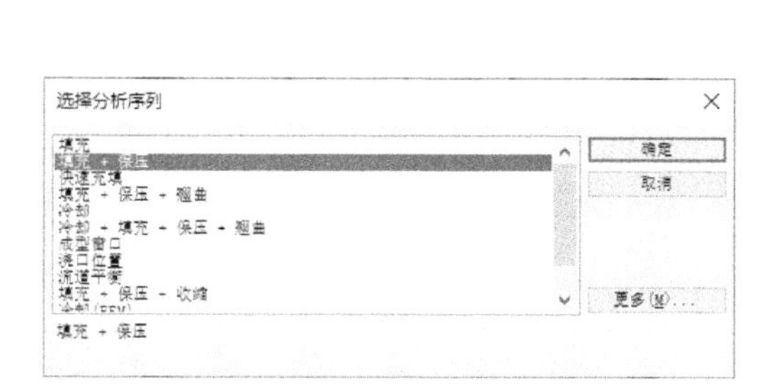

图 13-11 “选择分析序列”对话框

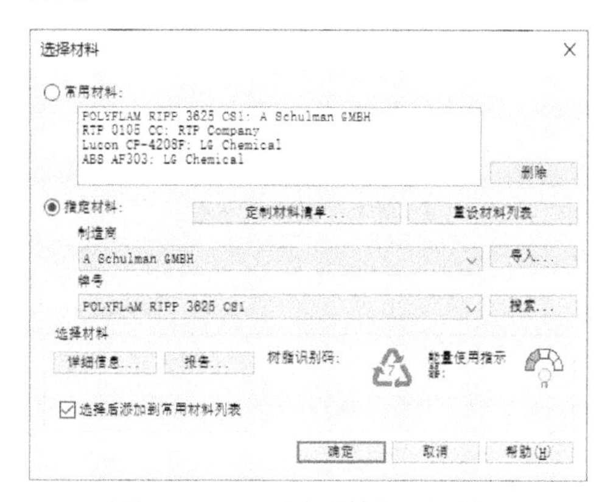

图 13-12 “选择材料”对话框

Step2：单击“搜索”按钮，系统会弹出“搜索条件”对话框，如图 13-13 所示。

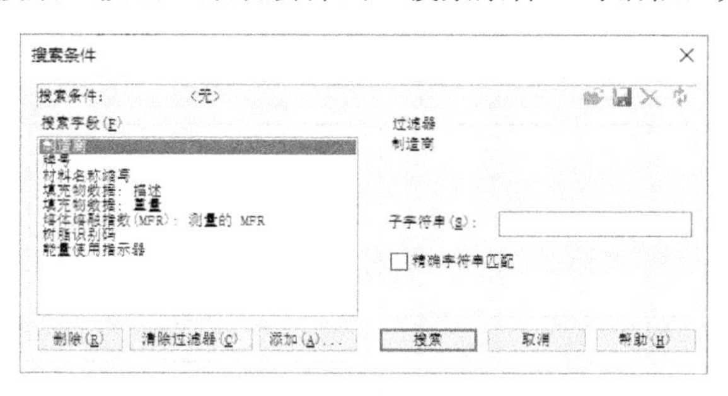

图 13-13 “搜索条件”对话框①

Step3：单击图 13-13 所示的“搜索字段”列表框的“牌号”选项使其处于激活状态。

Step4：在“子字符串”文本框中输入“Emerge”，如图 13-14 所示。

Step5：单击“搜索”按钮，弹出“选择 热塑性材料”对话框，如图 13-15 所示。

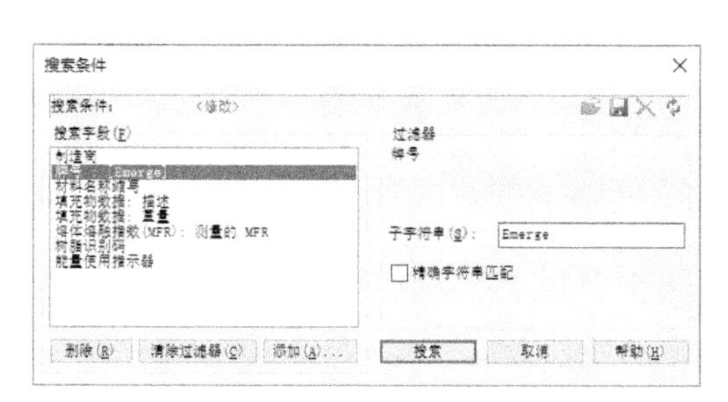

图 13-14 “搜索条件”对话框②

图 13-15 “选择 热塑性材料”对话框

Step6：单击“Trinseo APAC”公司生产的“EMERGE PC/ABS 7550”。

Step7：单击“细节”按钮，查看材料的详细信息，如图 13-16 所示。

图 13-16　材料的详细信息

Step8：单击“确定”按钮，回到“选择 热塑性材料”对话框，单击“选择”按钮，返回图 13-12 所示的“选择材料”对话框。

Step9：单击“确定”按钮，选择该材料。

4. 设置注射位置

双击任务视窗中的“设置注射位置”选项，单击主流道入口点，完成注射点位置的设定，如图 13-17 所示。

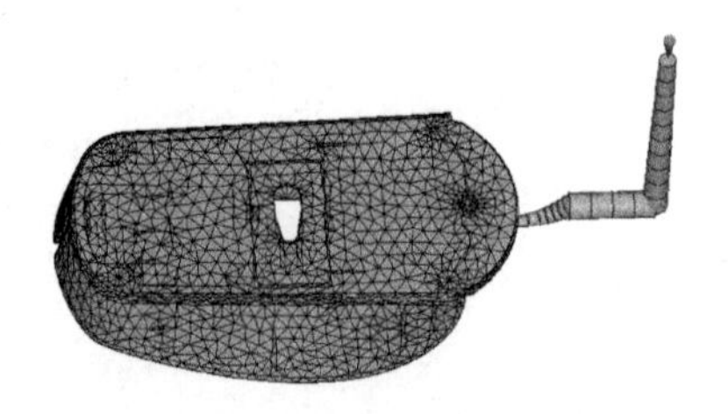

图 13-17　注射点位置设置

5. 设置工艺参数

Step1：双击任务视窗中的“工艺设置（默认）”选项，系统会弹出“工艺设置向导-

填充+保压设置”对话框，如图 13-18 所示。

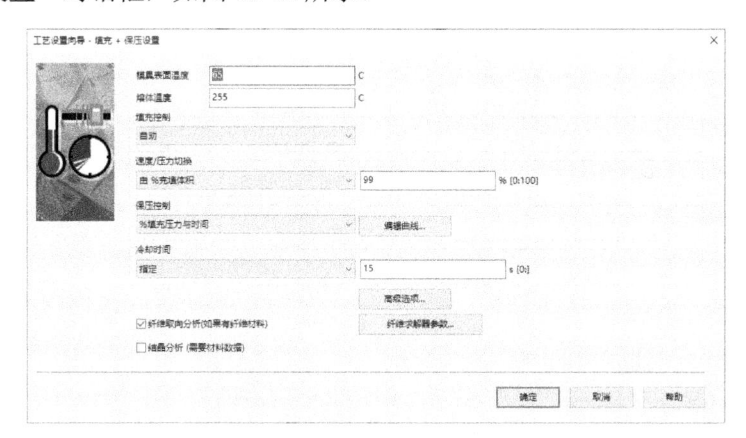

图 13-18 “工艺设置向导-填充+保压设置”对话框

该对话框中的参数设置如下。

（1）“模具表面温度”设置为 65℃。

（2）“熔体温度”设置为 255℃。

（3）“填充控制”设置为“自动”。

（4）“速度/压力切换”设置为“由%充填体积”，并将其参数设置为 99%，表示当型腔填充满 99%时，进行速度/压力切换。

（5）“保压控制”设置为“%填充压力与时间”。

（6）“冷却时间”设置为 15s。

Step2：单击“编辑曲线”按钮，系统会弹出“保压控制曲线设置”对话框，采用的控制曲线设置结果如图 13-19 所示，切换成坐标曲线形式如图 13-20 所示。

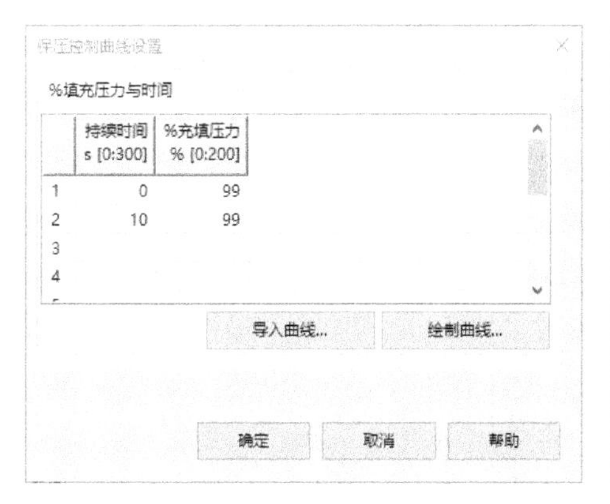

图 13-19 “保压控制曲线设置”对话框

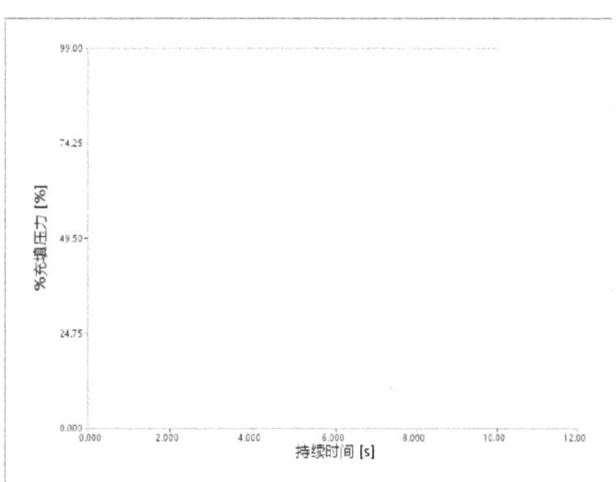

图 13-20 %填充压力与持续时间曲线

Step3：单击“确定”按钮，关闭该对话框。

6．进行分析

双击任务视窗中的“分析”选项，求解器开始分析计算。

通过分析计算的“分析日志”，可以实时地监控分析的整个过程，输出的信息有以下几个。

（1）成型工艺参数设置如图 13-21 所示。

（2）模型详细信息如图 13-22 所示。

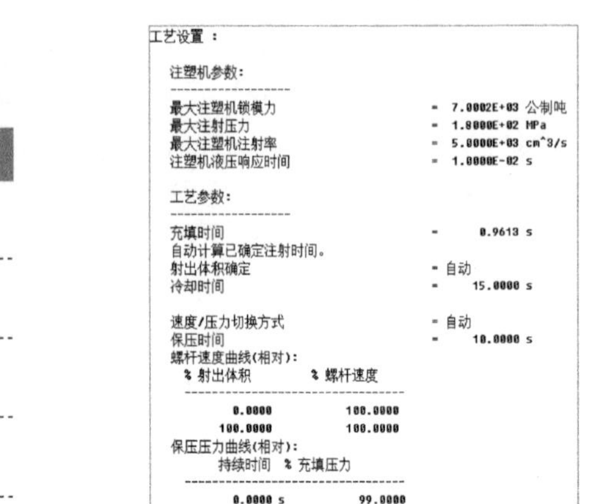

```
工艺设置 :

  注塑机参数:
  ------------------
  最大注塑机锁模力                     = 7.0002E+03 公制吨
  最大注射压力                         = 1.8000E+02 MPa
  最大注塑机注射率                     = 5.0000E+03 cm^3/s
  注塑机液压响应时间                   = 1.0000E-02 s

  工艺参数:
  ------------------
  充填时间                             =      0.9613 s
  自动计算已确定注射时间。
  射出体积确定                         = 自动
  冷却时间                             =     15.0000 s

  速度/压力切换方式                    = 自动
  保压时间                             =     10.0000 s
  螺杆速度曲线(相对):
    % 射出体积          % 螺杆速度
    ---------------------------------
          0.0000            100.0000
        100.0000            100.0000
  保压压力曲线(相对):
        持续时间   % 充填压力
    ---------------------------------
          0.0000 s           99.0000
         10.0000 s           99.0000
         15.0000 s            0.0000
  环境温度                             =     25.0000 C
  熔体温度                             =    255.0000 C
  理想型腔侧模温                       =     65.0000 C
  理想型芯侧模温                       =     65.0000 C

  注释:来自冷却分析的模壁温度数据不可用
```

图 13-21　工艺设置

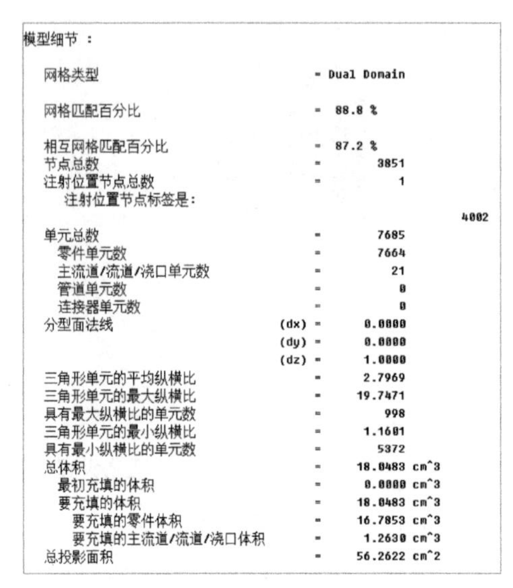

```
模型细节 :

  网格类型                                  = Dual Domain

  网格匹配百分比                            =  88.8 %

  相互网格匹配百分比                        =  87.2 %
  节点总数                                  =        3851
  注射位置节点总数                          =           1
     注射位置节点标签是:
                                                                  4002
  单元总数                                  =        7685
    零件单元数                              =        7664
    主流道/流道/浇口单元数                  =          21
    管道单元数                              =           0
    连接器单元数                            =           0
  分型面法线                         (dx)   =      0.0000
                                     (dy)   =      0.0000
                                     (dz)   =      1.0000
  三角形单元的平均纵横比                    =      2.7969
  三角形单元的最大纵横比                    =     19.7471
  具有最大纵横比的单元数                    =         998
  三角形单元的最小纵横比                    =      1.1601
  具有最小纵横比的单元数                    =        5372
  总体积                                    =     18.0483 cm^3
    最初充填的体积                          =      0.0000 cm^3
    要充填的体积                            =     18.0483 cm^3
      要充填的零件体积                      =     16.7853 cm^3
      要充填的主流道/流道/浇口体积          =      1.2630 cm^3
  总投影面积                                =     56.2622 cm^2
```

图 13-22　模型详细信息

（3）填充分析的进度和部分结果如图 13-23 所示。在分析计算的过程中，分析日志显示充填时间、体积、压力、锁模力、流动速率和状态信息。从图 13-23 中可以看出，充填时间为 1.015s，速度/压力切换发生在型腔 99%被充满的时候，此时的压力为 51.22MPa，根据保压曲线的设置，保压压力为 50.70MPa。

（4）保压分析过程信息如图 13-24 所示，保压阶段从 1.015s 开始，经过 10s 的恒定压力，保压压力减为 0，压力释放，直到 26.015s 时保压结束。

充填阶段：　　　状态：V　= 速度控制
　　　　　　　　　　　P　= 压力控制
　　　　　　　　　　　V/P= 速度/压力切换

时间 (s)	体积 (%)	压力 (MPa)	锁模力 (公制吨)	流动速率 (cm^3/s)	状态
0.054	4.49	7.66	0.00	17.57	V
0.096	8.02	18.35	0.12	17.08	V
0.144	12.78	21.09	0.19	18.30	V
0.193	17.62	22.63	0.27	18.50	V
0.241	22.34	24.08	0.40	18.53	V
0.288	27.06	25.27	0.53	18.55	V
0.336	31.84	26.36	0.67	18.59	V
0.387	36.87	27.52	0.85	18.60	V
0.434	41.58	28.61	1.03	18.61	V
0.482	46.28	29.85	1.27	18.62	V
0.530	51.08	31.16	1.55	18.61	V
0.577	55.73	32.47	1.85	18.64	V
0.627	60.60	33.90	2.22	18.64	V
0.674	65.28	35.37	2.64	18.66	V
0.722	70.00	37.06	3.19	18.67	V
0.770	74.75	38.90	3.83	18.67	V
0.817	79.38	40.76	4.51	18.71	V
0.865	84.09	42.85	5.36	18.73	V
0.914	88.83	45.09	6.34	18.75	V
0.961	93.42	47.55	7.50	18.77	V
1.010	98.06	50.89	9.24	18.77	V
1.015	98.51	51.22	9.53	18.57	V/P
1.028	99.21	50.70	12.65	13.29	P
1.053	99.93	50.70	17.32	6.82	P
1.054	100.00	50.70	17.47	6.65	已填充

图 13-23　填充分析信息

保压阶段：

时间 (s)	保压 (%)	压力 (MPa)	锁模力 (公制吨)	状态
1.105	0.36	50.70	23.84	P
2.213	4.79	50.70	24.26	P
3.463	9.79	50.70	16.48	P
4.463	13.79	50.70	7.80	P
5.713	18.79	50.70	2.66	P
6.713	22.79	50.70	1.17	P
7.713	26.79	50.70	0.69	P
8.963	31.79	50.70	0.55	P
9.963	35.79	50.70	0.47	P
10.963	39.79	50.70	0.38	P
11.015				压力已释放
11.027	40.05	0.00	0.37	P
12.674	46.64	0.00	0.24	P
15.174	56.64	0.00	0.08	P
17.674	66.64	0.00	0.02	P
20.174	76.64	0.00	0.02	P
22.674	86.64	0.00	0.02	P
25.174	96.64	0.00	0.02	P
26.015	100.00	0.00	0.02	P

图 13-24　保压分析信息

（5）推荐的螺杆速度曲线文字结果如图 13-25 所示。该结果可以保证熔体流动前沿流速一致，因此利用给出的优化螺杆推进曲线，可以减少塑件不均匀的表面应力问题和翘曲现象。

在图形结果中，有相应的“推荐的螺杆速度曲线”，如图 13-26 所示。

推荐的螺杆速度曲线(相对)：

射出体积百分比	流动速率百分比
0.0000	32.4648
6.8722	32.4648
20.0000	76.2530
30.0000	92.5998
40.0000	100.0000
50.0000	95.2801
60.0000	91.2628
70.0000	71.6612
80.0000	71.8830
90.0000	62.8364
100.0000	27.6558

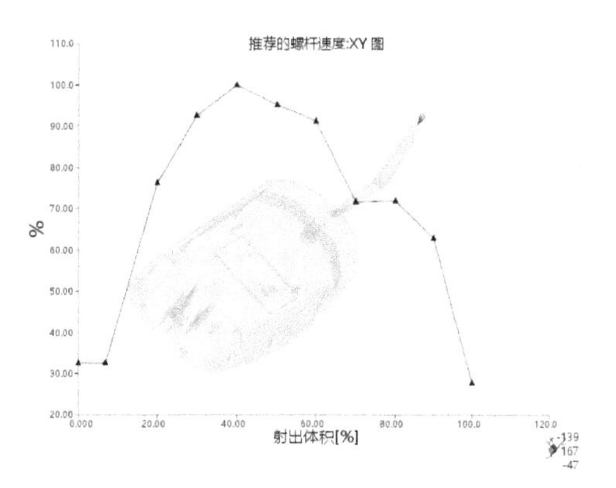

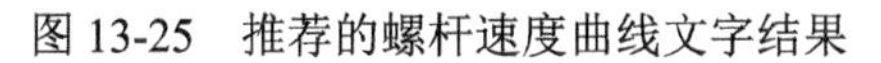

图 13-25　推荐的螺杆速度曲线文字结果　　　　图 13-26　推荐的螺杆速度曲线

13.4.2　初始流动分析结果

下面介绍主要的流动分析结果。

1．充填时间

图 13-27 所示为熔体充满型腔时的显示结果，从图中可以看出充填时间为 1.053s。通过动态显示，可以清晰地看到熔体在型腔内的流动情况。

充填时间结果图也可以使用等值线图的方式绘制，等值线的间距应该相等，这表明熔体流动前沿的速度相等。图 13-28 所示为充填时间等值线显示结果。

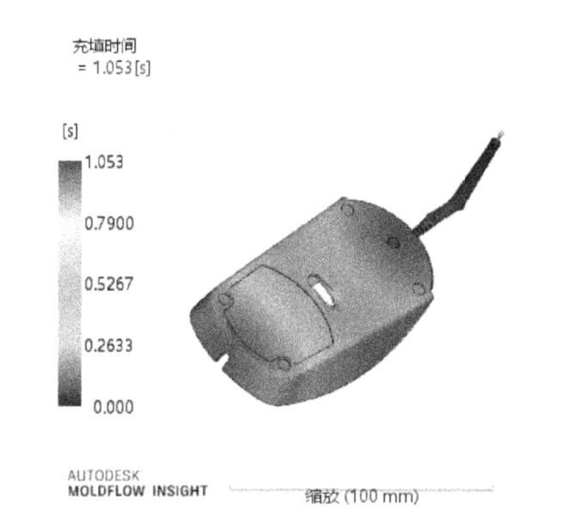

图 13-27　充填时间结果

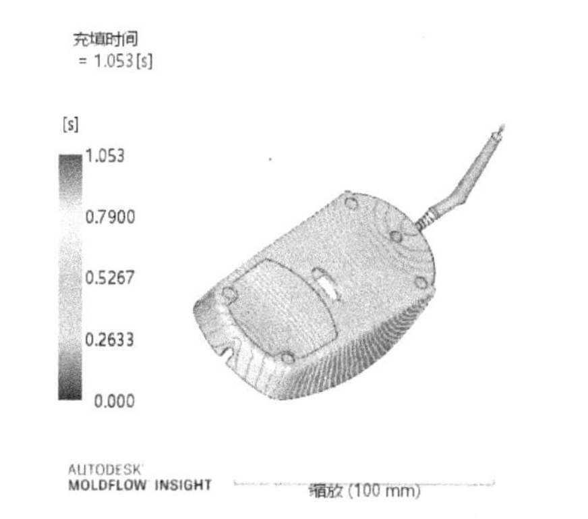

图 13-28　充填时间等值线显示结果

2．速度/压力切换时的压力

图 13-29 所示为该模型流动分析的速度/压力切换时的压力结果。速度/压力切换点的压力是指注射过程中由速度控制向压力控制切换时模具型腔内熔体的压力，切换点的压力控制对注射过程有很大的影响。

3．流动前沿温度

图 13-30 所示为该模型填充分析的流动前沿温度结果。从图 13-30 中可以看出，熔

体的流动前沿温度为244.6～256.5℃，温度差异为12℃左右，在允许的温度范围内。

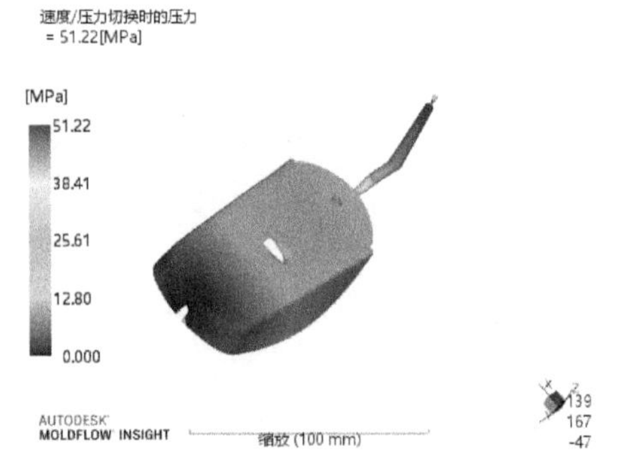

图 13-29 速度/压力切换时的压力结果

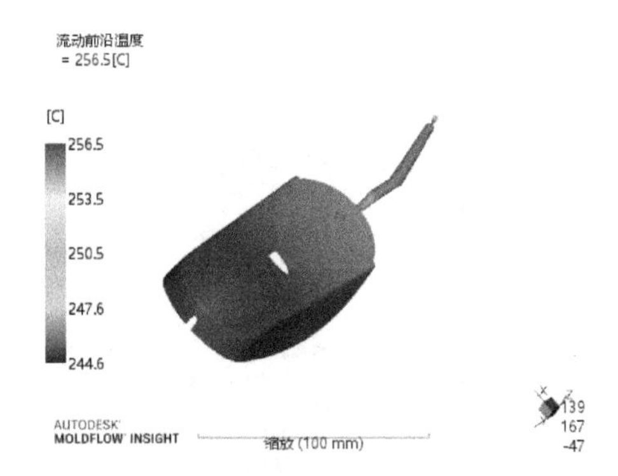

图 13-30 流动前沿温度结果

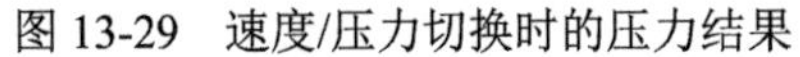

4．注射位置处压力：XY图

图 13-31 所示为该模型的注射位置处压力：XY 图。注射点位置曲线表达了注射点处压力在注射、保压、冷却整个过程中的变化。从图 13-31 中可以看出，在速度/压力切换点之前，压力为 51.22MPa，在速度/压力切换点处，压力降为 50.70MPa，在维持 10s 后降为 0。与图 13-20 所示的保压控制曲线设置结果图相比，分析计算的过程中保压曲线得到了很好的执行。

5．顶出时的体积收缩率

图 13-32 所示为该模型顶出时的体积收缩率结果。在正常情况下，顶出时塑件的体积收缩率应分布均匀，且应控制在 3%以内。从图 13-32 中可以看出，塑件顶出时的体积收缩率为 0.4686%～5.192%，没有达到这项要求。

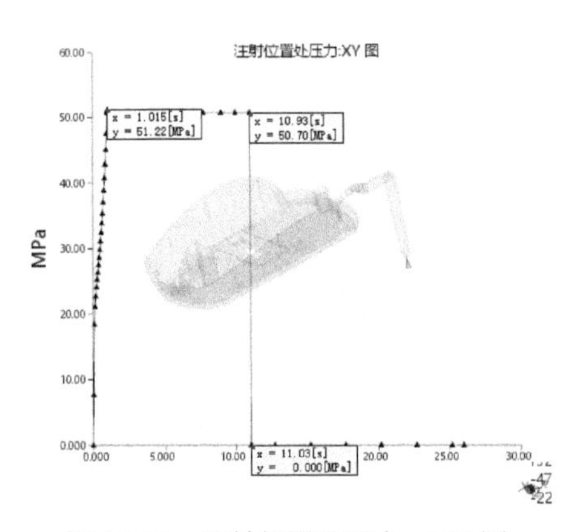

图 13-31 注射位置处压力：XY 图

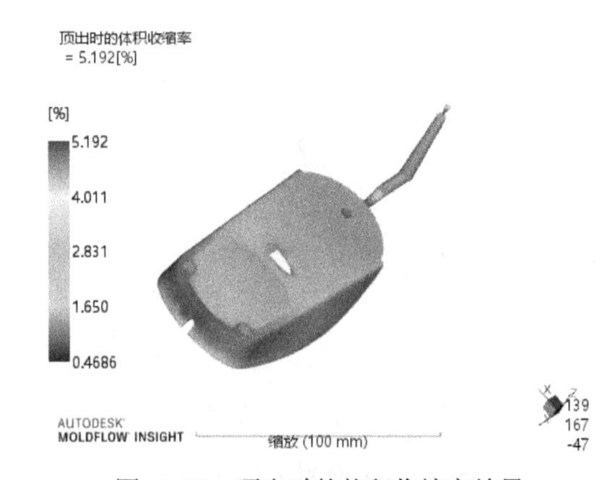

图 13-32 顶出时的体积收缩率结果

6．冻结层因子

图 13-33 所示为该模型浇口的冻结层因子结果。图 13-33 是通过单击“动画”面板上的▷（播放）按钮，以动画的形式演示塑件模型和浇口中的冷凝层随时间的变化过程，从而找出浇口的冻结时间，为修改保压时间提供参考。从图 13-33 中可以看出，浇口在 10.96s 被冻结。

Note

7．锁模力曲线图

图 13-34 所示为该模型的锁模力曲线。从图 13-34 中可以看出，模型填充时的锁模力最大值为 26.24t，远小于注塑机的最大锁模力。

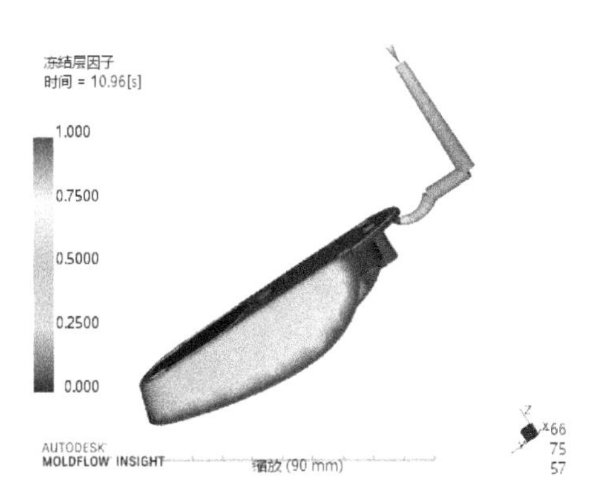

图 13-33　塑件模型浇口的冻结层因子结果

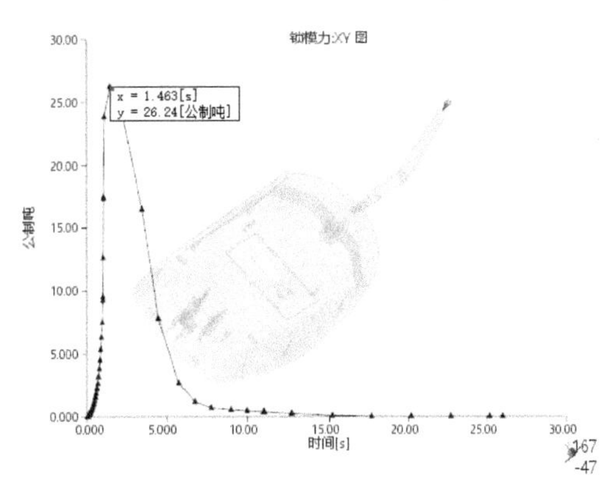

图 13-34　锁模力曲线

8．压力

使用压力的二维 XY 图可以查看塑件模型和浇注系统各点的压力分布曲线。

在模型上选择 5 个点，分别是注射点节点 N4002、浇口节点 N3985、填充末端节点 N2420，另外两个点为模型上的任意节点，分别为 N1061 和 N2381，得到各点处的压力曲线。

设定各点处压力曲线的操作步骤如下。

Step1：选择“结果”→“新建图形”→“图形”菜单命令，系统会弹出“创建新图”对话框，如图 13-35 所示。

Step2：选择“压力”选项后，在“图形类型”选区中选中“XY 图”单选按钮。

Step3：单击“确定”按钮，系统会弹出“实体 ID”对话框，如图 13-36 所示，在其文本框中依次输入节点 N4002、N3985、N2420、N1061、N2381。

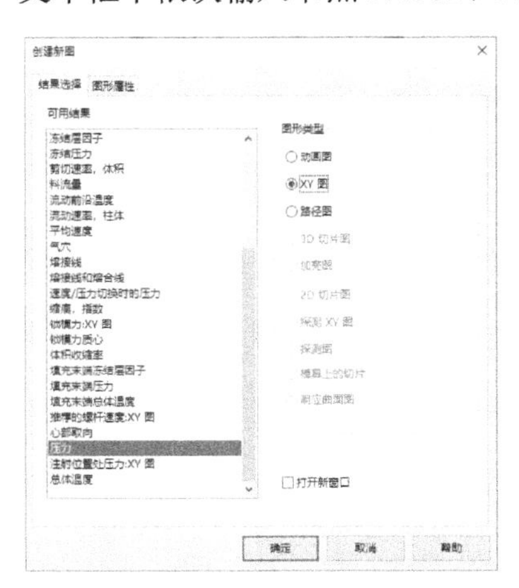

图 13-35　“创建新图”对话框

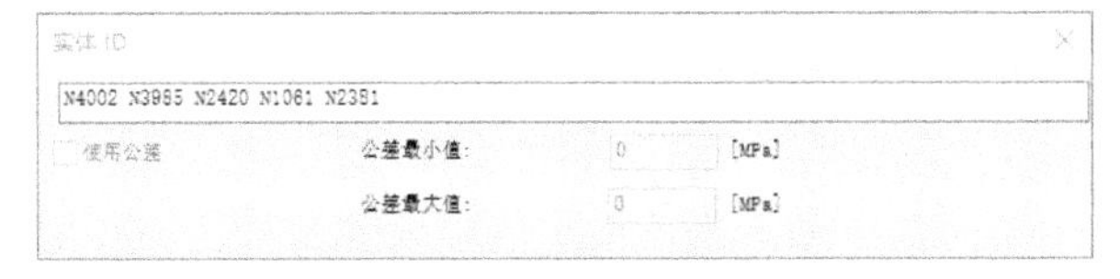

图 13-36　“实体 ID”对话框

Step4：在键盘上按 Enter 键确定，模型显示窗口就会显示各点的压力分布曲线图，如图 13-37 所示。

从图 13-37 中可以看出，各点处的压力曲线相差较大。

通常在有两段保压压力的压力曲线中，第二段保压的起始时间由填充末端压力曲线对应的时间确定，第二段保压的终止时间由浇口冷凝的时间确定，如图 13-38 所示。

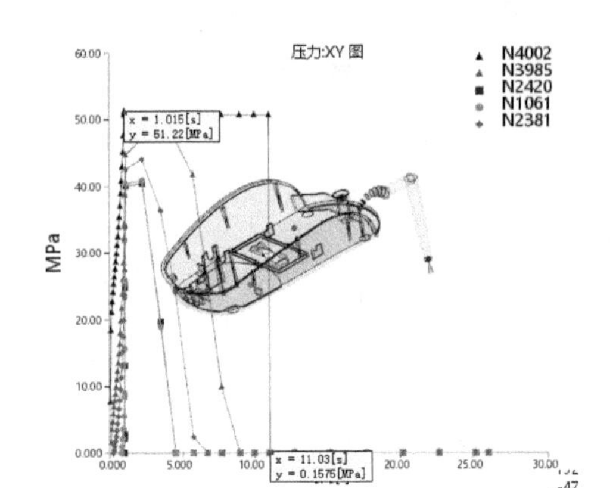

图 13-37　各点压力分布曲线图

图 13-38　压力曲线示意图

从图 13-37 中可以看出，在节点 N4002 对应的压力曲线峰值处对应的时间 t_1=1.015s，压力降为 0 时对应的时间 t_2=11.03s，所以第二段保压的起始时间 $T_1=(t_1+t_2)/2$=6.02s。

从图 13-24 所示的浇口冻结时间可以看出，第二段保压终止时间 T_2=10.96s。

由图 13-24 所示的保压分析信息可知，保压压力 P=50.70MPa。由图 13-23 所示的填充分析信息可知，注射时间 T_3 为速度/压力切换时的时间，即 T_3=1.015s。

由以上分析得出，优化后的保压曲线中，第一段保压时间 T_a=第二段保压的起始时间-注射时间=6.02s-1.015s=5.005s，第二段保压时间 T_b=浇口冻结时间-(第一段保压时间+注射时间)=10.96s-(6.02s+1.015s)=3.925s。

13.4.3　优化保压方案

1. 调整工艺参数

根据以上的分析结果进行工艺参数的调整，优化保压方案的保压曲线设置如图 13-39 所示，数值切换成坐标曲线形式如图 13-40 所示，其他工艺参数不变。

2. 重新进行分析计算

双击任务视窗中的“分析”选项，求解器开始分析计算。

3. 流动分析结果

1）注射位置处压力：XY 图

图 13-41 所示为该模型的注射位置处压力：XY 图。从图 13-41 中可以看出，在速度/压力切换点前后，压力从 51.22MPa 直接降至 90%即 46.09MPa，然后维持 4s 左右，沿斜线逐渐降为 0。和图 13-40 所示的保压曲线设置相比，分析计算的过程中保压曲线得到了很好的执行。

2）顶出时的体积收缩率

图 13-42 所示为该模型顶出时的体积收缩率结果。从图 13-42 中可以看出，体积收缩率比原始方案要大一些，但分布更加均匀。

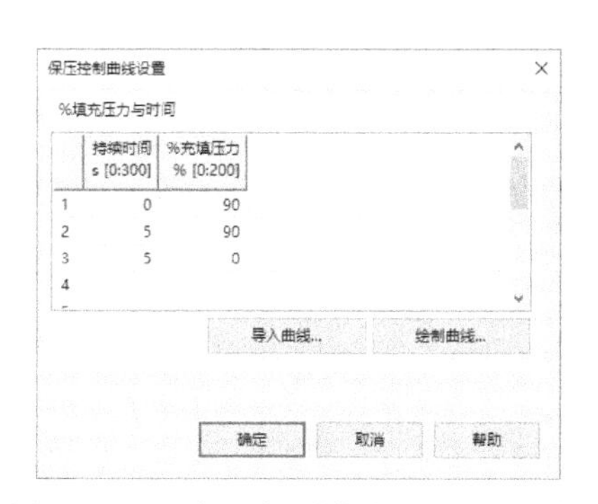

图 13-39 “保压控制曲线设置”对话框

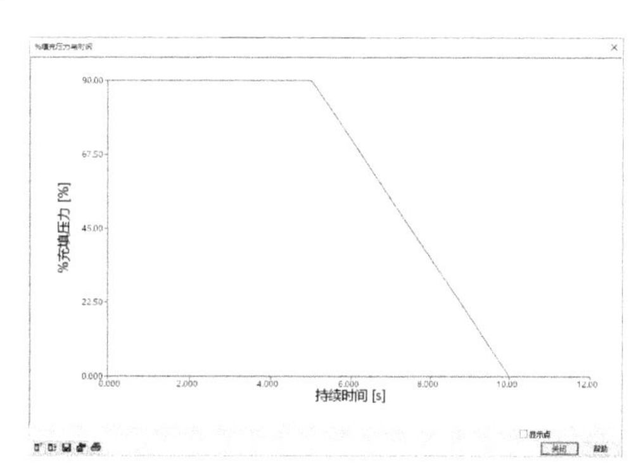

图 13-40 %填充压力与时间曲线

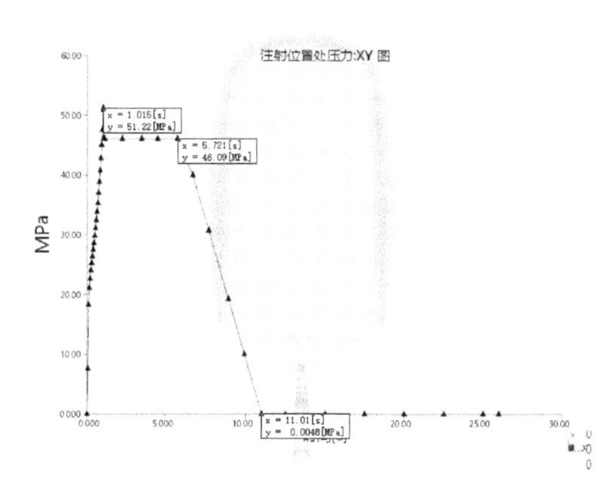

图 13-41 注射位置处压力：XY 图

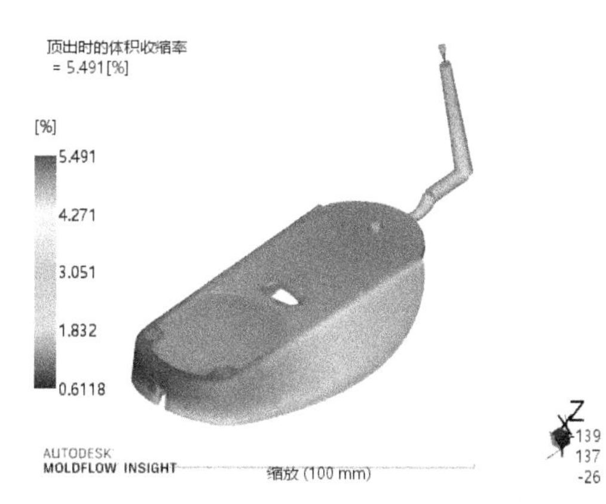

图 13-42 顶出时的体积收缩率结果

3）压力

设定各点处压力曲线的操作步骤参照 13.4.2 节，在对话框中依次输入节点 N4002、N3985、N2420、N1061、N2381，得到的各点压力曲线如图 13-43 所示。

从图 13-43 中可以看出，各点处的压力曲线更加接近，所以此保压方案可以采用。

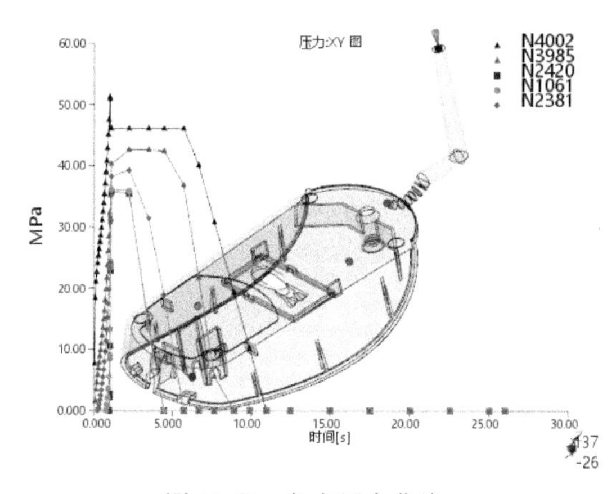

图 13-43 各点压力曲线

13.5 本章小结

Note

本章主要介绍了软件中“流动分析”模块，包括流动分析的工艺参数设置和分析结果等。

流动分析主要是在填充分析的基础上增加了保压的过程。通过本章的学习，应能较好地掌握保压过程的设定和保压的优化，以及掌握流动分析结果的解读和评估。在流动分析中，其重点就是确定正确的保压时间和合适的保压压力。

第14章

冷却分析

本章介绍冷却分析的基础知识及 Moldflow 软件在冷却分析实例中的应用，重点介绍 Moldflow 软件中冷却分析的工艺参数设置方法、分析结果的解读方法等。

学习目标

（1）掌握冷却分析的工艺参数设置方法

（2）掌握冷却分析结果的解读方法

（3）掌握冷却分析的应用

14.1 冷却分析简介

塑料熔体进入型腔内的流动情况可分为填充、压实、倒流和浇口冻结后的冷却 4 个阶段。前面两章已经介绍了填充、压实和倒流 3 个阶段及在 Moldflow 中相应分析类型的应用，这一章将继续介绍浇口冻结后的冷却阶段及在 Moldflow 中冷却分析的应用。

浇口冻结后的冷却阶段，是指从浇口的塑料熔体完全冻结时起，直到塑件从型腔中顶出时为止的阶段。型腔内压力迅速下降，型腔内塑料熔体在这一阶段内主要是继续进行冷却，以便塑件在脱模时具有足够的刚度而不致发生扭曲变形。

这一阶段，虽无塑料熔体从浇口流出或流进，但型腔内还可能有少量的流动，因此依然能产生少量的分子取向。由于型腔内塑料熔体的温度、压力和体积在这一阶段中均有变化，因此到塑件脱模时，型腔内部压力不一定等于外界压力，型腔内部压力与外界压力的差值称为残余压力。残余压力的大小与压实阶段的时间长短有关。

残余压力为正值时，脱模较困难，塑件容易被刮伤或破裂；残余压力为负值时，塑件表面容易发生凹陷或内部有真空泡。所以，只有在残余压力接近零时，脱模才比较顺利，并能获得满意的塑件。

另外，塑料熔体自进入型腔后即被冷却，直至脱模时为止。如果冷却过急或模具与熔体接触的各部分温度不同，冷却不均会导致收缩不均匀，所得塑件将会产生内应力。即使冷却均匀，塑料熔体在冷却过程中通过玻璃化温度的速率还可能快于分子构象转变的速率，这样，塑件中也可能出现因为分子构象不均衡所引起的内应力。

为了调节型腔的温度，需要在模具内开设冷却系统，通过模温调节机来调节冷却介质的温度。

在进行模具的冷却系统设计时，需要确定的设计参数有冷却管道位置、冷却管道尺寸、冷却管道类型、冷却管道的布局与连接、冷却管道回路长度、冷却介质的流动速率。

衡量好的注射模冷却系统有两个标准：一是使注射模成型冷却时间最短；二是使注射塑件表面温度均匀，以减少塑件变形。

影响注射成型冷却系统的因素有很多，包括注射塑件的几何形状、冷却介质、流速、温度、冷却管道的布置、模具材料、熔体温度、塑件顶出温度、模具温度等。用实验的方法测试不同冷却系统对冷却时间和塑件质量的影响是很困难的，而计算机模拟则可以完成这种测试。

在 Moldflow 软件中，冷却分析用来模拟塑料熔体在模具内的热量传递情况，通过冷却分析可以判断塑件冷却效果的优劣，优化冷却系统的设置，缩短塑件的成型周期，提高生产效率，提高塑件成型的质量。

14.2 冷却分析工艺条件设置

在冷却分析前，用户需要设置冷却分析工艺条件。对于冷却分析，用户除了需要设

置模具表面温度和熔体温度，还需要设置开模时间等参数。

选择“主页”→“成型工艺设置”→“工艺设置”菜单命令或者双击任务视窗中的“工艺设置（默认）”按钮，弹出“工艺设置向导-冷却设置”对话框，如图 14-1 所示。

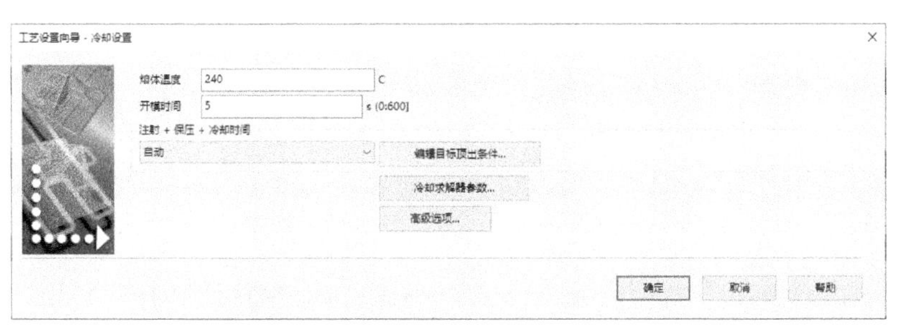

图 14-1　“工艺设置向导-冷却设置”对话框

图 14-1 所示对话框中的“熔体温度”的设置方法和填充分析模块相同，这里不再赘述。

“开模时间”是指顶出塑件时模具打开的时间。在这段时间中，塑件和模具之间没有热传递，但是在模具与冷却水管道之间有热传递，一般采用默认设置。

“冷却分析高级选项”对话框中包括“成型材料”“工艺控制器”“模具材料”“求解器参数”4 个选区，如图 14-2 所示。

图 14-2　“冷却分析高级选项”对话框

冷却分析最重要的参数设置为“注射+保压+冷却时间”。冷却分析中使用这个值来定义模具和塑料熔体之间的接触时间，即塑件的成型周期减去模具开模的时间。填充、保压和冷却的时间各为多少并不重要，冷却分析只需要定义这 3 个时间的总和。在此项的下拉菜单中有“指定”和“自动”两个选项。

1. 指定

在指定的时间中进行分析，用户需要在右侧的数值框中设定时间值，根据这个时间值来分析冷却分析的结果。

单击“冷却求解器参数”按钮，系统会弹出如图 14-3 所示的“冷却求解器参数”对话框，该对话框包含的内容如下。

（1）“模具温度收敛公差”数值框：表示从一个迭代到另一个迭代之间的函数值的百分比变化值，用于确定求解过程是否收敛。如果这个百分比变化值降到收敛公差之下，这个求解就收敛。

（2）“最大模温迭代次数”数值框：表示系统求解模具温度联立方程需要的迭代次数。系统会继续进行迭代计算，直到迭代次数超过设定值或者系统计算出错。

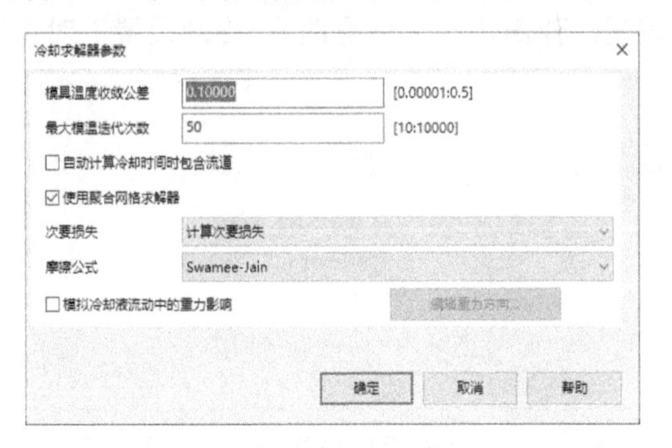

图 14-3　“冷却求解器参数”对话框

2. 自动

系统自动计算“注射+保压+冷却时间”，单击右侧的“编辑目标顶出条件”按钮，系统会弹出如图 14-4 所示的对话框。该对话框中包含 3 部分内容，分别是“模具表面温度”“顶出温度”和“顶出温度下的最小零件冻结百分比”，通过在它们右侧的数值框中输入数值进行相应参数的设置。

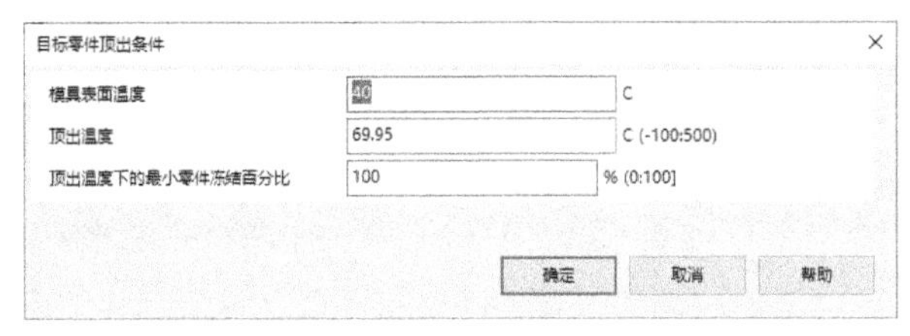

图 14-4　“目标零件顶出条件”对话框

14.3　冷却分析结果

Moldflow 软件在完成冷却分析后，会以文字、图形、动画等方式显示冷却分析结果，同时在任务视窗中也会分类显示，如图 14-5 所示。

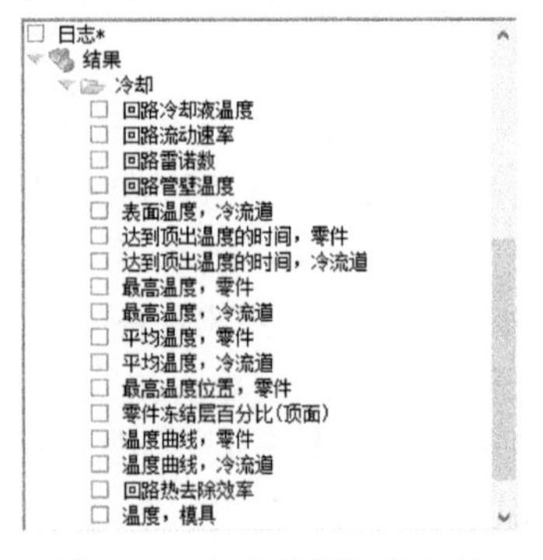

图 14-5　冷却分析结果信息

冷却分析结果信息主要包括以下几项。

（1）“回路冷却液温度”：这个结果显示了冷却液流经冷却管道时的温度变化。

一般情况下，回路冷却液温度的升高不要超过 3℃。

（2）“回路流动速率”：在一个回路中冷却液流经某一单元时的流动速率。

当使用并联回路时，这是一个很有用的结果，因为在一般情况下，并联回路中管道的流动速率不均匀。

（3）“回路雷诺数”：回路中某一单元中冷却液的雷诺数。雷诺数是用来表征流体流动状态的一个纯数。

流动状态为湍流时传热效率高。当雷诺数大于 2200 时，流体开始处于过渡流状态，大于 4000 时处于湍流状态。冷却分析时的默认值为 10000。与流动速率一样，当各条管道流动速率不一致或采用并联管道时，这个结果很有用。

（4）“回路管壁温度”：这个结果显示了回路管壁表面的温度，即冷却液和模具的界面的温度。这个温度不能比冷却液入口温度高 5℃以上。通过这个结果可以看出回路中热量传递最高的部位。如果这个温度太高，则表明该部位需要加强冷却。

（5）“达到顶出温度的时间，零件”：这个结果显示了从注射开始每个单元所需要的冻结时间，即冷却到整个单元的截面温度都低于材料数据库中所定义的顶出温度的时间。塑件的冷却要求均匀且尽可能快，如果塑件某些区域冻结时间较长，表明该区域可能产生了热点，需要对该区域局部加强冷却。

（6）“最高温度，零件”：这个结果显示了冷却结束后塑件上的最高温度，塑件顶出时，最高温度必须低于顶出温度。如果最高温度高于顶出时的温度，可以创建二维 *XY* 图来查看哪些区域的温度高于顶出时的温度，这些区域往往会产生顶出和翘曲等问题。

（7）“平均温度，零件”：这个结果显示了塑件厚度方向上温度曲线图的平均温度，这个值必须尽可能小，塑件平均温度较高的区域可能是厚壁或者冷却不好的地方。

（8）“温度曲线，零件”：这个结果显示了塑件从上表面到下表面的温度分布，通常和填充分析的冷却层因子联合使用。

14.4 冷却分析应用实例

本节将以一个操作实例来演示冷却分析的过程，并对分析结果进行解释。本例的原始模型如图 14-6 所示，该模型为篮子外壳。本例重点介绍冷却分析，网格模型及浇注系统已经创建完毕，如图 14-7 所示。采用直接浇口，在模型的背面中心位置处创建浇口。浇口流道为圆锥形，两端直径分别为 6mm 和 4mm。

本例的模型见配套资源“第 14 章 冷却分析”。

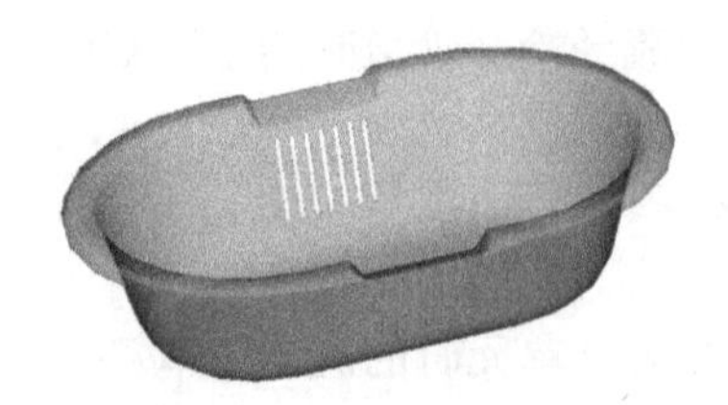

图 14-6　篮子外壳模型

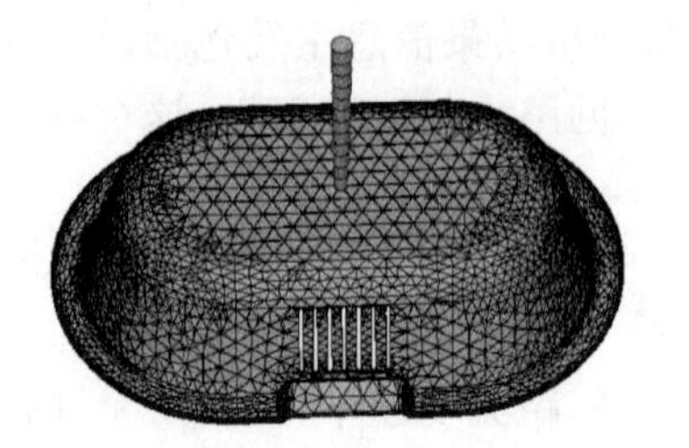

图 14-7　网格模型及浇注系统

14.4.1　初始冷却分析方案

1. 打开工程

Step1：启动 Moldflow 软件。

Step2：双击“打开工程”按钮，在打开的对话框中选择“basket.mpi”文件，单击“打开”按钮，在工程管理视窗中显示名为“basket”的工程。

Step3：双击“basket”工程图标，在模型显示视窗中显示篮子外壳模型，如图 14-6 所示。

2. 选择分析序列

双击任务视窗中的“填充”按钮，系统会弹出“选择分析序列”对话框，如图 14-8 所示。选择“冷却”选项，单击“确定”按钮，任务视窗如图 14-9 所示。

3. 选择材料

选择的材料为系统默认的“Generic PP：Generic Default”。

4. 设置注射位置

双击任务视窗中的“设置注射位置”按钮，单击主流道入口处节点，完成注射点位置的设定，如图 14-10 所示。

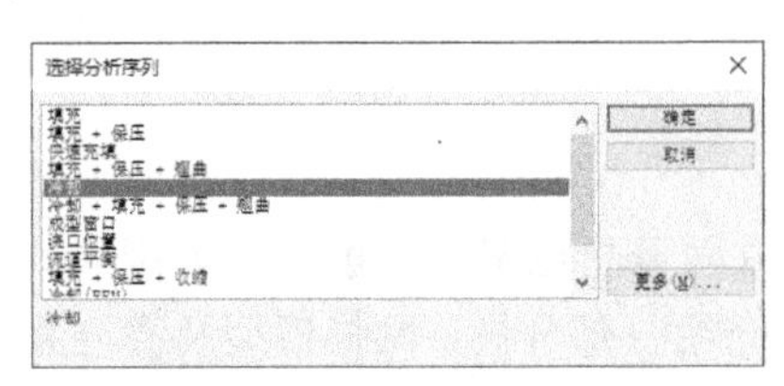

图 14-8　“选择分析序列”对话框

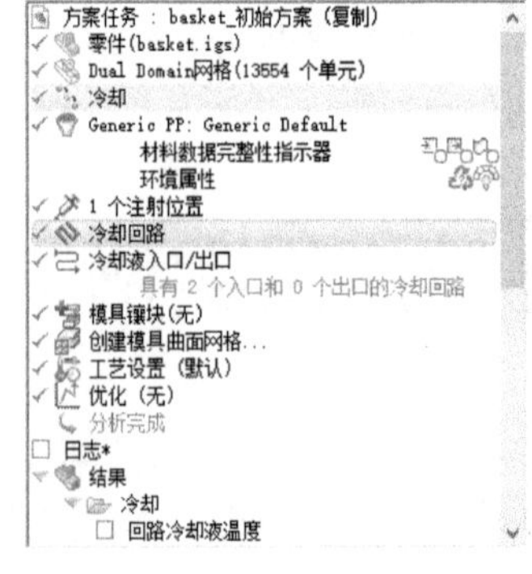

图 14-9　任务视窗

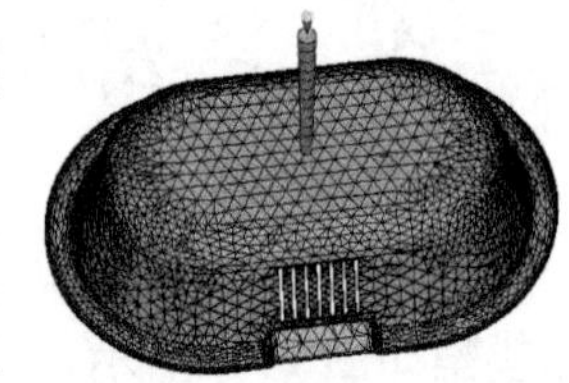

图 14-10　设置注射点位置

5. 设置工艺参数

Step1：双击任务视窗中的“工艺设置（默认）”按钮，系统会弹出“工艺设置向导-

冷却设置”对话框，如图 14-11 所示。

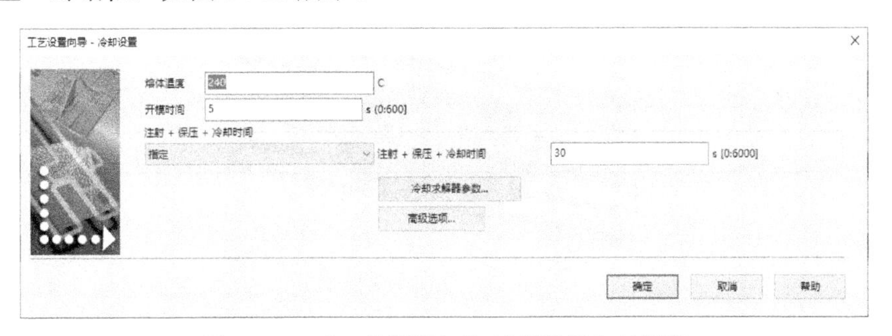

图 14-11 “工艺设置向导-冷却设置”对话框

图 14-11 所示的对话框中各参数设置如下。

（1）“熔体温度”：采用默认值 240℃。

（2）“开模时间”：采用默认值 5s。

（3）“注射+保压+冷却时间”：采用默认值 30s。

Step2：单击“确定”按钮，完成冷却工艺参数的设置。

6．创建冷却系统

冷却系统的创建采用冷却系统创建向导自动完成，具体操作步骤如下。

Step1：选择“几何”→“冷却回路”菜单命令，弹出“冷却回路向导-布局”对话框第 1 页，如图 14-12 所示。

Step2：在“指定水管直径”数值框中输入“8”。

Step3：在“水管与零件间距离”数值框中输入“15”。

Step4：在“水管与零件排列方式”选区中选择“X”单选按钮。

Step5：单击“下一步”按钮，进入“冷却回路向导-管道”对话框第 2 页，如图 14-13 所示。

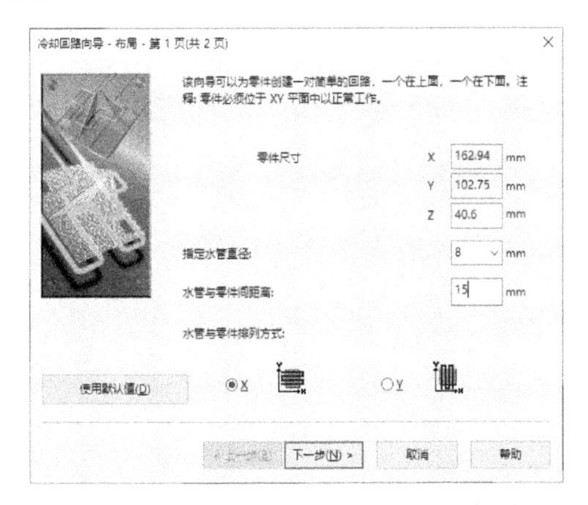

图 14-12 “冷却回路向导-布局”对话框第 1 页

图 14-13 “冷却回路向导-管道”对话框第 2 页

Step6：在“管道数量”数值框中输入“4”。

Step7：在“管道中心之间距”数值框中输入“25”。

Step8：在“零件之外距离”数值框中输入“80”。

Step9：单击“完成”按钮，冷却系统自动创建完毕，其结果如图 14-14 所示。

图 14-14　冷却系统结果

7. 进行分析

双击任务视窗中的“分析”按钮，求解器开始分析计算。

通过分析计算的“分析日志”，可以看到冷却分析过程的信息，包括冷却管道温差、塑件温度、推荐冷却时间等。

（1）警告信息如图 14-15 所示。警告信息中指出 B13807～B13812 的长径比非常差，实际上 B13807～B13812 是浇注系统柱体单元。因此，警告信息不影响冷却分析结果。

（2）冷却过程信息如图 14-16 所示。

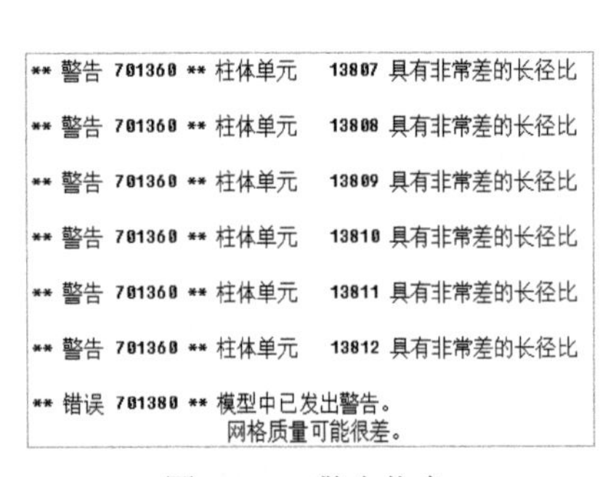

** 警告 701360 ** 柱体单元　13807 具有非常差的长径比

** 警告 701360 ** 柱体单元　13808 具有非常差的长径比

** 警告 701360 ** 柱体单元　13809 具有非常差的长径比

** 警告 701360 ** 柱体单元　13810 具有非常差的长径比

** 警告 701360 ** 柱体单元　13811 具有非常差的长径比

** 警告 701360 ** 柱体单元　13812 具有非常差的长径比

** 错误 701380 ** 模型中已发出警告。
网格质量可能很差。

图 14-15　警告信息

外部迭代	周期时间（秒）	平均温度迭代	平均温度偏差	温度差迭代	温度差偏差	回路温度残余
1	35.000	11	30.000000	0	0.000000	1.000000
1	35.000	254	30.000000	0	0.000000	1.000000
1	35.000	193	30.000000	0	0.000000	1.000000
1	35.000	100	30.000000	0	0.000000	1.000000
1	35.000	107	30.000000	0	0.000000	1.000000
1	35.000	118	30.000000	0	0.000000	1.000000
1	35.000	16	0.747712	0	0.000000	1.000000
1	35.000	11	0.577134	0	0.000000	1.000000
1	35.000	36	0.610601	0	0.000000	1.000000
1	35.000	14	0.386667	0	0.000000	1.000000
1	35.000	6	0.409914	0	0.000000	1.000000
1	35.000	5	0.223297	0	0.000000	1.000000
1	35.000	5	0.112308	0	0.000000	1.000000
1	35.000	5	0.087462	0	0.000000	1.000000
1	35.000	5	0.072004	0	0.000000	1.000000
2	35.000	81	1.774074	0	0.000000	1.000000
2	35.000	17	0.379964	0	0.000000	1.000000
2	35.000	5	0.280194	0	0.000000	1.000000
2	35.000	5	0.118132	0	0.000000	1.000000
2	35.000	5	0.084471	0	0.000000	1.000000
2	35.000	5	0.073633	0	0.000000	1.000000

图 14-16　冷却过程信息

（3）型腔温度结果信息及计算时间如图 14-17 所示。

型腔温度结果摘要

零件表面温度　- 最大值	= 34.3677 C
零件表面温度　- 最小值	= 27.7262 C
零件表面温度　- 平均值	= 29.6412 C
型腔表面温度 - 最大值	= 34.2795 C
型腔表面温度 - 最小值	= 25.0000 C
型腔表面温度 - 平均值	= 28.6479 C
平均模具外部温度	= 25.3892 C
通过外边界的热量排除	= 0.0097 kW
周期时间	= 35.0000 s
最高温度	= 240.0000 C
最低温度	= 25.0000 C

执行时间

分析开始时间	Fri May 28 12:49:17 2021
分析完成时间	Fri May 28 12:50:28 2021
使用的 CPU 时间	61.73 s
等于	0 小时，1 分钟
逝去的壁时钟时间	71.00 s
等于	0 小时，1 分钟

图 14-17　型腔温度结果信息及计算时间

14.4.2　初始冷却分析结果

下面介绍主要的冷却分析结果。

1．回路冷却液温度

图 14-18 所示为回路冷却液温度结果。从图 14-18 中可以看出冷却液温差为 0.28℃，符合要求。

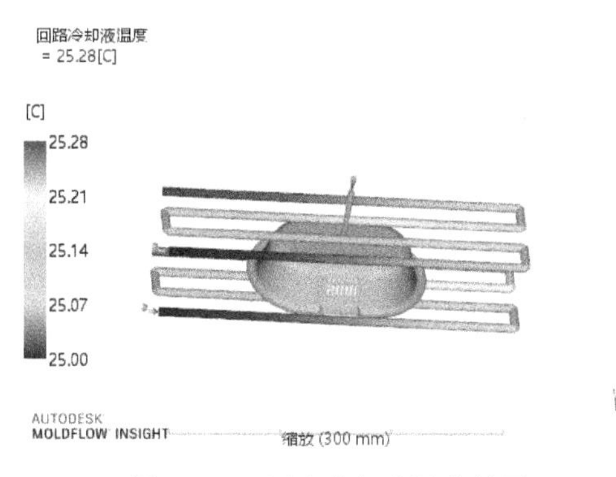

图 14-18　回路冷却液温度结果

2．回路流动速率

图 14-19 所示为回路流动速率结果。从图 14-19 中可以看出，本例的回路流动速率为 3.387lit/min。

3．回路雷诺数

图 14-20 所示为回路雷诺数结果。从图 14-20 中可以看出，回路雷诺数为 10000。

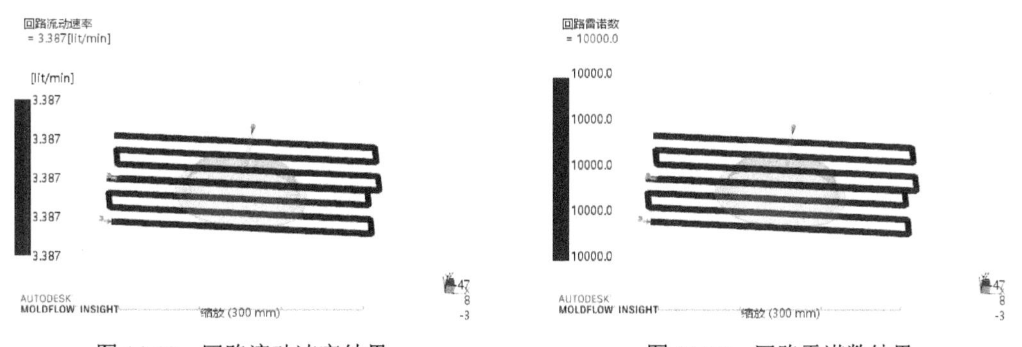

图 14-19　回路流动速率结果　　图 14-20　回路雷诺数结果

4．回路管壁温度

图 14-21 所示为回路管壁温度结果。从图 14-21 中可以看出，本例分析的回路管壁温度比冷却液入口温度（25℃）高 1.14℃，小于 5℃，符合要求。

5．达到顶出温度的塑件时间

图 14-22 所示为达到顶出温度的塑件时间结果。从图 14-22 中可以看出，本例分析

的达到顶出温度的时间为 0.4208s。

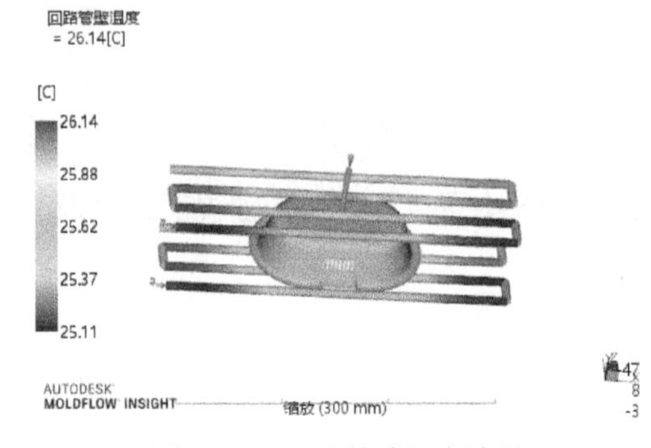

图 14-21　回路管壁温度结果

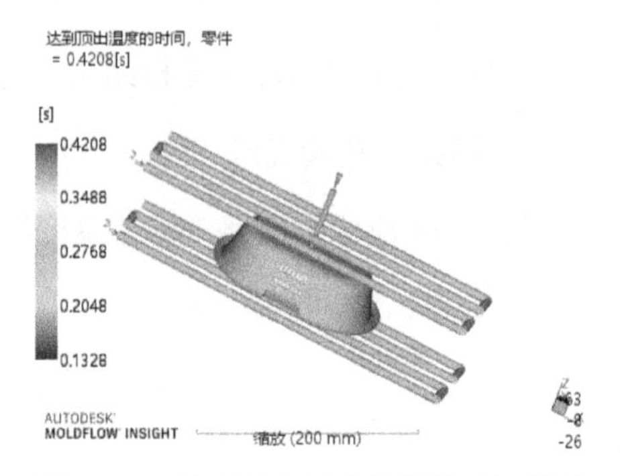

图 14-22　达到顶出温度的塑件时间结果

6．塑件最高温度

图 14-23 所示为塑件最高温度结果。从图 14-23 中可以看出，塑件最高温度为 34.37℃。

7．塑件平均温度

图 14-24 所示为塑件平均温度结果。从图 14-24 中可以看出，塑件平均温度为 31.28℃。

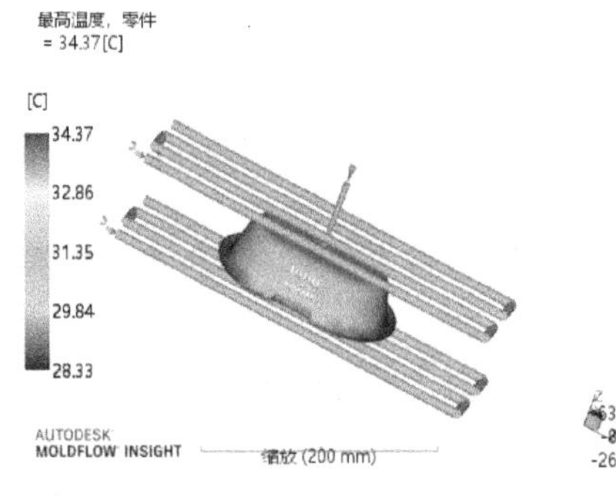

图 14-23　塑件最高温度结果

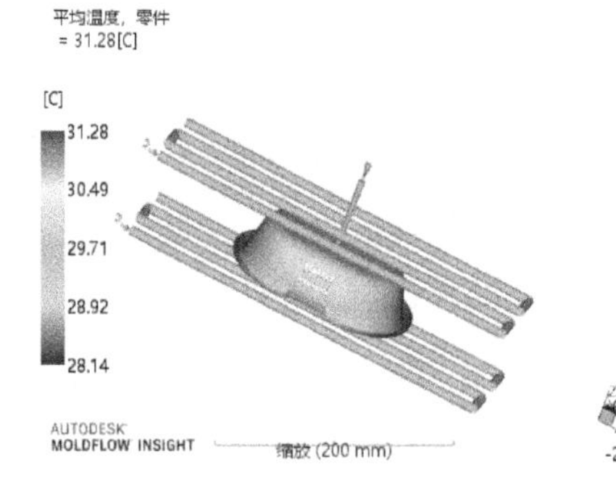

图 14-24　塑件平均温度结果

8．塑件温度曲线

图 14-25 所示为塑件温度曲线结果。

使用“塑件温度曲线”的二维 XY 图可以查看塑件模型各个单元的温度曲线。

在模型上选择 5 个单元，分别是 T10849、T1694、T9564、T9157、T10549，得到各单元的温度曲线。

设定各单元温度曲线的操作步骤如下。

Step1：选择“结果”→“新建图形”→“图形”菜单命令，系统会弹出“创建新图”对话框，如图 14-26 所示。

Step2：选择“温度曲线，零件”选项后在“图形类型”选区中选中“XY 图”单选按钮。

Step3：单击“确定”按钮，系统会弹出“实体 ID”对话框，如图 14-27 所示，在其文本框中依次输入单元 T10849、T1694、T9564、T9157、T10549。

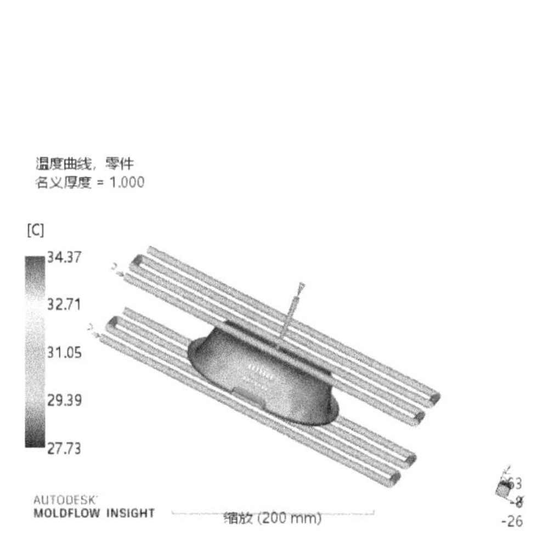

图 14-25　塑件温度曲线结果

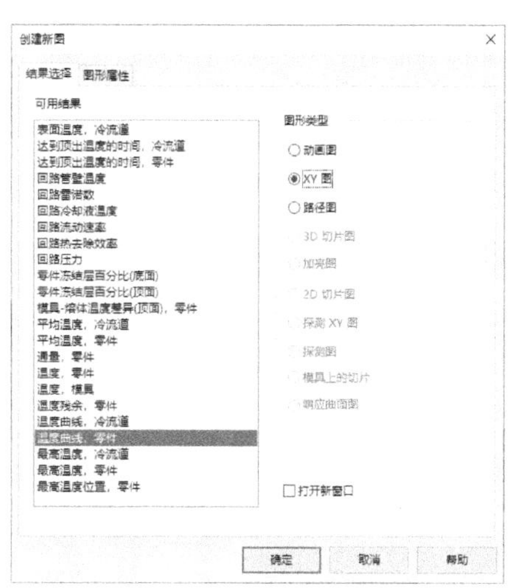

图 14-26　“创建新图”对话框

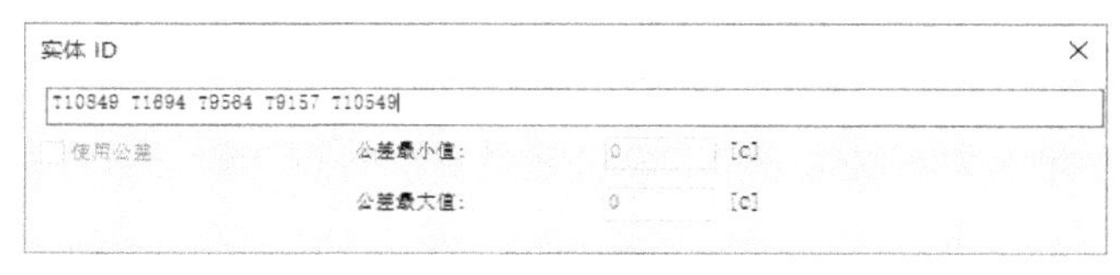

图 14-27　“实体 ID”对话框

Step4：在键盘上按 Enter 键确定，模型显示视窗中就会显示出各单元温度分布曲线，如图 14-28 所示。

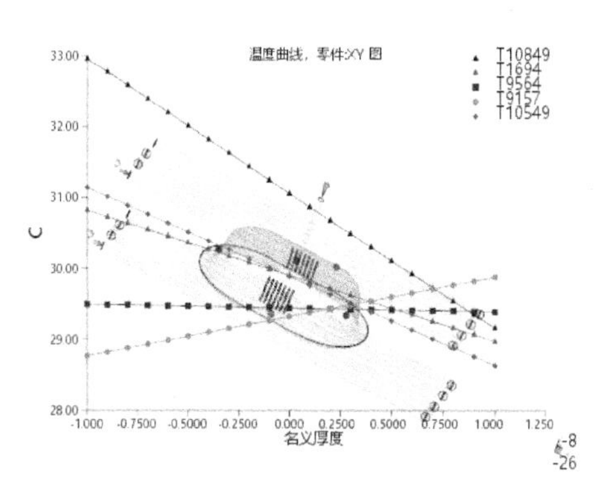

图 14-28　各单元温度分布曲线

在图 14-28 中，*X* 轴表示名义厚度，对中性面模型来说，−1 表示塑件的下表面，+1 表示塑件的上表面；对表面模型来说，+1 表示选择的表面，−1 则表示与其相对应的另一表面。*Y* 轴表示塑件的温度。查看曲线两个端点的温度值可以确定塑件上、下表面的温度差，为了减少翘曲，塑件上、下表面的温度差应尽可能小。

9．塑件最高温度位置

图 14-29（a）为塑件上表面最高温度位置结果，图 14-29（b）为塑件下表面最高温度位置结果。

通过对上述冷却计算结果的分析，可以看出初始冷却分析方案基本能达到冷却的要求，但是存在局部冷却不均的问题，容易产生翘曲等缺陷，所以需要调整冷却系统的设计，使之达到更好的冷却效果。

Note

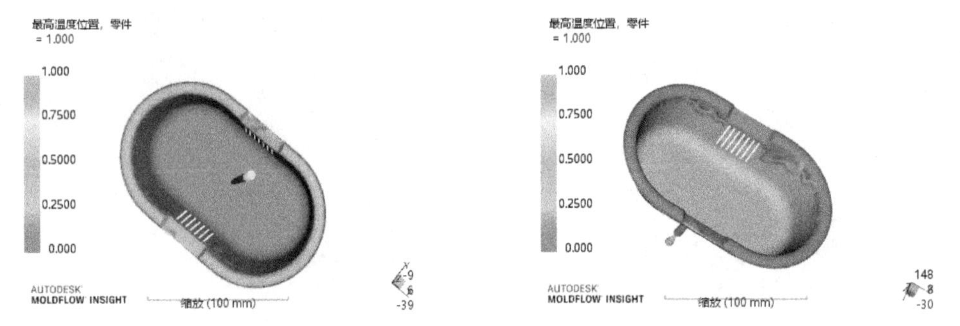

（a）塑件上表面最高温度位置结果　　（b）塑件下表面最高温度位置结果

图 14-29　塑件最高温度位置结果

14.4.3　优化冷却分析方案

为了改善冷却效果，本优化方案对冷却系统重新进行了设计，冷却系统的设计方案如图 14-30 所示。

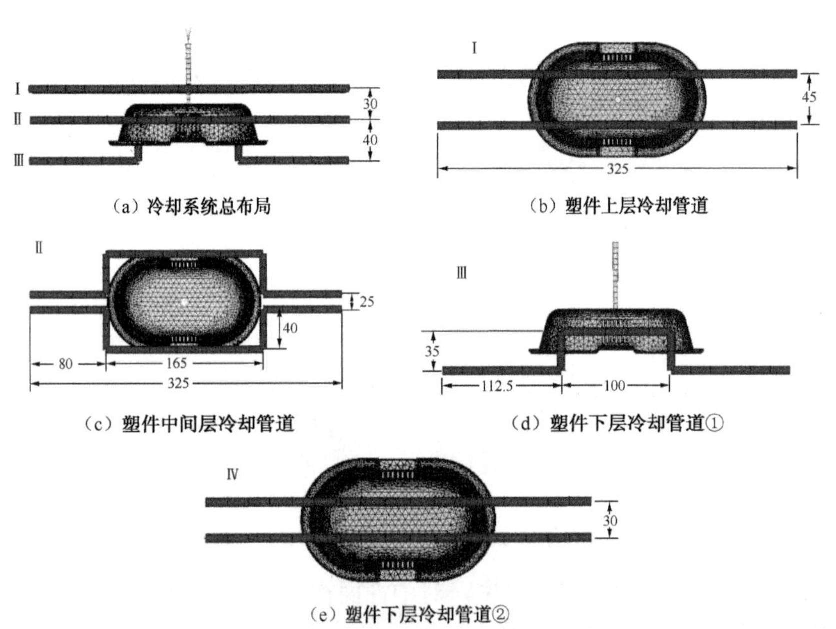

（a）冷却系统总布局　　（b）塑件上层冷却管道

（c）塑件中间层冷却管道　　（d）塑件下层冷却管道①

（e）塑件下层冷却管道②

图 14-30　冷却系统的设计方案

如图 14-30（a）所示，冷却系统分为Ⅰ、Ⅱ、Ⅲ 3 层，共 6 条冷却管道。各冷却管道布局及尺寸如图 14-30（b）至图 14-30（e）所示，冷却管道直径为 8mm。冷却管道采用手动创建的方法，采用柱体单元进行单元划分，下面介绍冷却管道的具体创建方法。

1. 上层管道Ⅰ的创建

上层管道Ⅰ由两条冷却管道组成，创建过程采用“使用柱体单元创建”命令，其创

建方法如下。

1）创建节点

Step1：选择“几何”→“节点”→“按坐标定义节点”菜单命令，弹出如图 14-31 所示的“按坐标定义节点”对话框。在“坐标”数值框中输入“160,22,15”，单击“应用”按钮，生成图 14-32 中的位置 1 节点。

Step2：选择“几何”→“节点”→“按偏移定义节点”菜单命令。单击上一步创建的位置 1 节点，在“偏移”数值框中输入“-325,0,0”，单击“应用”按钮，即生成图 14-32 中的位置 2 节点。

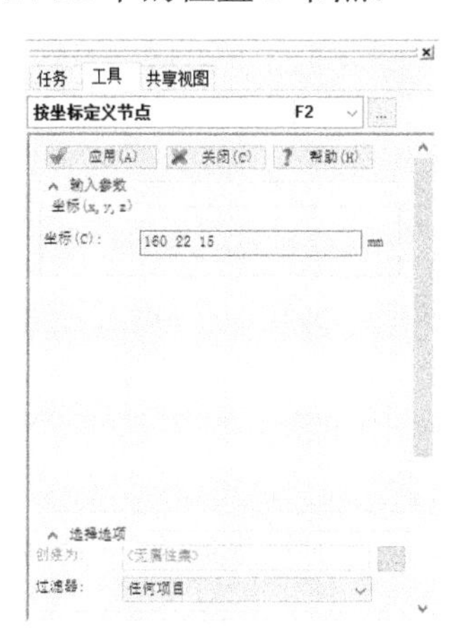

图 14-31 “按坐标定义节点”对话框

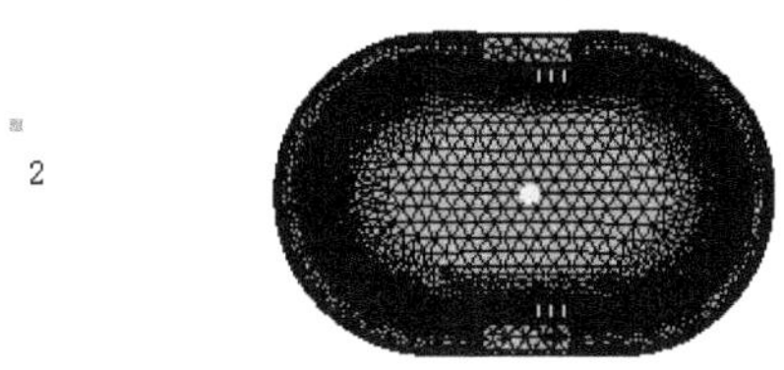

图 14-32 创建节点结果

2）创建管道的柱体单元

Step1：选择“网格”→“创建柱体网格”菜单命令，弹出如图 14-33 所示的“创建柱体单元”对话框。

Step2：分别选择位置 1 和位置 2 节点，“第一”和“第二”数值框会分别自动显示这两个节点的坐标值。

Step3：单击“选择选项”选区中的…按钮，弹出“指定属性”对话框。

Step4：单击“新建”下拉按钮，弹出下拉菜单，如图 14-34 所示。

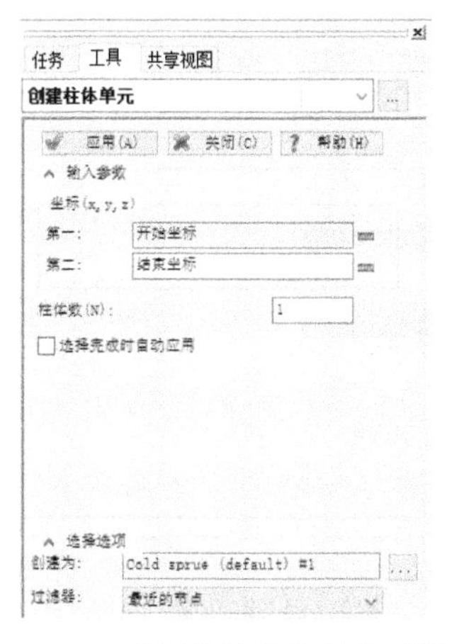

图 14-33 “创建柱体单元”对话框

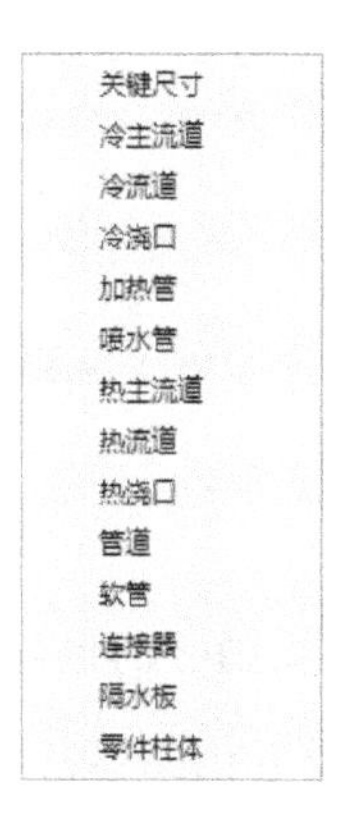

图 14-34 “新建”下拉菜单

Note

Step5：在弹出的下拉菜单中选择“管道”命令，弹出“管道”对话框，如图 14-35 所示。在“截面形状是”下拉列表中选择“圆形”选项，在“直径”数值框中输入“8”。单击“确定”按钮，逐级返回上级对话框进行确认，直到返回图 14-33 所示的对话框，单击“应用”按钮。

管道
管道表面属性　模具属性
截面形状是
圆形　直径 8 mm (0:200]
管道热传导系数 1 [0:1]
管道粗糙度 0.05 mm (0:1]
损失系数 K 系数 [0:1000]
名称 Channel (default) #2
☑应用到共享该属性的所有实体
确定　取消　帮助

图 14-35　“管道”对话框

Step6：单击“关闭”按钮，关闭“创建柱体单元”对话框，创建一个圆形冷却管道柱体单元，创建结果如图 14-36 所示。

Step7：选择“几何”→“移动”→“平移”菜单命令，弹出如图 14-37 所示的“平移”对话框，单击图 14-36 中刚创建的冷却管道柱体单元。在“矢量”数值框中输入“0,-45,0”，选中“复制”单选按钮后单击“应用”按钮，复制一条冷却管道，复制结果如图 14-38 所示。

图 14-36　冷却管道柱体单元创建结果

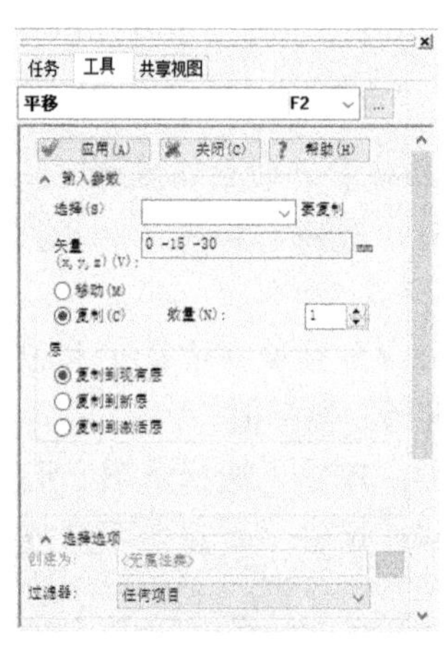

图 14-37　“平移”对话框

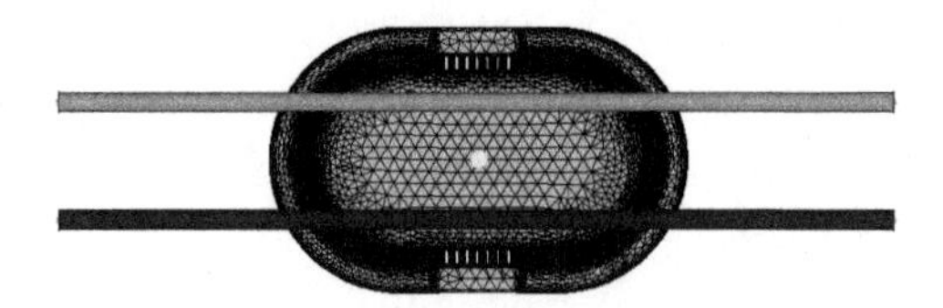

图 14-38　冷却管道柱体单元复制结果

2. 中间层管道 II 的创建

中间层管道 II 由两条冷却管道组成，创建过程采用“使用直线创建”命令，其创建过程如下。

1）创建节点

Step1：选择“几何”→“移动”→“平移”菜单命令，弹出如图 14-37 所示的对话框，单击图 14-32 所示的位置 1 节点。在“矢量”数值框中输入“0,−15,−30”，选中“复制”单选按钮后单击“应用”按钮，即生成图 14-39 中的位置 3 节点。

Step2：单击上一步创建的位置 3 节点，在“矢量”数值框中输入“−80,0,0”，单击“应用”按钮，即生成图 14-39 中的位置 4 节点。

Step3：单击上一步创建的位置 4 节点，在“矢量”数值框中输入“0,40,0”，单击“应用”按钮，即生成图 14-39 中的位置 5 节点。

Step4：单击上一步创建的位置 5 节点，在“矢量”数值框中输入“−165,0,0”，单击“应用”按钮，即生成图 14-39 中的位置 6 节点。

Step5：单击上一步创建的位置 6 节点，在“矢量”数值框中输入“0,−40,0”，单击“应用”按钮，即生成图 14-39 中的位置 7 节点。

Step6：单击上一步创建的位置 7 节点，在“矢量”数值框中输入“−80,0,0”，单击“应用”按钮，即生成图 14-39 中的位置 8 节点。

2）创建直线

Step1：选择“几何”→“曲线”→“创建直线”菜单命令，弹出如图 14-40 所示的“创建直线”对话框。

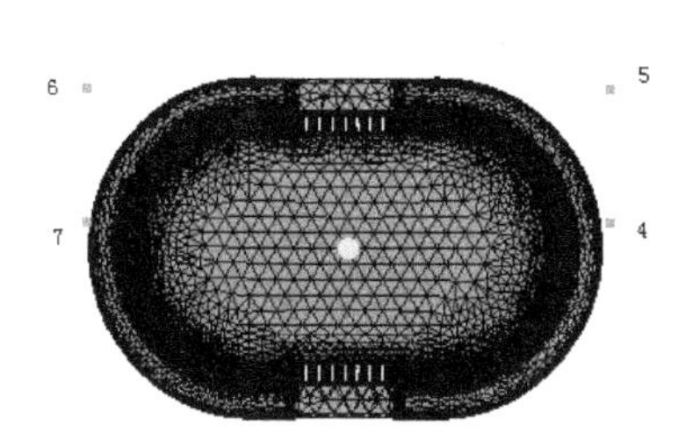

图 14-39　创建节点结果

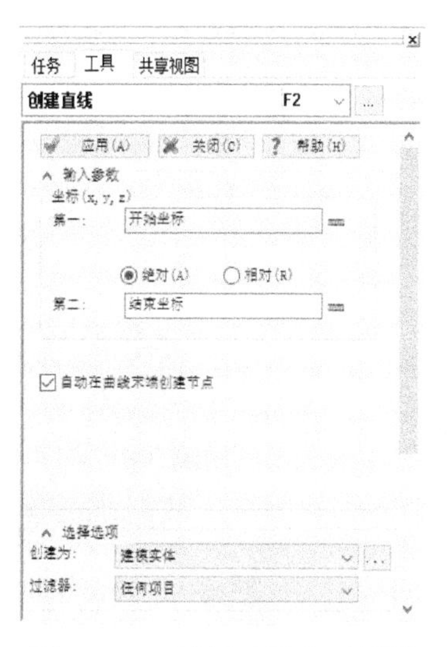

图 14-40　“创建直线”对话框

Step2：依次选择图 14-39 中的位置 3 和 4 节点，取消选中的“自动在曲线末端创建节点”复选框。

Step3：单击“选择选项”选区中的 ... 按钮，弹出“指定属性”对话框。

Step4：单击“新建”下拉按钮，弹出下拉菜单。

Step5：在弹出的下拉菜单中选择“管道”命令（见图 14-41），弹出“管道”对话框，如图 14-42 所示。在“截面形状是”下拉列表中选择“圆形”选项，在“直径”数值框中输入“8”。单击“确定”按钮，逐级返回上级对话框进行确认，直到返回如图 14-40 所示的对话框，单击“应用”按钮，生成图 14-43 中的直线 *A*。

图 14-41　选择“管道”命令

图 14-42　“管道”对话框

Step6：重复以上操作，按顺序分别选择两个位置节点，创建其余 4 条直线。冷却管道直线创建结果如图 14-43 所示。

3）划分柱体单元

Step1：选择如图 14-43 所示的直线 *A*，选择“网格”→“生成网格”菜单命令，弹出“生成网格”对话框，如图 14-44 所示。

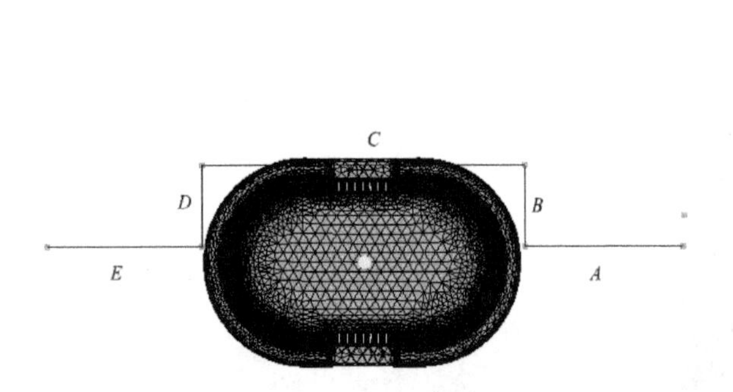

图 14-43　冷却管道直线创建结果

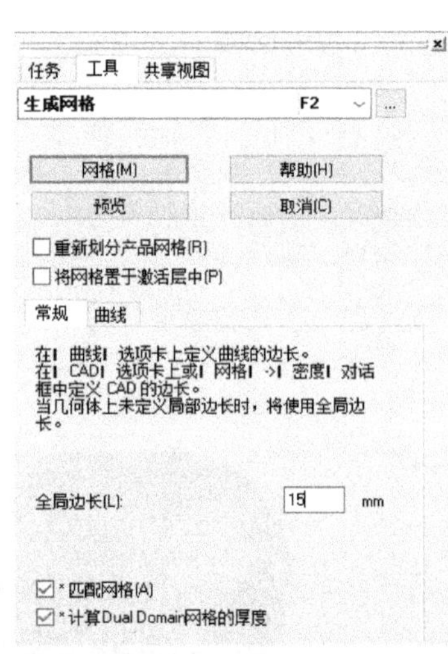

图 14-44　“生成网格”对话框

Step2：将“全局边长”设置为 15mm。

Step3：单击“网格”按钮，即对直线 *A* 进行网格划分。

Step4：重复以上操作，分别对直线 *B*、*C*、*D*、*E* 进行网格划分。柱体单元划分结果如图 14-45 所示。

4）镜像柱体单元

选择“几何”→“移动”→“镜像”菜单命令，弹出如图 14-46 所示的“镜像”对话框，单击图 14-45 所示的所有柱体单元，在“镜像”下拉列表中选择“XZ 平面”选项，在“参考点”数值框中输入注射位置节点，选中“复制”单选按钮，单击“应用”按钮，即完成节点的镜像，如图 14-47 所示。

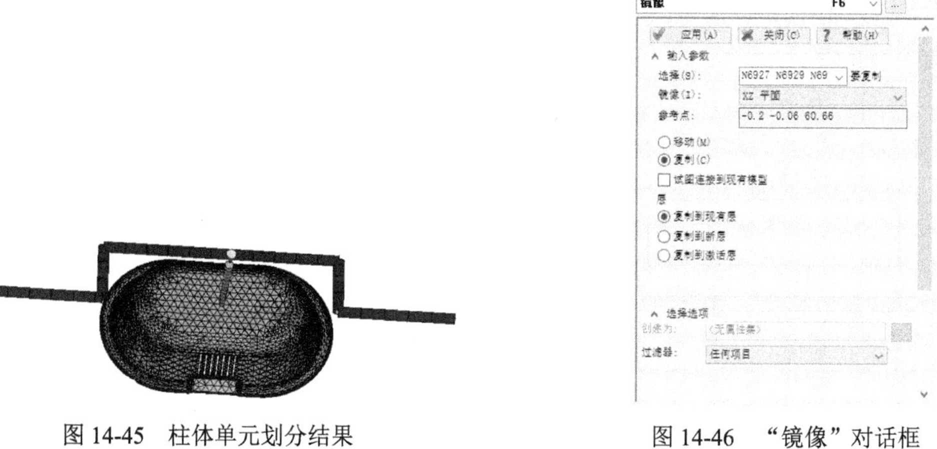

图 14-45 柱体单元划分结果

图 14-46 “镜像”对话框

3. 下层管道Ⅲ的创建

下层管道Ⅲ由两条冷却管道组成，创建过程采用“使用直线创建”命令，其创建过程如下。

1）创建节点

Step1：选择“几何”→“移动”→“平移”菜单命令，弹出如图 14-37 所示的对话框，单击图 14-32 所示的位置 1 节点。在“矢量”数值框中输入“0,-7,-70”，选中“复制”单选按钮，单击“应用”按钮，即生成图 14-48 中的位置 9 节点。

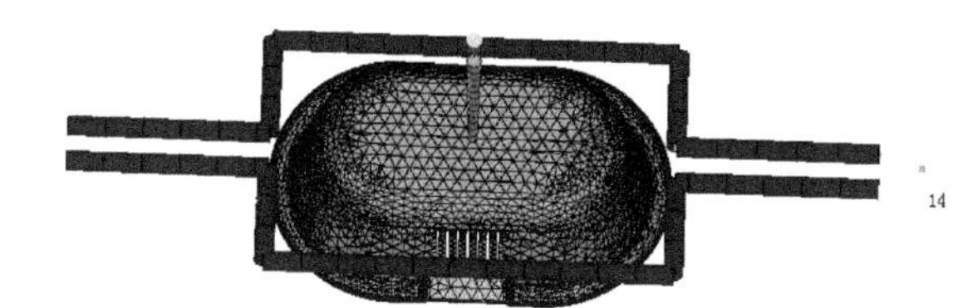

图 14-47 冷却管道镜像结果

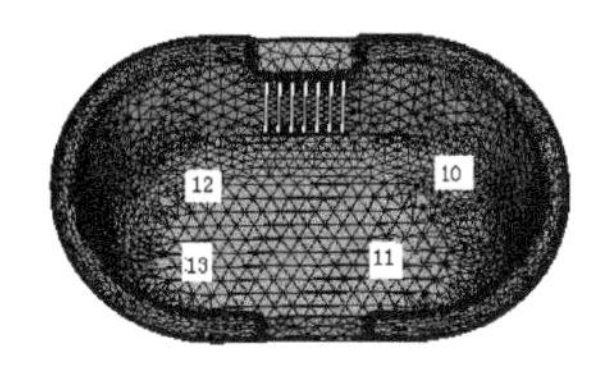

图 14-48 创建节点结果

Step2：单击上一步创建的位置 9 节点，在“矢量”数值框中输入“-112.5,0,0”，单击“应用”按钮，即生成图 14-48 中的位置 10 节点。

Step3：单击上一步创建的位置 10 节点，在“矢量”数值框中输入“0,0,35”，单击“应用”按钮，即生成图 14-48 中的位置 11 节点。

Step4：单击上一步创建的位置 11 节点，在“矢量”数值框中输入“-100,0,0”，单击“应用”按钮，即生成图 14-48 中的位置 12 节点。

Step5：单击上一步创建的位置 12 节点，在“矢量”数值框中输入“0,0,-35”，单击“应用”按钮，即生成图 14-48 中的位置 13 节点。

Step6：单击上一步创建的位置 13 节点，在“矢量”数值框中输入“-112.5,0,0”，单击“应用”按钮，即生成图 14-48 中的位置 14 节点。

2）创建直线

Step1：选择“几何”→“曲线”→“创建直线”菜单命令，弹出如图 14-40 所示的“创

建直线”对话框。

Step2：依次选择图 14-48 中的位置 9 和 11 节点，取消选中的“自动在曲线末端创建节点”复选框。

Step3：单击“选择选项”选区中的 按钮，弹出“指定属性”对话框。

Step4：单击“新建”下拉按钮，弹出下拉菜单。

Step5：在弹出的下拉菜单中选择“管道”命令，弹出“管道”对话框，如图 14-42 所示。在“截面形状是”下拉列表中选择“圆形”选项，在“直径”数值框中输入“8”。单击“确定”按钮，逐级返回上级对话框进行确认，直到返回如图 14-40 所示的对话框，单击“应用”按钮，即创建一条直线。

Step6：重复以上操作，创建其余 4 条直线，其结果如图 14-49 所示。

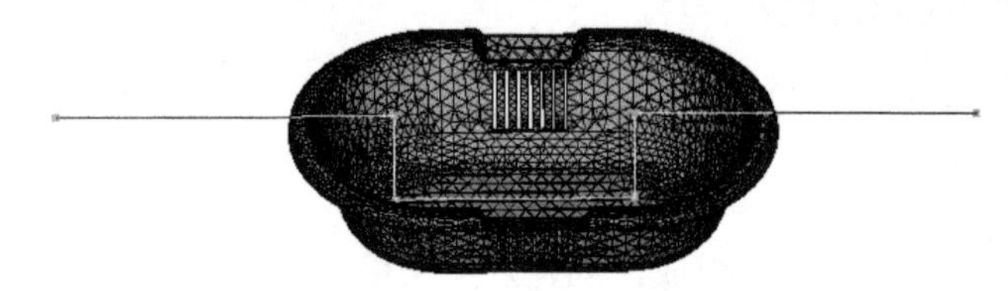

图 14-49　直线创建结果

3）划分柱体单元

Step1：选择图 14-49 所示的直线，选择“网格”→“生成网格”菜单命令，会弹出“生成网格”对话框。

Step2：将“全局边长”设置为 15mm。

Step3：单击“网格”按钮，即对直线进行网格划分，其结果如图 14-50 所示。

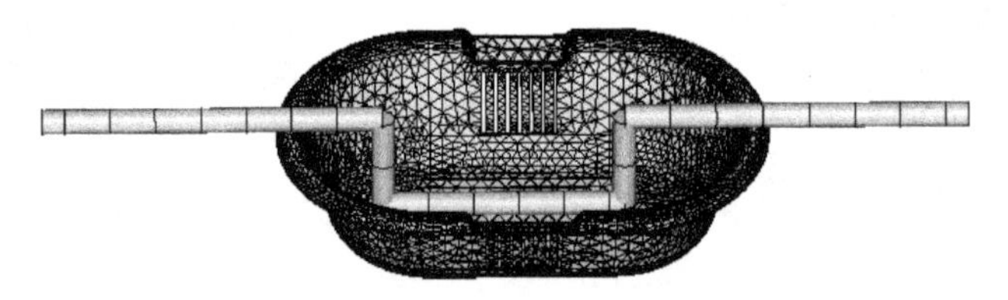

图 14-50　柱体单元划分结果

4）复制冷却管道

选择“几何”→“移动”→“平移”菜单命令，单击图 14-50 中刚创建的冷却管道柱体单元。在“矢量”数值框中输入“0,-30,0”，选中“复制”单选按钮后单击“应用”按钮，复制一条冷却管道，结果如图 14-51 所示。

经过以上步骤冷却管道已全部创建完毕，创建结果如图 14-52 所示。

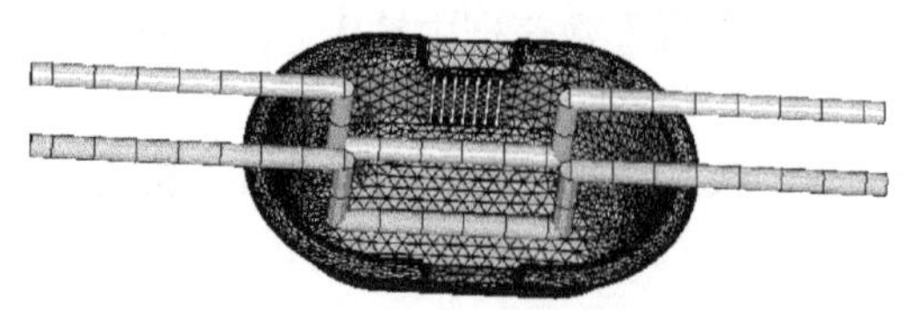

图 14-51　冷却管道复制结果

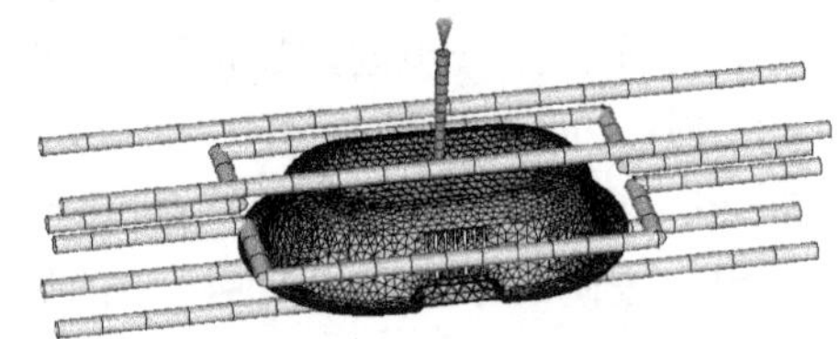

图 14-52　冷却管道创建结果

4. 设置冷却液入口

Step1：双击“冷却液入口/出口”选项，此时光标会变成十字状，并且弹出“设置冷却液入口”对话框，如图 14-53 所示。

Step2：在图 14-52 中选择冷却液入口处的节点，完成冷却液入口的设置，其结果如图 14-54 所示。

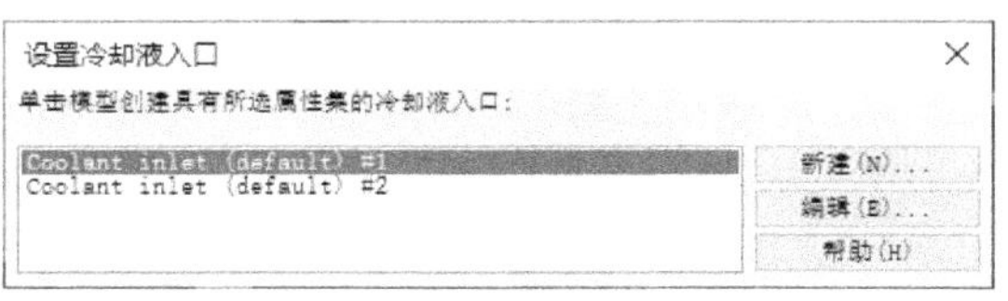

图 14-53 “设置冷却液入口”对话框

图 14-54 冷却液入口设置结果

Step3：关闭“设置冷却液入口”对话框。

5. 进行分析

在完成了冷却系统的创建之后，即可进行分析计算，双击任务视窗中的“分析”按钮，求解器开始分析计算。

6. 分析结果

1）回路冷却液温度

图 14-55 所示为回路冷却液温度结果。从图 14-55 中可以看出，冷却系统优化后的冷却液温差为 0.12℃，相比原始方案有所降低，说明冷却液的冷却能力没有问题。

2）回路管壁温度

图 14-56 所示为回路管壁温度结果。从图 14-56 中可以看出，冷却系统优化后的回路管壁温度比冷却液入口温度高 1.81℃，和原始方案相差不大。

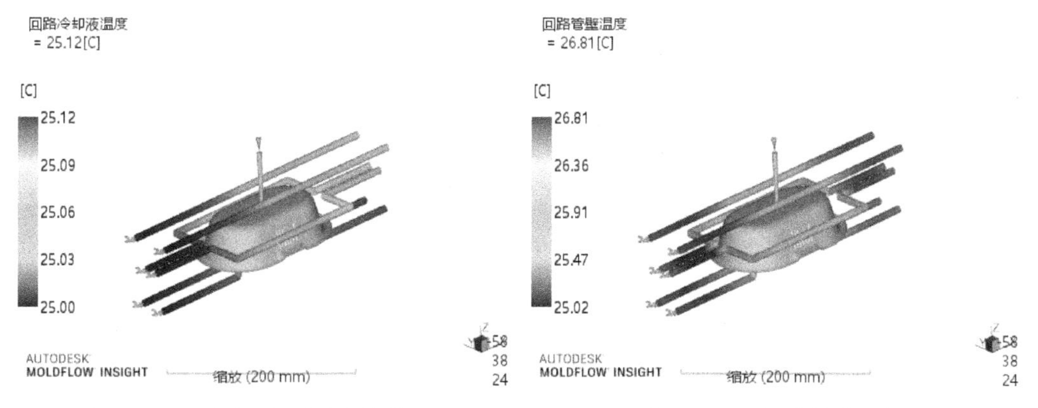

图 14-55 回路冷却液温度结果

图 14-56 回路管壁温度结果

3）达到顶出温度的时间

图 14-57 所示为达到顶出温度的时间结果。从图 14-57 中可以看出，冷却系统优化后达到顶出温度的时间为 0.4188s，与原始方案相差不大。

4）塑件最高温度

图14-58所示为塑件最高温度结果。从图14-58中可以看出，塑件最高温度为32.26℃。

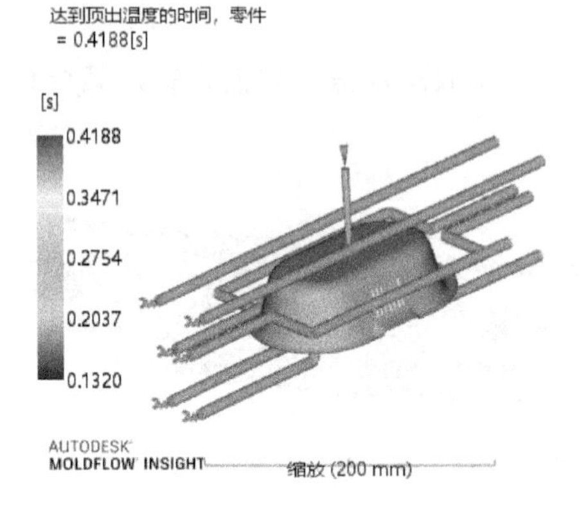

图14-57　达到顶出温度的时间结果

图14-58　塑件最高温度结果

5）塑件平均温度

图14-59所示为塑件平均温度结果图。从图14-59中可以看出，冷却系统优化后的塑件平均温度由原始方案的31.28℃降至30.20℃。

6）塑件温度曲线

设定塑件模型各单元的温度曲线的操作步骤参照14.4.2节，在对话框中依次输入节点T10849、T1694、T9564、T9157、T10549，得到各单元的温度分布曲线如图14-60所示。

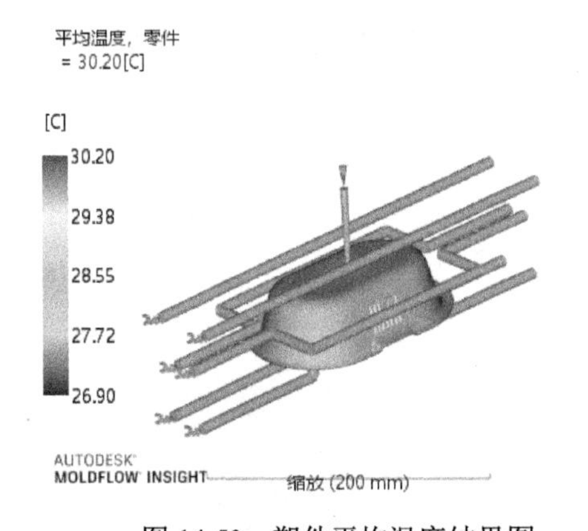

图14-59　塑件平均温度结果图

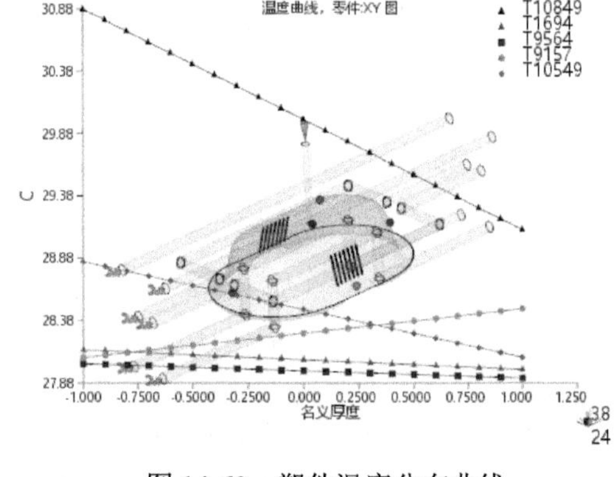

图14-60　塑件温度分布曲线

从图14-60中可以看出，冷却系统优化后的各单元的温度曲线比原始方案更加接近，此优化方案可以采用。

7）塑件最高温度位置

图14-61（a）所示为塑件上表面最高温度位置结果，图14-61（b）所示为塑件下表面最高温度位置结果。从图14-61中可以看出，冷却系统优化后，塑件最高温度位置分布比原始方案更加均匀，冷却系统的冷却效果更好。

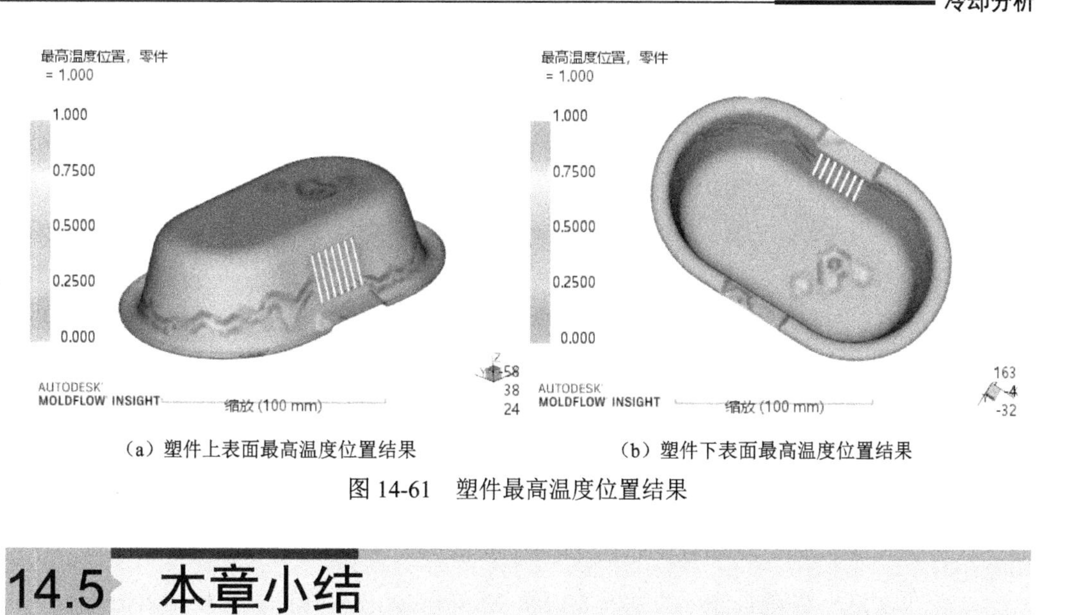

（a）塑件上表面最高温度位置结果　　（b）塑件下表面最高温度位置结果

图 14-61　塑件最高温度位置结果

14.5 本章小结

本章主要介绍了软件中的“冷却分析”模块，包括冷却分析的工艺参数设置、分析结果解读及应用实例。

通过本章的学习，掌握冷却分析的工艺参数设置方法和分析结果的评估，并通过分析结果评估冷却水路是否合适，是否需要进一步优化水路设计，以保证产品得到最好的冷却效果。

第15章

翘曲分析

本章介绍翘曲分析的基础知识和 Moldflow 软件在翘曲分析中的应用实例，重点介绍翘曲分析的工艺参数设置方法、分析结果的解读方法等。

学习目标

（1）掌握翘曲分析的工艺参数设置方法

（2）学会分析翘曲产生的原因

（3）掌握翘曲分析结果的解读方法

（4）掌握翘曲分析的应用

15.1 翘曲分析简介

翘曲变形是指塑料塑件的形状偏离了模具型腔所规定的形状范围，它是塑件中常见的缺陷之一。随着塑料工业的发展，对塑件的外观质量和使用性能的要求越来越高，翘曲变形程度作为评定产品质量的重要指标之一，也越来越多地受到模具设计者的关注与重视。通过翘曲分析可以模拟塑件成型过程、对成型结果的翘曲变形进行预测、减少失误，从而确定改进方案和措施。

15.1.1 翘曲的分类和产生的原因及影响

1. 翘曲的分类

翘曲的主要表征现象是，塑件的形状在塑件脱模后或稍后的一段时间内产生旋转或扭曲现象。典型表现为塑件平坦部分有起伏，直边朝里或朝外弯曲或扭曲。

Moldflow 软件中的翘曲分析把翘曲分为两种形式，如图 15-1 所示。

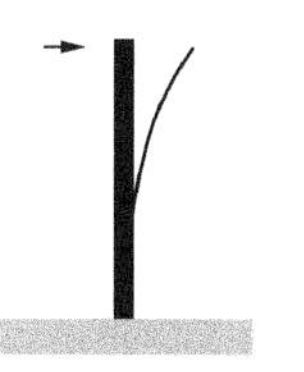

（a）稳定翘曲

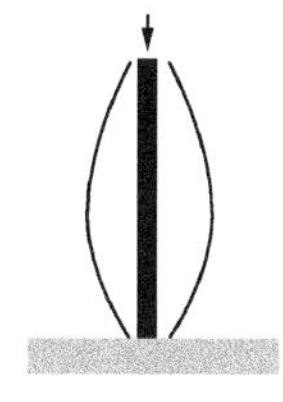

（b）非稳定翘曲

图 15-1　翘曲的分类

（1）稳定翘曲如图 15-1（a）所示。翘曲变形与收缩应变成正比。

（2）非稳定翘曲如图 15-1（b）所示。翘曲变形是由于塑件弯曲而产生的。在这种情况下，收缩应变表现为平面应变，平面应变过大会导致塑件失稳而产生弯曲现象。一般来说，这种翘曲变形很大。

2. 翘曲产生的原因

注射过程中，翘曲是由塑件收缩率不均匀而产生的。收缩率不均匀表现在以下几个方面。

（1）塑件不同部位的收缩率不一样。

（2）沿塑件厚度方向不同收缩率不同。

（3）与分子取向平行和垂直方向的收缩率不同。

翘曲分析把翘曲产生的原因归结为以下几点。

（1）冷却不均匀。型腔表面温度分布不均、温度沿厚度方向变化、模具的热性质等造成塑件的翘曲变形。

（2）收缩不均匀，又称区域性收缩。塑件厚度变化较大，浇口位置、冷却系统设计、成型工艺参数设置不合理等造成整个塑件收缩不均匀。

（3）分子取向不一致。材料分子在平行或垂直方向上的收缩不均匀造成翘曲。

翘曲分析的主要目的是确定塑件翘曲变形的结果是否满足设计要求，如果不能满足设计要求，则给出产生翘曲的主要原因。

3. 设计对翘曲变形的影响

1）成型条件对收缩的影响

（1）保压时间。

图 15-2 所示为保压时间与塑件收缩的关系曲线。延长保压时间，可以减少塑件的收缩。保压时间的长短应该以浇口凝固的时间为准，如果保压时间比浇口凝固的时间短，则型腔内的熔体会向浇口回流，因此会出现保压不足，导致塑件出现较大的收缩。

在实际成型过程中，可以用测量产品重量的方法来确定保压时间。以 1s 为单位，逐渐增加保压时间，直到产品重量没有增加时，对应的保压时间为保压结束时间。

（2）保压压力。

图 15-3 所示为保压压力与塑件收缩的关系曲线。增加保压压力，可以减少塑件的收缩。充足的保压压力是塑件有效收缩的关键。提高保压压力可以有效改善塑件收缩严重的问题。

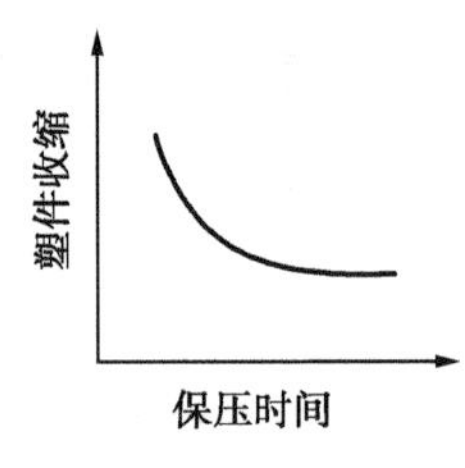

图 15-2 保压时间与塑件收缩的关系曲线

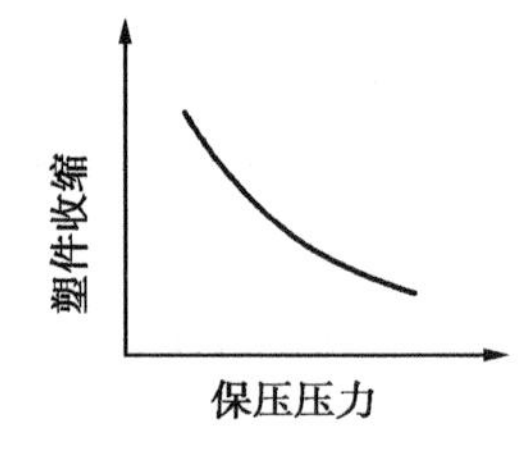

图 15-3 保压压力与塑件收缩的关系曲线

保压压力既不能太高也不能太低，保压压力太低会造成保压压力不足，使塑件产生短射和较大的收缩等问题。保压压力太大，则会产生过保压的情况，使塑件脱模后的残余应力较大；另外，还可能引起模具涨模，超出最大锁模力。

（3）熔体温度。

图 15-4 所示为熔体温度与塑件收缩的关系曲线。熔体温度与塑件收缩的关系比较复杂，其曲线呈下凹状。当熔体的温度较低时，不利于保压曲线在型腔中传递，导致保压效果不佳，塑件出现收缩；随着熔体温度的增加，塑件的收缩有所改善；当熔体温度较高时，塑件所需的冷却时间较长，增加了塑件的收缩机会。

（4）模具温度。

图 15-5 所示为模具温度与塑件收缩的关系曲线。增加模具温度，会增大塑件的收缩。模具温度过高时，成型收缩率较大，塑件脱模后变形较大，且容易出现溢料、粘模等现象；模具温度过低时，模具型腔内熔体流动性差，容易使塑件产生短射、机械强度降低等现象。

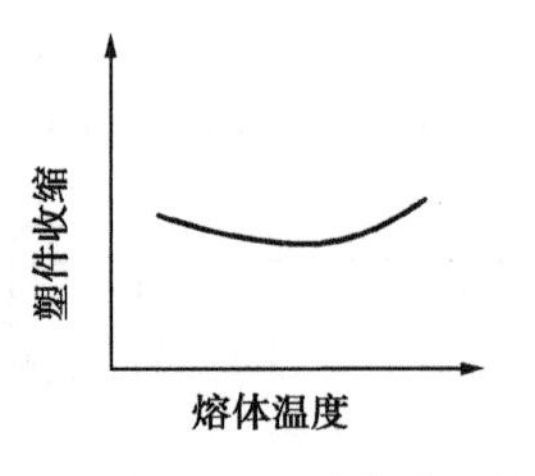

图 15-4 熔体温度与塑件收缩的关系曲线

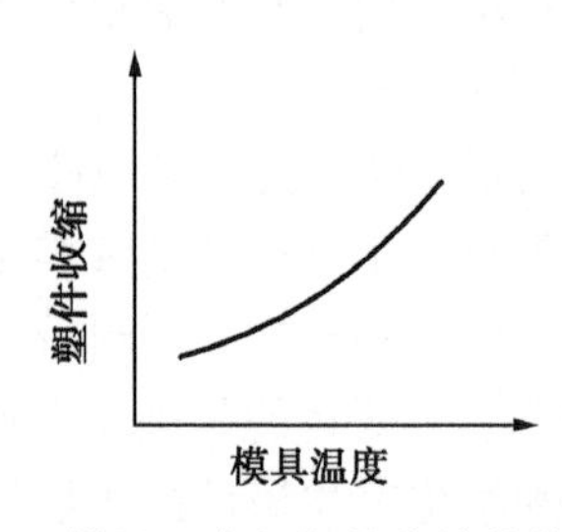

图 15-5 模具温度与塑件收缩的关系曲线

（5）注射速率。

图 15-6 所示为注射速率与塑件收缩的关系曲线。注射速率对塑件收缩的影响比较复杂。从分子结构形态角度看，提高注射速率会增强分子的取向作用和结晶作用，取向作用加大收缩，结晶作用会减小收缩。在注射速率较低时，增大料流速率有利于压力传递，使收缩率下降；随着注射速率的提高，分子的取向作用明显增加，进而增加了塑件的各向异性，导致收缩率增大。

2）塑件设计对翘曲变形的影响

一般来说，塑件的厚度增加，其体积收缩率也会相应增加，如图 15-7 所示。

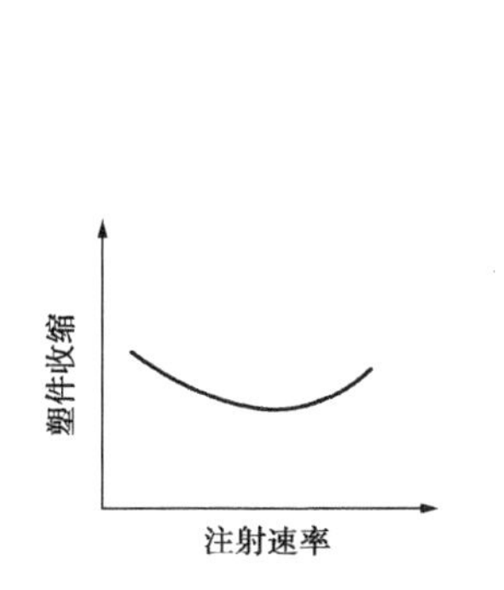

图 15-6　注射速率与塑件收缩的关系曲线

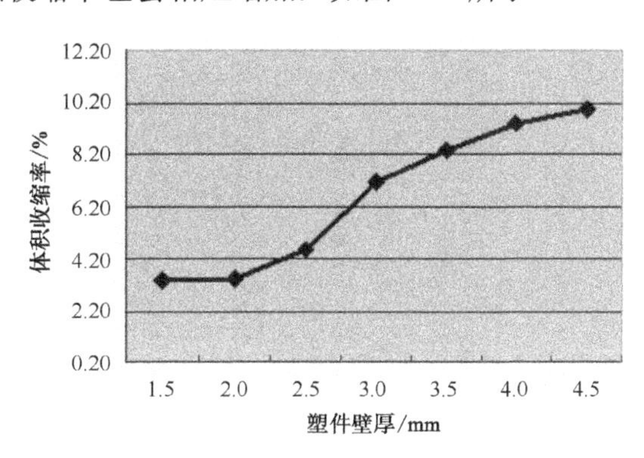

图 15-7　塑件壁厚和体积收缩率的关系

图 15-8 所示为塑件壁厚和翘曲变形的关系曲线。改变塑件的壁厚，会直接影响冷却液的温度、冷却时间和保压压力。塑件较厚时所需的保压压力较低，塑件在粗厚的区域无法完全凝固。如果塑件壁厚不均匀，会使塑件的冷却速率和结晶度不同，引起冷却不均，导致翘曲变形，如图 15-9 所示。

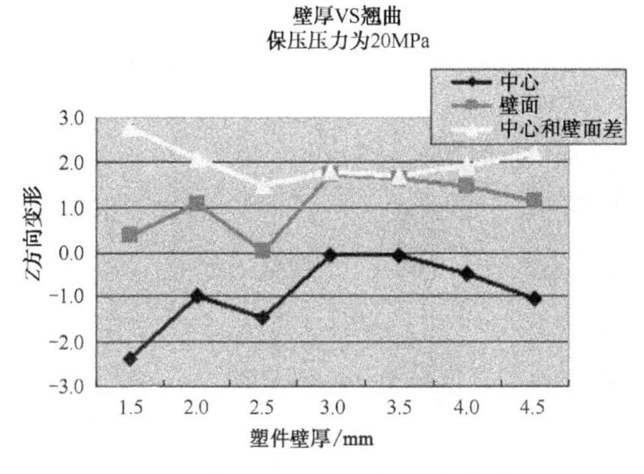

图 15-8　塑件壁厚与翘曲变形的关系曲线

3）冷却对翘曲变形的影响

冷却不均是造成塑件翘曲变形的主要因素之一。图 15-10 所示为冷却水温度和翘曲变形的关系曲线，快速冷却使塑件收缩减到最小，从而可以降低翘曲变形的概率，对于半结晶塑料效果更加明显。但是，当环境温度高于模温时，对塑件的收缩反而不利。当冷却水温度较高时，模具温度也处于较高的水平，从而使塑件获得较均匀的收缩。

Note

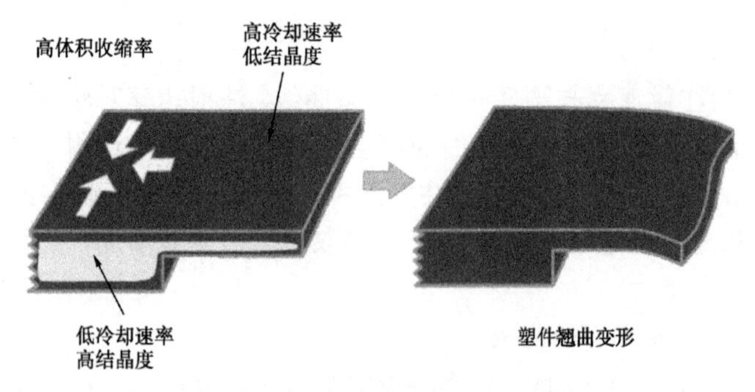

图 15-9　塑件壁厚与翘曲的关系

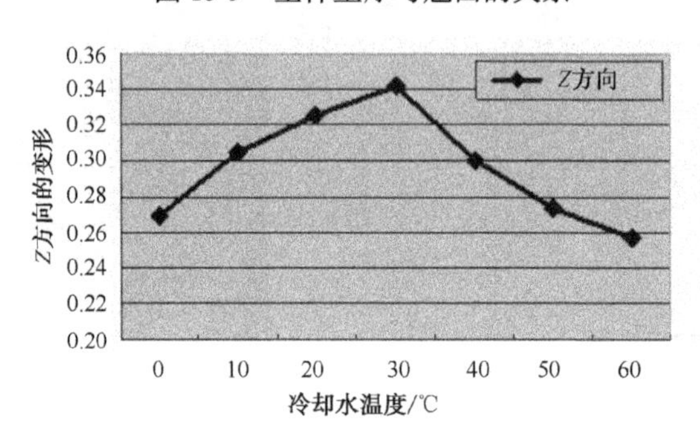

图 15-10　冷却水温度和翘曲变形的关系曲线

4）材料对翘曲变形的影响

图 15-11 所示为材料的结晶性对塑件收缩的影响。从图 15-11 中可以看出，材料的结晶性越高，塑件越容易收缩。

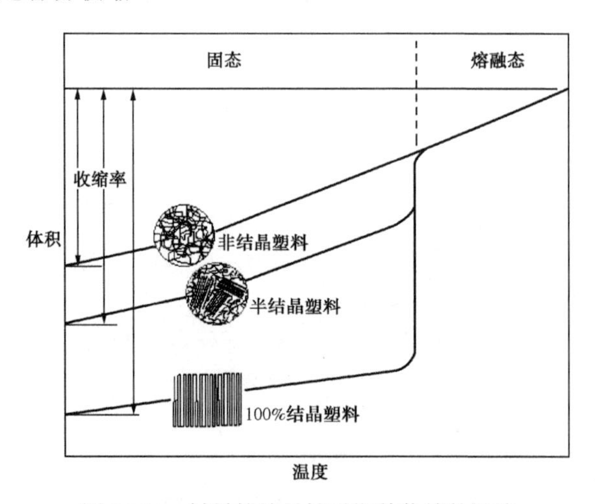

图 15-11　材料的结晶性对塑件收缩的影响

5）纤维对翘曲变形的影响

在塑件中添加纤维可以增加冲击强度，但添加纤维可能会造成塑件的翘曲变形。纤维在注射过程中会产生分子取向，使塑件在水平和垂直方向的收缩不一致，导致翘曲变形。图 15-12 所示为纤维对收缩的影响。

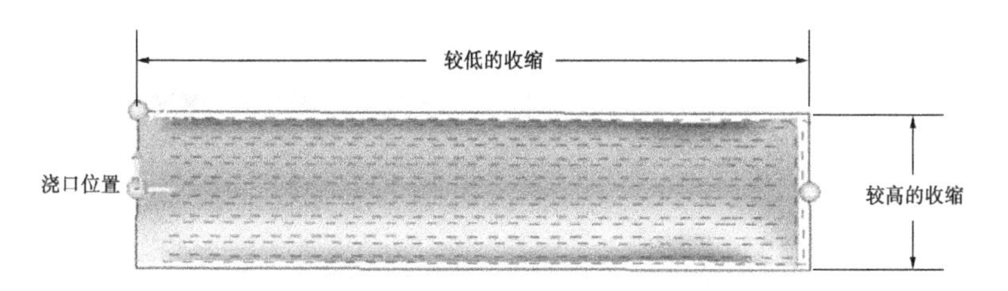

图 15-12　纤维对收缩的影响

15.1.2　翘曲分析的目的

翘曲分析的目的是模拟预测塑件成型过程中发生翘曲变形的情况，查出发生翘曲的原因，从而优化模具设计及工艺参数设置，以获得高质量的塑件。

15.1.3　翘曲分析流程

翘曲分析是 Moldflow 软件中的一个模块，用于分析整个塑件的翘曲变形（包括线性、线性弯曲和非线性），同时可以指出产生翘曲的主要原因，以及相应的补救措施。翘曲分析必须在方案的流动分析已经完成的基础上进行。图 15-13 显示了翘曲分析的一般流程。第一步是优化，翘曲分析在冷却和流动已经优化完成后进行；第二步是决定翘曲的类型、范围及原因；最后一步是决定翘曲量是否可以接受，如果不能接受就必须降低产品的翘曲量。

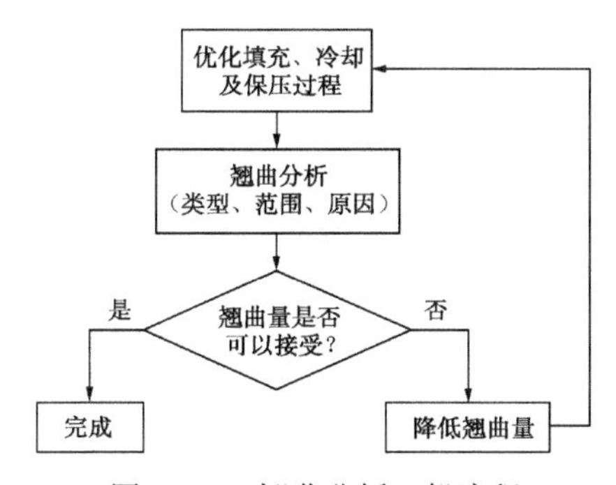

图 15-13　翘曲分析一般流程

一般来说，在进行翘曲分析前，要先完成对冷却、填充、保压分析的优化，才能对塑件进行翘曲分析。

Moldflow 的翘曲分析中，有 3 种包含冷却分析的分析序列供选择。

（1）冷却+填充+保压+翘曲。

（2）填充+冷却+填充+保压+翘曲。

（3）填充+保压+冷却+填充+保压+翘曲。

第一个分析序列是假设在第一次迭代计算时塑料熔体处于熔体温度并可以瞬时充满型腔，后面两个分析序列都是假设模具温度为某一常数来进行第一次迭代求解的。通常在初始条件中，假设塑料熔体温度是均匀的所得到的翘曲变形结果比假设模具温度是均匀的所得到的翘曲变形结果更准确。因此，首选的分析序列是冷却+填充+保压+翘曲。

另外，翘曲的分析序列还有填充+保压+翘曲，此分析一般不推荐使用，因为它忽略了冷却对翘曲的影响。但有时为了节省时间，以及进行浇口方案的验证，也可不运行冷却分析。

Note

15.2 翘曲分析工艺条件设置

在进行各种分析前，用户需要进行工艺设置。本节主要讲解冷却+填充+保压+翘曲成型工艺条件设置，对于双层面网格模型和中性面网格模型的翘曲分析的成型工艺条件设置有所不同，下面将分别进行介绍。

1. 双层面网格模型的工艺条件设置

双层面网格模型的翘曲分析成型工艺条件设置如图 15-14 所示。

图 15-14 “工艺设置向导-翘曲设置”对话框第 3 页

图 15-14 所示的对话框中各项及相关知识的说明如下。

（1）“考虑模具热膨胀”：在注射成型过程中，模具温度会随着熔体温度的升高而升高，因此模具会发生热膨胀，引起模具型腔膨胀，使塑件翘曲变形。如果选中此复选框，就是考虑了模具热膨胀对分析结果的影响。

（2）“分离翘曲原因”：引起翘曲的因素有 3 个，如果选中此复选框，Moldflow 就会在分析结果中列出每一种因素（收缩、冷却、分子取向）对翘曲变形量的影响。

（3）“考虑角效应”：由于模具的限制会使塑件锐角区域的厚度方向比平面区域的收缩更大，如果选中此复选框，就是考虑了模具的限制对分析结果的影响。

（4）“矩阵求解器”：选择翘曲分析中的方程求解器，如图 15-15 所示，其下拉菜单包括以下 4 个选项。

① “自动”：翘曲分析过程中，系统会自动选择一种和网格模型大小相适应的矩阵求解器。

② “直接求解器”：针对中小型网格模型（单元数小于 50000）。

③ “SSORCG 求解器”：在以前的版本中称为 Iterative Solver 迭代求解器。对于大型网格模型的求解效果比“AMG 求解器”差一些，但需要的内存空间要小一些。同样，对于中性面模型，“SSORCG 求解器”不支持的类型为自动和弯曲的翘曲分析。

④ “AMG 求解器”：针对大型网格模型（单元数超过 50000），选择此项可以缩短分析时间，但需要比“SSORCG 求解器”更多的内存空间。对于中性面模型，“AMG 求解器”不支持类型为自动和弯曲的翘曲分析。

一般选择自动模式即可。

2. 中性面网格模型的工艺条件设置

中性面网格模型的翘曲分析成型工艺条件设置如图 15-16 所示。

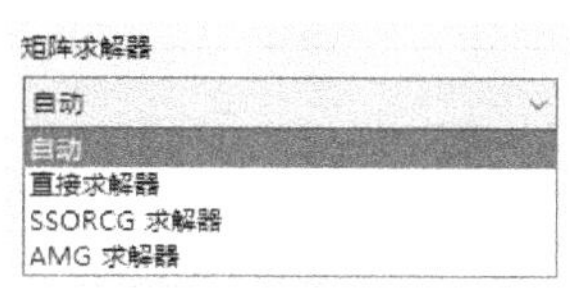

图 15-15 “矩阵求解器”下拉菜单

图 15-16 “工艺设置向导-翘曲设置”对话框第 3 页

图 15-16 所示的对话框中各项及相关知识的说明如下。

（1）“翘曲分析类型”：其下拉菜单如图 15-17 所示，包括以下 4 个选项。

① “自动”：先进行屈服分析，如果塑件无屈服现象，就转为进行大变形分析。

② “小变形”：用于分析线性翘曲问题。

③ “大变形”：用于分析非线性翘曲问题。

④ “挫曲”：用于确定翘曲的类型是稳定的还是非稳定的。

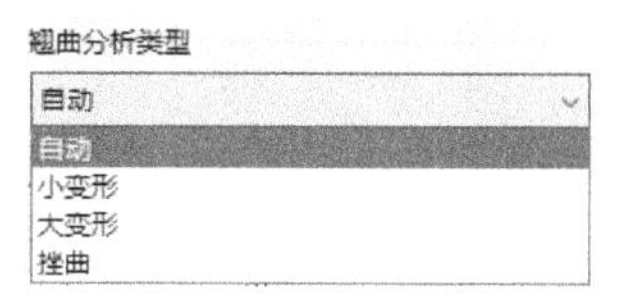

图 15-17 “翘曲分析类型”下拉菜单

（2）“应力结果输出”：输出塑件成型后的内部应力分布，其下拉菜单如图 15-18 所示，包括“无”“主残余应力”“最大剪切应力”“Mises-Hencky 应力”“所有应力结果”5 个选项。

（3）“考虑浇口面及冷流道”：表示在翘曲分析或者应力分析中，如果模型中有浇口和冷流道，是否考虑这两者对分析结果的影响。其下拉菜单如图 15-19 所示，包含以下 3 个选项。

① “不考虑浇口面及冷流道”。

② “只考虑浇口面”。

③ “考虑浇口面及冷流道”。

（4）“矩阵求解器”：其参数意义和双层面网格模型中一样，这里不再赘述。

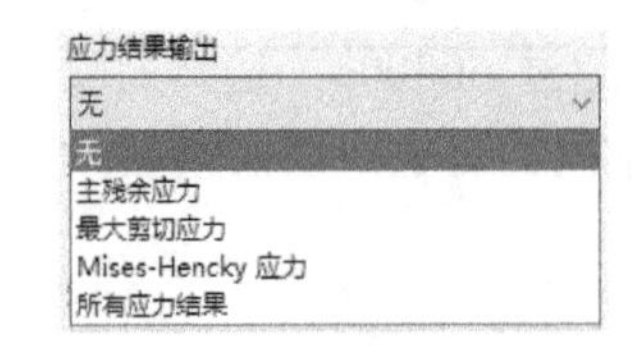

图 15-18 “应力结果输出”下拉菜单

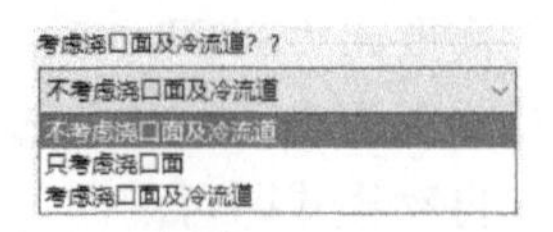

图 15-19 “考虑浇口面及冷流道”下拉菜单

另外，在图 15-16 所示的对话框中还包括“考虑模具热膨胀”和“考虑角效应”两个复选框，其参数和双层面网格模型一样，这里不再一一叙述。

15.3 翘曲分析结果

Moldflow 软件在完成翘曲分析后，会以文字、图形、动画等方式显示翘曲分析结果，同时在任务视窗中会分类显示，如图 15-20 所示。

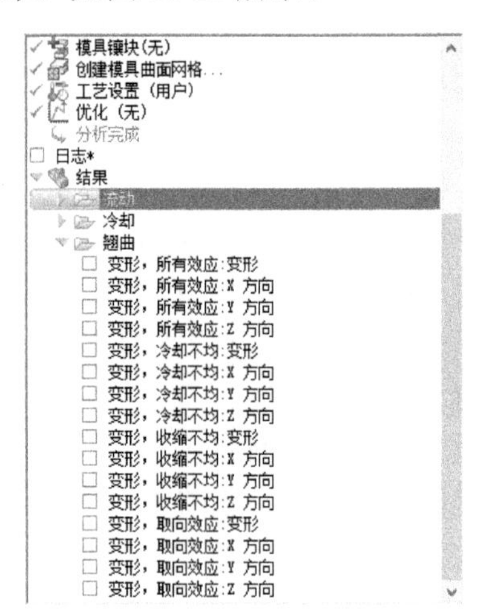

图 15-20 翘曲变形分析结果列表

从图 15-20 中的翘曲分析结果列表中可以看出，Moldflow 软件提供了 4 个方面的翘曲分析结果，包括所有效应变形、冷却不均引起的变形、收缩不均引起的变形、取向效应引起的变形。每一方面又分为总变形量和 X、Y、Z 各个分方向上的变形量。通常，Z 方向上的变形被视为翘曲，而 X、Y 方向上的变形则被视为收缩。所以，查看翘曲分析结果时，关键是要查看 Z 方向上的变形量。

15.4 翘曲分析应用实例

本节将以一个操作实例，演示翘曲分析的过程，对分析结果进行解释，并提出优化后的分析方案。

本例的原始模型如图 15-21 所示，该模型是用于绿色边坡系统中的扣件。原始方案的网格模型及浇注系统如图 15-22 所示，采用流道系统向导方式创建，并采用两点进浇的方式，两个点浇口均匀分布在模型的上表面。主流道为圆锥形，上端面直径为 4mm，锥度为 1.5°，高为 50mm。分流道为梯形，上端面宽为 7mm，坡口角度为 15°。浇口与分流道之间的二级分流道为锥形，下端面直径为 2mm，锥度为 2°，高为 38.5mm。浇口为圆锥形，下端直径为 1.5mm，上端直径为 2mm，高为 1.5mm。

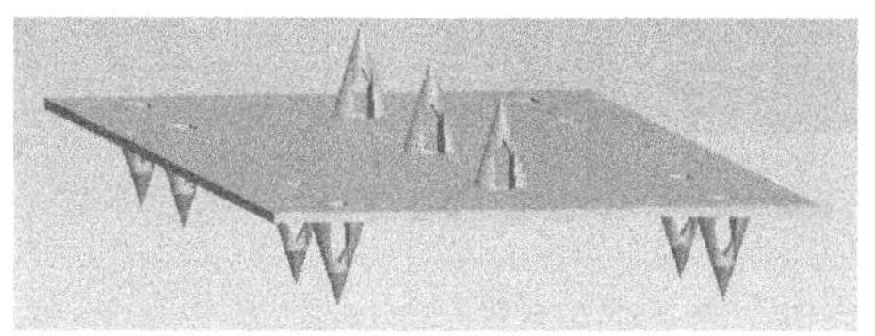

图 15-21　扣件模型

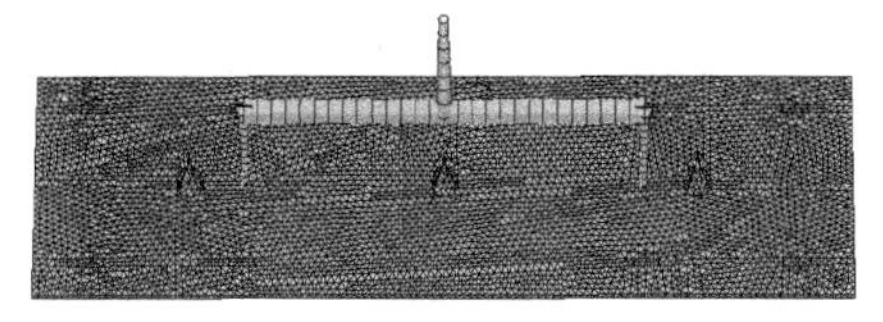

图 15-22　原始方案的网格模型及浇注系统

本例的模型见配套资源“第 15 章 翘曲分析”。

1．打开工程

Step1：启动 Moldflow 软件。

Step2：双击“打开工程”按钮，在打开的对话框中选择“koujian.mpi”文件，单击“打开”按钮，在工程管理视窗中显示名为“koujian_方案”的工程。

Step3：右击“koujian_方案”工程图标，在弹出的快捷菜单中选择“重命名”命令，将工程名改为“koujian_方案原始方案”。

Step4：双击“koujian_方案原始方案”图标，在模型显示视窗中显示扣件模型，如图 15-21 所示。

2．选择分析序列

双击任务视窗中的“填充”按钮，系统会弹出“选择分析序列”对话框，如图 15-23 所示。选择“冷却+填充+保压+翘曲”选项，单击“确定”按钮进行确认，任务视窗如图 15-24 所示。

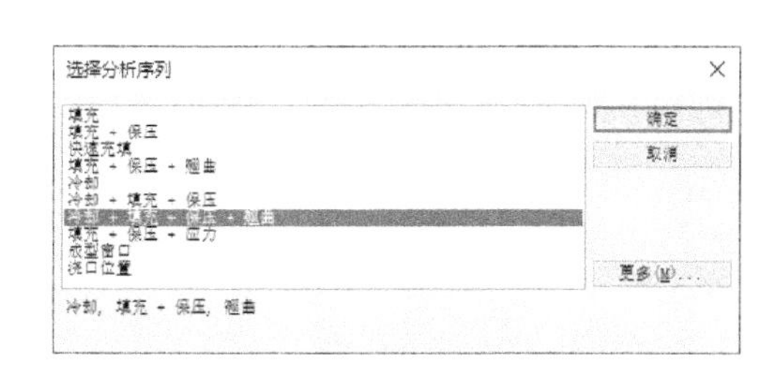

图 15-23　“选择分析序列”对话框

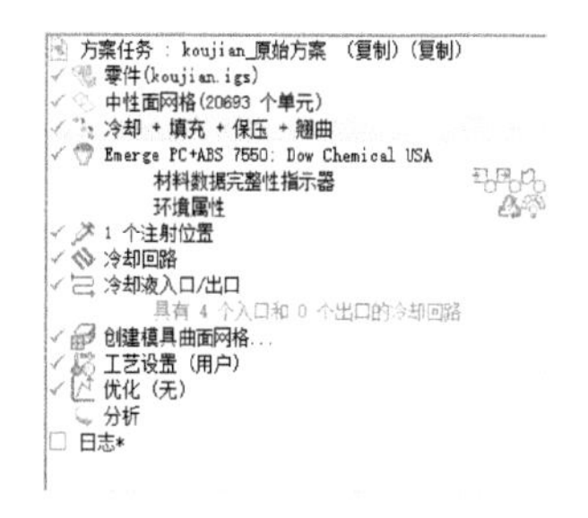

图 15-24　任务视窗

3．选择材料

选择的材料为“Dow Chemical USA”公司生产的“Emerge PC+ABS 7550”。

选择材料的操作步骤可以参照流动分析模块中介绍的方法，这里不再赘述。

4．设置注射位置

双击任务视窗中的“设置注射位置”按钮，单击主流道入口处节点，完成注射位置

的设定，如图 15-25 所示。

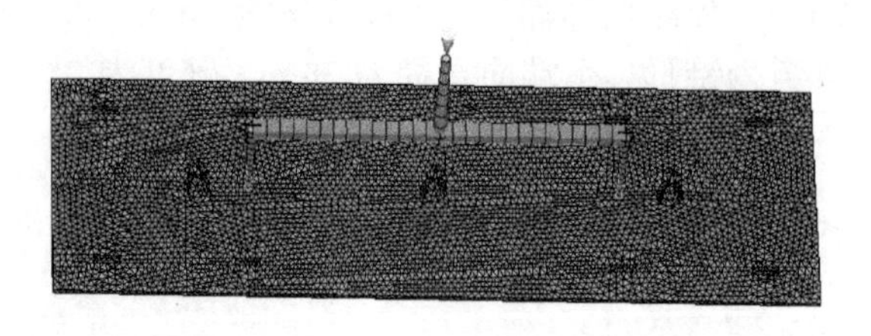

图 15-25　设置注射位置

5. 设置工艺参数

Step1：双击任务视窗中的“工艺设置（默认）”按钮，系统会弹出“工艺设置向导-冷却设置”对话框，如图 15-26 所示。

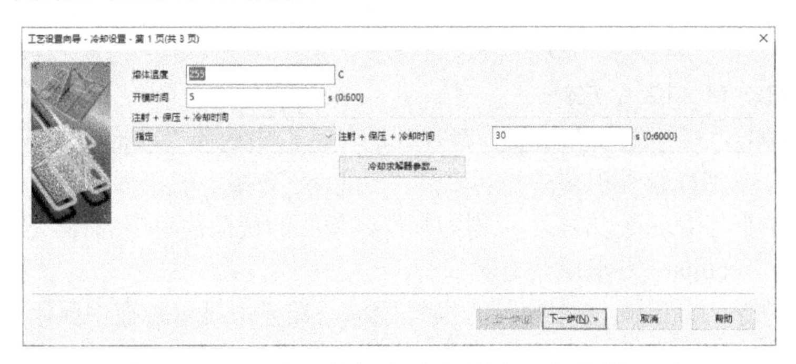

图 15-26　“工艺设置向导-冷却设置”对话框第 1 页

（1）“熔体温度”设置为 255℃。

（2）“开模时间”设置为 5s。

（3）“注射+保压+冷却时间”设置为“指定”，并将其数值参数设置为 30s。

Step2：单击“下一步”按钮，图 15-26 所示的对话框会切换至图 15-27 所示的对话框。

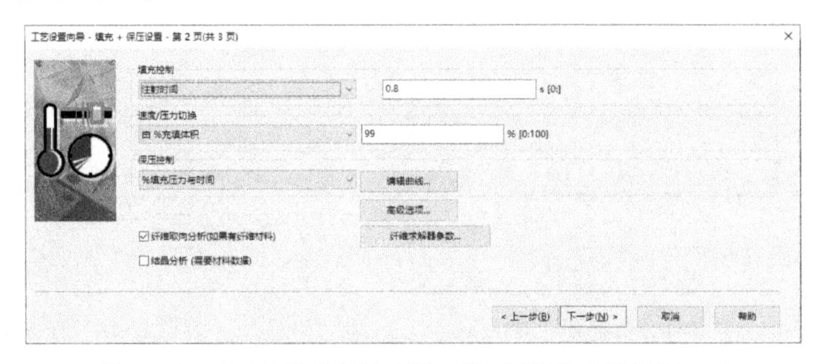

图 15-27　“工艺设置向导-填充+保压设置”对话框第 2 页

图 15-27 所示对话框的设置如下。

（1）“填充控制”设置为“注射时间”，并将其数值参数设置为 0.8s。

（2）“速度/压力切换”设置为“由%充填体积”，并将其数值参数设置为 99%，表示当型腔填充满 99%时，进行速度/压力切换。

（3）“保压控制”设置为“%填充压力与时间”。

Step3：单击“编辑曲线”按钮，系统会弹出“保压控制曲线设置”对话框，如图 15-28 所示。保压控制曲线设置如图 15-28 所示，单击“绘制曲线”按钮，切换成坐标曲线形式，如图 15-29 所示。

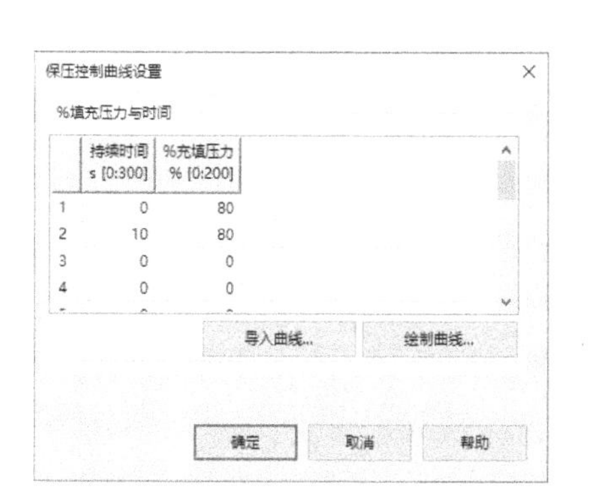

图 15-28 “保压控制曲线设置”对话框

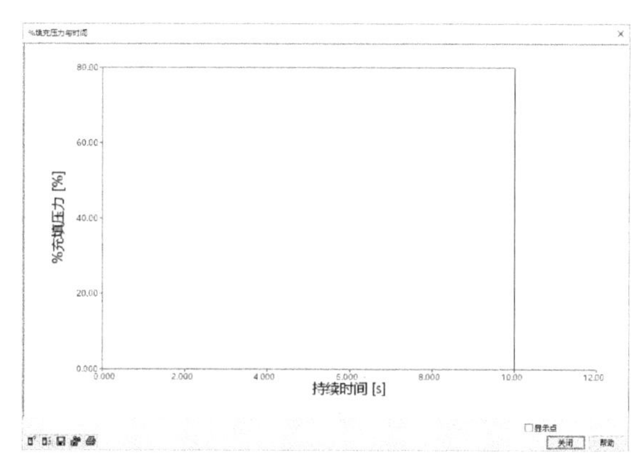

图 15-29 填充压力与持续时间曲线

Step4：单击“下一步”按钮，图 15-27 所示的对话框会切换至图 15-30 所示的“工艺设置向导-翘曲设置”对话框第 3 页。在该对话框中，选中“分离翘曲原因”复选框。

Step 5：单击“完成”按钮，关闭该对话框，完成成型工艺条件的设置。

图 15-30 “工艺设置向导-翘曲设置”对话框第 3 页

6. 创建冷却系统

冷却系统设计方案示意图如图 15-31 所示。

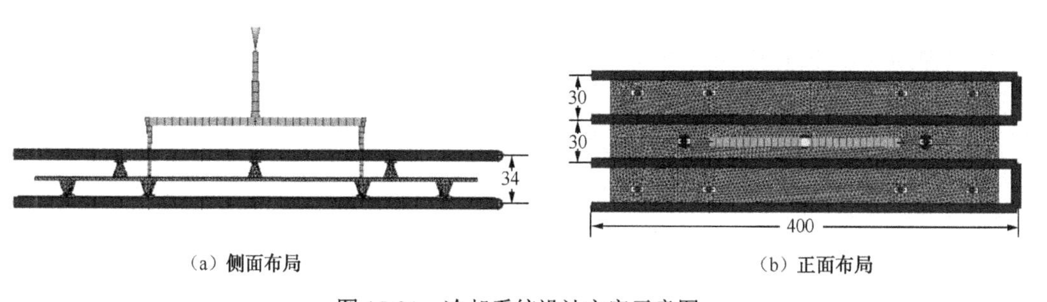

（a）侧面布局 （b）正面布局

图 15-31 冷却系统设计方案示意图

如图 15-31 所示，冷却系统分为上、下两层，共 4 条冷却管道。冷却管道直径为 8mm。

冷却管道的创建采用手动创建的方法，采用柱体单元进行单元划分，冷却管道的具体创建方法可参考前面章节。

7．设置冷却液入口

Step1：双击“冷却液入口/出口”选项，此时光标会变成十字状，并且弹出“设置冷却液入口”对话框，如图 15-32 所示。

Step2：在图 15-25 中选择冷却液入口处节点，完成冷却液入口的设置，其结果如图 15-33 所示。

Step3：关闭“设置冷却液入口”对话框。

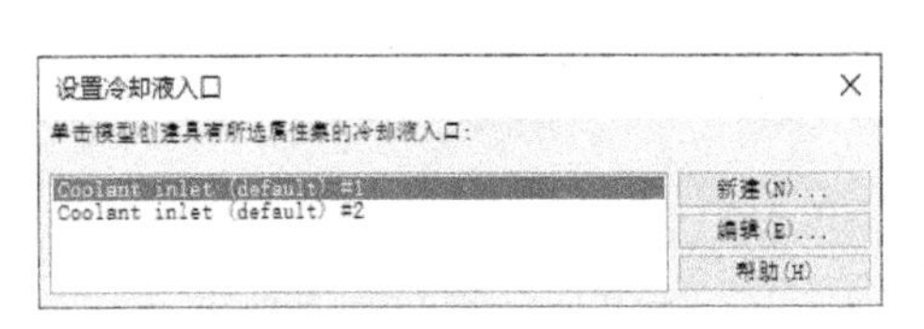

图 15-32　“设置冷却液入口”对话框

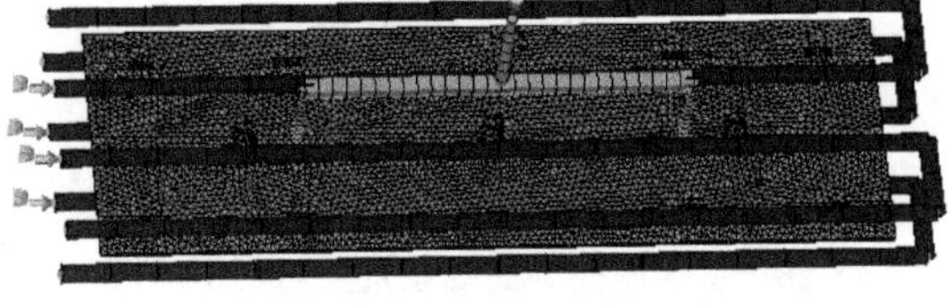

图 15-33　冷却系统创建结果

8．进行分析

在完成了冷却系统的创建之后，即可进行分析计算，双击任务视窗中的“分析”按钮，求解器开始进行分析计算。

选择“分析”→“作业管理器”菜单命令，弹出如图 15-34 所示的“作业查看器”界面，可以看到任务队列及计算进程。

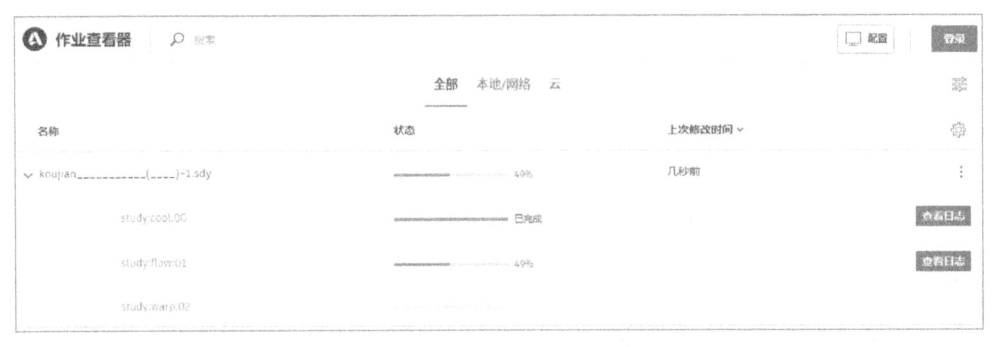

图 15-34　“作业查看器”界面

9．翘曲分析结果

为了清晰地查看分析结果，可以取消选中的图层管理视窗中的“冷却管道”复选框，将冷却系统关闭。

将图像的显示比例放大，可以更加直观地查看翘曲变形的情况，具体操作步骤如下。

Step1：选择“结果”→“图形属性”菜单命令，系统会弹出如图 15-35 所示的“图形属性”对话框。

Step2：选择“变形”选项卡，将“比例因子”选区中的“值”设置为 10。

Step3：单击“确定”按钮，完成放大图像的设置。

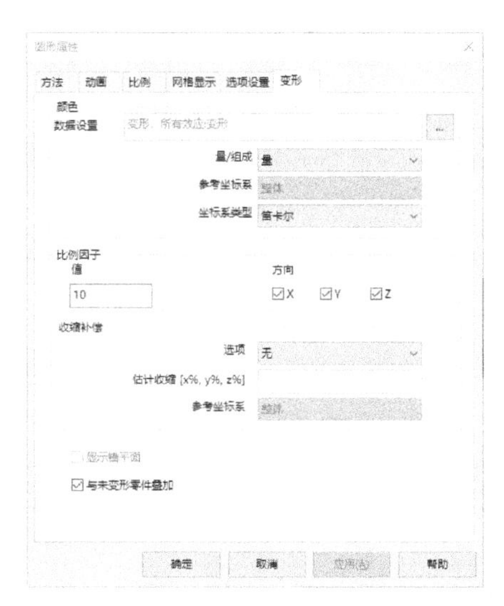

图 15-35　“图形属性”对话框

下面对翘曲分析结果图进行解读。

1）所有效应引起的变形

图 15-36 所示为扣件模型在各种因素影响下的变形量。

从图 15-36 中可以看出，所有效应影响下的塑件的总变形量为 0.6559mm，*X*、*Y*、*Z* 三个方向上的变形量分别为 0.6140mm、0.2509mm、0.1282mm。

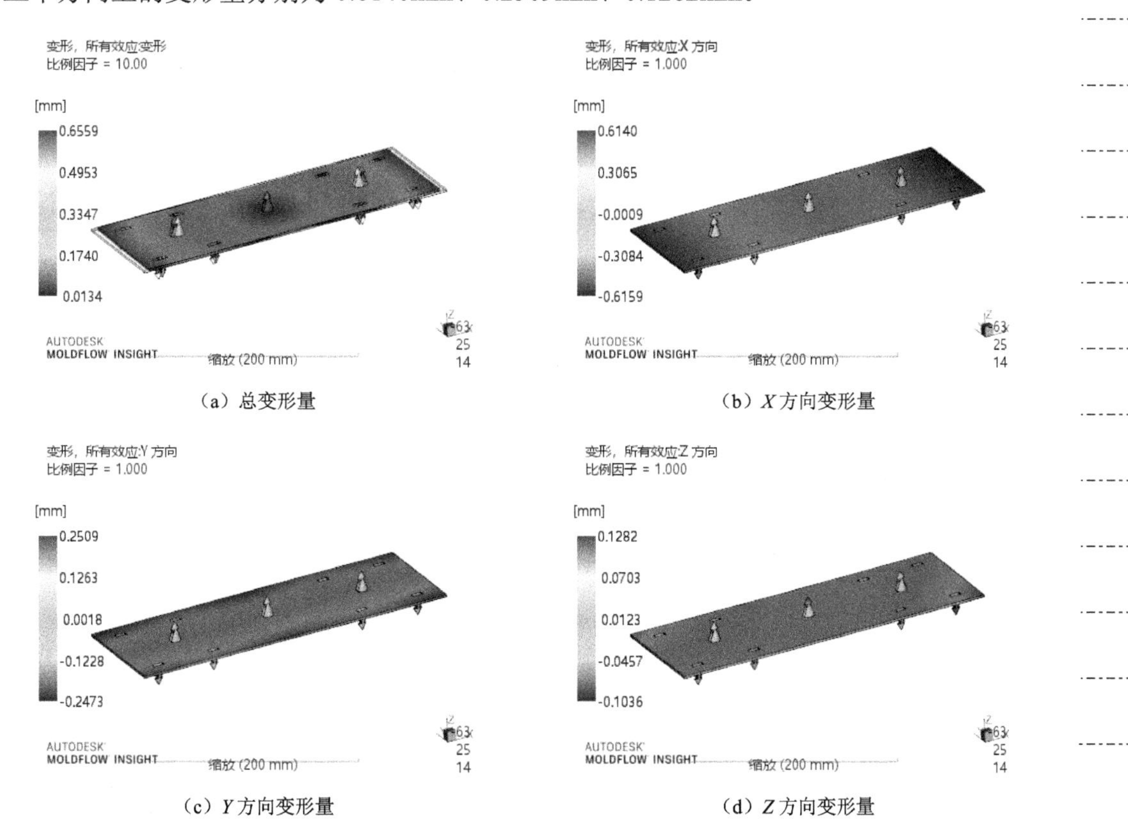

（a）总变形量　（b）*X* 方向变形量

（c）*Y* 方向变形量　（d）*Z* 方向变形量

图 15-36　扣件模型在各种因素影响下的变形量

2）冷却不均引起的变形

图 15-37 所示为扣件模型由冷却不均引起的变形量。

从图 15-37 中可以看出，冷却因素影响下的塑件的总变形量为 0.0254mm，其中 *X*、*Y*、*Z* 三个方向上的变形量分别为 0.0068mm、0.0079mm、0.0254mm。这表明冷却不均对塑件的变形有一定的影响，但不是引起塑件变形的主要原因。

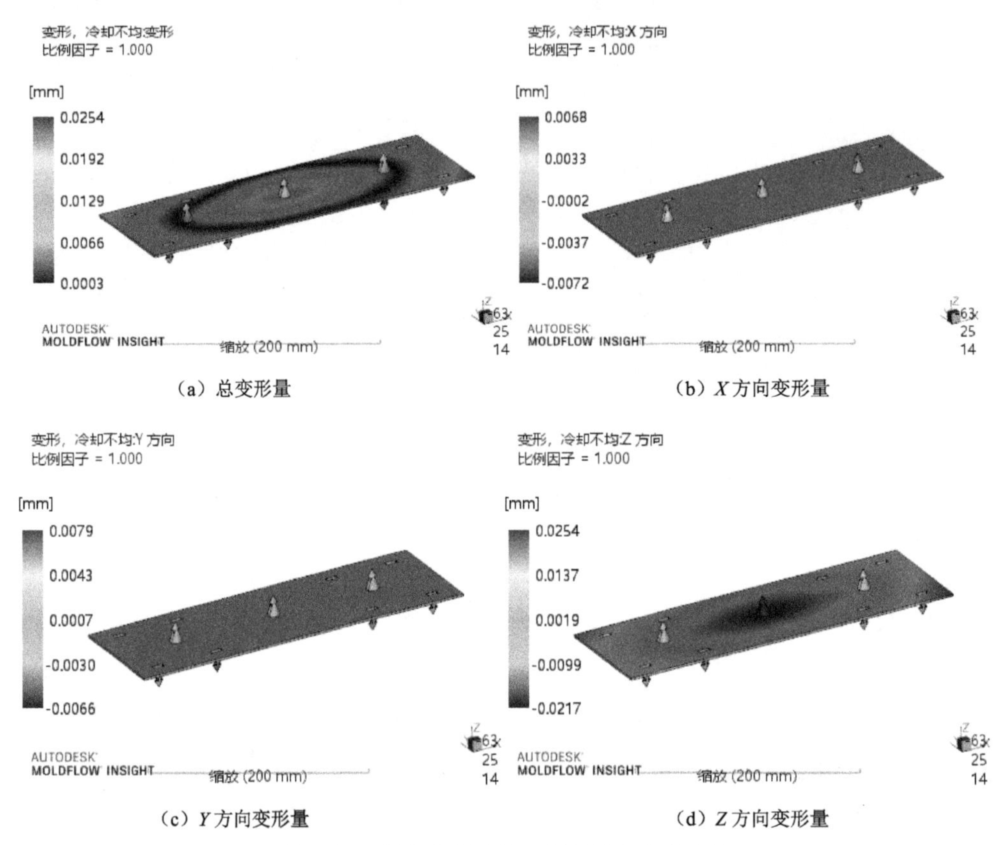

（a）总变形量　（b）*X* 方向变形量

（c）*Y* 方向变形量　（d）*Z* 方向变形量

图 15-37　扣件模型由冷却不均引起的变形量

3）收缩不均引起的变形

图 15-38 所示为扣件模型由收缩不均引起的变形量。

从图 15-38 中可以看出，收缩因素影响下的塑件的总变形量为 0.6539mm，其中 *X*、*Y*、*Z* 三个方向上的变形量分别为 0.6140mm、0.2505mm、0.1064mm。这表明塑件的变形主要是由收缩不均引起的。

4）分子取向效应引起的变形

图 15-39 所示为扣件模型在分子取向效应影响下的变形量。

从图 15-39 中可以看出，分子取向效应影响下的塑件的总变形量为 0，其中 *X*、*Y*、*Z* 三个方向上的变形量均为 0。这表明分子取向效应对塑件变形不产生影响。

从上述的分析结果中可知，塑件翘曲变形的主要原因是熔体的不均匀收缩。下面先通过改变浇注系统的方法来减少变形。

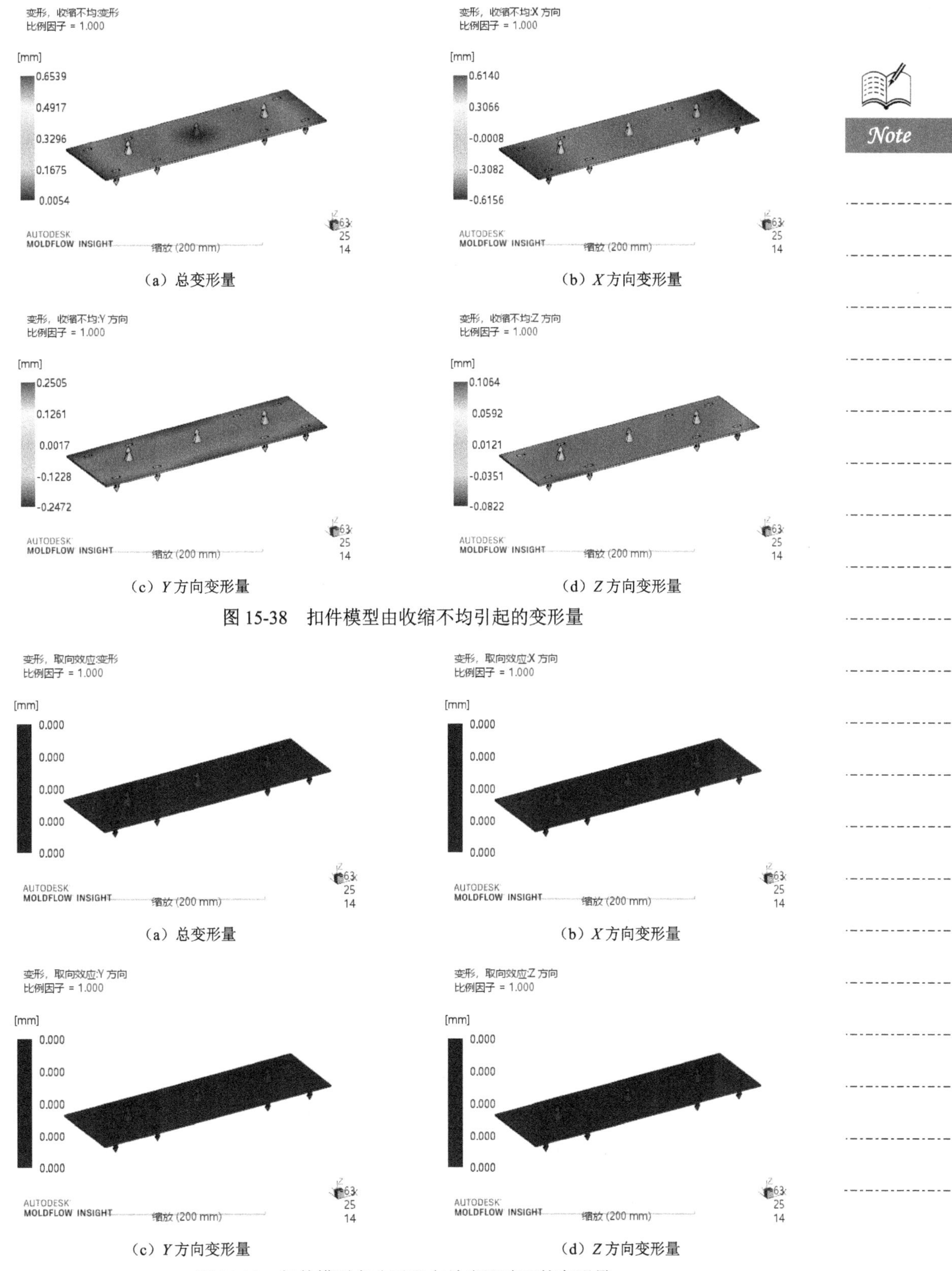

（a）总变形量　　（b）*X* 方向变形量

（c）*Y* 方向变形量　　（d）*Z* 方向变形量

图 15-38　扣件模型由收缩不均引起的变形量

（a）总变形量　　（b）*X* 方向变形量

（c）*Y* 方向变形量　　（d）*Z* 方向变形量

图 15-39　扣件模型在分子取向效应影响下的变形量

15.4.1　翘曲分析优化方案 1

优化方案 1 采用 4 个点浇口的形式，4 个浇口均匀分布在模型的上表面。主流道为圆锥形，上端面直径为 4mm，下端面直径为 7mm。分流道为梯形，上、下端面宽分别为 6mm 和 4mm，高为 4mm。浇口为圆锥形，下端直径为 2mm，锥角为 2°。

1．分析前处理

Step1：右击“koujian_方案原始方案”图标，在弹出的快捷菜单中选择“重复”命令，生成新的工程“koujian_方案原始方案（复制）”，并将新工程名改为“koujian_方案优化方案 1”。

Step2：创建新的浇注系统，浇注系统创建结果如图 15-40 所示。

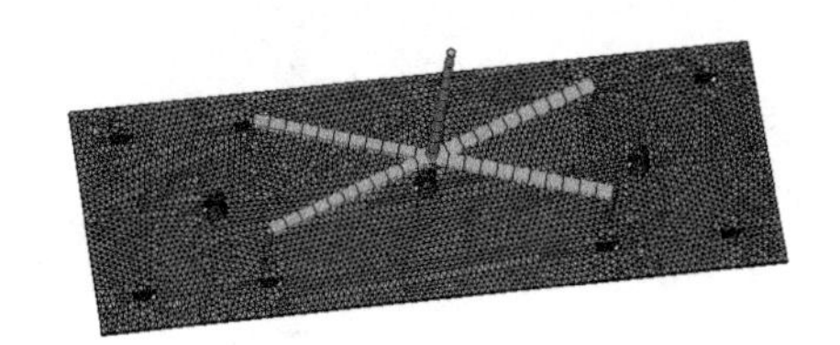

图 15-40　浇注系统创建结果

Step3：设置注射位置。双击任务视窗中的“设置注射位置”按钮，单击主流道入口处节点，完成注射点位置的设定，如图 15-41 所示。

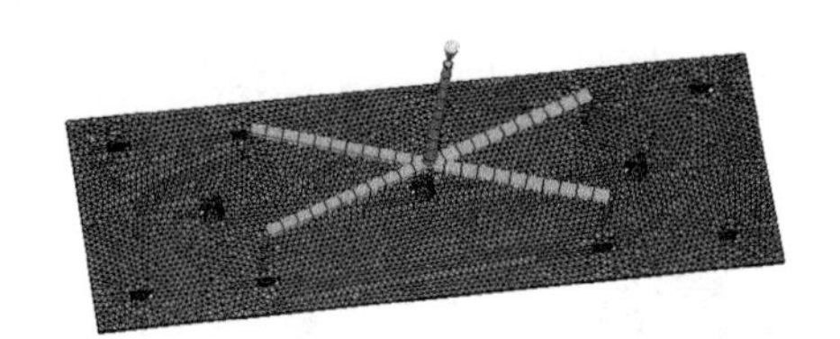

图 15-41　设置注射位置

2．进行分析计算

在完成了浇注系统的创建之后，即可进行分析计算，双击任务视窗中的“分析”按钮，求解器开始分析计算。

3．优化方案1的分析结果

为了清晰地查看分析结果，可以取消选中的图层管理视窗中的“冷却管道”复选框，将冷却系统关闭。

同样，将图像的显示比例放大 10 倍，具体操作步骤前面已做介绍。

下面对翘曲分析结果图进行解读。

1）所有效应引起的变形

图 15-42 所示为扣件模型在各种因素影响下的变形量。

从图 15-42 中可以看出，综合因素影响下的塑件的总变形量为 0.5823mm，X、Y、Z 三个方向上的变形量分别为 0.5451mm、0.2151mm、0.1453mm。相对于原始方案的

0.6559mm 有了较大的降低，说明浇注系统的改变对减少变形有很大的帮助。

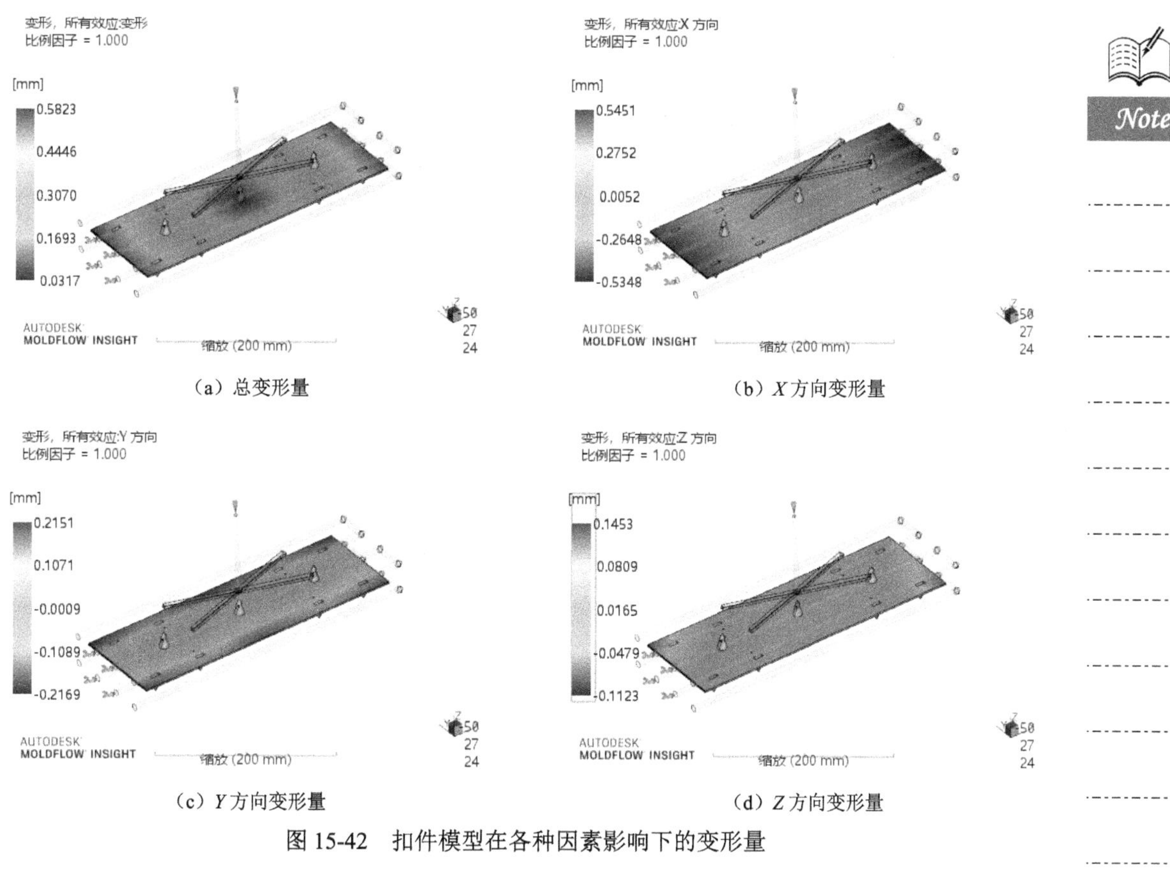

（a）总变形量　　（b）X 方向变形量

（c）Y 方向变形量　　（d）Z 方向变形量

图 15-42　扣件模型在各种因素影响下的变形量

2）冷却不均引起的变形

图 15-43 所示为扣件模型由冷却不均引起的变形量。

从图 15-43 中可以看出，冷却因素影响下的塑件的变形量为 0.0328mm，其中 X、Y、Z 3 个方向上的变形量分别为 0.0070mm、0.0094mm、0.0324mm。相对于原始方案略有增加，但此值较小，对总变形影响很小。

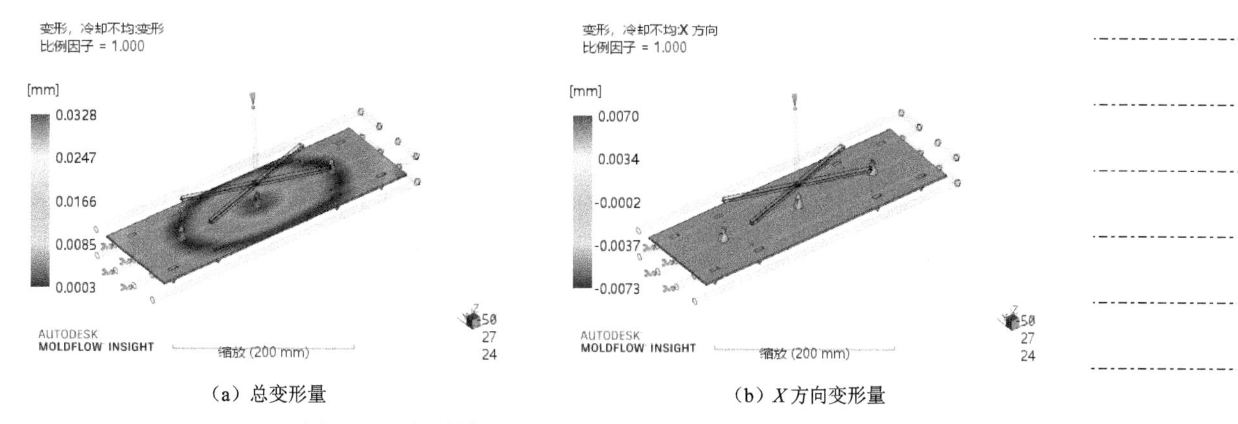

（a）总变形量　　（b）X 方向变形量

图 15-43　扣件模型由冷却不均引起的变形量

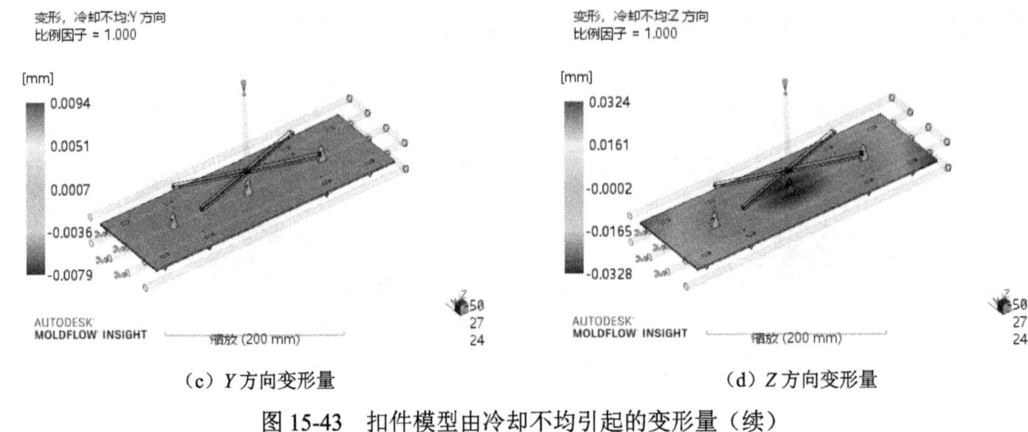

（c）*Y* 方向变形量　　（d）*Z* 方向变形量

图 15-43　扣件模型由冷却不均引起的变形量（续）

3）收缩不均引起的变形

图 15-44 所示为扣件模型由收缩不均引起的变形量。

从图 15-44 中可以看出，收缩因素影响下的塑件的变形量为 0.5759mm，其中 *X*、*Y*、*Z* 3 个方向上的变形量分别为 0.5449mm、0.2151mm、0.1174mm。这表明收缩不均仍是导致塑件变形的主要原因，但相对于原始方案的 0.6539mm 下降较大。

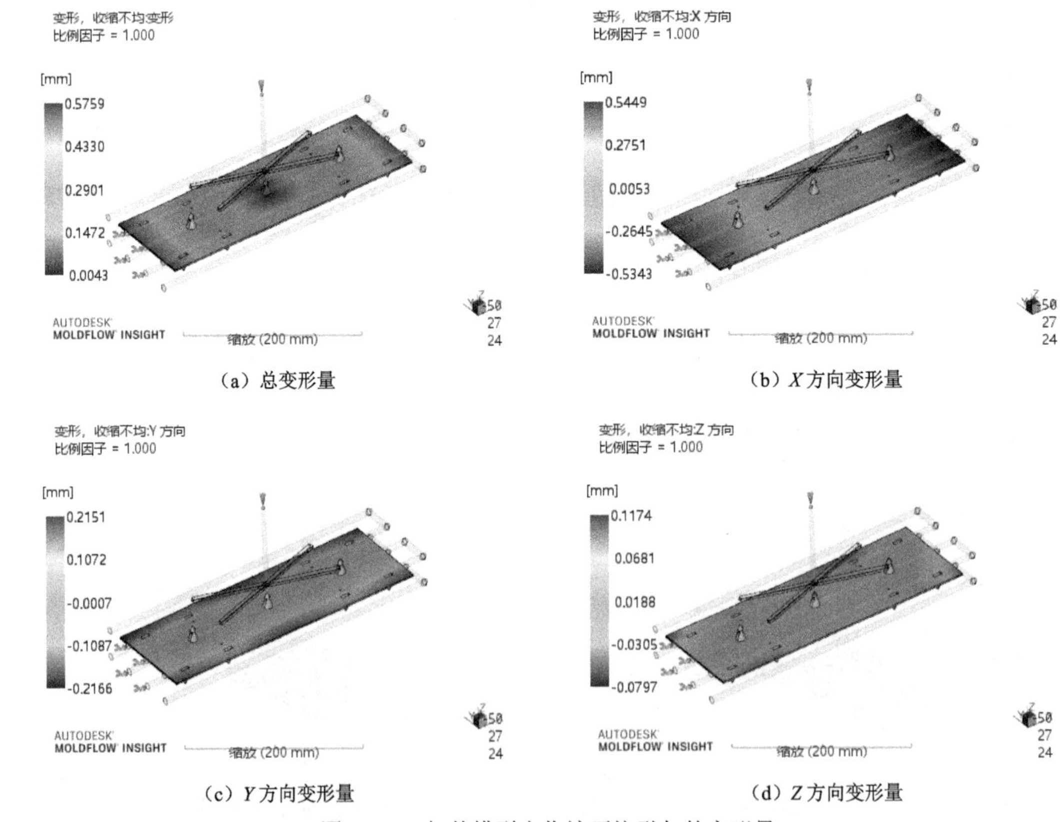

（c）*Y* 方向变形量　　（d）*Z* 方向变形量

图 15-44　扣件模型由收缩不均引起的变形量

从上述的分析结果中可知，塑件产生翘曲的主要原因仍然是熔体的收缩。下面采用调整保压曲线的方法来降低翘曲的变形量。

15.4.2 翘曲分析优化方案 2

1. 分析前处理

Step1：右击“koujian_方案优化方案 1”图标，在弹出的快捷菜单中选择“重复”命令，生成新的工程“koujian_方案优化方案（复制）”，并将新工程改为“koujian_方案优化方案 2”。

Step2：双击“koujian_方案优化方案 2”窗口中的“工艺设置（默认）”按钮，弹出“工艺参数设置”对话框，单击“编辑曲线”按钮，弹出“保压控制曲线设置”对话框，如图 15-45 所示，单击“绘制曲线”按钮，数值切换成坐标曲线形式。%填充压力与持续时间曲线如图 15-46 所示。

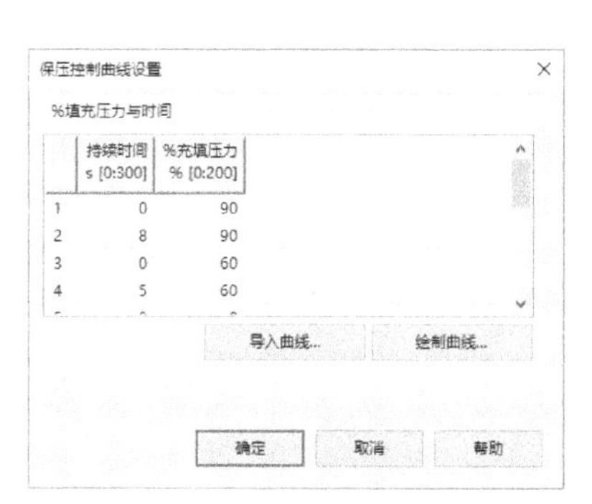

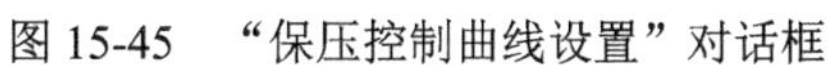
图 15-45 “保压控制曲线设置”对话框

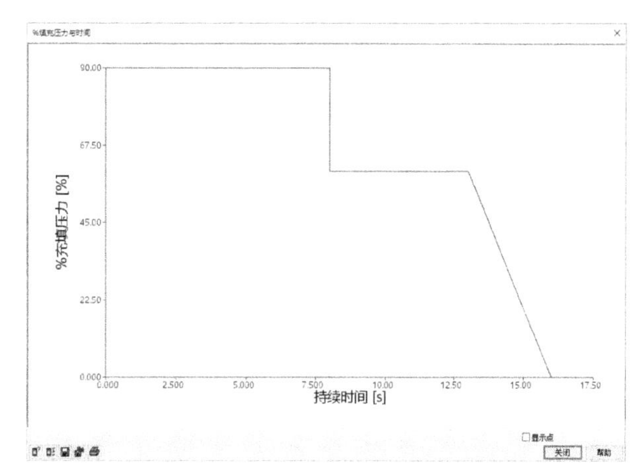

图 15-46 %填充压力与持续时间曲线

2. 进行分析计算

在完成了工艺参数的修改之后，即可进行分析计算，双击任务视窗中的“继续分析”按钮，求解器开始进行分析计算。

3. 优化方案2的分析结果

下面查看工艺参数中保压曲线参数调整后，塑件的翘曲变形情况。

1）所有效应引起的变形

图 15-47 所示为优化方案 2 的扣件模型在各种因素影响下的变形量。

从图 15-47 中可以看出，综合因素影响下的塑件的总变形量由原始方案中的 0.6559mm 下降到 0.5258mm，沿 *X*、*Y*、*Z* 3 个方向的变形量分别下降为 0.5000mm、0.2014mm、0.1100mm。

由此可见，保压曲线的调整对翘曲变形有直接影响，很大程度上提高了塑件的成型质量。

Note

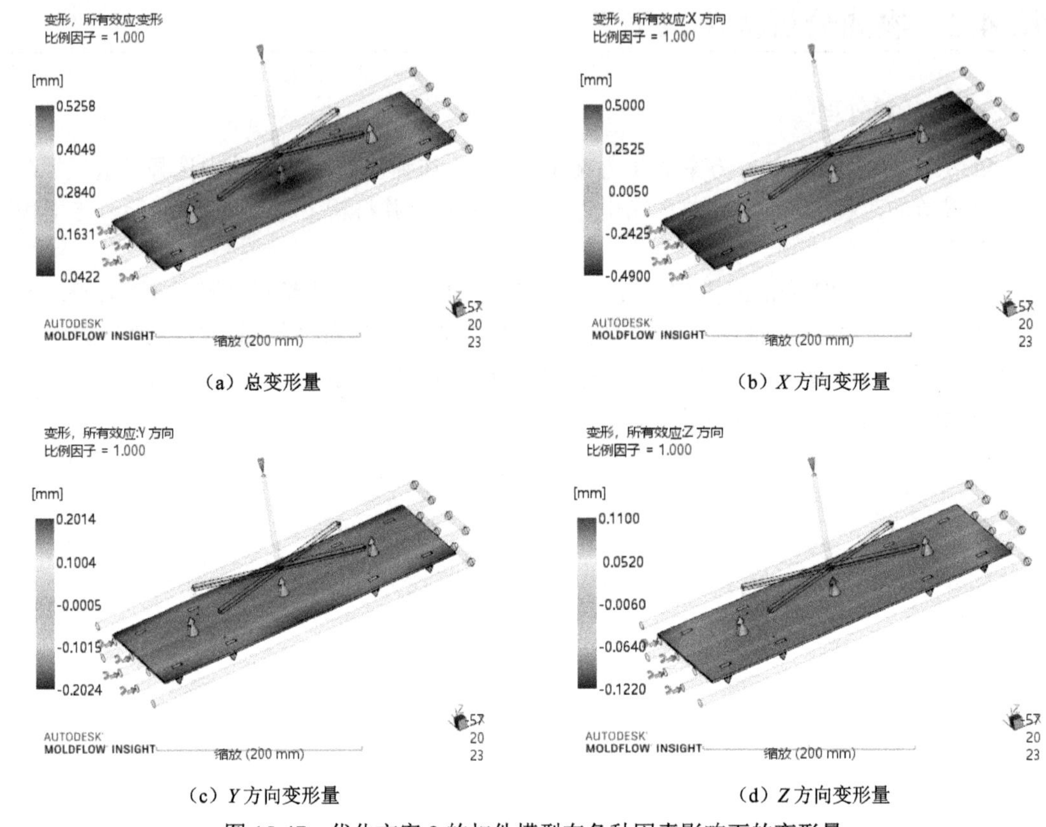

（a）总变形量　（b）*X* 方向变形量

（c）*Y* 方向变形量　（d）*Z* 方向变形量

图 15-47　优化方案 2 的扣件模型在各种因素影响下的变形量

2）收缩不均引起的变形

图 15-48 所示为扣件模型由收缩不均引起的翘曲变形量。

从图 15-48 中可以看出，收缩因素影响下的塑件的翘曲总变形量为 0.5221mm，其中沿 *X*、*Y*、*Z* 3 个方向的变形量分别为 0.4999mm、0.2014mm、0.0939mm。这表明引起塑件翘曲变形的主要原因还是熔体的不均匀收缩，但与优化方案 1 相比，变形量已经有所下降。

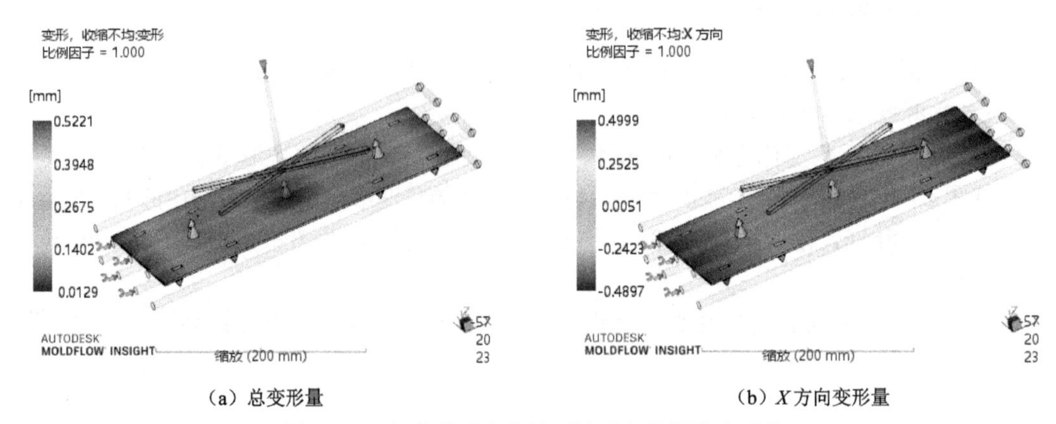

（a）总变形量　（b）*X* 方向变形量

图 15-48　扣件模型由收缩不均引起的翘曲变形量

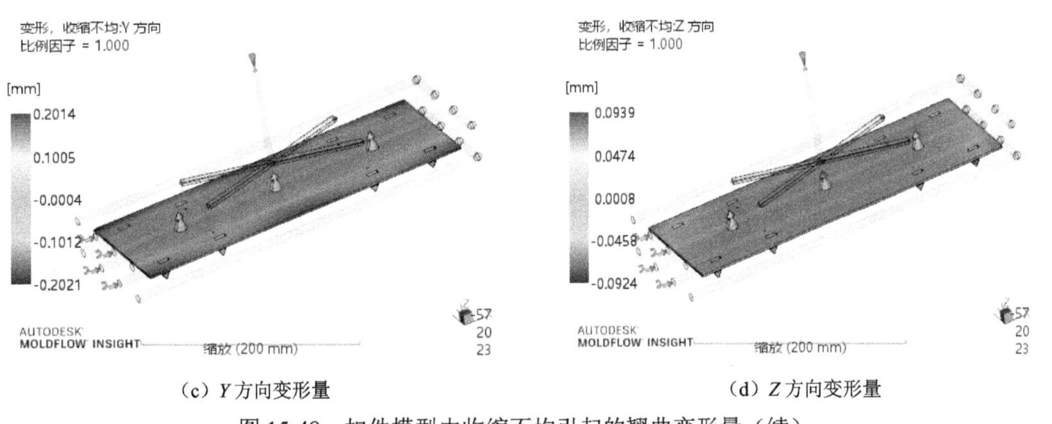

（c）*Y* 方向变形量　　（d）*Z* 方向变形量

图 15-48　扣件模型由收缩不均引起的翘曲变形量（续）

15.5 本章小结

本章主要介绍软件的“翘曲分析”模块，包括翘曲分析的分析目的、工艺参数设置和分析结果的解读等。

通过本章的学习，需要了解塑件产生翘曲变形的原因，掌握翘曲变形分析的工艺设定及对翘曲变形结果进行评估的方法，从而知道从什么方面入手来减小变形量。

随着塑料工业的发展，对塑件的要求也越来越高，通过翘曲分析可以有效地对成型塑件的翘曲变形进行预测，从而确定正确的方案。

第16章

收缩分析

本章主要介绍Moldflow软件中的收缩分析模块，包括塑料收缩性的相关知识、收缩分析的材料选择、分析结果的解读方法和对收缩分析进行优化等。通过收缩分析预测塑件的收缩情况，并确定收缩率，优化模具型腔尺寸，从而提高塑件质量。

学习目标

（1）了解塑料收缩性的相关知识
（2）掌握收缩分析的材料选择
（3）掌握收缩分析流程
（4）掌握收缩分析结果解读方法
（5）掌握收缩分析的优化

16.1 收缩分析简介

“收缩分析”可以模拟熔体在型腔内填充流动的过程及保压冷却阶段的成型收缩情况，从而计算塑件在注射成型过程中的收缩变形量，包括体积收缩率和变形量的大小。

通过使用“收缩分析”功能，可以在较宽的成型条件下及紧凑的尺寸公差范围内，使型腔的尺寸更准确地同塑件的尺寸相匹配，使型腔修补加工及模具投入生产的时间大大缩短，并且大大改善了塑件组装时的相互配合程度，进一步减少废品率，提高塑件质量。通过流动分析结果确定合理的塑料收缩率，保证型腔的尺寸在允许的公差范围内。

16.1.1 塑料收缩性

塑件从模具中取出，在室温冷却 16～24h，塑件各部分尺寸都比在模具中的尺寸有所缩小，这种性能称为收缩性。因为这种收缩是在成型过程中受到各种因素的影响而造成的，所以又称为成型收缩。

1. 成型收缩的形式

（1）塑件的线性尺寸收缩。热胀冷缩、塑件脱模时的弹性恢复、塑件变形等导致塑件脱模冷却到室温时，其尺寸缩小。因此，在进行模具设计时必须考虑相应的尺寸补偿。

（2）收缩的方向性。塑料在成型时，由于分子的取向作用，使塑件呈各向异性，沿着流动的方向收缩大、与之相垂直的方向收缩小。另外，成型时由于塑料各部位密度和填料分布不均匀，收缩也会不均匀。由于收缩的方向性，塑件容易产生翘曲、变形和裂纹。因此，当收缩的方向明显时，就应该考虑根据塑件形状和料流方向选择收缩率。

（3）后收缩。塑件成型后，由于成型压力、切应力、各向异性、密度和填料分布不均、模温和硬化不一致及塑件变形的影响，塑件内存在残余应力。塑件脱模后残余应力将导致塑件再次收缩，这种收缩称为后收缩。这种后收缩主要发生在塑件脱模后 10h 内，24h 后基本稳定，但是最终稳定一般需要 30～60d。一般热塑性塑料塑件的后收缩大于热固性塑料塑件的后收缩。

（4）后处理收缩。在某些情况下，塑件按其性能和工艺要求，成型后要进行热处理（如退火），这也会导致塑件尺寸的变化，这种变化称为热处理收缩。所以，对于精度要求较高的模具应该考虑到后收缩和后处理收缩，并予以相应的尺寸补偿。

2. 收缩率计算

塑件成型收缩率的值可以用以下两种方法计算，即

$$S_s = \frac{L_c - L_s}{L_s} \times 100\% ,\quad S_j = \frac{L_m - L_s}{L_s} \times 100\%$$

式中，S_s 为实际收缩率（%）；S_j 为计算收缩率（%）；L_c 为塑件在成型温度时的单向

尺寸（mm）；L_s 为塑件在常温下的单向尺寸（mm）；L_m 为模具型腔在常温下的单向尺寸（mm）。

因为实际收缩率 S_s 与计算收缩率 S_j 的数值相差很小，并且塑件在成型温度时的单向尺寸 L_c 值难以测定，所以在模具设计中通常以计算收缩率 S_j 为设计参数，计算凹模及型芯等的尺寸。

3．影响收缩率变化的因素

在实际生产过程中，不仅不同品种的塑料的收缩率不同，而且同品种及同塑件的不同部位的收缩率也会不同。具体影响因素如下。

（1）塑料品种。各种塑料都有各自的收缩率范围，即使是同一种塑料也会因为填料及填料添加的比例不同而表现出不同的收缩率。例如，聚苯乙烯（PS）具有相对低的收缩率，而聚乙烯（PE）、聚丙烯（PP）可能具有较大的、多变的收缩率。

（2）塑件特征。塑件的形状、壁厚、有无嵌件对收缩率的影响也很大。一般来说，塑件的形状越复杂、尺寸越小、壁厚越薄且有嵌件或有较多型孔时，收缩率小。

（3）模具结构。模具的分型面、加压方向，浇注系统的形式、布局和尺寸对收缩率都有影响。

（4）成型工艺参数。挤出成型和注射成型一般收缩率较大，方向性明显。压缩成型时，塑料的装料形式、预热情况、成型温度、成型压力、保压时间等对收缩率的大小及收缩的方向性都有影响。

影响塑料塑件收缩的因素是多种多样的，所以要针对具体情况具体分析。一般的选择原则如下。

（1）对于收缩率范围较小的塑料品种，可按收缩率的范围取中间值，此值称为平均收缩率。

（2）对于收缩率范围较大的塑料品种，应根据塑件的形状，特别是根据塑件的壁厚来确定收缩率，对于壁厚者取上限（大值），对于壁薄者取下限（小值）。

（3）塑件各部分尺寸的收缩率不尽相同，应根据实际情况进行选择。例如，某塑件的材料为聚丙烯，壁厚为3mm，其高度方向的收缩率大于水平方向的收缩率，百分比为120%～140%，假设水平方向收缩率为 1%～2%，则高度方向平均收缩率为水平方向平均收缩率的1.5%乘平均比值的130%，内径取大值的2%，外径取小值的1%，以留有试模后修正的余地。

当设计人员对高精度塑料塑件或者对某种塑料的收缩率缺乏精确的数据时，通常采用这种留有修模余量的设计方法。

（4）对于收缩量很大的塑料，可利用现有的或者材料供应部门提供的计算收缩率的图表来确定收缩率。在这种图表中一般考虑了影响收缩率的主要因素，因此可提供较为可靠的收缩率数据。也可以收集一些包括该塑料实际收缩率及相应的成型工艺条件等在内的数据，然后用比较法进行估算。

16.1.2 AMI 收缩分析

1. 收缩分析功能

收缩分析在充分考虑塑料性能、塑件尺寸及成型工艺参数的情况下，能够给出合适的成型收缩率，它的功能如下。

（1）计算合理的收缩率。

（2）分析给定的收缩率对塑件是否合适。

（3）如果用户对某个尺寸规定了公差范围，“收缩分析”能够计算给定的收缩率是否满足公差的要求。

2. “收缩分析”所支持的网格类型

“收缩分析”能对中性面模型和双层面模型网格进行分析。

网格质量与填充+保压、冷却等的要求相同。

3. “收缩分析”所支持的分析流程

“收缩分析”提供了 3 种分析类型：“填充+保压+收缩”“填充+冷却+保压+收缩”和“填充+冷却+填充+保压+收缩”，其中“填充+冷却+填充+保压+收缩”在进行冷却分析时假设熔体的前沿温度不变，而“填充+冷却+保压+收缩”在进行流动分析时假设模壁温度不变。用户可根据自己的实际情况进行选择。

“收缩分析”流程：导入塑件实体模型→对实体模型划分网格→检查网格→修补网格→创建浇注系统及冷却系统（如果选择了冷却分析）→设定分析流程→选择材料→确定浇口位置→确定工艺参数→进行分析→查看分析结果→创建分析报告。

4. “收缩分析”的特征

（1）使用“AMI/填充+保压”的分析结果来确保“收缩分析”的结果是对一个完整的注射成型过程的模拟。

（2）计算每个单元的收缩。

（3）确定整个模型可容许的总的收缩量。

（4）计算平行于和垂直于流动方向上的收缩。

（5）使用 Moldflow 软件材料数据库中的材料收缩数据。

（6）预测模型的收缩变化，以便模具设计人员能给出预留值，消除收缩的影响。

（7）可根据塑件尺寸所要求的收缩特性来选择不同的材料。

（8）考虑成型条件、浇口位置和所选的材料，以确保塑件尺寸合格。

（9）预测 X、Y、Z 轴方向上的收缩。

5. 收缩分析材料的选择

这里主要讲解的是材料的选择，其他的分析准备工作与 AMI/填充+保压、AMI/冷却等分析相同。

Note

进行收缩分析时，需要选择已进行了收缩实验的材料。选择的方法如下。

（1）打开“材料选择”对话框。

（2）在对话框中单击“搜索”按钮，单击“添加”按钮。

（3）在出现的选择框中，选中“收缩成型摘要（平行收缩）”选项。

（4）确定收缩率的范围。

（5）在搜索到的材料中，选择需要的材料。

如果需要对某个尺寸定义公差大小，其命令为“分析”菜单下的“设置关键尺寸”选项。首先选择代表尺寸的两个节点，然后定义上、下偏差即可。

收缩分析的分析结果包括屏幕输出结果和图形输出结果两种方式。

屏幕输出结果包括“推荐的收缩允许报告”和“组成收缩报告”。

如果定义了尺寸公差，还包括“尺寸摘要报告”和“完全尺寸摘要报告”。

图形输出结果包括“收缩检查图”“总的错误”和“预测的错误”。

6．收缩分析的意义

（1）缩短塑件上市周期。

（2）减少修模时间。

（3）保证塑件质量。

（4）得到尺寸稳定合格的塑件。

（5）降低成本。

（6）降低废品率。

16.2 收缩分析材料的选择

本节主要介绍材料的选择，其他的分析准备工作与AMI/填充+保压、AMI/冷却等分析相同。

进行收缩分析时，选择进行收缩分析的材料必须是进行了收缩实验的材料，即材料属性必须包含收缩属性。“收缩属性”选项卡如图16-1所示。

Step1：双击任务视窗中的“选择材料”选项，弹出“选择材料”对话框，如图16-2所示。

Step2：单击“详细信息”按钮，弹出选中材料的“热塑性材料”对话框，单击“收缩属性”选项卡，弹出如图16-3所示的“收缩属性”选项卡。从图16-3中可以看到，并没有收缩属性数据，说明此材料并未做过收缩实验。没有收缩属性数据的材料，不能进行收缩分析。

Step3：单击“确定”按钮，返回上一级对话框。

Step4：单击“搜索”按钮，弹出如图16-4所示的“搜索条件”对话框，其中搜索区域包含很多类型，但没有收缩属性类型。

图 16-1 “收缩属性”选项卡①

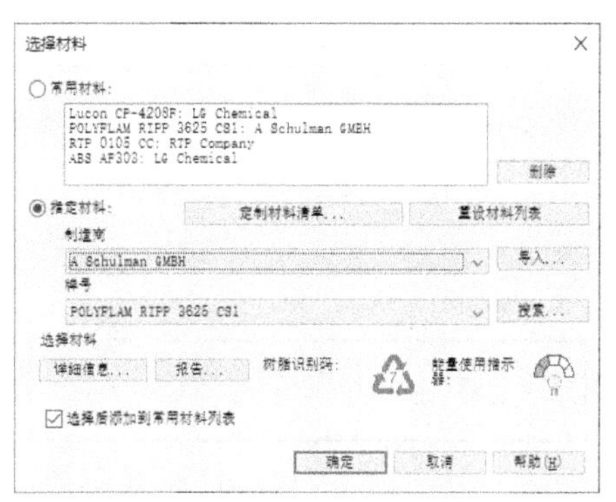

图 16-2 “选择材料”对话框

图 16-3 “收缩属性”选项卡②

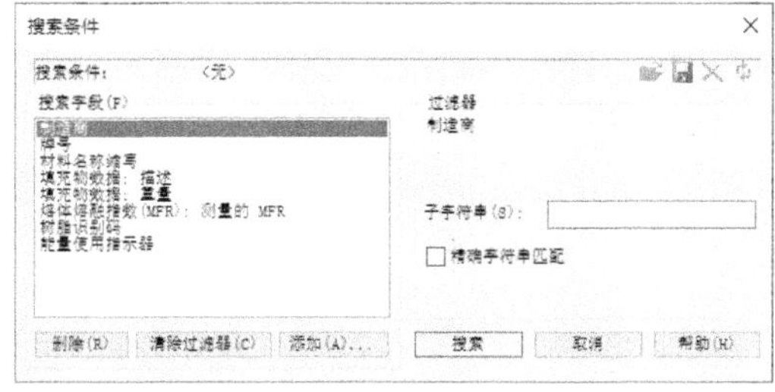

图 16-4 “搜索条件”对话框

Step5：为了快速搜索到包含收缩属性数据的材料，单击“添加”按钮，弹出如图 16-5（a）所示的“增加搜索范围”对话框，此对话框可以选择要搜索材料的某方面属性。例如，在对话框中寻找包括收缩属性的选项，如图 16-5（b）所示，其中包括“收缩成型摘要：垂直收缩”“收缩成型摘要：平行收缩”“收缩成型摘要：模具温度”“收缩成型摘要：流动速率”“收缩成型摘要：熔体温度”等。根据需要，选中其中一项。

Step6：单击“添加”按钮，弹出如图 16-6 所示的“搜索条件”对话框。

注意到其中的“修改”字样，表示搜索区域已经被修改，在对话框右边“过滤器”选区中输入想要搜索的材料的最小和最大收缩率，如图 16-6 所示。

Step7：单击“搜索”按钮，弹出如图 16-7 所示的“选择 热塑性材料”对话框，出现在列表中的材料是满足所设置收缩率范围的材料。

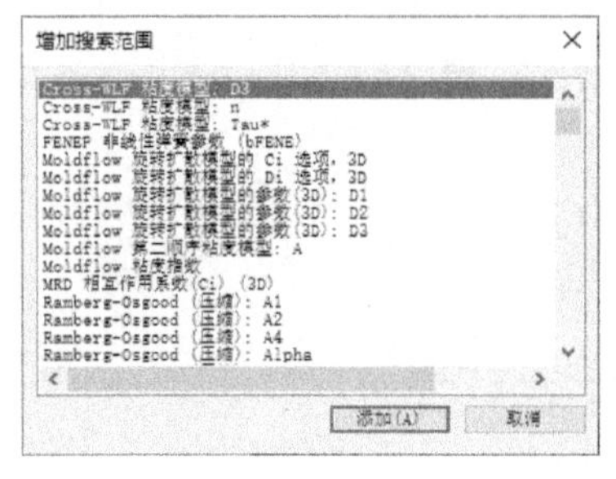

（a）添加搜索文件

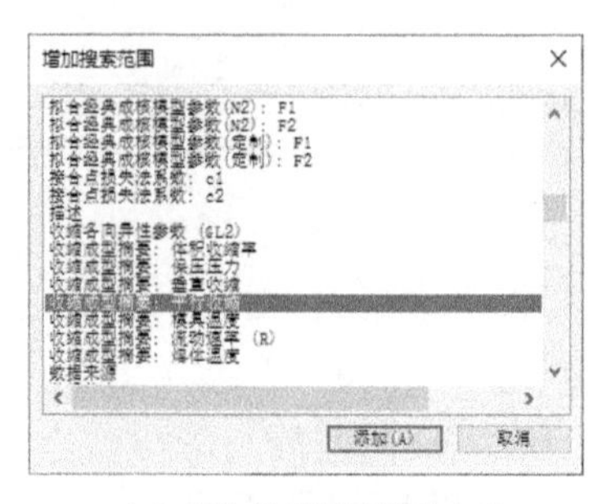

（b）添加收缩属性搜索文件

图 16-5　“增加搜索范围”对话框

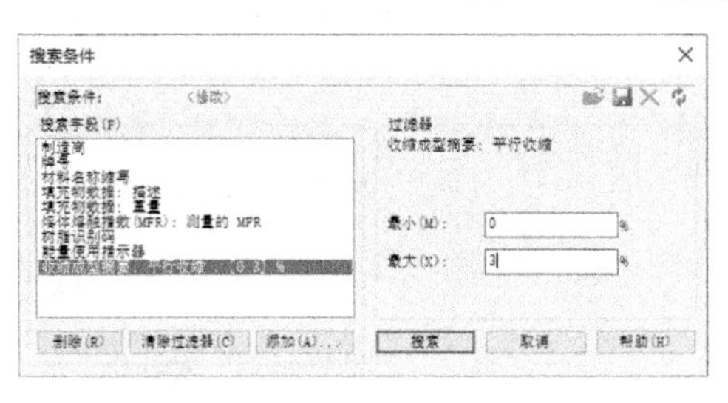

图 16-6　“搜索条件”对话框

图 16-7　“选择 热塑性材料”对话框

任意选中一项，查看其属性，如第一项，单击“细节”按钮，弹出“热塑性材料”对话框，单击“收缩属性”选项卡，弹出如图 16-8 所示的“收缩属性”选项卡，其中包含大量的材料收缩属性数据，说明此材料做过收缩实验，可以进行收缩分析。

图 16-8　“收缩属性”选项卡③

材料属性中包含了大量的材料数据，对于收缩属性，其中包括收缩模型、测试平均收缩率、测试收缩率范围和收缩成型摘要，可以根据分析需要选择合适的材料。

（1）收缩模型。表明该材料是经过残余应力修正的模型，可以单击“查看模型系数”按钮，进行模型系数的查询，弹出如图 16-9 所示的“CRIMS 模型系数”对话框，可以了解经过残余应力修正后的模型的各项系数。

单击“查看观测的收缩测试信息”按钮，弹出如图 16-10 所示的“测试信息”对话框，可以了解实验的相关数据。

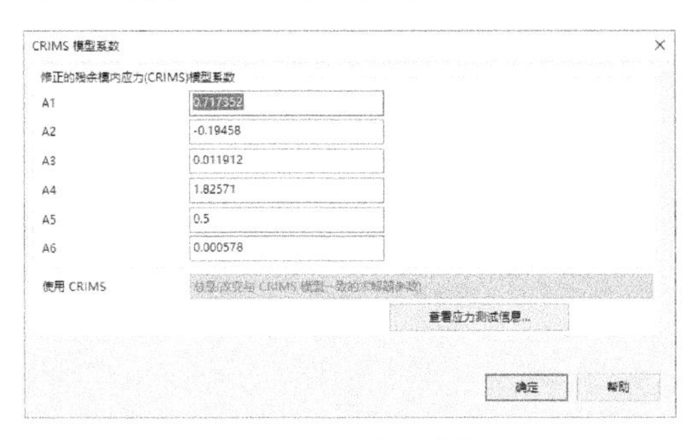

图 16-9 “CRIMS 模型系数”对话框

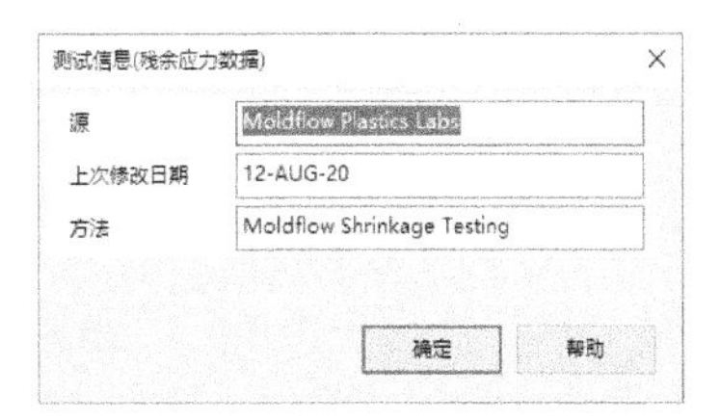

图 16-10 “测试信息”对话框

（2）测试平均收缩率。它是指实验测试出来的材料收缩率，包含垂直方向和平行方向的收缩率。

（3）测试收缩率范围。它是指此材料的最小和最大收缩率，也包含垂直方向和平行方向的收缩率。

（4）收缩成型摘要，如图 16-11 所示。其中包含材料的很多信息，如图 16-11（a）所示，可以单击某一选项，则数据可以按照所选类型从小到大进行排列，如图 16-11（b）所示。

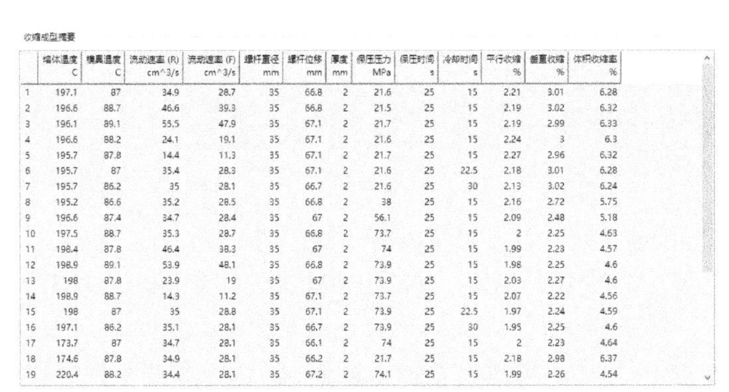

收缩成型摘要

	熔体温度 C	模具温度 C	流动速率 (R) cm^3/s	流动速率 (F) cm^3/s	螺杆直径 mm	螺杆位移 mm	厚度 mm	保压压力 MPa	保压时间 s	冷却时间 s	平行收缩 %	垂直收缩 %	体积收缩率 %
1	197.1	87	34.9	28.7	35	66.8	2	21.6	25	15	2.21	3.01	6.28
2	196.6	88.7	46.6	39.3	35	66.8	2	21.5	25	15	2.19	3.02	6.32
3	196.1	89.1	55.5	47.9	35	67.1	2	21.7	25	15	2.19	2.99	6.33
4	196.6	88.2	24.1	19.1	35	67.1	2	21.6	25	15	2.24	3	6.3
5	195.7	87.8	14.4	11.3	35	67.1	2	21.7	25	15	2.27	2.96	6.32
6	195.7	87	35.4	28.3	35	67.1	2	21.6	25	22.5	2.18	3.01	6.28
7	195.7	86.2	35	28.1	35	66.7	2	21.6	25	30	2.13	3.02	6.24
8	195.2	86.6	35.2	28.5	35	66.8	2	38	25	15	2.16	2.72	5.75
9	196.6	87.4	34.7	28.4	35	67	2	56.1	25	15	2.09	2.48	5.18
10	197.5	88.7	35.3	28.7	35	66.8	2	73.7	25	15	2	2.25	4.63
11	198.4	87.8	46.4	38.3	35	67	2	74	25	15	1.99	2.23	4.57
12	198.9	89.1	53.9	48.1	35	66.8	2	73.9	25	15	1.98	2.25	4.6
13	198	87.8	23.9	19	35	67	2	73.9	25	15	2.03	2.27	4.6
14	198.9	88.7	14.3	11.2	35	67.1	2	73.7	25	15	2.07	2.22	4.56
15	198	87	35	28.8	35	67.1	2	73.9	25	22.5	1.97	2.24	4.59
16	197.1	86.2	35.1	28.1	35	66.7	2	73.9	25	30	1.95	2.25	4.6
17	173.7	87	34.7	28.1	35	66.1	2	74	25	15	2	2.23	4.64
18	174.6	87.8	34.9	28.1	35	66.2	2	21.7	25	15	2.18	2.98	6.37
19	220.4	88.2	34.4	28.1	35	67.2	2	74.1	25	15	1.99	2.26	4.54

（a）收缩成型信息摘要

收缩成型摘要

	熔体温度 C	模具温度 C	流动速率 (R) cm^3/s	流动速率 (F) cm^3/s	螺杆直径 mm	螺杆位移 mm	厚度 mm	保压压力 MPa	保压时间 s	冷却时间 s	平行收缩 %	垂直收缩 %	体积收缩率 %
1	173.7	87	34.7	28.1	35	66.1	2	74	25	15	2	2.23	4.64
2	174.6	87.8	34.9	28.1	35	66.2	2	21.7	25	15	2.18	2.98	6.37
3	195.2	86.6	35.2	28.5	35	66.8	2	38	25	15	2.16	2.72	5.75
4	195.7	87.8	14.4	11.3	35	67.1	2	21.7	25	15	2.27	2.96	6.32
5	195.7	87	35.4	28.3	35	67.1	2	21.6	25	22.5	2.18	3.01	6.28
6	195.7	86.2	35	28.1	35	66.7	2	21.6	25	30	2.13	3.02	6.24
7	195.7	86.6	48.7	50	35	91.2	3	22.3	50	15	2.18	2.99	6.06
8	196.1	89.1	55.5	47.9	35	67.1	2	21.7	25	15	2.19	2.99	6.33
9	196.1	110.3	34.4	28.1	35	66.6	2	74.1	25	15	2.23	2.46	4.99
10	196.1	87.8	47.2	52.5	35	91.7	3	85.4	50	15	1.83	2.07	4.04
11	196.1	86.2	48.4	61.7	35	108.5	5	85.1	65	15	1.99	2.35	8.29
12	196.6	88.7	46.6	39.3	35	66.8	2	21.5	25	15	2.19	3.02	6.32
13	196.6	88.2	24.1	19.1	35	67.1	2	21.6	25	15	2.24	3	6.3
14	196.6	87.4	34.7	28.4	35	67	2	56.1	25	15	2.09	2.48	5.18
15	197.1	87	34.9	28.7	35	66.8	2	21.6	25	15	2.21	3.01	6.28
16	197.1	86.2	35.1	28.1	35	66.7	2	73.9	25	30	1.95	2.25	4.6
17	197.1	87.8	49	60.1	35	109.8	5	22	65	15	2.41	3.12	10.7
18	197.5	88.7	35.3	28.7	35	66.8	2	73.7	25	15	2	2.25	4.63
19	198	87.8	23.9	19	35	67	2	73.9	25	15	2.03	2.27	4.6

（b）选择类型重排列结果

图 16-11 收缩成型摘要

Step8：单击“确定”按钮，完成材料选择。

Note

说 明

如果需要对某个尺寸定义公差大小，可选择“边界条件”菜单下的“收缩”命令，弹出如图 16-12 所示“收缩”对话框，首先选择代表尺寸的两个节点，然后定义上、下偏差即可。

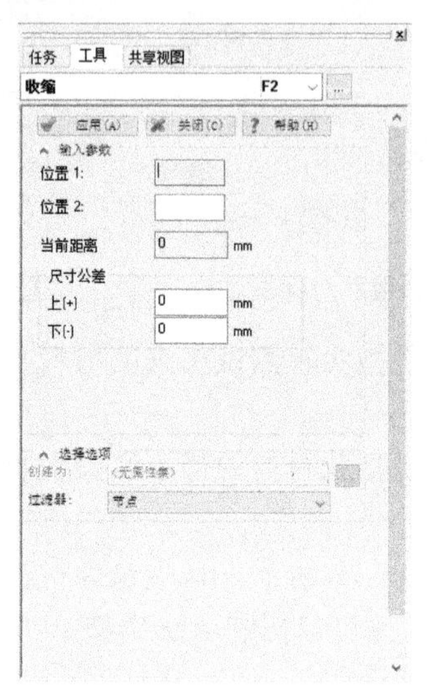

图 16-12 “收缩”对话框

16.3 收缩分析工艺条件设置

在进行收缩分析前，用户需要设置收缩分析工艺条件。

收缩分析提供了三种分析类型：“填充+保压+收缩”“填充+冷却+保压+收缩”和“填充+冷却+填充+保压+收缩”，其中都包含了填充和保压分析，其工艺参数设置与前面章节的填充、流动和冷却分析的工艺条件设置是一样的，在此不再赘述。

对于“填充+保压+收缩”分析，工艺条件设置参照填充流动章节的设置内容；对于“填充+冷却+保压+收缩”和“填充+冷却+填充+保压+收缩”分析，工艺条件设置参照冷却分析章节的设置内容。

16.4 收缩分析应用实例

本节将以一个操作实例，演示流动收缩分析的过程，并对分析结果进行解读。

本例的原始模型如图 16-13 所示，该模型为某种电器的上盖，其上盖是薄壁塑件，进行注射成型时，由于壁薄会产生收缩变形。浇注系统不同，会导致塑件各个部位收缩变形量产生很大的差异，从而影响塑件的质量，所以必须对其进行流动收缩分析，以指导模具设计。

本节主要介绍流动收缩的分析前处理、分析计算、分析结果解读和分析优化。

本例的模型见配套资源“第 16 章 收缩分析”。

16.4.1 分析前处理

操作步骤如下。

1. 导入模型

Step1：启动 Moldflow 软件，选择“文件”→“新建工程”菜单命令，新建工程项目“Shrink”。

Step2：选择“文件”→“导入”菜单命令，或者在工程管理视窗中右击工程“Shrink”图标，选择导入，导入薄壳件模型“bpji.stl”。

将模型设置为双层面类型网格，模型如图 16-13 所示。

2. 划分网格及网格修复

Step1：在任务视窗中双击“创建网格”选项，弹出“生成网格”对话框，采用系统默认的网格属性。

Step2：单击“网格”按钮，生成的网格模型如图 16-14 所示。

图 16-13 上盖原始模型

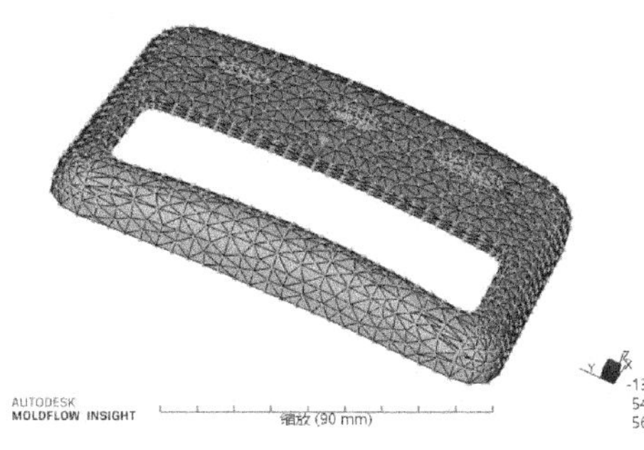

图 16-14 网格模型

Step3：网格划分完毕，选择菜单“网格”中的“网格统计”命令，打开网格状态统计窗口。

Step4：网格缺陷诊断和修复。修复完成后的网格统计信息如图 16-15 所示。

3. 浇口位置分析

Step1：双击任务视窗中的“填充”选项，系统会弹出“选择分析序列”对话框。由于本实例要进行“浇口位置”分析，所以在“选择分析序列”对话框中选择“浇口位置”选项后单击“确定”按钮。分析类型变为“浇口位置”。

Step2：材料和工艺条件使用系统默认值，双击任务视窗中的“分析”选项，求解器开始分析计算。

Step3：浇口位置分析完成后，在任务视窗中选择“浇口匹配性”选项，窗口会出现分析结果绘图，如图 16-16 所示。

查看分析结果日志，可知节点 N1301 为最佳浇口位置。

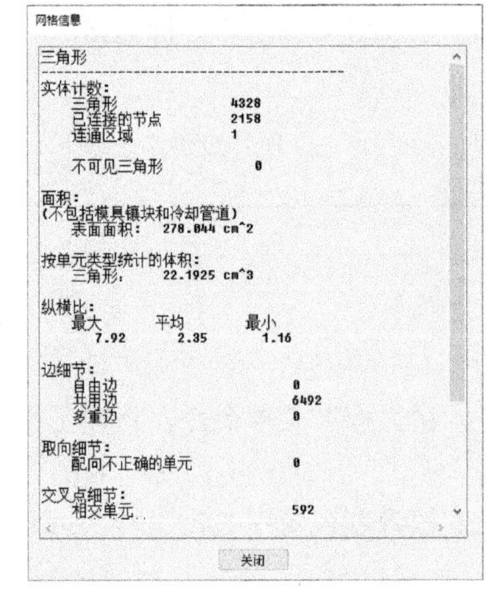

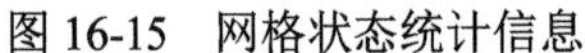
图 16-15　网格状态统计信息

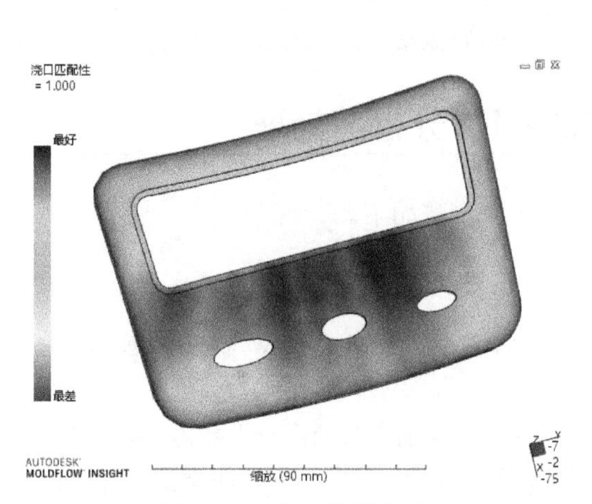

图 16-16　浇口位置分析

Step4：查找浇口位置节点。通过选择“建模”→“查询实体”菜单命令，进行结果的查询，窗口中则会单独显示出节点 N1301 所在的位置。

4. 设定注射点位置

双击任务视窗中的“1 个注射位置”选项，光标在显示视窗中变成 形状。

综合考虑浇口位置分析结果及模具设计技术，在适合做浇口位置的节点处单击一下，即设置了注射点位置，创建结果如图 16-17 所示。

浇口位置分析完成以后，系统会在原方案的基础上自动生成一个设置了注射点位置的方案，可以直接打开该方案进行分析。

浇口位置分析中的浇口位置可以作为浇口位置设置的重要参考信息，但不一定就是模具设计的浇口位置，浇口位置的设置要充分考虑到熔体的流动、注射塑件的外观质量、成型塑件的力学性能和模具设计制造等方面的因素。

5. 选择分析类型

双击任务视窗中的“填充”选项，系统会弹出“选择分析序列”对话框，如图 16-18 所示。由于本实例要进行收缩分析，所以选择“填充+保压+收缩”选项，单击“确定”按钮，分析类型变为“填充+保压+收缩”。

图 16-17　注射点位置设置

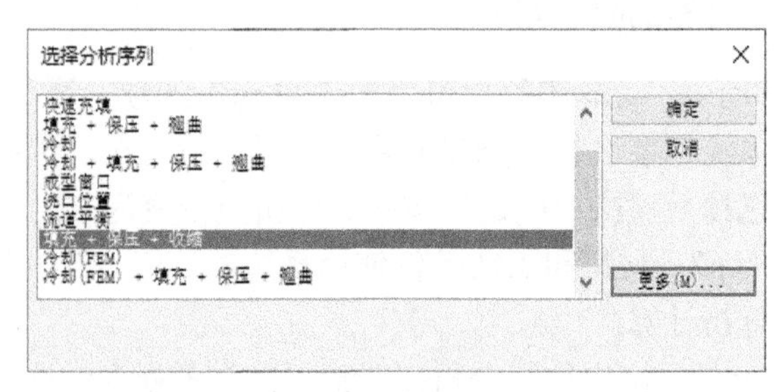

图 16-18　“选择分析序列”对话框

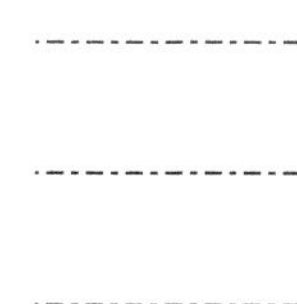

6. 选择材料

Step1：双击任务视窗中的“选择材料”选项，弹出“选择材料”对话框，如图 16-19 所示。

Step2：单击“搜索”按钮，弹出如图 16-20 所示的“搜索条件”对话框，其中搜索区域包含很多类型，但没有收缩属性类型。

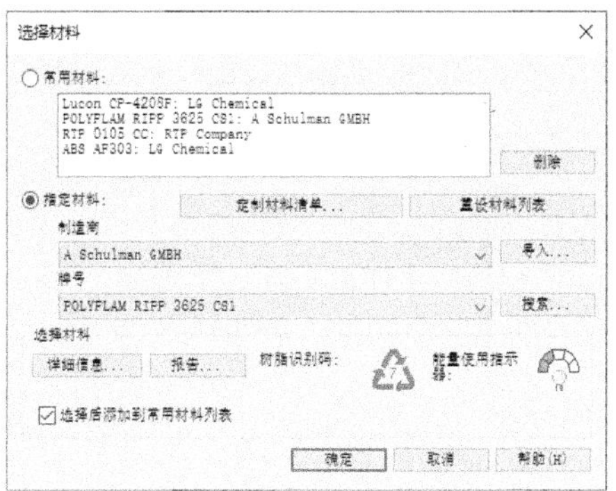

图 16-19　“选择材料”对话框

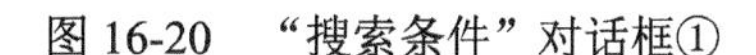

图 16-20　“搜索条件”对话框①

为了快速搜索到包含收缩属性数据的材料，单击“添加”按钮，弹出如图 16-21（a）所示的“增加搜索范围”对话框，在对话框中寻找包括收缩属性的类型，如图 16-21（b）所示，其中包括体积收缩率、保压压力、保压时间、冷却时间、厚度、垂直收缩和平行收缩等，根据需要，选中其中一项。

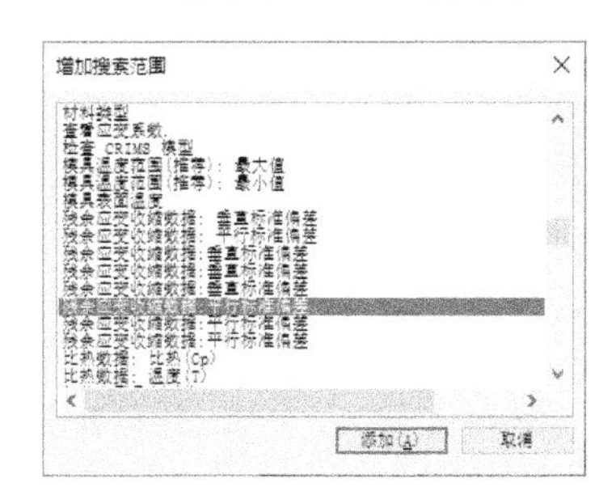

（a）“增加搜索范围”对话框

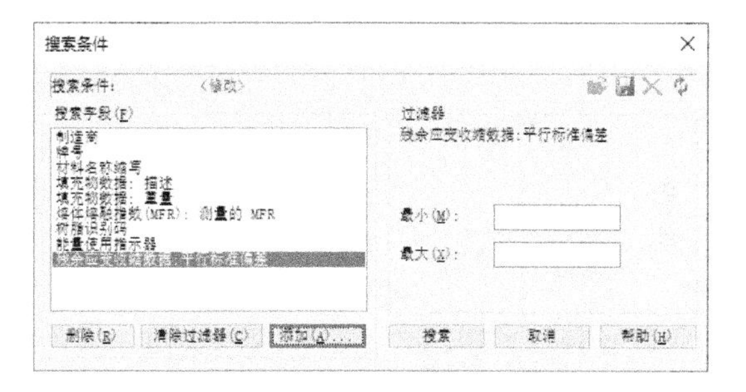

（b）“搜索条件”对话框②

图 16-21　“增加搜索范围”和“搜索条件”对话框

Step3：单击“添加”按钮，弹出如图 16-22 所示的“搜索条件”对话框。

Step4：单击“搜索”按钮，弹出如图 16-23 所示的“选择 热塑性材料”对话框，出现在列表中的材料是满足所设置的收缩率范围的材料。

Step5：选择材料为“Lucon CP-4208F：LG Chemical”，单击“细节”按钮，弹出“热塑性材料”对话框，单击“收缩属性”选项卡，显示如图 16-24 所示的“收缩属性”选项卡。

图 16-24 所示“收缩属性”选项卡中包含大量的材料收缩属性数据，说明此材料做过收缩实验，可以进行收缩分析。

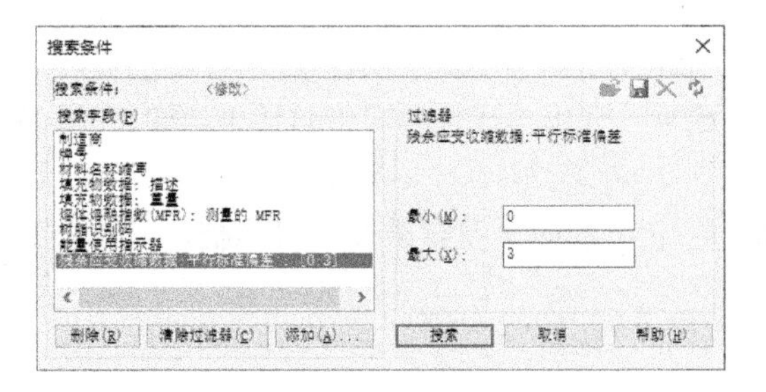

图 16-22 “搜索条件”对话框③

图 16-23 “选择 热塑性材料”对话框②

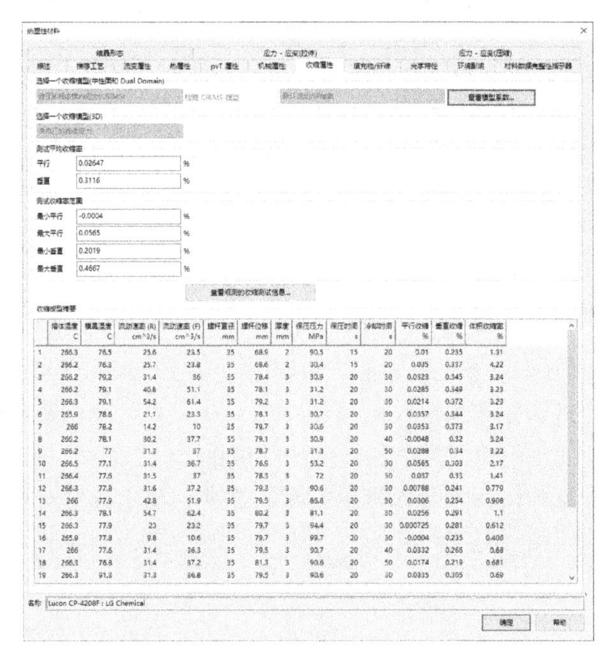

图 16-24 “收缩属性”选项卡

7. 设置工艺参数

双击任务视窗中的“工艺设置”按钮，系统会弹出“工艺设置向导-填充+保压设置”对话框，所有参数均采用默认值。

16.4.2 分析计算

图 16-25 任务视窗

在完成了分析前处理之后，任务视窗如图 16-25 所示。

此时即可进行分析计算，双击任务视窗中的“分析”按钮，求解器开始分析计算，整个求解器的计算过程基本由系统自动完成。

选择“分析”→“作业管理器”菜单命令，弹出如图 16-26 所示的“作业查看器”界面，可以看到任务队列及计算进程。

通过分析计算的分析日志，可以实时地监控分析的整个过程，输出的信息如下。

（1）求解器参数如图 16-27 所示。

（2）材料数据如图 16-28 所示。

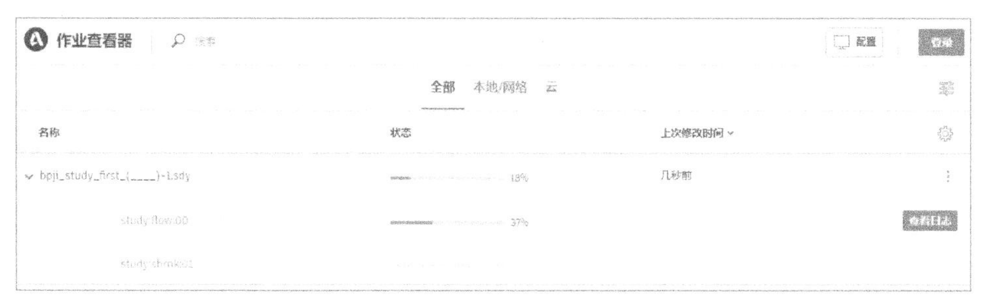

图 16-26 “作业查看器”界面

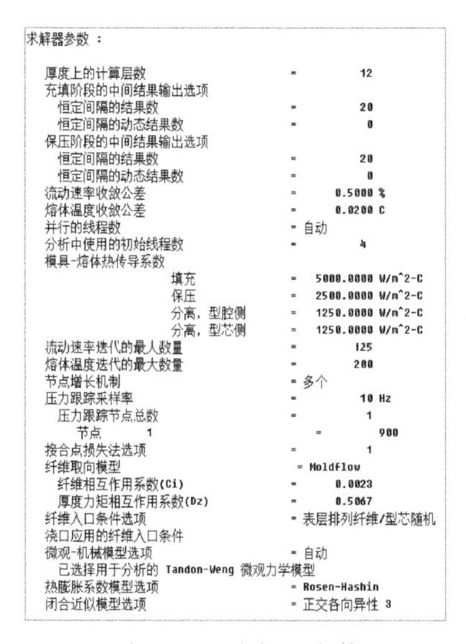

```
求解器参数 :

  厚度上的计算层数                          =          12
  充填阶段的中间结果输出选项
    恒定间隔的结果数                        =          20
    恒定间隔的动态结果数                    =           0
  保压阶段的中间结果输出选项
    恒定间隔的结果数                        =          20
    恒定间隔的动态结果数                    =           0
  流动速率收敛公差                          =      0.5000 %
  熔体温度收敛公差                          =      0.0200 C
  并行的线程数                              = 自动
  分析中使用的初始线程数                    =           4
  模具-熔体热传导系数
                      填充                  =  5000.0000 W/m^2-C
                      保压                  =  2500.0000 W/m^2-C
                      分离，型腔侧          =  1250.0000 W/m^2-C
                      分离，型芯侧          =  1250.0000 W/m^2-C
  流动速率迭代的最人数量                    =         125
  熔体温度迭代的最大数量                    =         200
  节点增长机制                              = 多个
  压力跟踪采样率                            =          10 Hz
    压力跟踪节点总数                        =           1
       节点      1                              =         900
  接合点损失法选项                          =           1
  纤维取向模型                               = Moldflow
    纤维相互作用系数(Ci)                    =      0.0023
    厚度力矩相互作用系数(Dz)                =      0.5067
  纤维入口条件选项                          = 表层排列纤维/型芯随机
  浇口应用的纤维入口条件
  微观-机械模型选项                          = 自动
    已选择用于分析的 Tandon-Weng 微观力学模型
  热膨胀系数模型选项                        = Rosen-Hashin
  闭合近似模型选项                          = 正交各向异性 3
```

图 16-27 求解器参数

```
材料数据 :

  聚合物    : Lucon CP-4208F : LG Chemical
  ---------
  pvT 模型:    两域修正 Tait
                系数: b5 =    428.1500 K
                              b6 =  2.6600E-07 K/Pa
                              液体阶段            固体阶段
                              -------------------------------
                              b1m =      0.0008  b1s =      0.0008 m^3/kg
                              b2m =  6.9790E-07  b2s =  1.5740E-07 m^3/kg-K
                              b3m =  1.6590E+08  b3s =  2.7550E+08 Pa
                              b4m =      0.0056  b4s =      0.0019 1/K
                                                 b7  =      0.0000 m^3/kg
                                                 b8  =      0.0000 1/K
                                                 b9  =      0.0000 1/Pa

  比热(Cp)                              =  1685.0000 J/kg-C

  热传导率                              =     0.2500 W/m-C

  粘度模型:                Cross-WLF
                              系数: n    =      0.5884
                                    TAUS =  7170.0000 Pa
                                    D1   = 1.6700E+10 Pa-s
                                    D2   =   417.1500 K
                                    D3   =     0.0000 K/Pa
                                    A1   =    24.0350
                                    A2T  =    51.6000 K

  转换温度                              =    98.0000 C

  接合点损失法方程:
   DPe = c1 * TAUW^c2
    其中  c1 =      72.0800 Pa^(1-c2)
          c2 =       0.8468

  机械属性数据:                    E1  =  4658.0301 MPa
```

图 16-28 材料数据

（3）工艺设置如图 16-29 所示。

（4）模型细节如图 16-30 所示。

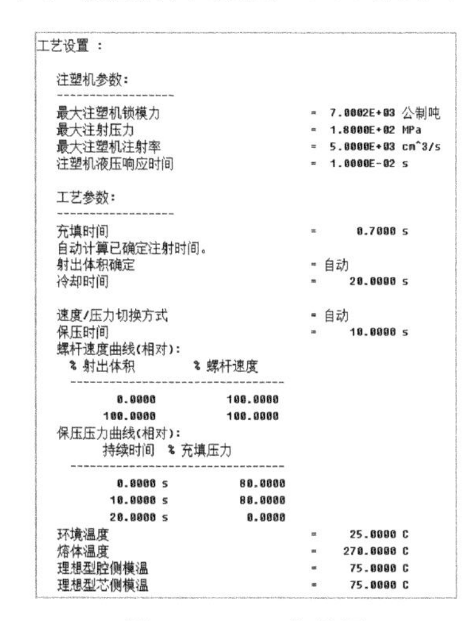

```
工艺设置 :

  注塑机参数:
  ------------------
  最大注塑机锁模力                      =  7.0002E+03 公制吨
  最大注射压力                          =  1.8000E+02 MPa
  最大注塑机注射率                      =  5.0000E+03 cm^3/s
  注塑机液压响应时间                    =  1.0000E-02 s

  工艺参数:
  ------------------
  充填时间                              =      0.7000 s
  自动计算已确定注射时间。
  射出体积确定                          = 自动
  冷却时间                              =     20.0000 s

  速度/压力切换方式                     = 自动
  保压时间                              =     10.0000 s
  螺杆速度曲线(相对):
   % 射出体积         % 螺杆速度
   ---------------------------------
        0.0000           100.0000
      100.0000           100.0000
  保压压力曲线(相对):
         持续时间   % 充填压力
   ---------------------------------
        0.0000 s          80.0000
       10.0000 s          80.0000
       20.0000 s           0.0000
  环境温度                              =     25.0000 C
  熔体温度                              =    270.0000 C
  理想型腔侧模温                        =     75.0000 C
  理想型芯侧模温                        =     75.0000 C
```

图 16-29 工艺设置

```
模型细节 :

  网格类型                              = Dual Domain

  网格匹配百分比                        =  87.5 %

  相互网格匹配百分比                    =  84.1 %
  节点总数                              =        2158
  注射位置节点总数                      =           1
     注射位置节点标签是:
                                                              900
  单元总数                              =        4328
    零件单元数                          =        4328
    主流道/流道/浇口单元数              =           0
    管道单元数                          =           0
    连接器单元数                        =           0
  分型面法线                       (dx) =      0.0000
                                   (dy) =      0.0000
                                   (dz) =      1.0000
  三角形单元的平均纵横比                =      2.3482
  三角形单元的最大纵横比                =      7.9248
  具有最大纵横比的单元数                =        5054
  三角形单元的最小纵横比                =      1.1607
  具有最小纵横比的单元数                =        2061
  总体积                                =     22.1925 cm^3
    最初充填的体积                      =      0.0000 cm^3
    要充填的体积                        =     22.1925 cm^3
      要充填的零件体积                  =     22.1925 cm^3
      要充填的主流道/流道/浇口体积      =      0.0000 cm^3
  总投影面积                            =     85.3271 cm^2
```

图 16-30 模型细节

16.4.3 流动收缩分析结果解读

流动收缩分析完成后，分析结果会以文字、图形、动画等方式显示出来，同时在任务视窗中也会分类显示，如图 16-31 所示。

1. 对分析日志中的分析结果进行解读

在分析日志中经常会出现网格模型或者参数设置的警告信息和错误信息，用户可以根据这些信息，对塑件模型的相关参数设置进行相应的修改和完善，从而使分析结果更为可靠，更接近实际生产情况。

从图 16-32 所示的收缩分析结果中可以看到有一个警告信息，警告该模型分析没有设置收缩分析的关键尺寸，收缩求解器将继续计算，但不生成计算报告。

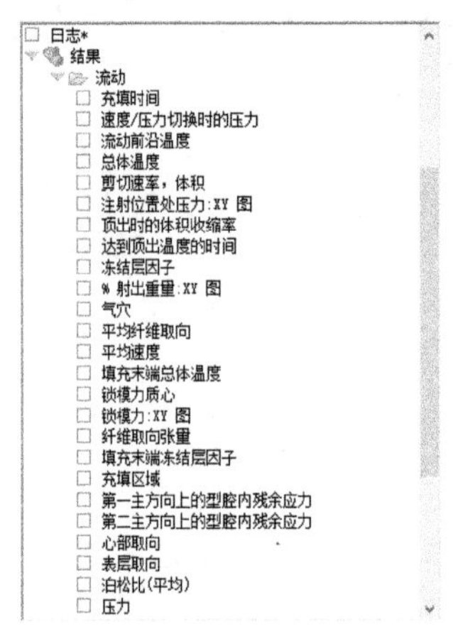

图 16-31 分析结果

** 警告 1705002 ** 关键尺寸未定义。收缩求解器将继续，但不会生成任何尺寸报告。

图 16-32 收缩分析结果

推荐的收缩允许报告（整个模型）：分析成功后，分析模块推荐的收缩率为 0.16±0.04%。

组成收缩报告：分析完成之后，分析模块给出了坐标轴 X、Y、Z 方向最合适的收缩率，即 X、Y、Z 方向推荐的收缩率。

2. 对流动收缩分析结果进行解读

由于流动分析在前面章节已经详述过，在此不再赘述，只解读与塑件质量和收缩性质有关的分析结果。

1）充填时间和流动前沿温度

图 16-33 所示为模型的充填时间结果。从分析结果绘图及结果查询工具查询的结果可以看到，此塑料塑件的屏幕开口两边的塑件质量相差很大，其充填时间相差约为 1s，充填时间相差太大会引起塑件各部分冷却不一致，影响塑件质量。

图 16-34 所示为模型的流动前沿温度结果。对于流动前沿的温度，与选择的材料相关。

2）体积收缩率

图 16-35 所示为模型顶出时的体积收缩率结果。由分析结果体积收缩绘图及结果查询工具查询的结果可以看到，此塑料塑件的屏幕开口两侧在注射时体积收缩率相差太大，接近 5%。

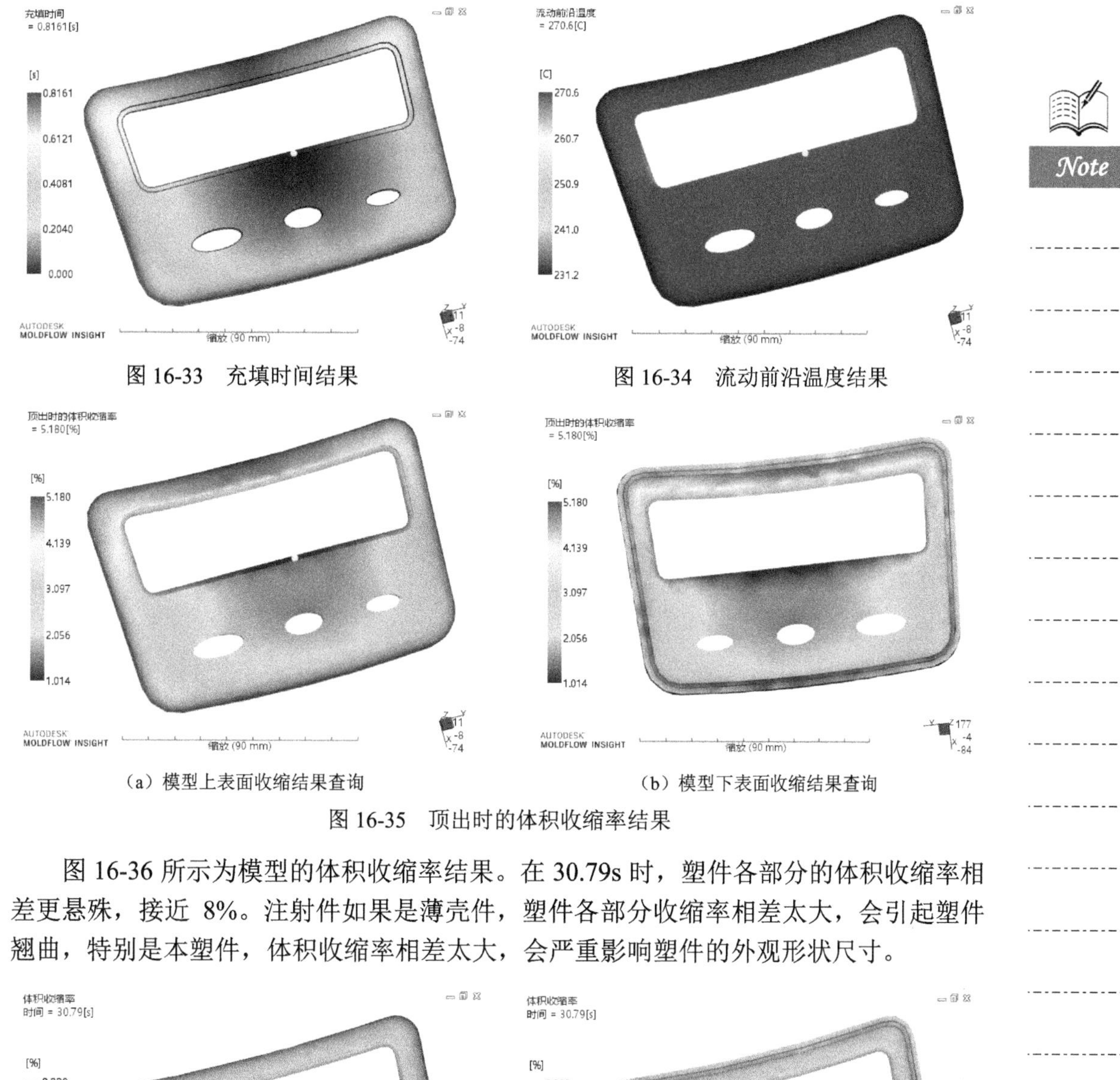

图 16-33　充填时间结果

图 16-34　流动前沿温度结果

（a）模型上表面收缩结果查询

（b）模型下表面收缩结果查询

图 16-35　顶出时的体积收缩率结果

图 16-36 所示为模型的体积收缩率结果。在 30.79s 时，塑件各部分的体积收缩率相差更悬殊，接近 8%。注射件如果是薄壳件，塑件各部分收缩率相差太大，会引起塑件翘曲，特别是本塑件，体积收缩率相差太大，会严重影响塑件的外观形状尺寸。

（a）模型上表面体积收缩率

（b）模型下表面体积收缩率

图 16-36　体积收缩率结果

3）塑件表面缺陷

图 16-37 所示为塑件的表面缺陷结果。熔接痕和气穴缺陷都集中在塑件中间，屏幕

开口处的上方狭窄的塑件区域，由于结构设计的需要，塑件中间屏幕开口上、下方的塑件体积不一致，这样的结构会导致狭窄部分强度降低，如果再加上由浇口原因导致的熔接痕和气穴缺陷，将会严重影响此部分的强度，必须通过优化来消除此薄弱部分的塑件缺陷。

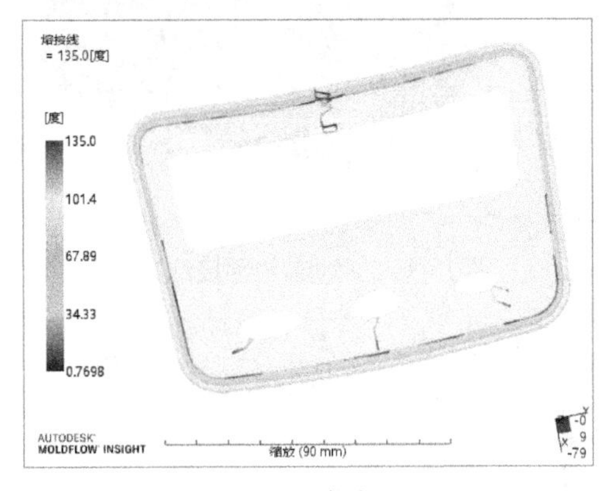

（a）熔接痕　　（b）气穴

图 16-37　塑件的表面缺陷结果

4）收缩查询

收缩检查图表示应用屏幕结果推荐的收缩率是否合适。绿色表示合适，红色表示不合适，黄色表示如果采用推荐的收缩率，需要认真对待。

图 16-38 所示为模型的收缩检查结果。

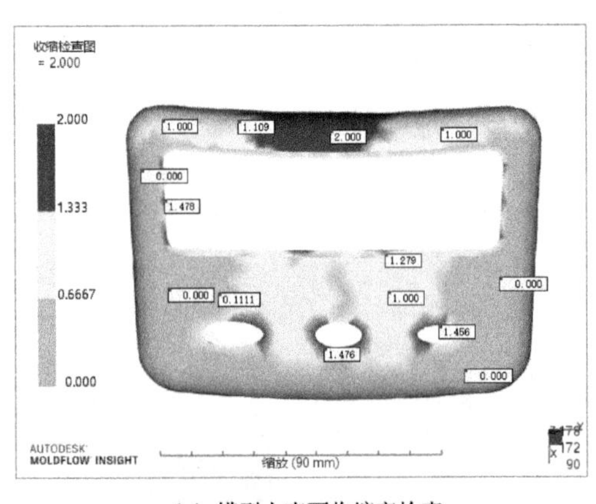

（a）模型上表面收缩率检查　　（b）模型下表面收缩率检查

图 16-38　收缩检查结果

由分析结果收缩检查图及结果查询工具查询的结果可以看到，其中 0.0000～0.6667 是合适的；0.6667～1.333 需要认真对待；而对于 1.333～2.000 是不合适的。

由上述结果可知，此塑料塑件的屏幕开口两侧的收缩率相差比较大，会严重影响塑件的质量。

3．结论

由以上分析结果可知，该塑件注射成型之后的质量是很不乐观的，为了提高塑件质量，需要对其进行优化。通过分析可知，其中基本的原因是注射浇口设置不合适，并且塑件中间的屏幕开口会加剧塑件的收缩翘曲，可以选择收缩性更小的材料，适当修改浇注系统和优化工艺条件，以提高塑件成型质量。

16.4.4 流动收缩分析优化

从以上分析结果的解读可知，上述设置的浇口位置不合适注射塑件，其结果会导致塑件产生严重的收缩翘曲，因此需要对浇口重新进行设置。

由于此塑件中间部分存在屏幕开口，由注射成型专业知识可知，必须设置多个浇口才能避免塑件各部分收缩不均匀而导致的塑件翘曲变形。

1. 重新创建浇注系统

浇注系统的创建结果如图 16-39 所示。图 16-40～图 16-42 分别为主流道、分流道、冷浇口的设置属性。

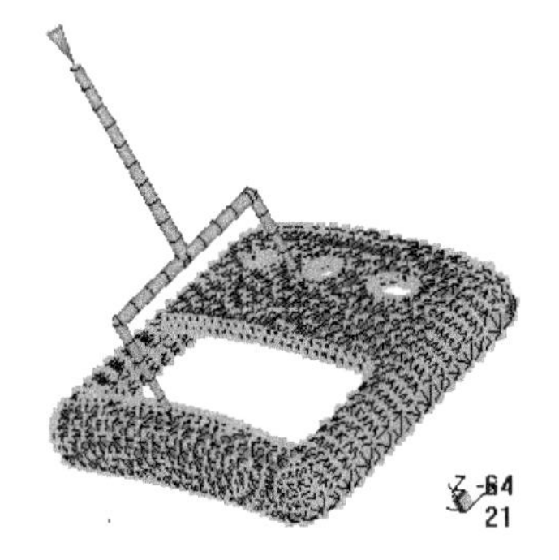

图 16-39 浇注系统的创建结果

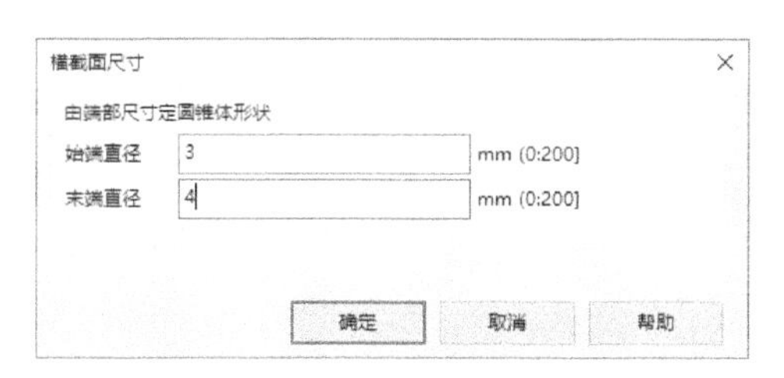

图 16-40 主流道属性

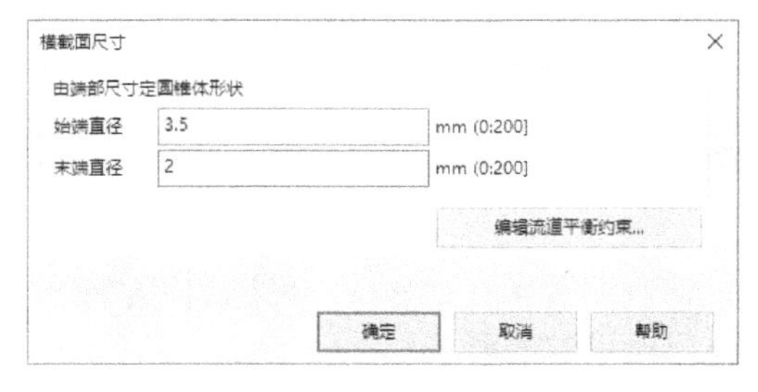

图 16-41 分流道属性

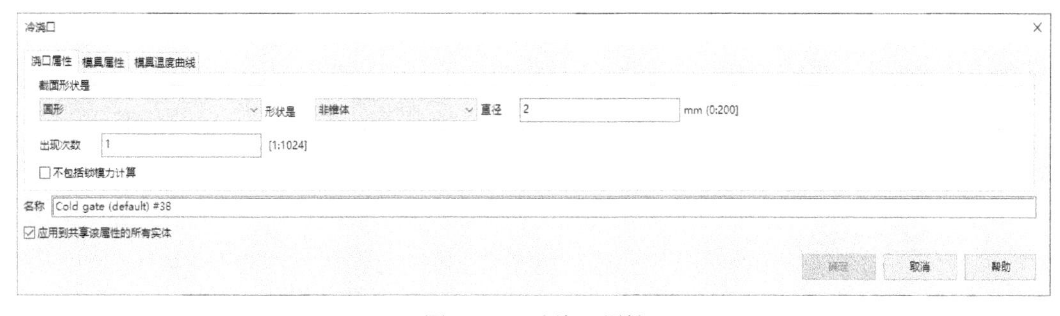

图 16-42 冷浇口属性

2．选择收缩率较小的材料

同样品种的塑料收缩情况会因玻璃纤维含量的不同而变化。当玻璃纤维含量增加时，收缩率减小，一般热塑性树脂加入20%～40%的玻璃纤维，其收缩率可降低1/4～1/2。

为了使注射成型塑件的收缩翘曲最小，应尽量选择收缩率低，并且含有玻璃纤维的材料。

通过AMI软件的材料搜索功能，选定的材料为“Ixef 1622/0003：Solvay Specialty Polymers”，其收缩属性如图16-43所示，玻璃纤维属性如图16-44所示，玻璃纤维含量为50%。

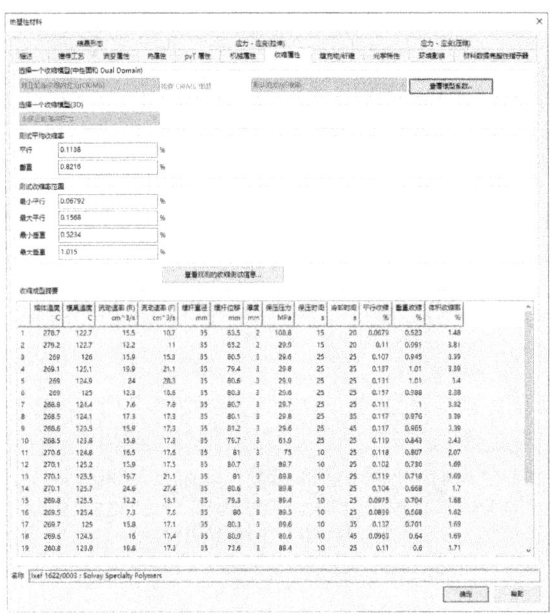

图16-43　材料收缩属性

图16-44　玻璃纤维属性

3．设置关键尺寸

如果需要对某个尺寸的收缩数据进行分析，可以通过收缩分析来查看定义的关键尺寸在模流分析之后是否满足所设定的要求。

收缩分析能够计算给定的收缩率是否满足所设定的公差的要求，选择“边界条件”→“关键尺寸”→“收缩”命令，如图16-45所示，弹出如图16-46所示的“收缩”对话框。

首先选择代表尺寸的两个节点，然后定义上、下偏差即可，单击“应用”按钮，定义的关键尺寸会以一根两头尖的长梁表示出来，如图16-47所示。

此例定义了关键尺寸后的效果如图16-48所示。

4．设置工艺条件

保压冷却阶段对收缩翘曲的影响是非常大的，将工艺条件设置中的冷却时间由20s增加到30s，如图16-49所示。

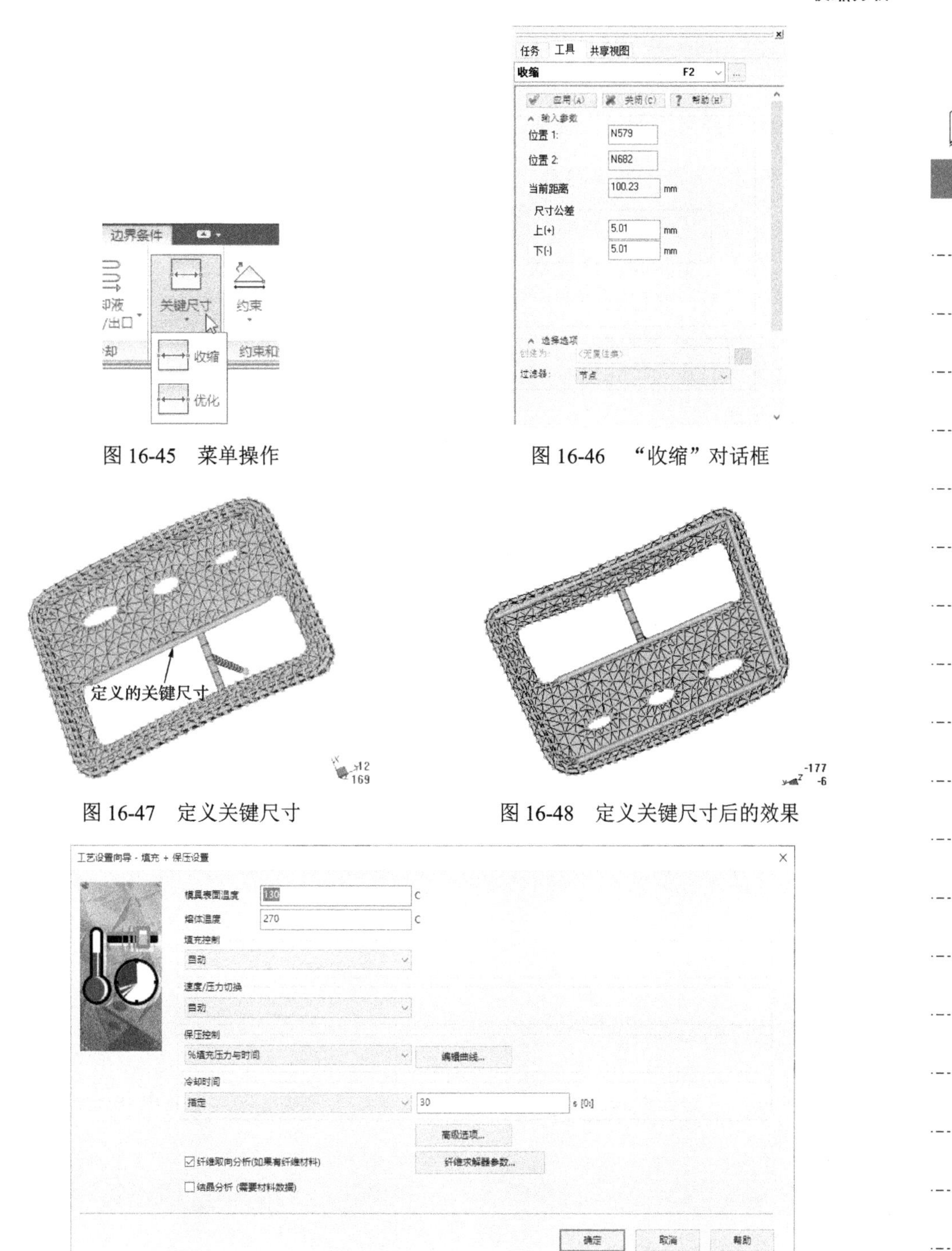

图 16-45　菜单操作

图 16-46　“收缩”对话框

图 16-47　定义关键尺寸

图 16-48　定义关键尺寸后的效果

图 16-49　设置冷却时间

5．重新进行模流收缩分析

双击任务视窗中的“分析”选项，求解器开始分析计算。

16.4.5 流动收缩优化分析结果解读

Note

下面对分析结果绘图进行解读。

1. 充填时间和流动前沿温度

图 16-50 所示为模型充填时间结果。比较优化前后分析结果的充填时间绘图图示，可以看到，对于充填时间，设置双浇口，优化浇注系统之后，塑件屏幕开口两侧的部分充填时间比较一致，能提高塑件质量，质量优于单浇口的浇注系统。

图 16-51 所示为模型流动前沿温度结果。对于流动前沿的温度，由于选择不同属性的材料，其工艺参数的熔体温度不一样，导致优化前后的流动前沿温度不同，这是注射成型的正常现象。

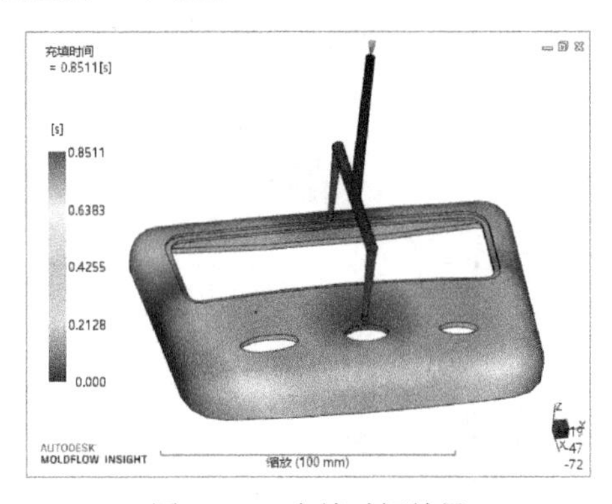

图 16-50 充填时间结果

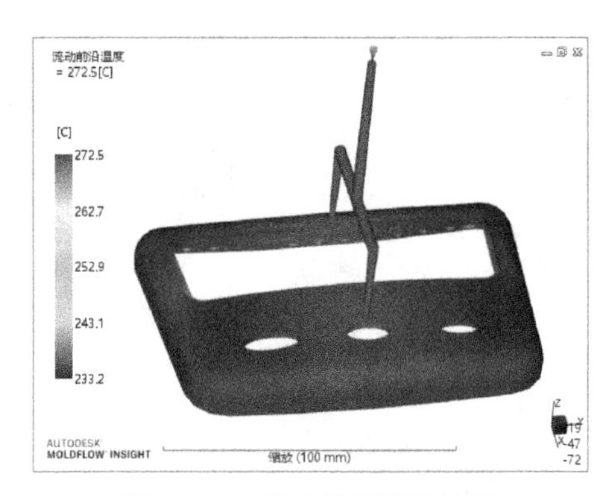

图 16-51 流动前沿温度结果

2. 体积收缩率

图 16-52 所示为顶出时的体积收缩率结果，图 16-53 所示为 50.84s 时的体积收缩率结果。

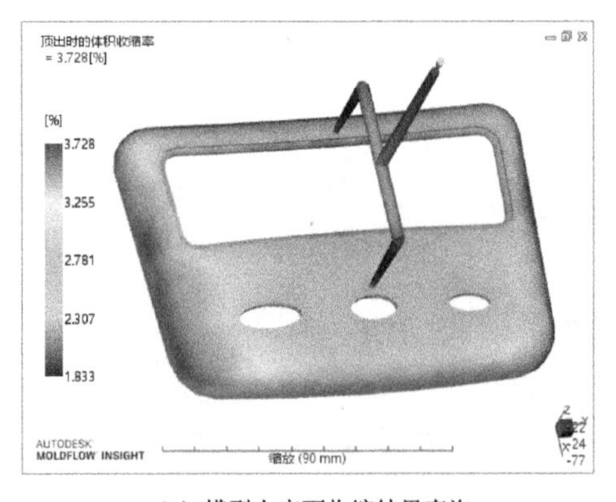

（a）模型上表面收缩结果查询

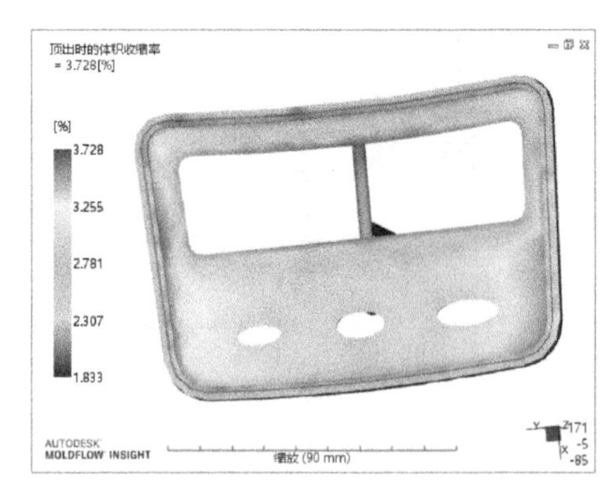

（b）模型下表面收缩结果查询

图 16-52 顶出时的体积收缩率结果

比较优化前后顶出时的体积收缩率绘图和充填时间为 50.84s 时的体积收缩率绘图，可以看出，通过设置双浇口，选择收缩性更小的材料，优化浇注系统和工艺条件，塑件的顶出时体积收缩率由原来的 5.180%降为 3.728%，塑件屏幕开口两侧的体积收缩率相当接近，能避免优化前各部分体积收缩率相差太大而导致收缩翘曲的缺陷，优化后各部分的体积收缩率差不多，能提高塑件质量，优化之后的塑件质量大大改善。

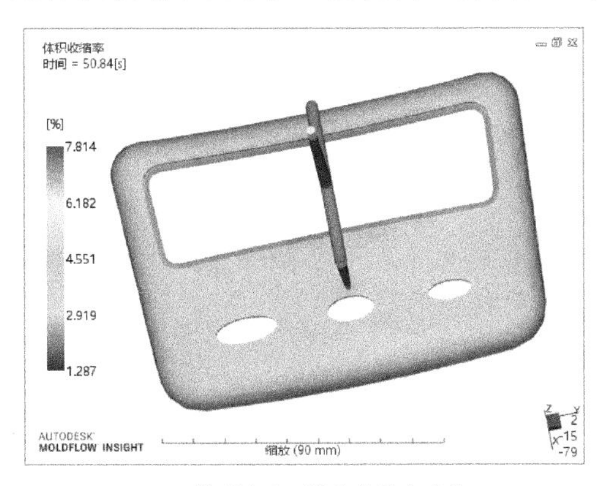

（a）模型上表面体积收缩率查询

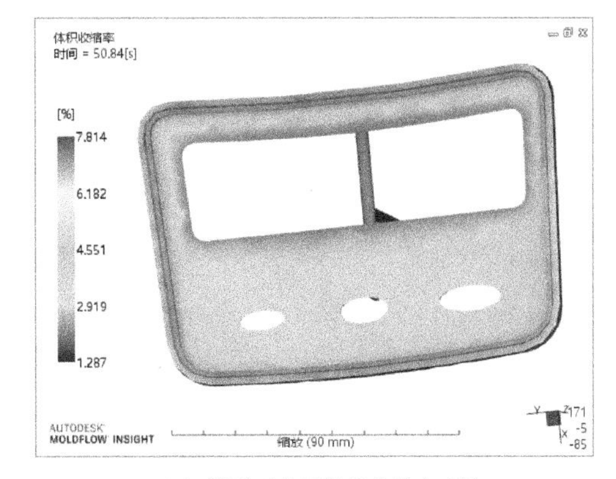

（b）模型下表面体积收缩率查询

图 16-53　体积收缩率结果

3．塑件表面缺陷

图 16-54 所示为塑件表面缺陷结果。

对于塑件表面的熔接痕和气穴缺陷分析，比较优化前后的熔接痕缺陷图和气穴缺陷图。

从图 16-54 中可以看到，通过设置双浇口，选择收缩性更小的材料，优化浇注系统和工艺条件，塑件中间屏幕开口处的上方狭窄区域已经不存在熔接痕和气穴缺陷了，它们主要集中在塑件的边缘位置，这样对塑件的质量影响非常小，优化之后，提高了塑件的强度，从而提高塑件的总体质量。

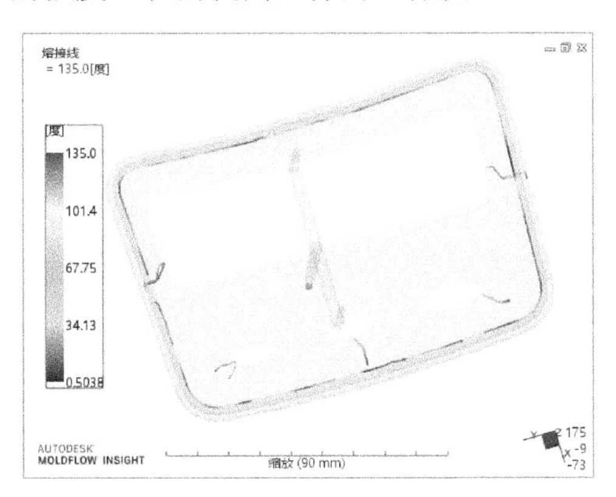

（a）熔接痕

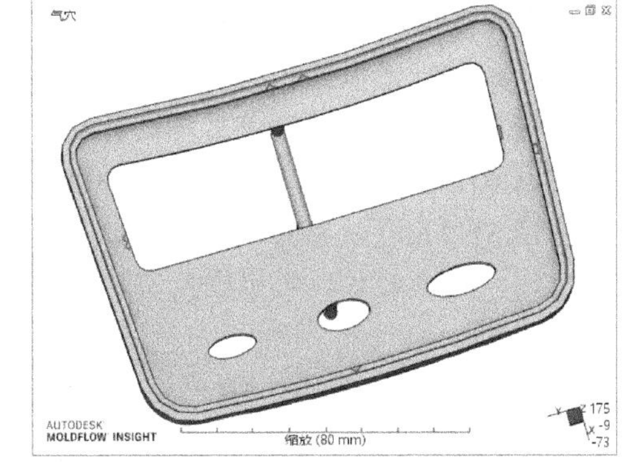

（b）气穴

图 16-54　塑件表面缺陷结果

4．收缩查询

图 16-55 所示为模型收缩检查结果。

由优化前的分析可知，优化前此塑料塑件屏幕开口两侧的收缩率相差是相当大的，会严重影响塑件的质量。

优化之后的收缩检查结果如图 16-55 所示。在 Moldflow 软件中，塑件整体上是显示为绿色的，表示采用推荐的收缩率是合适的，黄色区域即需要认真对待的区域相当少，而对于不合适的红色区域都是集中在塑件的边缘，这是因为塑件边缘处的壁厚相对比较薄，所以收缩会稍微严重一些，这属于正常现象。而此塑件存在的主要问题是塑件屏幕开口两侧的收缩率合适程度不同，由分析可知，优化之后，塑件屏幕开口两侧的收缩率都接近于 0，即都在合适的范围内，是相当理想的，优化结果是很可观的。

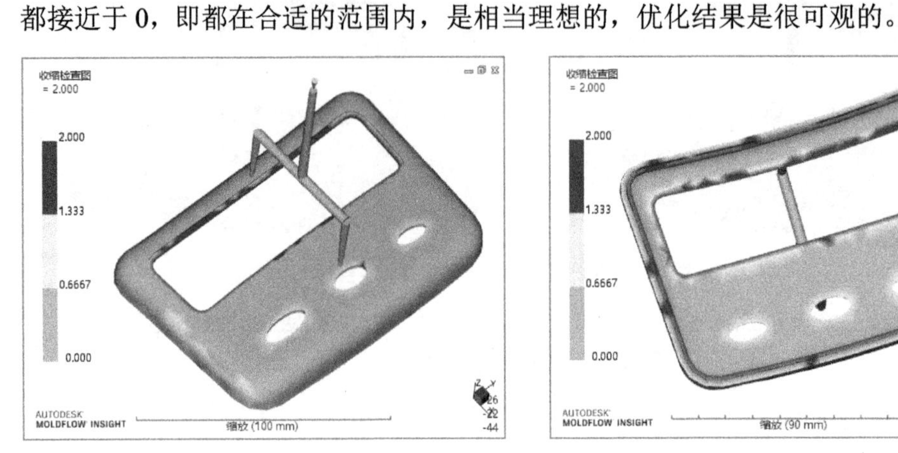

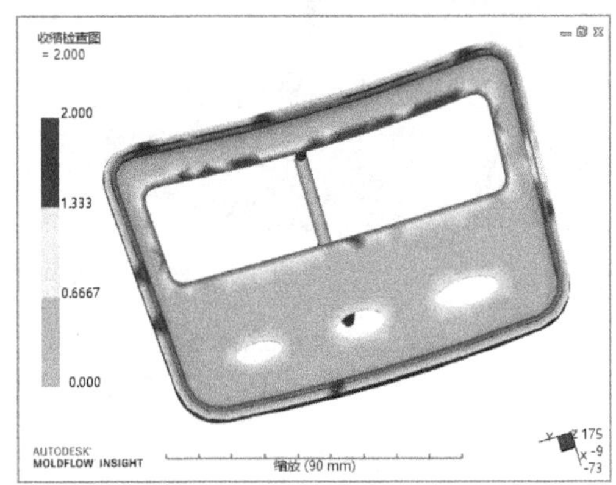

（a）模型下表面收缩检查　　（b）模型上表面收缩检查

图 16-55　收缩检查结果

5. 关键尺寸误差查询

（1）预测的错误。表示在不考虑工艺参数的情况下，对于所设置的关键尺寸，应用平均收缩率得到的预测误差，如图 16-56 所示。

（2）总的错误。表示考虑工艺条件，对于所设置的关键尺寸，应用平均收缩率得到的总体预测误差，如图 16-57 所示。其变形量包括“预测的错误”，只是在其基础上考虑了工艺条件的影响。

用户在进行模拟分析之前需要定义关键尺寸的上、下公差。“希望值”用蓝色表示，表示关键尺寸在定义了公差后满足公差要求的尺寸变形范围。“预测值”用红色表示，是指通过 AMI 模流模拟分析成功后，关键尺寸由于成型收缩产生的预测变形量。

由图 16-57 可以知道，本例中所设置的 5 个关键尺寸都没有超差，在所设置的公差范围之内，符合要求，可以根据实际分析进行设置。

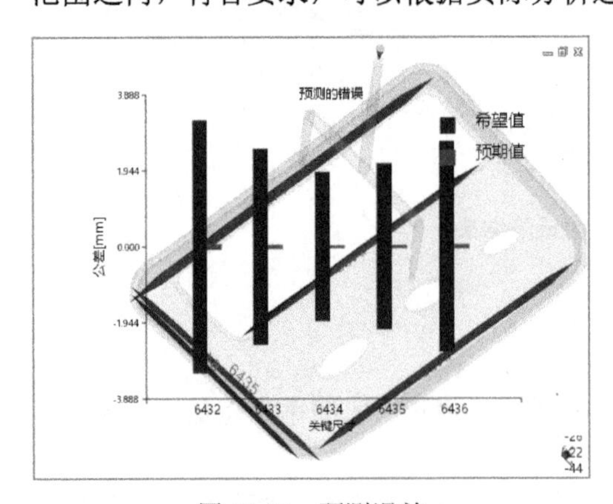

图 16-56　预测误差

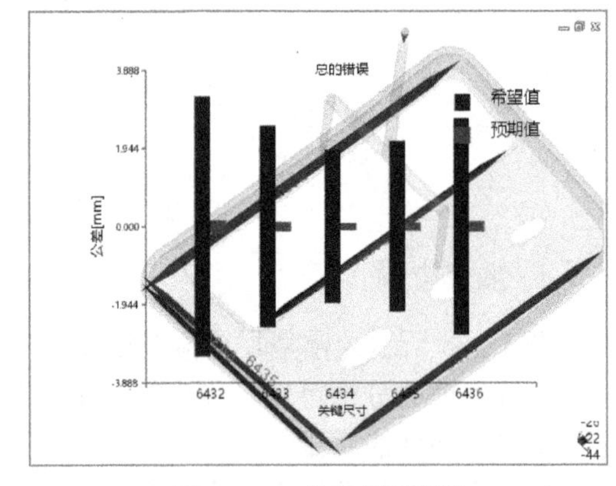

图 16-57　总体预测误差

6. 结论

本例通过初步分析结果日志及绘图图示解读，重新选择了收缩性小的材料，并对浇注系统和工艺条件进行了优化，即通过设置双浇口，选择收缩性更小的材料，优化浇注系统和工艺条件。通过比较优化前后的分析日志和绘图可知，优化之后的塑件屏幕开口两侧的体积收缩率相当接近，并且优化后各部分的体积收缩率相差不大，能避免优化前由各部分体积收缩率相差太大而导致的收缩翘曲的缺陷；优化之后塑件中间屏幕开口处的上方狭窄区域已经不存在熔接痕和气穴缺陷，提高了塑件的强度，从而提高了塑件的总体质量，即优化之后大大改善了塑件质量。

16.5 本章小结

本章主要介绍了软件的“收缩分析”模块，其中包括塑料收缩性的相关知识、收缩分析的前处理、计算和结果解读等。

通过使用收缩分析，可以在较宽的成型条件下及紧凑的尺寸公差范围内，使型腔的尺寸可以更准确地同产品的尺寸相匹配，使型腔修补加工及模具投入生产的时间大大缩短，并且大大改善了产品组装时的相互配合，进一步减少废品率和提高产品质量。通过相关分析结果来检查产品的关键性尺寸是否满足要求，并能找到问题点，以对进浇方式和工艺条件进行优化，尽可能地使产品各处的体积收缩相差不大。

第 17 章

流道平衡分析

本章介绍流道平衡分析的基础知识及 Moldflow 软件在流道平衡分析中的应用实例，重点介绍流道平衡分析的平衡约束条件设定、分析计算、分析结果解读和分析优化。

学习目标

（1）了解流道平衡性的相关知识

（2）熟练掌握流道平衡分析的平衡约束条件的设定

（3）熟练掌握流道平衡分析组合型腔的布局

（4）熟练掌握流道平衡分析组合型腔的流道平衡分析

（5）熟练掌握流道平衡分析组合型腔的流道平衡分析结果解读及优化方法

17.1 流道平衡分析简介

Note

流道平衡分析可以帮助用户判断设计的流道是否平衡，并给出平衡方案。对一模多腔或者组合型腔的模具来说，熔体在浇注系统中流动的平衡是十分重要的，如果塑料熔体能够同时到达并充满模具的各个型腔，则称此浇注系统是平衡的。

平衡的浇注系统不仅可以保证良好的产品质量，而且可以保证不同型腔内产品质量的一致性。它可以保证各型腔一致的充填时间，保证均衡的保压，保持一个合理的型腔压力，优化流道的容积，以节省充模材料。

17.1.1 流道平衡性

在实际注射成型生产中，对于一些中小型的塑件，常常采用一模多腔技术。采用多型腔技术可以大大提高生产率，降低成本。然而，实际生产时往往会因为流动不平衡而造成各型腔塑件品质不均匀。

为了保证一模多腔模具中各型腔塑件的重量和性能等质量指标的一致性，在模具设计时必须对其浇注系统进行平衡设计，使熔料能在浇注系统中平衡流动。根据几何布局，浇注系统有平衡布置（见图 17-1）和非平衡布置（见图 17-2）两种类型。

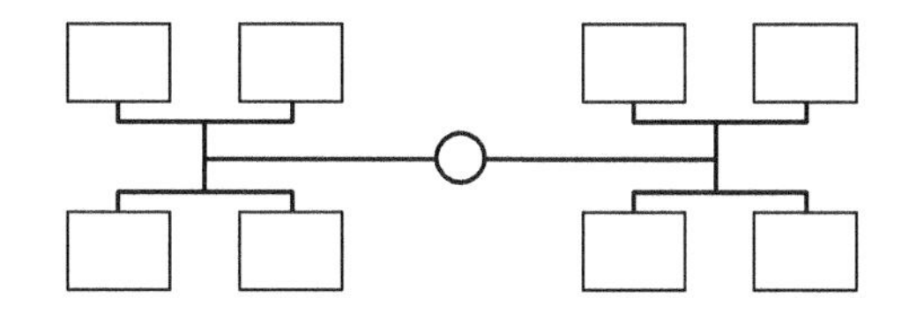

图 17-1 平衡布置的浇注系统

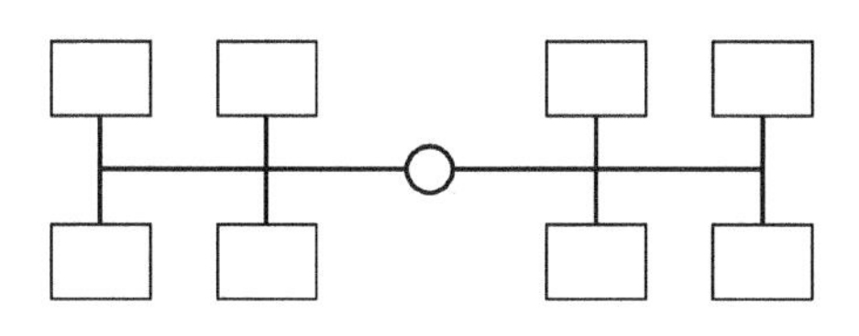

图 17-2 非平衡布置的浇注系统

对于平衡布置的浇注系统，熔体到各型腔的流动过程自然平衡；对于非平衡布置的浇注系统必须经过一些特别设计来保证注射过程的流动平衡。这里所说的平衡，一般是指各型腔的压力相等，主要通过设计几何对称的流道系统来达到目的，这也是实际生产中主要的解决办法。

多型腔注射模具包括相同形状和尺寸注射件的多型腔、不同形状和尺寸注射件的多型腔两种模具形式。多型腔注射模具的浇注系统包括主流道、分流道、冷料井及浇口。注射模具对注射件质量的影响因素较多，其中浇注系统的影响很重要，它决定着注射成型质量。

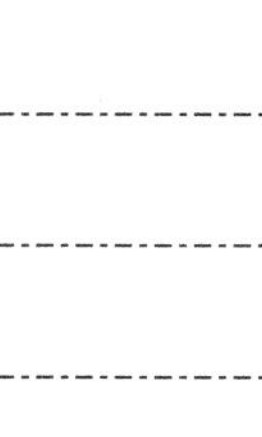

依照注射成型原理可知，理想化的状态如下：①各型腔塑料熔体的温度一致；②各型腔的型腔压力上升速率及最终的型腔压力一致。多型腔必然由多个分流道供给熔料，而影响熔料进入型腔时的状态涉及多方面的因素，如熔体的热均匀程度、流道的压力损失、浇口的形状及尺寸等，其中分流道及浇口的截面尺寸是最主要的影响因素。

浇注流道是熔体输送的主要通道，同时是注射压力、注射流速的传递通道。为了保证多型腔模具中各型腔的成型质量，即保证多型腔的压力、熔料量及传递速度一致，必

须使分流道达到平衡。因此，研究多型腔注射模具分流道的平衡显得非常重要。

Note

1．多型腔注射模具分流道的平衡性

（1）浇注系统的平衡性。

塑料熔体流经浇注系统，通过分流道能够同时间、同压力、同温度到达各型腔，且各型腔的压力上升速率一致，此时注射过程质量较好，这种理想状态即是浇注系统的平衡状态。而此时各型腔注射件的质量及精度均一致。

多型腔注射模具的流道平衡状态有两种：同模多腔和异模多腔。同模多腔注射模具必须满足的条件如下：①通往各型腔分流道的截面形状、截面尺寸及长度必须相等；②通往各型腔的各浇口的截面形状、截面面积及长度必须相等。

（2）型腔与分流道排布。

浇注系统的平衡与型腔及分流道的排布关系较大。浇注系统中增加分流道长度，会增加塑料熔体的阻力，使塑料熔体的压力降低。通过研究发现，塑料熔体流经浇注系统时的压力降与流道长度成正比，因此为了减小压力降，应尽量缩短流道的长度。另外，压力降与流道的截面尺寸也有关。

2．浇注系统平衡的必要性

若加工时浇注系统不平衡，这时各个型腔不能同时充满，那么最先充满的型腔会停止充模，其浇口处的熔料便开始冷凝，但所有型腔充满后注射压力才会急剧上升，此时最先充模的型腔可能因浇口冷凝而阻止压力传递，无法对充模熔体进行压实及保压，因而得不到良好的尺寸外观及物理性能的塑件。所以，为了保证注射成型的质量必须对浇注系统进行平衡，以确保在相同的温度及压力下所有的型腔在同一时刻充满。

（1）平衡式排布浇注系统。

平衡式排布浇注系统从分流道到浇口及型腔，其形状、尺寸、圆角模型的冷却条件等都完全相同，熔体以相同的成型压力及温度同时充满所有的型腔，从而获得尺寸精度及性能较好的塑件。这种形式的浇注系统应用于精密注射成型模具。

与非平衡式排布相比，平衡式排布的流道总长度要稍长，甚至是非平衡式的几倍，这既增加了模具尺寸，又增加了塑料在流道中的能量消耗。

（2）非平衡式排布浇注系统。

当浇口离主流道较远时，分流道的截面尺寸应相应增大，这样才能保证充模时流道具有相应的熔体流量。一般情况下，充模时熔体先到达离主流道较近的浇口，开始进入型腔，但此时分流道尚未充满，相对来说，分流道比浇口的阻力小很多，熔体在浇口处开始凝结不再继续进入型腔。

当整个分流道充满后，开始升压，这时熔体先继续进入距离主流道较远的型腔，多次返回，顺序冲开凝结时间较短的浇口，分别充满各个型腔。此时，为了使熔体塑料基本同时充满各型腔，距离主流道较近的型腔应增加其浇口长度或缩小其浇口截面积，距离主流道较远的型腔应缩小其浇口长度或增加其浇口截面积。

① 对于同模多腔模具，在流道非平衡式排布的情况下，要满足浇注平衡条件，应调节浇口的长度和截面尺寸来补偿流道长度的差异而引起的不平衡，使 BGV（Balanced

Gate Value）值近似相等。

② 对于异模多腔模具，要使浇注系统平衡，必须将型腔容积作为调整系数，依此来设计流道的长度与浇口的截面面积及长度。

BGV 值用于对一个浇注系统是否平衡进行粗略估算。

17.1.2 AMI 流道平衡分析

AMI 系统提供了流道平衡分析模块，可以通过流道平衡分析模块来判断初步设计的浇注系统是否平衡。优化浇注系统，可以保证各型腔一致的充填时间，保证均衡的压力，从而达到流道平衡的目的。

AMI 系统的流道平衡分析模块，仅仅针对中性面和双层面两类网格模型，通常用于一模多腔成型，而且要求分析产品的每个型腔都是单浇口注射成型。

AMI 系统的流道平衡分析只分析分流道的截面尺寸，是通过约束条件的限定和不断逼近的迭代计算，在满足约束条件下，获得最小的流道截面直径，从而达到流道平衡优化的目的，但是对于主流道和浇口的尺寸不做调整计算，需要根据专业知识和经验数据来定义。

AMI 系统的流道平衡分析是在初步设计的基础上进行分析的，即先根据专业知识和经验设计一个初步的方案，然后在初步方案的基础上进行流道平衡分析，由分析结果进行流道平衡优化。例如，浇注系统重新设置参数，工艺条件调整优化以达到平衡的目的。经过对初步方案进行流道平衡分析，可以为进一步分析提供分析参数和约束条件的参照。

17.2 流道平衡分析约束条件设置

对于流道平衡分析模块，其中包括填充+保压+流道平衡分析，即平衡分析是在填充+保压分析的基础上进行计算分析的。

对于填充+保压的工艺条件设置前面章节已有详细阐述，这里就不再赘述，本节重点介绍流道平衡分析中的关键环节——平衡约束条件的设置。

流道平衡分析属于数值计算中的迭代分析计算，所以平衡约束条件就直接决定了分析计算能否最终收敛并得出合理的计算结果，而且约束条件还要影响计算的精度和速度。

流道平衡分析平衡约束条件包括工艺条件平衡约束条件和流道尺寸约束条件。

17.2.1 工艺条件平衡约束条件的设置

在进行流道平衡分析前，用户需要设置分析工艺条件。

选择“成型工艺设置”→“工艺设置”菜单命令，或者双击任务视窗中的“工艺设置（默认）”按钮，系统会弹出“工艺设置向导-填充设置”对话框第 1 页，如图 17-3 所示。

图 17-3　“工艺设置向导-填充设置”对话框第 1 页

单击“下一步”按钮，弹出“工艺设置向导-流道平衡设置”对话框第 2 页，如图 17-4 所示。

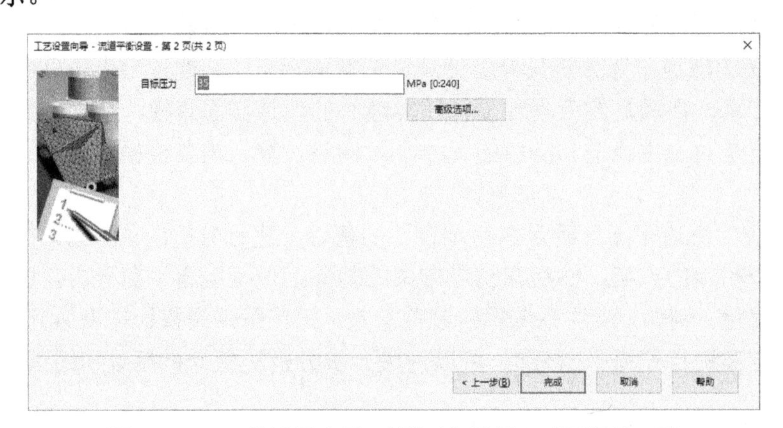

图 17-4　“工艺设置向导-流道平衡设置”对话框第 2 页

目标压力是流道平衡分析进行迭代计算的目标值，目标压力值设定为 0～240MPa，表示在注射压力为设定值的情况下，要求系统自动推荐最佳的流道尺寸。但如果所设定的目标压力值太小，可能会导致分析计算失败，应该增加目标压力值，再次进行迭代计算。

流道平衡分析的目的是在满足约束条件的情况下，获得最小的流道截面直径。过大的目标压力值会影响推荐的流道尺寸，因此目标压力值应该选择合适值。

单击“高级选项”按钮，弹出如图 17-5 所示的“流道平衡高级选项”对话框，可以进行迭代计算参数和收敛目标设置。

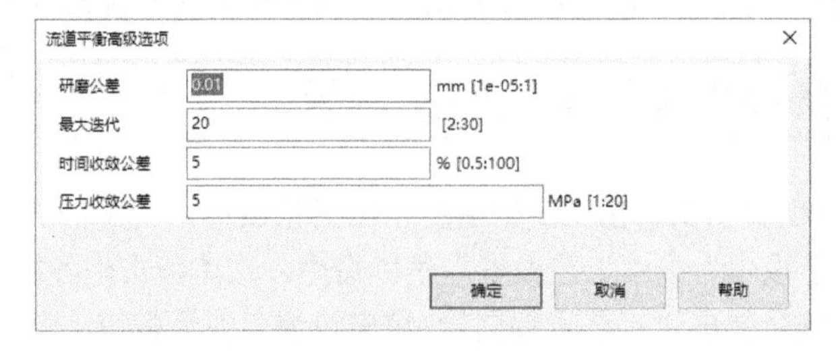

图 17-5　“流道平衡高级选项”对话框

（1）“研磨公差”（迭代步长）：是指在进行流道平衡分析的迭代计算过程中，每一步迭代流道截面面积改变的值，即每一步迭代的量。迭代步长会直接影响迭代计算的精度和速度，迭代步长越小，计算精度越高，但是迭代计算时间会直接影响分析的进度，所以应该根据实际情况进行设定。此外，迭代步长太小是没有实际意义的。

（2）“最大迭代”（最大迭代计算次数）：为了使迭代过程最终收敛，需设定较高的最大迭代计算次数，但是如果其他参数设定不合适，迭代过程发散，则设定再高的最大迭代计算次数值也是没有帮助的，最终也是无法收敛的，所以设定参数需要综合考虑。

（3）“时间收敛公差”：是用来定义充填时间收敛标准的，即当型腔中充填时间的不平衡程度达到所定义值以内时视为迭代收敛，迭代计算结束。如果设定的时间收敛公差越高，即所定义的值越小，计算收敛精度越高，但是迭代计算速度越慢，计算时间越长，会影响分析进度，并可能会导致分析失败。所以，如果分析失败，适当降低时间收敛公差可能会解决分析过程中出现的问题。

（4）“压力收敛公差”：是用来定义压力收敛标准的，即当填充结束时进料位置点处压力在所定义值以内时视为迭代收敛，填充压力和目标压力在设定值范围内时视为收敛，迭代计算结束。

17.2.2 流道尺寸约束条件的设置

在 Moldflow 系统流道平衡分析模块中，需要设定流道尺寸约束条件，Moldflow 会根据约束条件来调整流道的直径尺寸。

Step1：选中浇注系统中冷分流道中的杆单元，并右击该单元，在弹出的快捷菜单中选择“属性”命令，弹出“冷流道”对话框，如图 17-6 所示。

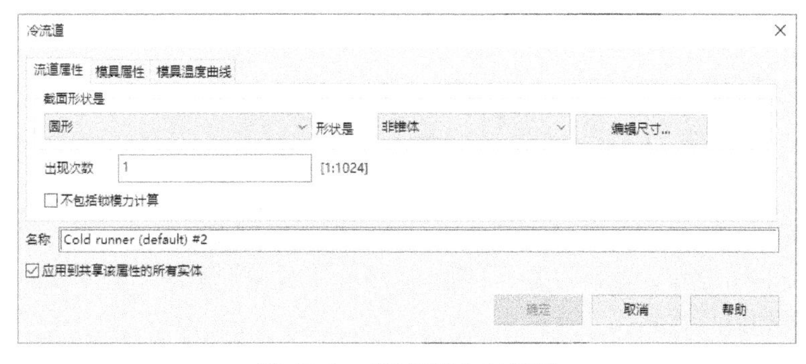

图 17-6 “冷流道”对话框

Step2：单击“编辑尺寸”按钮，弹出“横截面尺寸”对话框，如图 17-7 所示。从“流道属性”选项卡中可以查看选中的流道的截面形状特征和尺寸大小等属性参数，也可以根据需要进行修改。

Step3：单击“编辑流道平衡约束”按钮，弹出“流道平衡约束”对话框，如图 17-8 所示。

Note

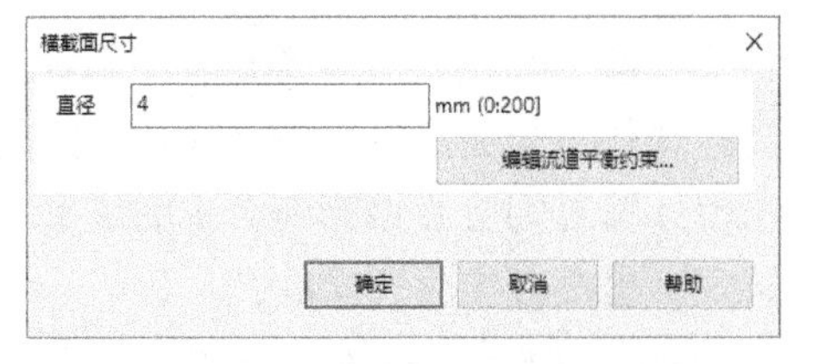

图 17-7 “横截面尺寸”对话框

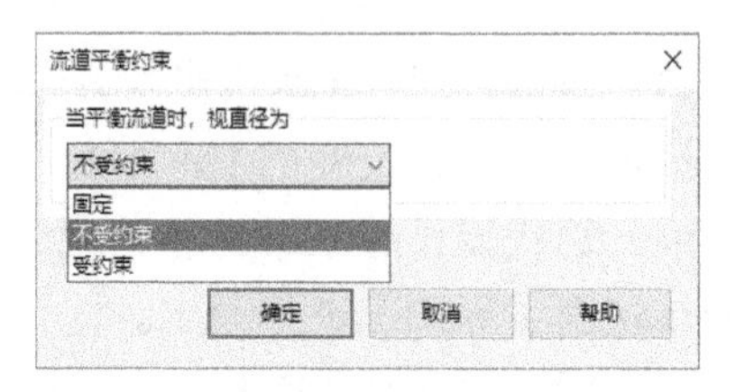

图 17-8 “流道平衡约束”对话框

在流道平衡分析时，可以对流道截面尺寸进行以下三种方式的约束。

（1）固定：流道截面尺寸为固定值，即在进行流道平衡分析时不自动改变流道截面尺寸，始终为固定值。

（2）不受约束：流道截面尺寸为系统自动调整值，即在进行流道平衡分析时系统可以根据分析过程自动改变流道截面尺寸，无约束条件。

（3）受约束：流道截面尺寸为约束值，即在进行流道平衡分析时可以根据实际情况设置流道截面尺寸，在进行流道平衡分析时允许变化的范围为约束值。

可以根据实际情况对流道截面尺寸进行约束定义，三种约束方式可以组合使用：如果某条流道尺寸不需要调整，则选择“固定”方式；如果某条流道尺寸需要根据流道平衡分析来确定最佳的平衡流道截面尺寸而无其他约束，则选择“不受约束”方式，根据系统分析确定最优化的截面尺寸；如果某条流道尺寸需要在一定范围内进行调整，则选择“受约束”方式。

如果在进行初步分析时，不确定平衡流道尺寸，最好选择“不受约束”方式，系统通过初步的模流分析，自动调整来确定最佳的平衡流道截面尺寸，这样可以避免在初步流道平衡分析时流道截面尺寸约束条件设定不合理造成分析失败，这也是流道平衡分析的作用。

17.3 流道平衡分析应用实例

本节将应用流道平衡分析模块来分析一个同模异穴的产品，演示流道平衡分析的过程。本例使用的模型为电话听筒上、下盖，主要介绍流道平衡的分析前处理、分析计算、分析结果解读和分析优化。

本例的模型见配套资源“第 17 章 流道平衡分析”。

17.3.1 电话听筒上盖浇口位置分析

Step1：启动 Moldflow 软件，选择“文件”→“新建工程”菜单命令，新建工程项目“Phone”。

Step2：选择“文件”→“导入”菜单命令，或者在工程管理视窗右击工程“Phone”图标，选择“导入”，导入薄壳件模型“dhtds.stl”。

将模型设置为双层面类型网格，电话听筒上盖模型如图 17-9 所示。

Step3：在任务视窗中双击“创建网格”按钮，弹出“生成网格”对话框，采用系统默认的网格属性。

Step4：单击“网格”按钮，生成网格，如图 17-10 所示。

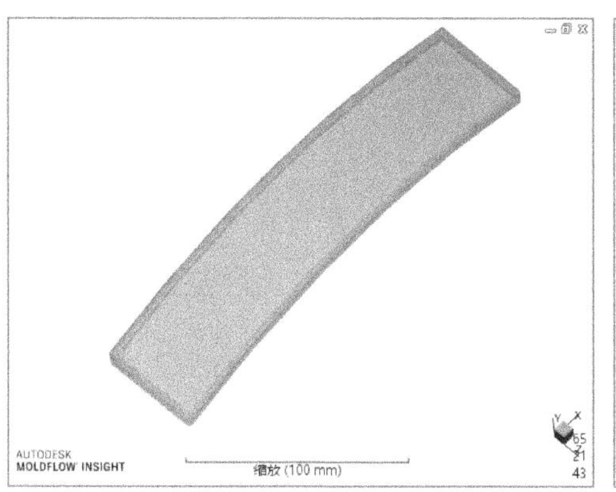

图 17-9　电话听筒上盖模型

图 17-10　网格模型

Step5：网格划分完毕，选择“网格”→“网格统计”菜单命令，打开网格状态统计窗口。

Step6：网格缺陷诊断和修复。修复完成后的网格统计信息如图 17-11 所示。

Step7：双击任务视窗中的“填充”按钮，系统会弹出“选择分析序列”对话框。由于本例是要进行“浇口位置”分析，所以在“选择分析序列”对话框中选择“浇口位置”选项后单击“确定”按钮。分析类型变为“浇口位置”。

Step8：材料和工艺条件使用系统默认值，双击任务视窗中的“分析”按钮，求解器开始分析计算。

Step9：浇口位置分析完成后，在任务视窗中选择“浇口匹配性”选项，窗口会出现浇口位置分析结果，如图 17-12 所示。

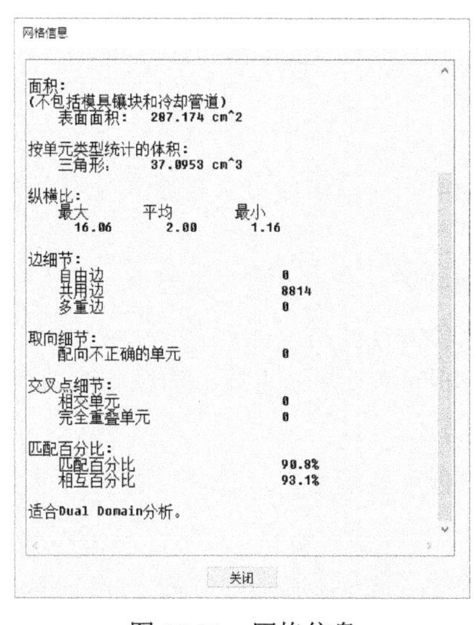

图 17-11　网格信息

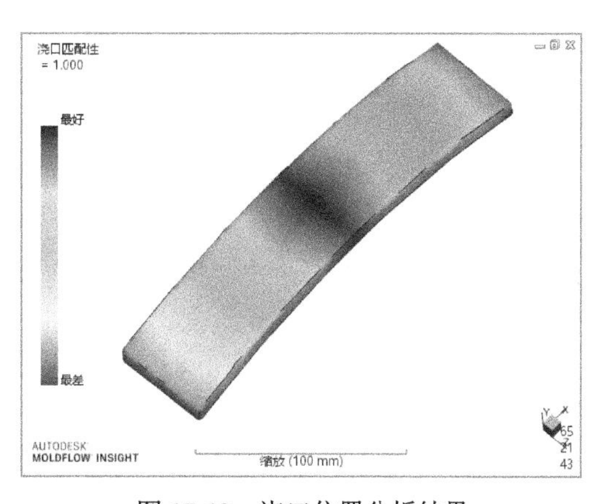

图 17-12　浇口位置分析结果

由分析结果可知，节点 N2940 为浇口位置。

说明

浇口位置分析的浇口位置可以作为浇口位置设置的重要参考信息，但不一定就是模具设计的浇口位置。浇口位置的设置要充分考虑到熔体的流动、注射塑件的外观质量、成型塑件的力学性能和模具设计制造等方面的因素。

Note

提示

AMI 系统中的“浇口位置”分析模块，可以为设计分析过程找到一个初步的最佳浇口位置。也许该位置并不是最终的设计结果，但是它对用户的设计会有很好的参考价值。

17.3.2 电话听筒下盖浇口位置分析

Step1：选择“文件”→“导入”菜单命令，或者在工程管理视窗中右击工程“Phone”图标，选择“导入”，导入电话听筒下盖模型“dhtdx.stl”。

将模型设置为双层面类型网格，电话听筒下盖模型如图 17-13 所示。

Step2：在任务视窗中双击“创建网格”按钮，弹出“生成网格”对话框，采用系统默认的网格属性。

Step3：单击“网格”按钮，生成网格，模型如图 17-14 所示。

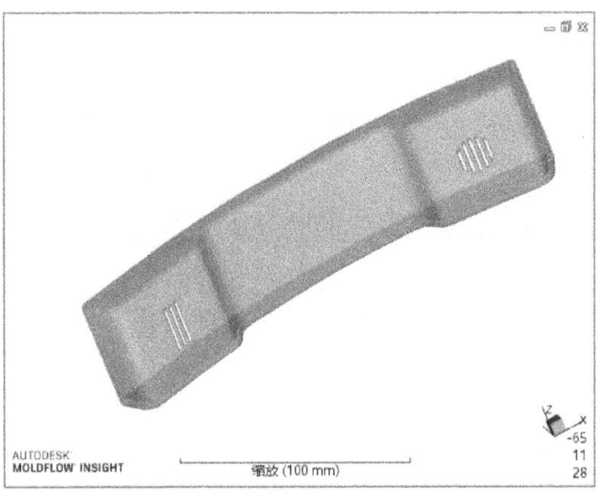

图 17-13 电话听筒下盖模型

图 17-14 网格模型

Step4：网格划分完毕，选择“网格”→“网格统计”菜单命令，打开网格状态统计窗口。

Step5：网格缺陷诊断和修复。修复完成后的网格统计信息如图 17-15 所示。

Step6：双击任务视窗中的“填充”按钮，系统会弹出“选择分析序列”对话框。由于本例是要进行“浇口位置”分析，所以在“选择分析序列”对话框中选择“浇口位置”选项后单击“确定”按钮。

Step7：材料和工艺条件使用系统默认值，双击任务视窗中的“分析”按钮，求解器开始分析计算。

Step8：浇口位置分析完成后，在任务视窗中选择“浇口匹配性”选项，窗口会出现浇口位置分析结果，如图 17-16 所示。由分析结果可知，节点 N3599 为浇口位置。

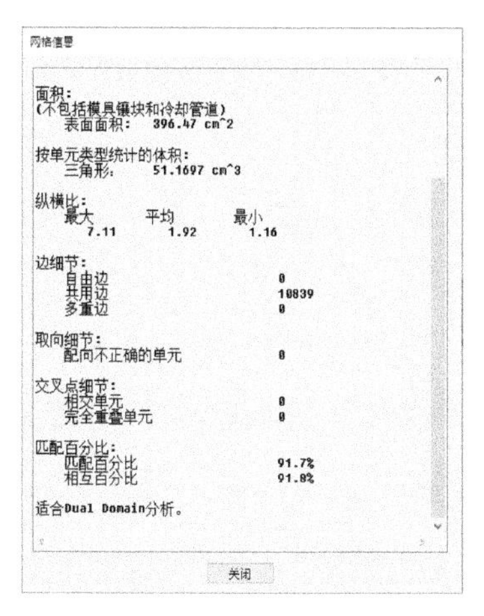

图 17-15　网格信息

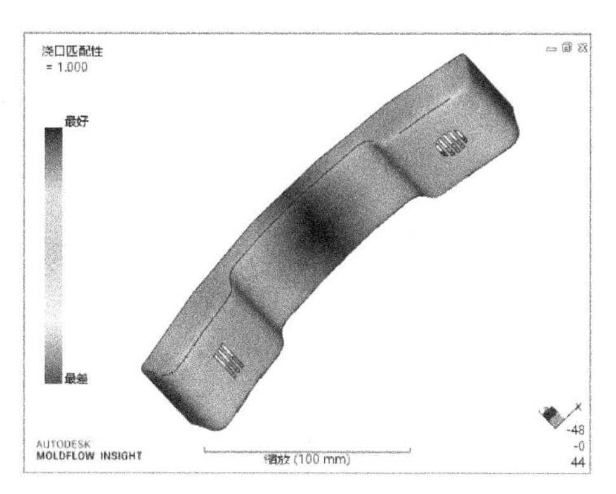

图 17-16　浇口位置分析结果

17.3.3　组合型腔的流道平衡初步分析

1. 复制模型

Step1：在任务视窗中右击上盖模型，在弹出的菜单中选择“重复”命令（见图 17-17），任务视窗中便多了一个复制的模型。

复制的模型与原始模型是完全相同的，包括模型参数、已经完成分析的各项参数和分析结果。

Step2：右击新复制的模型，选择“重命名”命令，将模型重命名为“phone_unbalance”，如图 17-18 所示。

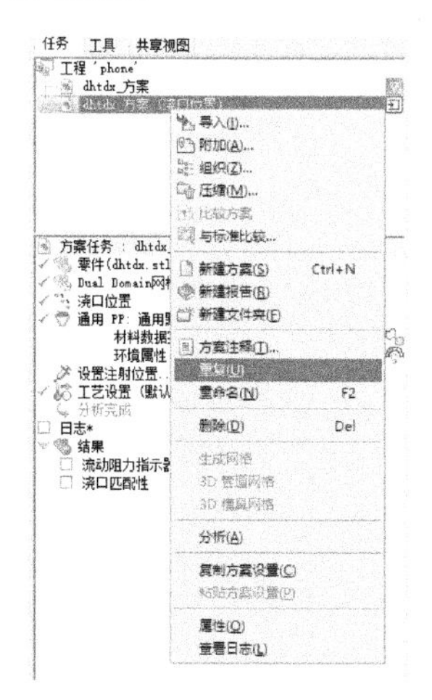

图 17-17　复制操作

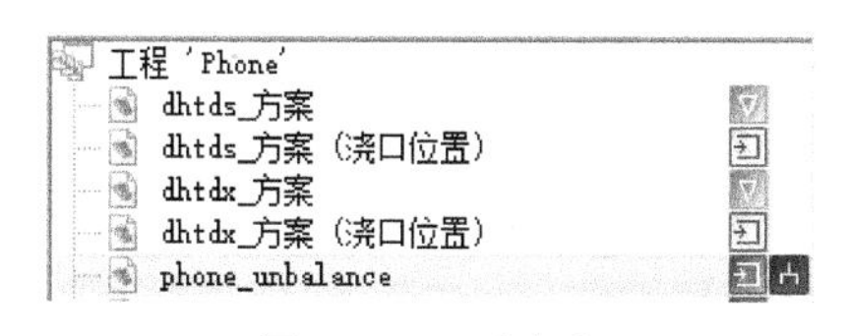

图 17-18　重命名

2. 添加电话听筒下盖模型

选中“phone_unbalance”模型。

选择“主页”→“添加”菜单命令（见图 17-19），弹出如图 17-20 所示的“选择要添加的模型”对话框，选中电话听筒下盖的模型，单击“打开”按钮，完成模型的添加，添加结果如图 17-21 所示。

在已存在的分析方案中添加其他方案，其类型为.sdy。

为了便于上、下盖模型图层的识别，可以将图层重命名。

电话听筒上、下盖模型添加完成后，需要根据模具设计要求，如分型面、浇注系统设计进行型腔的合理布局。

电话听筒上、下盖体为同模异穴的型腔组合，要根据模型设计的分型面和浇注系统进行基本位置分布，由分型面设计和流道尺寸及上、下盖体的尺寸可以确定两型腔间距为 40mm。

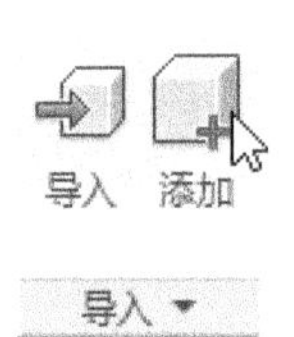

图 17-19　选择“添加”命令

图 17-20　“选择要添加的模型”对话框

3. 组合型腔的布局

选择“网格”→“移动”→“平移”菜单命令（见图 17-22），弹出如图 17-23 所示的“平移”对话框。

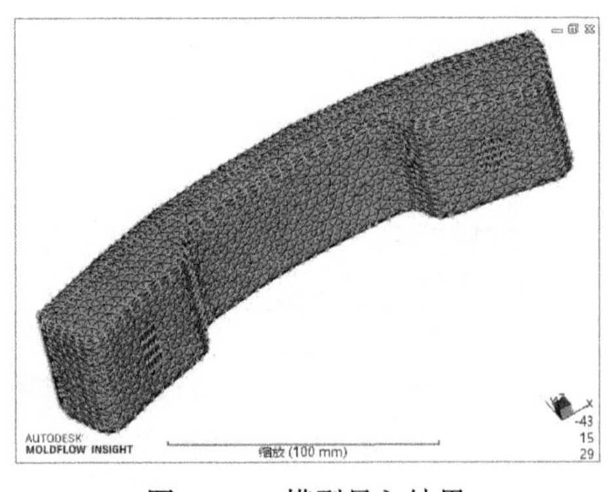

图 17-21　模型导入结果

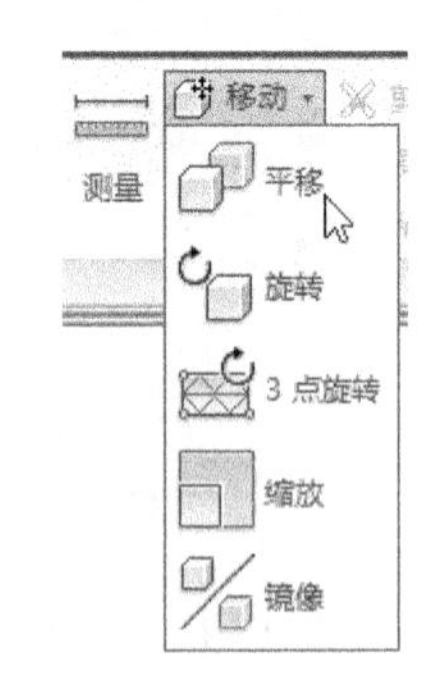

图 17-22　选择“平移”命令

在“选择……要移动”下拉列表中选中电话听筒上盖模型。

在“矢量”数值框中输入参数“0,0,90”。

单击“应用”按钮，完成模型平移。

由于导入的两个模型刚好按实物结合在一起，所以要进行模型的选择平移，可以先将下盖体的图层全部关闭，即将其隐藏，图层设置如图 17-24 所示，则模型窗口只显示上盖模型，这样就可以很方便地选中上盖模型。

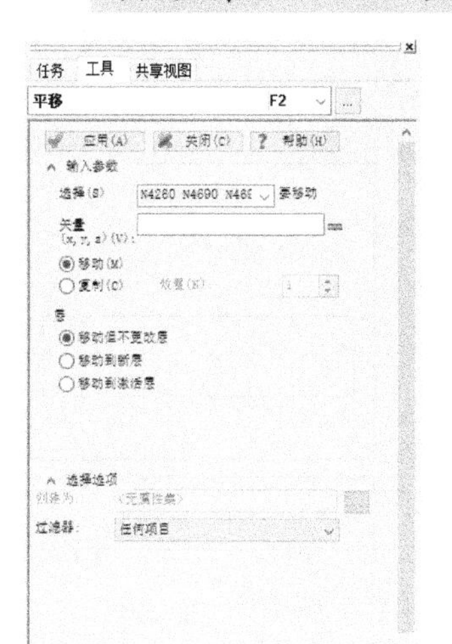

图 17-23 “平移”对话框

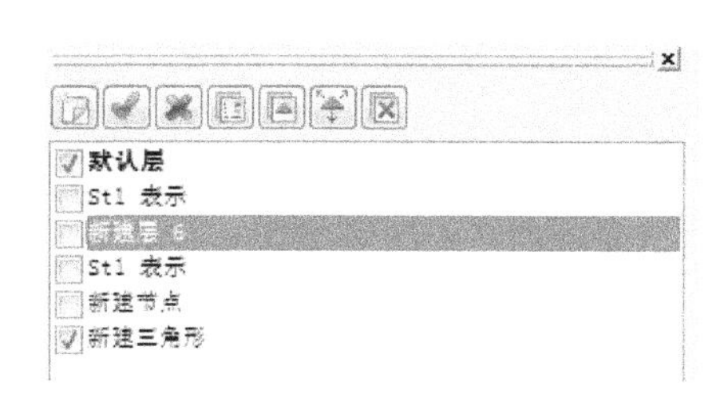

图 17-24 隐藏下盖模型图层

首先要选中上盖模型，才能进行平移操作。

打开下盖的图层，模型布局如图 17-25 所示。

4. 创建浇注系统

对于电话听筒上、下盖体的同模异穴模型，采用侧浇口比较合适，通过节点偏移，创建如图 17-26 所示的四个节点，由节点位置创建直线，如图 17-27 所示。

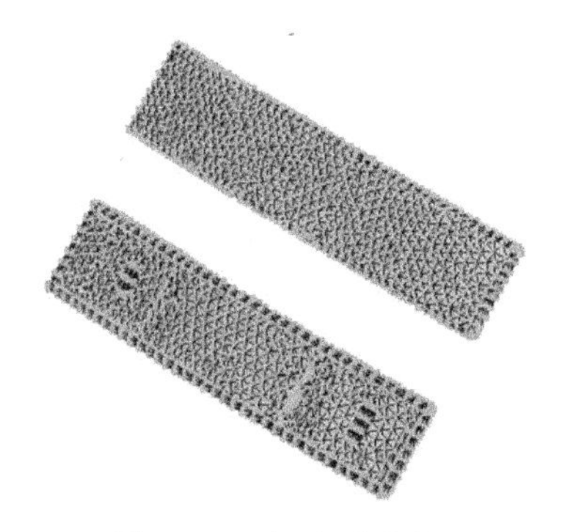

图 17-25 组合型腔布局

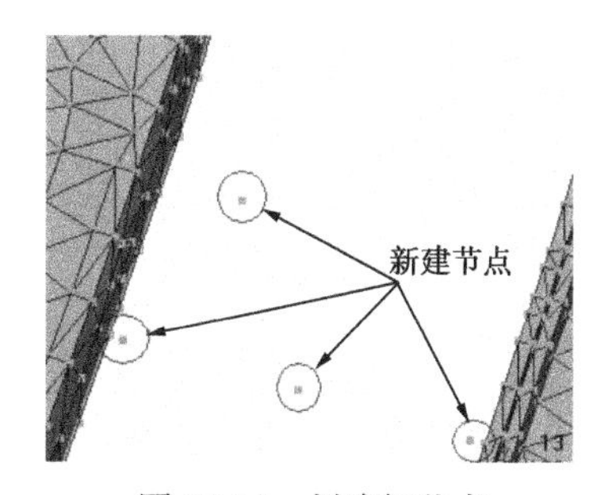

图 17-26 创建新节点

由于同模异穴的两个塑件的形状体积不同，两个分流道的截面设置为不同的尺寸，作为初步分析方案，浇口初步设置为点浇口，生成网格后的主流道、分流道和浇口如图 17-28 所示。

主流道、分流道和浇口参数设置如图 17-29～图 17-31 所示。

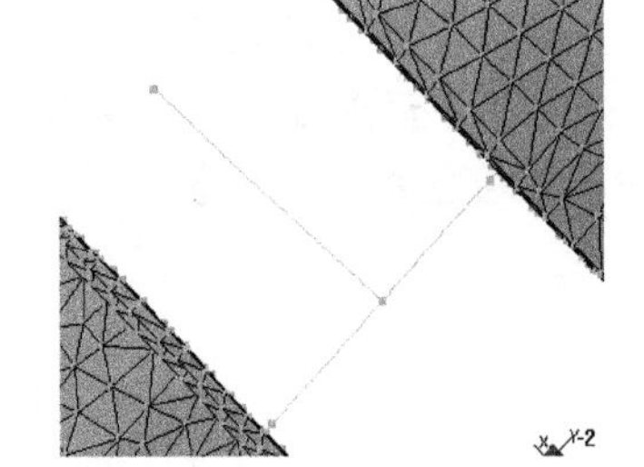

图 17-27　创建直线

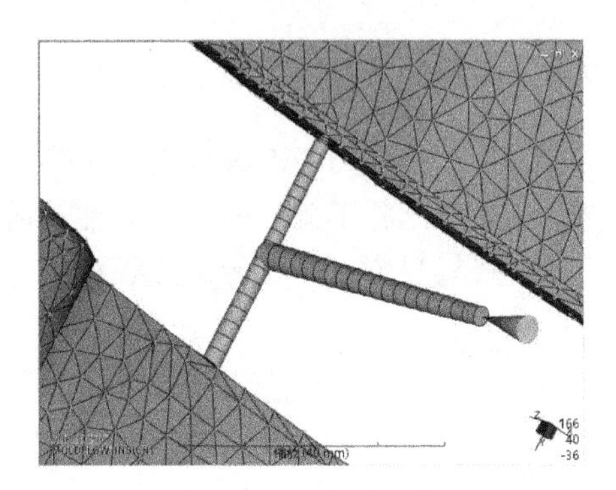

图 17-28　生成网格

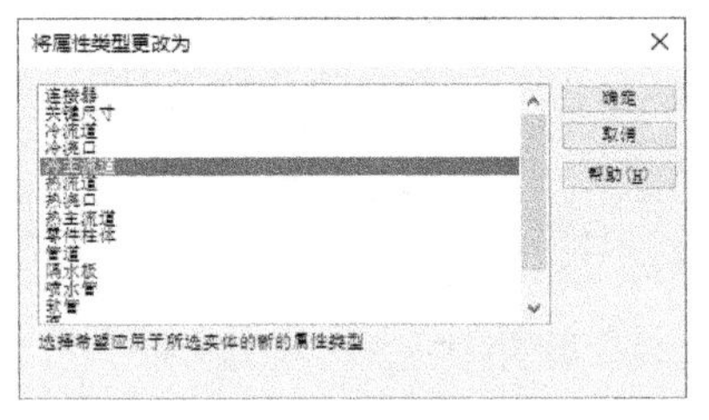

（a）冷主流道指定属性

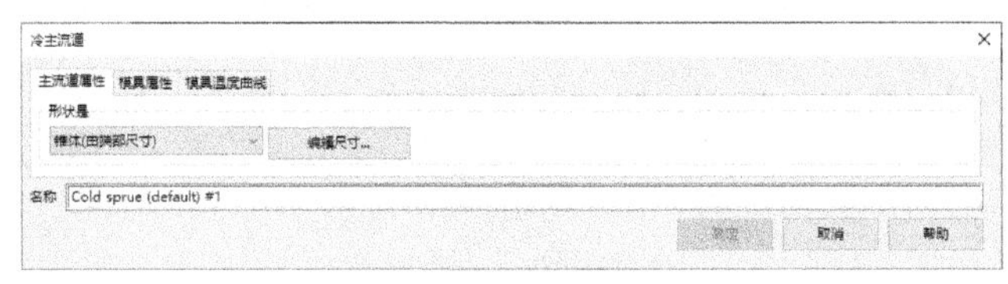

（b）冷主流道形状设置

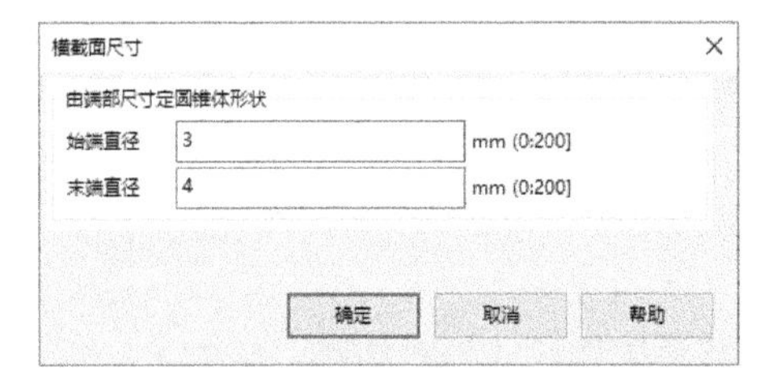

（c）冷主流道横截面尺寸

图 17-29　冷主流道参数设置

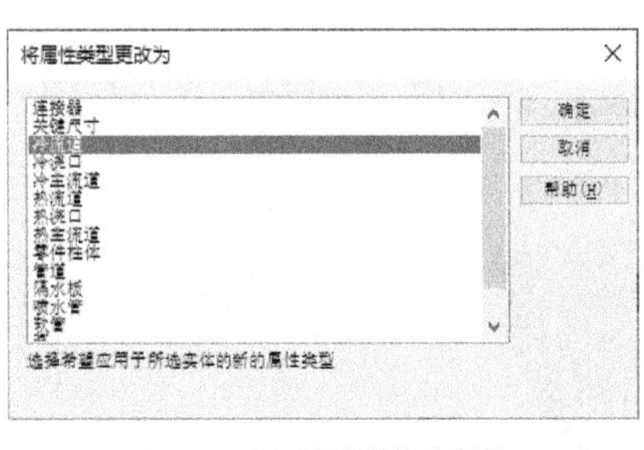

（a）冷流道指定属性

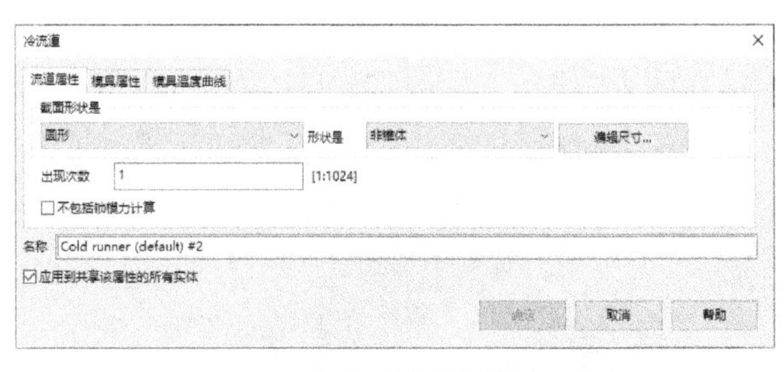

（b）冷流道形状设置

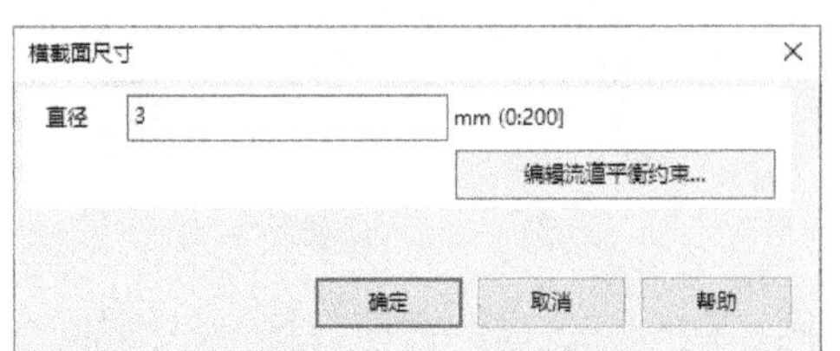

（c）冷流道横截面尺寸编辑①

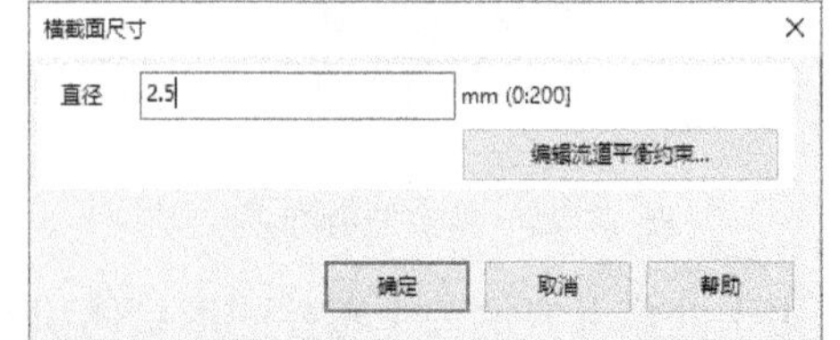

（d）冷流道横截面尺寸编辑②

图 17-30　冷分流道参数设置

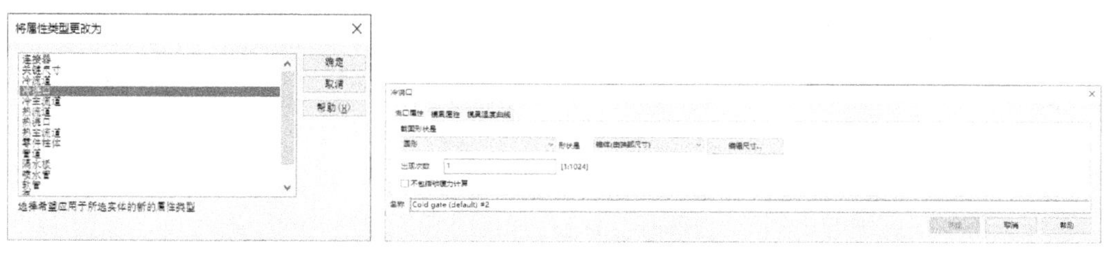

（a）冷浇口指定属性　　（b）冷浇口截面形状设置

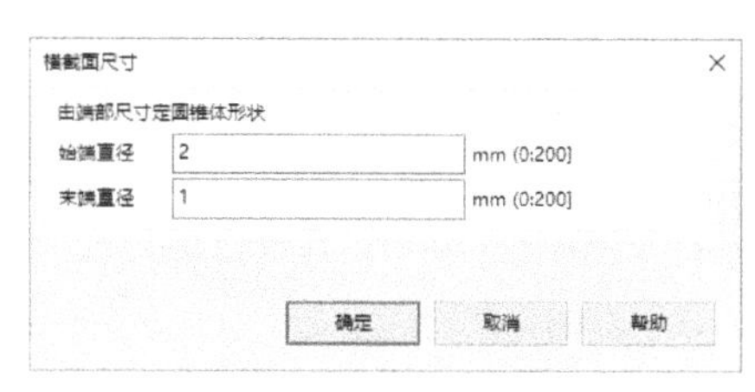

（c）冷浇口横截面尺寸设置

图 17-31　冷浇口属性设置

在浇注系统创建完成后，选择“几何”→“删除”菜单命令，将创建浇注系统过程中辅助的节点、线等属性删除。

使用“删除”命令，删除多余的点、线等图元，避免由于多余的属性而影响网格模型的连通性。

5. 设置注射点位置

双击任务视窗中的“设置注射位置”按钮，光标在显示视窗中变成形状，在刚创建的主流道上方的节点单击，设置注射点位置。

6. 网格连通性诊断

选择“建模”→“曲面连通性诊断”菜单命令，先选中模型的某一部分，再单击“显示”按钮，诊断结果如图 17-32 所示。

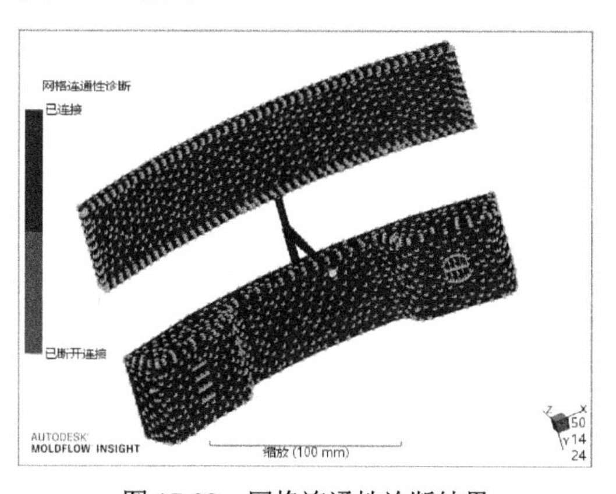

图 17-32　网格连通性诊断结果

由诊断结果可知，该模型是全连通的。

在浇注系统创建完成后，必须进行网格模型的连通性检查，只有网格模型是连通的，才可以进行模流分析。

7．选择分析类型

双击任务视窗中的“填充”按钮，系统会弹出“选择分析序列”对话框，如图 17-33 所示。

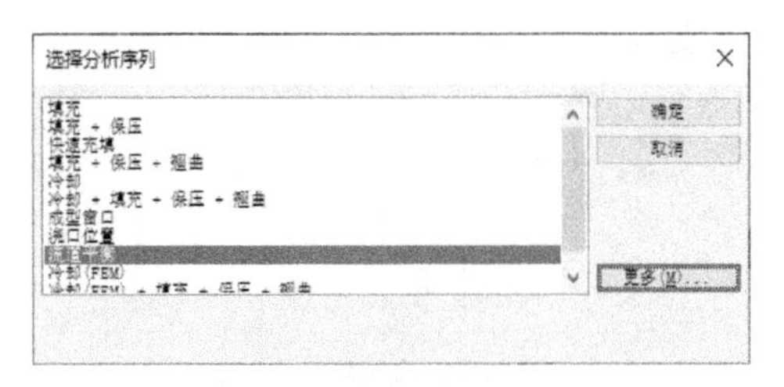

图 17-33 “选择分析序列”对话框

由于本例是要进行流道平衡分析，所以选择“流道平衡”选项后单击“确定”按钮，分析类型变为“流道平衡”。

8．选择材料

选择的材料为“Polytrope TPP 620-31：A Schulman GMBH”。

9．设置工艺成型条件

Step1：选择“主页”→“工艺设置”菜单命令，或者双击任务视窗中的“工艺设置默认”按钮，系统会弹出“工艺设置向导-填充设置”对话框第 1 页，如图 17-34 所示。

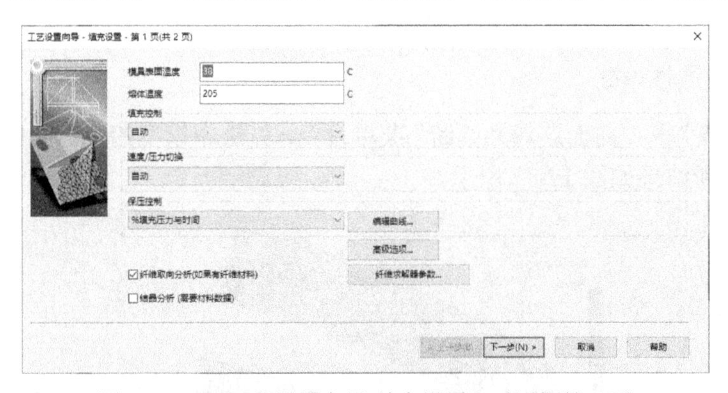

图 17-34 “工艺设置向导-填充设置”对话框第 1 页

Step2：对于初步方案的流道平衡分析，模具表面温度、熔体温度、填充控制和保压控制均采用系统默认的工艺参数。

Step3：单击“下一步”按钮，弹出“工艺设置向道-流道平衡设置”对话框第 2 页，如图 17-35 所示。

图 17-35 中，对于初步方案，为避免由目标压力太小导致分析计算失败的情况，目标压力选择中间偏大值为 80MPa。

Step4：单击“高级选项”按钮，弹出如图 17-36 所示的“流道平衡高级选项”对话框，可以进行迭代计算参数和收敛目标设置，对于初步方案，研磨公差、最大迭代、时间收敛公差和压力收敛公差均采用系统默认值。

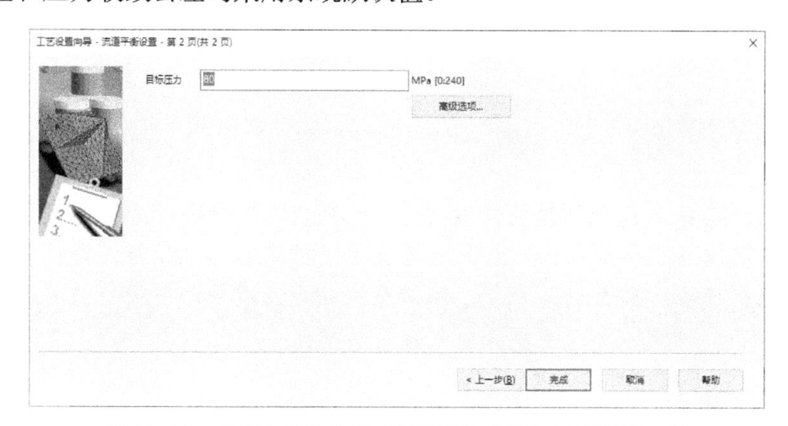

图 17-35　“工艺设置向导-流道平衡设置”对话框第 2 页

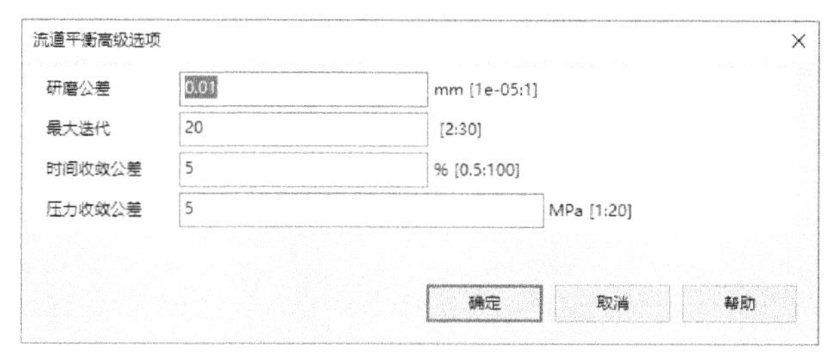

图 17-36　“流道平衡高级选项”对话框

10. 流道尺寸约束条件的设置

在 AMI 系统流道平衡分析模块中，需要设定流道尺寸约束条件，AMI 会根据约束条件来调整流道的直径尺寸。

Step1：选中浇注系统中流道中的杆单元，右击该单元，在弹出的快捷菜单中选择“属性”命令，弹出“冷流道”对话框，如图 17-37 所示。

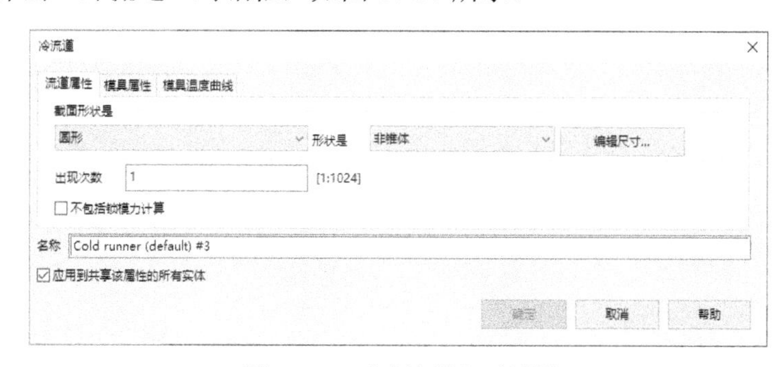

图 17-37　“冷流道”对话框

Step2：单击“编辑尺寸”按钮，弹出“横截面尺寸”对话框，如图 17-38 所示，从对话框中可以查看选中的流道的尺寸大小等属性参数，也可以根据需要进行修改。

Step3：单击“编辑流道平衡约束”按钮，弹出“流道平衡约束”对话框，如图 17-39 所示。

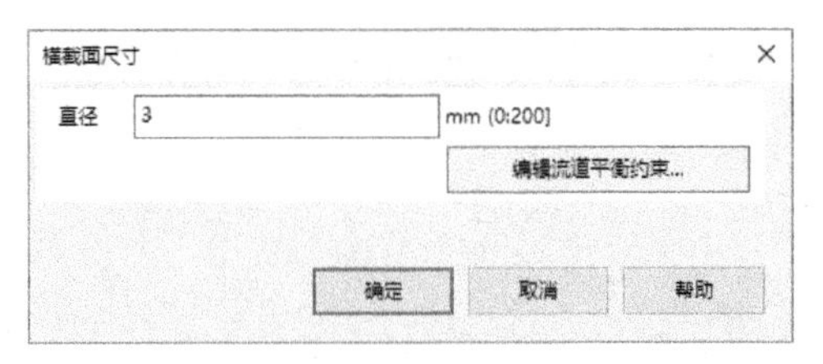

图 17-38 “横截面尺寸”对话框

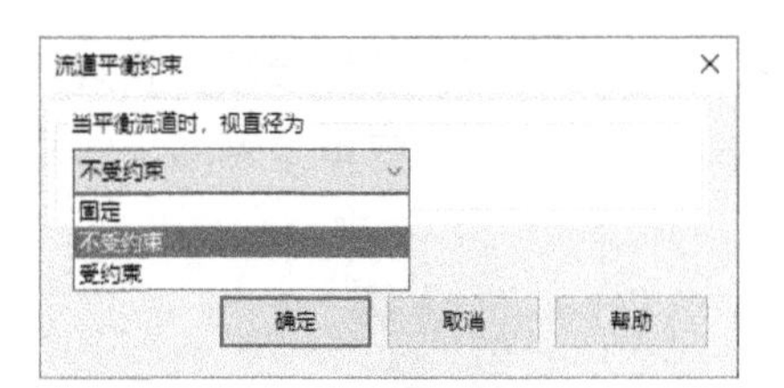

图 17-39 “流道平衡约束”对话框

对于本例，在进行初步分析时，不能准确确定平衡流道尺寸，主流道和分流道都选择“不受约束”方式，系统通过初步的模流分析，自动调整来确定最佳的平衡流道截面尺寸，可以避免在初步流道平衡分析时由流道截面尺寸约束条件设定不合理造成分析失败的情况。

11. 分析计算

在完成了分析前处理之后，即可进行分析计算，整个求解器的计算过程基本由 AMI 系统自动完成。

Step1：双击任务视窗中的“分析”按钮，求解器开始分析计算。

Step2：选择“分析”→“作业管理器”菜单命令，弹出如图 17-40 所示的“作业查看器”界面，可以看到任务队列及计算进程。从任务队列中可以看到，每一步的迭代过程其实就是一次填充分析。

17.3.4 组合型腔的流道平衡初步分析结果解读

流道平衡分析完成后，分析结果会以文字、图形、动画等方式显示出来，同时在任务视窗面板中分类显示，如图 17-41 所示。

从图 17-41 中可以看到，其分析结果包含“流动”和“优化”两部分内容，结果分别存于相应的两个文件夹中。

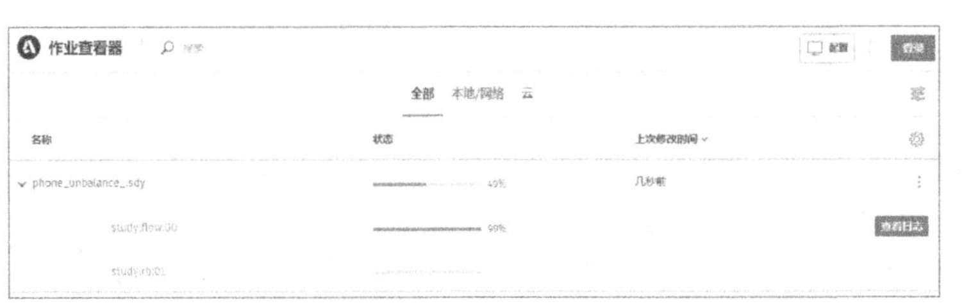

图 17-40 “作业查看器”界面

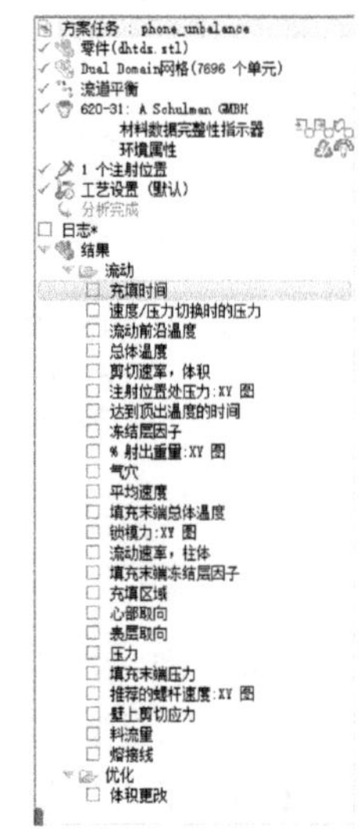

图 17-41 流道平衡分析结果

1. 流道平衡分析日志

通过分析计算的分析日志，可以实时监控分析的整个过程。

从分析的日志中，可以查看注射成型分析的整个过程，包括 Moldflow 信息、求解器参数（见图 17-42）、材料数据（见图 17-43）、注射成型工艺的各参数设置（见图 17-44）、模型信息（见图 17-45）、填充保压阶段的详细信息、流道平衡分析特有的流道平衡分析高级设置（见图 17-46），还可以查询流道平衡分析的约束条件设置信息，包括平衡分析的目标压力、迭代步长、时间收敛公差、压力收敛公差、最大迭代次数和迭代计算过程。从日志中的迭代过程信息中，可以看到迭代计算的整个过程，如图 17-47 所示，包括每一步迭代计算、迭代计算所得到的逼近结果、迭代的总步数、迭代收敛的公差、通过设定迭代次数最终达到的收敛公差。

```
求解器参数 :

  厚度上的计算层数                          =        12
  充填阶段的中间结果输出选项
    恒定间隔的结果数                        =        20
    恒定间隔的动态结果数                    =         0
  保压阶段的中间结果输出选项
    恒定间隔的结果数                        =        20
    恒定间隔的动态结果数                    =         0
  流动速率收敛公差                          =    0.5000 %
  熔体温度收敛公差                          =    0.0200 C
  并行的线程数                              = 自动
  分析中使用的初始线程数                    =         3
  模具-熔体热传导系数
                    填充                    =  5000.0000 W/m^2-C
                    保压                    =  2500.0000 W/m^2-C
                    分离，型腔侧            =  1250.0000 W/m^2-C
                    分离，型芯侧            =  1250.0000 W/m^2-C
  流动速率迭代的最大数量                    =       125
  熔体温度迭代的最大数量                    =       200
  节点增长机制                              = 多个
  压力跟踪采样率                            =        10 Hz
    压力跟踪节点总数                        =         1
      节点        1                               =      5910
```

图 17-42　求解器参数

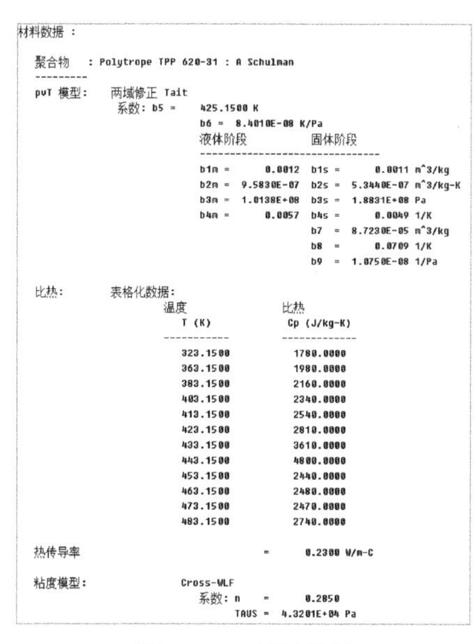

```
材料数据 :

  聚合物    : Polytrope TPP 620-31 : A Schulman
  ---------
  pvT 模型:    两域修正 Tait
                系数: b5 =     425.1500 K
                          b6 =  8.4010E-08 K/Pa
                          液体阶段              固体阶段
                          ------------------------------
                          b1m =      0.0012  b1s =      0.0011 m^3/kg
                          b2m =  9.5830E-07  b2s =  5.3440E-07 m^3/kg-K
                          b3m =  1.0138E+08  b3s =  1.8831E+08 Pa
                          b4m =      0.0057  b4s =      0.0049 1/K
                                             b7  =  8.7230E-05 m^3/kg
                                             b8  =      0.0709 1/K
                                             b9  =  1.0750E-08 1/Pa

  比热:         表格化数据:
                      温度                  比热
                        T (K)                 Cp (J/kg-K)
                      -----------           ------------
                        323.1500              1780.0000
                        363.1500              1980.0000
                        383.1500              2160.0000
                        403.1500              2340.0000
                        413.1500              2540.0000
                        423.1500              2810.0000
                        433.1500              3610.0000
                        443.1500              4800.0000
                        453.1500              2440.0000
                        463.1500              2480.0000
                        473.1500              2470.0000
                        483.1500              2740.0000

  热传导率                          =      0.2300 W/m-C

  粘度模型:               Cross-WLF
                            系数: n     =      0.2850
                                  TAUS =  4.3201E+04 Pa
```

图 17-43　材料数据

```
工艺设置 :

  注塑机参数:
  ------------------
  最大注塑机锁模力                          = 7.0002E+03 公制吨
  最大注射压力                              = 1.8000E+02 MPa
  最大注塑机注射率                          = 5.0000E+03 cm^3/s
  注塑机液压响应时间                        = 1.0000E-02 s

  工艺参数:
  ------------------
  充填时间                                  =      1.4101 s
  自动计算已确定注射时间。
  射出体积确定                              = 自动
  冷却时间                                  =     20.0000 s

  速度/压力切换方式                         = 自动
  保压时间                                  =     10.0000 s
  螺杆速度曲线(相对):
    % 射出体积            % 螺杆速度
    ----------------------------------
          0.0000              100.0000
        100.0000              100.0000
  保压压力曲线(相对):
         持续时间    % 充填压力
    ----------------------------------
          0.0000 s             80.0000
         10.0000 s             80.0000
         20.0000 s              0.0000
  环境温度                                  =     25.0000 C
  熔体温度                                  =    205.0000 C
  理想型腔侧模温                            =     38.0000 C
  理想型芯侧模温                            =     38.0000 C

  注释:来自冷却分析的模壁温度数据不可用
```

图 17-44　工艺参数设置

```
模型细节 :

  网格类型                                  = Dual Domain

  网格匹配百分比                            =  89.0 %

  相互网格匹配百分比                        =  87.7 %
  节点总数                                  =        3866
  注射位置节点总数                          =           1
     注射位置节点标签是:
                                                                  5910
  单元总数                                  =        7714
    零件单元数                              =        7671
    主流道/流道/浇口单元数                  =          43
    管道单元数                              =           0
    连接器单元数                            =           0
  分型面法线                          (dx) =      0.0000
                                      (dy) =      0.0000
                                      (dz) =      1.0000
  三角形单元的平均纵横比                    =      2.4286
  三角形单元的最大纵横比                    =     10.0669
  具有最大纵横比的单元数                    =        4712
  三角形单元的最小纵横比                    =      1.1581
  具有最小纵横比的单元数                    =         369
  总体积                                    =     88.7118 cm^3
    最初充填的体积                          =      0.0000 cm^3
    要充填的体积                            =     88.7118 cm^3
      要充填的零件体积                      =     88.0005 cm^3
      要充填的主流道/流道/浇口体积          =      0.7114 cm^3
  总投影面积                                =    217.9438 cm^2
```

图 17-45　模型信息

分析开始时间	Tue Jun 1 16:14:37 2021
平衡目标压力	80.0000 MPa
研磨公差	0.0100 mm
最大迭代限制	20
时间收敛公差	5.0000 %
压力收敛公差	5.0000 MPa
截面收敛公差	0.7000

图 17-46　流道平衡高级设置

迭代	时间不平衡 (%)	压力不平衡 (MPa)	截面不平衡
0	7.4461	45.2220	0.8954
1	6.9489	41.7130	0.8635
2	6.1979	40.6210	0.8380
3	4.4553	38.7430	0.8024
4	20.4469	29.9370	0.6076
5	14.5517	46.3400	0.9280
6	17.1010	15.7800	0.3092
7	14.1177	44.4500	0.8964
8	18.2248	16.5930	0.3330
9	14.1177	44.4500	0.8964
10	16.6528	17.4300	0.3419
11	12.9603	41.7800	0.8473
12	18.2248	16.5930	0.3330
13	12.9603	41.7800	0.8473
14	16.6528	17.4300	0.3419
15	14.1177	44.4500	0.8964
16	18.2248	16.5930	0.3330
17	12.9603	41.7800	0.8473
18	16.6528	17.4300	0.3419
19	12.9603	41.7800	0.8473
20	18.2248	16.5930	0.3330
理想的平衡完成：允许研磨公差和压力控制			
21	5.3131	40.3250	0.8130

图 17-47　迭代计算过程

2. 流道平衡分析结果

由于流动分析在前面章节已经详述过，在此不再赘述，这里只解读与塑件质量和流道平衡分析有关的分析结果。

（1）充填时间。

图 17-48 所示为模型充填时间结果。从分析结果图及结果查询工具查询的结果中可以看到，上盖最后充填时间为 1.564s，而下盖最后充填时间为 1.445s，流动的不平衡性达到了 8.2%。

从充填时间很容易判断熔体流动并不平衡。

（2）速度/压力切换点压力。

图 17-49 所示为速度/压力切换点压力结果。

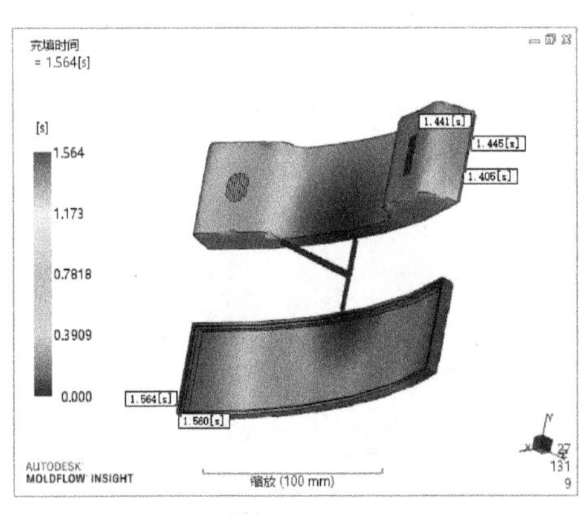

图 17-48　充填时间结果

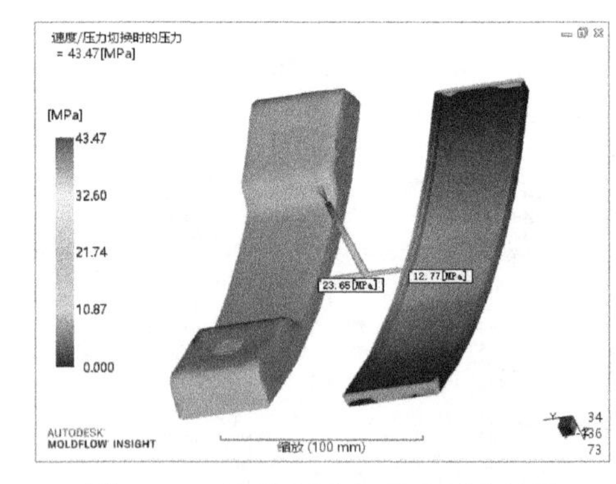

图 17-49　速度/压力切换点压力结果

当速度/压力切换发生在压力最大值为 43.47MPa 时，由分析结果图及结果查询工具查询的结果可以看到，电话听筒上、下盖在发生速度/压力切换时型腔内的压力并不一致，相差 10MPa 左右，填充不平衡，影响塑件质量。

（3）注射位置处压力：XY 图。

注射位置处压力：XY 图描绘了浇口位置处的压力在整个填充保压过程中随着时间

变化而变化的曲线，可以非常直观地看到浇口位置处压力的变化情况。

图 17-50（a）所示为注射位置处压力：XY 图。

从图 17-50（b）可以看到，浇口位置处的压力从 1.41s 时开始急剧增大，到 1.528s 时达到 43.47MPa，经过 0.012s 后又急剧减小到 34.78MPa，压力变化太大，反映出因流动不平衡而造成注射压力增大的现象。

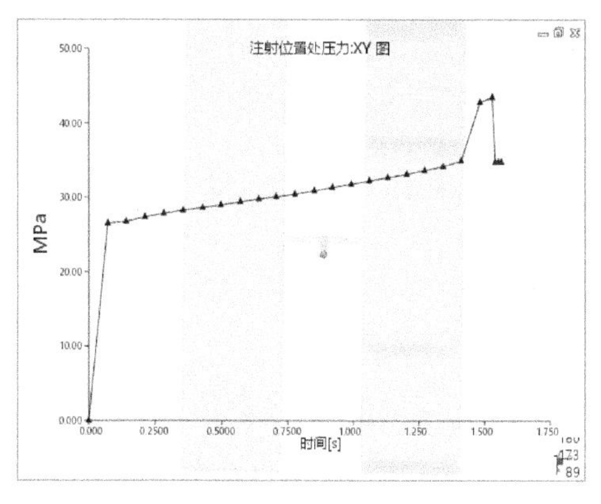

（a）注射位置处压力：XY 图

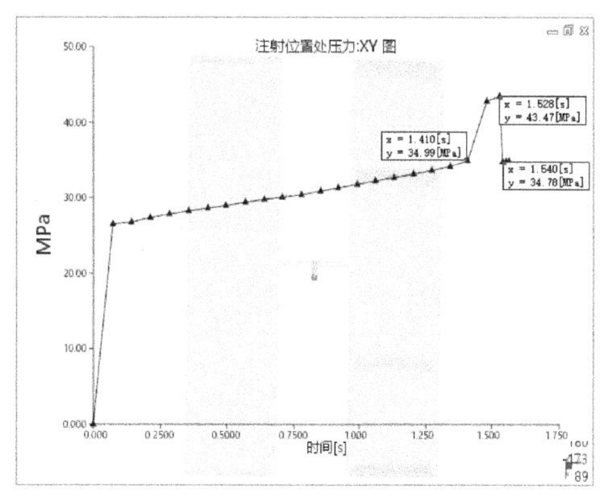

（b）曲线数据查询

图 17-50　注射位置处压力：XY 图及相关数据

（4）气穴和熔接痕。

图 17-51 所示为气穴结果，图 17-52 所示为熔接痕结果。从气穴和熔接痕缺陷图可以看到，电话听筒上、下盖的气穴和熔接痕缺陷还是比较少的，并且所在位置产生缺陷是难以避免的，对产品外观质量影响不大，这表明电话听筒上、下盖体的浇口位置还是比较合理的。

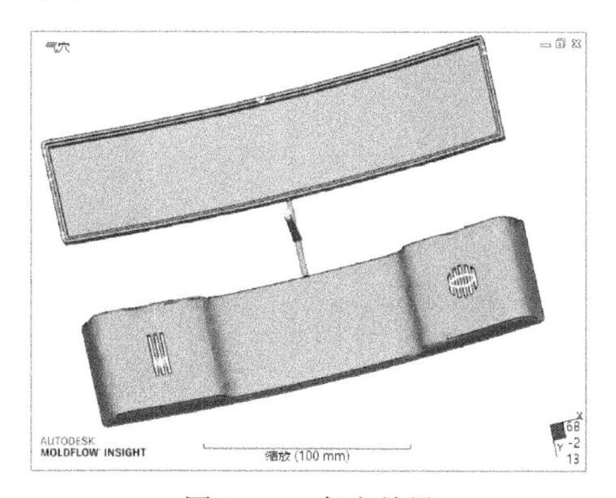

图 17-51　气穴结果

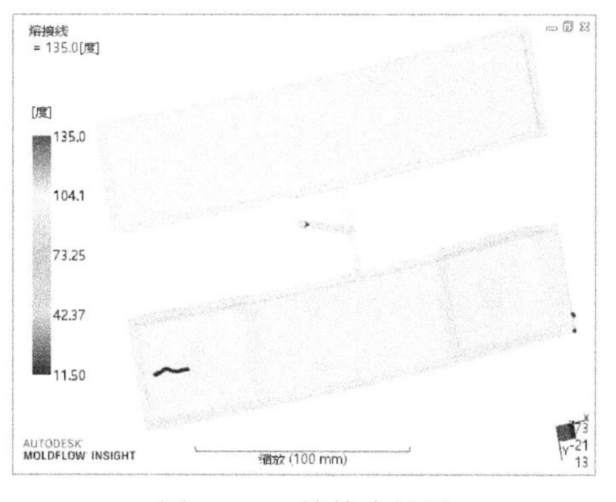

图 17-52　熔接痕结果

（5）流道平衡分析尺寸优化结果。

图 17-53 所示为流道平衡分析流道尺寸优化结果，其中分流道以不同颜色显示，可以通过工具检查结果查询各分流道的体积变化量。

从图 17-53 可以看到，通向电话听筒下盖的分流道体积变化较大，达到-86.06%；而通向电话听筒上盖的分流道体积变化稍小，达到了-78.84%，这样的结果是在平衡约束条件下计算得到的。

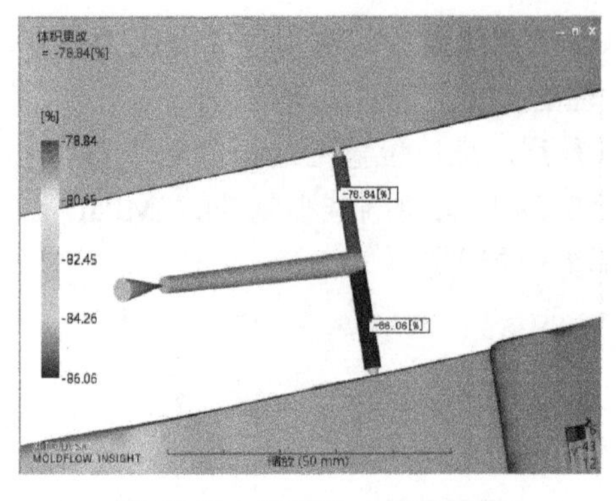

图 17-53　流道尺寸优化结果

17.3.5　组合型腔的流道平衡初步优化分析

经过流道平衡分析完成之后，在任务视窗中，系统会自动生成一个新项目“phone_unbalance（流道平衡）”进行了填充分析。

双击该项目如图 17-54 所示，新生成的项目是在原分析项目的基础上通过系统流道平衡分析对流道尺寸进行优化后系统自动生成的。

通过图 17-54 与图 17-28 的流道尺寸的对比，可以看出，优化后的流道尺寸明显变小了，可以通过属性信息查看优化后的流道尺寸。

Step1：选中浇注系统中流道中的杆单元，右击后弹出快捷菜单，选择“属性”命令，弹出“冷流道”对话框，如图 17-55 所示。

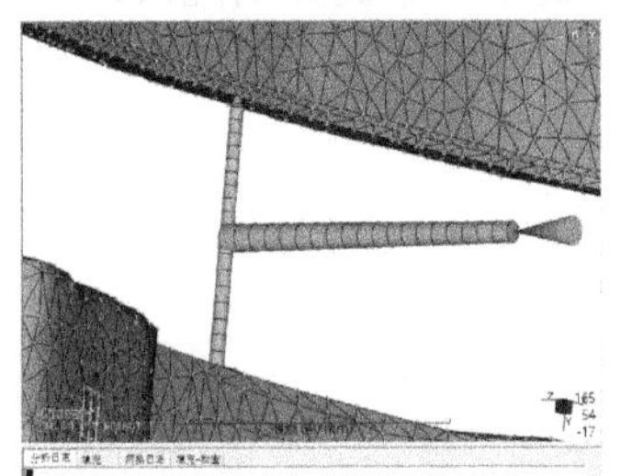

图 17-54　平衡分析后得到的浇注系统

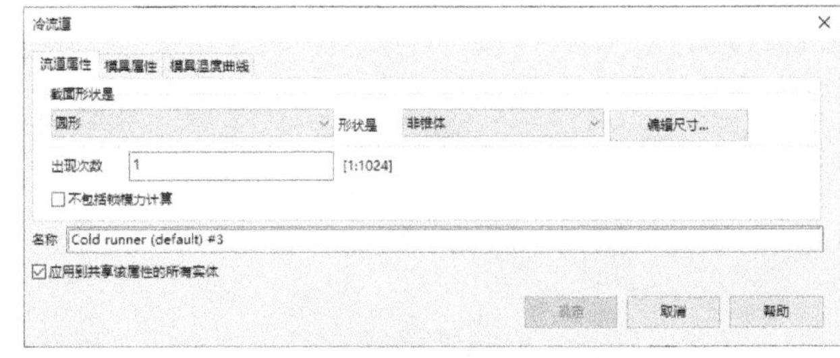

图 17-55　“冷流道”对话框

Step2：单击“编辑尺寸”按钮，弹出“横截面尺寸”对话框，如图 17-56 和图 17-57 所示。从“流道属性”选项卡中可以查看选中的流道的形状特征和尺寸大小等属性参数，其中尺寸是流道平衡分析后系统自动优化的尺寸。

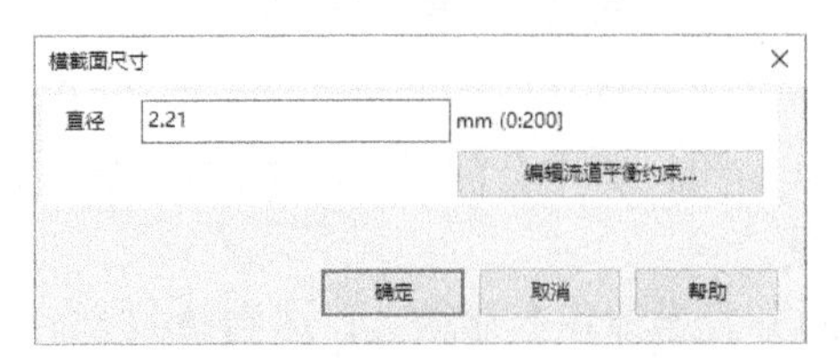

图 17-56　“横截面尺寸”对话框①

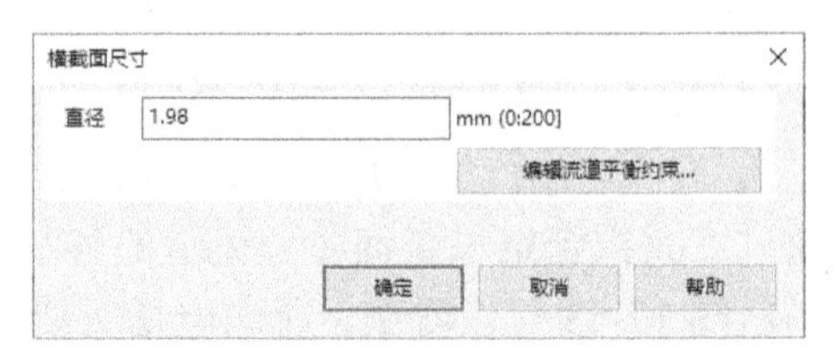

图 17-57　“横截面尺寸”对话框②

下面对系统流道平衡分析后自动生成的优化方案进行解读。

（1）充填时间。

图 17-58 所示为充填时间结果。从分析结果及结果查询工具查询的结果中可以看到，上盖、下盖最后充填时间较之前有所改善，但仍然不平衡，需要继续改善。

（2）速度/压力切换点压力。

图 17-59 所示为速度/压力切换点压力结果。速度/压力切换发生在压力为 49.59MPa 时，由分析结果及结果查询工具查询的结果可以看出，电话听筒上、下盖在发生速度/压力切换时型腔内的压力差较初步方案均匀，与初步方案相比有所改善，但仍然存在不平衡。

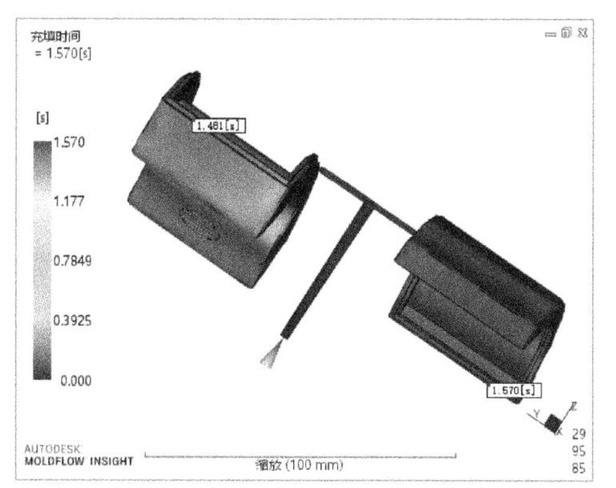

图 17-58　充填时间结果

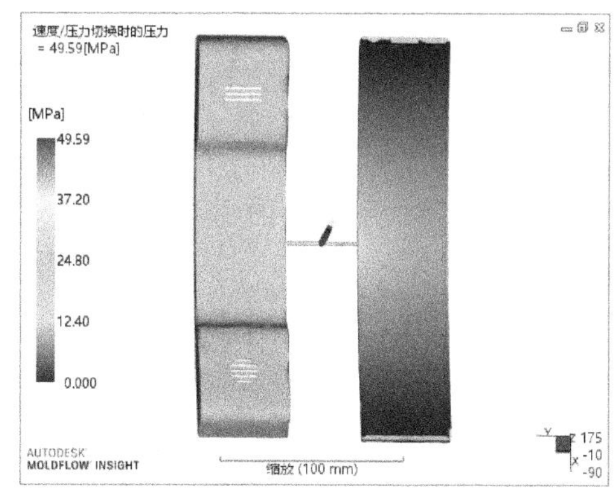

图 17-59　速度/压力切换点压力结果

（3）注射位置处压力：XY 图。

图 17-60 所示为注射位置处压力：XY 图。从图 17-60 可以看到，浇口位置处的压力随时间变化是很均匀的，不存在急剧增大和急剧减小的不平衡情况。

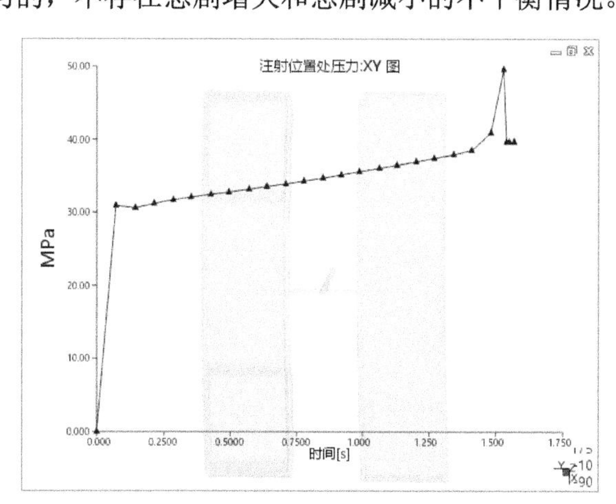

图 17-60　注射位置处压力：XY 图

17.3.6　组合型腔的流道平衡优化分析

由以上结果的分析可知，对于初步设计方案，熔体在型腔内流动存在不平衡现象，包括充填时间不平衡、浇口位置注射压力不平衡，程度达到 10%，同时由于流道设计不平衡，因此两个型腔内的压力存在较大差异。

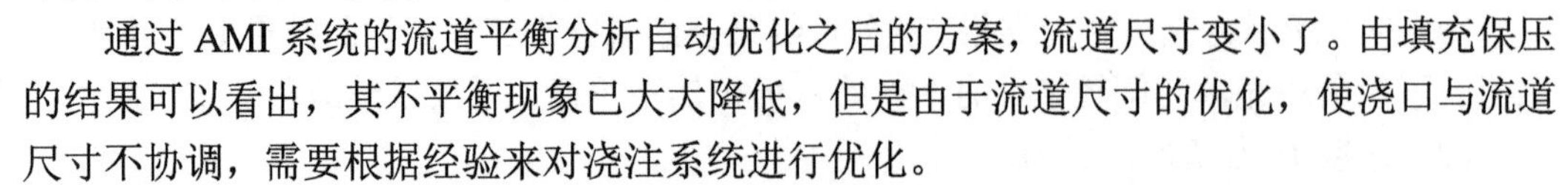

通过 AMI 系统的流道平衡分析自动优化之后的方案，流道尺寸变小了。由填充保压的结果可以看出，其不平衡现象已大大降低，但是由于流道尺寸的优化，使浇口与流道尺寸不协调，需要根据经验来对浇注系统进行优化。

为了达到同模异穴的流动平衡，可以采用流道平衡分析自动优化方案的流道尺寸，再对浇口形状和尺寸进行优化，重新估计设置平衡约束条件，重新进行流道平衡分析。

1. 基本分析模型复制

先将“phone_unbalance（流道平衡）”进行复制，选中后右击，在弹出的快捷菜单中选择“复制”命令，复制此项目，重命名为“phone_balance”。

2. 浇注系统优化

对于流道尺寸则直接采用流道平衡分析自动优化的流道尺寸，对浇口形状和尺寸进行修改。

通过流道优化前后的尺寸对比，可以看到，两分流道的尺寸都变小了，通向上盖的流道尺寸由 2.5mm 变为 1.98mm，通向下盖的流道尺寸由 3mm 变为 2.21mm，流道平衡分析只优化了流道尺寸，主流道尺寸也由原来的直径 3～4mm 变为 2.3～2.8mm。

对于浇口尺寸，系统不对浇口形状尺寸进行优化，需要根据专业知识和经验来选择。

图 17-61 所示为点浇口的“横截面尺寸”对话框，浇注系统创建结果如图 17-62 所示。

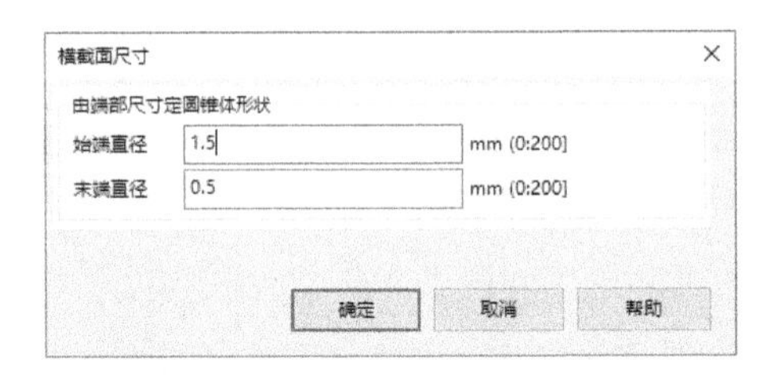

图 17-61　“横截面尺寸”对话框

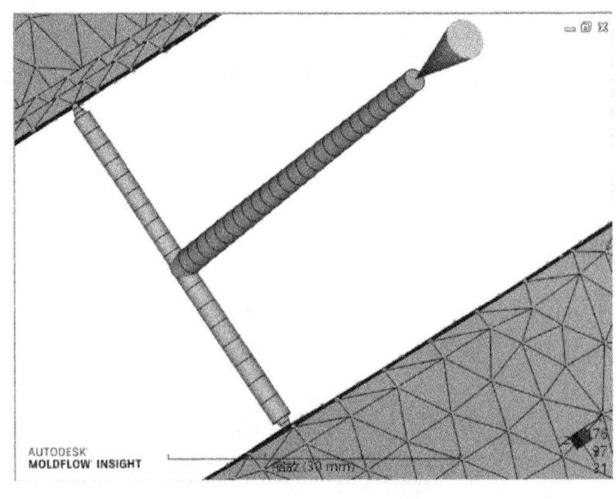

图 17-62　浇注系统创建结果

3. 工艺条件平衡约束条件优化设置

由初步方案的流道平衡分析结果（见图 17-63）可以看出，在整个注射过程中，注射压力是比较小的，而初步分析时将目标压力设置为 80MPa，显然过大了，因为流道和浇口的形状、尺寸会影响型腔压力，所以当浇注系统修改之后，型腔压力也会改变。随着流道尺寸和浇口尺寸变小，浇注系统损失的压力会更大。为了更准确地设定目标压力，需借助项目“phone_unbalance（流道平衡）”的分析结果。其中，注射位置处压力：XY 图如图 17-63 所示，速度/压力切换点压力结果如图 17-64 所示。

由图 17-63 可以看出，流道尺寸优化之后注射压力变小了，为了使流道平衡分析结果更准确，将目标压力设置为 50MPa，如图 17-65 所示。

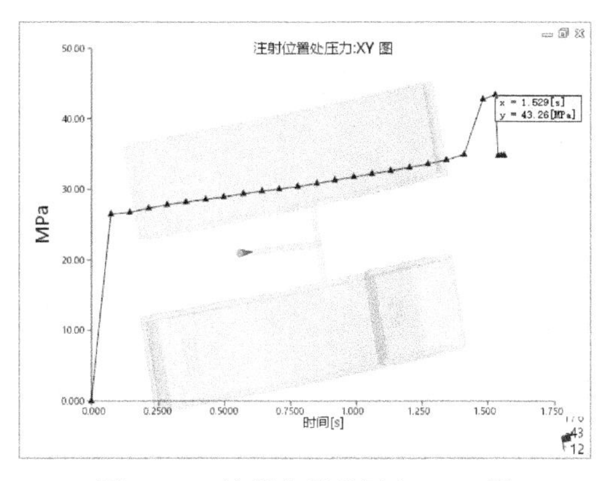

图 17-63　注射位置处压力：XY 图

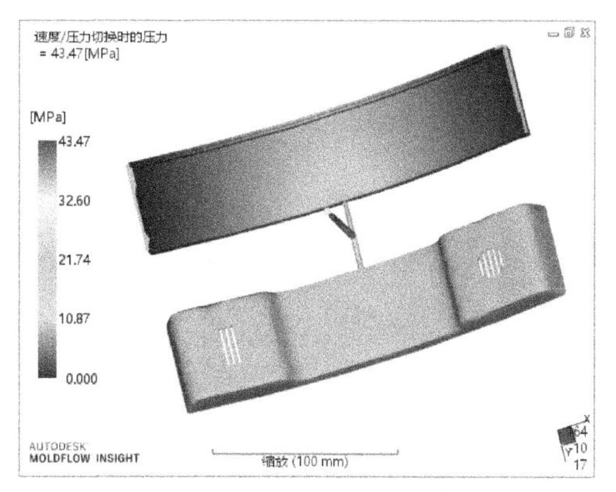

图 17-64　速度/压力切换点压力结果

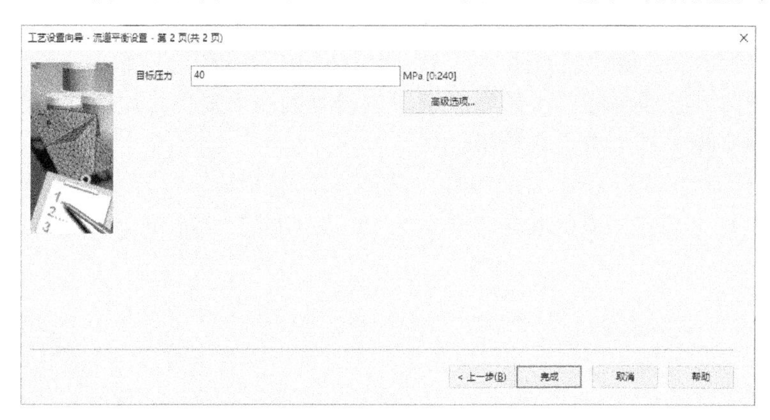

图 17-65　“工艺设置向导-流道平衡位置”对话框第 2 页

4．分析计算

双击任务视窗中的“分析”按钮，求解器开始分析计算。

17.3.7　组合型腔的流道平衡优化分析结果解读

优化方案分析成功后，在任务视窗中显示的分析结果包含“流动”和“优化”两部分内容，结果分别存在于相应的两个文件夹中。

1．流道平衡分析结果解读

（1）充填时间。

图 17-66 所示为模型充填时间结果。从分析结果及结果查询工具查询的结果中可以看出，电话听筒的充填时间是比较均匀的，方案优化之后的填充分析基本上达到了平衡状态。

（2）速度/压力切换点压力。

图 17-67 所示为速度/压力切换点压力结果。速度/压力切换发生在压力为 36.24MPa 时，由分析结果及结果查询工具查询的结果可以看出，电话听筒上、下盖在发生速度/压力切换时型腔内的压力仍然存在微小的不平衡，方案优化之后的填充分析平衡程度提高了。

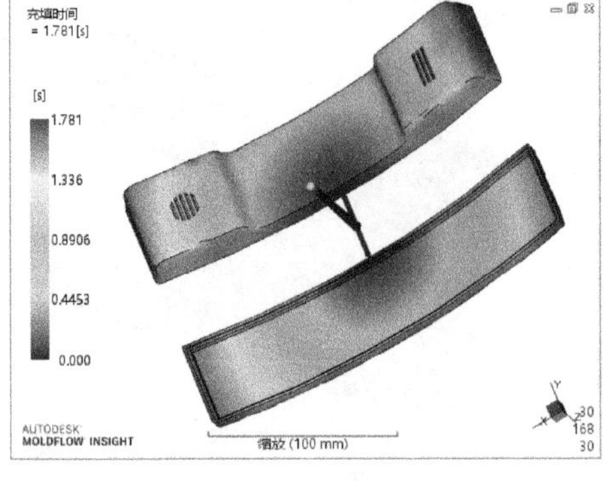

图 17-66　充填时间

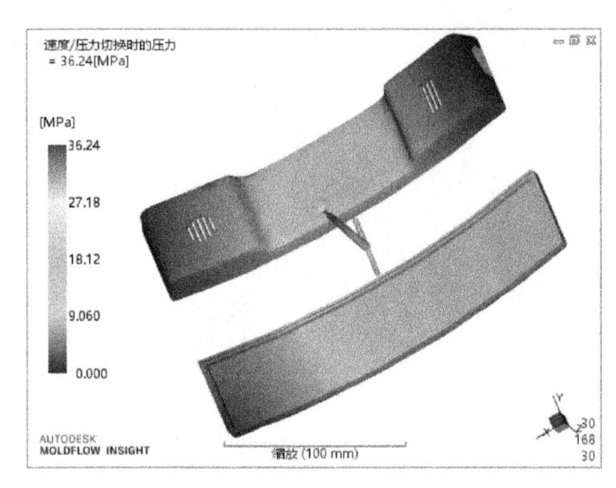

图 17-67　速度/压力切换点压力

（3）注射位置处压力：XY 图。

图 17-68 所示为注射位置处压力：XY 图。从图 17-68 中可以看出，浇口位置处的压力随时间的变化是比较平缓的，反映了浇口位置处的压力变化是比较均匀的。

（4）流道平衡分析尺寸优化结果。

选择“优化”文件夹下的“体积更改”选项，流道平衡分析尺寸优化结果如图 17-69 所示，从图中可以看到，流道的体积变化为 0，说明经过初步优化之后的流道尺寸是相当理想的。

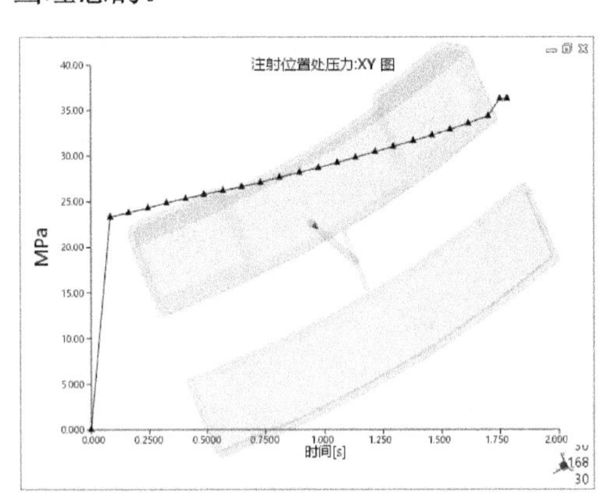

图 17-68　注射位置处压力：XY 图

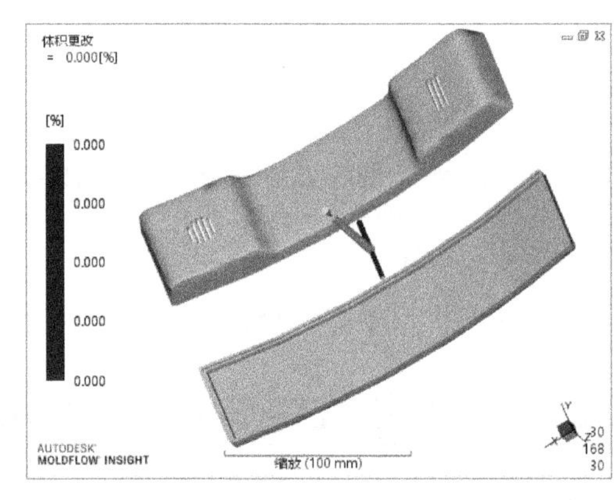

图 17-69　体积更改结果

从图 17-69 中可以看出，流道的体积变化为 0，说明初步方案流道尺寸优化结果（即迭代计算结果）达到最优，达到了最终的收敛目标。

流道平衡分析完成之后，在任务视窗中，系统会自动生成一个新项目，即优化之后的项目，双击“phone_unbalance（流道平衡）”，打开该项目。新生成的项目是在分析项目的基础上通过系统流道平衡分析对流道尺寸进行优化后生成的。

2. “phone_unbalance（流道平衡）”流动分析结果解读

在分析结果中，主要关注熔体在组合型腔内的填充是否平衡、填充过程中的压力变化是否均匀，以及填充完成后产品的表面质量。

（1）充填时间。

图 17-70 所示为模型充填时间结果。从分析结果及结果查询工具查询的结果中可以

看出，上盖、下盖最后充填时间均约为 1.7s，流动基本上达到平衡状态，从充填时间很容易判断熔体流动趋于平衡。

（2）速度/压力切换点压力。

图 17-71 所示为速度/压力切换点的压力分布结果。速度/压力切换发生在压力为 36.24MPa 时，填充比较均匀，方案优化之后的填充分析平衡程度提高了。

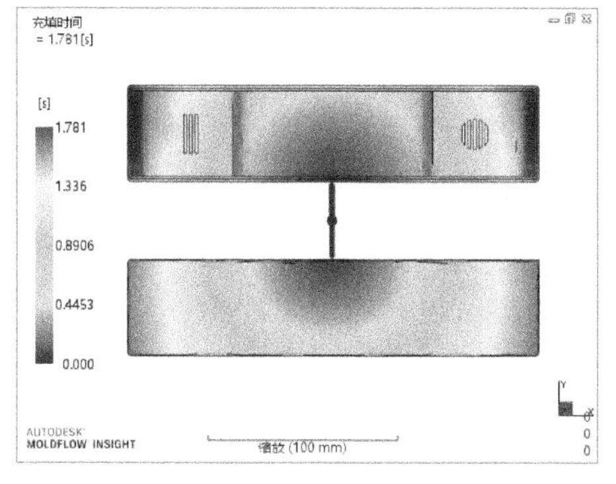

图 17-70　充填时间结果

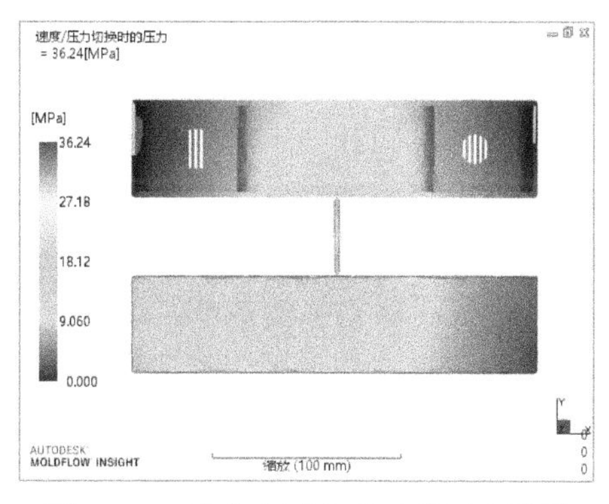

图 17-71　速度/压力切换点的压力结果

（3）注射位置处压力：XY 图。

图 17-72 所示为注射位置处压力：XY 图。从图 17-72 中可以看到，浇口位置处的压力随时间变化很均匀，不存在急剧增大和急剧减小的不平衡情况。

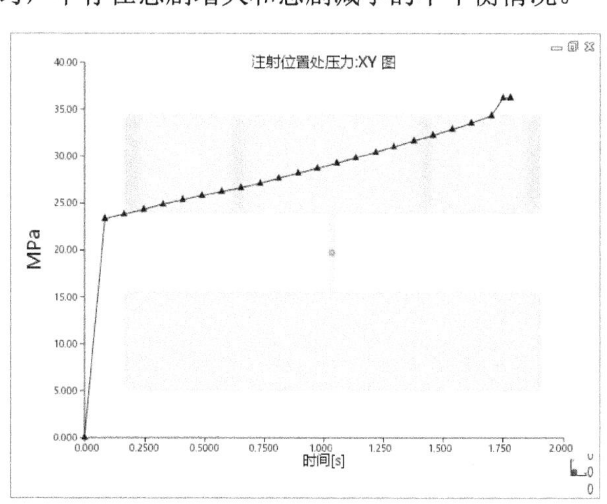

图 17-72　注射位置处压力：XY 图

从以上分析结果可以看出，电话听筒上、下盖在充填时间上基本一致，即基本上可以同时完成填充；在熔体的整个填充流动过程中，进料口处的压力变化很均匀，这直接反映了在整个填充流动过程中组合型腔内的熔体流动基本上是平衡的。

17.3.8　结论

本例是应用 AMI 系统的“AMI/流道平衡分析”模块，根据经验设计了一个初步方案，利用 AMI 系统对初步设计的方案进行填充保压和流道平衡分析，寻找设计中存在的流道不平衡情况，包括充填时间不平衡和熔体在流动过程中压力分布不平衡等现象。

利用流道平衡优化方法，根据实际情况和优化结果来调整设计方案，从而获得相对合理又满足流道平衡要求的设计方案。

Note

17.4 本章小结

本章主要介绍软件中的“流道平衡分析”模块，包括流道平衡的分析前处理、分析计算、分析结果解读和优化等内容。在这一章中，重点需要掌握流道平衡分析约束条件的设定、组合型腔的布局和分析。

流道平衡分析对多型腔模具的流道设计很有作用，经过分析，能快速得到填充平衡状态下的流道尺寸。平衡的浇注系统不仅可以保证良好的产品质量，而且可以保证不同型腔内产品质量的一致性。

第18章

纤维填充取向分析

本章介绍纤维填充取向分析的基础知识及 Moldflow 软件在纤维填充取向分析中的应用实例，重点介绍 Moldflow 软件中纤维填充取向分析模块的作用、纤维材料的选择、工艺参数设置及分析结果解读等内容，使读者能够掌握纤维填充取向分析的分析方法及其应用。

学习目标

（1）掌握纤维填充取向分析的作用

（2）掌握纤维填充取向分析结果的解读方法

18.1 纤维填充取向分析简介

当将一个纤维填充取向分析结果输入翘曲分析里时，纤维填充取向分析的结果会自动地被使用。这样的翘曲分析结果会比只对材料做收缩分析的结果可靠。当纤维填充取向分析没有参与到流动分析时，AMI 软件所做的翘曲分析结果是不可靠的。

对于解决含纤维塑件的翘曲问题，改变塑件的浇口位置通常会明显地改变塑件的翘曲。此外，改变注射速度也能一定程度上改善塑件的翘曲。

纤维的取向决定了塑件的性能，会影响到塑件设计及其模具设计、聚合物的力学性能和各向异性性能。纤维的取向随流动方向、厚度和塑件的几何形状而变化。对于含纤维填充的材料，纤维的取向通常是引起翘曲变形的主要原因，因此应用纤维填充取向分析预测纤维在材料中的填充取向有重要意义。

1. 纤维

纤维是一种应用最普遍的填充物。纤维的种类很多，主要包括玻璃纤维、碳纤维、碳化硅纤维、合成纤维、硼纤维和 Kevlar 纤维等。

纤维可以改善聚合物的以下属性。

（1）提高材料的弯曲强度（模量）。

（2）提高材料的拉伸强度。

（3）减少材料随时间而发生的塑性变形和应力松弛。

（4）提高材料的热变形温度。

（5）改善混合物的尺寸稳定性（减小翘曲）。

纤维和其他填充物的不同之处在于它们的长径比。纤维的长径比远大于其他填充物，一般填充物的长径比小于或等于 1，而纤维的长径比一般为 25 左右，甚至可以达到 5×10^6。

只有当纤维的长径比远大于 1 时，才可以用于纤维填充取向分析。纤维填充取向分析是为短纤维填充物的流动分析而设计的。

如果混合物含有长纤维，那么混合物在通过料筒、喷嘴和浇注系统的过程中也会将纤维打断，使它们变短，从而适合在纤维填充取向分析中使用。

2. 纤维取向

聚合物里的纤维取向是非常复杂的，其取向有两个趋势。第一个趋势是，在高剪切区域里，纤维的取向会与流动方向一致。在流动截面上有明显剪切产生的区域，纤维会由于剪切的作用而发生取向，而剪切的方向就是流动方向。第二个趋势是，拉伸流动会促使纤维与拉伸方向对齐，这通常发生在径向流动的前端。

一旦纤维进入径向流动的前端，由于作用于径向的作用力很大，因此会促使纤维沿着径向或垂直于流动方向被拉伸。这种影响在流动截面的芯层尤为明显。当纤维靠近模壁时，剪切力会加大。

在流动截面的某些位置上，剪切作用力会大于拉伸作用力，因此纤维会更多地在流动方向上取向。

Note

3. 工艺参数对纤维取向的影响

1）充模速度对纤维取向的影响

充模速度对纤维取向的影响很大，可分为快速充模和慢速充模两种情况。

（1）快速充模因为流速较快，在表层的剪切作用比较强，塑件表层附近纤维取向程度较高，有将近一半的纤维排列方向与流动方向一致；在塑件中心层，由于在充模结束之后的保压过程中熔体仍在流动，因此芯层纤维取向比较复杂，既有与充模方向一致的纤维取向结构，又有垂直于充模方向的纤维取向结构。

（2）慢速充模因为流速较慢，在表层的剪切作用不强，同时由于熔体与型腔表面接触时间较长，会有较多的热量被模具带走，使熔体的温度下降而黏度增加，纤维被冻结在熔体中难以取向。

在同样的注射温度下，与快速充模相比，塑件表层附近纤维取向程度较低。在中心层，由于充模速度较慢，在充模结束后的保压过程中由于熔体基本不再流动，其纤维的取向与充模时的流动方向一致，即垂直于充模方向。

综合以上情况，可以得到结论：在相同的注射温度下，慢速充模比快速充模得到比较强烈的取向结构，然而就塑件表层附近的取向而言，仍然是充模速度快时取向程度高。

2）温度对纤维取向的影响

熔体温度和模具温度的升高会使纤维取向程度下降。这是因为随着熔体温度和模具温度的升高，熔体的流动速度增加，这等效于提高了注射速度，使塑件表层的取向程度较高；塑件的中心层取向比较复杂，既有与充模方向一致的取向结构又有垂直于充模方向的取向结构。同时由于模具温度的升高，层与层之间的剪切力降低，最终导致塑件整体的纤维取向程度下降。

3）压力对纤维取向的影响

提高注射压力能增大熔体中的剪切应力和剪切速率，这就使表层的取向程度较高。因为同时存在较强的剪切作用和喷泉流动，所以塑件芯层既有与充模方向一致的纤维取向结构，又有垂直于充模方向的纤维取向结构。由于剪切应力和剪切速率的提高可以加速取向过程，所以对整个塑件来讲，取向程度提高。

18.2 纤维填充取向分析结果

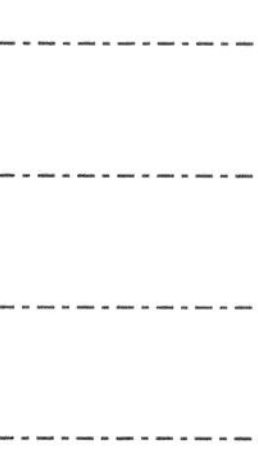

Moldflow 软件在完成分析后，会以文字、图形、动画等方式显示分析结果，同时在任务视窗中分类显示，如图 18-1 所示。

纤维填充取向分析得到的分析结果是在标准的流动分析结果中加入了与填充物有关的分析结果。纤维填充取向分析的主要分析结果如下。

（1）“平均纤维取向”：该结果显示了单元厚度方向上的平均纤维取向随时间的变化情况。纤维取向是决定塑件力学性能的主要因素，但是影响纤维取向的因素较多。

纤维填充取向分析可以预测在整个成型过程中纤维的运动及纤维在塑件厚度方向的平均取向。通过优化填充形式和纤维取向来减小收缩变形和塑件的翘曲，并尽可能使纤维沿塑件受力方向排列以提高塑件的强度。

Note

- 结果
  - 流动
    - 充填时间
    - 速度/压力切换时的压力
    - 流动前沿温度
    - 总体温度
    - 剪切速率，体积
    - 注射位置处压力:XY 图
    - 达到顶出温度的时间
    - 冻结层因子
    - % 射出重量:XY 图
    - 气穴
    - 平均纤维取向
    - 平均速度
    - 填充末端总体温度
    - 锁模力:XY 图
    - 纤维取向张量
    - 填充末端冻结层因子
    - 充填区域
    - 心部取向
    - 表层取向
    - 压力
    - 填充末端压力
    - 推荐的螺杆速度:XY 图
    - 壁上剪切应力
    - 熔接线

图 18-1　纤维填充取向分析结果列表

（2）“纤维取向张量”：显示成型结束时刻纤维在不同的厚度层上的取向张量，是计算塑件在成型过程中热力学性能和塑件残余应力的重要依据。

（3）“泊松比（平均）”：泊松比定义为由第一主要方向上的应力引起的第二主要方向上的应变量。这个分析结果有两种显示方式：一种是单元（纤维）的平均值；另一种是每个单元的值（V12）。

（4）“剪切模量（平均）”：剪切模量是剪切应力与剪切应变的比值。这个分析结果有两种显示方式：一种是单元（纤维）的平均值；另一种是每个单元的值（G12）。

（5）“第一主方向上的拉伸模量（平均）”：拉伸模量定义为拉伸应力与拉伸应变的比值。这里的第一主方向与纤维取向的第一主方向一致。在厚度方向的每一层上，结果都有所不同。

（6）“第二主方向上的拉伸模量（平均）”：第二主方向垂直于纤维取向的第一主方向。

18.3 纤维填充取向分析应用实例

本节将以一个操作实例，演示纤维填充取向分析的流程并对其结果进行解读。

本例选用玻纤增强 PP 塑料，对注射矩形薄板进行纤维填充取向分析。图 18-2 所示为矩形薄板的原始模型。

图 18-2　矩形薄板的原始模型

本例的模型见配套资源“第 18 章 纤维填充取向分析”。

18.3.1 纤维填充取向分析前处理

1．导入薄板模型

Step1：启动 Moldflow 软件。

Step2：选择“开始”→“新建”菜单命令，新建工程项目“fiber”。

Step3：选择“主页”→“导入”菜单命令，系统会弹出“导入”对话框，如图 18-3 所示。

Step4：在对话框中找到“sheet.stl”文件所在的路径。

Step5：选择导入薄板模型“sheet.stl”，单击“打开”按钮，此时系统会弹出“导入”对话框，进行模型导入选项设置，如图 18-4 所示。

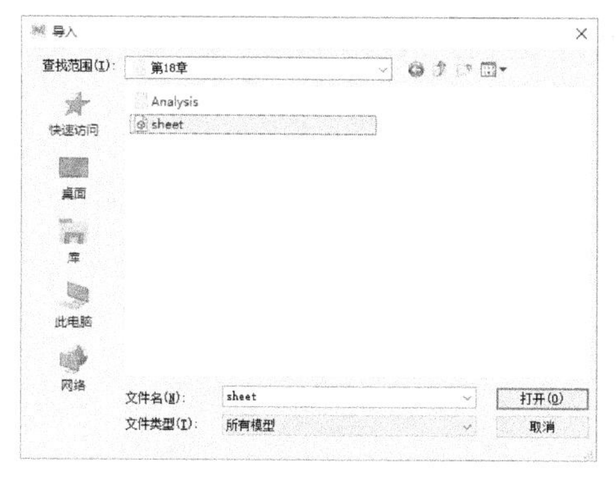

图 18-3 “导入”对话框①

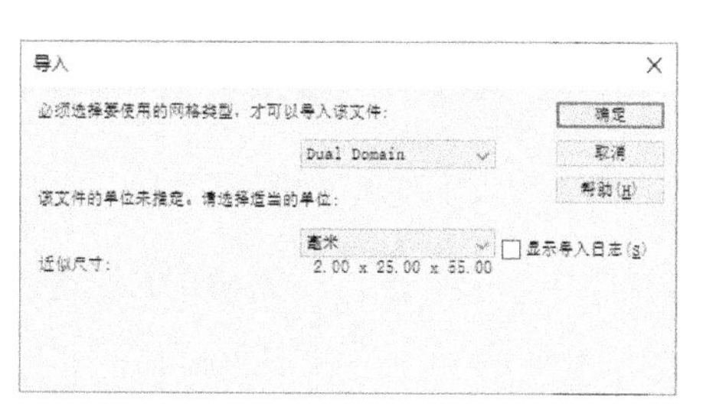

图 18-4 “导入”对话框②

Step6：将模型网格类型设置为双层面，单位设置为毫米。

Step7：单击“确定”按钮，完成选项设置，此时模型显示窗口中会显示导入的薄板模型，薄板模型导入结果如图 18-5 所示。

Step8：双击“创建网格”按钮，弹出“生成网格”对话框，“全局边长”设置为 1.73mm。

Step9：单击“网格”按钮，生成网格。

Step10：诊断并修复网格，其结果如图 18-6 所示。

Step11：单击工具面板上的“保存”按钮，保存文件。

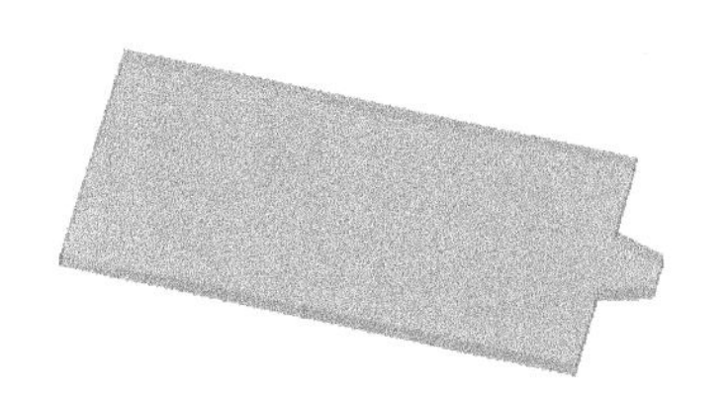

图 18-5 薄板模型导入结果

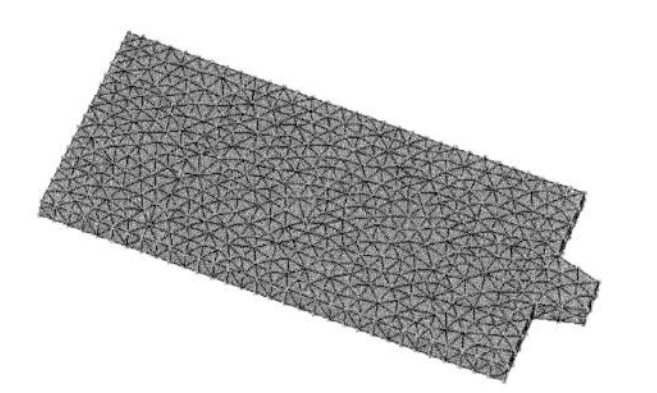

图 18-6 网格修复结果

2. 选择分析序列

双击任务视窗中的“填充”按钮，系统会弹出“选择分析序列”对话框，如图 18-7 所示。选择“填充+保压”选项后单击“确定”按钮，任务视窗如图 18-8 所示。

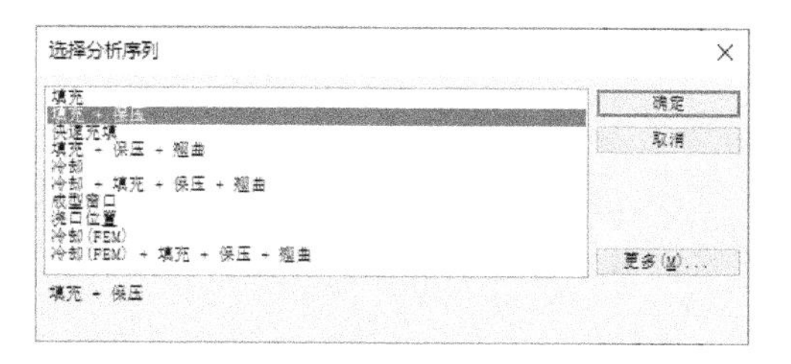

图 18-7 “选择分析序列”对话框

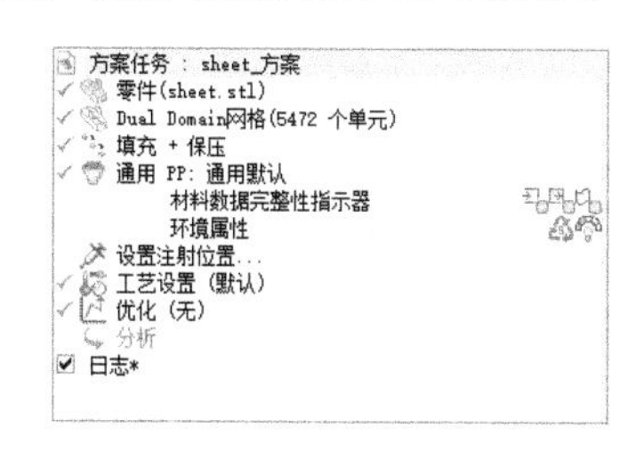

图 18-8 任务视窗

Note

3. 选择材料

在纤维填充取向分析中需要以下纤维信息：填充物类型、纤维的重量比例、通过混合物的密度将填充物的体积比例切换为质量的比例、纵横比、密度、比热容、热导率、弹性模量、泊松比、热膨胀系数、剪切模量。

任何材料的纤维属性都可以从材料属性对话框中看到。该信息都存放在“填充物属性”选项卡中。要了解填充材料的具体属性，可以选择该填充材料，然后单击“细节”按钮。

Step1：双击任务视窗中的“材料”图标，或者选择“成型工艺设置”→“选择材料”→“选择材料 A”菜单命令，系统弹出“选择材料”对话框，如图 18-9 所示。

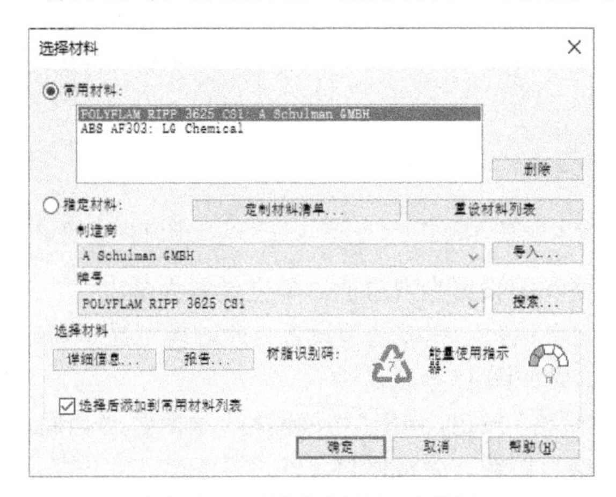

图 18-9 “选择材料”对话框

Step2：在“选择材料”对话框中单击“搜索”按钮，系统会弹出“搜索条件”对话框，如图 18-10 所示。

Step3：选择“填充物数据：重量”选项，“搜索条件”对话框切换为如图 18-11 所示的对话框。

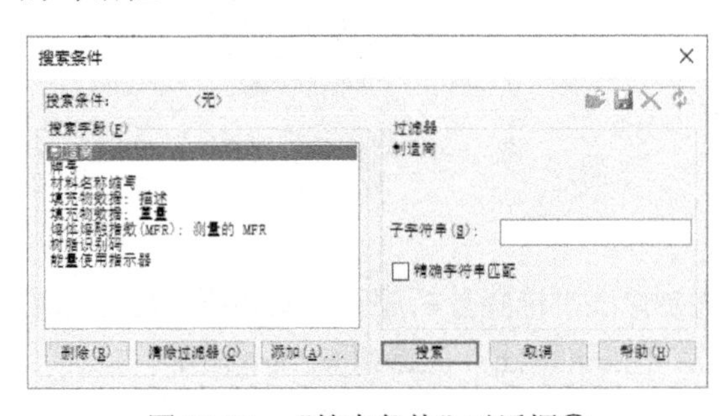

图 18-10 “搜索条件”对话框①

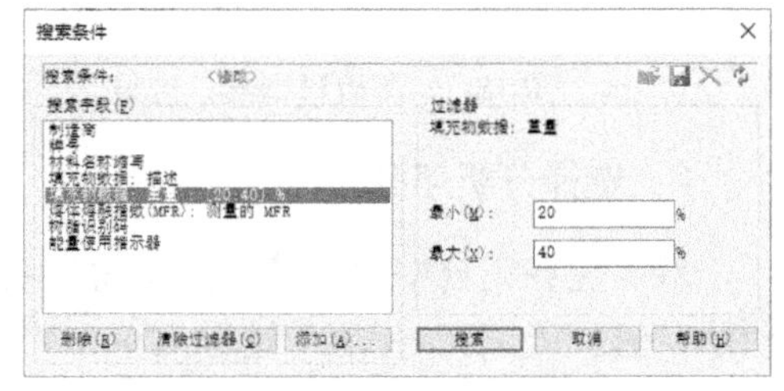

图 18-11 “搜索条件”对话框②

Step4：“最小”设置为 20%，“最大”设置为 40%。

Step5：单击“搜索”按钮，系统会弹出“选择 热塑性材料”对话框，如图 18-12 所示。

Step6：单击“材料名称缩写”按钮，搜索结果以材料简称的顺序进行排列，从而方便查找。

Step7：单击其中 RTP Company 生产的 RTP 0105 CCFR，其中“材料名称缩写”栏

显示为 PP，“填充物数据：描述”栏显示为 Glass Fiber（玻璃纤维），“填充物数据：重量”栏显示的是 30%，表示所选择的材料为 30%玻璃纤维填充的 PP。

Step8：单击“细节”按钮，查看材料的详细信息，在弹出的对话框中选择“填充物/纤维”选项卡，对话框切换为如图 18-13 所示的“热塑性材料”对话框。

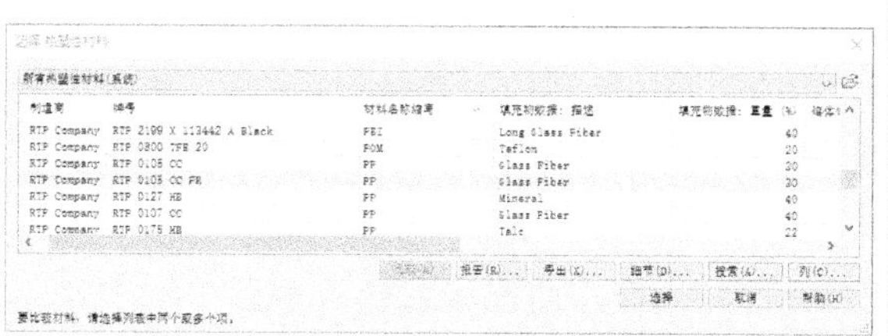

图 18-12 “选择 热塑性材料”对话框

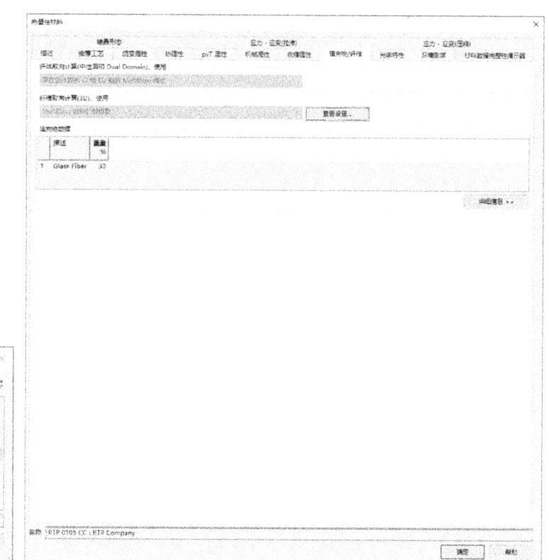

图 18-13 “热塑性材料”对话框

Step9：单击“确定”按钮，返回图 18-12 所示的“选择 热塑性材料”对话框，单击“选择”按钮。

Step10：返回图 18-9 所示的“选择材料”对话框，单击“确定”按钮，选择该材料，任务视窗如图 18-14 所示。该材料“树脂识别码”为 7 级，“能量使用指示器”为 4 级。

4. 设置注射位置

双击任务视窗中的“设置注射位置”按钮，单击薄板网格模型上的一个节点，设置注射位置，如图 18-15 所示。

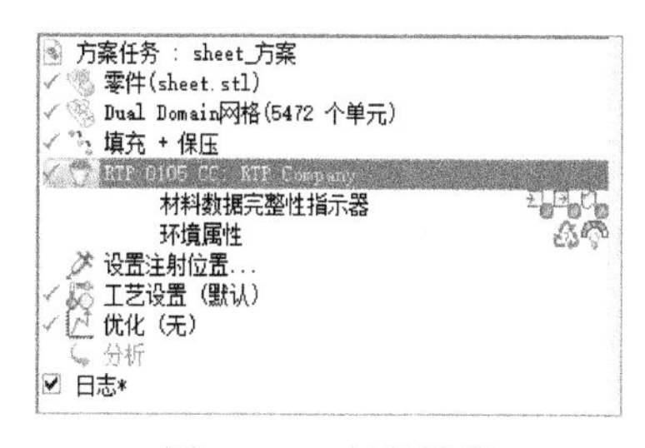

图 18-14 任务视窗

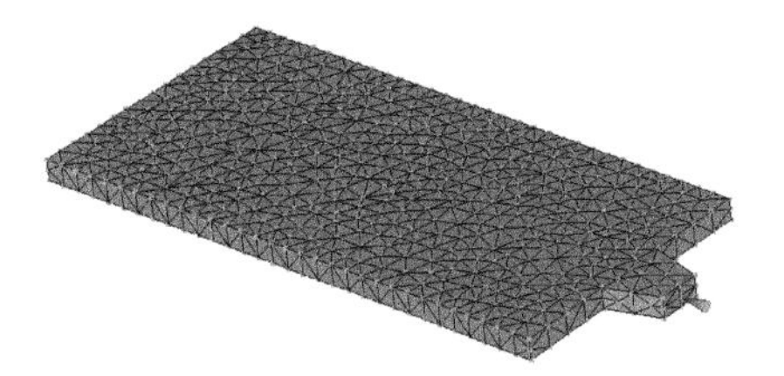

图 18-15 设置注射位置

5. 设置工艺参数

Step1：双击任务视窗面板中的“工艺设置（默认）”按钮，系统会弹出“工艺设置向导-填充+保压设置”对话框，如图 18-16 所示。

Note

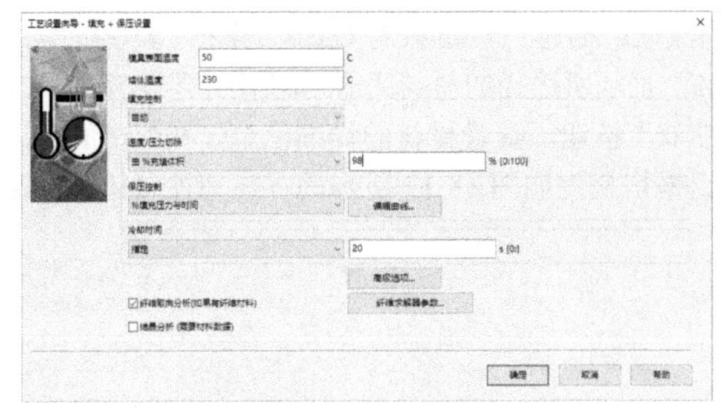

图 18-16 “工艺设置向导-填充+保压设置”对话框

Step2：图 18-16 所示的对话框中各参数设置如下。

（1）“模具表面温度”设置为 50℃。

（2）“熔体温度”设置为 230℃。

（3）“填充控制”设置为“自动”。

（4）“速度/压力切换”设置为“由%充填体积”，并将其参数值设置为 98%，表示当型腔充填到 98%时，开始切换到保压状态。

（5）“保压控制”设置为“%填充压力与时间”，保压曲线为默认设置。

（6）“冷却时间”设置为“指定”，并将其参数设置为 20s。

（7）选中“纤维取向分析（如果有纤维材料）”复选框。

Step3：单击“确定”按钮，关闭该对话框，完成成型工艺条件的设置。

18.3.2 进行分析

在完成了工艺条件设置之后，即可进行分析计算，双击任务视窗中的“分析”按钮，求解器开始分析计算。

选择“主页”→“作业管理器”菜单命令，弹出如图 18-17 所示的“作业查看器”界面，可以看到任务队列及计算进程。

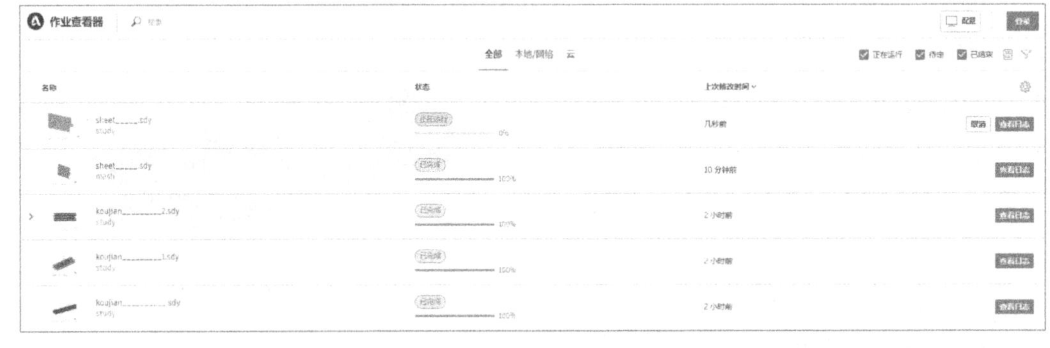

图 18-17 “作业查看器”界面

18.3.3 纤维填充取向分析结果

下面介绍主要的纤维填充取向分析结果。

1．心部取向

图 18-18 所示为该模型的心部取向结果。从图 18-18 中可以看出，在模型的心部，壁面与熔体的剪切作用减弱，剪切力减小，拉伸流动占主要地位，且熔体温度降低的较慢，纤维继续沿拉伸流动方向运动，使纤维主要沿拉伸流动方向排列。

由于浇口区域扩散流动的影响和熔体流动前沿的影响，使心部纤维主要沿扩散流动和拉伸流动方向取向。

2．表层取向

图 18-19 所示为该模型的表层取向结果。从图 18-19 中可以看出，模型表层的纤维在浇口区域处于扩散流动的形式，所以纤维也就沿扩散流动方向取向；在填充中间区域，受到厚度壁面的剪切作用，纤维仍趋于沿剪切流动方向取向，即沿整体注射方向取向；在宽度侧壁面附近，由于宽度侧壁面与熔体的强剪切力作用，纤维逐渐沿剪切流动方向取向，这样可以推出靠近宽度侧壁面处沿整体注射方向的性能要比中部沿整体注射方向上的性能要好；在注射末端，纤维也主要沿整体注射方向取向，而且由于壁面温度降低得较快，马上形成了固化层，使纤维不再运动，最终沿剪切流动方向排列。

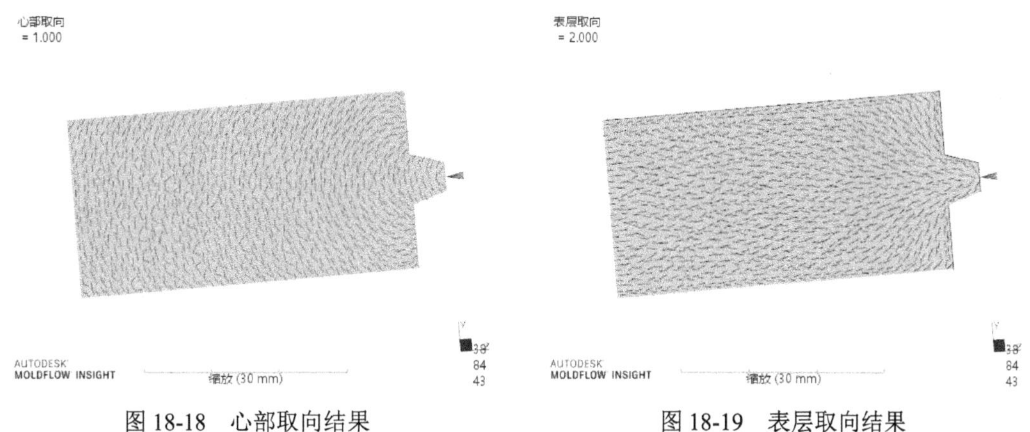

图 18-18　心部取向结果　　图 18-19　表层取向结果

3．平均纤维取向

图 18-20 所示为该模型的平均纤维取向结果。从图 18-20 中可以看出，在宽度侧壁面附近，由于该处主要受壁面剪切作用的影响，所以剪切流动占主要地位。纤维的平均取向是沿着剪切流动方向排列的，即沿整体注射方向排列，所以取向度很好。而在塑件中间部位、浇口区域和注射末端，由于受芯层的拉伸流动影响，纤维沿整体注射方向上的取向度不是很好，这与浇口区域扩散流动影响和流动前沿影响有关，这些影响都使纤维没有很好的沿整体注射方向上取向，所以在整体注射方向上的取向度要比宽度侧壁面附近的差。

单击“动画”工具面板中的▶按钮，可以查看单元厚度方向上的平均纤维取向随时间的变化情况。

4．纤维取向张量

图 18-21 所示为该模型的纤维取向张量结果。从图 18-21 中可以看出，该模型的玻

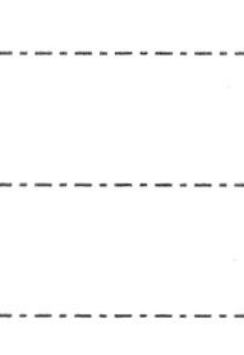

璃纤维取向张量为 0.9728。

单击“动画”工具面板中的▶按钮，可以查看单元厚度方向上的玻璃纤维取向张量随时间的变化情况。

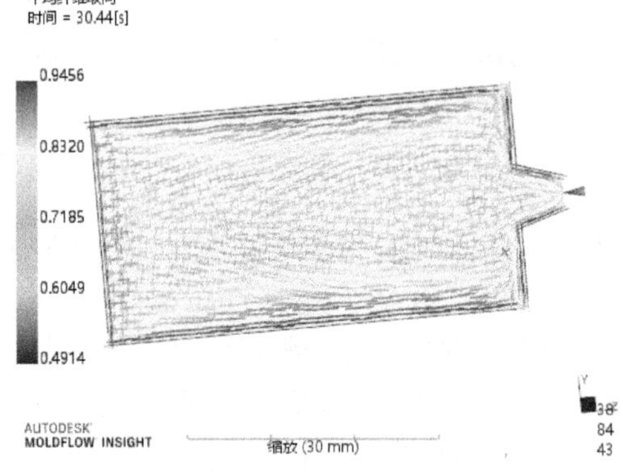

图 18-20　平均纤维取向结果

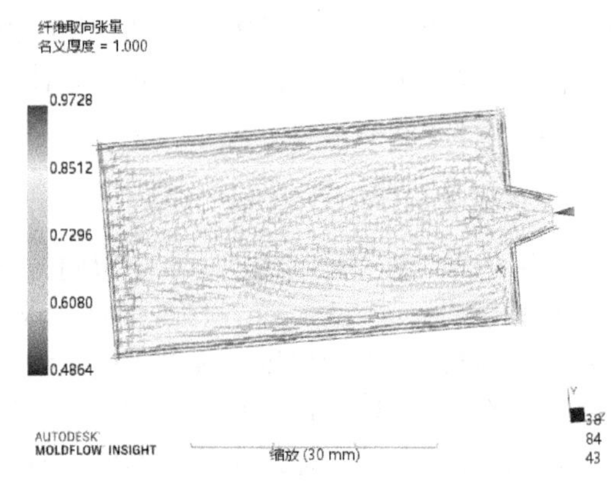

图 18-21　玻璃纤维取向张量结果

5. 泊松比（平均）

图 18-22 所示为该模型的泊松比（平均）结果。从图 18-22 中可以看出，该模型的泊松比（平均）为 0.4426。

单击工具面板上的“查询”按钮，然后单击模型上的任意单元，可以查看任意单元的泊松比（平均），如图 18-23 所示。

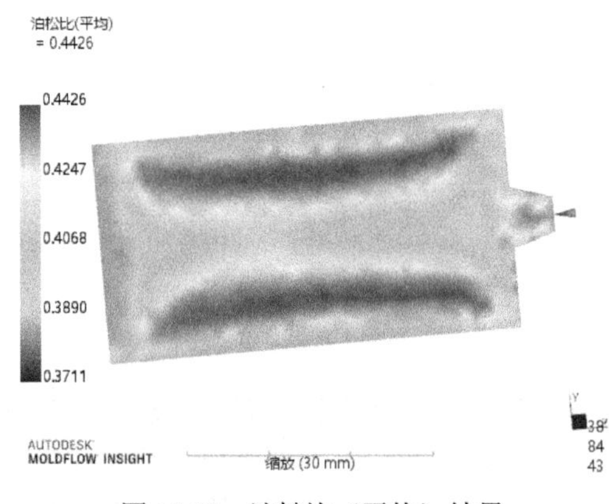

图 18-22　泊松比（平均）结果

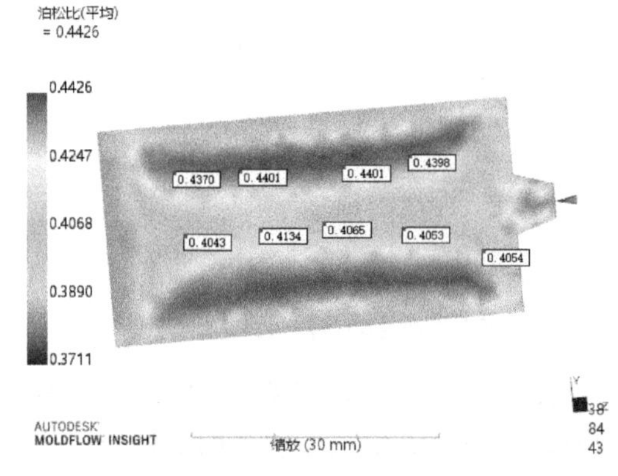

图 18-23　任意单元的泊松比（平均）结果

6. 剪切模量（平均）

图 18-24 所示为该模型的剪切模量（平均）结果图。从图 18-24 可以看出，该模型的剪切模量为 1378.32MPa。

单击工具面板上的“查询”按钮，然后单击模型上的任意单元，可以查看任意单元的剪切模量（平均），如图 18-25 所示。

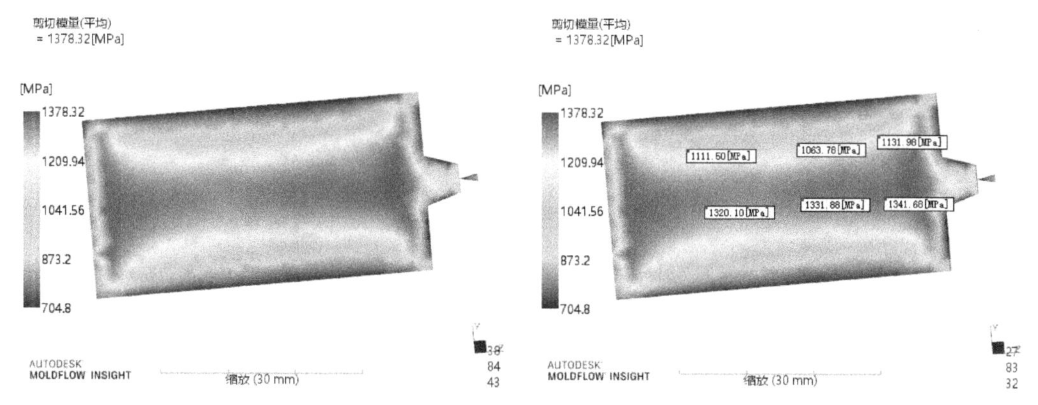

图 18-24　剪切模量（平均）结果　　图 18-25　任意单元的剪切模量（平均）结果

7．第一主方向上的拉伸模量（平均）

图 18-26 所示为该模型的第一主方向上的拉伸模量（平均）结果。从图 18-26 中可以看出，该模型第一主方向上的拉伸模量（平均）为 7010..41MPa。

8．第二主方向上的拉伸模量（平均）

图 18-27 所示为该模型的第二主方向上的拉伸模量（平均）结果。从图 18-27 中可以看出，该模型第二主方向上的拉伸模量（平均）为 3471.33MPa。

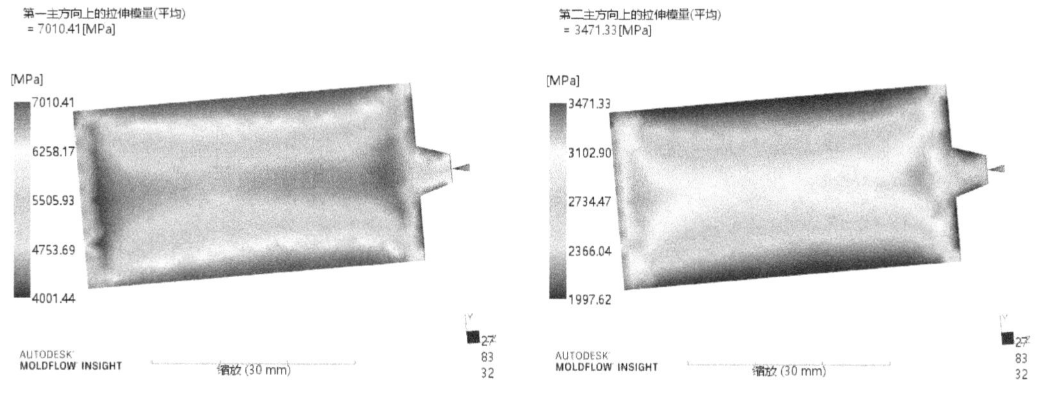

图 18-26　第一主方向上的拉伸模量（平均）结果　图 18-27　第二主方向上的拉伸模量（平均）结果

18.4　本章小结

本章主要介绍了软件中的“纤维填充取向”分析模块，包括纤维材料的选择、工艺参数的设置及分析结果的解读。

纤维的取向决定了塑件的性能，它会影响塑件设计及其模具设计、聚合物的力学性能和各向异性性能。纤维的取向随流动方向、厚度和塑件几何形状的变化而变化。掌握纤维取向的原理，以及知道注塑工艺对塑件的影响，对解决由纤维取向引起的塑件变形问题非常有帮助。

第19章

应力分析

本章介绍应力分析的基础知识及 Moldflow 软件在应用分析中的应用实例，重点介绍应力分析的分析类型和功能、设置约束和载荷的方法、工艺参数设置及应力分析结果的解读等内容。

学习目标

（1）掌握应力分析的分析类型

（2）掌握设置约束和载荷的方法

19.1 应力分析介绍

Note

随着塑料工业的迅速发展，塑件越来越多地取代金属件而作用于结构件中，在航空、航天、电子、机械、船舶和汽车等行业得到了广泛应用。因此，必须全面了解塑件在外加载荷和约束作用下的使用性能。

应力分析通过对塑件应力和变形的分析，可帮助设计人员和工艺人员了解塑件与应力相关的性能，如强度、刚度、预期寿命等。由于应力分析集成于 AMI 软件中，所以特别适合注射件的应力应变分析。

目前，许多分析软件可以分析塑件在载荷和约束作用下的应力变形。应力分析同样能够完成这些分析，即对塑件进行小变形分析、大变形分析、挫曲分析、模型频率分析和蠕变分析。由于应力分析可以方便地与冷却、纤维填充取向分析、翘曲等模块集成，因此能够考虑塑件在成型过程中所形成的残余应力和残余应变。

对于纤维增强复合材料塑件，直接采用纤维填充取向分析得到的力学性能数据，可使其分析结果更为可靠。

应力分析采用中性面网格模型进行塑件的应力应变分析，提供了方便的施加载荷和约束的操作界面，并且能够考虑材料力学性能的各向异性。

应力分析可以单独进行应力分析，也可以和填充+保压、纤维填充取向分析、翘曲结合在一起进行分析。

1. 应力分析的分析类型

应力分析有以下 5 种分析类型。

（1）小变形分析。

小变形分析即线性分析，主要用于塑件的概念设计阶段。通过分析塑件在载荷和约束作用下的应力分布及变形程度，确定塑件的使用性能，即塑件能否满足强度和刚度的要求。在此基础上，可以对塑件的壁厚、加强筋的尺寸和材料的选择给出基本的评估。

（2）大变形分析。

大变形分析即非线性分析，用于评估塑件在大载荷作用下的性能。众所周知，非线性分析不仅计算量大，而且求解过程容易发散。应力分析提供了载荷控制和位移控制两种方法供用户选择。

在求解策略上，软件不仅提供了人工确定增量步长和选择求解器的方法，而且提供了自动确定增量步长和选择求解器的方法，这一方法能够根据非线性问题求解过程中不同阶段的收敛情况，自动选择增量步长和可靠的求解器，避免了非线性问题求解固有的难于收敛的情况，同时使求解效率大大提高。

（3）挫曲分析。

挫曲分析能够分析引起塑件挫曲的临界载荷及预测最后发生挫曲时的形状。应力分析提供了两种分析挫曲的方法，一种是线性（经典）挫曲分析，主要用于分析不考虑塑件残余应力的情况；另一种是线性化挫曲分析，主要用于分析考虑塑件残余应力的情况。

塑件在载荷作用下是否会发生挫曲，对塑件的大变形分析有重要影响。因此，在进行大变形分析前，首先要进行挫曲分析，如果存在挫曲，则必须考虑挫曲对变形的影响。同时，挫曲分析结果可用于大变形分析。

（4）模型频率分析。

模型频率分析用于确定塑件发生振动的固有频率及该频率下的模态形状，从而帮助设计人员通过增加塑件刚度来减小塑件的振动。

（5）蠕变分析。

蠕变分析用于分析塑件在应力或应变保持不变的情况下，由于材料的黏（弹、塑）性、变形或应变随时间的进展而继续增长的情况，这对于长期工作在大载荷作用下的塑件是非常重要的。蠕变分析也属于大变形分析，但比大变形分析更为复杂，应力分析提供了多种高效稳定的算法。

2. 应力分析的功能

（1）预测由外载荷和温度影响所产生的应力而引起的塑件变形。

（2）考虑工艺条件对塑件力学性能的影响。

（3）评价先前由金属或其他材料成型的塑件，能否成功地用塑料做出来。

（4）能不断优化塑件设计，以便符合强度和硬度的要求。

（5）消除过载荷部件。

19.2 应力分析结果

应力分析通过对塑件应力应变的分析，为用户提供丰富的分析结果。

（1）小变形分析。塑件总的变形、其在 3 个坐标方向上的变形分量的分布云图及这些变形随载荷变化的关系，最大剪切应力、Mises-Hencky 应力、应力张量和应变张量的分布云图及其随载荷变化的关系。

（2）大变形分析。塑件总的变形及其在 3 个坐标方向上的变形分量的分布云图及这些变形随载荷变化的关系，最大剪切应力、Mises-Hencky 应力、应力张量和应变张量的分布云图及其随载荷变化的关系。

（3）挫曲分析。塑件发生挫曲时的临界载荷及其模态。

（4）模型频率分析。塑件发生振动的固有频率及塑件在相应频率下的总变形。

（5）蠕变分析。塑件总的变形、其在 3 个坐标方向上的变形分量随时间变化的分布云图及这些变形随载荷变化的关系，最大剪切应力、Mises-Hencky 应力、应力张量和应变张量的分布云图及其随载荷变化的关系。

19.3 应力分析应用实例

本节将以一个操作实例，演示应力分析的流程并对部分结果进行解读。

本例选用矩形盒进行应力分析。图 19-1 所示为矩形盒的原始模型，矩形盒的尺寸为 119mm×80mm×19mm，厚度为 1mm，材料为 PP。

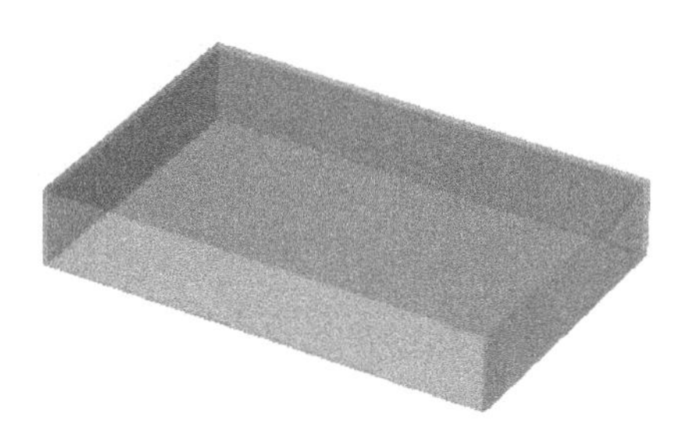

图 19-1　矩形盒的原始模型

本例的模型见配套资源“第 19 章应力分析”。

19.3.1　应力分析前处理

1. 导入矩形盒模型

Step1：启动 Moldflow 软件。

Step2：选择“文件”→“新建工程”菜单命令，新建工程项目“stress”。

Step3：选择“文件”→“导入”菜单命令，系统会弹出“导入”对话框，如图 19-2 所示。

Step4：在对话框中找到“box.stl”文件所在的路径。

Step5：选择导入矩形盒模型“box.stl”，单击“打开”按钮，此时系统会弹出“导入”对话框，进行模型导入选项设置，如图 19-3 所示。

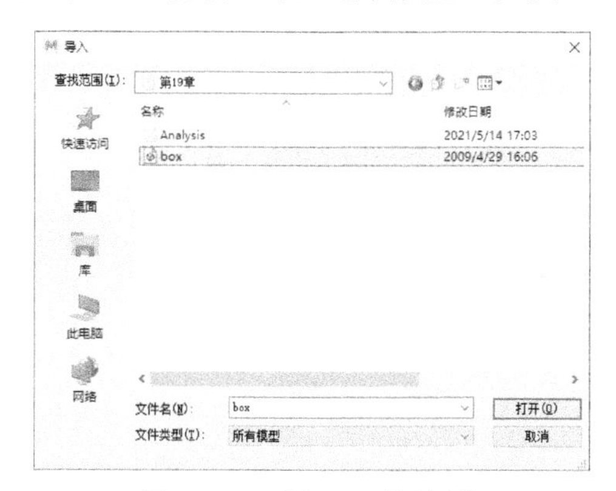

图 19-2　“导入”对话框①

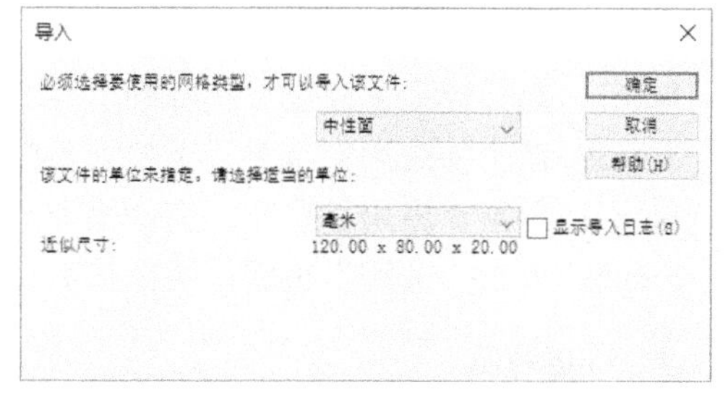

图 19-3　“导入”对话框②

Step6：将模型网格类型设置为中性面网格，单位设置为毫米。

Step7：单击“确定”按钮，完成选项设置，此时模型显示窗口中会显示导入的矩形盒模型，其结果如图 19-4 所示。

Step8：双击“创建网格”按钮，系统会弹出“生成网格”对话框，将对话框中“全局边长”设置为 4.16mm。

Step9：单击“网格”按钮，生成网格。

Step10：诊断并修复网格，其结果如图 19-5 所示。

图 19-4　矩形盒模型导入结果

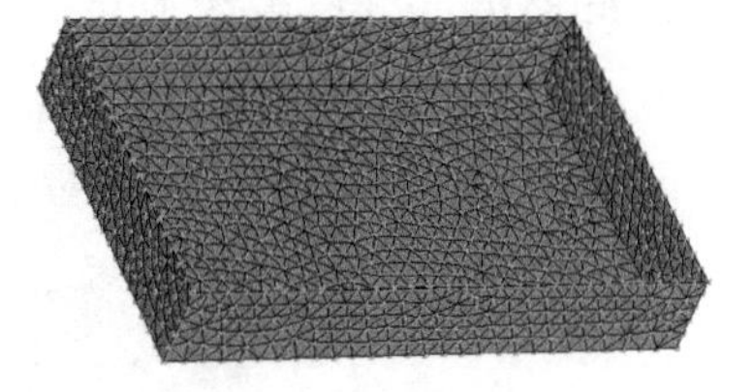

图 19-5　网格修复结果

Step11：右击“box_study”图标，选择“重命名”选项，将项目名修改为“box_方案大变形”。

Step12：单击工具面板上的“保存”按钮，保存文件。

2．设置约束

Step1：选择“边界条件”→“约束和载荷”→“固定约束”菜单命令，如图 19-6 所示，显示如图 19-7 所示的“固定约束”对话框。

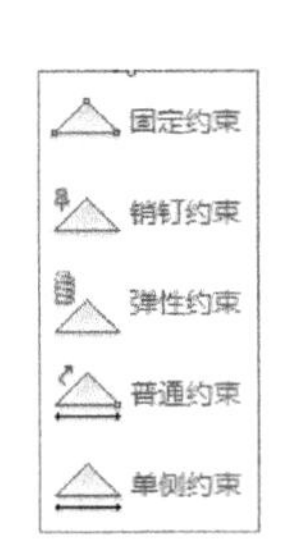

图 19-6　设置约束命令

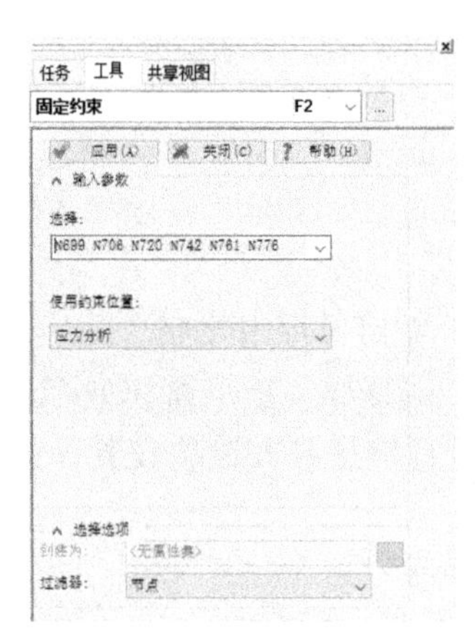

图 19-7　“固定约束”对话框

Step2：选择矩形盒模型下端部的所有节点，节点编号会出现在“选择”文本框中。

Step3：在“使用约束位置”下拉列表中选择“应力分析”选项。

Step4：单击“应用”按钮，完成模型约束的设置，其结果如图 19-8 所示。

Step5：单击“关闭”按钮，关闭该对话框。

3．设置载荷

Step1：选择“边界条件”→“约束和载荷”→“压力载荷”菜单命令，如图 19-9 所示，显示如图 19-10 所示的“压力载荷”对话框。

Step2：选择矩形盒模型顶面中的三角形网格单元，节点编号会出现在“选择”文本框中。

Step3：“压力”数值框中输入“60”。

Step4：单击“应用”按钮，完成模型载荷的设置，其结果如图 19-11 所示。

Step5：单击“关闭”按钮，关闭该对话框。

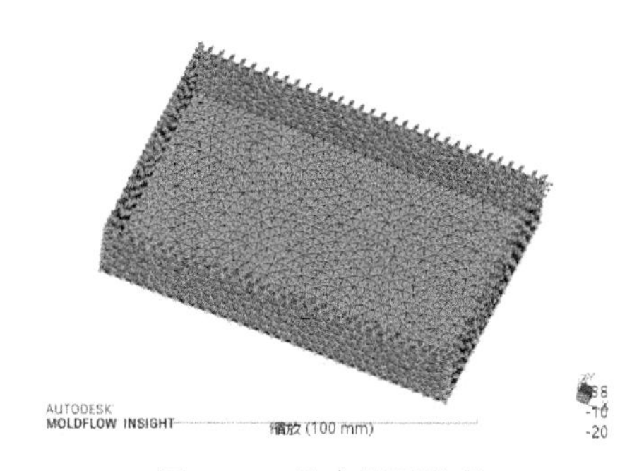

图 19-8　约束设置结果

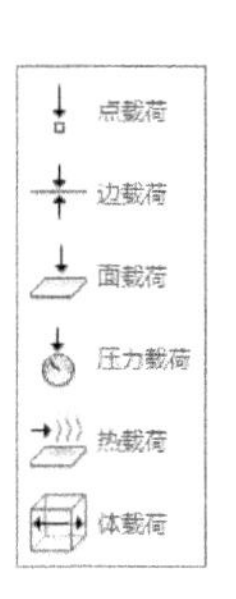

图 19-9　设置载荷命令

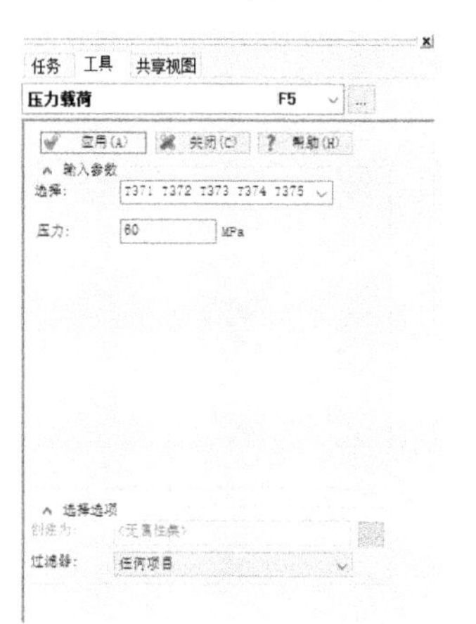

图 19-10　“压力载荷”对话框

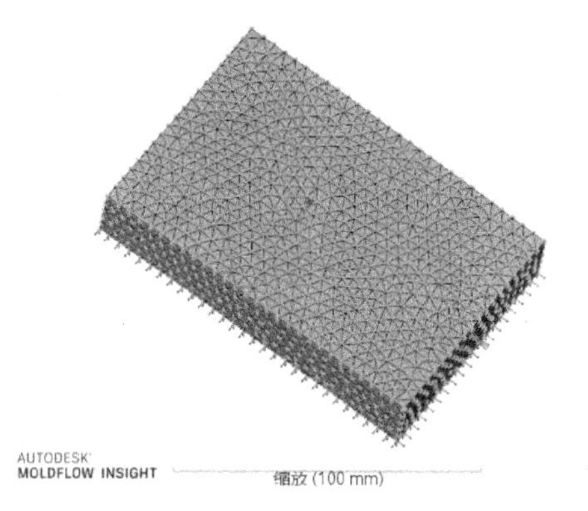

图 19-11　设置压力载荷结果

4．选择分析序列

Step1：双击任务视窗中的“填充”按钮，系统会弹出“选择分析序列”对话框，如图 19-12 所示。

Step2：单击“更多”按钮，系统会弹出如图 19-13 所示的“定制常用分析序列”对话框。

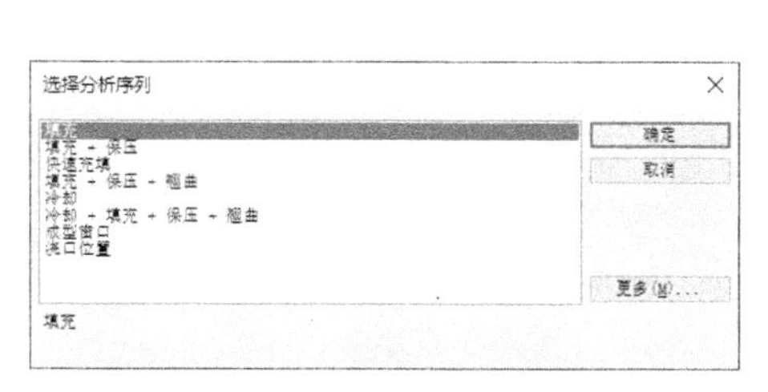

图 19-12　“选择分析序列”对话框

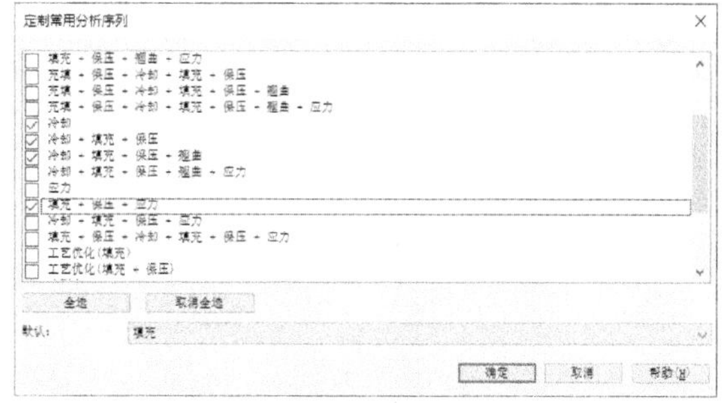

图 19-13　“定制常用分析序列”对话框

Step3：在图 19-13 所示的对话框中选择“填充+保压+应力”选项。

Step4：单击“确定”按钮，返回如图 19-12 所示的对话框。

Step5：选择“填充+保压+应力”选项。

Step6：单击“确定”按钮，完成分析类型的选择。

5．选择材料

双击任务视窗中的“选择材料”图标，可以选择矩形盒网格模型的成型材料。本例采用系统默认的“Generic PP：Generic Default”材料。

6．设置注射位置

双击任务视窗中的“设置注射位置”按钮，单击矩形盒网格模型上的一个节点，设置注射位置。注射位置结果如图 19-14 所示。

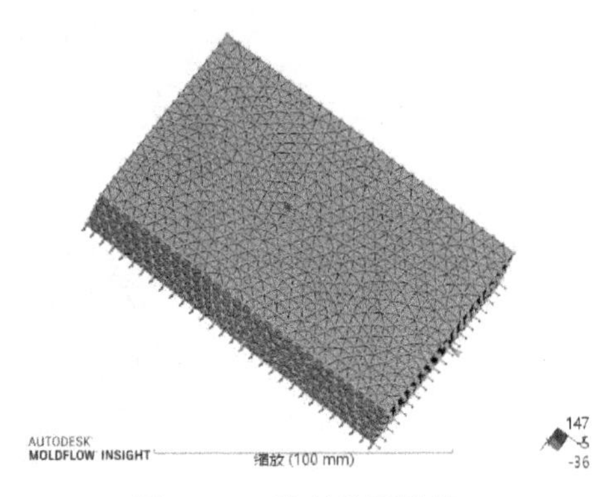

图 19-14　注射位置结果

7．设置工艺参数

Step1：双击任务视窗中的“工艺设置（默认）”按钮，系统会弹出“工艺设置向导-填充+保压设置”对话框第 1 页，如图 19-15 所示。

Step2：图 19-15 所示的对话框中的所有参数为默认设置。

Step3：单击“下一步”按钮，图 19-15 所示的对话框会切换至图 19-16 所示的“工艺设置向导-应力设置”对话框第 2 页。

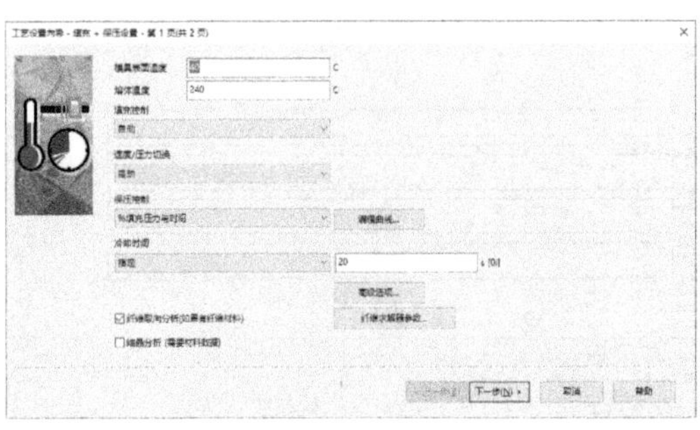

图 19-15　“工艺设置向导-填充+保证设置”对话框第 1 页

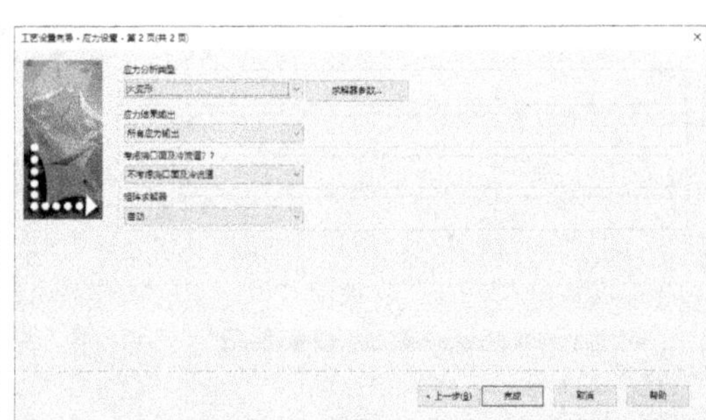

图 19-16　“工艺设置向导-应力设置”对话框第 2 页

Step4：图 19-16 所示的对话框中各参数的设置如下。

（1）在“应力分析类型”下拉列表选择“大变形”选项。

（2）在“应力结果输出”下拉列表选择“所有应力输出”选项。

（3）在“考虑浇口面及冷流道”下拉列表选择“不考虑浇口面及冷流道”选项。

（4）在“矩阵求解器”下拉列表选择“自动”选项。

Step5：单击“完成”按钮，关闭该对话框，完成工艺参数的设置。

在进行小变形分析、挫曲分析、模型频率分析、蠕变分析时，只要将“应力分析类型”设置为相应的分析类型就可以了。

Note

19.3.2 进行分析

完成了工艺条件设置之后，即可进行分析计算，双击任务视窗中的“分析”按钮，求解器开始分析计算。

大变形分析完毕后，继续进行挫曲分析、模型频率分析，下面以挫曲分析为例说明其操作步骤。

Step1：在工程管理视窗中右击“box_方案大变形”图标，在弹出的快捷菜单中选择“复制”命令，在工程管理视窗中出现“box_方案大变形”图标。

Step2：将复制的分析模型重命名为“box_方案弯曲”。

Step3：在工艺参数设置对话框中将“应力分析类型”设置为挫曲。

Step4：双击任务视窗中的“继续分析”按钮，求解器开始分析计算。

19.3.3 应力分析结果

下面分别介绍大变形分析、小变形分析、挫曲分析、模型频率分析的分析结果。

1. 大变形分析

图 19-17 所示为应力分析的大变形分析分析结果列表。在“流动”分析结果下面是“应力”分析结果。

（1）变形（大变形，应力）：变形。

图 19-18 所示为大变形分析得到的塑件变形分布。

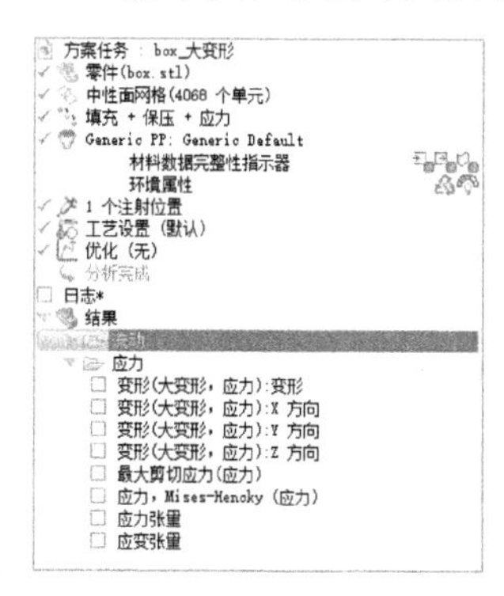

图 19-17　大变形分析结果列表

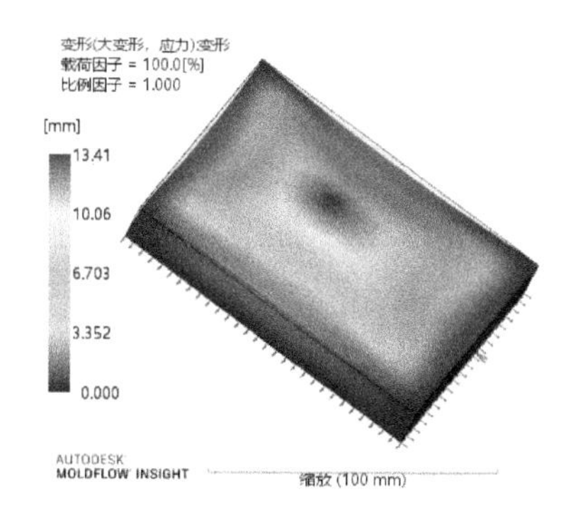

图 19-18　塑件大变形分布结果

（2）应力，Mises-Hencky（应力）。

图 19-19 所示为塑件的 Mises-Hencky 应力分布。

（3）塑件最大剪切应力：XY 图。

图 19-20 所示为塑件最大剪切应力随载荷变化的关系。

图 19-19　Mises-Hencky 应力分布

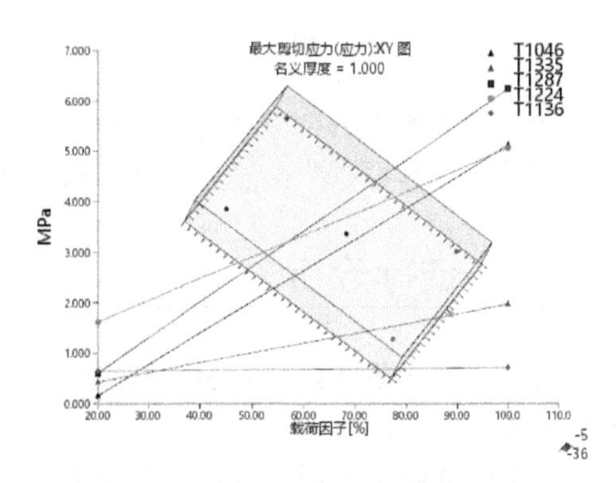

图 19-20　塑件最大剪切应力随载荷变化的关系

（4）应力张量。

图 19-21 所示为塑件应力张量分布。

（5）应变张量。

图 19-22 所示为塑件应变张量分布。

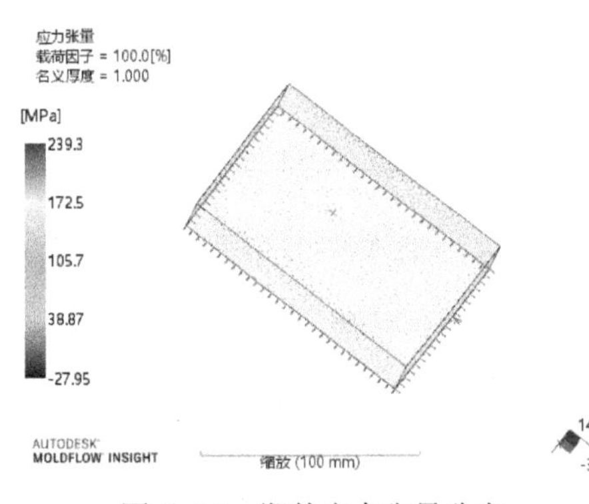

图 19-21　塑件应力张量分布

图 19-22　塑件应变张量分布

2. 小变形分析

图 19-23 所示为应力分析的小变形分析分析结果列表，和大变形的分析结果类似。

（1）变形（小变形，应力）：变形。

图 19-24 所示为小变形分析得到的塑件变形分布。

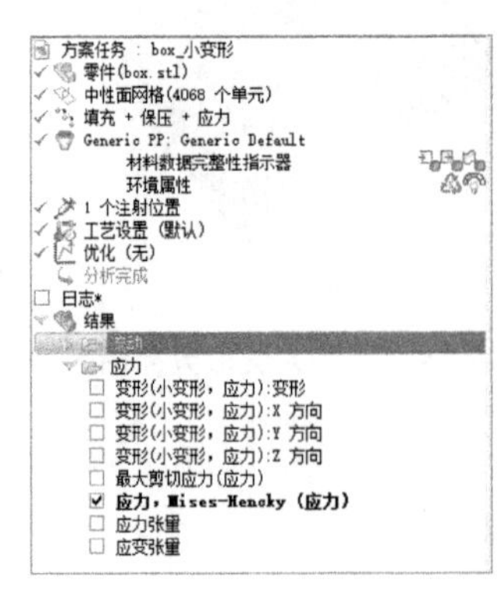

图 19-23　小变形分析结果列表

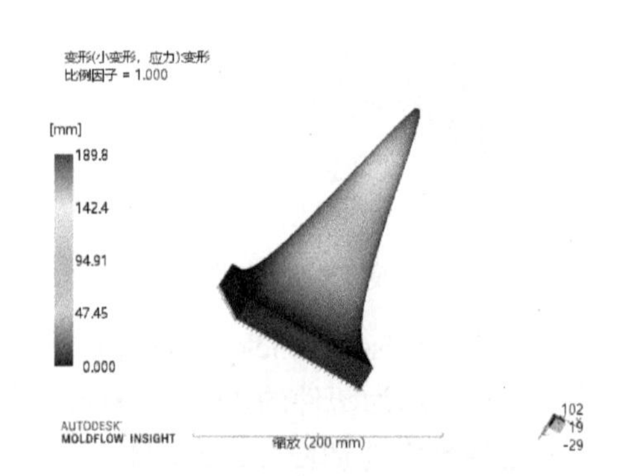

图 19-24　塑件小变形分布结果

（2）应力，Mises-Hencky（应力）。

图 19-25 所示为塑件的 Mises-Hencky 应力分布。

（3）塑件最大剪切应力：XY 图。

图 19-26 所示为塑件最大剪切应力随载荷变化的关系。

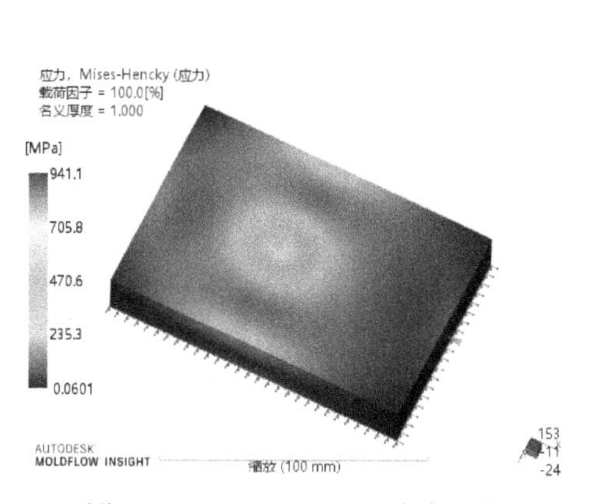

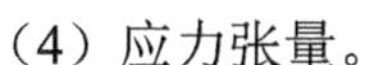

图 19-25 Mises-Hencky 应力分布

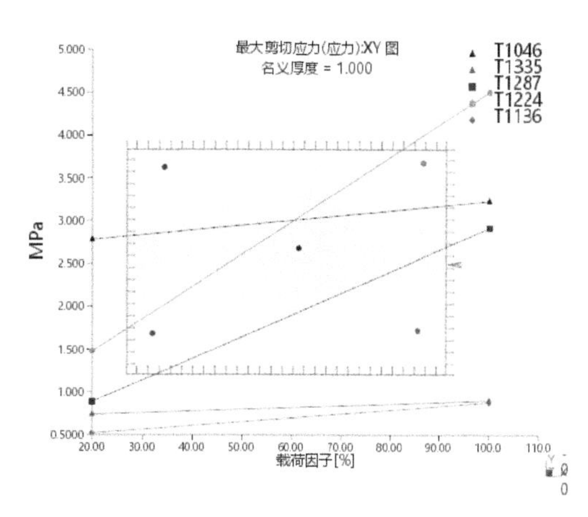

图 19-26 塑件最大剪切应力随载荷变化的关系

（4）应力张量。

图 19-27 所示为塑件应力张量分布。

（5）应变张量。

图 19-28 所示为塑件应变张量分布。

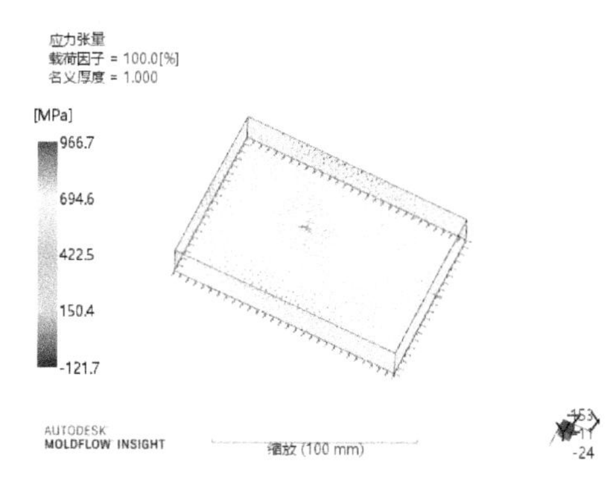

图 19-27 塑件应力张量分布

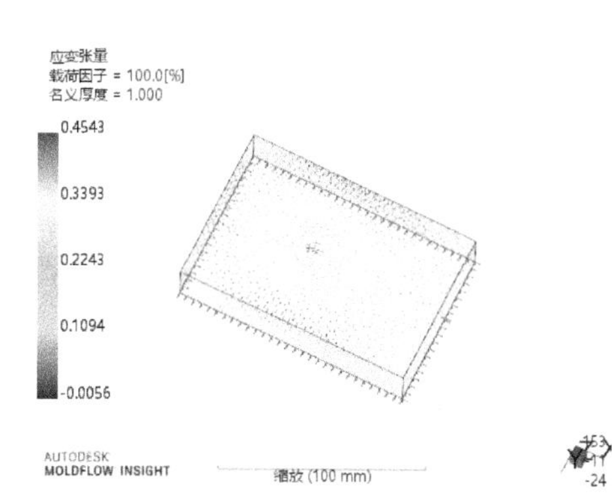

图 19-28 塑件应变张量分布

3. 挫曲分析

由挫曲分析可知，塑件发生挫曲时的最小特征值 λ=11.46，如图 19-29 所示，说明在当前载荷下塑件不会发生挫曲。在特征值 λ=14.26 时，塑件发生挫曲时的模态如图 19-30 所示。

4. 模型频率分析

由模型频率分析可知，塑件发生振动时的固有频率为 224.6Hz 和 357.8Hz，如图 19-31 所示。在频率为 357.8Hz 时，塑件的模态如图 19-32 所示。

Note

```
最少的  2 个特征值和相应的特征矢量:
特征值 lambda    1 =        11.45629406
特征值 lambda    2 =        14.25782967
```

图 19-29　塑件发生挫曲的特征值

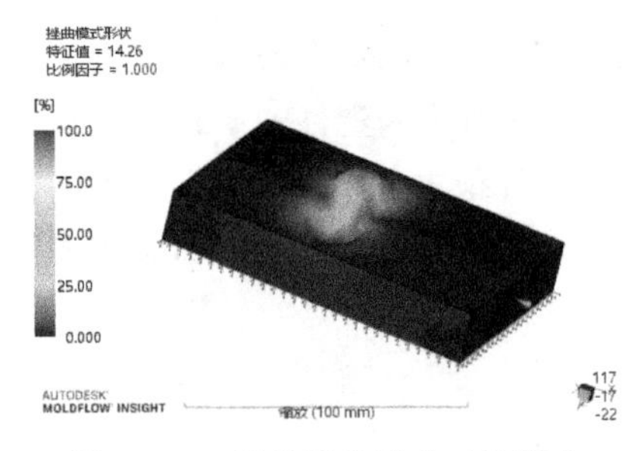

图 19-30　塑件发生挫曲时的模态

最少的　两个特征值和相应的特征矢量:

根编号	频率(弧度/秒)	频率(赫兹)	时间段(秒)
1	1.4111300E+03	2.2458800E+02	4.4526001E-03
2	2.2483899E+03	3.5784299E+02	2.7945200E-03

图 19-31　塑件的固有频率

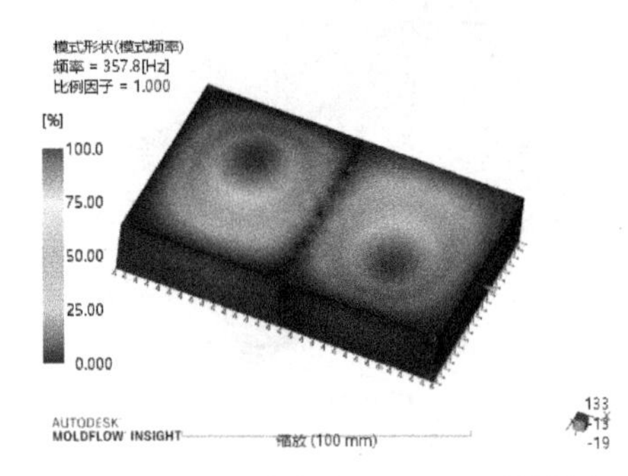

图 19-32　塑件在频率 357.8Hz 时的模态

19.4 本章小结

本章主要介绍软件的“应力分析”模块，包括分析类型和功能、设置约束和载荷的方法、工艺参数的设置及应力分析结果的解读方法。在这章中需要重点掌握应力分析的类型、设置约束和载荷的方法。

通过对产品进行相关的应力分析，可以观察到产品上的应力分布情况，并能有效预测由外载荷和温度的影响所产生的应力而引起的塑件变形。

第20章

气体辅助成型分析

本章介绍气体辅助成型的基本原理、特点及Moldflow软件在气体辅助成型中的应用实例，重点介绍气体辅助成型分析的分析前处理、工艺参数设置、应用和溢料井及其阀浇口的创建方法。

学习目标

（1）掌握气体辅助成型分析的工艺参数设置方法

（2）掌握气体辅助成型分析的应用

（3）掌握溢料井及其阀浇口的创建方法

20.1 气体辅助成型分析简介

Note

气体辅助注射成型技术简称气辅成型技术，是在传统注射成型的基础上发展起来的一种新型注射成型技术。

20.1.1 气体辅助成型的基本原理

气体辅助注射成型基本工艺过程是先将熔融塑料注入模具，然后向熔体内部或模具与塑件之间注入高压气体。在内部气体注射成型中，气体被注入熔融的原料内部，从而形成中空部分。高压气体沿着最小阻力方向穿入熔体内，熔体被气体推向型腔末端，形成所需的中空塑件。

气体在塑料熔体内的穿透分为两个阶段：第一阶段是将高压气体注入聚合物熔体内部，随着气体的穿透，聚合物熔体开始被吹胀，称为一次穿透；第二阶段是当注气结束，聚合物熔体在冷却固化开始收缩时，依靠气体压力保压成型，实现气体的二次穿透。

内部气体辅助成型分为 4 个阶段：熔体短射、气体注射、气体保压、气体排出和塑件顶出。

（1）熔体短射，如图 20-1（a）所示。塑料熔体注射到型腔内，熔体占型腔的 60%～95%，实际生产时预注射量因塑件而异，由 Moldflow 分析和工艺试验确定。

（2）气体注射，如图 20-1（b）所示。高压惰性气体（一般为氮气）注入熔体的芯部，熔体流动前沿在高压气体的推动下继续向前流动，最终充满整个型腔。高压气体使塑件内部形成中空截面。

（3）气体保压，如图 20-1（c）所示。气体保持一定的压力，使塑件在均匀的保压作用下逐渐冷却。该阶段，气体由内向外施压，保证塑件外表面紧贴模壁，并通过气体二次穿透，从内部补充因熔体冷却固化带来的体积收缩。气体保压一般包括高压保压和低压保压两个阶段。

（4）气体排出和塑件顶出，如图 20-1（d）所示。经过保压冷却，使塑件具有足够高的刚度和强度后，再排出气体；利用回收装置使一部分气体重复使用，其余部分排入大气，塑件进一步冷却后顶出。

外部气体辅助注射成型是熔体注入后再将气体注入到塑件与模具之间，在气体冷却定型的过程中保持一定的压力，起到辅助保压的作用。对于外部注入气体保压区域的限定是这项技术的重点和难点。

通常的做法是，在模具的特定位置设计一个很小的腔，待熔体注入这个腔中后，再将气体注入这个腔，这样可以防止气体注入对塑件表面质量产生影响。

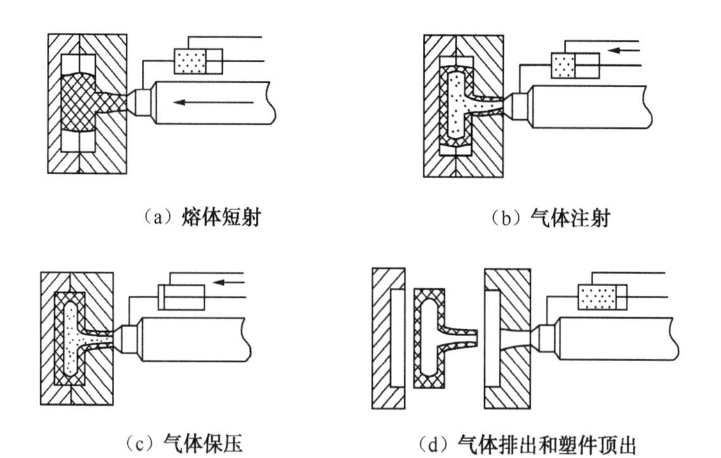

（a）熔体短射　（b）气体注射　（c）气体保压　（d）气体排出和塑件顶出

图 20-1　气体辅助成型原理图

20.1.2　气体辅助成型的特点

1．气体辅助成型的优点

气体辅助注射成型与传统注射成型相比，具有以下优点。

（1）由于气辅注射成型形成中空塑件，故可节省原料，降低成本。

（2）由于塑件中心中空，散热冷却快，从而缩短了成型周期。

（3）可改进表面光滑度，避免或减少凹坑和表面缩痕。

（4）可减少沉降斑、降低残余应力，使收缩均匀、减少翘曲变形，改善塑件表面质量。

（5）将复杂结构塑件一次成型，可用于加工具有厚、薄壁一体结构的塑件。

（6）设置附有气道的加强筋，可以做到既不增加塑件重量，又可提高结构的刚度和强度。

（7）打破了传统注射成型对塑件壁厚均匀的设计要求，使塑件设计的自由度大大提高。

2．气体辅助成型的局限性

尽管气体辅助注射成型技术优点明显，发展非常迅速，但在实际应用中尚存在以下局限性。

（1）和传统的注射成型相比，气辅注射成型的工艺参数倍增，塑件对工艺参数的敏感性提高。因此，在成型过程中，若各项工艺参数的精确控制稍有误差，则塑件的质量和生产过程的稳定性就会受影响。

（2）气体辅助注射零件气道结构设计和模具设计不尽合理，或气辅设备的操作不当，都会造成气路不畅、气针堵塞等问题，严重者将导致生产不稳定或生产率下降等问题产生。

（3）气体辅助注射成型需要专用的气辅设备和模具，使用净化的氮气，有时还必须改装注塑机喷嘴或模内安放压力和温度传感器，以便提高控制精度。因此，前期投入成本较高。

（4）对操作人员和工艺师的素质要求较高。传统注射成型的经验不能解决气塑件的工艺问题，工艺师必须利用 CAE 软件，在设计前进行模拟分析，以便确定合理的设计方案和各项工艺参数，使一次开模成功，减少反复试模、修模产生的费用。

20.1.3 气体辅助成型工艺控制参数

Note

在气辅成型工艺中，确定熔体的最佳注射温度、注射压力、注射量和充填时间、注入熔体与气体的延迟时间，气体的注射压力或注射体积，预测熔体在型腔中的流动，气体填充情况，都是气辅成型成功与否的关键参数。下面对工艺控制参数做简单的介绍。

1. 熔体注射温度

温度对熔体的流动有明显影响。温度太高时，因熔体黏度太小，气体前进的阻力变小，气体进入塑料薄壁的机会增加，容易发生吹穿现象；温度太低，熔体的黏度增大，气体前进的阻力变大，气体在气道中的穿透距离减少，影响塑件的质量。

2. 熔体注射时间

熔体的注射时间与材料的性质、注射温度、注射速率、型腔大小、浇口数量和浇口大小等因素有关。熔体注射时间太长，材料在型腔中容易冷却，型腔难以弯曲，皮层聚合物增加，并容易产生滞痕等不良外观，影响塑件质量；熔体注射时间太短，则容易造成喷射，形成蛇皮纹等，影响塑件表面质量和机械强度。

3. 熔体注射量

气辅成型是将高压气体注入塑件厚壁部位并将其掏空，熔体注射量一般为 70%～97%。研究表明，注射量低于应注射量，则填充较晚的部分注气后易吹穿；高于应注射量，则气体注入量太少，使气体不能进入预先设定的气道，容易在气道出口处造成缩痕。

4. 延迟时间

延迟时间指熔体注射结束，气体注射开始之前的时间。研究表明，延迟时间过短，熔体温度较高，气体填充阻力较少，容易产生薄壁穿透现象；延迟时间长，熔体温度低，塑件表面凝固层厚，芯层熔体黏度大，导致气体填充阻力大，能够推动的熔体量较少，气体壁较厚。

如果延迟时间过长，聚合物向前流动的阻力大于气体的压力，气体不能推动聚合物充满型腔，塑件发生短射，造成废品。实际生产中在条件允许的情况下，应该选择较短的延迟时间。

5. 气体注射压力

在一定工艺条件下，气体注射所需的初始注射压力值存在下限，初始压力大于该值时，气体才能克服熔体阻力，推动熔体充满型腔。如果气体辅助注射成型中气体以较高的压力保压，则对提高塑件的表面质量有利。

6. 保压时间

气辅成型是通过将壁厚部分掏空而使塑件实际壁厚减薄的过程，因此气辅成型的冷却保压时间和注射周期可大大低于传统注射。研究表明，气体保压时间与传统注射成型过程相似，增加的保压时间有利于塑件充分冷却、减少翘曲、改善表面质量。

20.1.4　Moldflow 在气体辅助注射成型中的应用

气体辅助注射成型技术中，选择合适的气体注入位置、延迟时间及压力是保证塑件质量的关键因素。气体辅助成型分析能够对塑件和浇注系统中设置的单个或多个气体注入位置的情况进行分析，当通过多个位置注入气体时，可以设定相同或不同的延迟时间。

对于气体注入的控制方法，气体辅助成型分析提供了压力控制和体积控制两种方法供用户选择。

气体辅助成型分析通过对气辅成型过程进行模拟计算的方法，能够确定合适的注射量以避免吹穿，同时确定避免短射、熔体前沿黏滞所需的气体压力。

考虑气体注入前的延迟时间以便使薄壁凝固，确定合适的气道尺寸，以优化填充工艺和气体注入工艺，并确定最佳的气道布局及控制气室度，可以确定气体注入不良时的气室长度或其他与气体注入有关的质量问题。在此基础上，进一步确定气体穿透后塑件最终的壁厚及塑件最终的重量。

目前，气辅成型采用中性面模型进行分析，气辅成型的分析方法与普通注射成型的分析方法基本相同。与普通注射成型分析不同的是，在进行分析前，需要设定气体注入位置、延迟时间和气体压力。

此外，由于塑件的最终形状与气体的注入工艺条件有关，将必然影响塑件的冷却、翘曲及塑件的使用性能，因此在进行冷却、翘曲、应力等分析前，首先要进行填充和保压分析。

20.2　气体辅助成型分析结果

Moldflow 软件在完成分析后，会以文字、图形、动画等方式显示气体辅助成型分析结果，同时在任务视窗中分类显示，如图 20-2 所示。

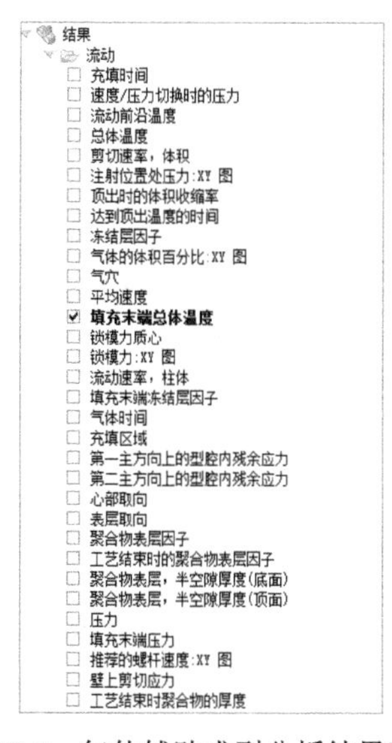

图 20-2　气体辅助成型分析结果列表

气体辅助成型分析除了提供普通注射成型分析所得到的分析结果，还为用户提供以下气体辅助注射成型所特有的结果。

（1）“气体的体积百分比：XY 图”：在填充和保压过程中气体在型腔中的体积分数随时间的变化关系。

（2）“气体时间”：注入气体到达塑件各部位的时间，是优化气体注入工艺的主要依据。

（3）“工艺结束时的聚合物表层因子”：如果该值为 1，则说明该处无气体穿透的现象发生；如果该值小于 1，则说明发生了气体穿透现象。

（4）“工艺结束时聚合物的厚度”：塑件厚度方向上塑料占整个厚度的比例随时间的变化关系。由于采用了中性面网格模型，软件还提供了塑件的中性面网格两侧塑料层的厚度随时间变化的关系。这些结果为确定塑件的质量（如是否存在指纹效应、是否存在穿透等），以及得到合理的注射工艺（如注射位置、熔体预注射量等）和气体注入工艺条件（如延迟时间、气体压力、注入位置等）提供了依据。

20.3 气体辅助成型分析应用实例

本节将以一个操作实例，演示气体辅助成型分析的流程，并对分析结果进行解释。本例的原始模型如图 20-3 所示。

本例的模型见配套资源“第 20 章 气体辅助成型分析”。

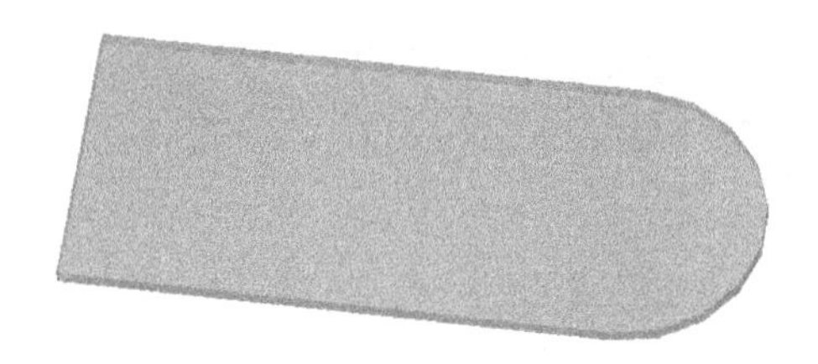

图 20-3 平板原始模型

20.3.1 气体辅助成型分析前处理

1. 导入模型工程

Step1：启动 Moldflow 软件，选择“开始”→“新建工程”命令，新建工程项目“Gas”。

Step2：在工程管理视窗中右击“Gas”图标，选择“导入”命令，导入平板模型“ban2.stl”。将模型设置为中性面类型网格，模型导入结果如图 20-4 所示。

在 Moldflow 软件中进行气体辅助成型分析，网格模型必须为中性面或者 3D 类型的网格，双层面网格模型不能进行气体辅助成型分析。

Step3：选择“几何”→“移动”→“旋转”菜单命令，显示如图 20-5 所示的“旋转”对话框。在模型显示窗口中选择导入的 STL 模型，在“轴”下拉列表中选择“X 轴”选项，在“角度”的数值框中输入“90”。单击“应用”按钮，完成模型的旋转，如图 20-6 所示。

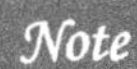

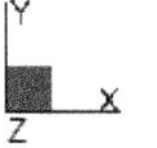

图 20-4 “模型导入”结果

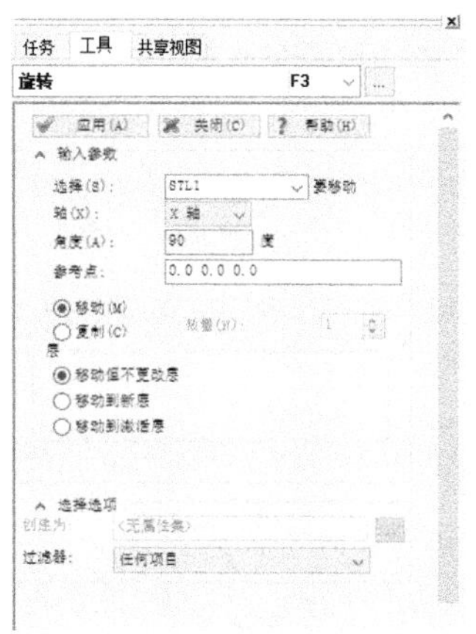

图 20-5 “旋转”对话框

由于模型导入前的坐标与 Moldflow 软件的坐标不统一，为了确保脱模方向为 Z 方向，需将模型位置进行调整。

2．划分网格及网格修复

Step1：在任务视窗中双击“创建网格”按钮，弹出“生成网格”对话框，“全局边长”设置为 3mm。

Step2：单击“网格”按钮，生成网格。

Step3：诊断并修复网格，其结果如图 20-7 所示。

图 20-6 模型旋转结果

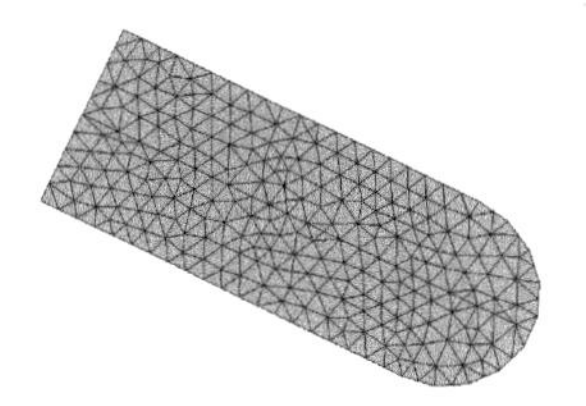

图 20-7 网格修复结果

3．设置成型工艺

选择“主页”→“成型工艺设置”菜单命令，系统会弹出下拉菜单，选择“气体辅助注射成型”命令，如图 20-8 所示。

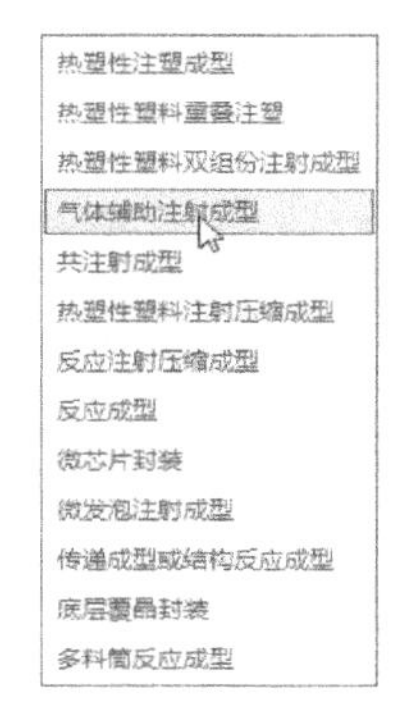

图 20-8 选择“气体辅助注射成型”命令

4．创建气道柱体单元

对于中性面网格模型，气道是用柱体单元构建出来的，对于三维网格模型，不需要构建气道，气体自然会往壁厚大的地方走（壁厚大处气体流动阻力小）。

Step1：选择“网格”→“创建柱体单元”菜单命令，显示“创建柱体单元”对话框，如图 20-9 所示。

Step2：单击“选择选项”选区中的…按钮，弹出“指定属性”对话框。

Step3：单击“新建”下拉按钮，弹出下拉菜单，如图 20-10 所示。

图 20-9　“创建柱体单元”对话框

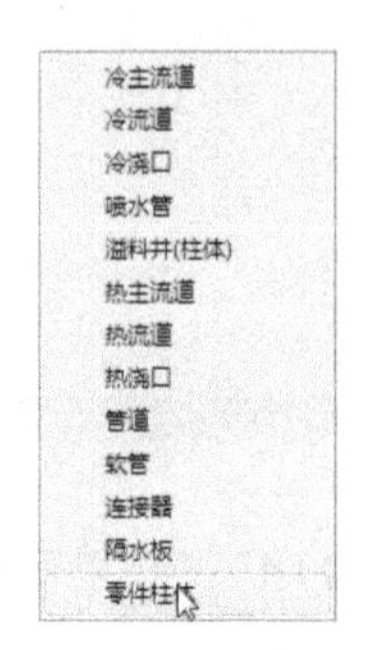

图 20-10　“新建”下拉菜单

Step4：在弹出的下拉菜单中选择“零件柱体”命令，弹出“零件柱体”对话框，如图 20-11 所示。在“截面形状是”下拉列表中选择“圆形”选项，在“直径”数值框中输入“5”。单击“确定”按钮，逐级返回上级对话框进行确认，直到返回如图 20-9 所示的对话框。

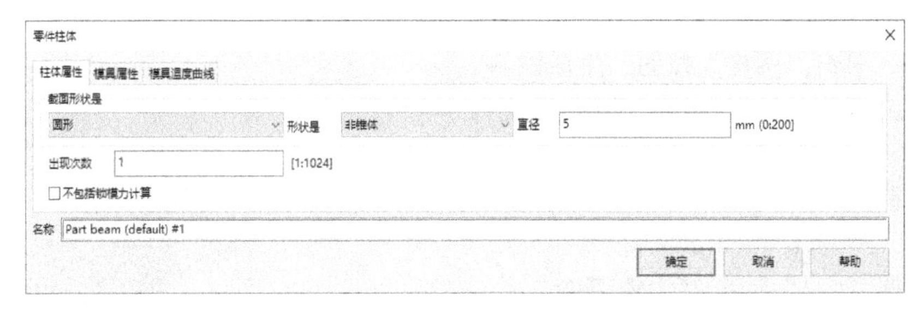

图 20-11　“零件柱体”对话框

Step5：单击模型上的两个节点，单击“应用”按钮，其结果如图 20-12 所示。

Step6：每单击一个节点，单击一次“应用”按钮，完成剩下柱体单元的创建，创建结果如图 20-13 所示。

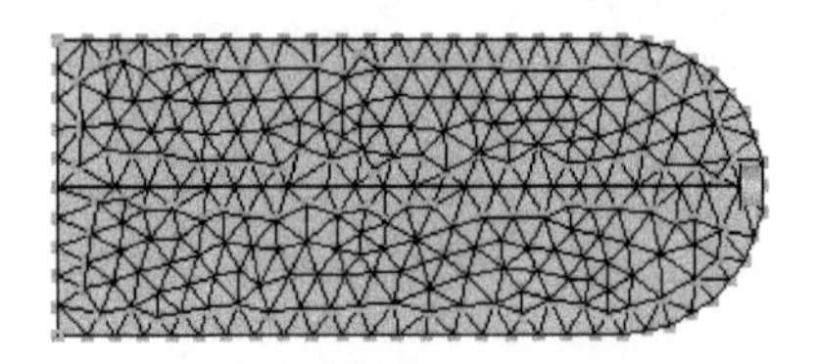

图 20-12　气道柱体单元创建结果①

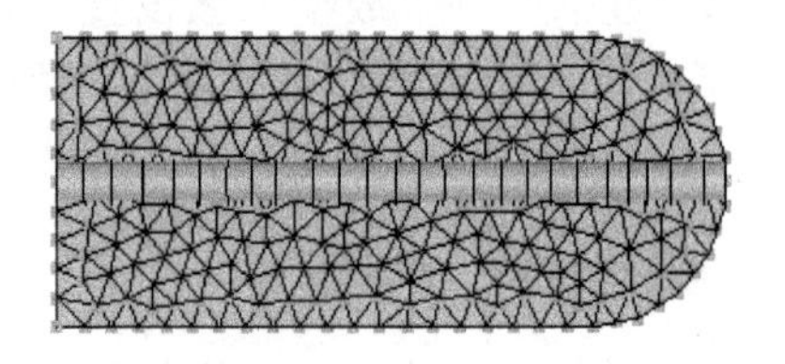

图 20-13　气道柱体单元创建结果②

5．划分气道柱体单元

Step1：选择“网格”→“生成网格”菜单命令，显示如图 20-14 所示的“生成网格”对话框，选中“重新划分产品网格”复选框。

Step2：单击图 20-13 所示的第一段柱体单元，全局边长为 2.41mm，这表示所选的第一段柱体单元的长度，不要进行修改，单击“应用”按钮，完成第一段柱体单元的划分。

Step3：重复以上操作，完成所有柱体单元网格的划分，其结果如图 20-15 所示。

Step4：关闭图 20-14 所示的“生成网格”对话框。

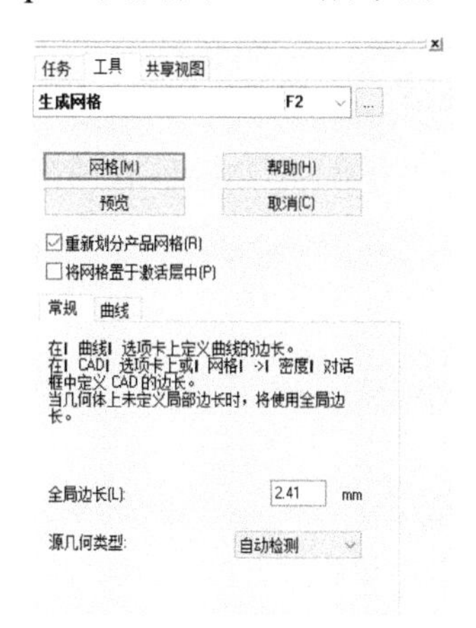

图 20-14 “生成网格”对话框

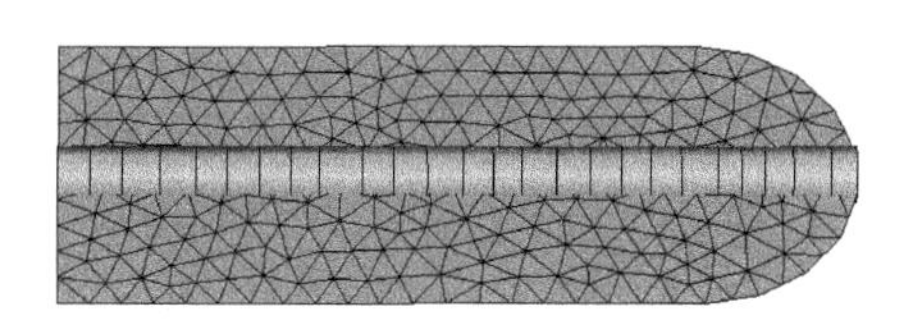

图 20-15 柱体单元划分结果

6. 合并多余节点

Step1：选择“网格”→“网格编辑”→“整体合并”菜单命令，显示如图 20-16 所示的“整体合并”对话框。

Step2：“合并公差”设置为 0.1mm。

Step3：单击“应用”按钮，完成模型上多余节点的合并。

Step4：单击“关闭”按钮，关闭该对话框。

7. 设置气体入口

Step1：双击任务视窗中的“设置气体入口”按钮，系统会弹出如图 20-17 所示的“设置气体入口”对话框。

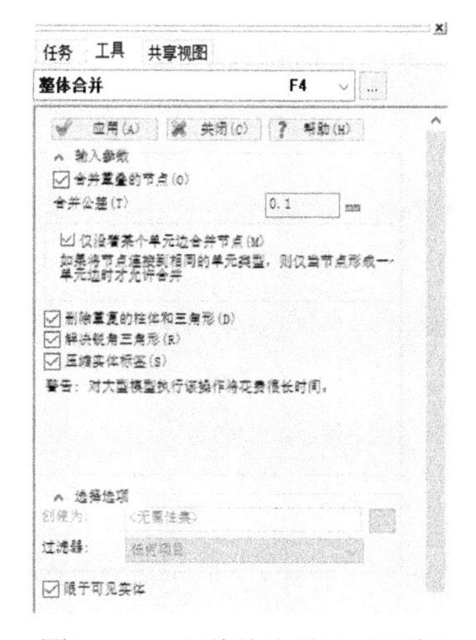

图 20-16 “整体合并”对话框

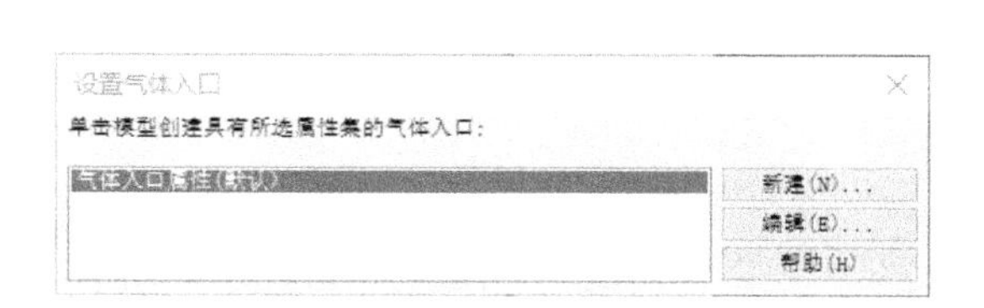

图 20-17 “设置气体入口”对话框

Step2：单击“编辑”按钮，系统会弹出如图 20-18 所示的“气体入口”对话框。

图 20-18 “气体入口”对话框

Step3：单击“编辑”按钮，系统会弹出如图 20-19 所示的“气体辅助注射控制器”对话框。

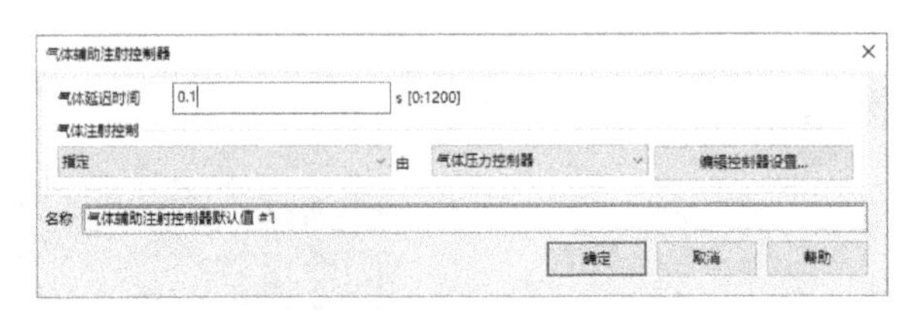

图 20-19 “气体辅助注射控制器”对话框

图 20-19 所示的对话框中各项及相关知识的说明如下。

（1）“气体延迟时间”：用于设置充气延迟时间。如果设置为 1s，则表示停止注射熔体 1s 后才开始向型腔中充气。本例设置为 0.1s。

（2）“气体注射控制”：其下拉列表中有两个选项，分别为“自动”和“指定”，选择“自动”时，系统自动控制充气方式；选择“指定”时，需要手动设置气体控制方式。气体控制方式有“气体压力控制器”和“气体体积控制器”两种。本例选择“气体压力控制器”的方式进行控制。

Step4：单击图 20-19 所示的对话框中的“编辑控制器设置”按钮，系统会弹出如图 20-20 所示的“气体压力控制器设置”对话框。对话框中的“时间”用于设定充气的时间。“气体压力”用于设定充气的气体压力大小。本例的参数设置如图 20-20 所示。从图中可以看出，本例设定的充气时间为 10s，充气压力为 20MPa，且从充气开始到结束充气的 10s 内，气压保持 20MPa 不变。

Step5：单击“确定”按钮，直到返回如图 20-17 所示的“设置气体入口”对话框。

Step6：单击模型显示窗口中的气道柱体单元的一端节点，设置气体入口位置，如图 20-21 所示。

Step7：关闭图 20-17 所示的对话框。

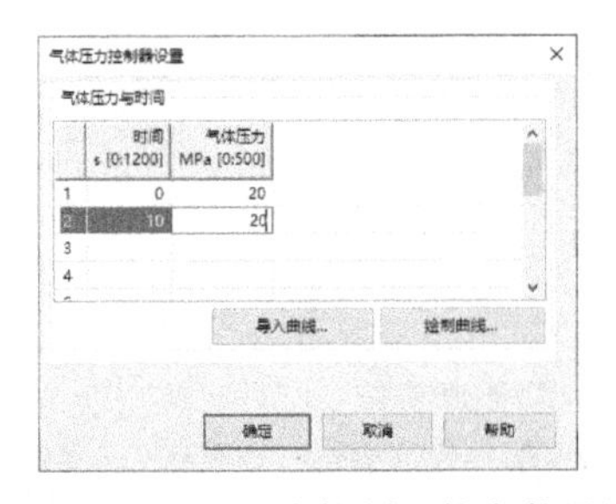

图 20-20 气体压力控制器的参数设置

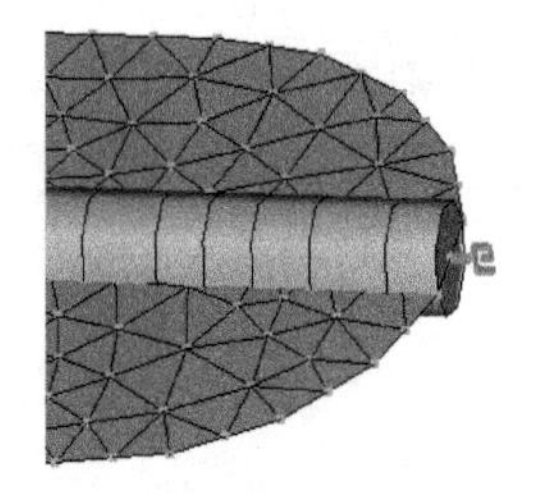

图 20-21 气体入口位置设置结果

8. 移除无用属性

选择“边界条件”→“属性”→“删除”菜单命令，系统会弹出如图 20-22 所示的

“Moldflow Insight”对话框，代表 10 个未使用的属性被删除了。

9. 选择分析序列

双击任务视窗中的“分析序列”按钮，系统会弹出“选择分析序列”对话框，如图 20-23 所示。选择“填充+保压+翘曲”选项后单击“确定”按钮，任务视窗面板如图 20-24 所示。

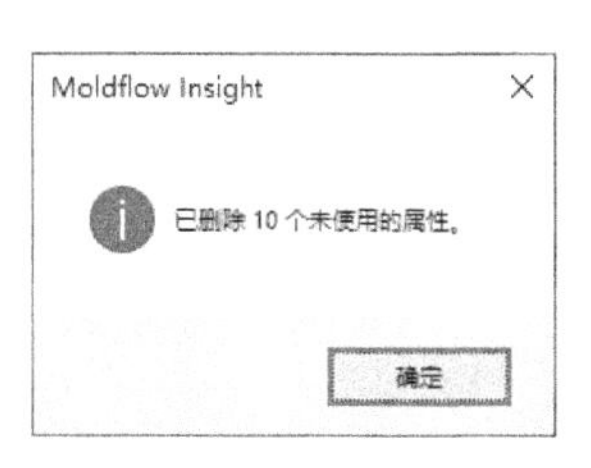

图 20-22 “Moldflow Insight”对话框

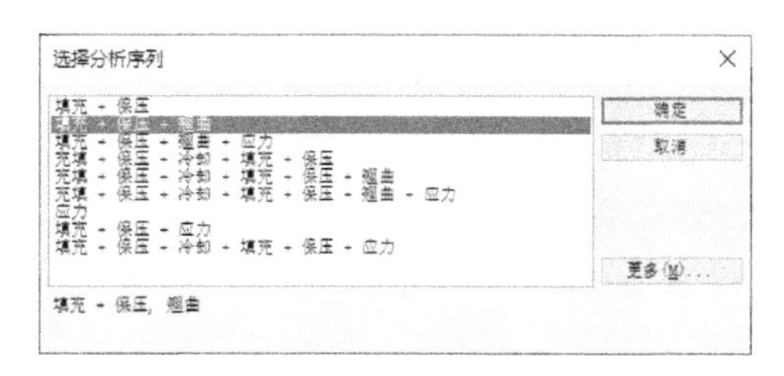

图 20-23 “选择分析序列”对话框

10. 选择材料

双击任务视窗中的“选择材料”图标，可以选择需要的材料进行分析。本例采用系统默认的“Generic PP：Generic Default”材料。

11. 设置注射位置

双击任务视窗中的“设置注射位置”按钮，单击主流道入口点，完成注射位置的设置，结果如图 20-25 所示。注射点位于充气口的位置，采用喷嘴进气的方式。

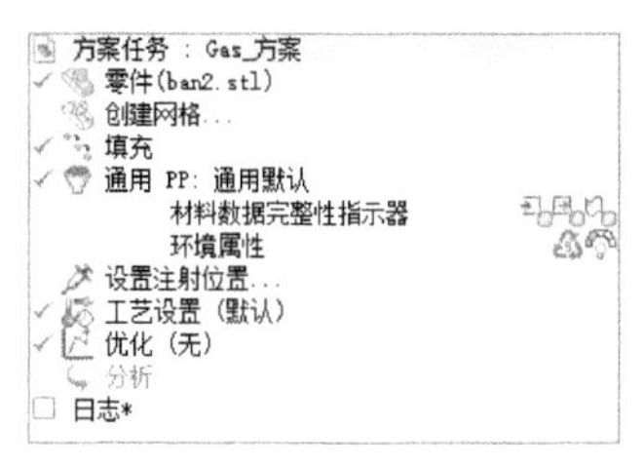

图 20-24 任务视窗面板

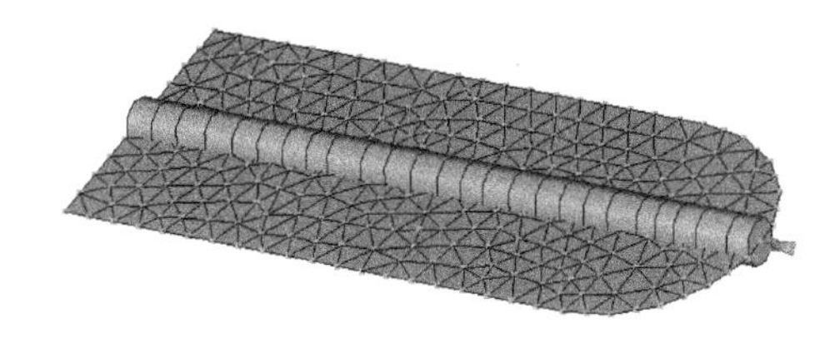

图 20-25 设置注射位置结果

12. 设置工艺参数

Step1：双击任务视窗中的“工艺设置（默认）”按钮，系统会弹出“工艺设置向导-填充+保压设置”对话框第 1 页，如图 20-26 所示。

图 20-26 “工艺设置向导-填充+保压设置”对话框第 1 页

Note

该对话框中的参数设置如下。

（1）“模具表面温度”设置为 40℃。

（2）“熔体温度”设置为 240℃。

（3）“填充控制”设置为“自动”。

（4）“速度/压力切换”设置为“由%填充体积”，并将其参数设置为 99%，表示当型腔填充满 99%时，进行速度/压力切换。

（5）“保压控制”设置为“%填充压力与时间”。

（6）“冷却时间”设置为 20s。

Step2：单击“编辑曲线”按钮，系统会弹出“保压控制曲线设置”对话框，如图 20-27 所示。该对话框中的参数设置结果如图 20-28 所示，持续时间和%填充压力均设置为 0。

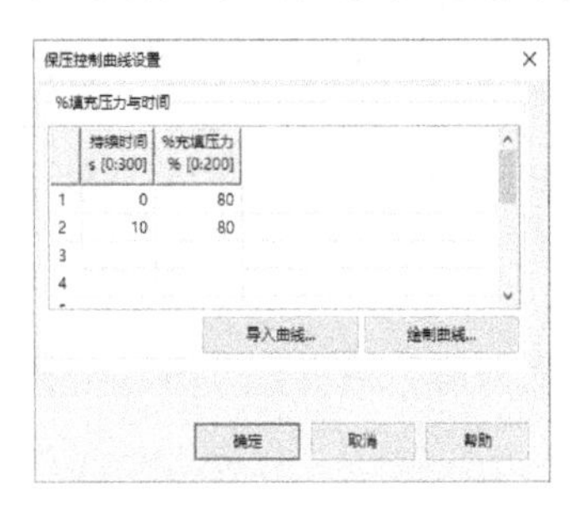

图 20-27　“保压控制曲线设置”对话框

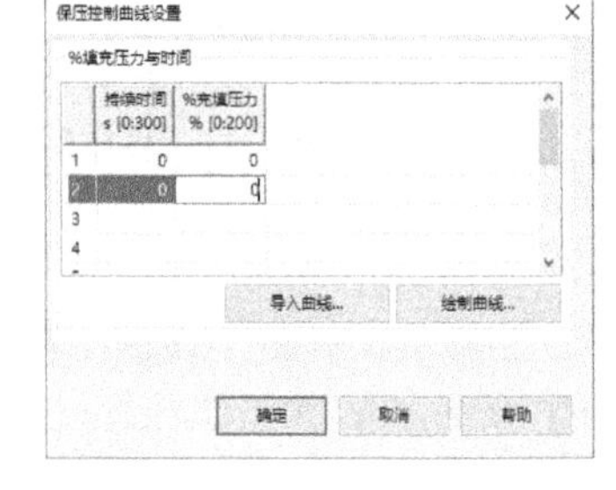

图 20-28　保压控制曲线设置结果

在气体辅助成型中，与普通注射过程不同，注射进行的保压压力不参与保压过程，保压是由充入的气体完成的。

Step3：单击“确定”按钮，返回图 20-26 所示的对话框。

Step4：单击“下一步”按钮，进入“工艺设置向导-翘曲设置”对话框第 2 页，如图 20-29 所示。

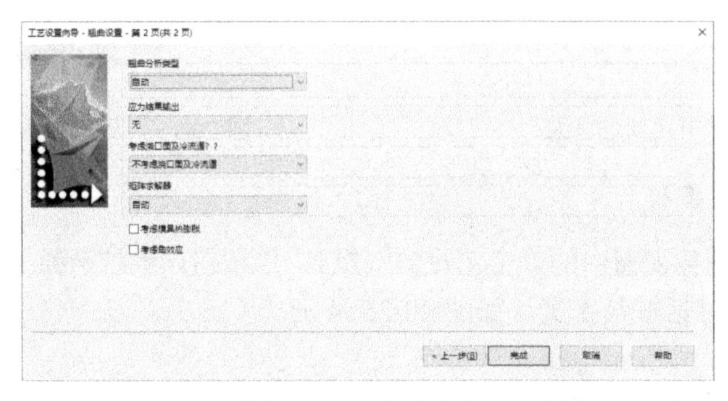

图 20-29　“工艺设置向导-翘曲设置”对话框第 2 页

图 20-29 所示对话框中的参数与普通注射成型的翘曲分析一样，采用默认设置。

Step5：单击“完成”按钮，关闭该对话框，完成成型工艺条件的设置。

20.3.2　进行分析

在完成了工艺条件设置之后，即可进行分析计算，双击任务视窗中的“分析”按钮，

求解器开始分析计算。

选择“主页”→“作业管理器”菜单命令，弹出如图 20-30 所示的“作业查看器”界面，可以看到任务队列及计算进程。

图 20-30 “作业查看器”界面

通过分析计算的“分析日志”，可以实时监控分析的整个过程，输出的信息如下。

（1）填充分析的进度和部分结果，如图 20-31 所示。从图 20-31 中可以看出，注射点在 0.3s 左右关闭，此时型腔的注射量为 99%左右，气体压力为 0。

（2）保压分析过程信息如图 20-32 所示。从图 20-32 中可以看出，0.405s 气体开始进行充气，气体注射压力为 20MPa；在 10.409s 时气体停止充气，持续时间为 10s，与所设定充气时间符合。

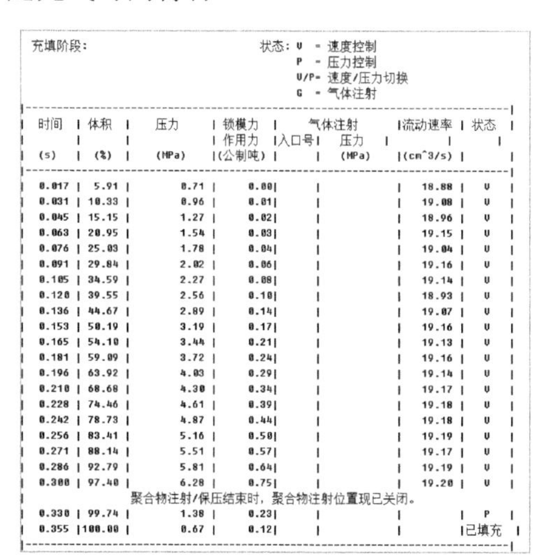

充填阶段：　　　　状态：V　= 速度控制
P　= 压力控制
V/P= 速度/压力切换
G　= 气体注射

时间 (s)	体积 (%)	压力 (MPa)	锁模力作用力 (公制吨)	气体注射 入口号	气体注射 压力 (MPa)	流动速率 (cm^3/s)	状态
0.017	5.91	0.71	0.00			18.88	V
0.031	10.33	0.96	0.01			19.08	V
0.045	15.15	1.27	0.02			18.96	V
0.063	20.95	1.54	0.03			19.15	V
0.076	25.03	1.78	0.04			19.04	V
0.091	29.84	2.02	0.06			19.16	V
0.105	34.59	2.27	0.08			19.14	V
0.120	39.55	2.56	0.10			18.93	V
0.136	44.67	2.89	0.14			19.07	V
0.153	50.19	3.19	0.17			19.16	V
0.165	54.10	3.44	0.21			19.13	V
0.181	59.09	3.72	0.24			19.16	V
0.196	63.92	4.03	0.29			19.14	V
0.210	68.68	4.30	0.34			19.17	V
0.228	74.46	4.61	0.39			19.18	V
0.242	78.73	4.87	0.44			19.18	V
0.256	83.41	5.16	0.50			19.19	V
0.271	88.14	5.51	0.57			19.17	V
0.286	92.79	5.81	0.64			19.19	V
0.300	97.40	6.28	0.75			19.20	V
聚合物注射/保压结束时，聚合物注射位置现已关闭。							
0.330	99.74	1.38	0.23				P
0.355	100.00	0.67	0.12				已填充

图 20-31 填充分析信息

保压阶段：

时间 (s)	保压 (%)	压力 (MPa)	锁模力作用力 (公制吨)	气体注射 入口号	气体注射 压力 (MPa)	状态
0.405				1		开始注射气体
2.009	8.29		5.11	1	20.00	G
4.009	18.32		5.11	1	20.00	G
6.009	28.34		5.11	1	20.00	G
8.009	38.37		5.05	1	20.00	G
10.009	48.39		2.86	1	20.00	G
10.409				1		气体已停止
12.009	58.42	0.00	1.48			P
14.009	68.44	0.00	0.98			P
16.009	78.47	0.00	0.94			P
18.009	88.49	0.00	0.93			P
20.009	98.52	0.00	0.93			P
20.305	100.00	0.00	0.93			P

图 20-32 保压分析过程信息

20.3.3 气体辅助成型分析结果

下面对气体辅助成型分析结果图进行解读。

1. 气体的体积百分比：XY图

图 20-33 所示为该模型的气体体积百分比：XY 图。

单击工具面板上的图标，可以查看曲线上各点的信息如图 20-34 所示。从图 20-34 中可以看出，气体从 0.8s 开始充气直到 14s 时气体的体积百分比达到最大值，从 14s 到

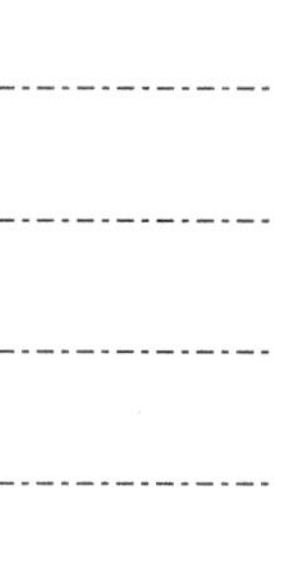

20s 时气体的体积百分比变化很小。

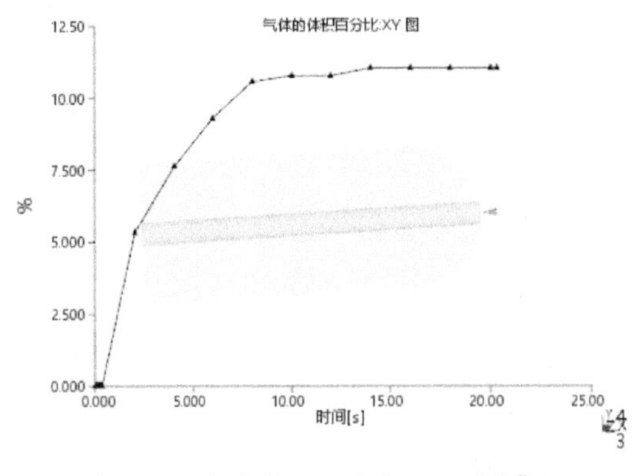

图 20-33　气体体积百分比：XY 图①

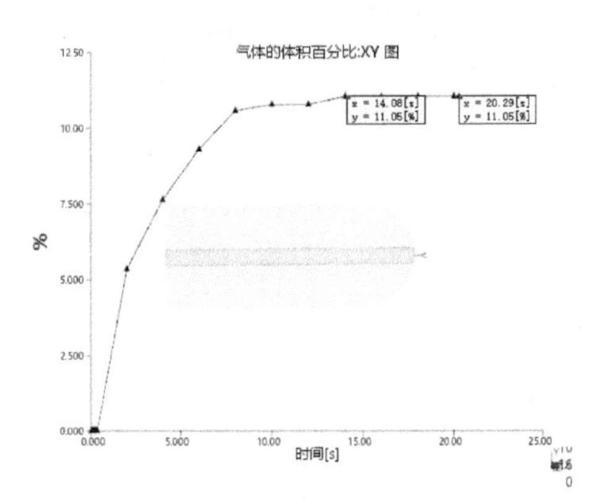

图 20-34　气体的体积百分比：XY 图②

2．气体时间

图 20-35 所示为该模型的充气时间结果。从图 20-35 中可以看出，气体可以完全穿透气道。此结果可以通过“动画”工具面板进行操作，可得到不同时刻气体穿透的结果图，并有助于判断气体有无渗透至气道以外的区域等。

3．工艺结束时的聚合物表层因子

图 20-36 所示为该塑件模型工艺结束时的聚合物表层因子结果。

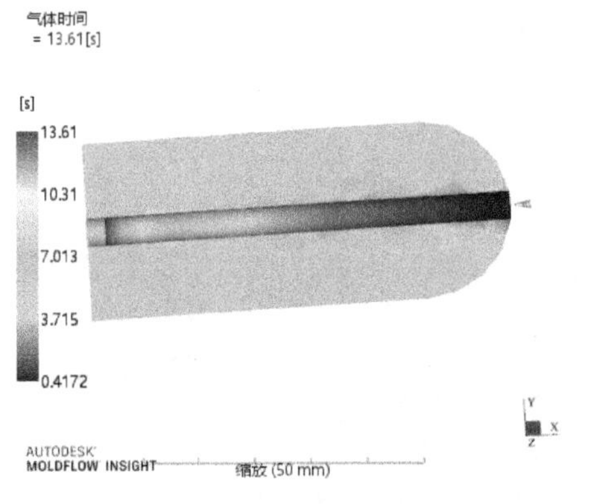

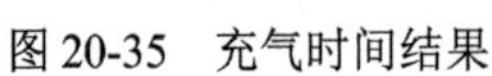

图 20-35　充气时间结果

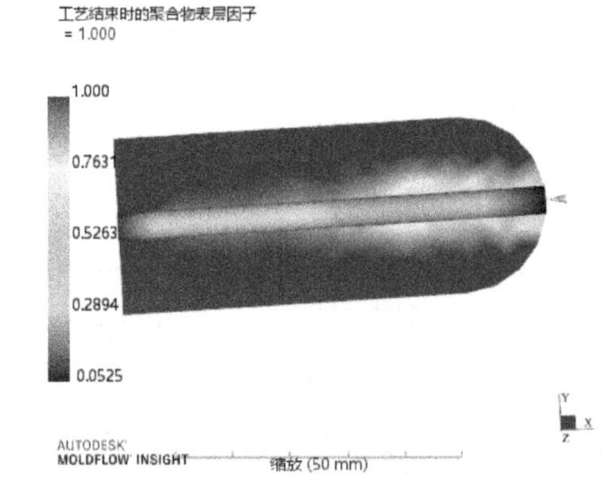

图 20-36　工艺结束时聚合物表层因子结果

单击工具面板上的图标，再单击模型上的点，可以查看该点的聚合物表层厚度因子值，数值小于 1 说明发生了气体渗透，如图 20-37 所示。从图 20-37 中可以看出，在充气口附近的区域发生了气体渗透。

4．工艺结束时聚合物的厚度

图 20-38 所示为该塑件模型成型后聚合物的厚度结果。该塑件的厚度为 2mm，从图 20-38 中可以看出靠近充气口的区域厚度小于 2mm，这表明该区域发生了气体渗透。

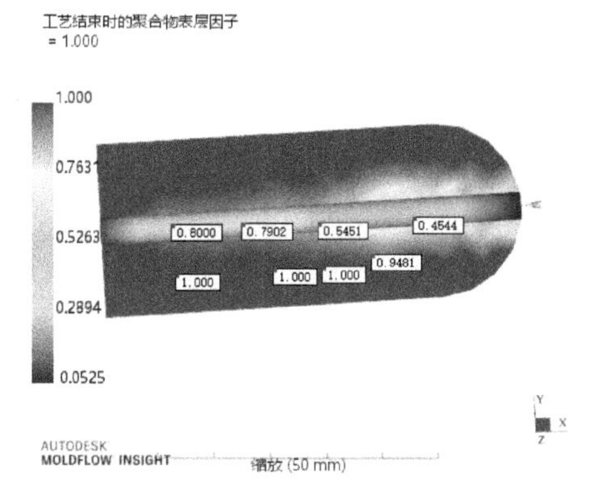

图 20-37　塑件成型后聚合物的厚度结果

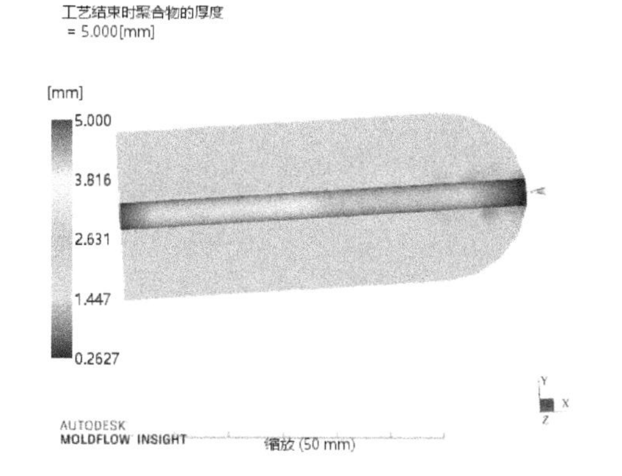

图 20-38　工艺结束时聚合物的厚度结果

20.4　带溢料井的气体辅助成型分析

气体辅助成型分析中，在最后填充处设置溢料井，可促进气体穿透，增加气道掏空率，消除迟滞痕，稳定塑件品质。而在型腔和溢料井之间加设阀浇口，可确保最后填充发生在溢料井内。通过溢料井的创建，可以得到不同的分析结果。

本节将以一个操作实例，演示气体辅助成型分析中溢料井的创建方法，并将分析结果和没有溢料井的气体辅助成型分析进行比较。本例的原始模型和上一节的模型相同。

本例的模型见配套资源“第 20 章　带溢料井的气辅成型”。

20.4.1　分析前处理

下面介绍带溢料井的气体辅助成型的前处理步骤。

1. 分析模型的复制

Step1：右击工程管理视窗中的“Gas_方案”图标，在弹出的快捷菜单中选择“重复”命令，如图 20-39 所示。工程管理视窗中会出现一个“Gas_方案（复制品）”的图标。

Step2：右击工程管理视窗中的“Gas_方案（复制品）”图标，在弹出的快捷菜单中选择“重命名”命令，将新复制的分析模型重命名为“Gas_方案_溢料井”，如图 20-40 所示。

从任务视窗中可以看到，塑件成型分析的所有模型和相关参数设置均被复制，在此基础上可以调整分析参数和创建溢料井，可进行相应的分析计算。

2. 创建溢料井浇口

（1）复制节点。

Step1：选择“几何”→“移动”→“平移”菜单命令，弹出如图 20-41 所示的“平移”对话框。

Step2：单击气道末端节点 N291，在“矢量”数值框中输入“-5,0,0”，选中“复制”单选按钮，再单击“应用”按钮，即生成图 20-42 中的位置 1 节点。

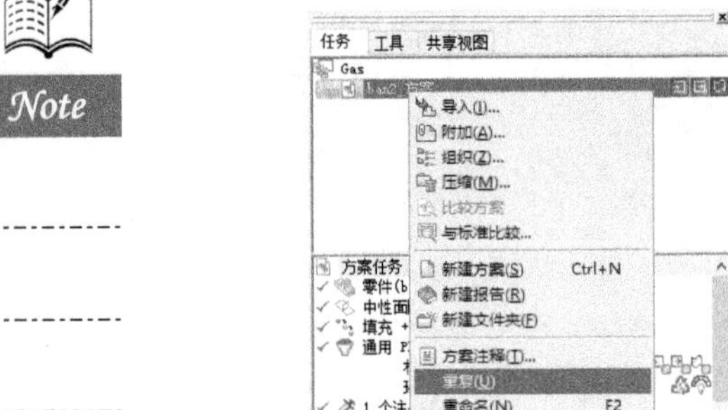

图 20-39　选择“重复”命令

图 20-40　分析模型重命名设置

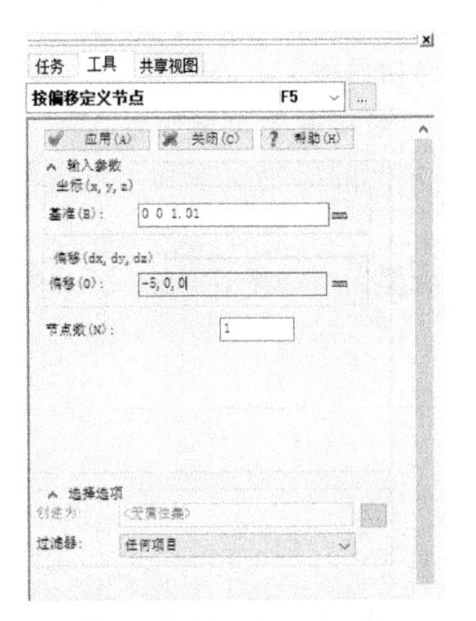

图 20-41　“平移”对话框

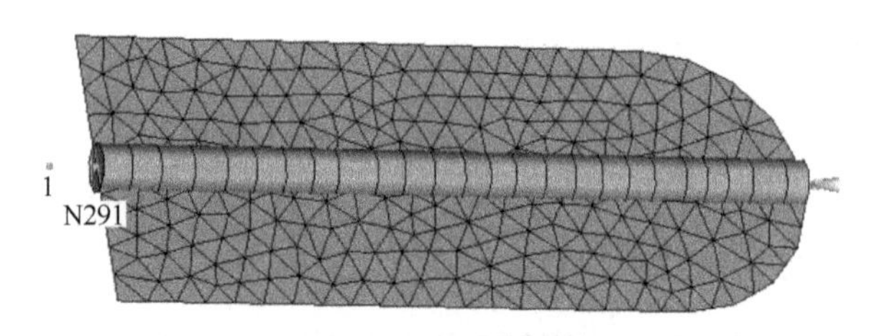

图 20-42　节点复制结果

（2）创建溢料井浇口直线。

Step1：选择“几何”→“创建”→“曲线”→“创建直线”菜单命令，弹出如图 20-43 所示的“创建直线”对话框。

Step2：依次选择 Step1 中复制得到的位置 1 和气道末端节点 N291。

Step3：单击“选择选项”选区中的…按钮，弹出“指定属性”对话框。

Step4：单击“新建”下拉按钮，系统会弹出下拉菜单，如图 20-44 所示。

Step5：在弹出的下拉菜单中选择“溢料井（柱体）”命令，弹出“溢料井（柱体）”对话框，如图 20-45 所示。在“截面形状是”下拉列表中选择“圆形”选项，在“形状是”下拉列表中选择“锥体（由端部尺寸）”选项。

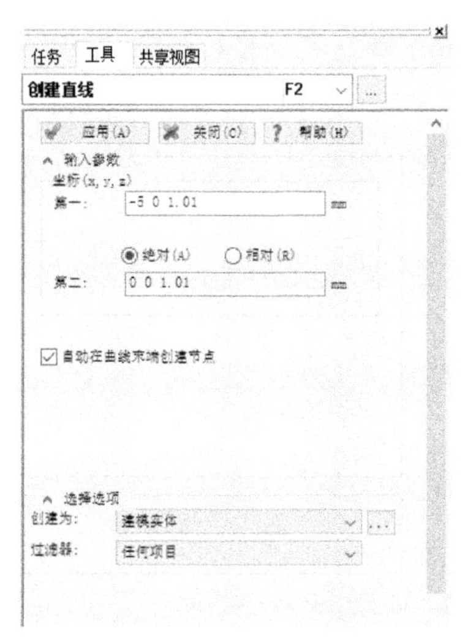

图 20-43　“创建直线”对话框

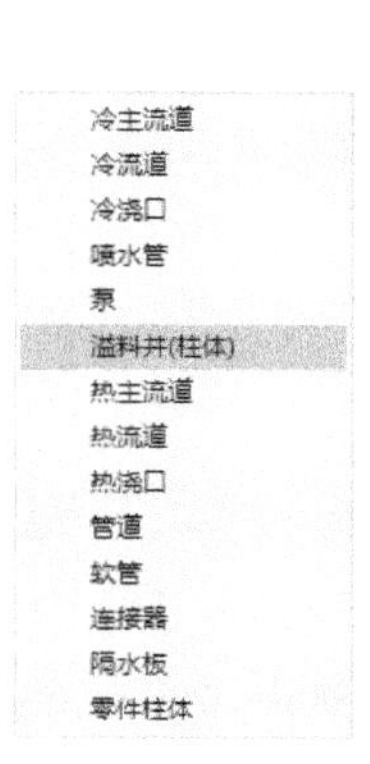

图 20-44　“新建”下拉菜单

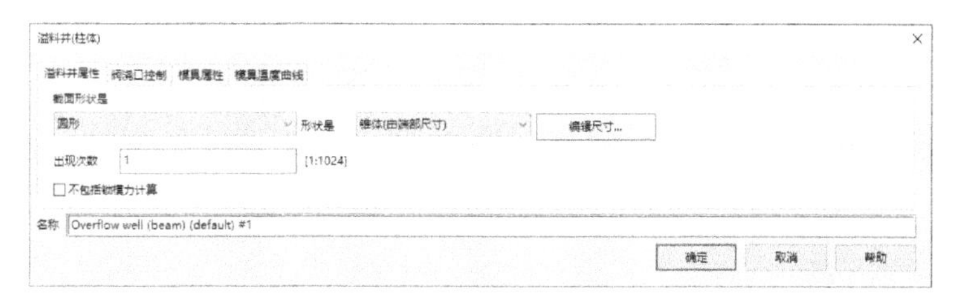

图 20-45　“溢料井（柱体）”对话框

Step6：单击“编辑尺寸”按钮，在弹出的对话框中的“始端直径”数值框中输入“5”，在“末端直径”数值框中输入“1.5”，如图 20-46 所示。

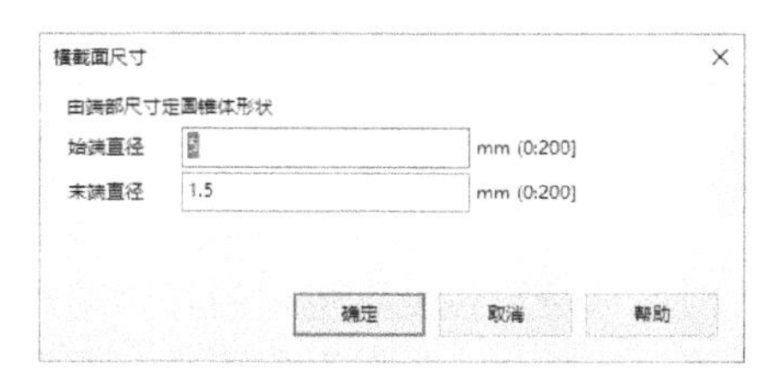

图 20-46　“横截面尺寸”对话框

Step7：单击“确定”按钮，返回图 20-45 所示的对话框。

Step8：单击图 20-45 所示的“阀浇口控制”选项卡，对话框自动切换为图 20-47 所示的选项卡。

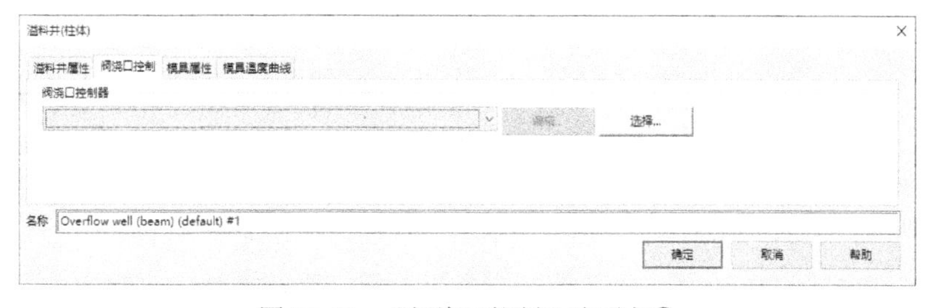

图 20-47　“阀浇口控制”选项卡①

Step9：单击“选择”按钮，弹出“选择阀浇口控制器”对话框，如图 20-48 所示。

图 20-48 “选择阀浇口控制器”对话框

Step10：选择对话框中的“阀浇口控制器默认”选项。

Step11：单击“选择”按钮，返回上一个选项卡，如图 20-49 所示。

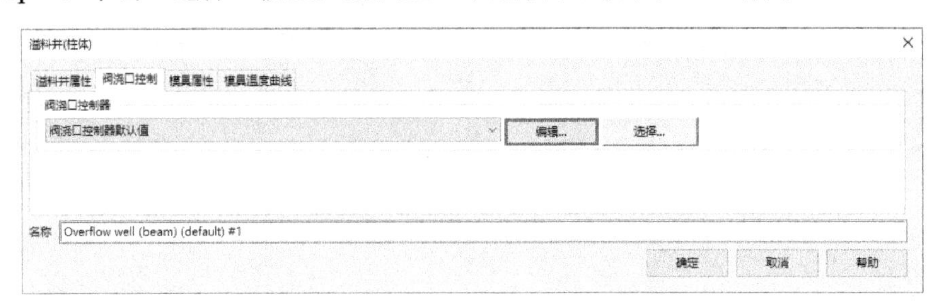

图 20-49 “阀浇口控制”选项卡②

Step12：单击图 20-49 所示对话框中的“编辑”按钮，系统会弹出“阀浇口控制器”对话框，如图 20-50 所示。

Step13：在“阀浇口控制方式”下拉列表中选择默认选项“时间”。

如图 20-51 所示，在“阀浇口控制方式”下拉列表中包括以下 5 个选项。

① “时间”：表示通过时间设置来控制阀浇口的开闭动作。

② “流动前沿”：表示通过熔体的流动前沿位置来控制阀浇口的开闭动作。

③ “压力”：表示通过压力大小来控制阀浇口的开闭动作。

④ “%体积”：表示通过型腔填充的体积百分比来控制阀浇口的开闭动作。

⑤ “螺杆位置”：表示通过螺杆的位置来控制阀浇口的开闭动作。

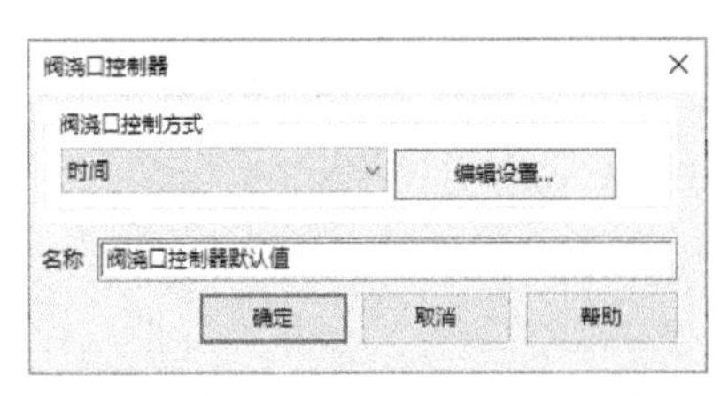

图 20-50 “阀浇口控制器”对话框

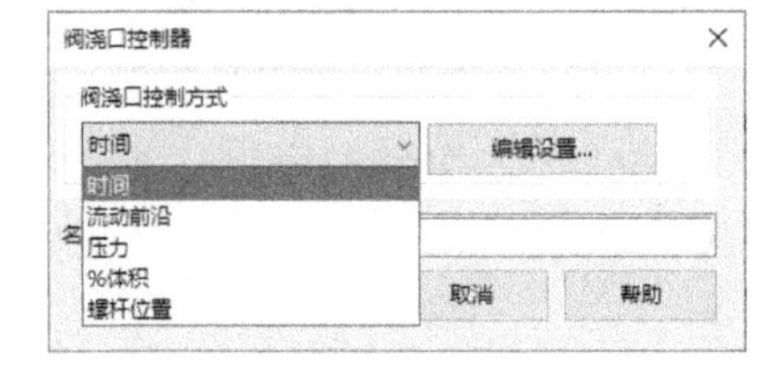

图 20-51 “阀浇口控制方式”下拉列表

Step14：单击图 20-50 所示的“编辑设置”按钮，系统会弹出“阀浇口时间控制器”对话框，如图 20-52 所示。

如图 20-52 所示，“阀浇口时间控制器”对话框包含的内容及其说明如下。

① “阀浇口初始状态”：表示气体辅助注射成型开始时阀浇口的初始状态，默认设置为打开。

② “打开”：表示阀浇口打开的时间，当设置为“打开”时，“打开时间”为 0s；当“阀浇口初始状态”设置为“已关闭”时，“打开时间”可以根据型腔填充情况自行设定是否延迟阀浇口开启时间。

③ “已关闭”：表示阀浇口的关闭时间，其值也可以根据型腔填充情况自行设定。

Step15：图 20-52 所示的对话框中各参数的设置如图 20-53 所示，“阀浇口初始状态”设置为“已关闭”，“打开时间”设置为 0.5s，“关闭时间”设置为 30s，表示注射开始后的第 0.5s 时，阀浇口由关闭状态转为开启状态；在注射开始后的第 30s 时，阀浇口由开启状态转为关闭状态。

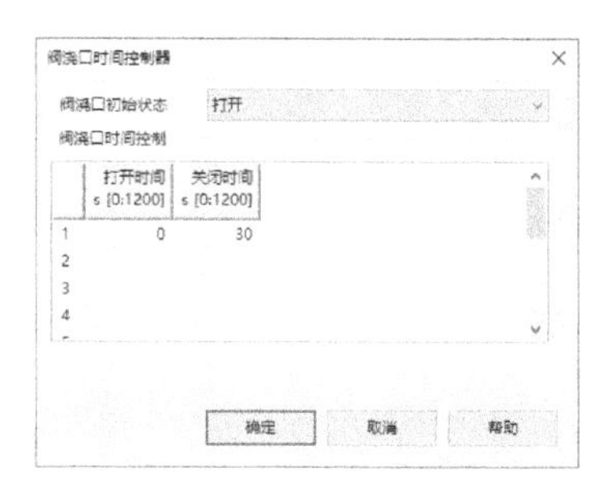

图 20-52 “阀浇口时间控制器”对话框①

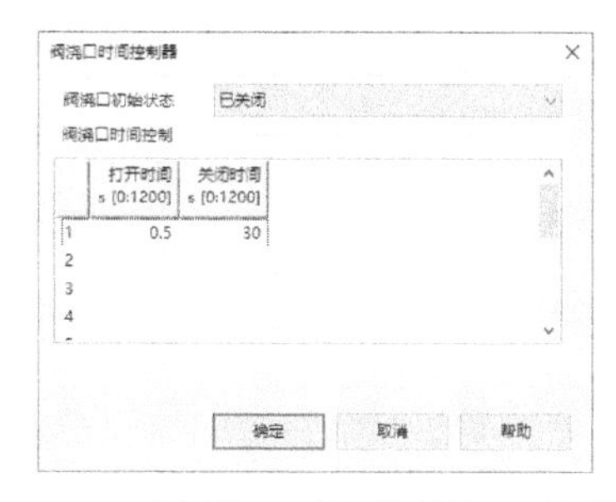

图 20-53 “阀浇口时间控制器”对话框②

Step16：单击“确定”按钮三次，直到返回“指定属性”对话框。

Step17：单击“确定”按钮，关闭该对话框。

Step18：单击“应用”按钮，完成溢料井阀浇口柱体单元直线的创建。

Step19：单击“关闭”按钮，关闭对话框，溢料井阀浇口柱体单元直线创建结果如图 20-54 所示。

（3）划分溢料井阀浇口柱体单元。

Step1：单击刚创建的阀浇口柱体单元直线，使之处于被选中的状态。

Step2：选择“网格”→“生成网格”菜单命令，弹出如图 20-55 所示的“生成网格”对话框。

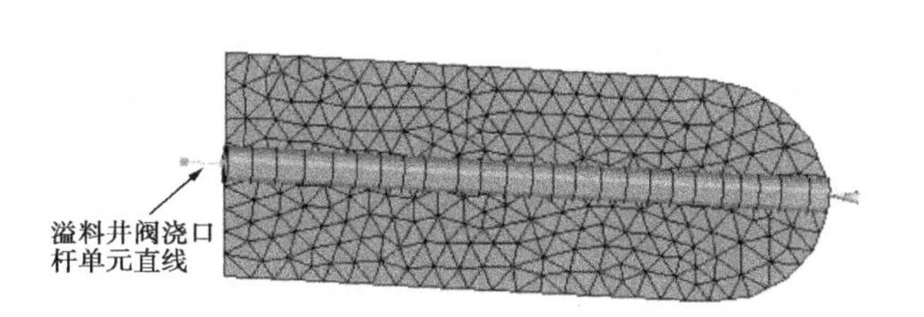

图 20-54 溢料井阀浇口柱体单元直线创建结果

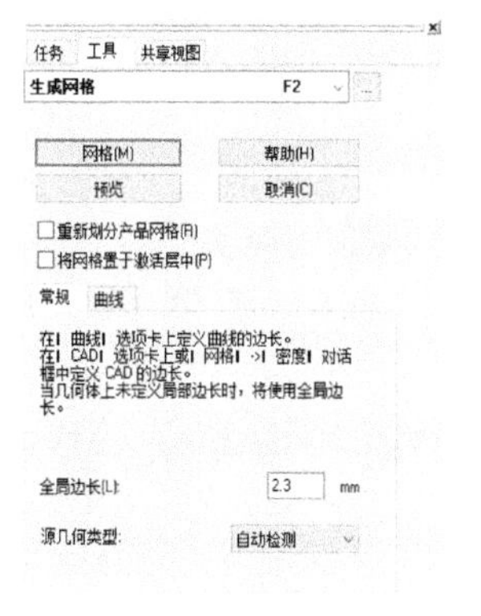

图 20-55 “生成网格”对话框

Step3：“全局边长”设置为2.3mm。

Note

阀浇口柱体单元只划分为一段，否则分析结果不正确。

Step4：单击“网格”按钮，对溢料井柱体单元阀浇口柱体单元进行划分，划分结果如图20-56所示。

3．创建溢料井

Step1：选择“几何”→“移动”→“平移”菜单命令，复制出一组用于创建溢料井的节点，其结果如图20-57所示。

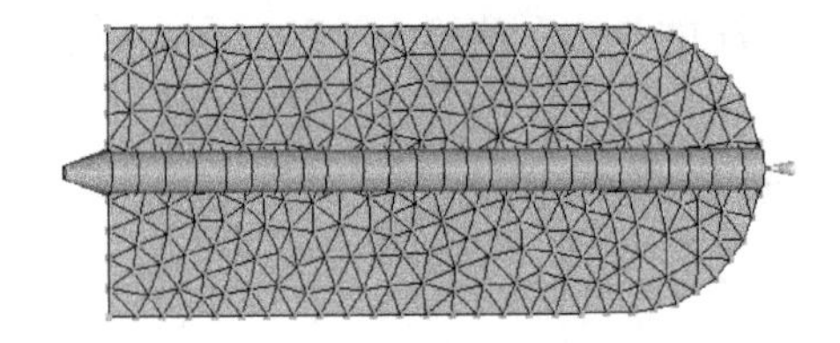

图20-56　划分结果

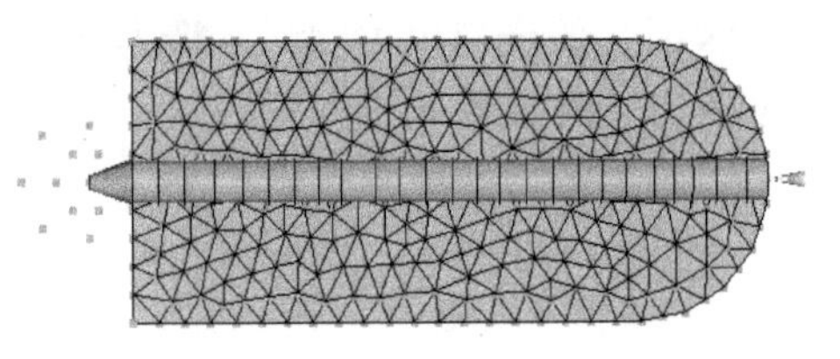

图20-57　节点复制结果

Step2：选择“网格”→“网格编辑”→“高级”→“填充孔”菜单命令，按住键盘上的Ctrl键不放，选择复制的一组节点进行第一次填充孔操作，其结果如图20-58所示。

Step3：选择其余的节点，重复以上操作，完成剩余节点的填充孔操作，其结果如图20-59所示。

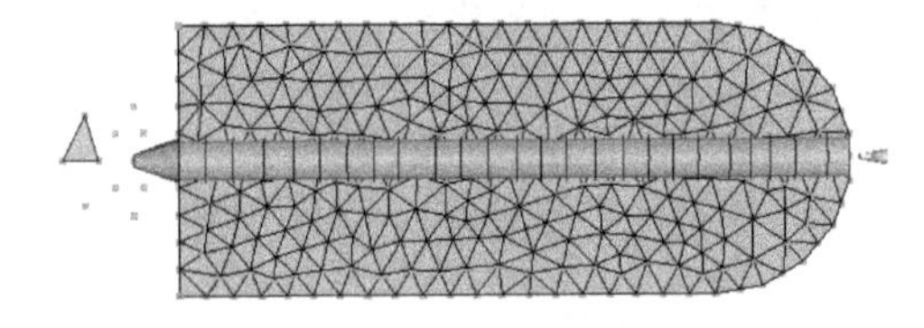

图20-58　第一次填充孔结果

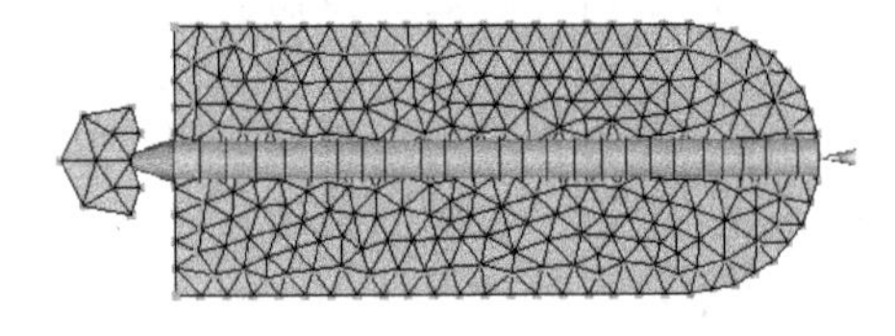

图20-59　填充孔结果

Step4：选中如图20-59所示的填充孔后创建的全部三角形单元。

Step5：选择“网格”→“属性”→“指定”菜单命令，系统会弹出如图20-60所示的“指定属性”对话框。

Step6：单击对话框中的“新建”下拉按钮，系统会弹出下拉菜单，如图20-61所示。

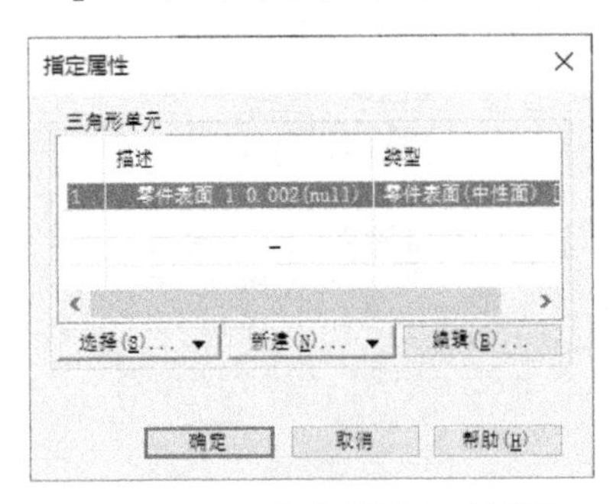

图20-60　“指定属性”对话框

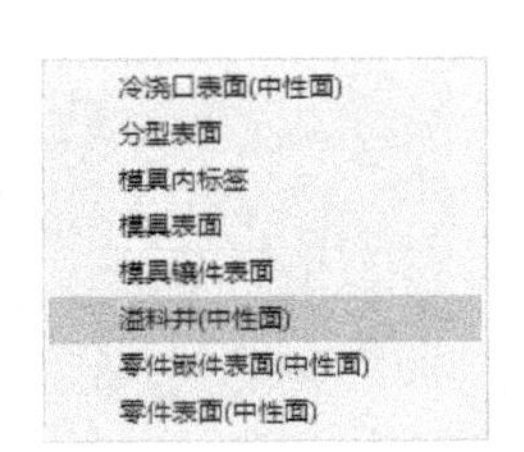

图20-61　“新建”下拉菜单

Step7：如图 20-61 所示，在弹出的下拉菜单中选择“溢料井（中性面）”选项，系统会弹出“溢料井（中性面）”对话框，如图 20-62 所示。

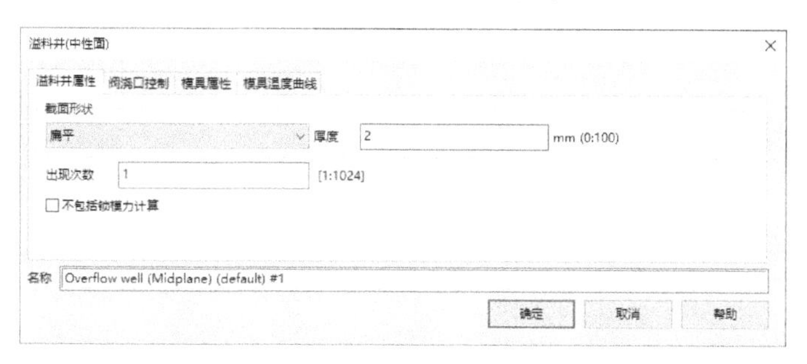

图 20-62 “溢料井（柱体）”对话框

该对话框中各参数设置如下。

（1）“截面形状”设置为“扁平”。

（2）“厚度”设置为 2mm。

Step8：单击“确定”按钮，关闭对话框。

20.4.2 进行分析

在完成了溢料井及其阀浇口的创建之后，即可进行分析计算，双击任务视窗中的“分析”按钮，求解器开始分析计算。

20.4.3 带溢料井的气体辅助成型分析结果

下面对带溢料井的气体辅助成型分析结果进行解读。

1. 气体的体积百分比：XY图

图 20-63 所示为带溢料井的气体辅助成型气体的体积百分比：XY 图。从图 20-63 中可以看出，气体从 0.8s 开始充气，然后气体体积迅速增加到 2.048s 时的 83.4%，直到 20s 时气体的体积百分比处于稳定状态，与不带溢料井的模型分析结果不同。

2. 气体时间

图 20-64 所示为该模型气体时间结果。从图 20-64 中可以看出，气体可以完全穿透气道，并且气体穿透了溢料井阀浇口，充气时间由原来的 10s 降至 2.4s。

3. 工艺结束时的聚合物表层因子

图 20-65 所示为该塑件模型工艺结束时的聚合物表层因子结果。

4. 工艺结束时聚合物的厚度

图 20-66 所示为该塑件模型工艺结束时聚合物的厚度结果。

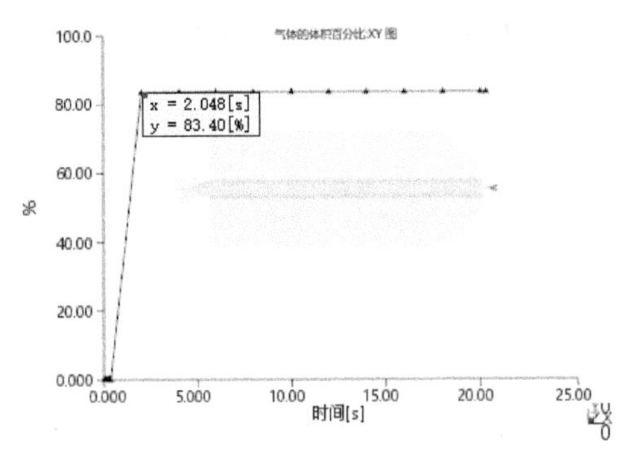

图 20-63　气体的体积百分比：XY 图

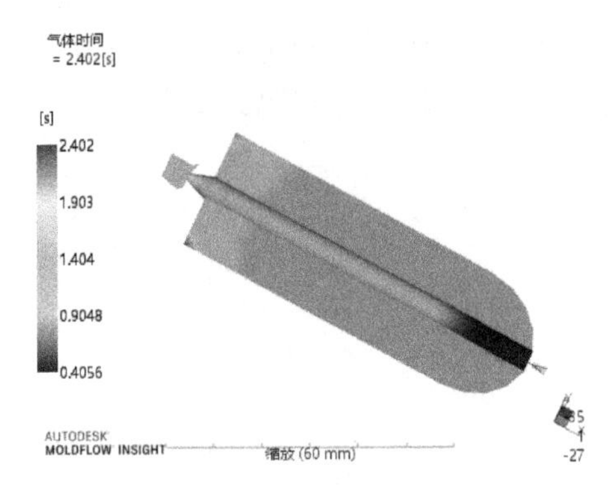

图 20-64　气体时间结果

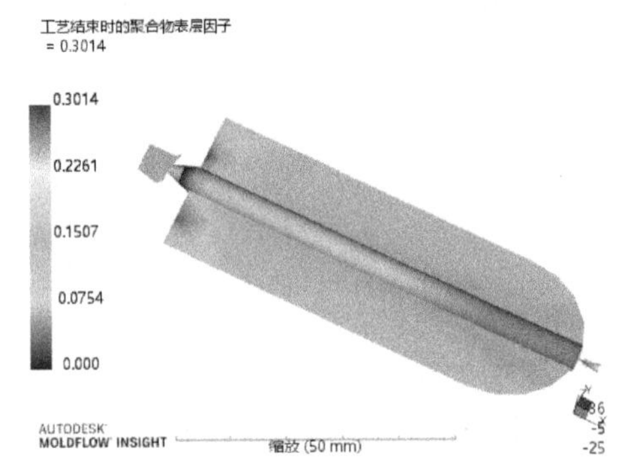

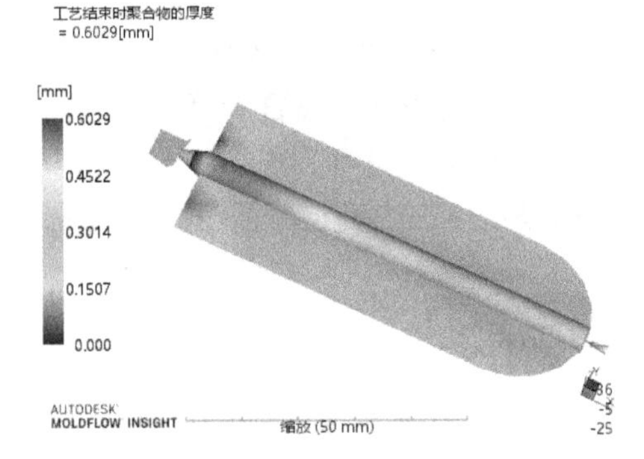

图 20-65　塑件工艺结束时的聚合物表层因子结果 图 20-66　塑件模型工艺结束时的聚合物的厚度结果

20.5　本章小结

本章主要介绍软件的“气体辅助成型”分析模块，包括工艺参数设置和分析结果。在本章中应重点掌握分析的工艺参数设置方法、溢料井及其阀浇口的创建方法。

气体辅助成型一般多采用中性面模型进行分析，所以需要掌握对中性面网格的处理。而气体辅助成型的分析方法与普通注射成型的分析方法基本相同，与普通注射成型分析不同的是，在进行分析前，需要设定和调整气体注入位置、延迟时间和气体压力，以得到最好的结果。

第21章

双色注射成型分析

本章介绍双色注射成型的基本原理及 Moldflow 软件在双色注射成型中的应用实例，重点介绍了 Moldflow 软件中的双色注射成型分析的模型处理、成型方式的选择、注塑顺序编排、工艺参数设置和分析结果解读等。

学习目标

（1）掌握双色注射成型的基本原理

（2）掌握双色注射成型分析的应用

21.1 双色注射成型分析简介

Note

双色注射成型是一种特殊的塑料注射成型方式，它是通过两个独立的喷嘴将两种分离的材料注入同一个型腔中，从而生产出结构简单的双色塑件。

21.1.1 双色注射成型介绍

双色注射成型的两种不同材料由两个不同的注射单元经过两个浇口注入同一个型腔，在一个塑件的成型周期中，两套注射装置分别有独立的注射循环过程。其中，两种材料由注射单元 A、B 分别塑化，然后分别注入型腔。

材料 A 只填充型腔的一部分，其余空间由材料 B 填充。最后经过冷却固化的塑件被推出型腔，得到双色塑件，这两种材料可以都出现在外层，在塑件之间具有两种材料比较平滑的结合面。

双色塑件由于是由两种材料构成的，因而如何防止不同材料的脱落和分层是一个关键问题。根据聚合物加工流变学的研究表明，两种材料界面的脱落和分层与其之间的界面力有密切关系。因此，双色注射成型塑件在选择材料时应注意以下几点。

（1）选择的材料之间的黏合性要好，两种材料的黏合性越好，则其界面的黏合力就越大，就越不易脱落、分层。

（2）根据等黏度原则，选择材料的熔体黏度差异应尽可能的小，否则会影响两种材料分布的均一性。

（3）若塑件是通过结构的嵌接或夹心来防止脱落和分层的，则要注意材料的热收缩性不应相差太大，并尽可能做到收缩率完全匹配。一般情况下，嵌入材料的收缩率较小。

21.1.2 AMI 在双色注射成型中的应用

“热塑性重叠注塑”模块可以实现双色或嵌件成型分析的模拟仿真，本章主要介绍该模块在双色注射成型中的应用、嵌件成型分析的分析过程与双色注射成型分析序列。

“热塑性重叠注塑”提供了三种双色注射成型分析序列：“填充＋保压＋重叠注塑充填”“填充＋保压＋重叠注塑充填+重叠注塑保压”和“填充+保压+重叠注塑充填+重叠注塑保压+翘曲”。其中，只有当网格模型为三维时，才能选择“填充+保压+重叠注塑充填+重叠注塑保压+翘曲”的分析序列。

通过“热塑性重叠注塑”模块得到的分析结果可以同时查看第一次注射与第二次注射的塑件成型模拟分析结果，包括熔接线和气穴的分布情况、成型过程所需的最大注射压力和最大锁模力及塑件的表面温度分布情况等，可以检查塑件有无短射、收缩等潜在缺陷，并能够帮助判断保压效果等。

Note

21.2 双色注射成型分析应用实例

本节将以一个操作实例来演示双色注射成型分析的流程，并对分析结果进行解读。

本例选用某电子产品的壳体进行两次注射成型。先是外壳（第一次注射）部分注射成型，材料为“Generic PP：Generic Default”，原始模型如图 21-1（a）所示；接着注射成型内壳部分（第二次注塑），材料为“ABS AF303：LG Chemical”，原始模型如图 21-1（b）所示。

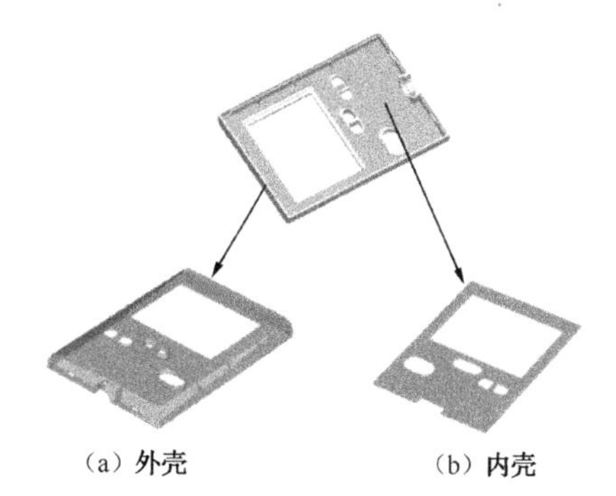

（a）外壳　　（b）内壳

图 21-1　壳体原始模型

原始模型是一个由两种不同颜色材料的两个塑件模型组成的装配体，在进行双色成型分析前，需要将其拆分为两个独立的实体模型。拆分实体模型的操作过程是在 CAD 软件中完成的。本例将其拆分为“shell”和“inner”两个模型，并且另存为 STL 格式的文件，其文件名分别为“shell.stl”和“inner.stl”。

本例的模型见配套资源“第 21 章　双色注射成型分析”。

21.2.1　双色注射成型分析前处理

1. 导入外壳模型

Step1：启动 Moldflow 软件。

Step2：选择“开始”→“新建工程”菜单命令，新建工程项目“panel”。

Step3：在工程管理视窗中右击“工程‘panel’”图标，选择“导入”命令，系统会弹出“导入”对话框，如图 21-2 所示。

Step4：在对话框中找到“shell.stl”和“inner.stl”文件所在的路径。

Step5：选择导入外壳模型“shell.stl”选项，单击“打开”按钮，此时系统会弹出“导入”对话框，进行模型导入选项设置，如图 21-3 所示。

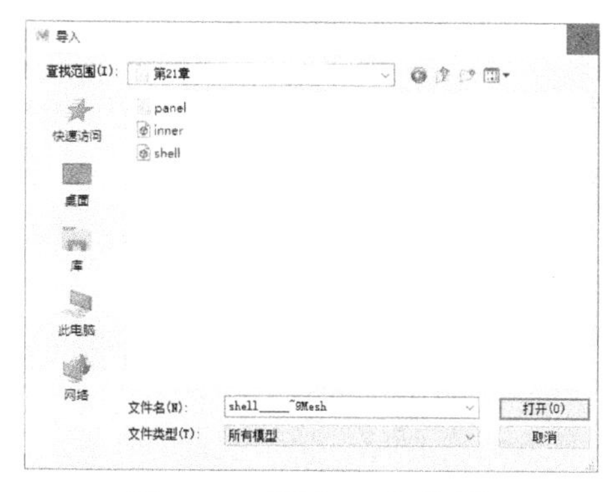

图 21-2　“导入”对话框①

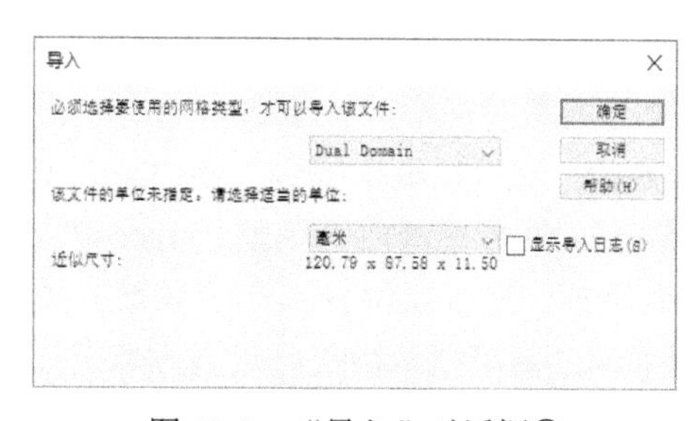

图 21-3　“导入”对话框②

Step6：将模型网格类型设置为双层面（Dual Domain）网格，单位设置为毫米。

Step7：单击“确定”按钮，完成选项设置，此时模型显示窗口中会显示导入的外壳模型，如图 21-4 所示。

Step8：双击“创建网格”按钮，弹出“生成网格”对话框，“全局边长”设置为 4.28mm。

Step9：单击“网格”按钮，生成网格。

Step10：诊断并修复网格，其结果如图 21-5 所示

Step11：单击工具面板上的“保存”按钮，保存文件。

图 21-4　外壳模型导入结果

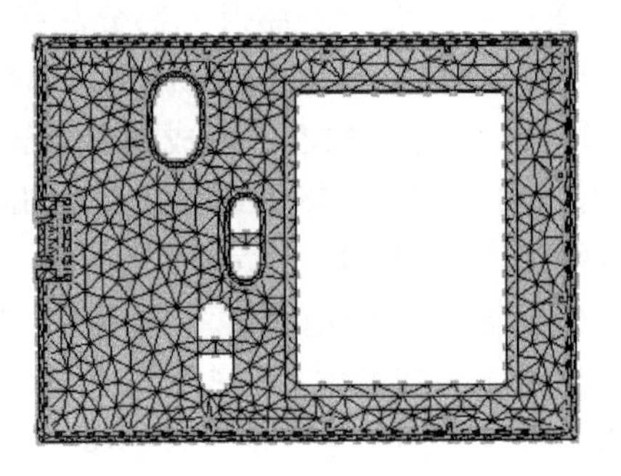

图 21-5　网格修复结果

2．设置成型方式

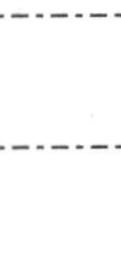

选择“主页”→“成型工艺设置”菜单命令，系统会弹出下拉菜单，选择“热塑性塑料重叠注塑”命令，如图 21-6 所示。

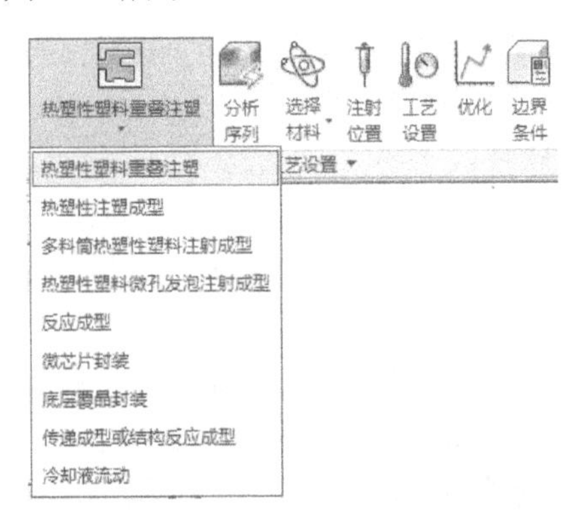

图 21-6　选择“热塑性塑料重叠注塑”命令

3．导入内壳模型

Step1：在工程管理视窗中右击“工程‘panel’”图标，选择“导入”命令，系统会弹出“导入”对话框，如图 21-7 所示。

Step2：在对话框中找到“shell.stl”和“inner.stl”文件所在的路径。

Step3：选择导入内壳模型“inner.stl”选项，单击“打开”按钮，此时系统会弹出“导入”对话框，进行模型导入选项设置，如图 21-8 所示。

Step4：将模型网格类型设置为双层面（Dual Domain）网格，单位设置为毫米。

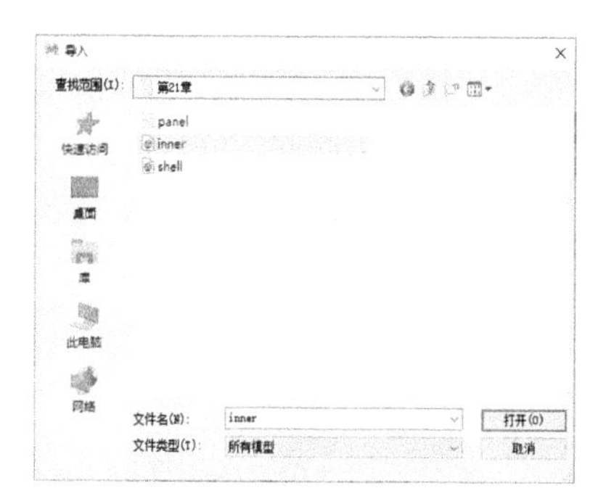

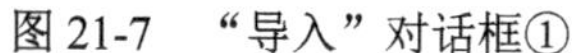

图 21-7 “导入”对话框①

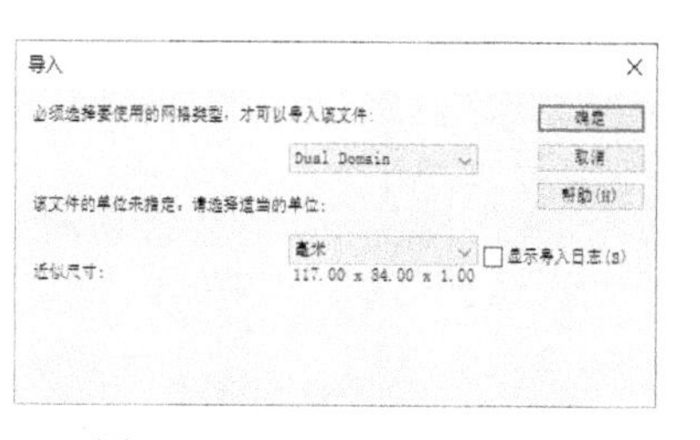

图 21-8 “导入”对话框②

Step5：单击“确定”按钮，完成选项设置，此时模型显示窗口中会显示导入的内壳模型，其结果如图 21-9 所示。

Step6：双击“创建网格”按钮，弹出“生成网格”对话框，“全局边长”设置为 4.12mm。

Step7：单击“网格”按钮，生成网格。

Step8：诊断并修复网格，其结果如图 21-10 所示。

Step9：单击工具面板上的“保存”按钮，保存文件。

图 21-9 内壳模型导入结果

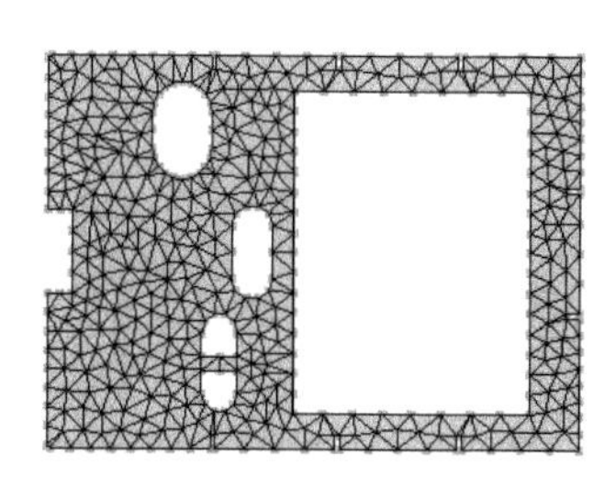

图 21-10 网格修复结果

4．将内壳网格模型添加到外壳网格模型的窗口中

Step1：双击任务视窗中的“shell_方案”图标，打开外壳网格模型所在的窗口。

Step2：选择“开始”→“打开”→“添加”菜单命令，系统会弹出如图 21-11 所示的“选择要添加的模型”对话框。

Step3：选中“inner___.sdy”文件（见图 21-12），并单击“打开”按钮，打开文件，内壳网格模型就会添加到模型显示窗口中，其结果如图 21-13 所示。添加内壳模型后，外壳网格模型原有的图层会和内壳网格模型的图层显示在同一个图层面板中，如图 21-14 所示。

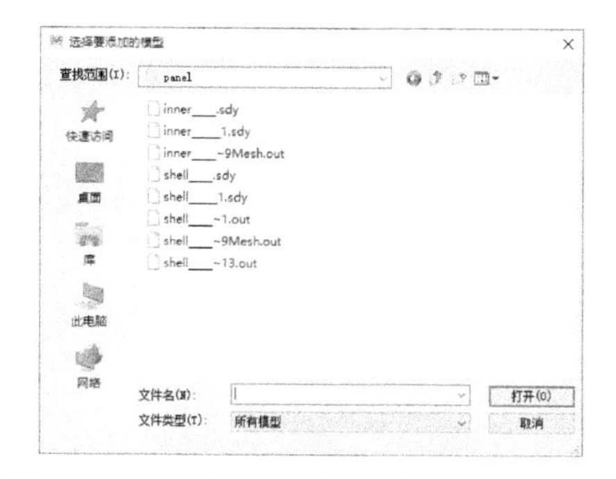

图 21-11 “选择要添加的模型”对话框①

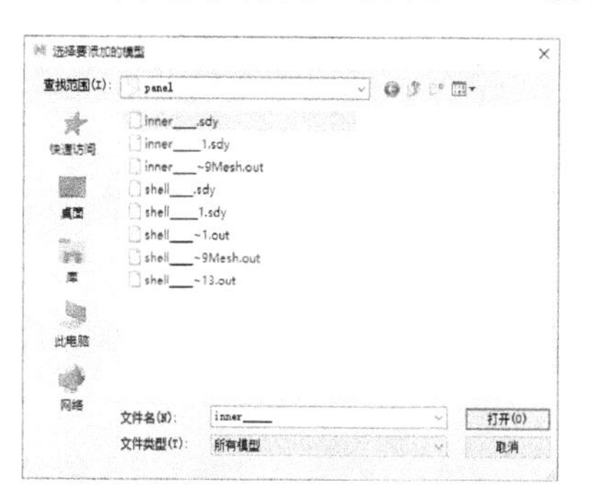

图 21-12 选中“inner___.sdy”文件

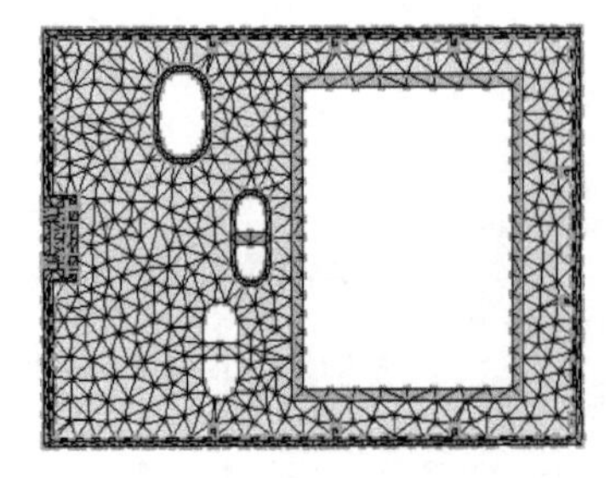

图 21-13　添加模型结果

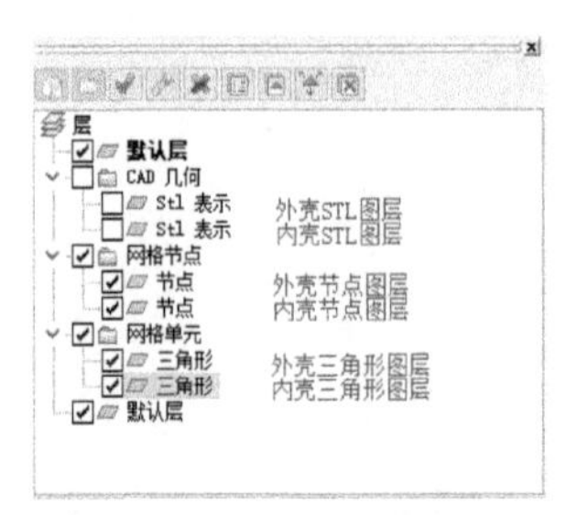

图 21-14　图层面板

本例中的两个模型是通过在 CAD 软件中的装配体拆分而成的，所以在外壳网格模型添加内壳网格模型后能够维持正确的位置关系，不需要进行另外的操作。但如果是两个独立的模型，在 CAD 建模时，可以将两个子模型维持装配后的坐标位置关系，这样在 Moldflow 软件中添加模型时，两个模型会自动装配在一起。如果添加模型后，两个模型的相对位置关系不对，可以取消选择第一个网格模型的所有图层，将其隐藏起来，再通过选择“几何”→“移动”菜单命令来移动第二个模型，使其与第一个模型维持正确的相对位置。

5．设置注射顺序

Step1：取消选择外壳网格模型的所有图层，如图 21-15 所示。这时模型显示窗口中仅显示内壳网格模型，如图 21-16 所示。

Step2：使用鼠标选中图层管理窗中的所有网格模型，选择所有的对象。

Step3：单击鼠标右键，在弹出的快捷菜单中选择“属性”命令，弹出如图 21-17 所示的“选择属性”对话框。

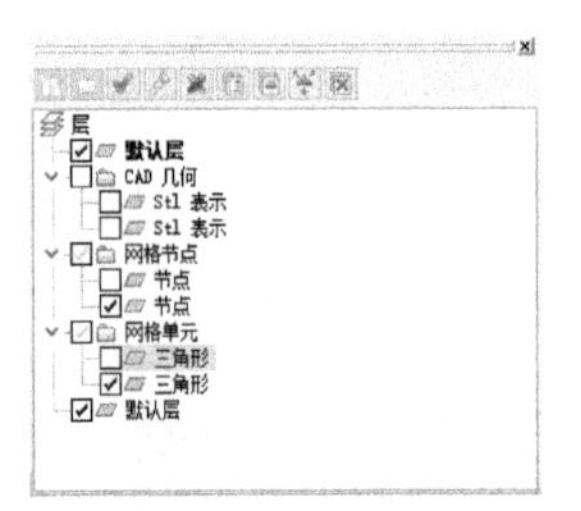

图 21-15　取消选择图层面板

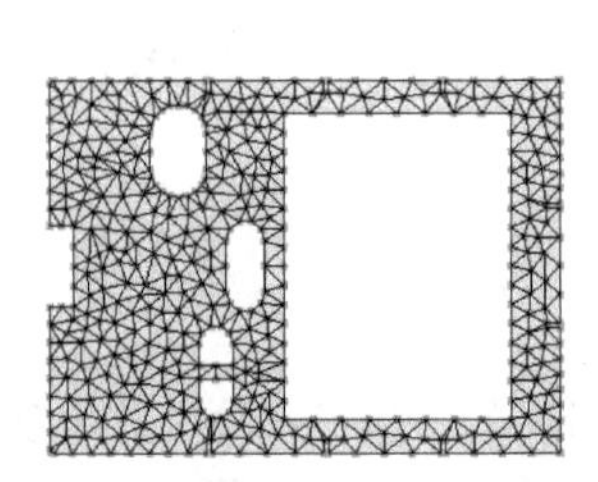

图 21-16　取消选择图层后的显示结果

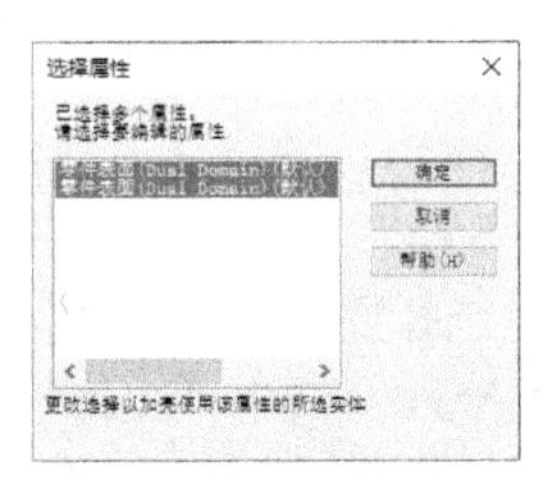

图 21-17　“选择属性”对话框

Step4：单击如图 21-17 所示对话框中的所有对象，再单击“确定”按钮，弹出“零件表面（Dual Domain）”对话框，如图 21-18 所示。

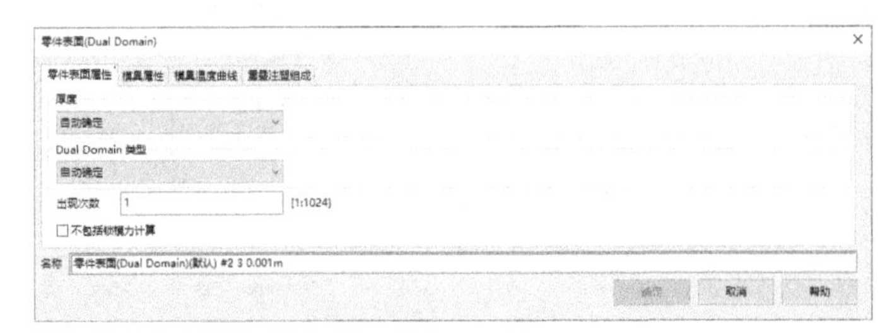

图 21-18　“零件表面（Dual Domain）”对话框

Note

Step5：单击该对话框中的“重叠注塑组成”选项卡，该对话框切换至如图 21-19 所示的选项卡。

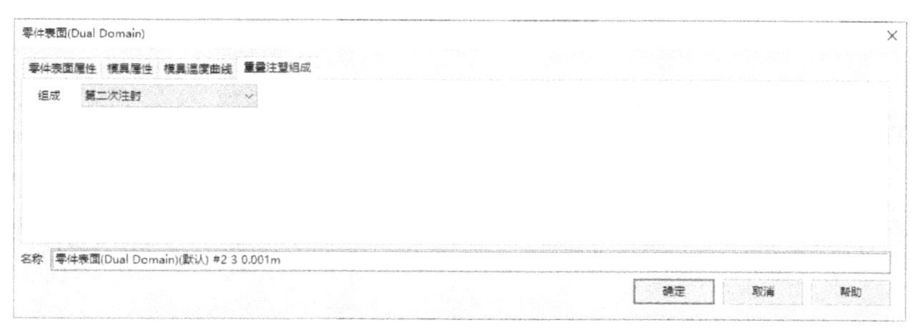

图 21-19 “重叠注塑组成”选项卡

Step6：在“组成”下拉列表中选择“第二次注射”选项。

Step7：单击“确定”按钮，关闭该对话框。

Step8：选择外壳和内壳网格模型的所有图层，使外壳和内壳网格模型同时显示在模型显示视窗中，结果如图 21-20 所示。

6. 选择分析序列

双击任务视窗中的“填充”按钮，系统会弹出“选择分析序列”对话框，如图 21-21 所示。选择“填充+保压+重叠注塑充填+重叠注塑保压”选项，再单击“确定”按钮，任务视窗如图 21-22 所示。

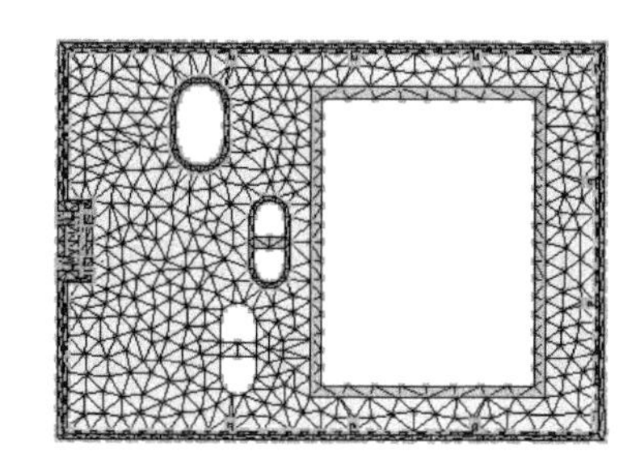

图 21-20 图层操作结果

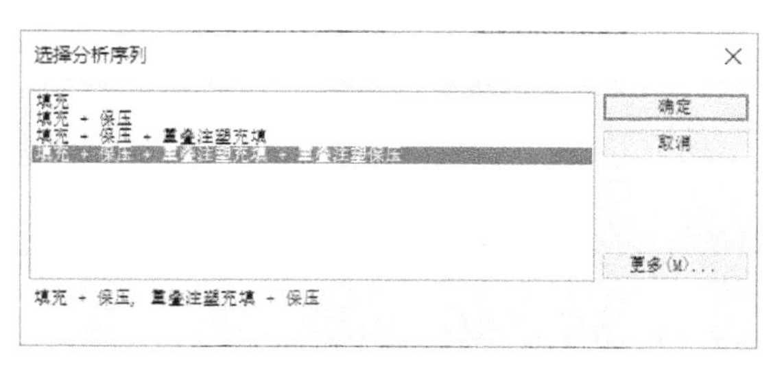

图 21-21 “选择分析序列”对话框

7. 选择材料

Step1：双击任务视窗中的第一个“Generic PP：Generic Default”图标，可以选择外壳网格模型的成型材料。本例采用系统默认的“POLVFLAM RIPP 3625 CS1”材料。

Step2：双击任务视窗中的第二个“Generic PP：Generic Default”图标，可以选择内壳网格模型的成型材料。本例选用“ABS AF303：LG Chemical”材料。

8. 设置注射位置

Step1：双击任务视窗中的“设置注射位置”按钮，单击外壳网格模型上的一个节点，设定第一次的注射位置。注射位置设定结果如图 21-23 所示。

Step2：双击任务视窗中的“设置重叠注塑注射位置”按钮，单击内壳网格模型上的一个节点，设定第二次的注射位置。注射位置设定结果如图 21-23 所示。

方案任务：shell_方案
零件(shell.stl)
Dual Domain网格(13990 个单元)
填充 + 保压 + 重叠注塑充填 + 重叠注塑保压
POLYFLAM RIPP 3625 CS1: A Schulman GMBH
材料数据完整性指示器
环境属性
ABS AF303: LG Chemical
材料数据完整性指示器
环境属性
设置注射位置...
设置重叠注塑注射位置...
工艺设置（默认）
优化（无）
分析
日志*

图 21-22　任务视窗

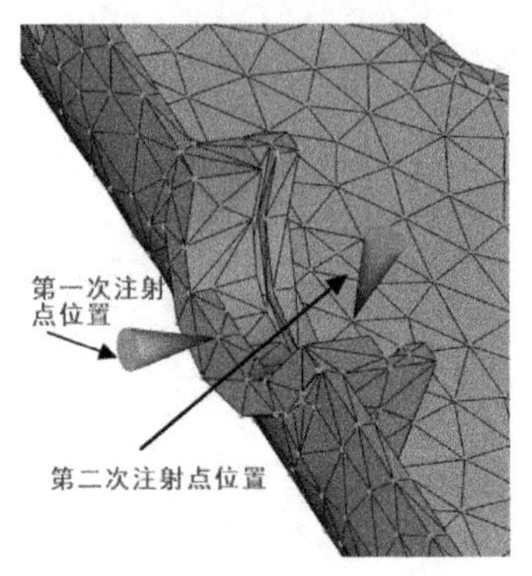

图 21-23　设置注射位置结果

9. 设置工艺参数

Step1：双击任务视窗中的“工艺设置（默认）”按钮，系统会弹出“工艺设置向导-第一个组成阶段的充填+保压设置”对话框第 1 页，如图 21-24 所示。

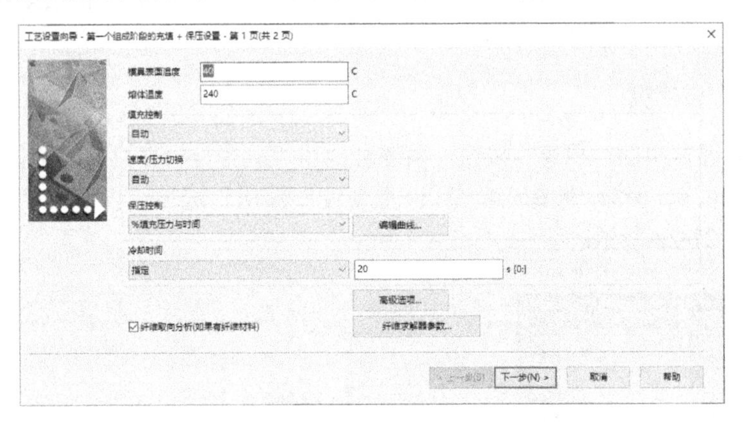

图 21-24　“工艺设置向导-第一个组成阶段的充填+保压设置”对话框第 1 页

图 21-24 所示的对话框中的参数用于设置第一次注塑成型，即外壳网格模型的成型工艺参数，各参数均按默认设置。

Step2：单击“下一步”按钮，进入“工艺设置向导-重叠注塑阶段的充填+保压设置”对话框第 2 页，如图 21-25 所示。

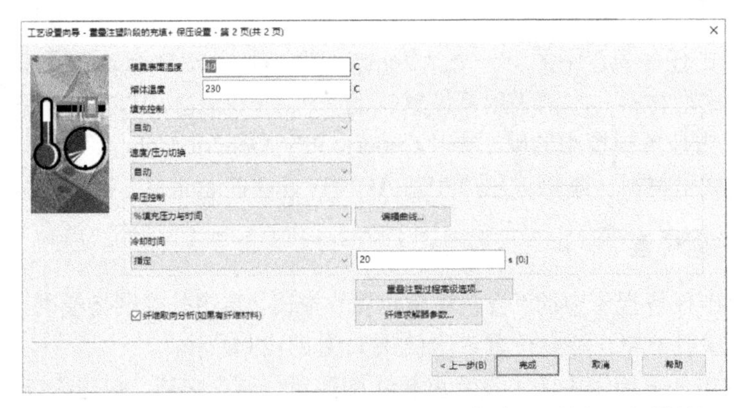

图 21-25　“工艺设置向导-重叠注塑阶级的充填+保压设置”对话框第 2 页

图 21-25 所示的对话框中的参数用于设置第二次注塑成型，即内壳网格模型的成型工艺参数，各参数均按默认设置。

Step3：单击“完成”按钮，关闭对话框，完成成型工艺条件的设置。

21.2.2 进行分析

在完成了工艺条件设置之后，即可进行分析计算，双击任务视窗中的“分析”按钮，求解器开始分析计算。

选择菜单“分析”→“作业管理器”命令，弹出如图 21-26 所示的“作业查看器”界面，可以看到任务队列及计算进程。

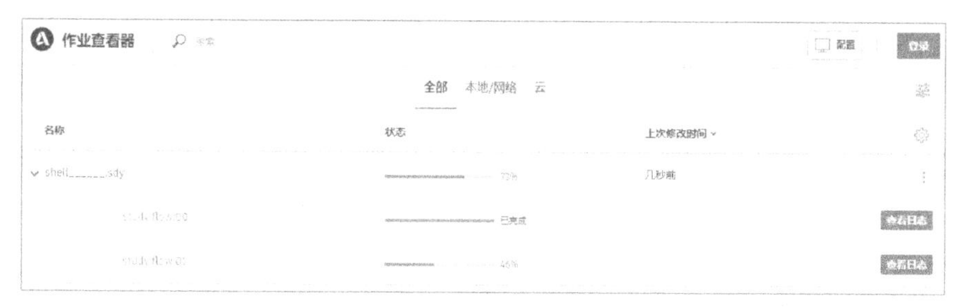

图 21-26 “作业查看器”界面

通过分析计算的“分析日志”，可以实时监控分析的整个过程，输出的信息有以下几个方面。

（1）第一次注射充填分析的进度和部分结果，如图 21-27 所示。

（2）第一次注射保压分析过程信息，如图 21-28 所示。

充填阶段：　　状态：V = 速度控制
P = 压力控制
V/P= 速度/压力切换

时间 (s)	体积 (%)	压力 (MPa)	锁模力 (公制吨)	流动速率 (cm^3/s)	状态
0.030	4.52	1.05	0.01	31.12	V
0.061	9.15	1.79	0.03	31.07	V
0.091	13.61	2.24	0.06	31.14	V
0.121	18.17	2.64	0.10	31.24	V
0.151	22.68	2.99	0.15	31.21	V
0.180	27.02	3.30	0.21	31.23	V
0.212	31.81	3.65	0.28	31.21	V
0.241	36.11	3.99	0.36	31.23	V
0.272	40.74	4.40	0.48	31.21	V
0.301	45.06	4.74	0.58	31.24	V
0.333	49.80	5.17	0.73	31.21	V
0.361	54.02	5.60	0.89	31.23	V
0.391	58.39	6.50	1.27	31.05	V
0.420	62.68	7.74	1.84	31.15	V
0.450	67.02	9.40	2.64	31.13	V
0.480	71.37	11.29	3.62	31.13	V
0.510	75.68	13.30	4.70	31.19	V
0.541	80.02	15.34	5.84	31.23	V
0.571	84.43	16.88	6.72	31.29	V
0.602	88.85	18.11	7.45	31.32	V
0.631	93.04	19.39	8.24	31.32	V
0.660	97.29	20.85	9.18	31.32	V
0.672	99.07	21.40	9.57	30.88	V/P
0.680	99.95	17.99	8.59	13.89	P
0.681	100.00	17.85	8.57	13.18	已填充

填充阶段的计算时间 = 173.67 s

图 21-27 第一次注射充填分析分析信息

保压阶段：

时间 (s)	保压 (%)	压力 (MPa)	锁模力 (公制吨)	状态
0.684	0.04	17.12	9.51	P
1.090	1.39	17.12	11.69	P
2.340	5.56	17.12	10.89	P
3.340	8.89	17.12	9.81	P
4.340	12.23	17.12	8.07	P
5.340	15.56	17.12	6.49	P
6.590	19.73	17.12	4.42	P
7.590	23.06	17.12	2.14	P
8.590	26.39	17.12	1.28	P
9.590	29.73	17.12	0.81	P
10.672	33.33	17.12	0.46	P
10.672				压力已释放
10.685	33.38	0.00	0.29	P
12.082	38.03	0.00	0.01	P
15.082	48.03	0.00	0.00	P
18.082	58.03	0.00	0.00	P
21.082	68.03	0.00	0.00	P
24.082	78.03	0.00	0.00	P
27.082	88.03	0.00	0.00	P
30.082	98.03	0.00	0.00	P
30.673	100.00	0.00	0.00	P

图 21-28 第一次注射保压分析信息

（3）第二次注射充填分析的进度和部分结果，如图 21-29 所示。

（4）第二次注射保压分析过程信息，如图 21-30 所示。

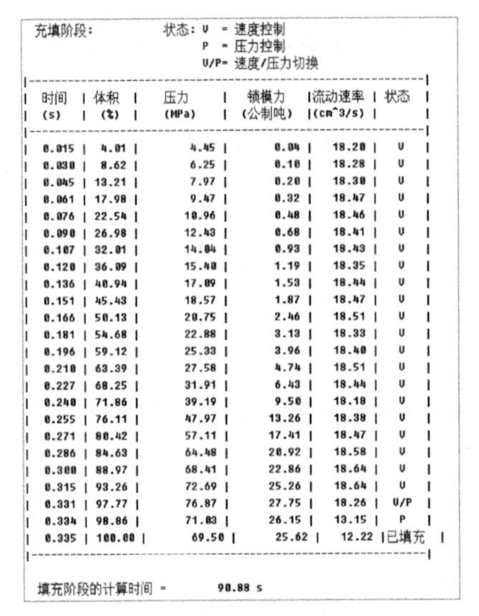

充填阶段：　　状态：V = 速度控制
P = 压力控制
V/P= 速度/压力切换

时间 (s)	体积 (%)	压力 (MPa)	锁模力 (公制吨)	流动速率 (cm^3/s)	状态
0.015	4.01	4.45	0.04	18.20	V
0.030	8.62	6.25	0.10	18.28	V
0.045	13.21	7.97	0.20	18.30	V
0.061	17.98	9.47	0.32	18.47	V
0.076	22.54	10.96	0.48	18.46	V
0.090	26.98	12.43	0.68	18.41	V
0.107	32.01	14.04	0.93	18.43	V
0.120	36.09	15.40	1.19	18.35	V
0.136	40.94	17.09	1.53	18.44	V
0.151	45.43	18.57	1.87	18.47	V
0.166	50.13	20.75	2.46	18.51	V
0.181	54.68	22.88	3.13	18.33	V
0.196	59.12	25.33	3.96	18.40	V
0.210	63.39	27.58	4.74	18.51	V
0.227	68.25	31.91	6.43	18.44	V
0.240	71.86	39.19	9.50	18.10	V
0.255	76.11	47.97	13.26	18.38	V
0.271	80.42	57.11	17.41	18.47	V
0.286	84.63	64.48	20.92	18.58	V
0.300	88.97	68.41	22.86	18.64	V
0.315	93.26	72.69	25.26	18.64	V
0.331	97.77	76.87	27.75	18.26	V/P
0.334	98.86	71.03	26.15	13.15	P
0.335	100.00	69.50	25.62	12.22	已填充

填充阶段的计算时间 =　　90.88 s

图 21-29　第二次注射充填分析分析信息

保压阶段：

时间 (s)	保压 (%)	压力 (MPa)	锁模力 (公制吨)	状态
0.342	0.04	61.50	27.69	P
1.245	3.05	61.50	13.58	P
2.245	6.38	61.50	3.28	P
3.245	9.71	61.50	1.31	P
4.245	13.05	61.50	0.65	P
5.245	16.38	61.50	0.39	P
6.245	19.71	61.50	0.28	P
7.245	23.05	61.50	0.22	P
8.245	26.38	61.50	0.19	P
9.495	30.55	61.50	0.16	P
10.331	33.33	61.50	0.14	P
10.331				压力已释放
10.343	33.38	0.00	0.05	P
12.240	39.70	0.00	0.03	P
15.240	49.70	0.00	0.02	P
18.240	59.70	0.00	0.01	P
21.240	69.70	0.00	0.01	P
24.240	79.70	0.00	0.01	P
27.240	89.70	0.00	0.00	P
30.240	99.70	0.00	0.00	P
30.331	100.00	0.00	0.00	P

图 21-30　第二次注射保压分析信息

21.2.3　双色注射成型分析结果

Moldflow 软件在完成分析后，会以文字、图形、动画等方式显示双色注射成型分析结果，同时在任务视窗中分类显示，如图 21-31 所示。热塑性重叠注射成型的分析结果分为两栏显示在任务视窗的“结果”面板中，其分析结果和普通注射成型分析结果相差不大。

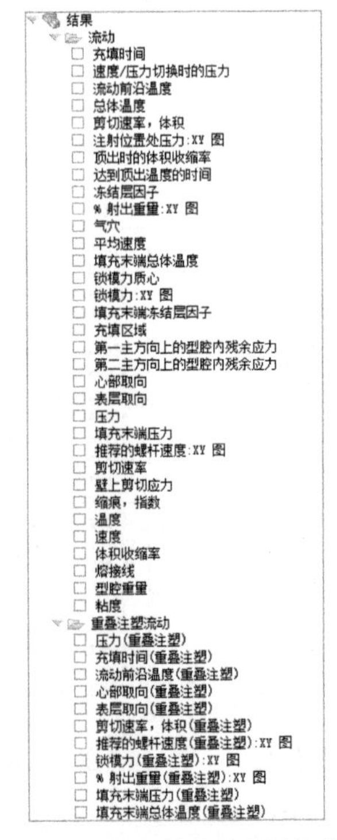

图 21-31　双色注射成型分析结果列表

下面对双色注射成型分析的部分结果进行解读。

1. 充填时间

图 21-32 所示为外壳的充填时间分析结果。从图 21-32 中可以看出，成型壳体塑件外壳时，熔体的充填时间为 0.6806s。

图 21-33 所示为内壳的充填时间分析结果。从图 21-33 中可以看出，成型壳体塑件内壳时，熔体的充填时间为 0.3349s。

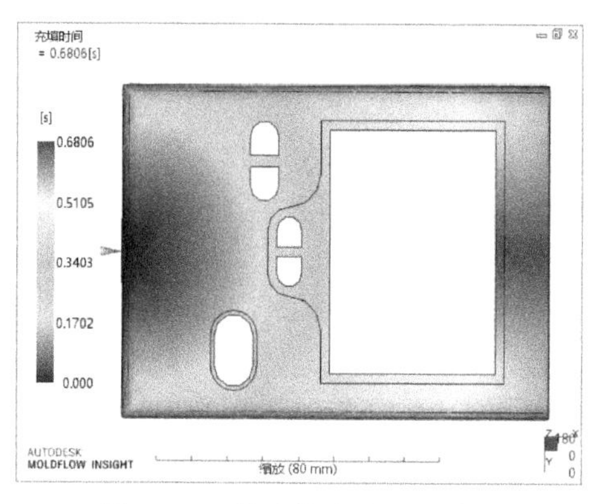

图 21-32 外壳的充填时间结果

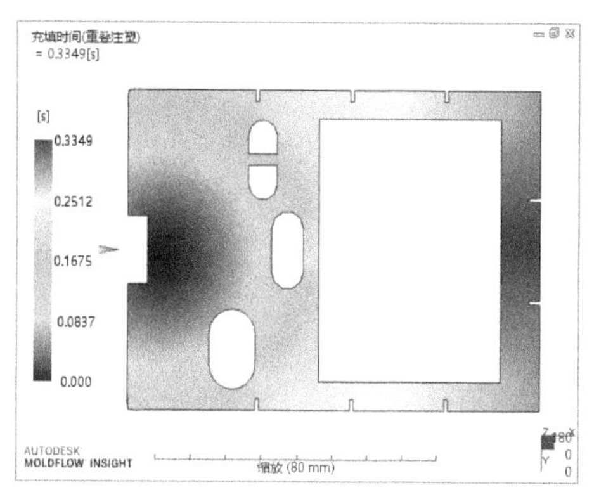

图 21-33 内壳的充填时间结果

比较外壳和内壳的充填时间，可以看出两个模型的充填时间相差较大，可以通过调整成型工艺参数使两次注射成型的充填时间尽量接近。

2. 顶出时的体积收缩率

图 21-34 所示为外壳顶出时的体积收缩率结果。从图 21-34 中可以看出，外壳在顶出时的体积收缩率为 5.805%，且在左端达到最大值，这是由于左端的凸台厚度较大。另外，在外壳模型的中间出现较大的体积收缩，这个位置刚好是内壳模型的注射点位置，由于这个位置的温度较高，影响了外壳模型的热量扩散，从而导致这个区域出现了较大的体积收缩。

图 21-35 所示为内壳顶出时的体积收缩率结果。从图 21-35 中可以看出，内壳在顶出时的体积收缩率为 5.907%，且在右端达到最大值。

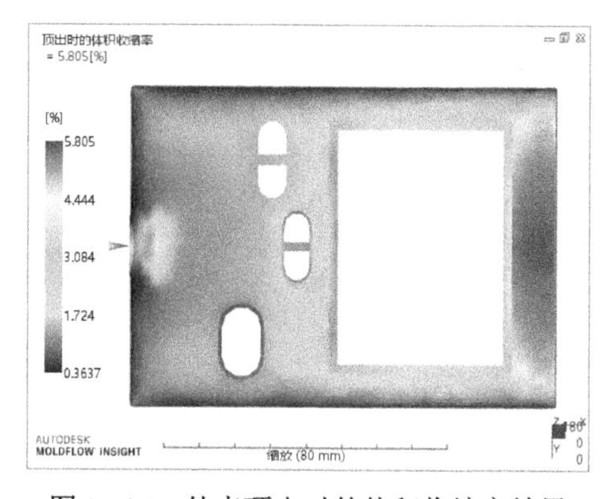

图 21-34 外壳顶出时的体积收缩率结果

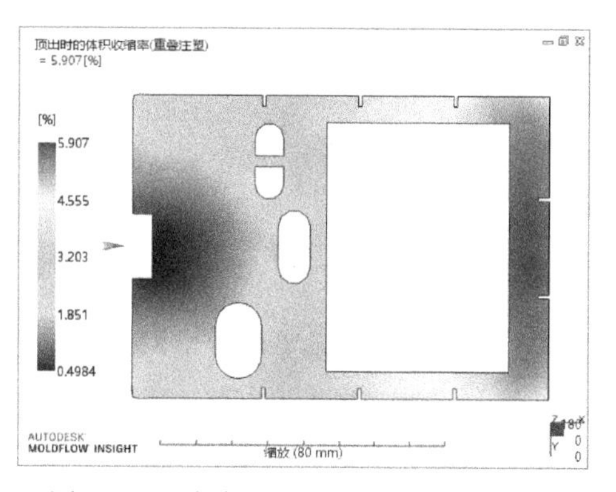

图 21-35 内壳顶出时的体积收缩率结果

比较外壳和内壳在顶出时的体积收缩率分析结果，可以看出两个模型顶出时的体积收缩率相差较大，且收缩率最大的区域不在同一位置，会影响两个模型的熔接性。

3．填充末端总体温度（重叠注塑）

图 21-36（a）所示为外壳和内壳接触表面在充填结束时的总体温度分析结果，图 21-36（b）所示为外壳和内壳不接触表面在充填结束时的总体温度分析结果。从图 21-36 中可以看出，外壳的平均温度分布均匀，且温度比较接近，说明内壳对外壳温度分布基本没有影响。

（a）外壳和内壳接触的表面　　（b）外壳和内壳不接触的表面

图 21-36　外壳填充末端的总体温度分析结果

图 21-37（a）所示为内壳和外壳接触表面在充填结束时的总体温度分析结果，图 21-37（b）为内壳和外壳不接触表面在充填结束时的总体温度分析结果。从图 21-37 中可以看出，内壳的平均温度分布均匀，且温度比较接近，说明外壳对内壳温度基本没有影响。

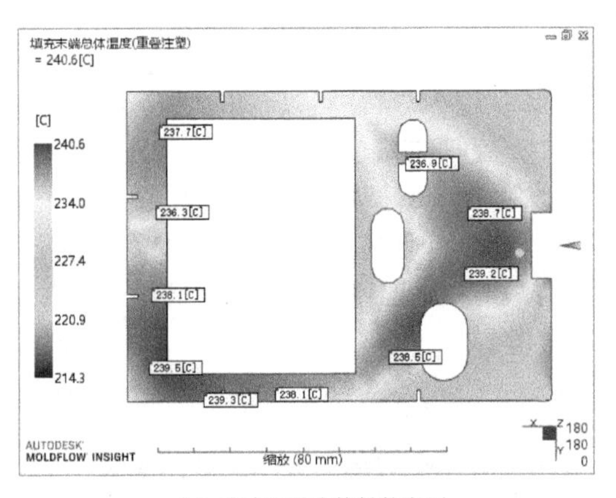

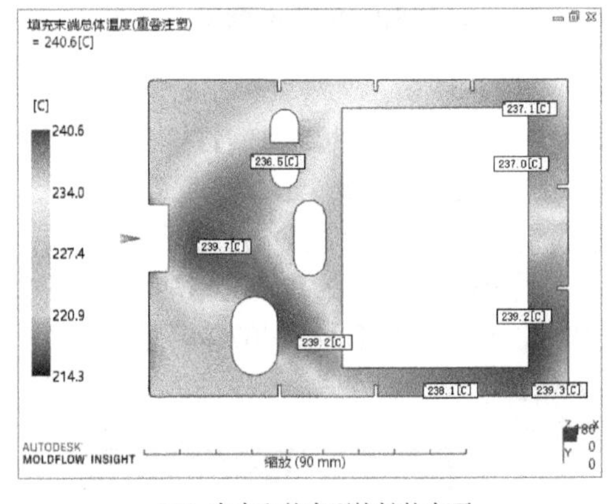

（a）内壳和外壳接触的表面　　（b）内壳和外壳不接触的表面

图 21-37　内壳填充末端的总体温度分析结果

4．填充末端冻结层因子

图 21-38 所示为外壳在充填结束时的填充末端冻结层因子分析结果。从图 21-38 中可以看出，外壳的冷却不均匀，冷却时间较长，尤其是塑件左端凸台较难冷却。

图 21-39 所示为内壳在充填结束时的填充末端冻结层因子分析结果。从图 21-39 中可以看出，内壳的平均温度分布均匀。

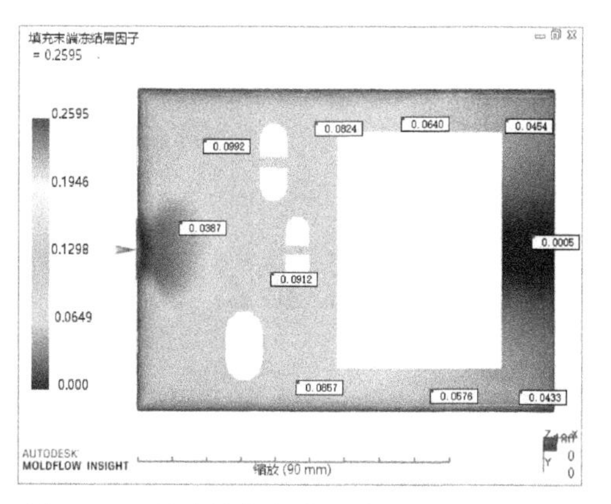

图 21-38　外壳填充末端冻结层因子分析结果

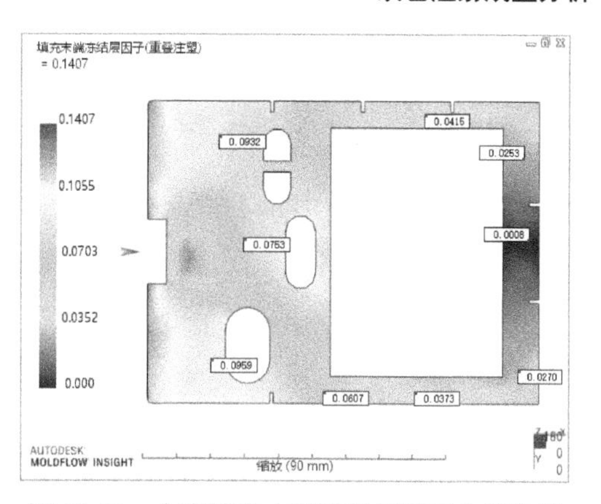

图 21-39　内壳填充末端冻结层因子分析结果

21.3 本章小结

本章主要介绍了软件的“双色注射成型”分析模块，包括模型处理、成型方式的选择、注塑顺序编排、工艺参数的设置和分析结果的解读。在本章中需要重点掌握注射成型的基本原理和应用。

当双色塑件需要分析时，其分析前处理是一个难点，需要将双色塑件贴合部位的网格完全匹配，否则分析就会出现错误。而其分析的方法和普通分析没有太大区别。

第 22 章

嵌件注射成型分析

本章介绍嵌件注射成型的基本原理和 Moldflow 软件在嵌件注射成型中的应用实例，重点介绍 Moldflow 软件中的嵌件注射成型分析的模型处理、成型方式的选择、工艺参数设置等。

学习目标

（1）掌握嵌件注射成型的基本原理

（2）掌握嵌件注射成型的分析方法

22.1 嵌件注射成型分析简介

嵌件成型是在模具内装入预先准备的异材质嵌件后注入树脂，熔融的材料与嵌件接合固化，制成一体化产品的一种成型方法。

1．嵌件注射成型介绍

嵌件成型在注射加工中应用比较广泛，如笔记本电脑的塑料底座、手机塑料底座，这些塑料底座的连接部位一般都植入了铜螺母，而这些铜螺母一般都是采用嵌件成型的方式植入的。

嵌件材料不限于金属，也包括布、纸、电线、塑料、玻璃、木材、线圈类、电气零件等多种材料。

在进行嵌件成型时需要注意，由于金属和塑料收缩率的显著不同，常常使嵌件周围产生很大的内应力。这种内应力的存在使嵌件周围出现裂纹，导致塑件的使用性能大大降低。可以选用热膨胀系数大的金属（铝、钢等）做嵌件，也可以将嵌件（尤其是大的金属嵌件）预热，还可以在设计塑件时在嵌件周围安排较大的厚壁，这些措施可有效减小应力带来的影响。

2．AMI系统在嵌件注射成型中的应用

“热塑性重叠注射”模块可以实现嵌件或嵌件成型分析的模拟仿真，在第 21 章已经介绍了该模块在双色注射成型中的应用，本章将主要介绍该模块在嵌件注射成型中的应用。

“热塑性重叠注射”提供了两种嵌件成型分析类型：“填充”和“填充+保压”。

通过“热塑性重叠注射”模块进行嵌件注射成型分析得到的分析结果，包括熔接线和气穴的分布情况、成型过程所需的最大注射压力和最大锁模力及塑件上的表面温度分布情况等，可以检查塑件有无短射、收缩等可能存在的缺陷。

22.2 嵌件注射成型分析应用实例

本节将以一个操作实例，演示嵌件注射成型分析的流程。

本例选用订书机的底座进行嵌件注射成型分析。图 22-1 所示为订书机底座的原始模型，订书机底座是由塑料底座和金属嵌件组成的，成型时将塑料熔体注射到型腔中，使塑料熔体和金属嵌件固定在一起，并且保持很好的熔接。

原始模型是一个由两种不同材料的塑件模型组成的装配体，在进行嵌件成型分析前，需要将其拆分成两个独立的实体模型。拆分实体模型的操作过程是在 CAD 软件中完成的。本例将其拆分成“base”和“insert”两个模型，并且另存为 STL 格式的文件，其文件名分别为“base.stl”和“insert.stl”。本例的模型见配套资源“第 22 章 嵌件注射成型分析”。

Note

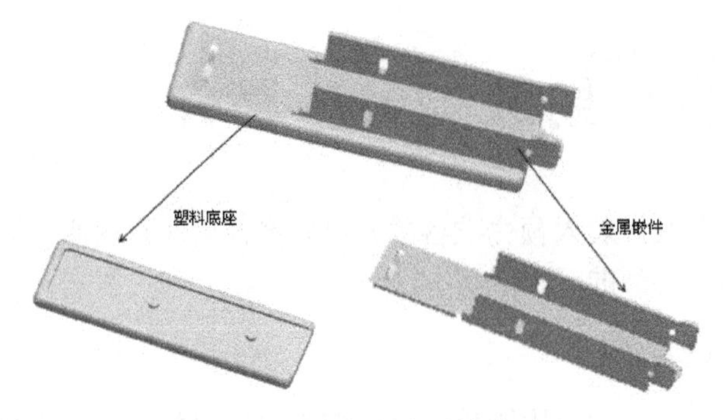

图 22-1　订书机底座原始模型

22.2.1　嵌件注射成型分析前处理

1. 导入塑料底座模型

Step1：启动 Moldflow 软件。

Step2：选择“开始”→“新建”菜单命令，新建工程项目“stapler”。

Step3：在工程管理视窗右击“工程‘stapler’”图标，选择“导入”命令，系统会弹出“导入”对话框，如图 22-2 所示。

Step4：在对话框中找到“base.stl”和“insert.stl”文件所在的路径。

Step5：选择导入塑料底座模型“base.stl”，单击“打开”按钮，此时系统会弹出“导入”对话框，进行模型导入选项设置，如图 22-3 所示。

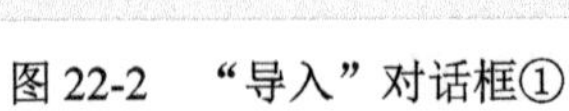

图 22-2　“导入”对话框①

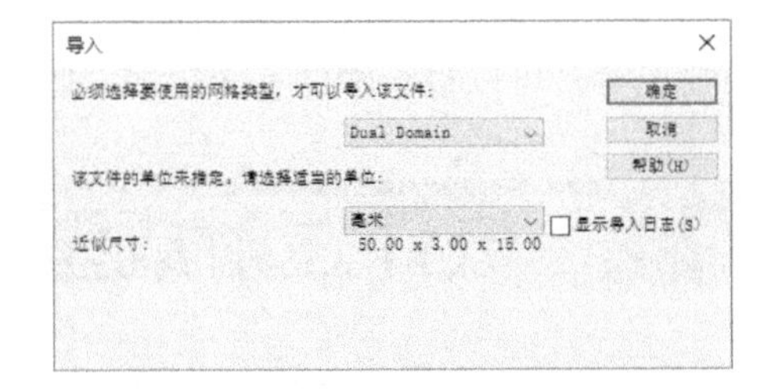

图 22-3　“导入”对话框②

Step6：将模型网格类型设置为 Dual Domain（双层面），单位设置为毫米。

Step7：单击“确定”按钮，完成选项设置，此时模型显示视窗中会显示导入的塑料底座模型，其结果如图 22-4 所示。

Step8：双击“创建网格”按钮，弹出“生成网格”对话框，“全局边长”设置为 1.49mm。

Step9：单击“立即划分网格”按钮，生成网格。

Step10：诊断并修复网格，其结果如图 22-5 所示。

Step11：单击工具面板上的“保存”按钮，保存文件。

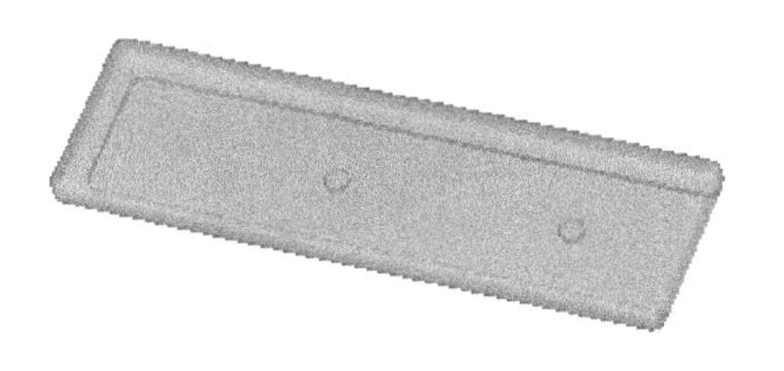

图 22-4　塑料底座模型导入结果

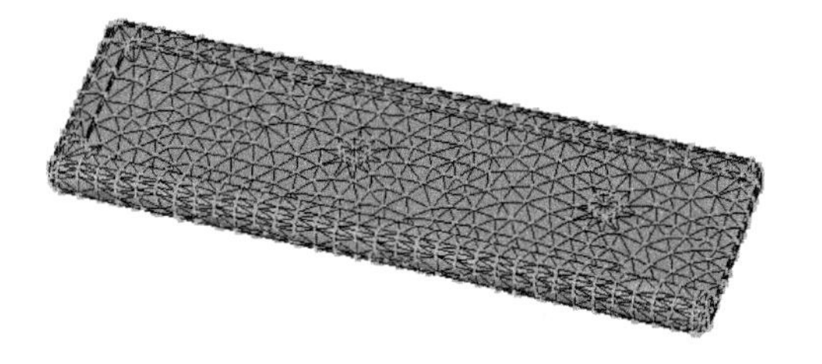

图 22-5　网格修复结果

2. 设置成型方式

选择“主页”→“成型工艺设置”菜单命令，系统会弹出下拉菜单，选择“热塑性塑料重叠注塑”选项，如图 22-6 所示。

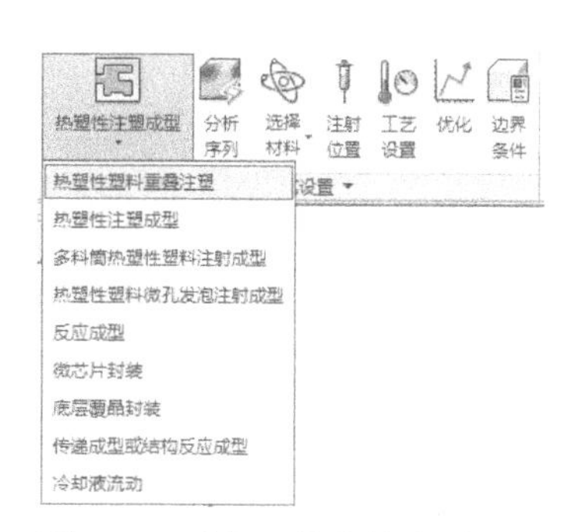

图 22-6　选择“热塑性塑料重叠注塑”选项

3. 导入金属嵌件模型

Step1：在工程管理视窗中右击“工程‘stapler’”图标，选择“导入”命令，系统会弹出“导入”对话框，如图 22-7 所示。

Step2：在对话框中找到 “base.stl”和“insert.stl”文件所在的路径。

Step3：选择导入金属嵌件模型“insert.stl”，单击“打开”按钮，此时系统会弹出“导入”对话框，进行模型导入选项设置，其结果如图 22-8 所示。

图 22-7　“导入”对话框①

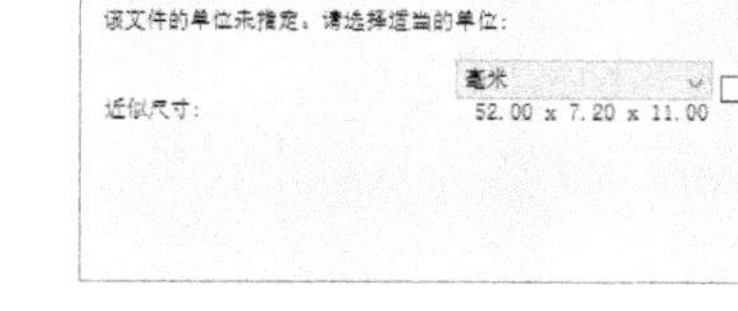

图 22-8　“导入”对话框②

Step4：将模型网格类型设置为 Dual Domain（双层面），单位设置为毫米。

Step5：单击“确定”按钮，完成选项设置，此时模型显示视窗中会显示导入的金属嵌件模型，其结果如图 22-9 所示。

Step6：双击“创建网格”按钮，弹出“生成网格”对话框，“全局边长”设置为 1.53mm。

Step7：单击“网格”按钮，生成网格。

Step8：诊断并修复网格，其结果如图 22-10 所示。

Step9：单击工具面板上的“保存”按钮，保存文件。

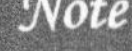

图 22-9　金属嵌件模型导入结果

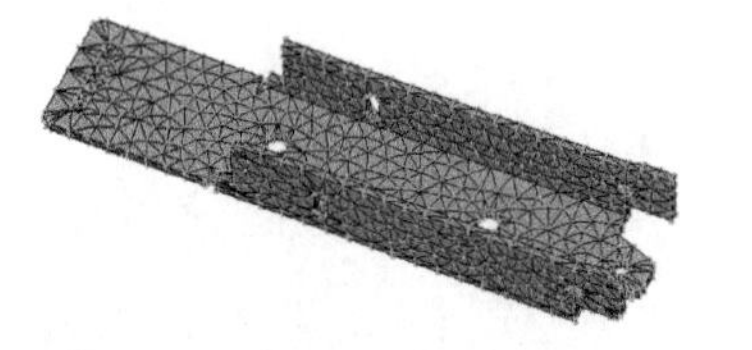

图 22-10　金属嵌件网格修复结果

4．将金属嵌件网格模型添加到塑料底座网格模型的窗口中

Step1：双击任务视窗中的“base_study”图标，打开塑料底座网格模型所在的窗口。

Step2：选择“开始”→“打开”→“添加”菜单命令，系统会弹出如图 22-11 所示的对话框。

Step3：双击图 22-11 所示的对话框中的“Analysis”文件夹，系统会切换到如图 22-12 所示的“选择要添加的模型”对话框。

图 22-11　“选择要添加的模型”对话框①

图 22-12　“选择要添加的模型”对话框②

Step4：选中“baseinsert.sdy”文件，并单击“打开”按钮，打开文件，金属嵌件网格模型就会添加到模型显示视窗中，如图 22-13 所示。添加金属嵌件模型后，塑料底座网格模型原有的图层会和金属嵌件网格模型的图层显示在同一个图层面板中，如图 22-14 所示。

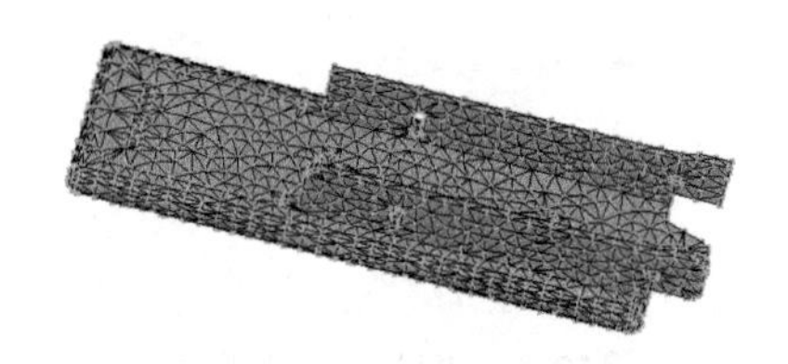

图 22-13　添加模型结果

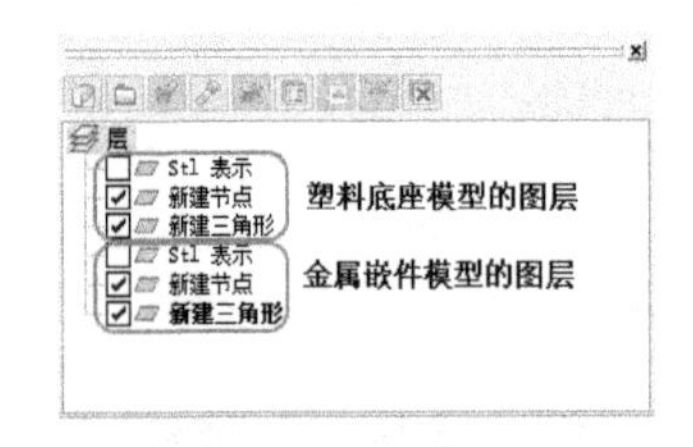

图 22-14　图层面板

本例中的两个模型是通过 CAD 软件中的装配体拆分而成的，所以在塑料底座网格模型添加金属嵌件网格模型后能够维持正确的位置关系，不需要进行另外的操作。但如果是两个独立的模型，在 CAD 软件建模时，可以将两个子模型维持装配后的坐标位置关系，这样在 AMI 系统中添加模型时，两个模型会自动装配在一起。如果添加模型后，两个模型的相对位置关系不对，可以取消选择第一个网格模型的所有图层，将其隐藏起来，再通过选择“几何”→“移动”菜单命令来移动第二个模型，使其与第一个模型维持正确的相对位置。

5. 设置注射顺序

Step1：取消选择塑料底座网格模型的所有图层，如图 22-15 所示。这时模型显示视窗中仅显示金属嵌件网格模型，其结果如图 22-16 所示。

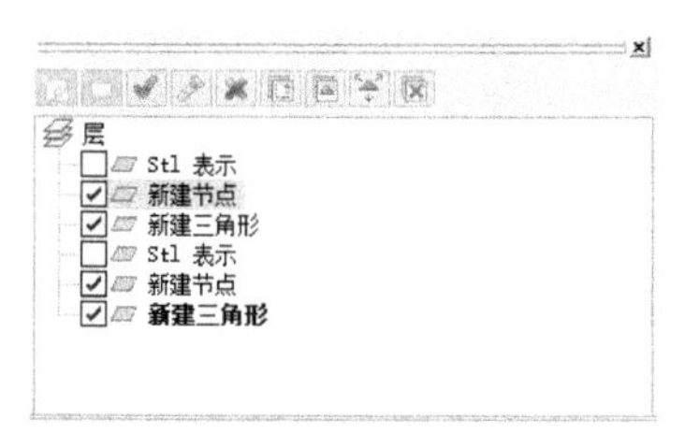

图 22-15　取消选择图层面板

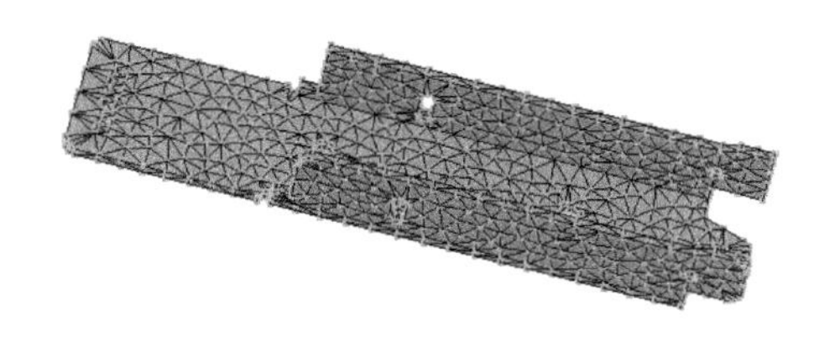

图 22-16　取消选择图层后的显示结果

Step2：选中任务视窗中的所有网格，选择所有的对象。

Step3：选择“几何”→“属性”→“指定”菜单命令，弹出如图 22-17 所示的“指定属性”对话框。

图 22-17　“指定属性”对话框

Step4：单击“新建”下拉按钮，在弹出的下拉菜单中选择“零件镶件表面（双层面）”选项（见图 22-18），弹出“零件镶件表面（Dual Domain）”对话框，如图 22-19 所示。

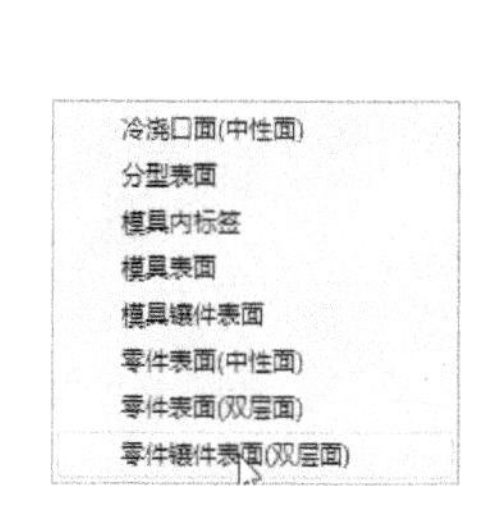

图 22-18　选择“零件镶件表面（双层面）”选项

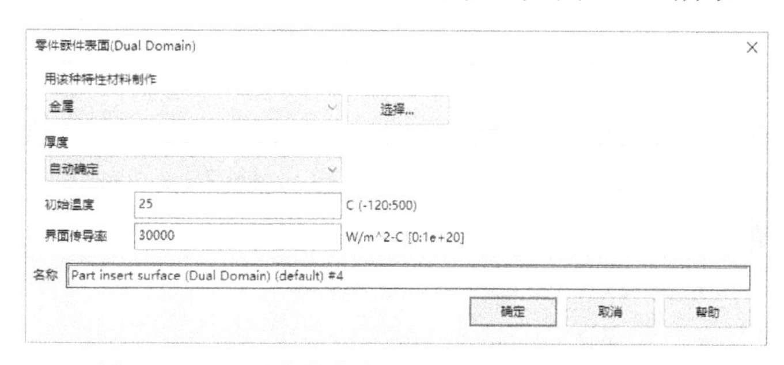

图 22-19　“零件镶件表面（Dual Domain）”对话框

Step5：在图 22-19 所示的对话框中，各选项参数的设置如下。

（1）“用该种特性材料制作”设置为“金属”。

（2）“厚度”设置为“自动确定”。

（3）“初始温度”设置为 25℃。

Note

说明：“用该种特性材料制作”有两个选项，分别为“金属”和“树脂”，因为定义的是金属嵌件的属性，所以选择“金属”选项。“厚度”也有两个选项，分别为“自动确定”和“指定”。如果选择的是“指定”选项，则需要在右侧的数值框中输入指定的厚度值。

Step6：单击“确定”按钮，关闭图 20-19 所示的对话框。

Step7：选择塑料底座和金属嵌件网格模型的所有图层，使塑料底座和金属嵌件网格模型同时显示在模型显示窗口中，其结果如图 22-20 所示。

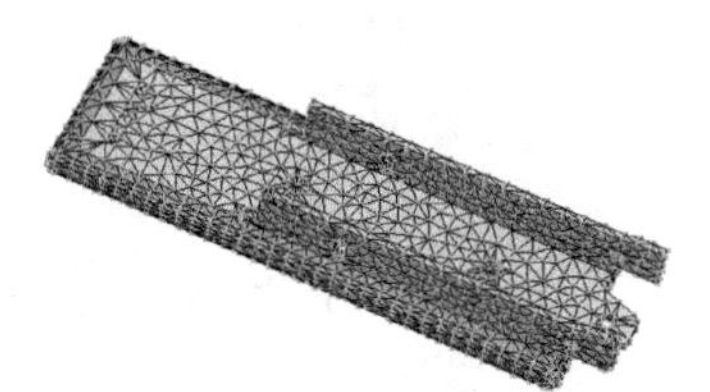

图 22-20　图层操作结果

6．选择分析序列

双击任务视窗中的“填充”按钮，系统会弹出“选择分析序列”的对话框，如图 22-21 所示。选择“填充+保压”选项，再单击“确定”按钮，任务视窗如图 22-22 所示。

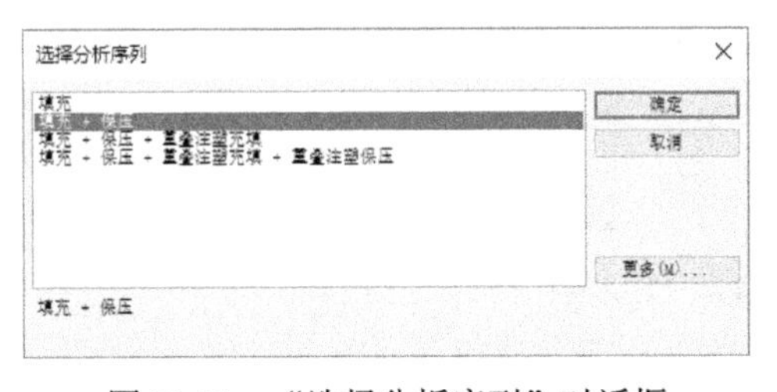

图 22-21　“选择分析序列”对话框

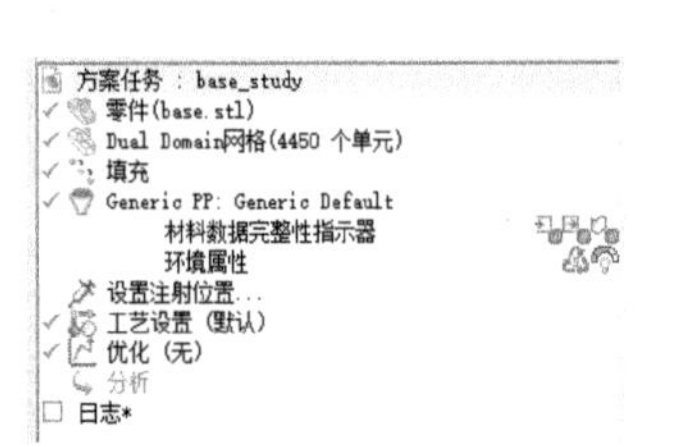

图 22-22　任务视窗

7．选择材料

双击任务视窗中的“Generic PP：Generic Default”图标，可以选择塑料底座网格模型的成型材料。本例采用系统默认的“Generic PP：Generic Default”材料。

8．设置注射位置

双击任务视窗中的“设置注射位置”按钮，单击塑料底座网格模型上的一个节点，设置注射位置。注射点位置设定结果如图 22-23 所示。

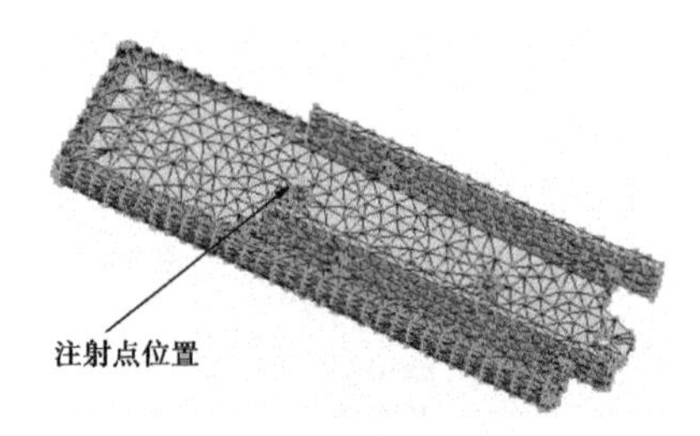

图 22-23　注射点位置设定

9．设置工艺参数

Step1：双击任务视窗中的“工艺设置（默认）”按钮，系统会弹出“工艺设置向导-填充+保压设置”对话框，如图 22-24 所示。

Step2：将“速度/压力切换”设置为“由%充填体积”，并将其参数值设置为 97%，表示当型腔填充到 97%时，开始切换到保压状态。其余的参数为默认设置。

Step3：单击“确定”按钮，关闭该对话框，完成成型工艺条件的设置。

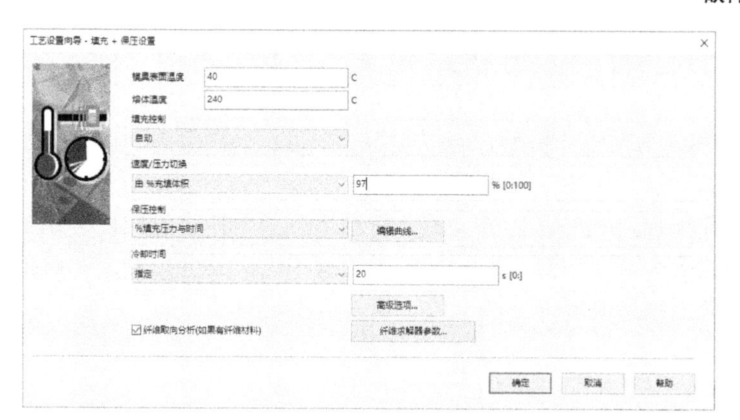

图 22-24　“工艺设置向导-填充+保压设置”对话框

22.2.2　进行分析

在完成了工艺条件设置之后，即可进行分析计算，双击任务视窗中的“分析”按钮，求解器开始分析计算。

选择“分析”→“作业管理器”菜单命令，弹出如图 22-25 所示的“作业查看器”界面，可以看到任务队列及计算进程。

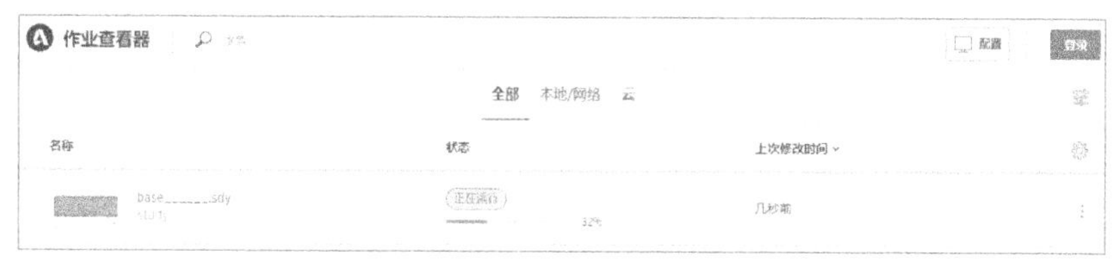

图 22-25　“作业查看器”界面

通过分析计算的“分析日志”，可以实时监控分析的整个过程，输出的信息如下。

（1）填充分析的进度和部分结果，如图 22-26 所示。

（2）保压分析过程信息，如图 22-27 所示。

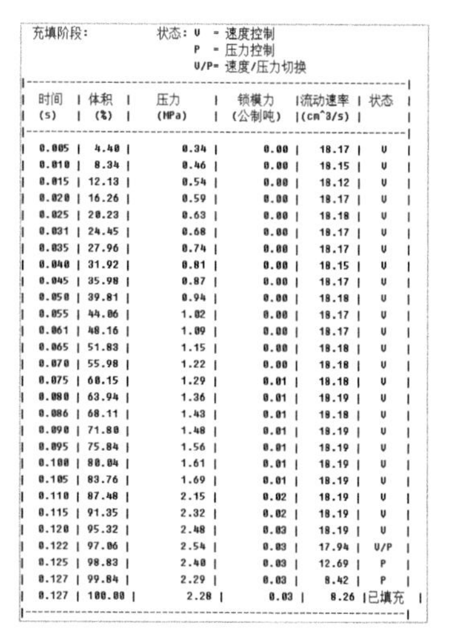

充填阶段：　　状态：V = 速度控制
P = 压力控制
V/P= 速度/压力切换

时间 (s)	体积 (%)	压力 (MPa)	锁模力 (公制吨)	流动速率 (cm^3/s)	状态
0.005	4.40	0.34	0.00	18.17	V
0.010	8.34	0.46	0.00	18.15	V
0.015	12.13	0.54	0.00	18.12	V
0.020	16.26	0.59	0.00	18.17	V
0.025	20.23	0.63	0.00	18.18	V
0.031	24.45	0.68	0.00	18.17	V
0.035	27.96	0.74	0.00	18.17	V
0.040	31.92	0.81	0.00	18.15	V
0.045	35.98	0.87	0.00	18.17	V
0.050	39.81	0.94	0.00	18.18	V
0.055	44.06	1.02	0.00	18.17	V
0.061	48.16	1.09	0.00	18.17	V
0.065	51.83	1.15	0.00	18.18	V
0.070	55.98	1.22	0.00	18.18	V
0.075	60.15	1.29	0.01	18.18	V
0.080	63.94	1.36	0.01	18.19	V
0.086	68.11	1.43	0.01	18.18	V
0.090	71.80	1.48	0.01	18.19	V
0.095	75.84	1.56	0.01	18.19	V
0.100	80.04	1.61	0.01	18.19	V
0.105	83.76	1.69	0.01	18.19	V
0.110	87.48	2.15	0.02	18.19	V
0.115	91.35	2.32	0.02	18.19	V
0.120	95.32	2.48	0.03	18.19	V
0.122	97.06	2.54	0.03	17.94	V/P
0.125	98.83	2.40	0.03	12.69	P
0.127	99.84	2.29	0.03	8.42	P
0.127	100.00	2.28	0.03	8.26	已填充

图 22-26　填充分析信息

保压阶段：

时间 (s)	保压 (%)	压力 (MPa)	锁模力 (公制吨)	状态
0.134	0.04	2.03	0.04	P
1.037	3.05	2.03	0.04	P
2.037	6.38	2.03	0.04	P
3.037	9.71	2.03	0.04	P
4.287	13.88	2.03	0.04	P
5.287	17.21	2.03	0.04	P
6.287	20.55	2.03	0.03	P
7.287	23.88	2.03	0.03	P
8.287	27.21	2.03	0.03	P
9.287	30.55	2.03	0.03	P
10.122	33.33	2.03	0.03	P
10.122				压力已释放
10.135	33.38	0.00	0.01	P
12.032	39.70	0.00	0.00	P
15.032	49.70	0.00	0.00	P
18.032	59.70	0.00	0.00	P
21.032	69.70	0.00	0.00	P
24.032	79.70	0.00	0.00	P
27.032	89.70	0.00	0.00	P
30.032	99.70	0.00	0.00	P
30.122	100.00	0.00	0.00	P

图 22-27　保压分析信息

Note

22.2.3 嵌件注射成型分析结果

Moldflow 软件在完成分析后，会以文字、图形、动画等方式显示分析结果，同时在任务视窗中分类显示，如图 22-28 所示。

如图 22-28 所示，嵌件注射成型的分析结果分为两栏显示在任务视窗的“结果”面板中，其分析结果和普通注射成型分析结果相差不大，其分析结果的解读方法与普通注射成型方法的分析结果的解读方法一致，这里就不再赘述。

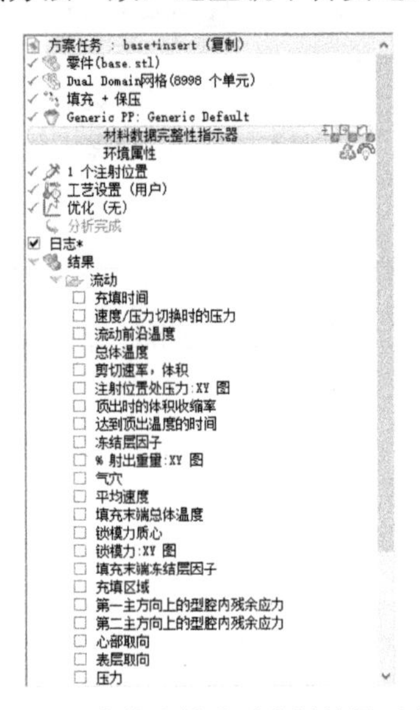

图 22-28 嵌件注射成型分析结果列表框

22.3 本章小结

本章主要介绍了软件的“嵌件注射成型”分析模块，包括模型处理、成型方式的选择、工艺参数的设置。本章主要要求掌握嵌件注射成型的基本原理和分析方法。在实际生产中，可以将嵌件注射成型看作双色注塑成型的一个分支，仅仅是其中的一色产品为嵌件，其材料有所不同，在分析中将考虑到嵌件材料的温度和收缩。

第23章

显示器面板工艺参数优化

本章介绍Moldflow软件在优化工艺参数中的应用，结合计算机显示器面板工艺参数优化的实例，先模拟分析注塑件成型质量缺陷，然后对工艺参数进行优化，消除塑件缺陷，提高塑件质量的过程和方法。

学习目标

（1）掌握螺杆速度曲线的调整方法

（2）掌握保压曲线的调整方法

Note

23.1 显示器面板实例介绍

图 23-1　计算机显示器面板模型

本章的分析对象为计算机显示器面板塑件，其模型如图 23-1 所示。针对计算机显示器面板模型及其模具设计，根据以往的生产经验，建立浇注系统和冷却系统，设置相关的工艺参数，并对塑件进行初步成型分析，希望通过对仿真结果的分析，找到成型工艺参数中存在的问题。

23.2 初始流动分析

23.2.1 分析前处理

在塑件的初步流动分析进行之前，要完成的前处理工作主要包括以下内容。

（1）创建工程和导入模型。

（2）划分网格及修复网格。

（3）设定分析序列。

（4）选择材料。

（5）创建浇注系统。

（6）设置工艺参数。

分析前处理的具体步骤如下。

1．创建工程和导入模型

Step1：启动 Moldflow 软件。

Step2：双击“新建工程”按钮，系统会弹出“创建新工程”对话框，在“工程名称”文本框中输入工程名称“Panel”，单击“确定”按钮，如图 23-2 所示。

Step3：在工程管理视窗中右击“工程 ‘panel’”图标，选择“导入”命令，系统会弹出“导入”对话框，如图 23-3 所示。

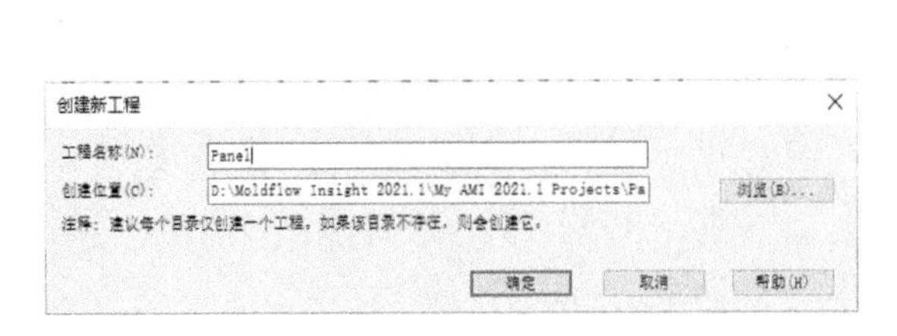

图 23-2　“创建新工程”对话框

图 23-3　“导入”对话框①

Step4：在对话框中找到“panel.stl”文件所在的路径。

Step5：选择导入显示器面板模型“panel.stl”文件，单击“打开”按钮，此时系统会弹出“导入”对话框，进行模型导入选项设置，如图 23-4 所示。

Step6：将模型网格类型设置为 Dual Domain（双层面网格），单位设置为毫米，近似尺寸为“402.00×379.84×50.25”。

Step7：单击“确定”按钮，完成选项设置，此时模型显示窗口中会显示导入的显示器面板模型，如图 23-5 所示。

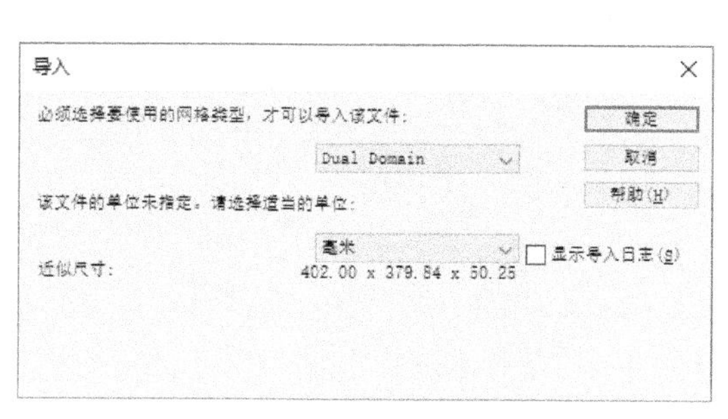

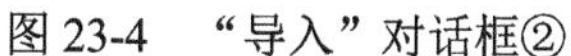
图 23-4　“导入”对话框②

图 23-5　导入的计算机显示器面板模型

Step8：右击“panel_study”图标，在弹出的快捷菜单中选择“重命名”命令，将工程名改为“panel_方案_初始流动分析”。

2．划分网格及修复网格

Step1：双击“方案任务：panel_study”中的“创建网格”按钮，系统会弹出“生成网格”对话框，如图 23-6 所示，将“全局边长”设置为 7mm。

Step2：单击“网格”按钮，系统将自动对模型进行网格划分。网格日志显示网格划分过程中的重要信息。划分完成后，可以看到如图 23-7 所示的“panel”网格模型。

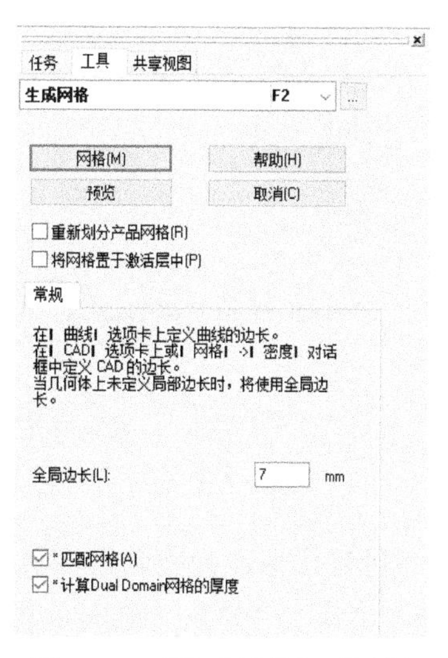

图 23-6　“生成网格”对话框

图 23-7　“panel”网格模型

Step3：选择“网格”→“网格统计”菜单命令，系统会弹出如图 23-8 所示的网格统计信息。网格统计信息显示，最大纵横比为 35.4，匹配百分比为 94.1%。

Note

本例模型为双层面网格模型，需要进行翘曲分析，模型匹配百分比需要大于 90%，这里已经达到。但是，纵横比最大值较大，因此需要对纵横比进行调整。调整纵横比的方法前面已经介绍，这里就不再赘述。

修改后的网格统计信息如图 23-9 所示。纵横比为 17.8，匹配百分比为 93.5%，匹配率仍然较大，但已能满足分析要求，为了节省时间，本例没有进行进一步修改，读者可以尝试将其修改得小一些。

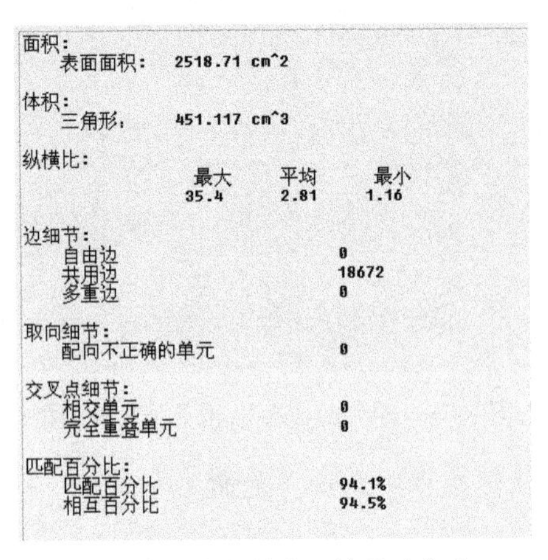

图 23-8　修复前的网格统计信息

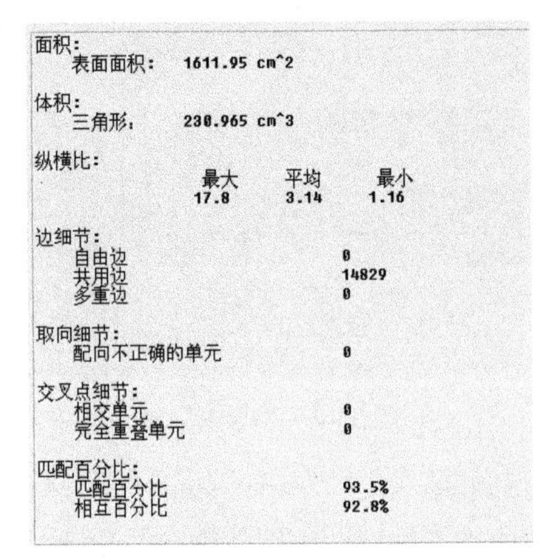

图 23-9　修复后的网格统计信息

3．选择分析序列

双击任务视窗中的“填充”按钮，系统会弹出“选择分析序列”对话框，如图 23-10 所示。选择“填充+保压”选项，单击“确定”按钮，任务视窗如图 23-11 所示。

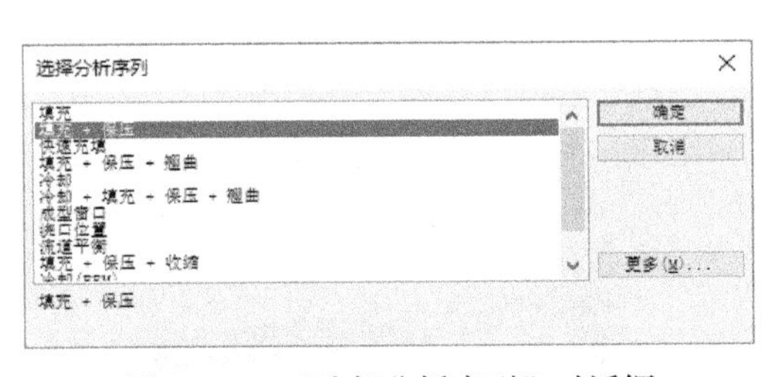

图 23-10　“选择分析序列”对话框

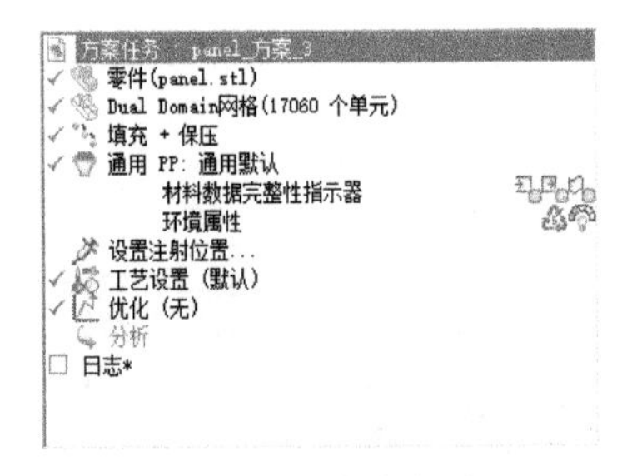

图 23-11　任务视窗

4．选择材料

选择的材料为 LG Chemical 公司生产的“ABS AF303”。

选择材料的操作步骤如下。

Step1：双击任务视窗中的“通用 PP：通用默认”图标，系统弹出“选择材料”对话框，如图 23-12 所示。

Step2：单击“搜索”按钮，系统会弹出“搜索条件”对话框，如图 23-13 所示。

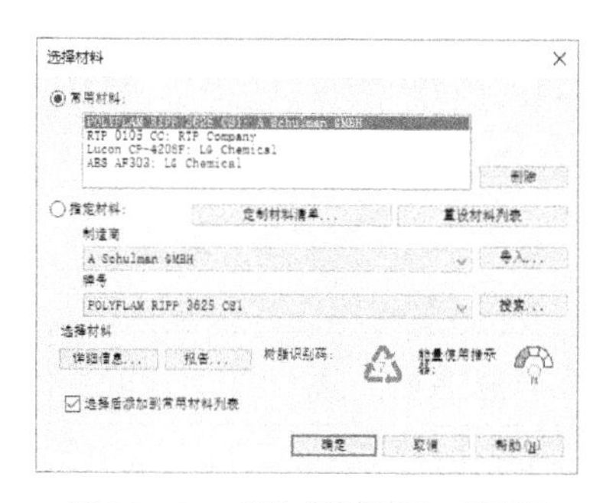

图 23-12 “选择材料”对话框

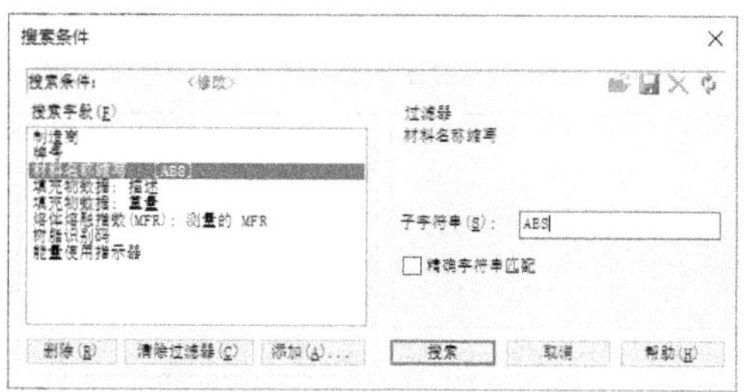

图 23-13 “搜索条件”对话框

Step3：单击图 23-13 所示的“搜索条件”对话框的“材料名称缩写”选项，使其处于激活状态。

Step4：在“子字符串”文本框中输入“ABS”。

Step5：单击“搜索”按钮，弹出“选择 热塑性材料”对话框。

Step6：单击“制造商”按钮，制造商的名称会以字母的顺序进行排列，从而方便查找，如图 23-14 所示。

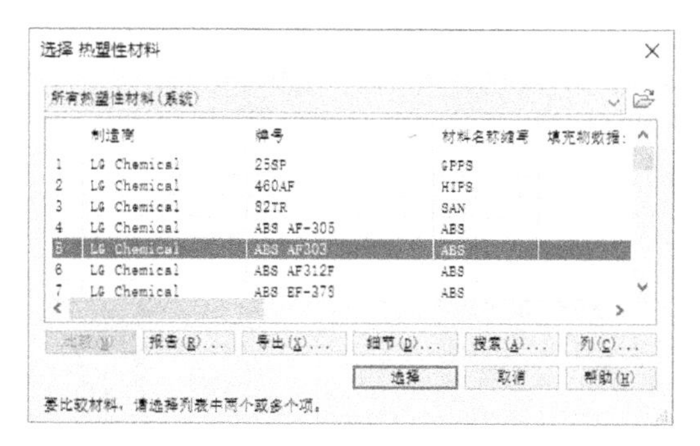

图 23-14 “选择 热塑性材料”对话框

Step7：单击 LG Chemical 公司生产的“ABS AF303”材料。

Step8：单击“细节”按钮，查看材料的详细信息，图 23-15 为所选材料的推荐成型工艺参数。

图 23-16 所示为材料的 pvT 属性曲线。

图 23-15 “推荐工艺”选项卡

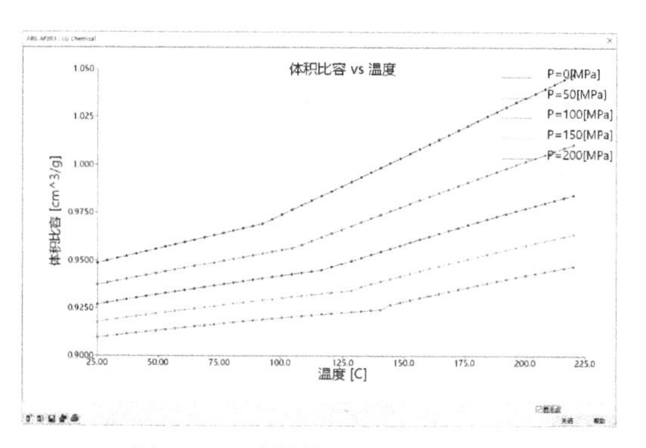

图 23-16 材料的 pvT 属性曲线

Step9：单击“确定”按钮，回到如图 23-14 所示的“选择 热塑性材料”对话框，单击“选择”按钮，返回如图 23-12 所示的“选择材料”对话框中。

Step10：单击“确定”按钮，选择该材料。

5．创建浇注系统

本例模型采用四个浇口的进料方式，浇口形式为香蕉形浇口。浇口采用直线命令的方式创建；分流道和主流道采用柱体单元命令的方式创建，即直接创建浇注系统的两端节点，然后创建一维柱体单元，再选择“网格”→“生成网格”菜单命令对柱体单元进行细分。

具体操作步骤如下。

1）创建浇口柱体单元

（1）创建节点。

Step1：选择“几何”→“移动”→“平移”菜单命令，系统会弹出如图 23-17 所示的“平移”对话框。在“选择”数值框中输入“N5837”，在“矢量”数值框中输入“-15,0,0”，选中“复制”单选按钮，单击“应用”按钮，即生成位置 1 节点。

Step2：在“矢量”数值框中输入“-7,0,-3”，选中“复制”单选按钮，单击“应用”按钮，即生成位置 2 节点。

位置 1 和 2 节点如图 23-18 所示。

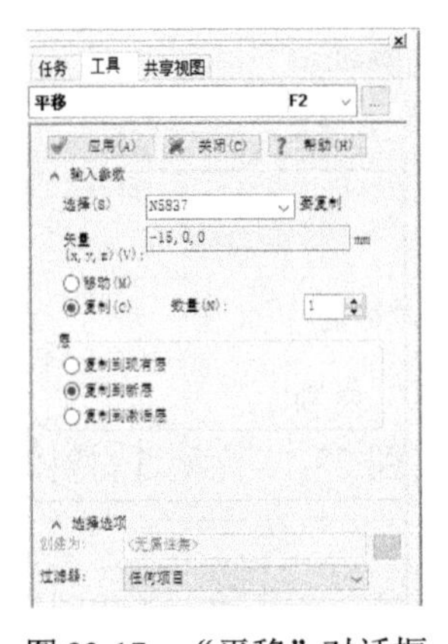

图 23-17 “平移”对话框

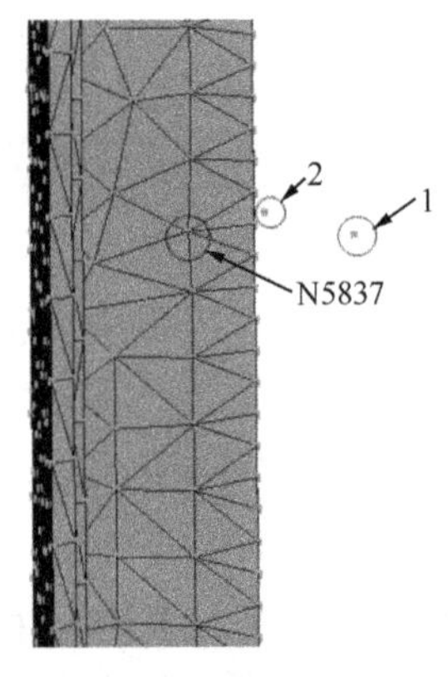

图 23-18 节点复制结果

（2）创建圆弧曲线。

Step1：选择“几何”→“曲线”→“按点定义圆弧”菜单命令，弹出如图 23-19 所示的“按点定义圆弧”对话框。

Step2：依次选择模型原始节点 N5837、位置 1 和 2 节点，取消选中的“自动在曲线末端创建节点”复选框。

在选择浇口中心线的起点和终点时，要与尺寸编辑中的起点和终点的设置相对应。

Step3：单击“选择选项”选区中的…按钮，弹出“指定属性”对话框。

Step4：单击“新建”下拉按钮，弹出下拉菜单，如图 23-20 所示。

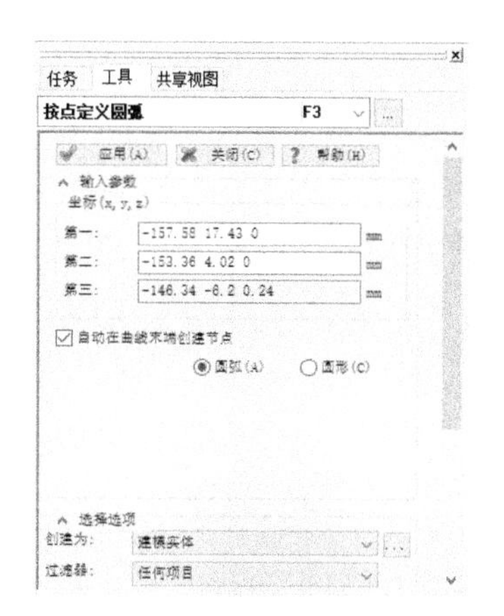

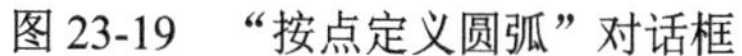
图 23-19 “按点定义圆弧”对话框

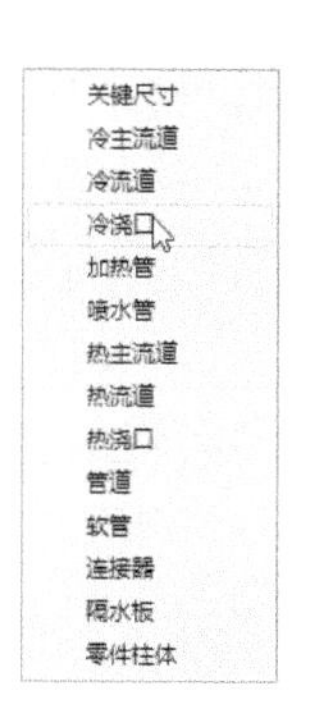

图 23-20 “新建”下拉菜单

Step5：在弹出的下拉菜单中选择“冷浇口”命令，弹出“冷浇口”对话框，如图 23-21 所示。在“截面形状是”下拉列表中选择“圆形”选项，在“形状是”下拉列表中选择“锥体（由端部尺寸）”选项。

图 23-21 “冷浇口”对话框

Step6：单击“编辑尺寸”按钮，弹出“横截面尺寸”对话框，如图 23-22 所示。在“始端直径”数值框中输入“2.5”，在“末端直径”数值框中输入“5”。单击“确定”按钮，逐级返回上级对话框进行确认，直到返回图 23-21 所示的“横截面尺寸”对话框中，单击“确定”按钮。

Step7：单击“关闭”按钮，关闭“冷浇口”对话框，创建出一条浇口圆弧曲线，结果如图 23-23 所示。

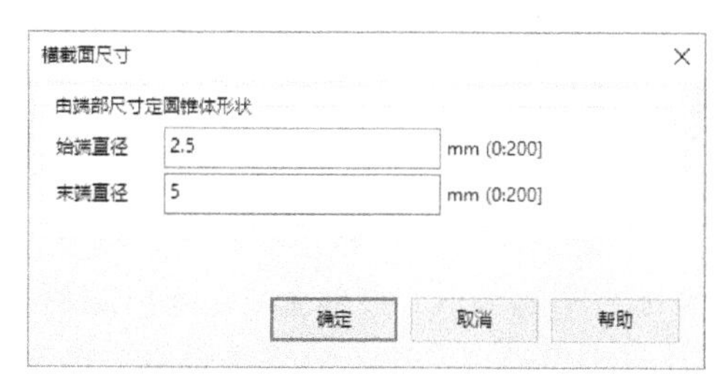

图 23-22 “横截面尺寸”对话框

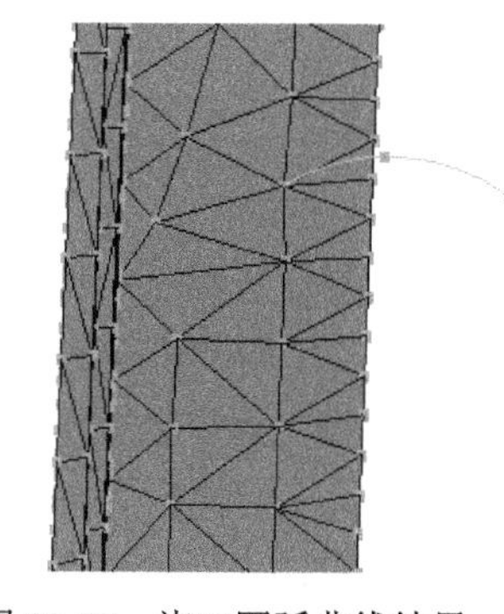

图 23-23 浇口圆弧曲线结果

（3）划分柱体单元。

Step1：选择图 23-23 所示的刚创建的圆弧曲线，选择“网格”→“生成网格”菜单

命令，会弹出“生成网格”对话框，如图 23-24 所示。

Step2：在“全局边长”数值框中输入“3”。

Step3：单击“网格”按钮，即对圆弧曲线进行网格划分。

经过以上几个步骤，香蕉形浇口创建完毕。香蕉形浇口柱体单元如图 23-25 所示。

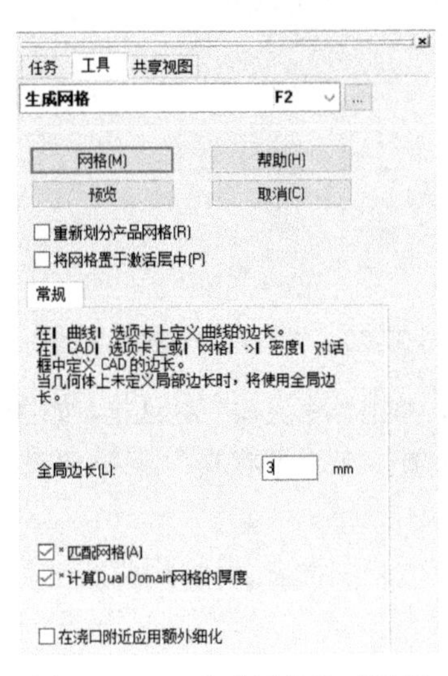

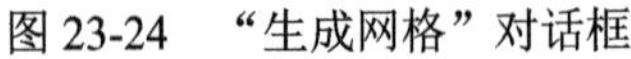

图 23-24 “生成网格”对话框

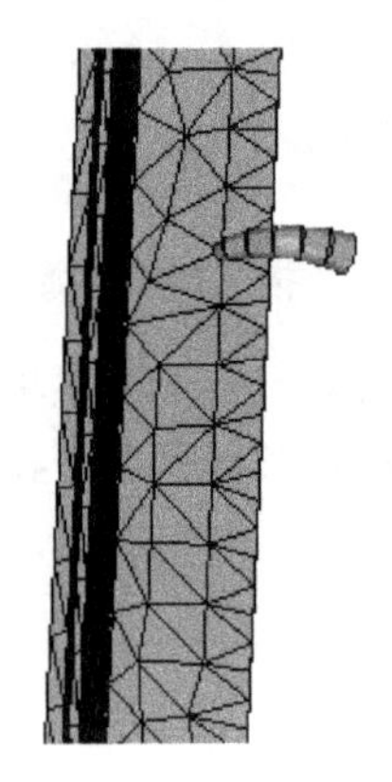

图 23-25 香蕉形浇口柱体单元

重复以上操作步骤，创建另外三个浇口柱体单元，模型的原始节点分别为 N5845、N5854、N5863。

浇口柱体单元创建结果如图 23-26 所示。

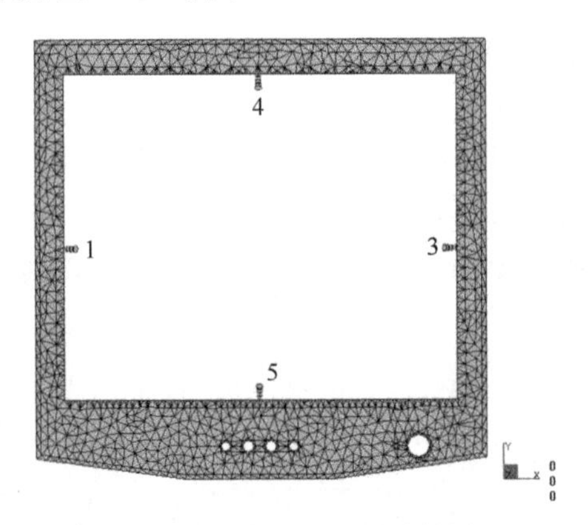

图 23-26 浇口柱体单元创建结果

2）创建主流道和分流道柱体单元

（1）创建主流道单元节点。

Step1：选择“几何”→“节点”→“在坐标之间的节点”菜单命令，弹出如图 23-27 所示的“在坐标之间的节点”对话框，单击位置 1 节点，再单击位置 3 节点，单击“应用”按钮，即生成图 23-28 中的位置 6 节点。

Step2：选择“建模”→“创建节点”→“按偏移定义节点”菜单命令，单击位置 6 节点。在“偏移”数值框中输入“0,0,60”，单击“应用”按钮，即生成图 23-28 中的位置 7 节点。

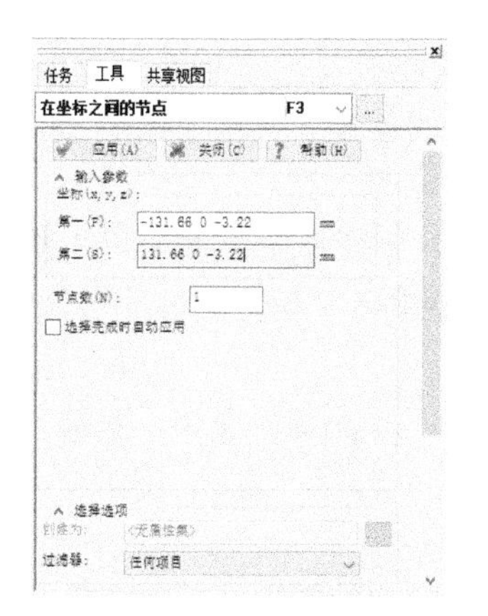

图 23-27 “坐标中间创建节点”对话框

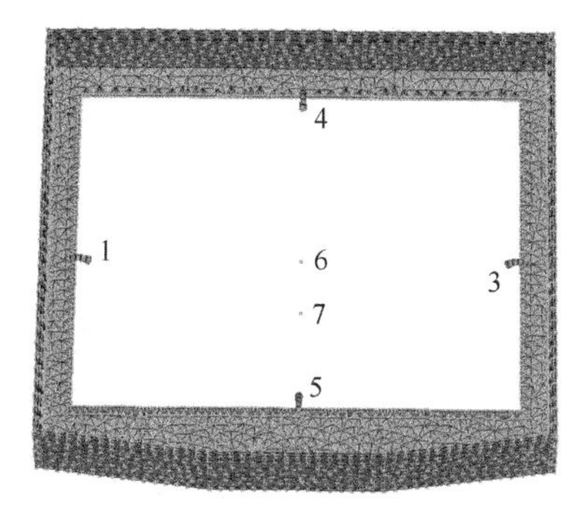

图 23-28 节点创建结果

（2）创建主流道柱体单元。

Step1：选择“网格”→“创建柱体单元”菜单命令，弹出如图 23-29 所示的“创建柱体单元”对话框。图 23-29 中“第一”和“第二”数值框分别用于设置要创建的柱体单元的两端节点，而后分别单击位置 7 和位置 6 节点。

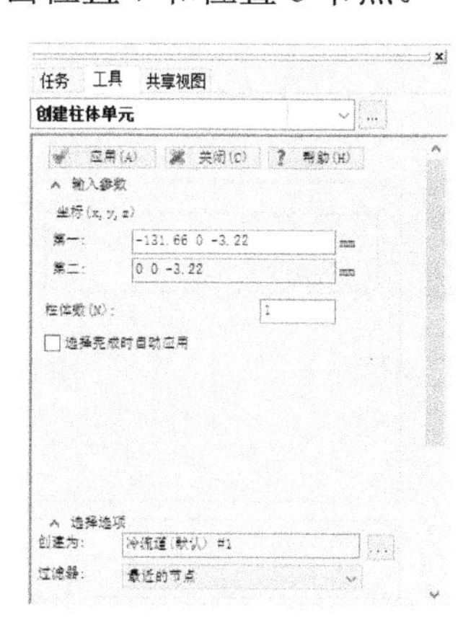

图 23-29 “创建柱体单元”对话框

Step2：单击“选择选项”选区中的...按钮，系统会弹出“指定属性”对话框。

Step3：单击“新建”下拉按钮，弹出下拉菜单。

Step4：在弹出的下拉菜单中选择“冷主流道”命令，弹出“冷主流道”对话框，如图 23-30 所示。在“形状是”下拉列表中选择“锥体（由端部尺寸）”选项。

Step5：单击“编辑尺寸”按钮，弹出“横截面尺寸”对话框，如图 23-31 所示。在“始端直径”数值框中输入“4”，在“末端直径”数值框中输入“6”。

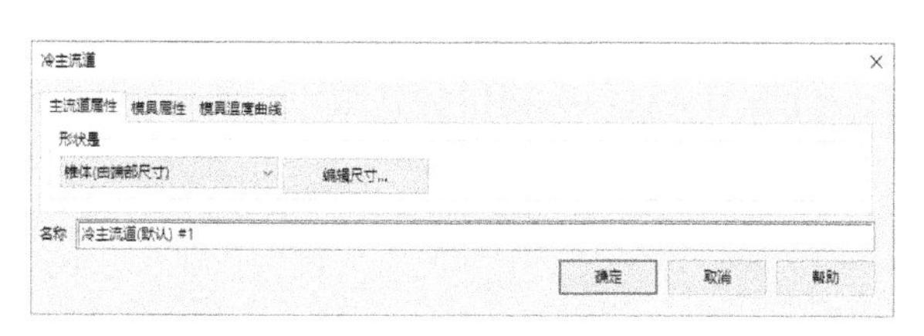

图 23-30 “冷主流道”对话框

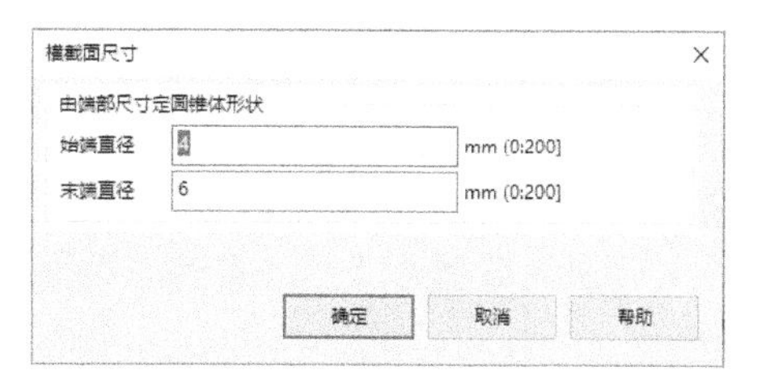

图 23-31 “横截面尺寸”对话框

Step6：单击“确定”按钮，逐级返回上级对话框进行确认，直到返回图 23-29 所示的对话框中，单击“应用”按钮，完成主流道柱体单元的创建，其结果如图 23-32 所示。

（3）创建分流道柱体单元。

Step1：选择“网格”→“创建柱体单元”菜单命令，分别单击位置 1 和位置 6 节点。

Step2：单击“选择选项”选区中的 按钮，系统会弹出“指定属性”对话框。

Step3：单击“新建”命令，弹出下拉菜单。

Step4：如图 23-33 所示，在弹出的下拉菜单中选择“冷流道”命令，弹出“冷流道”对话框，如图 23-34 所示。在“截面形状是”下拉列表中选择“圆形”选项，在“形状是”下拉列表中选择“非锥体”选项。

Step5：单击“编辑尺寸”按钮，弹出“横截面尺寸”对话框，如图 23-35 所示，在“直径”数值框中输入“6”。

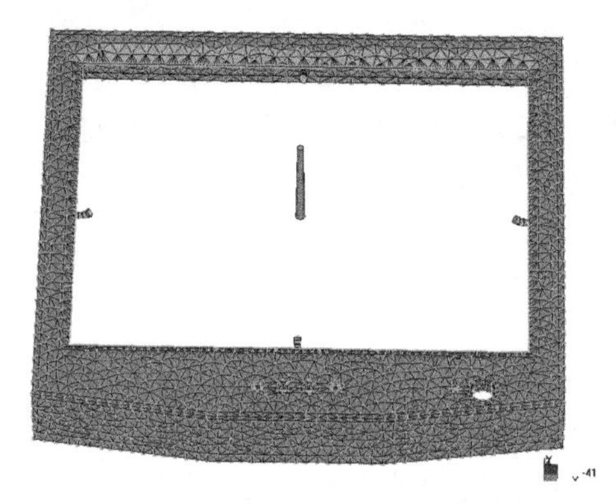

图 23-32 冷主流道柱体单元创建结果

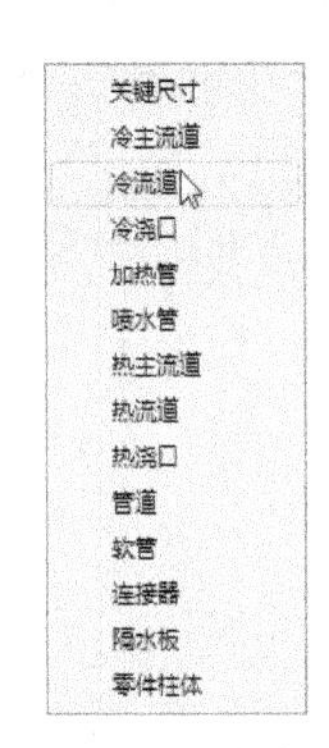

图 23-33 选择“冷流道”命令

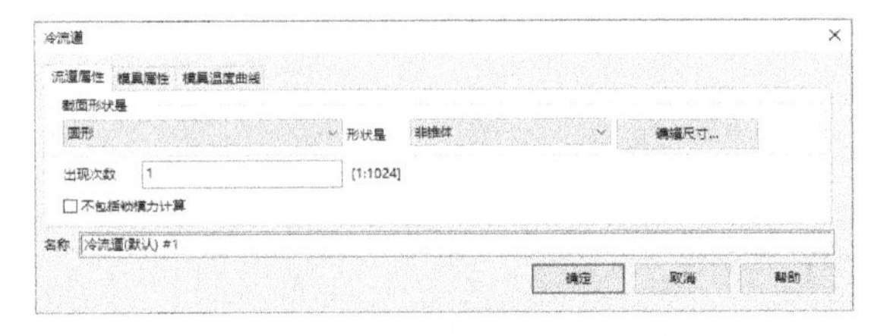

图 23-34 “冷流道”对话框

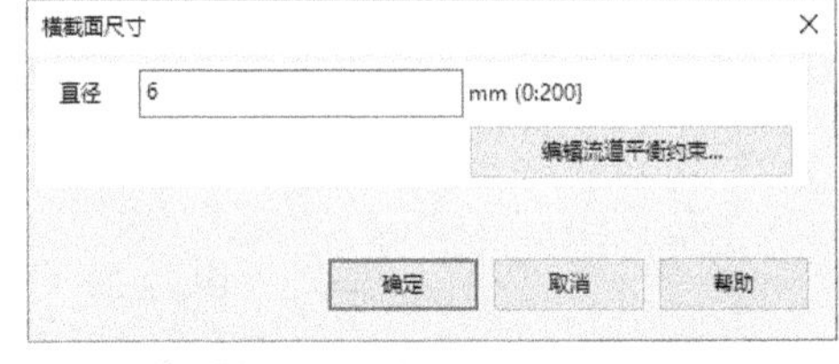

图 23-35 “横截面尺寸”对话框

Step6：单击“确定”按钮，逐级返回上级对话框进行确认，单击“确定”按钮，完成一个圆形分流道柱体单元的创建，其结果如图 23-36 所示。

Step7：重复以上前六步的操作，选择位置 3 节点，再选择位置 6 节点，单击“确定”按钮，创建另一个分流道柱体单元。

Step8：重复以上前六步的操作，选择位置 4 节点，再选择位置 6 节点，单击“确定”按钮，创建另一个分流道柱体单元。

Step9：重复以上前六步的操作，选择位置 5 节点，再选择位置 6 节点，单击“确定”按钮，创建另一个分流道柱体单元。

至此，经过以上几个步骤，主流道和分流道柱体单元创建完毕，其结果如图 23-37 所示。

下面将对主流道和分流道柱体单元划分网格。

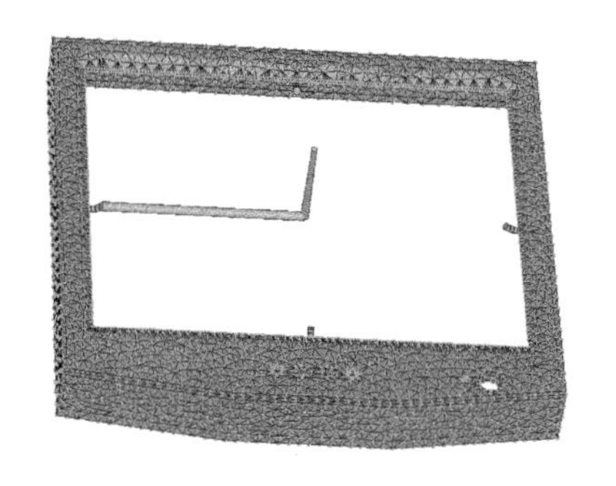

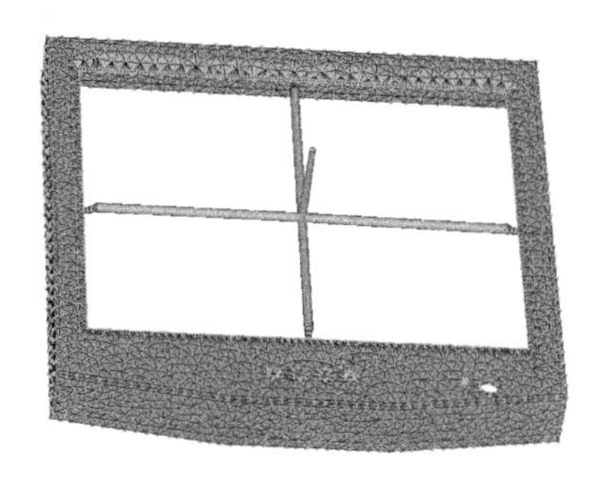

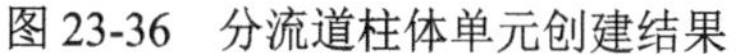

图 23-36 分流道柱体单元创建结果　　图 23-37 主流道和分流道柱体单元结果

Note

（4）主流道和分流道柱体单元划分网格。

Step1：选择“网格”→“生成网格”菜单命令，在弹出的对话框中选择“重新划分产品网格”选项。

Step2：选择图 23-37 中的主流道柱体单元，此时柱体单元的编号会自动添加到对话框中的“选择要重新划分网格的实体”下拉列表中。

Step3：在“目标边长度”数值框中输入“6”。

Step4：单击“应用”按钮，完成对主流道柱体单元的划分。

Step5：重复以上步骤，对剩下的柱体单元进行划分，分流道的“目标边长度”设为10。

经过以上几个步骤，浇注系统创建完毕，其结果如图 23-38 所示。

（5）连通性诊断。

连通性诊断是指诊断浇注系统和塑件模型网格之间是否连通成为一个整体，浇注系统与塑件模型完全不连通时，系统会提示分析失败。所以在建立了完整的浇注系统后，为保证分析计算的有效性，在分析计算之前，必须检查塑件与流道之间的连通性。

Step1：选择“网格”→“网格诊断”→“连通性诊断”菜单命令，弹出如图 23-39 所示的“连通性诊断”对话框。

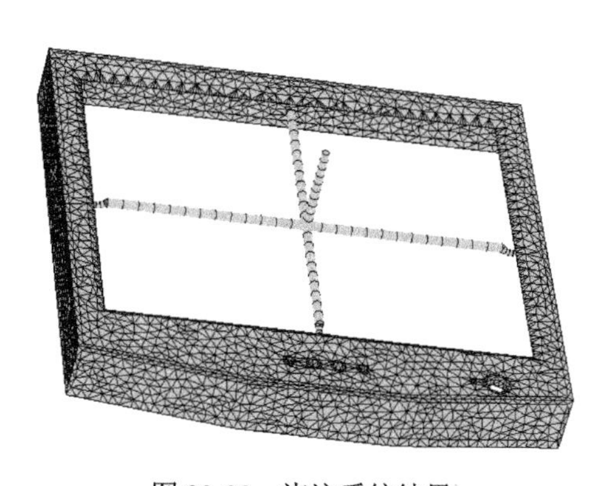

图 23-38 浇注系统结果

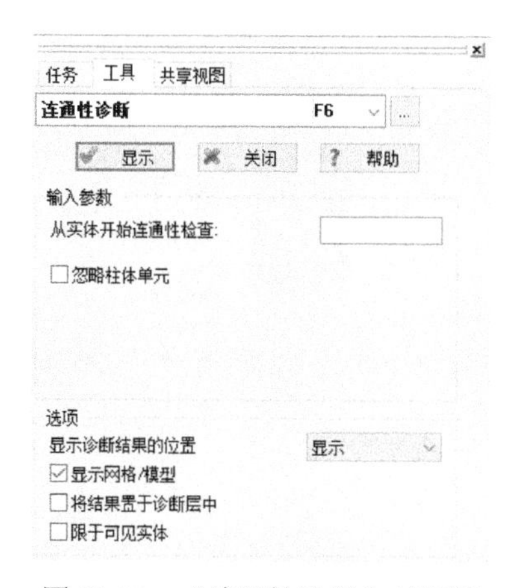

图 23-39 “连通性诊断”对话框

Step2：单击塑件或浇注系统任意单元或节点，单击“显示”按钮，其结果如图 23-40 所示，塑件与浇注系统保持很好的连通性。

Step3：选择“网格”→“显示诊断结果”菜单命令，关闭连通性诊断结果显示。

（6）设置注射位置。

双击任务视窗中的“设置注射位置”按钮，单击主流道入口处节点，完成注射点位置的设定，如图 23-41 所示。

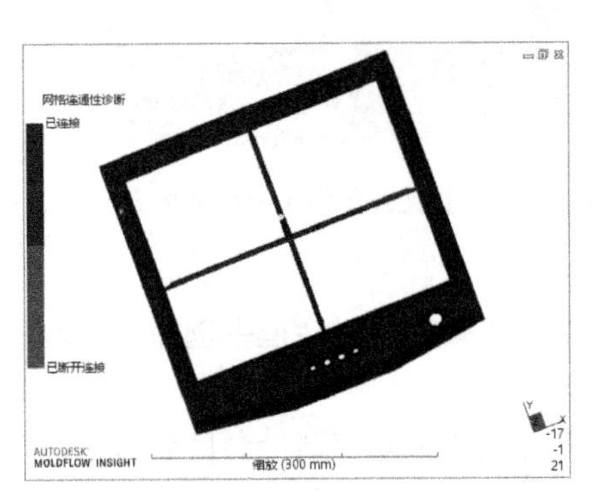

图 23-40　连通性诊断结果

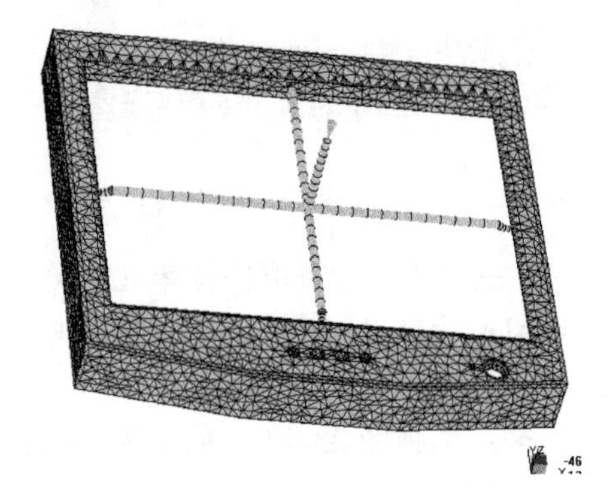

图 23-41　设置注射位置

6. 设定工艺参数

Step1：双击任务视窗中的“工艺设置（默认）”按钮，系统会弹出“工艺设置向导-填充+保压设置”对话框，如图 23-42 所示。

图 23-42 所示的对话框中各参数的设置如下。

（1）“模具表面温度”设置为 60℃。

（2）“熔体温度”设置为 200℃。

（3）“速度/压力切换”设置为“由%充填体积”，并将其参数设置为 99%，表示当型腔填充满 99%时，进行速度/压力切换。

（4）“保压控制”设置为“%填充压力与时间”，保压压力曲线采用默认设置。

（5）“冷却时间”设置为 20s。

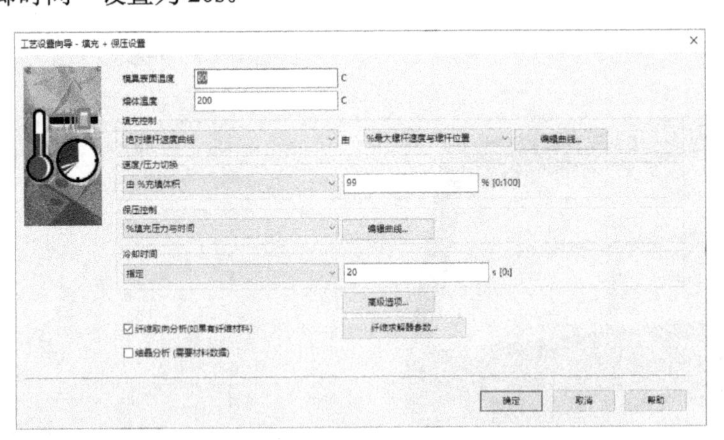

图 23-42　“工艺设置-填充+保压设置”对话框

Step2：单击“高级选项”按钮，系统弹出如图 23-43 所示的对话框，单击“注塑机”选区中的“选择”按钮，系统将弹出一系列常用的注塑机型号，选择锁模力为 1000ton 的注塑机。

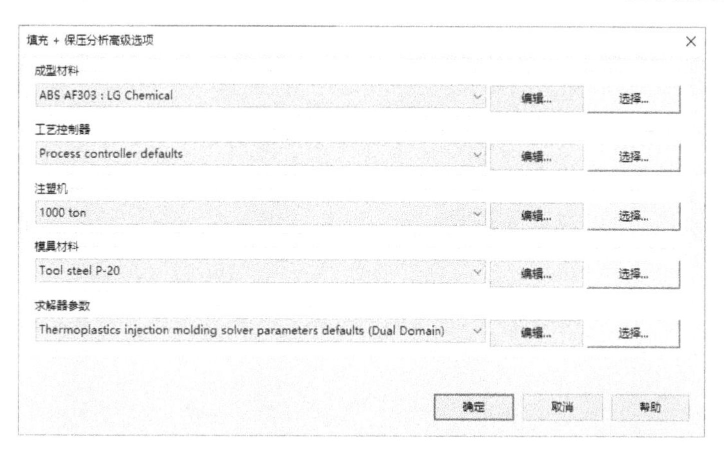

图 23-43 “填充+保压分析高级选项”对话框

Step3：进行快速充填分析。从快速充填分析的屏幕输出结果中可以得到塑件型腔的总体积，如图 23-44 所示，总体积为 246.394cm³。根据螺杆推进行程的经验计算公式，计算出螺杆的行程 L 为 136mm。

总体积	=	246.3938 cm^3
最初充填的体积	=	0.0000 cm^3
要充填的体积	=	246.3938 cm^3
要充填的零件体积	=	230.6455 cm^3
要充填的主流道/流道/浇口体积	=	15.7483 cm^3
总投影面积	=	355.4410 cm^2

图 23-44 快速充填分析输出的体积

Step4：将图 23-42 所示的对话框中的“填充控制”设置为“绝对螺杆速度曲线”，并将其参数设置为“%最大螺杆速度与螺杆位置”。

Step5：单击“填充控制”右侧的“编辑曲线”按钮，系统弹出如图 23-45（a）所示的“充填控制曲线设置”对话框。在图 23-45（a）中的“启动螺杆位置”数值框中输入螺杆的行程为 136mm，“垫料警告限制”取 5～10%的计量，即 12mm。%最大螺杆速度与螺杆位置的数值设置如图 23-45（a）所示。

Step6：单击“绘制曲线”按钮，系统会弹出输入数值形成的螺杆曲线，如图 23-45（b）所示。

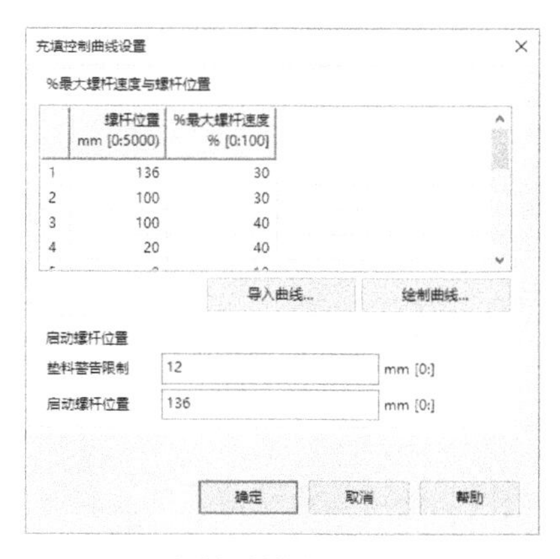

（a）“充填控制曲线设置”对话框

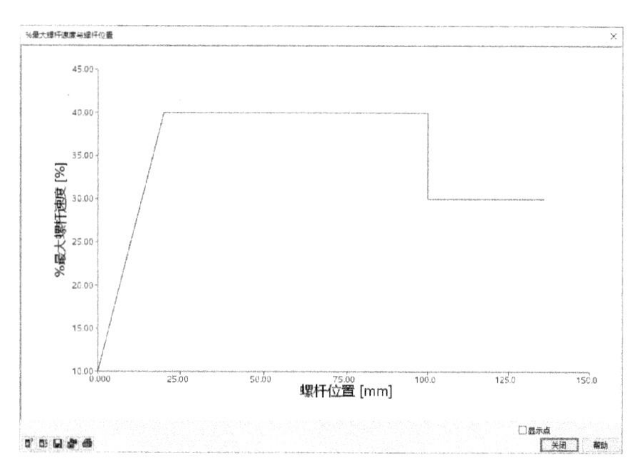

（b）%最大螺杆速度与螺杆位置的数值设置

图 23-45 螺杆的工艺参数设定

23.2.2 分析运算

双击任务视窗中的“分析”按钮，开始进行分析运算。

选择菜单“分析”→“作业管理器”命令，弹出如图 23-46 所示的“作业查看器”界面，可以看到任务队列及计算进程。

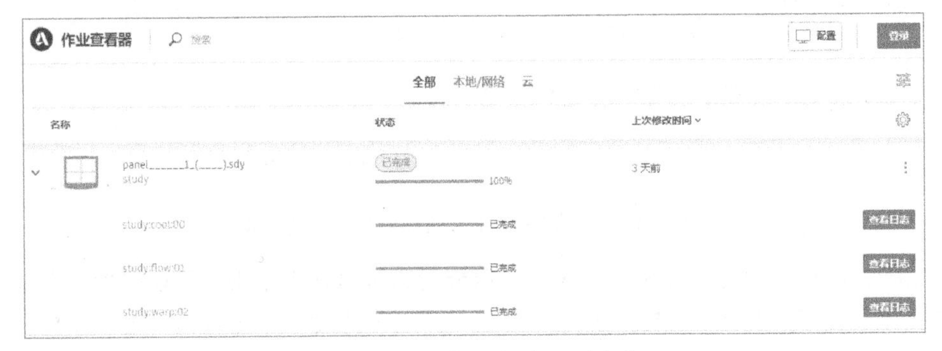

图 23-46 “作业查看器”界面

分析计算的“分析日志”中的成型工艺参数设置如图 23-47 所示，用户可以通过该信息来检验工艺参数设置是否有误。

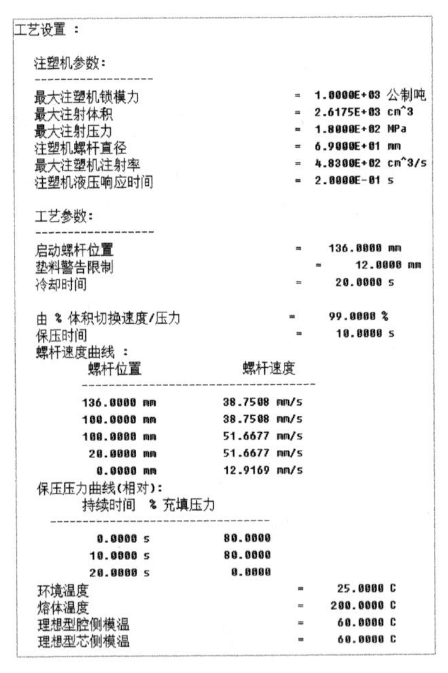

工艺设置 :

注塑机参数:

最大注塑机锁模力	=	1.0000E+03 公制吨
最大注射体积	=	2.6175E+03 cm^3
最大注射压力	=	1.8000E+02 MPa
注塑机螺杆直径	=	6.9000E+01 mm
最大注塑机注射率	=	4.8300E+02 cm^3/s
注塑机液压响应时间	=	2.0000E-01 s

工艺参数:

启动螺杆位置	=	136.0000 mm
垫料警告限制	=	12.0000 mm
冷却时间	=	20.0000 s
由 % 体积切换速度/压力	=	99.0000 %
保压时间	=	10.0000 s

螺杆速度曲线 :

螺杆位置	螺杆速度
136.0000 mm	38.7508 mm/s
100.0000 mm	38.7508 mm/s
100.0000 mm	51.6677 mm/s
20.0000 mm	51.6677 mm/s
0.0000 mm	12.9169 mm/s

保压压力曲线(相对):

持续时间	% 充填压力
0.0000 s	80.0000
10.0000 s	80.0000
20.0000 s	0.0000

环境温度	=	25.0000 C
熔体温度	=	200.0000 C
理想型腔侧模温	=	60.0000 C
理想型芯侧模温	=	60.0000 C

图 23-47 成型工艺参数

23.2.3 分析结果

螺杆速度曲线可以调节熔体在型腔中流动速度的快慢，使熔体流动前沿的流速保持均匀，从而减少塑件不均匀的表面应力和翘曲现象。下面查看与熔体在型腔中的流动相关的指标的结果。

1. 充填时间

图 23-48 所示为熔体充满型腔时的结果。从图 23-48 中可以看出充填时间为 1.624s。单击工具面板上的按钮，按住键盘上的 Ctrl 键，再单击塑件模型填充末端的位置，显示熔体填充该位置的时间，由图 23-48 中可以看出熔体填充模型末端的时间相差 0.11s，说明熔体填充不平衡。

2. 锁模力：XY图

图 23-49 所示为该模型的锁模力曲线结果。从图 23-49 中可以看出，模型填充时的锁模力最大值为 97.47，远小于注塑机的最大锁模力（1000）的 80%。

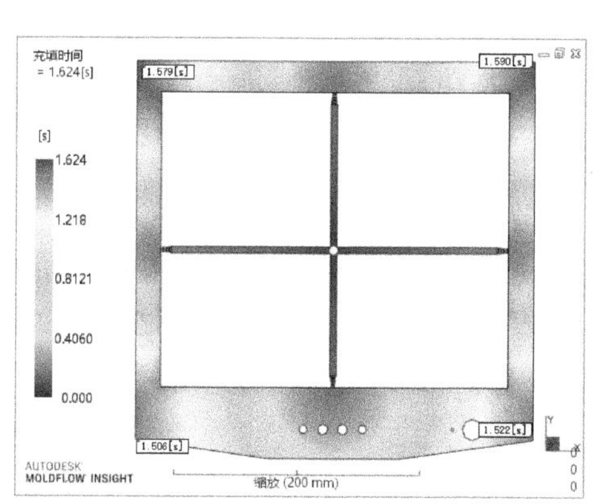

图 23-48　充填时间结果

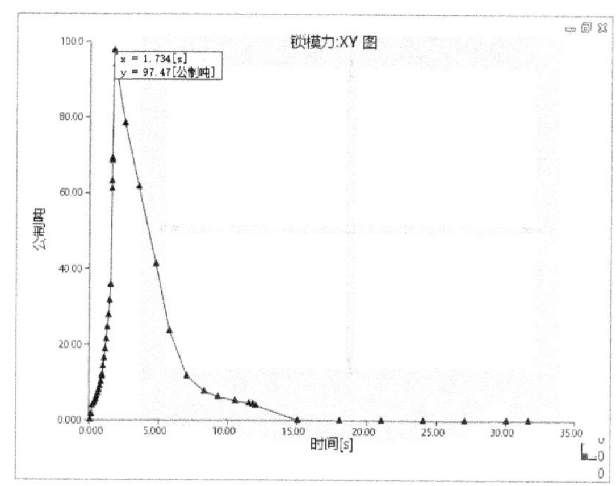

图 23-49　锁模力结果

3. 第一主方向上的型腔内残余应力

残余应力的正值表示处于拉伸状态，负值表示处于压缩状态，数值越大对塑件越不利。一般来说，塑件的残余应力为正值，因为模具限制了塑件材料的收缩，并且产生应力使塑件拉伸，在塑件顶出后，应力释放，塑件就会产生收缩。产生负值说明发生了过保压现象，应避免。

图 23-50 所示为该模型的第一主方向上的型腔内残余应力结果。从图 23-50 中可以看出，该模型的第一主方向上的型腔内残余应力值的范围为 2.239～39.07MPa。

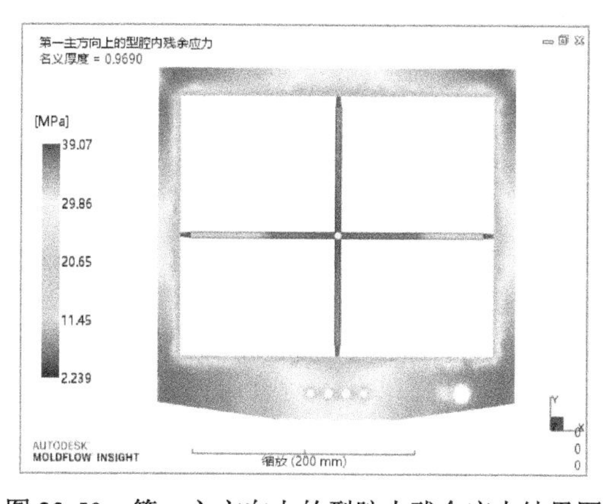

图 23-50　第一主方向上的型腔内残余应力结果图

23.3 优化后的流动分析

23.3.1 分析前处理

对于调整了成型工艺参数的方案，分析前处理的主要内容如下。

（1）复制基本分析模型。

（2）调整螺杆速度曲线。

具体操作步骤如下。

1. 复制基本分析模型

右击“panel_方案_初始流动分析”图标，在弹出的快捷菜单中选择“复制”命令，生成新的工程“panel_方案_初始流动分析（复塑件）”，并将新工程名改为“panel_方案_流动优化方案”。

利用 AMI 系统，在前一步的分析基础上进行下一步的分析计算，就可以利用已经建立和修改好的网格模型及相关的参数设置，从而大大减少塑件建模和分析前处理的步骤和时间。

2. 调整螺杆速度曲线

Step1：双击“panel_方案_流动优化方案”窗口中的“工艺设置（默认）”按钮，弹出“工艺参数设置”对话框，单击“填充控制”选区中的“编辑曲线”按钮，系统弹出如图 23-51（a）所示的“充填控制曲线设置”对话框，调整后的%最大螺杆速度与螺杆位置的数值设置如图 23-51（a）所示。

Step2：单击“绘制曲线”按钮，系统会弹出%最大螺杆速度与螺杆位置曲线，如图 23-51（b）所示。

Step3：单击“关闭”按钮，返回图 23-51（a）所示的对话框中，单击“确定”按钮，返回“工艺参数设置”对话框中，单击“确定”按钮，完成工艺参数的调整。

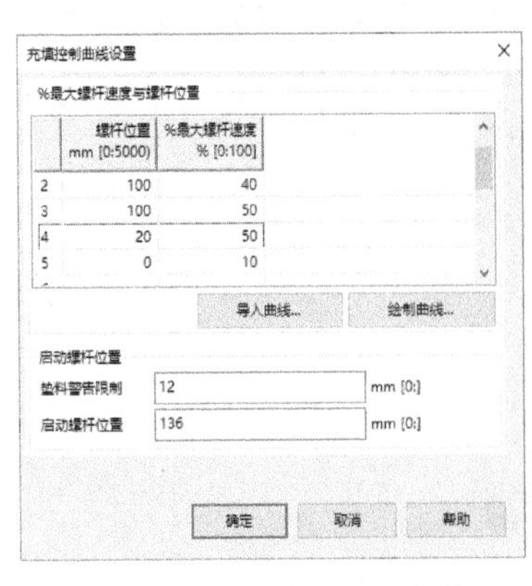

（a）“充填控制曲线设置”对话框

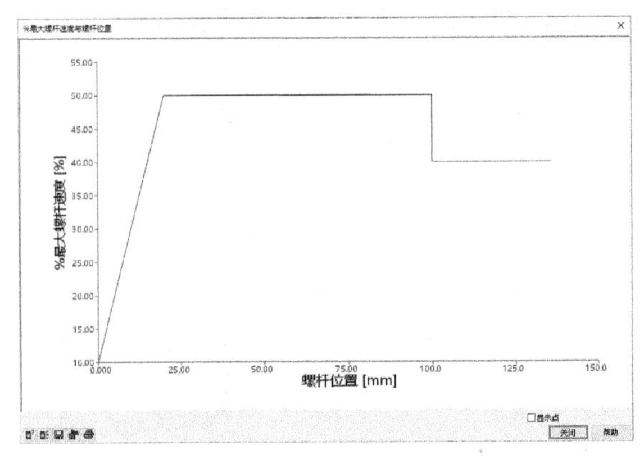

（b）%最大螺杆速度与螺杆位置曲线

图 23-51 调整螺杆速度曲线

优化方案工艺参数的调整主要提高了螺杆推进的速度，从而提高了注射速率。

23.3.2 分析运算

双击任务视窗中的“分析”按钮，求解器开始进行分析运算。分析计算的“分析日志”中的调整后的成型工艺参数设置如图 23-52 所示。

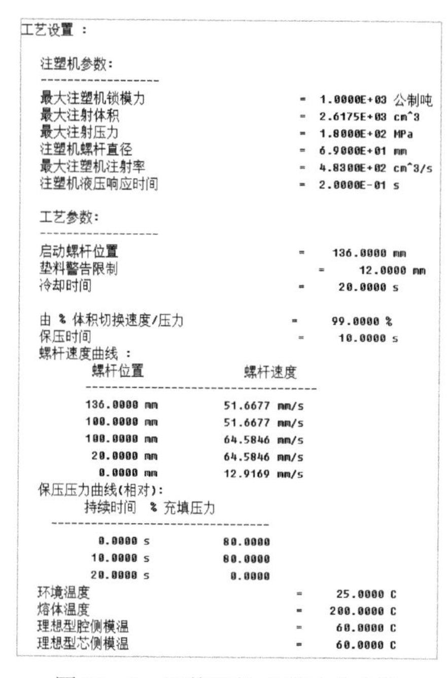

```
工艺设置 :

  注塑机参数:
  ------------------
  最大注塑机锁模力                 =  1.0000E+03 公制吨
  最大注射体积                     =  2.6175E+03 cm^3
  最大注射压力                     =  1.8000E+02 MPa
  注塑机螺杆直径                   =  6.9000E+01 mm
  最大注塑机注射率                 =  4.8300E+02 cm^3/s
  注塑机液压响应时间               =  2.0000E-01 s

  工艺参数:
  ------------------
  启动螺杆位置                     =    136.0000 mm
  垫料警告限制                     =      12.0000 mm
  冷却时间                         =     20.0000 s

  由 % 体积切换速度/压力           =     99.0000 %
  保压时间                         =     10.0000 s
  螺杆速度曲线 :
        螺杆位置             螺杆速度
      ----------------------------------
      136.0000 mm         51.6677 mm/s
      100.0000 mm         51.6677 mm/s
      100.0000 mm         64.5846 mm/s
       20.0000 mm         64.5846 mm/s
        0.0000 mm         12.9169 mm/s
  保压压力曲线(相对):
        持续时间    % 充填压力
  ----------------------------------
        0.0000 s          80.0000
       10.0000 s          80.0000
       20.0000 s           0.0000
  环境温度                         =     25.0000 C
  熔体温度                         =    200.0000 C
  理想型腔侧模温                   =     60.0000 C
  理想型芯侧模温                   =     60.0000 C
```

图 23-52　调整后的成型工艺参数

23.3.3 分析结果

下面讲解主要的流动优化方案的分析结果。

（1）充填时间。

图 23-53 所示为熔体充满型腔时的结果。从图 23-53 中可以看出充填时间为 1.257s，相对于初始方案的 1.642s 有了较大的下降，这是由于提高了注射速率，使成型周期缩短，同时型腔末端达到了平衡充填。

单击工具面板上的按钮，按住键盘上的 Ctrl 键，再单击塑件模型充填末端的位置，显示熔体充填该位置的时间，由图 23-53 中可以看出熔体充填模型末端的时间比初始流动分析方案有了明显改善，基本达到了平衡。

（2）锁模力：XY 图。

图 23-54 所示为该模型的锁模力曲线结果。从图 23-54 中可以看出，模型充填时的锁模力最大值为 94.21，相比于初始方案有所降低。

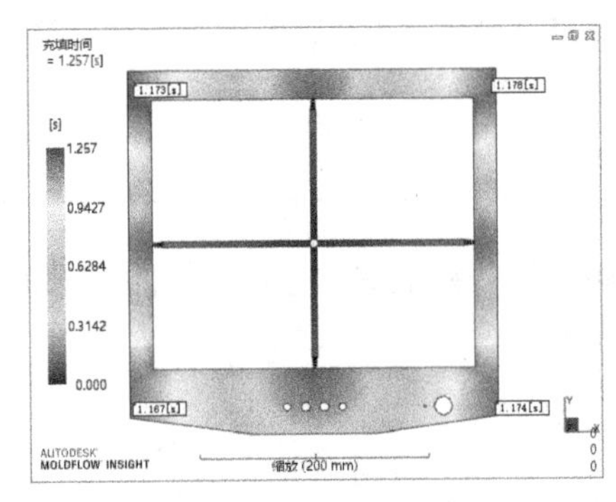

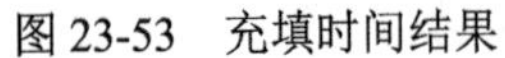
图 23-53　充填时间结果

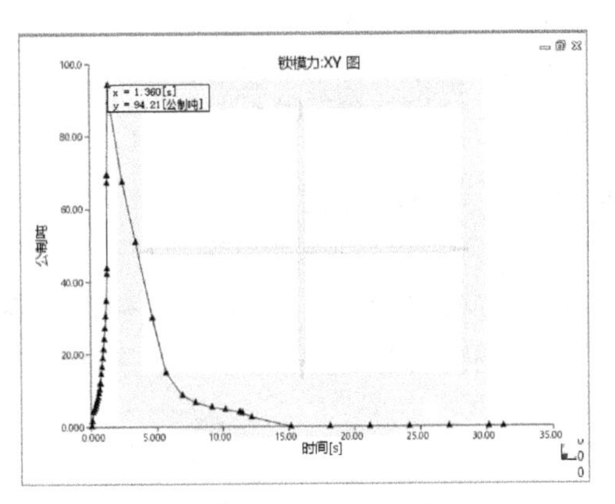

图 23-54　锁模力曲线

（3）第一主方向上的型腔内的残余应力。

图 23-55 所示为该模型的第一主方向上的型腔内残余应力结果。从图 23-55 中可以看出，该模型的第一主方向上的型腔内的残余应力值的范围为 3.383～39.72。优化方案的残余应力值相比于初始方案有所降低，说明注射速率的提高是合理的。

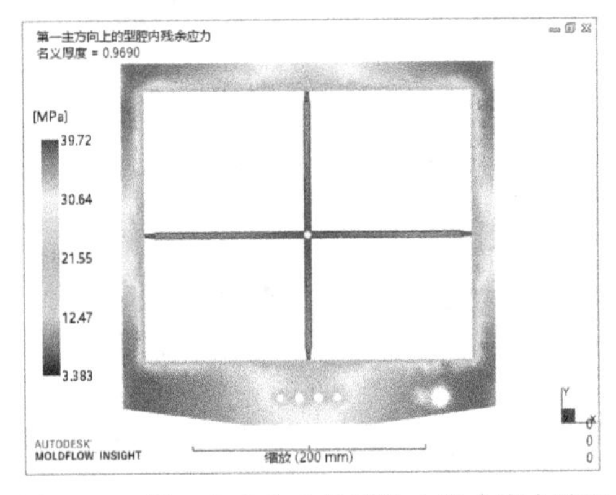

图 23-55　第一主方向上的型腔内残余应力结果

23.4　初始冷却+流动+翘曲分析

23.4.1　分析前处理

Moldflow 系统在进行冷却+流动+翘曲分析前，要完成的前处理主要包括以下的内容。

（1）建立网格模型。

（2）选择分析序列。

（3）选择材料。

（4）创建浇注系统。

（5）创建冷却系统。

（6）设置工艺参数。

显示器面板模型的冷却+流动+翘曲分析是在流动优化分析的基础上进行的，因此分

析前处理相对要简化许多，主要包括以下内容。

（1）复制基本分析模型。

（2）设定分析类型。

（3）创建冷却系统。

（4）设置工艺参数。

分析前处理的具体步骤如下。

1. 复制基本分析模型

Step1：右击工程管理视窗中的“panel_方案_流动优化方案”图标，在弹出的快捷菜单中选择“重复”命令，如图 23-56 所示，生成新的工程“panel_方案_流动优化方案（复塑件)”。

Step2：将新工程名改为“panel_方案_1”，重命名之后的工程管理视窗和任务视窗如图 23-57 所示。

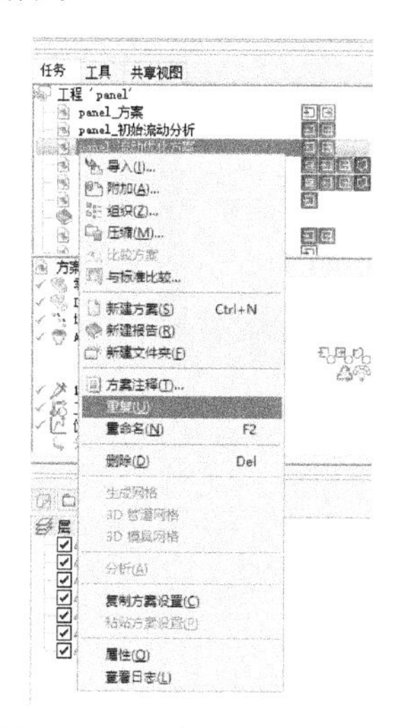

图 23-56　选择“重复”命令

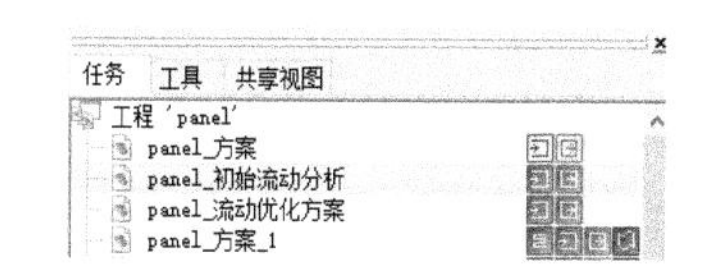

图 23-57　工程管理视窗和任务视窗

2. 选择分析序列

双击任务视窗中的“填充+保压”按钮，系统会弹出“选择分析序列”对话框，如图 23-58 所示。选择“冷却+填充+保压+翘曲”选项，单击“确定”按钮进行确认，任务视窗如图 23-59 所示。

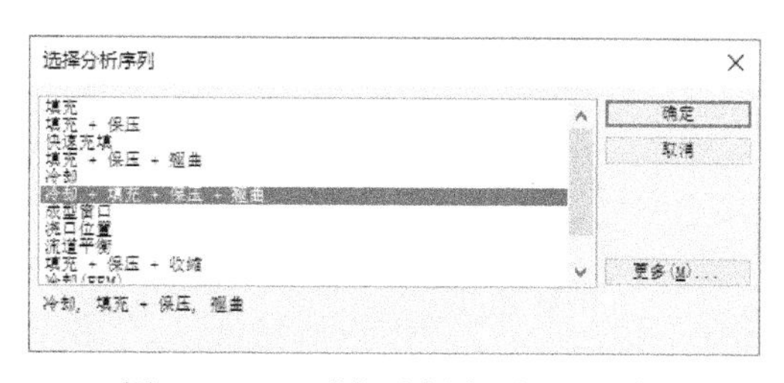

图 23-58　“选择分析序列”对话框

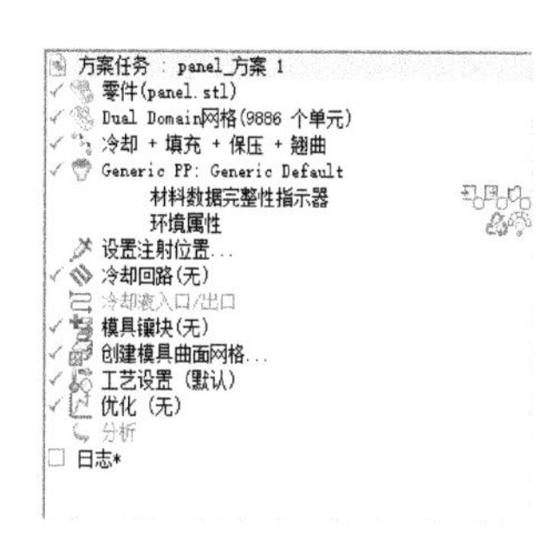

图 23-59　任务视窗

Note

3．创建冷却系统

冷却系统的设计方案如图 23-60 所示。

如图 23-60（a）所示，冷却系统分为 I 、II、III三层，共三条冷却管道。各冷却管道布局及尺寸如图 23-60（b）、（c）、（d）所示，冷却管道直径为 8mm。冷却管道采用手动创建的方法创建，使用直线创建命令创建，下面介绍冷却管道的具体创建方法。

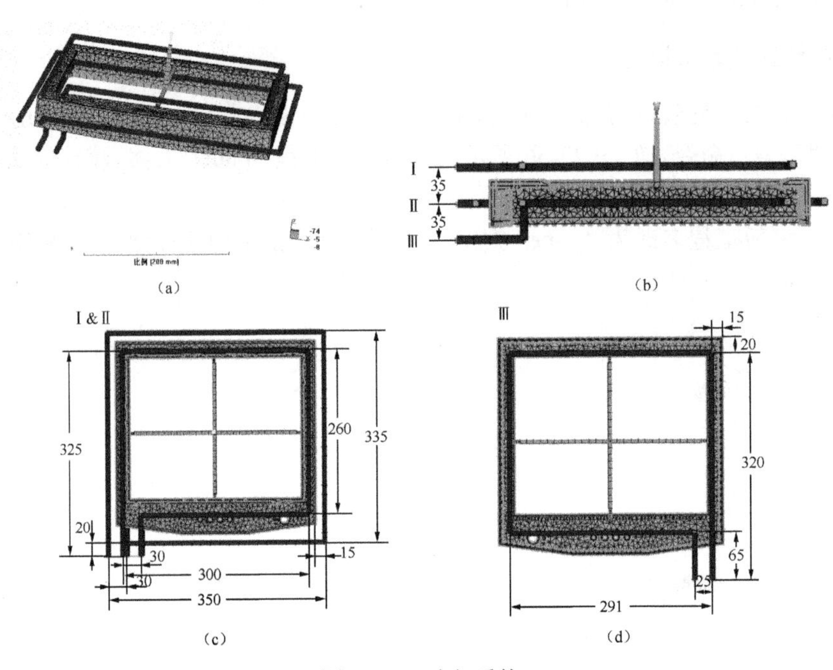

图 23-60　冷却系统

1）上层管道 I 的创建

（1）创建节点。

Step1：选择“几何”→“节点”→“按偏移定义节点”菜单命令，弹出如图 23-61 所示的“按偏移定义节点”对话框。选择塑件模型上的一个基准点 N4（见图 23-62），在“偏移”数值框中输入“10,-50,15”，单击“应用”按钮，即生成图 23-63 中的位置 1 节点。

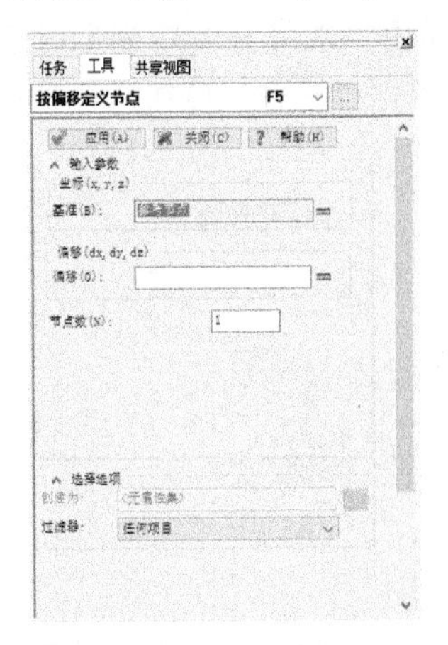

图 23-61　“按偏移定义节点”对话框

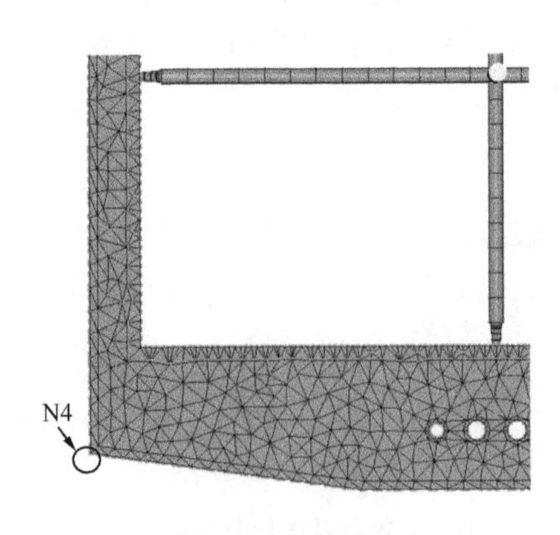

图 23-62　基准点

Step2：按照给出的尺寸，分别创建位置 2～6 节点。

Step3：单击“关闭”按钮，关闭“按偏移定义节点”对话框。

（2）创建管道的直线。

Step1：选择“几何”→“曲线”→“创建直线”菜单命令，弹出“创建直线”对话框，如图 23-64 所示。

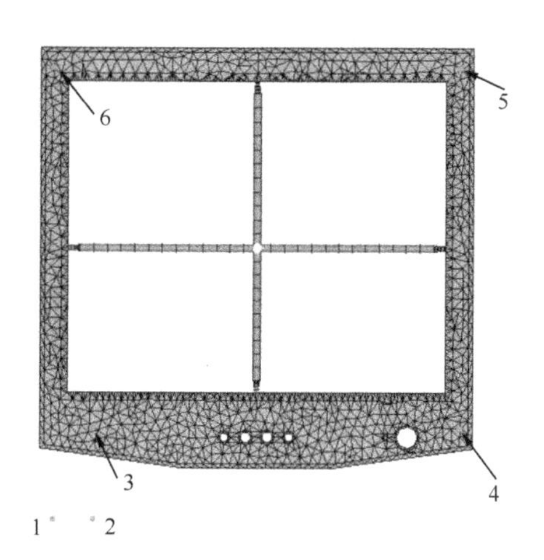

图 23-63　上层管道 I 节点创建结果

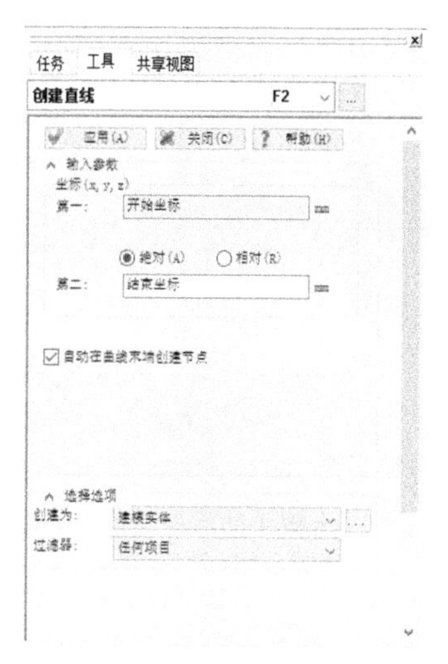

图 23-64　“创建直线”对话框

Step2：分别选择位置 1 和位置 6 节点，“第一”和“第二”右边的数值框会分别自动显示这两个节点的坐标值。

Step3：单击“选择选项”选区中的按钮，弹出“指定属性”对话框。

Step4：单击“新建”下拉按钮，弹出下拉菜单。

Step5：在弹出的下拉菜单中选择“管道”命令，如图 23-65 所示，弹出“管道”对话框，如图 23-66 所示。在“截面形状是”下拉列表中选择“圆形”选项，在“直径”右边的数值框中输入“8”。单击“确定”按钮，逐级返回上级对话框进行确认，直到返回图 23-64 所示的对话框中，单击“应用”按钮。

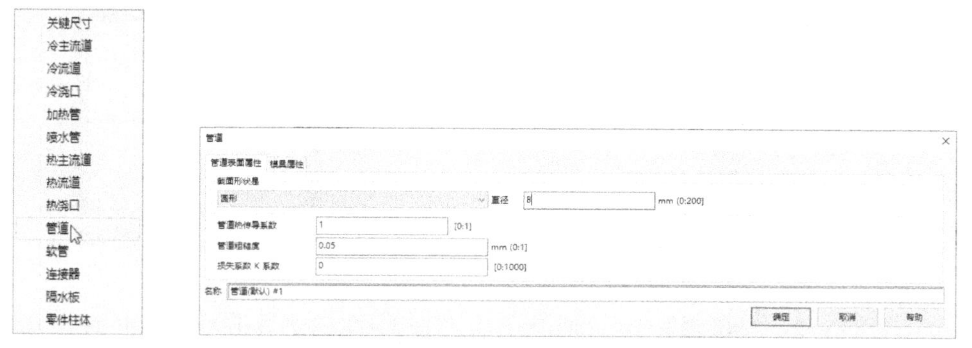

图 23-65　选择“管道”命令　　图 23-66　“管道”对话框

Step6：与其他各冷却管道中心线的创建方法相同，上层管道 I 中心线的创建结果如图 23-67 所示。

Note

2）中间层管道 II 的创建

（1）创建节点。

Step1：选择“几何”→“节点”→“按偏移定义节点”菜单命令。选择塑件模型上的一个基准点 N4（见图 23-62），在“偏移”数值框中输入“-15,-50,-20”，单击“应用”按钮，即生成图 23-68 中的位置 1 节点。

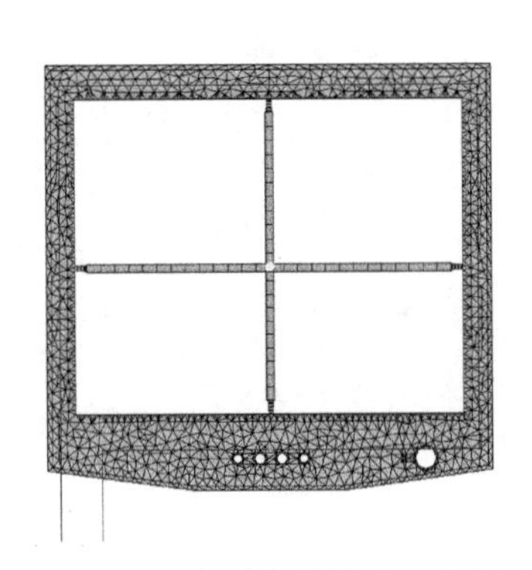

图 23-67　上层 I 的冷却管道中心线创建结果

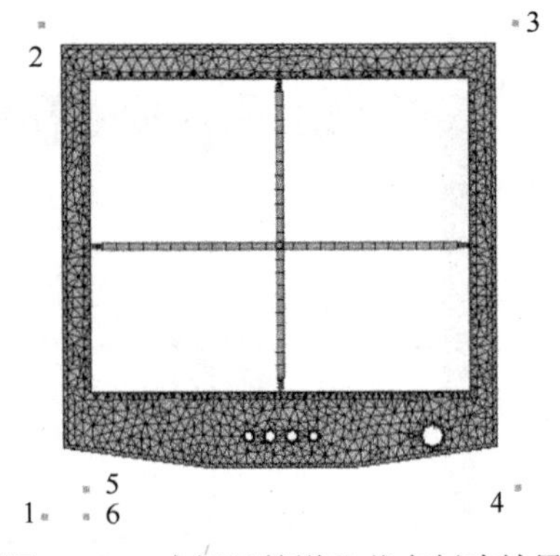

图 23-68　中间层管道 II 节点创建结果

Step2：按照给出的尺寸，分别创建位置 2～6 节点。

Step3：单击“关闭”按钮，关闭“按偏移定义节点”对话框。

（2）创建管道的直线。

Step1：选择“几何”→“曲线”→“创建直线”菜单命令，弹出“创建直线”对话框。

Step2：分别选择位置 1 和位置 2 节点，“第一”和“第二”右边的数值框会分别自动显示这两个节点的坐标值。

Step3：单击“选择选项”选区中的按钮，弹出“指定属性”对话框，如图 23-69 所示。

Step4：选择“Cold gate（default）#1”选项，单击“确定”按钮，中间层 II 冷却管道中心线创建结果如图 23-70 所示。

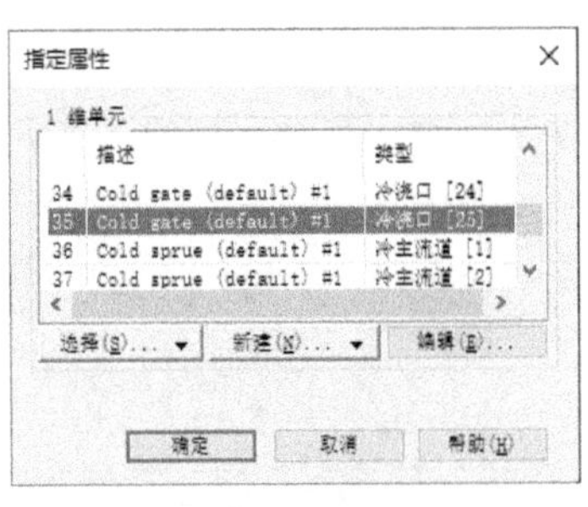

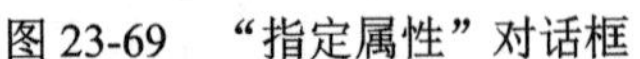

图 23-69　“指定属性”对话框

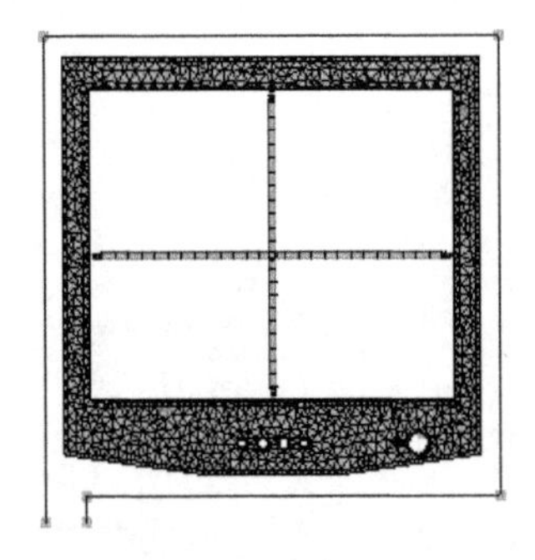

图 23-70　中间层 II 冷却管道中心线创建结果

3）下层管道 III 的创建

（1）创建节点。

Step1：选择“几何”→“节点”→“按偏移定义节点”菜单命令。选择塑件模型上

的一个基准点 N4（见图 23-62），在“偏移”数值框中输入“15,−50,−20”，单击“应用”按钮，即生成图 23-71 中的位置 1 节点。

Step2：按照给出的尺寸，分别创建位置 2～9 节点。

Step3：单击“关闭”按钮，关闭“按偏移定义节点”对话框。

（2）创建管道的直线。

Step1：选择“几何”→“曲线”→“创建直线”菜单命令，弹出“创建直线”对话框。

Step2：分别选择位置 1 和位置 2 节点，“第一”和“第二”右边的数值框会分别自动显示这两个节点的坐标值。

Step3：单击“选择选项”选区中的 按钮，弹出“指定属性”对话框。

Step4：选择“Cold gate（default）#1”选项，单击“确定”按钮。下层Ⅲ冷却管道中心线创建结果如图 23-72 所示。

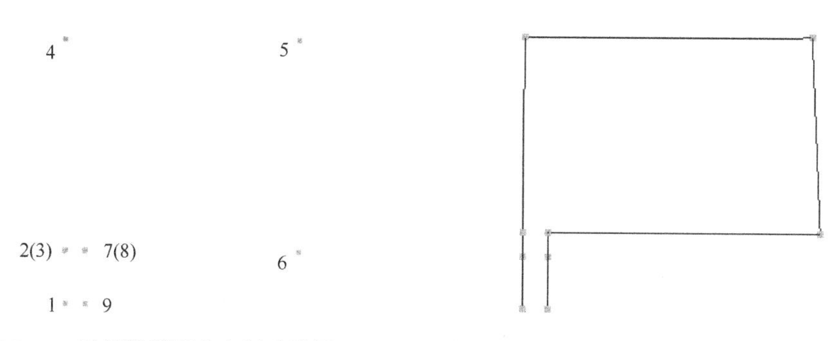

图 23-71　下层管道Ⅲ节点创建结果　　图 23-72　下层Ⅲ冷却管道中心线创建结果

4）冷却系统的网格划分

Step1：在图层管理视窗中取消冷却系统中心线外的其他层。冷却系统中心线如图 23-73 所示。

Step2：选择“网格”→“生成网格”菜单命令，系统会弹出如图 23-74 所示的“生成网格”对话框，“全局边长”设置为 10mm。

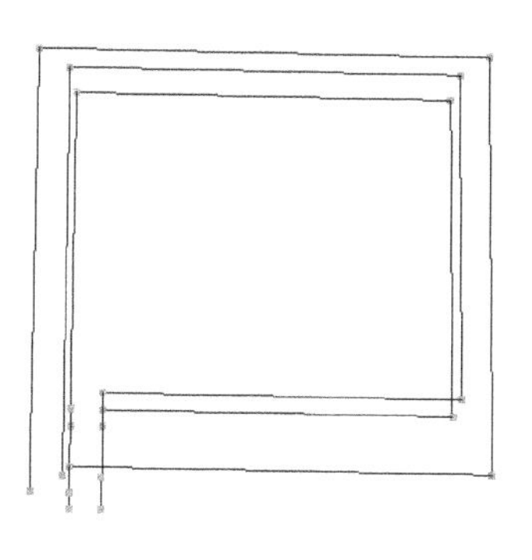

图 23-73　冷却系统中心线

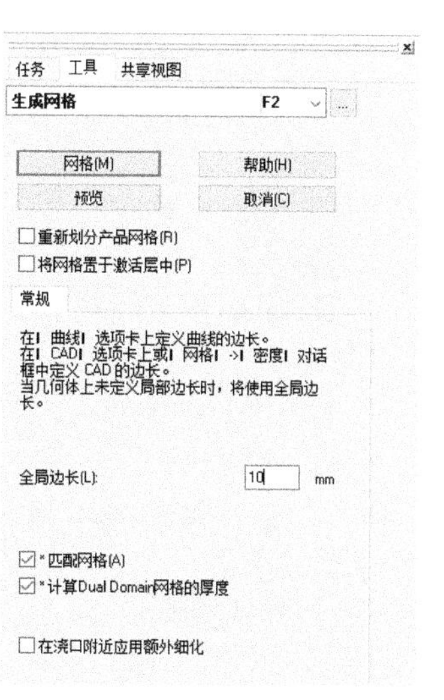

图 23-74　“生成网格”对话框

Step3：单击“网格”按钮，生成如图 23-75 所示的冷却系统柱体单元网格。

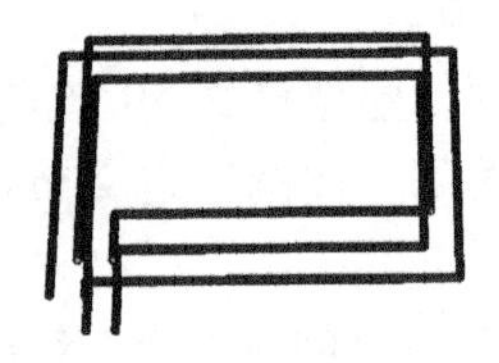

图 23-75　冷却系统柱体单元网格

5）设置冷却液入口

Step1：双击“冷却液入口/出口”选项，此时光标会变成字状，并且弹出“设置冷却液入口”对话框，如图 23-76 所示。

Step2：在图 23-76 中选择冷却液入口处节点，完成冷却液入口的设置，其结果如图 23-77 所示。

Step3：关闭“设置冷却液入口”对话框。

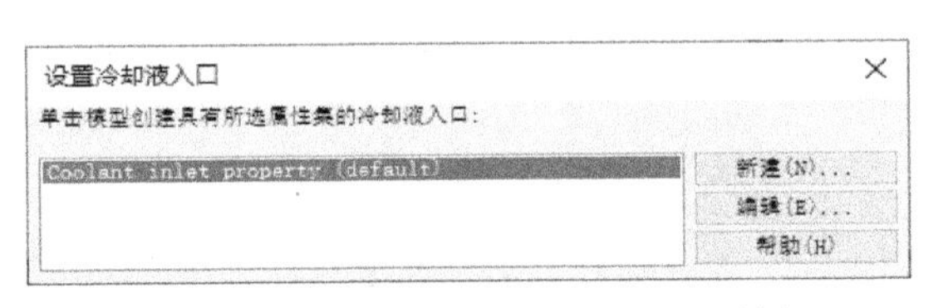

图 23-76　“设置冷却液入口”对话框

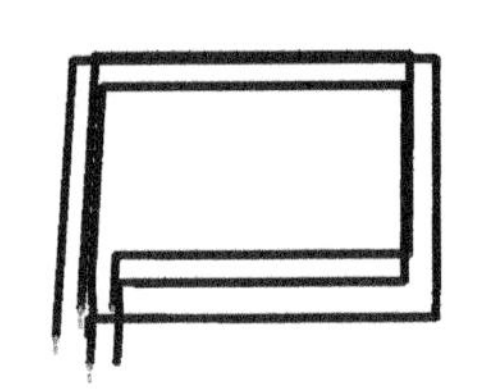

图 23-77　冷却液入口设置结果

4．设置工艺参数

初始“冷却+填充+保压+翘曲分析”的成型工艺参数设置继承优化后的流动分析的工艺参数设置。

在“工艺设置向导-翘曲设置”对话框第 3 页中（见图 23-78），选中“分离翘曲原因”复选框，其余默认设置，单击“工艺设置向导-翘曲设置”对话框中的“完成”按钮，完成操作。

图 23-78　“工艺设置向导-翘曲设置”对话框第 3 页

23.4.2　分析运算

双击任务视窗中的“分析”按钮，求解器开始进行分析运算。

选择菜单“分析”→“作业管理器”命令，弹出如图 23-79 所示的“作业查看器”界面，可以看到任务队列及计算进程。

图 23-79 “作业查看器”界面

通过分析计算得到的“分析日志”可以实时监控分析的整个过程，输出的信息如下。

（1）冷却分析过程信息。

如图 23-80 所示，本例系统经过 6 次迭代计算达到了收敛的范围。

在本例的计算中，经过 6 次的迭代计算达到了收敛精度，迭代计算次数少于设定的 50 次。在有些情况下，经过规定次数的迭代计算，仍然没有得到收敛的结果，这就需要用户调整迭代计算的次数。

（2）工艺参数设置。

图 23-81 所示为成型工艺参数设置，用户可以通过该信息来检验工艺参数设置是否有误。

外部迭代	周期时间（秒）	平均温度迭代	平均温度偏差	温度差迭代	温度差偏差	回路温度残余
1	35.000	11	30.000000	0	0.000000	1.000000
1	35.000	66	30.000000	0	0.000000	1.000000
1	35.000	44	30.000000	0	0.000000	1.000000
1	35.000	28	30.000000	0	0.000000	1.000000
1	35.000	29	1.058307	0	0.000000	1.000000
1	35.000	15	2.931114	0	0.000000	1.000000
1	35.000	10	2.627800	0	0.000000	1.000000
1	35.000	8	0.154010	0	0.000000	1.000000
1	35.000	13	0.207832	0	0.000000	1.000000
1	35.000	10	0.090179	0	0.000000	1.000000
1	35.000	10	0.040239	0	0.000000	1.000000
2	35.000	21	28.710373	0	0.000000	1.000000
2	35.000	18	19.238005	0	0.000000	1.000000
2	35.000	18	0.693814	0	0.000000	1.000000
2	35.000	10	0.525902	0	0.000000	1.000000
2	35.000	9	0.264470	0	0.000000	1.000000
2	35.000	7	0.130040	0	0.000000	1.000000
2	35.000	7	0.066656	0	0.000000	1.000000
2	35.000	7	0.034927	0	0.000000	1.000000
3	35.000	15	4.048255	0	0.000000	0.008806
3	35.000	14	0.295976	0	0.000000	0.008806
3	35.000	9	0.264757	0	0.000000	0.008806
3	35.000	7	0.147599	0	0.000000	0.008806
3	35.000	7	0.076060	0	0.000000	0.008806
3	35.000	7	0.040012	0	0.000000	0.008806
4	35.000	11	0.321303	0	0.000000	0.002093
4	35.000	7	0.136217	0	0.000000	0.002093
4	35.000	7	0.071248	0	0.000000	0.002093
4	35.000	7	0.037902	0	0.000000	0.002093
5	35.000	8	0.075796	0	0.000000	0.000472

图 23-80 冷却分析过程信息

```
工艺设置 :

  注塑机参数:
  ------------------
  最大注塑机锁模力              = 1.0000E+03 公制吨
  最大注射体积                  = 2.6175E+03 cm^3
  最大注射压力                  = 1.8000E+02 MPa
  注塑机螺杆直径                = 6.9000E+01 mm
  最大注塑机注射率              = 4.8300E+02 cm^3/s
  注塑机液压响应时间            = 2.0000E-01 s

  工艺参数:
  ------------------
  启动螺杆位置                  =   136.0000 mm
  垫料警告限制                     =    12.0000 mm
  周期时间                         =    35.0000 s

  由 % 体积切换速度/压力       =     99.0000 %
  保压时间                      =     10.0000 s
  螺杆速度曲线  :
        螺杆位置              螺杆速度
      ------------------------------------
      136.0000 mm          51.6677  mm/s
      100.0000 mm          51.6677  mm/s
      100.0000 mm          64.5846  mm/s
       20.0000 mm          64.5846  mm/s
        0.0000 mm          12.9169  mm/s
  保压压力曲线(相对):
      持续时间   % 充填压力
    ----------------------------------
        0.0000 s          80.0000
       10.0000 s          80.0000
       17.4416 s           0.0000
  环境温度                      =     25.0000 C
  熔体温度                      =    200.0000 C
  理想型腔侧模温                =     60.0000 C
  理想型芯侧模温                =     60.0000 C
```

图 23-81 成型工艺参数设置

（3）填充分析的过程信息。

如图 23-82 所示，在分析计算的过程中，分析日志显示充填时间、填充体积、压力、锁模力、流动速率和速度/压力切换信息。从图 23-82 中可以看出，充填时间为 1.27s，速度/压力切换发生在型腔 99%被充满的时候，此时的压力为 44.75MPa。

（4）保压分析过程信息。

如图 23-83 所示，保压阶段从 1.258s 开始，经过 10s 的恒定压力，保压压力减为 0，压力释放，直到 30s 时保压结束。

充填阶段：

状态：V = 速度控制
P = 压力控制
V/P= 速度/压力切换

时间 (s)	体积 (%)	压力 (MPa)	锁模力 (公制吨)	流动速率 (cm^3/s)	螺杆位置 (mm)	状态
0.064	2.14	14.02	0.16	159.57	132.69	V
0.119	5.23	21.94	1.62	150.46	129.85	V
0.179	8.95	29.71	4.03	192.01	126.74	V
0.236	13.29	30.05	4.59	191.09	123.80	V
0.295	17.71	30.59	5.24	191.47	120.76	V
0.358	22.47	30.96	5.88	192.02	117.52	V
0.417	26.93	31.38	6.62	191.58	114.48	V
0.473	31.21	31.76	7.39	191.55	111.56	V
0.534	35.84	32.22	8.27	191.65	108.40	V
0.592	40.22	32.74	9.29	191.25	105.41	V
0.653	44.82	33.35	10.55	191.06	102.26	V
0.698	48.24	35.05	11.94	203.66	99.91	V
0.710	49.23	36.66	12.64	220.95	99.14	V
0.768	54.55	37.96	14.77	242.30	95.44	V
0.828	60.31	37.78	16.86	241.60	91.54	V
0.888	65.96	38.08	19.43	239.94	87.70	V
0.944	71.23	38.65	21.85	239.84	84.07	V
1.002	76.73	39.49	24.82	239.25	80.29	V
1.061	82.22	40.44	28.03	239.08	76.51	V
1.121	87.87	41.48	31.62	239.09	72.63	V
1.180	93.36	42.63	35.73	238.92	68.83	V
1.238	98.72	44.48	45.06	232.99	65.05	V
1.243	99.01	44.75	53.08	217.39	64.76	V/P
1.256	99.77	44.13	68.05	158.24	64.06	P
1.258	100.00	44.07	68.58	154.91	63.99	已填充

图 23-82　填充分析信息

保压阶段：

时间 (s)	保压 (%)	压力 (MPa)	锁模力 (公制吨)	螺杆位置 (mm)	状态
1.258	0.05	44.06	68.73	63.99	P
1.463	0.76	35.80	90.68	63.07	P
2.417	4.09	35.80	64.85	62.64	P
3.417	7.56	35.80	44.87	62.30	P
4.667	11.91	35.80	19.33	61.99	P
5.667	15.39	35.80	11.04	61.84	P
6.917	19.73	35.80	7.41	61.74	P
7.917	23.21	35.80	6.05	61.70	P
9.167	27.56	35.80	5.04	61.68	P
10.167	31.03	35.80	4.10	61.67	P
11.243	34.77	35.80	2.70	61.67	P
11.243				61.67	压力已释放
11.447	35.49	0.00	2.38	61.67	P
11.652	36.20	0.00	2.06	61.67	P
14.402	45.76	0.00	0.00	61.67	P
17.402	56.19	0.00	0.00	61.67	P
20.152	65.76	0.00	0.00	61.67	P
23.152	76.19	0.00	0.00	61.67	P
25.902	85.75	0.00	0.00	61.67	P
28.902	96.18	0.00	0.00	61.67	P
30.000	100.00	0.00	0.00	61.67	P

图 23-83　保压分析信息

（5）翘曲分析过程信息。

图 23-84 所示为总变形量最大/最小变形及相应节点信息，图 23-85 所示为收缩因素引起的最大/最小变形及相应节点信息。

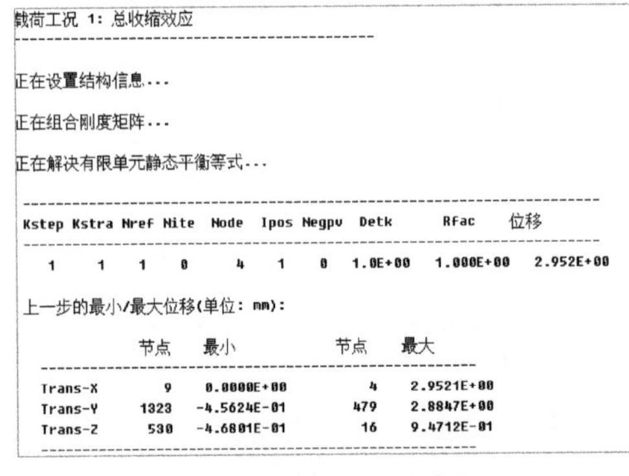

载荷工况 1：总收缩效应

正在设置结构信息...

正在组合刚度矩阵...

正在解决有限单元静态平衡等式...

Kstep	Kstra	Nref	Nite	Node	Ipos	Negpv	Detk	Rfac	位移
1	1	1	0	4	1	0	1.0E+00	1.000E+00	2.952E+00

上一步的最小/最大位移(单位：mm)：

	节点	最小	节点	最大
Trans-X	9	0.0000E+00	4	2.9521E+00
Trans-Y	1323	-4.5624E-01	479	2.8847E+00
Trans-Z	530	-4.6801E-01	16	9.4712E-01

图 23-84　总变形量最大/最小变形及相应节点

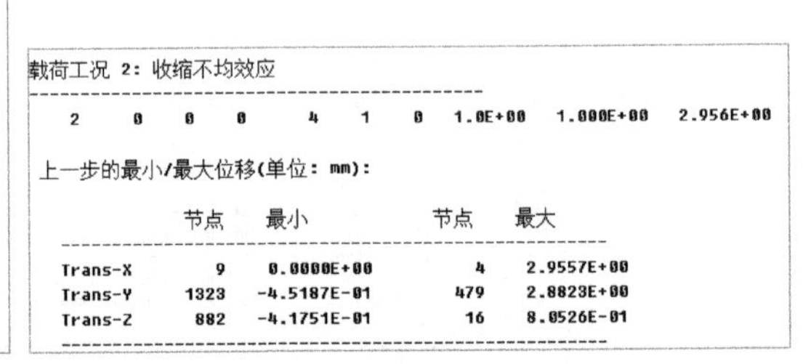

载荷工况 2：收缩不均效应

2	0	0	0	4	1	0	1.0E+00	1.000E+00	2.956E+00

上一步的最小/最大位移(单位：mm)：

	节点	最小	节点	最大
Trans-X	9	0.0000E+00	4	2.9557E+00
Trans-Y	1323	-4.5187E-01	479	2.8823E+00
Trans-Z	882	-4.1751E-01	16	8.0526E-01

图 23-85　收缩因素引起的最大/最小变形及相应节点

23.4.3　方案 1 的分析结果

系统分析结束后，计算结果包含“流动”“冷却”和“翘曲”三组指标，下面对其中比较重要的指标进行解读。

1. 流动分析结果

（1）充填时间。

图 23-86 所示为熔体充满型腔时的结果，其中塑件的 4 个角落为最后填充处，从

图 23-86 中可以看出充填时间为 1.257s。

（2）缩痕指数。

图 23-87 所示为塑件的缩痕指数的结果。

缩痕指数可以反映塑件上产生缩痕的相对可能性，缩痕指数越高的区域，表明此区域出现缩痕或缩孔的可能性越大。

从图 23-87 中可以看出塑件的缩痕指数为-0.0002%～3.176%。通过增加保压压力和保压时间可以减少缩痕指数。

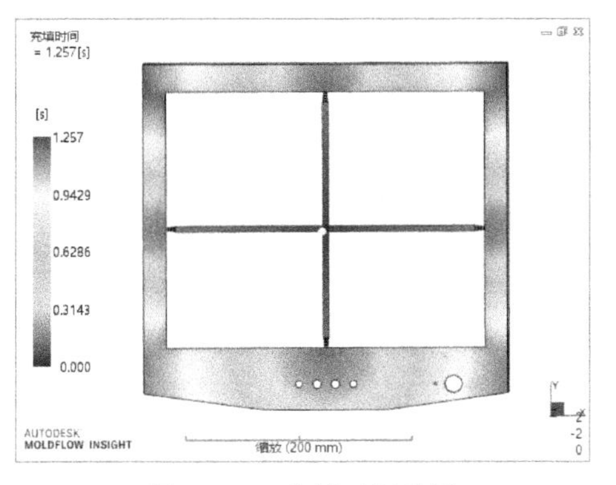

图 23-86　充填时间结果

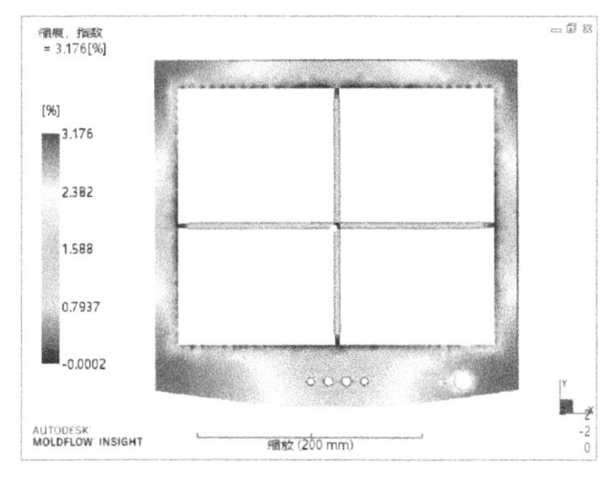

图 23-87　缩痕指数结果

（3）顶出时的体积收缩率。

图 23-88 所示为塑件顶出时的体积收缩率结果。

体积收缩率显示塑件每个区域的体积收缩百分数，可以用来确定塑件可能产生缩痕的区域。为了减少翘曲变形，塑件的体积收缩率必须均匀一致，并且要低于材料允许的最大值。

从图 23-88 中可以看出，塑件顶出时的体积收缩率为 0.3702%～5.114%。

（4）第一主方向上的型腔内残余应力。

图 23-89 所示为该模型的第一主方向上的型腔内残余应力结果。从图 23-89 中可以看出，该模型的第一主方向残余应力值的范围为 1.475～39.65MPa。

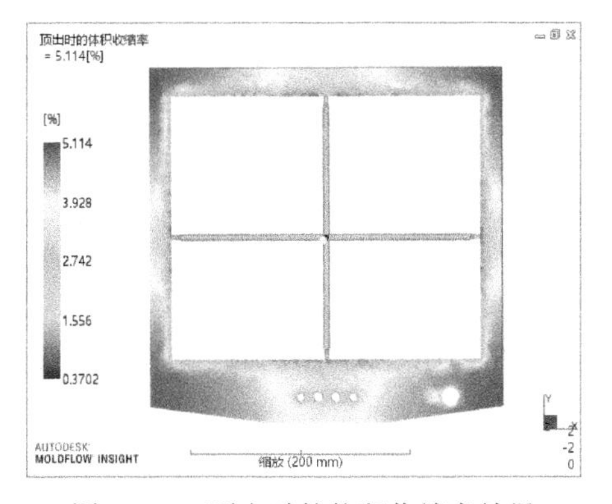

图 23-88　顶出时的体积收缩率结果

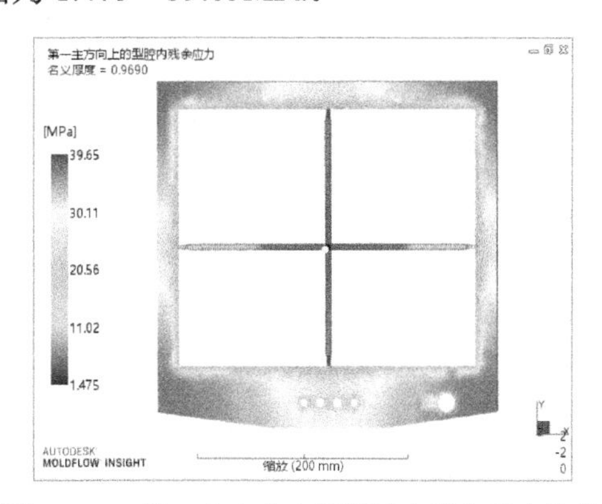

图 23-89　第一主方向上的型腔内残余应力结果

（5）熔接线。

图 23-90 所示为该模型的熔接线结果。从图 23-90 中可以看出，在两股熔体前锋汇

合区域形成了明显的熔接线。从熔接线与塑件表面分子取向情况的叠加结果看可更加直观，如图 23-91 所示。

下面介绍熔接线与塑件表面分子取向情况叠加的操作过程，具体操作步骤如下。

Step1：选中“熔接线”前面的复选框中，选中熔接线的分析结果。

Step2：右击“表层取向”，在弹出的快捷菜单中选择“重叠”命令，模型显示视窗就会显示熔接线与塑件表面分子取向情况的叠加结果，如图 23-91 所示。

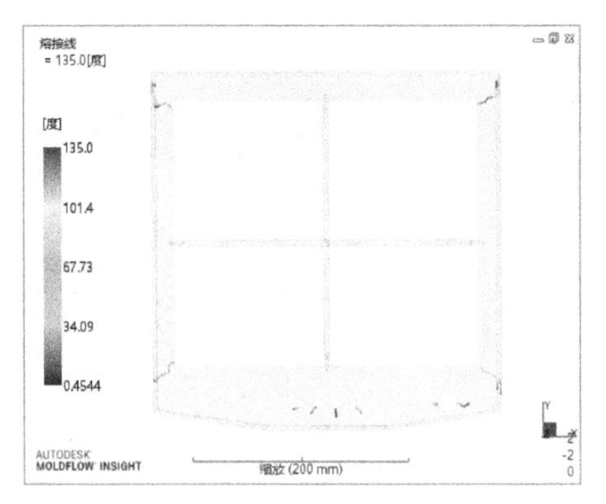

图 23-90　熔接线结果

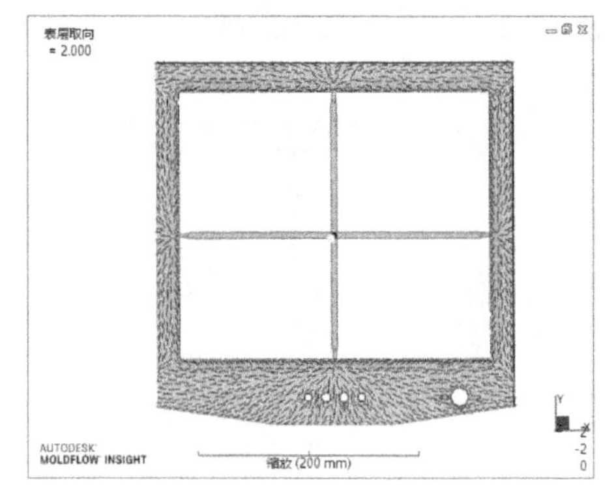

图 23-91　熔接线和分子取向的叠加结果

2．冷却分析结果

（1）回路冷却液温度。

图 23-92 所示为回路冷却液温度的结果。从图 23-92 中可以看出冷却液温差为 2.84℃。

（2）回路管壁。

图 23-93 所示为回路管壁温度结果。从图 23-93 中可以看出，本例分析的回路管壁温度比冷却液入口温度高 5.25℃。

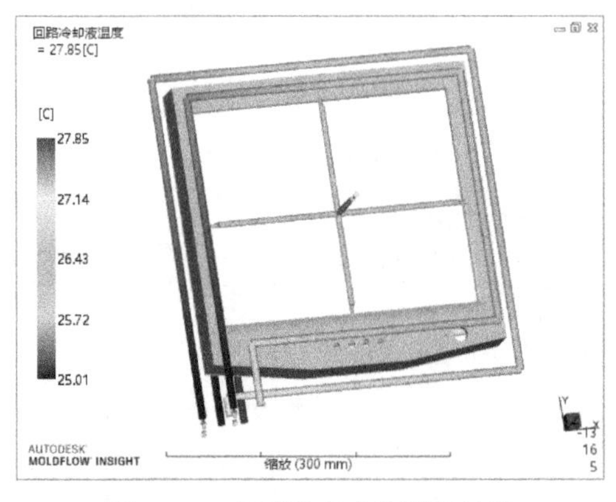

图 23-92　回路冷却介质温度结果

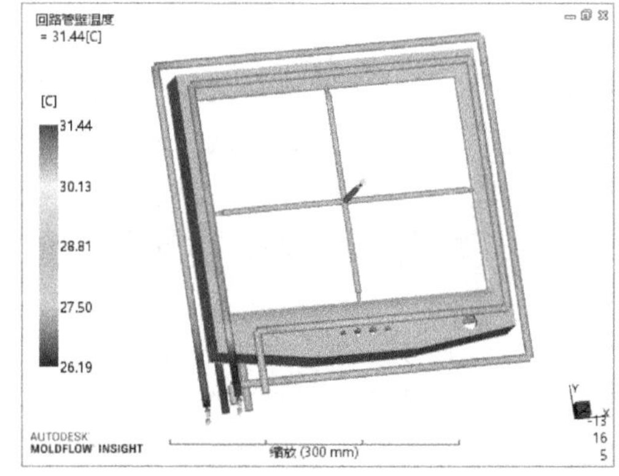

图 23-93　回路管壁温度结果

（3）达到顶出温度时间，零件。

图 23-94 所示为塑件达到顶出温度的时间结果。从图 23-94 中可以看出，本例分析的达到顶出温度的时间为 16.46s。

（4）平均温度，零件。

图 23-95 所示为塑件的平均温度结果。从图 23-95 中可以看出，塑件的平均温度为 54.22℃。

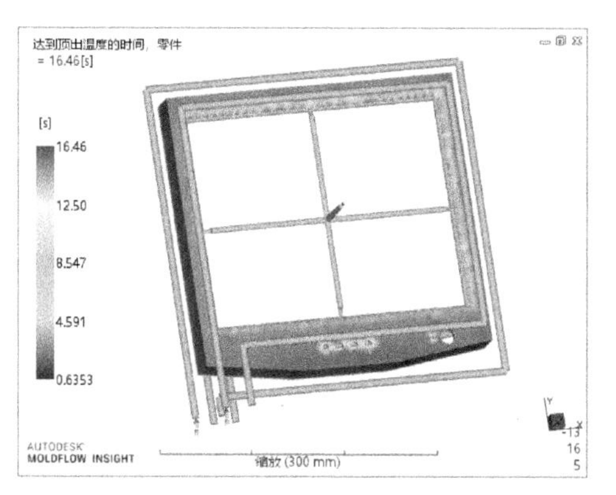

图 23-94　达到顶出温度的时间结果

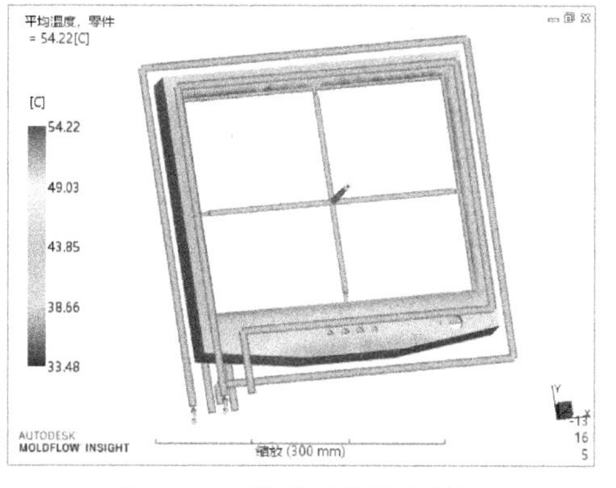

图 23-95　塑件平均温度结果

3．翘曲分析结果

（1）所有效应引起的变形。

图 23-96 所示为显示器面板模型在各种因素影响下的变形量结果。

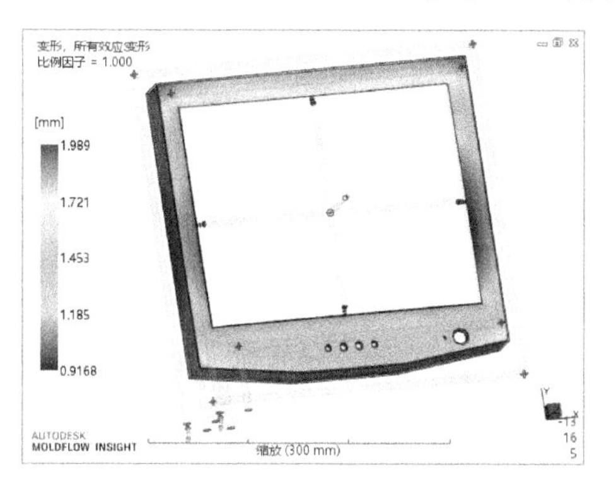

（a）总变形量

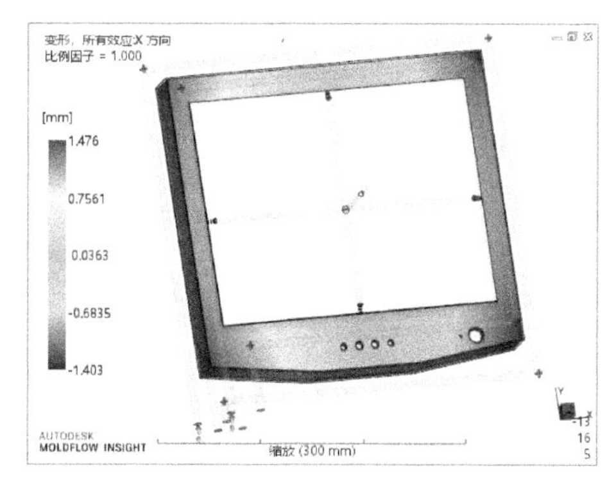

（b）*X* 方向变形量

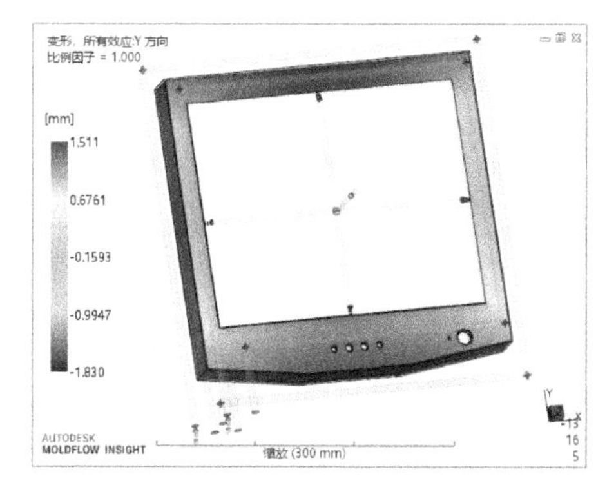

（c）*Y* 方向变形量

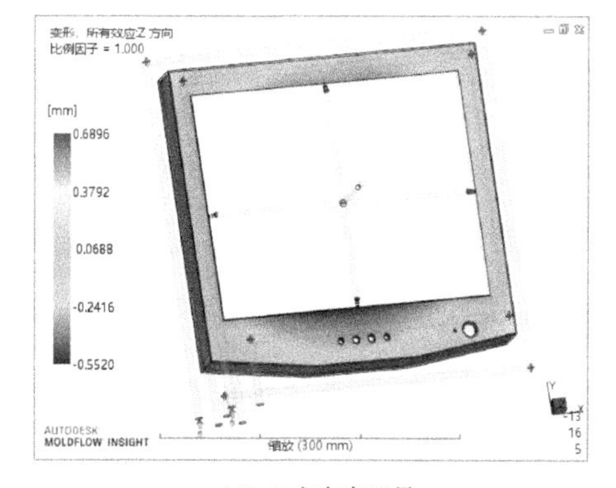

（d）*Z* 方向变形量

图 23-96　所有效应引起的变形量结果

从图 23-96 中可以看出，综合因素影响下的塑件的总变形量为 1.989mm，*X*、*Y*、*Z* 3 个方向上的变形量分别为 1.476mm、1.511mm、0.6896mm。

（2）冷却不均引起的变形。

图 23-97 所示为显示器面板模型在冷却因素影响下的翘曲变形量结果。

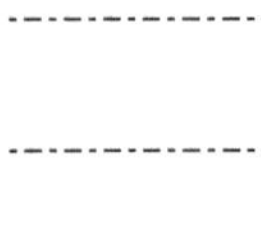

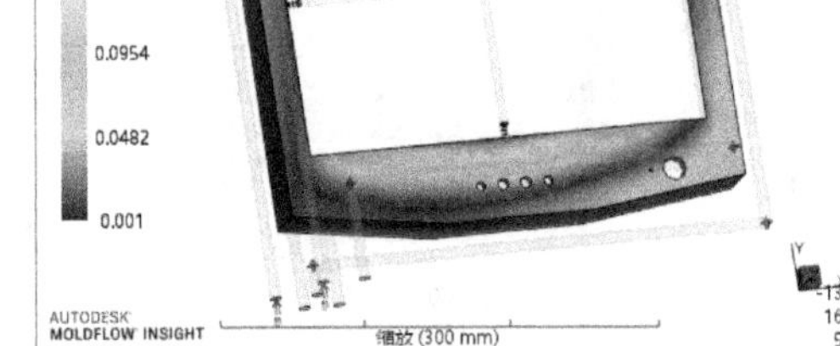

（a）总变形量

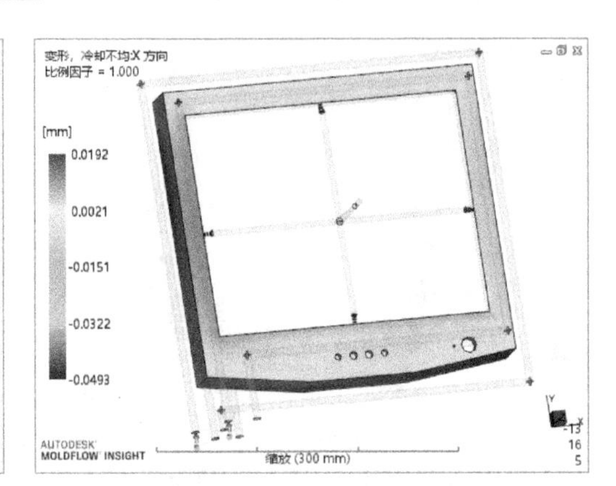

（b）*X* 方向变形量

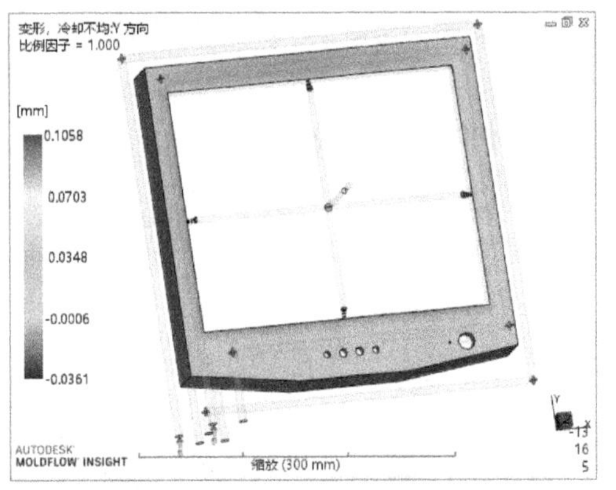

（c）*Y* 方向变形量

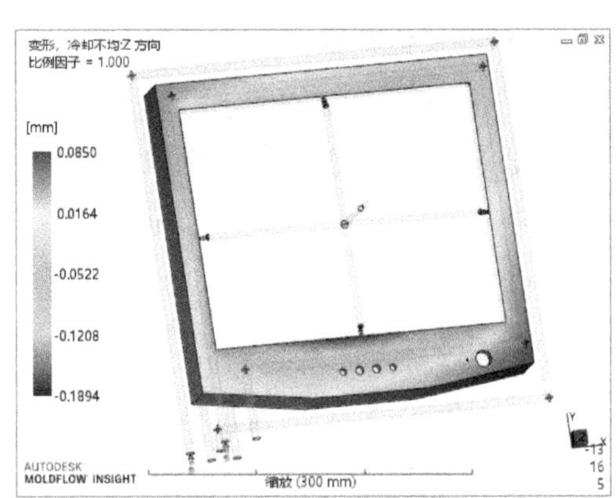

（d）*Z* 方向变形量

图 23-97　冷却不均引起的变形量结果

从图 23-97 中可以看出，冷却因素影响下的塑件的翘曲总变形量为 0.1897mm，其中 *X*、*Y*、*Z* 3 个方向上的变形量分别为 0.0192mm、0.1058mm、0.0850mm。这表明冷却不均对塑件的翘曲变形有一定影响，但不是引起塑件翘曲变形的主要原因。

（3）收缩不均引起的变形。

图 23-98 所示为显示器面板模型在收缩因素影响下的翘曲变形量结果。

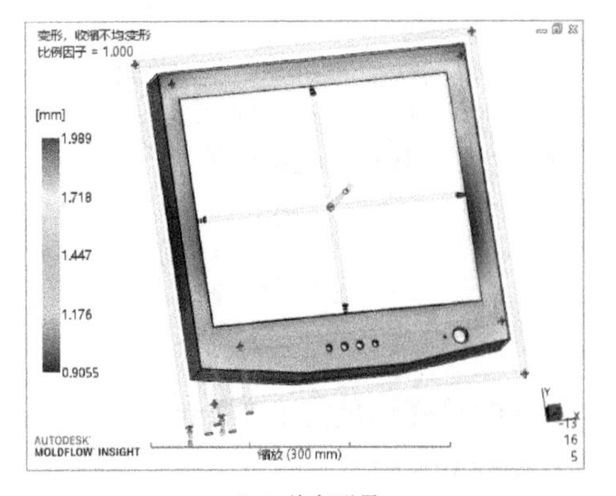

（a）总变形量

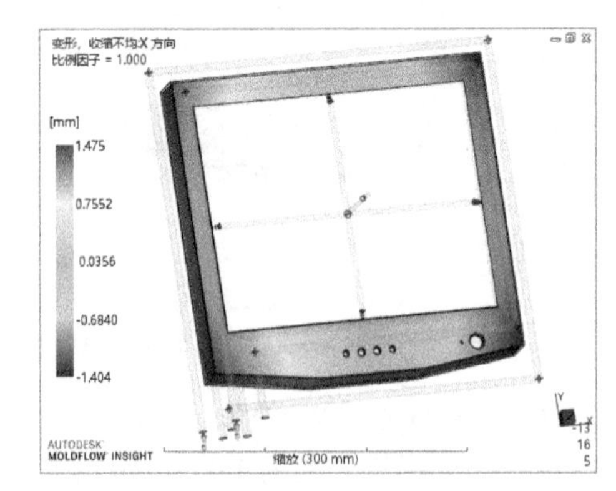

（b）*X* 方向变形量

图 23-98　收缩不均引起的变形量结果

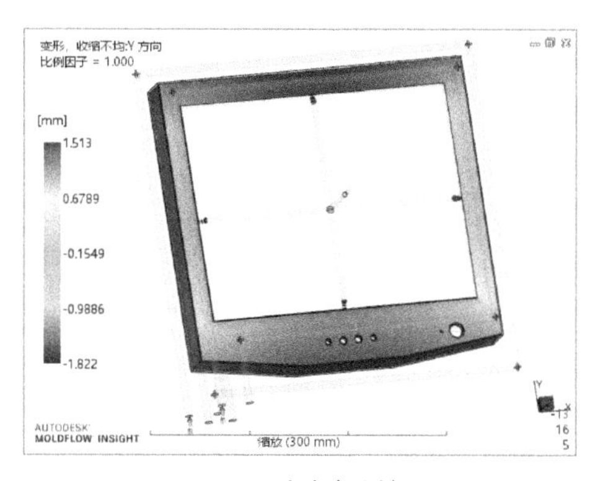

（c）Y 方向变形量

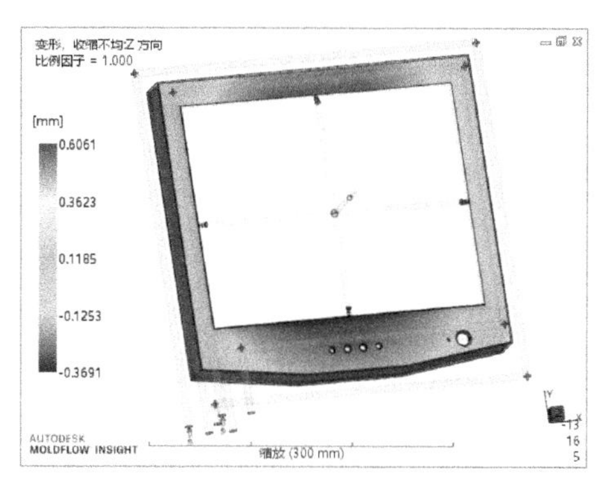

（d）Z 方向变形量

图 23-98　收缩不均引起的变形量结果（续）

从图 23-98 中可以看出，收缩因素影响下的塑件的总变形量为 1.989mm，其中 X、Y、Z 3 个方向上的变形量分别为 1.475mm、1.513mm、0.6061mm。这表明塑件的翘曲变形主要是由收缩不均引起的。

从上述的分析结果中可知，塑件产生翘曲的主要原因是熔体的收缩。根据经验，可以采用调整保压曲线的方法来降低翘曲的变形量。

23.5　冷却+流动+翘曲分析优化方案

对于以上分析出现的问题，根据实际生产经验，通过调整成型工艺参数，对调整工艺参数后的方案进行了成型仿真模拟。

23.5.1　分析前处理

对于调整成型工艺参数后的方案，分析前处理包括以下内容。

（1）复制基本分析模型。

（2）调整成型工艺参数。

具体操作步骤如下。

1. 复制基本分析模型

右击“panel_方案_1”图标，在弹出的快捷菜单中选择“复制”命令，生成新的工程“panel_方案_1（复塑件）”，并将新工程名改为“panel_方案_2”。

利用 Moldflow 系统，可以在前一步的分析基础上进行下一步的分析计算，就可以利用已经建立和修改好的网格模型及相关的一些参数进行设置，从而大大减少塑件建模和分析前处理的步骤和时间。

2. 调整成型工艺参数

Step1：双击“panel_方案_2”窗口中的“工艺设置（默认）”按钮，弹出“工艺设置

向导-冷却设置”对话框第 1 页，如图 23-99 所示。

图 23-99 “工艺设置向导-冷却设置”对话框第 1 页

将该对话框中的“熔体温度”设置为 220℃，其他参数保持不变。

Step2：单击“下一步”按钮，图 23-99 所示的对话框会切换至“工艺设置向导-冷却设置”对话框第 2 页。

Step3：单击“保压控制”右侧的“编辑曲线”按钮，系统会弹出“保压控制曲线设置”对话框，如图 23-100 所示，单击“绘制曲线”按钮，切换成坐标曲线形式，如图 23-101 所示。

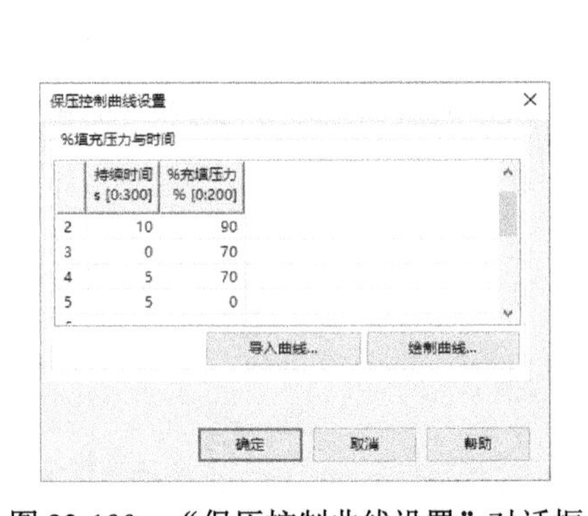

图 23-100 “保压控制曲线设置”对话框

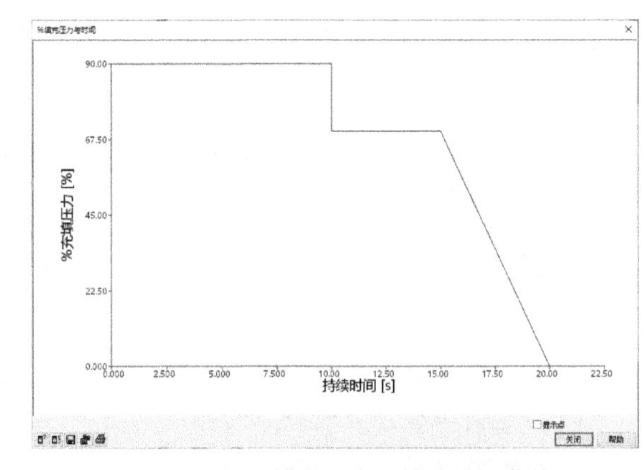

图 23-101 %填充压力和持续时间曲线

Step4：单击“关闭”按钮，返回到如图 23-100 所示的对话框中，单击“确定”按钮，返回“工艺设置向导-冷却设置”对话框第 1 页，单击“确定”按钮，完成工艺参数的调整。

方案 2 工艺参数的调整主要提高了熔体温度并调整了保压压力、保压时间。

23.5.2 分析运算

双击任务视窗中的“分析”按钮，求解器开始进行分析运算。经过分析计算，得到“分析日志”中调整后的成型工艺参数，如图 23-102 所示。

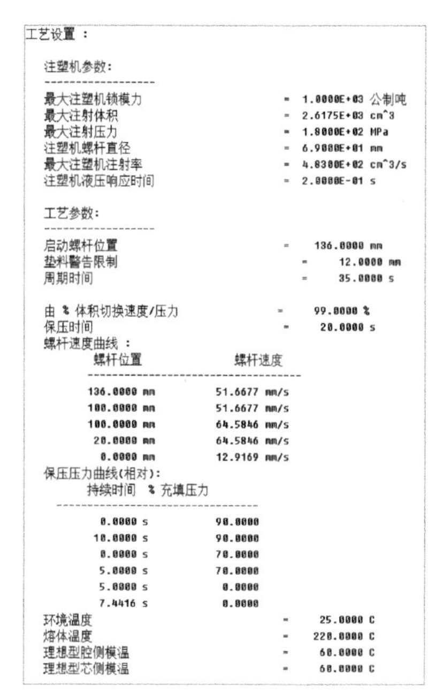

```
工艺设置 :

  注塑机参数:
  -------------------
  最大注塑机锁模力                    =  1.0000E+03 公制吨
  最大注射体积                        =  2.6175E+03 cm^3
  最大注射压力                        =  1.8000E+02 MPa
  注塑机螺杆直径                      =  6.9000E+01 mm
  最大注塑机注射率                    =  4.8300E+02 cm^3/s
  注塑机液压响应时间                  =  2.0000E-01 s

  工艺参数:
  -------------------
  启动螺杆位置                        =    136.0000 mm
  垫料警告限制                          =     12.0000 mm
  周期时间                              =     35.0000 s

  由 % 体积切换速度/压力              =    99.0000 %
  保压时间                            =    20.0000 s
  螺杆速度曲线 :
        螺杆位置            螺杆速度
      ------------------------------------
      136.0000 mm        51.6677 mm/s
      100.0000 mm        51.6677 mm/s
      100.0000 mm        64.5846 mm/s
       20.0000 mm        64.5846 mm/s
        0.0000 mm        12.9169 mm/s
  保压压力曲线(相对):
        持续时间   % 充填压力
    ------------------------------------
        0.0000 s        90.0000
       10.0000 s        90.0000
        0.0000 s        70.0000
        5.0000 s        70.0000
        5.0000 s         0.0000
        7.4416 s         0.0000
  环境温度                            =    25.0000 C
  熔体温度                            =   220.0000 C
  理想型腔侧模温                      =    60.0000 C
  理想型芯侧模温                      =    60.0000 C
```

图 23-102　调整后的成型工艺参数

23.5.3　方案 2 的分析结果

下面讲解优化方案 2 的分析结果。

流动分析结果

（1）充填时间。

图 23-103 所示为工艺参数调整后的模型充填时间结果。从图 23-103 中可以看出充填时间为 1.245s，成型工艺参数的调整对充填时间的影响不大。

（2）缩痕指数。

图 23-104 所示为工艺参数调整后的塑件缩痕指数结果。

从图 23-104 中可以看出工艺参数调整后的塑件缩痕指数为 0～3.062%。相比方案 1 有所降低。

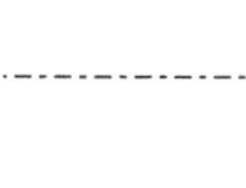

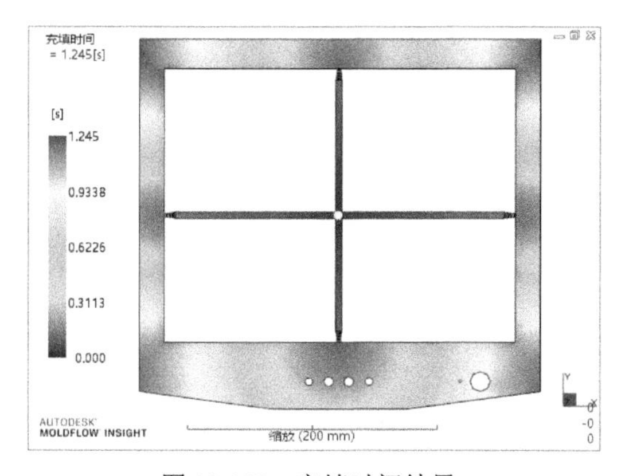

图 23-103　充填时间结果

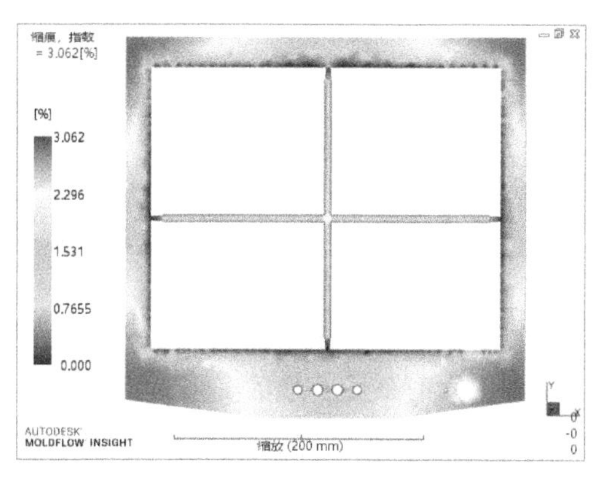

图 23-104　缩痕指数结果

Note

（3）顶出时的体积收缩率。

图 23-105 所示为塑件顶出时的体积收缩率结果。

从图 23-105 中可以看出，塑件顶出时的体积收缩率为 0.3743%～4.998%。相比于方案 1，比结果说明成型工艺参数的调整对顶出时的体积收缩率的影响不大。

（4）第一主方向上的型腔内残余应力。

图 23-106 所示为工艺参数调整后塑件模型在第一主方向上的型腔内残余应力结果。从图 23-106 中可以看出，该模型在第一主方向上的型腔内残余应力值最大为 36.25MPa，相比方案 1 的 39.65MPa 有所降低。

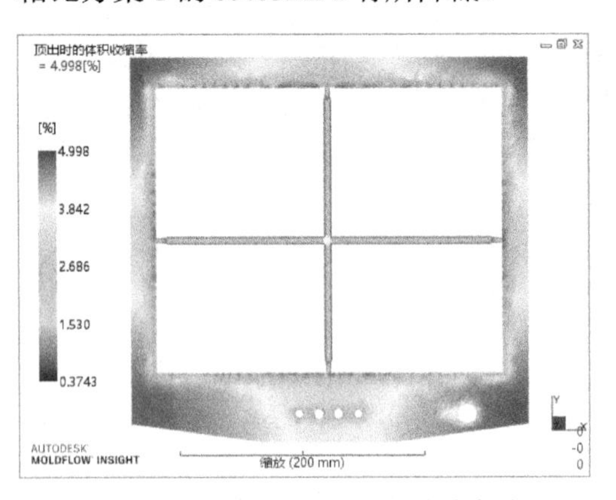

图 23-105　塑件顶出时的体积收缩率结果

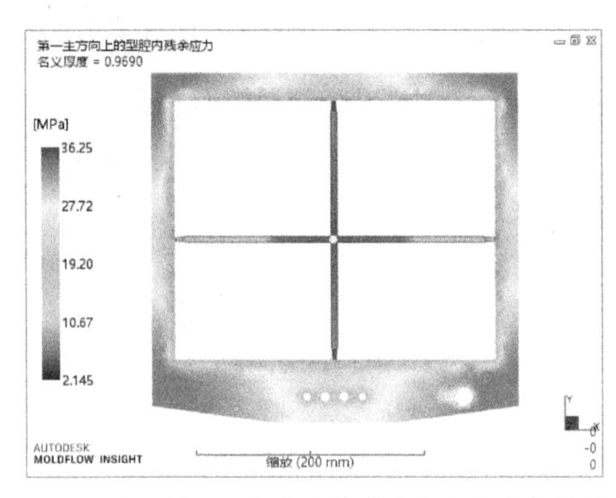

图 23-106　第一主方向上的型腔内残余应力结果

（5）熔接线和表层取向。

图 23-107 所示为工艺参数调整后塑件的熔接线与表层取向叠加结果。从图 23-107 中可以看出工艺参数的调整对熔接线没有明显影响。

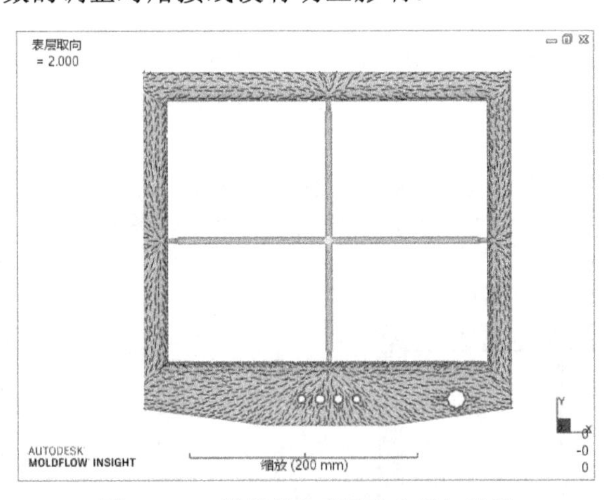

图 23-107　熔接线和表层取向叠加结果

2．翘曲分析结果

（1）所有效应引起的变形。

图 23-108 所示为工艺参数调整的显示器面板模型在各种因素影响下的变形量结果。

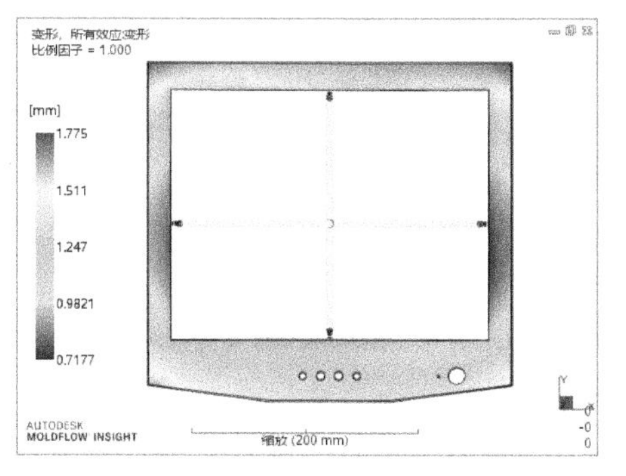

（a）总变形量

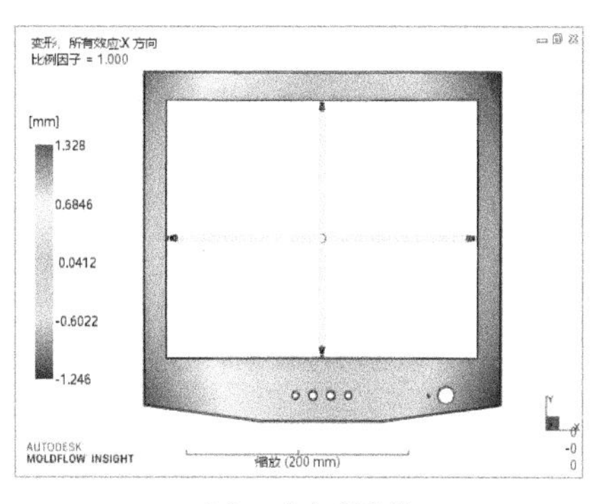

（b）*X* 方向变形量

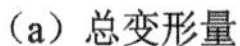

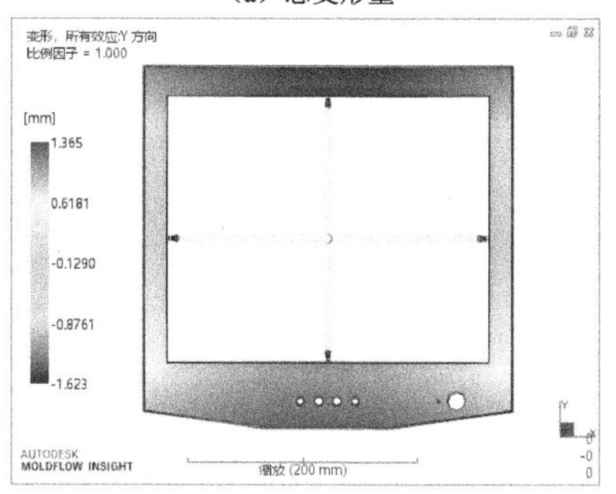

（c）*Y* 方向变形量

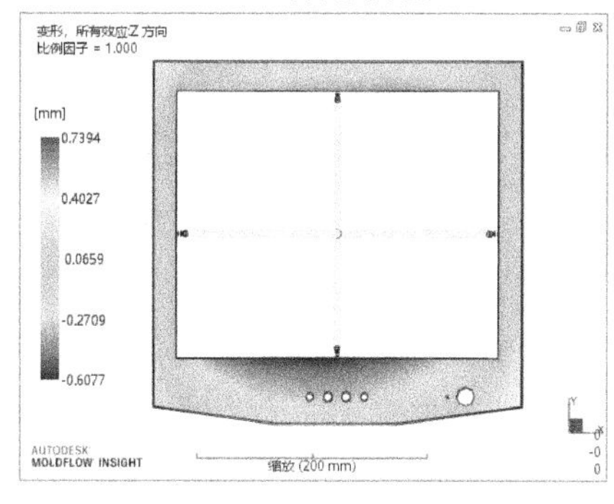

（d）*Z* 方向变形量

图 23-108　所有效应引起的变形量结果

与图 23-96 相比，综合因素影响下塑件的总变形量由方案 1 的 1.989mm 下降到 1.775mm，在 *X*、*Y*、*Z* 3 个方向上的变形量分别为 1.328mm、1.365mm、0.7394mm。

由此可见，工艺参数的调整，在本例中就是保压曲线和熔体温度的改变对塑件翘曲变形有直接有利的影响，很大程度上提高了塑件的成型质量。

（2）收缩因素引起的变形。

图 23-109 为工艺参数调整后显示器面板模型在收缩因素影响下的变形量结果。

从图 23-109 所示中可以看出，收缩因素影响下的塑件翘曲变形量由方案 1 的 1.989mm 下降为 1.777mm，其中在 *X*、*Y*、*Z* 3 个方向上的变形量分别为 1.327mm、1.367mm、0.6439mm。这表明塑件的翘曲变形仍然主要是由收缩不均引起的，但与图 23-98 比较，变形量已经有所下降。

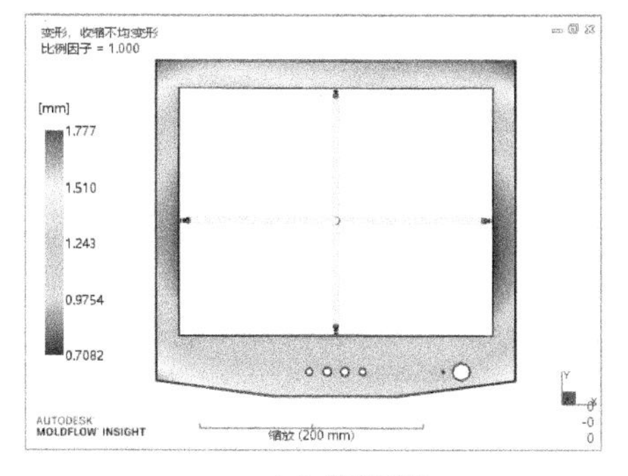

（a）总变形量

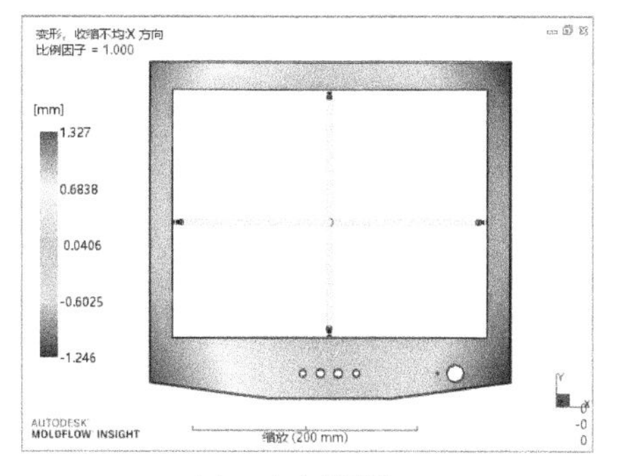

（b）*X* 方向变形量

图 23-109　收缩因素引起的变形量结果

Note

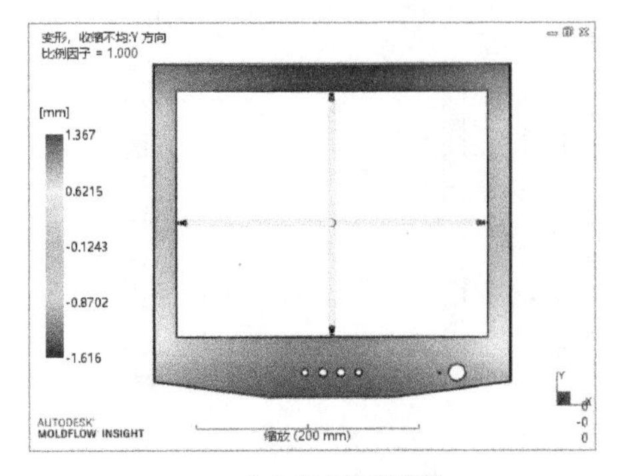

（c）*Y* 方向变形量

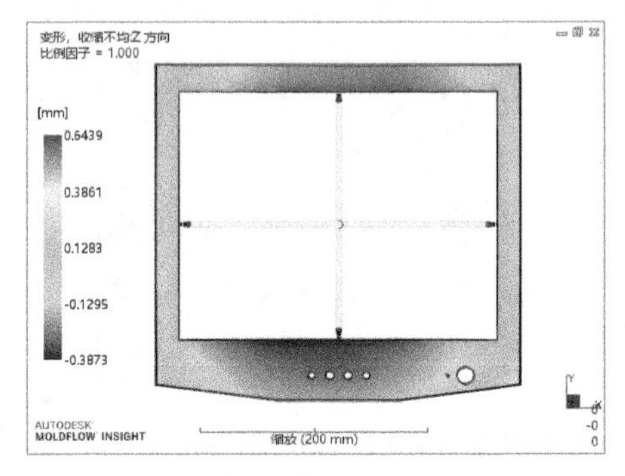

（d）*Z* 方向变形量

图 23-109　收缩因素引起的变形量结果（续）

23.6 本章小结

本章通过一个完整的案例说明了模流分析的所有过程，包括网格前处理、建模、填充分析和保压的优化、冷却和变形的优化，最后生成报告。

需要注意的是，如果产品需要进行冷却变形分析，则产品的网格处理要求很高。在时间允许的情况下，需使匹配百分数尽可能高于 90%，最大纵横比小于 10。但往往由于产品结构的限制，其要求很难达到，那么它将或多或少地影响分析的精度。

由于模流分析是一种数值模拟软件，其分析结果与实际值必然有一定差别，在使用过程中不要盲目依赖，必须清楚地知道它只是一种工具，最终需要靠读者自己结合相关实际经验去判断方案的可行性。